U0262485

国家科学技术学术著作出版基金资助出版

红树林分子生态学
Molecular Ecology of Mangroves

王友绍　著

By Wang Youshao

科学出版社

北 京

内 容 简 介

红树林分子生态学是海洋生态学中一门新的交叉学科,由分子生物学、海洋生态学、植物学等多学科交叉产生。本书将分子生物学的原理和技术贯穿始终,以实验室模拟全球环境变化为主要手段,并结合海洋学和生态学的原理与方法,较系统地阐明了污染(重金属、多环芳烃)、低温、干旱等环境变化条件下红树林生态系统中固氮微生物的群落结构特征,以及红树植物金属硫蛋白基因、几丁质酶基因、*C4H* 基因、*ADH* 基因、*CBF* 基因的表达与调控机制,从分子水平揭示了全球环境变化条件下红树林生态系统的变化过程及其维持机制,从整体和动态的视角阐明了红树林除具有"三高"(高生产力、高归还率、高分解率)特性外,还具有高抗逆性。全书图文并茂,内容深入浅出,是一本全面介绍全球环境变化条件下我国红树林分子生态学研究的教科书和参考书。

本书可供环境科学、海洋科学、生态学、植物学等相关专业的科技工作者、高年级本科生、研究生,以及相关管理和生产部门的工作人员阅读参考。

审图号:GS(2019)3833 号

图书在版编目(CIP)数据

红树林分子生态学/王友绍著. —北京:科学出版社,2019.8
ISBN 978-7-03-061464-3

Ⅰ.①红··· Ⅱ.①王··· Ⅲ.①红树林–分子生物学–生态学–研究
Ⅳ.①S718.54

中国版本图书馆 CIP 数据核字(2019)第 106411 号

责任编辑:王海光 郝晨扬 / 责任校对:严 娜
责任印制:肖 兴 / 封面设计:刘新新

斜 学 出 版 社 出版

北京东黄城根北街 16 号
邮政编码:100717
http://www.sciencep.com

北京汇瑞嘉合文化发展有限公司 印刷

科学出版社发行 各地新华书店经销

*

2019 年 8 月第 一 版 开本:787×1092 1/16
2019 年 8 月第一次印刷 印张:32 1/4
字数:760 000

定价:398.00 元
(如有印装质量问题,我社负责调换)

作 者 简 介

王友绍　博士，1962 年生，教授、博士生导师，国家重点研发计划项目（国家科技基础资源调查专项）首席科学家。1997 年中国科学院上海原子核研究所无机化学专业毕业，获理学博士学位，同年破格晋升教授，2008 年晋升二级教授。1998 年在中国农业大学生物学院从事博士后研究；2006 年和 2009 年两次作为访问学者在美国斯克里普斯海洋研究所学习。2000 年至今在中国科学院南海海洋研究所工作，现任中国科学院大亚湾海洋生物综合实验站（即广东大亚湾海洋生态系统国家野外科学观测研究站）站长。兼任国家科学技术进步奖评审专家、国家重点研发计划项目评审专家、国家自然科学基金委员会评审专家，中国海洋湖沼学会生态学分会理事、中国生态学学会红树林生态学专业委员会副主任，美国生态学学会会员、美国科学促进会会员。长期从事海洋生态环境与生物资源研究，在河口海湾生态环境与监测、微生物多样性与生态维持机制、红树林生理生态与分子生态学机制方面获得了较为丰富的成果，建立了"计量海洋生态学"的理论体系和"红树林生态系统评价与修复技术"体系。先后主持国家重点研发计划项目、国家 908 专项、国家自然科学基金重点项目等 40 多项科研项目。在国内外重要学术刊物上发表研究论文 200 余篇，其中 SCI 收录论文 150 余篇，独立出版专著 3 部，获授权专利 12 项。1997 年获"中国科学院院长奖学金"优秀奖、"山东省高校中青年学术骨干和学科带头人培养对象"等荣誉称号，2011 年被评为"中国科学院优秀研究生指导教师"；2002 年、2007 年和 2015 年分别获山东省科学技术进步奖三等奖、国家科学技术进步奖二等奖和广州市科学技术进步奖一等奖各一项；2010 年获 *Elsevier*"2005~2010 年度中国学者环境科学类杂志最高引用奖"，2011 年、2012 年、2017 年获国际埃尼奖（Eni Award）提名。

序

　　红树林是生长在热带、亚热带地区海岸潮间带，受周期性潮水浸淹，以红树植物为主体的常绿灌木或乔木组成的潮滩湿地木本生物群落。红树林生态系统的净初级生产力高达 $2000gC/m^2 \cdot a$，具有高强度的物质循环、能量流动及丰富的生物多样性。红树林主要分布在南、北半球 25℃ 等温线以内，在 100 多个国家和地区有分布，全球约有 1700 万 hm^2，中国约 2.2 万 hm^2。红树林已成为国际海洋科学研究的前沿性内容之一，特别是在全球变化的挑战下红树林生态学及其生物资源保护研究。

　　红树林分子生态学是分子生物学和海洋生态学、植物学多学科交叉研究产生的一门新兴学科，《红树林分子生态学》一书的出版，对于国内外红树林生态学的科研与教学具有重要的科学意义和实践意义。该书以分子生物学的原理和技术贯彻始终，以实验室模拟全球环境变化（污染、低温、干旱等）为主要手段，并结合海洋学与生态学的原理与方法，较系统地阐述了重金属、多环芳烃、低温和干旱条件下红树林中生态系统（微生物、红树植物）的生理生化特征及其分子生态学机制。书中证实了红树林金属硫蛋白基因、几丁质酶基因参与抗重金属的表达和调控，从生理和分子水平上揭示了抗氧化酶系统、金属硫蛋白基因和几丁质酶基因在红树林抗重金属中的调控机理，解决了长期困扰海洋生态学家有关红树林抗污染机理的问题；书中还介绍了红树植物 *CBF/DREB* 基因参与低温、高盐、干旱等多种胁迫交叉响应的信号转导，为研究红树林应对全球气候变化的机制奠定了基础。该书第一章还介绍了我国科技工作者发现的一个红树植物新记录种——拉氏红树（*Rhizophora*×*lamarckii*）和一个新种——钟氏海桑（*Sonneratia zhongcairongii* Y.S. Wang & S.H. Shi），至此，我国天然红树植物已达 21 科 25 属 38 种，包括真红树植物 11 科 15 属 26 种，半红树植物 10 科 10 属 12 种。内容非常丰富、翔实。

　　该书以全新的视野，从分子水平上揭示了全球气候变化下红树林生态变化过程及其维持机制，从整体和动态的视角阐明了红树林除具有"三高"（高生产力、高归还率、高分解率）特性外，还具有高抗逆性的新观点。该书是国际上第一部较为系统地介绍红树林分子生态学研究的专著，在红树林生态学与保护研究方面具有较高的造诣，是对我国红树林生态系统进行多年野外考察与研究的基础上完成的，也是著者王友绍及其团队多年辛勤工作的结晶。该书将有助于读者深入了解红树林生态系统动态变化过程与演变机制，并为我国红树林生态系统的保护、恢复及其可持续发展提供科学理论依据。

　　真诚希望该书的出版能对红树林生态学的研究与发展起到一定的推动作用。

中国工程院院士
2019 年 6 月 16 日

前　　言

　　海洋生态学是研究海洋生物与海洋环境之间相互关系的科学，它是生态学的一个分支，也是海洋生物学的主要组成部分。通过研究海洋生物在海洋环境中的繁殖、生长、分布和数量变化，以及生物与环境的相互作用，阐明生物海洋学的规律，为海洋生物资源的开发、利用、管理，以及保护海洋环境和生态平衡等提供科学依据。

　　不同学科的交叉与融合是当今自然科学发展的趋势，海洋生态学也不例外，对其研究更需要多学科的交叉与融合，通过将分子生物学的原理与技术应用于海洋生态学研究，形成了海洋生态学新的分支学科——海洋分子生态学；同样，红树林分子生态学作为分子生物学和海洋生态学、植物学等多学科交叉研究而产生的一门新兴学科也是如此。海洋分子生态学已成为当前国际生态学研究的热门课题之一，特别是近年来伴随分子生物学技术的飞速发展和计算机分析技术的日臻完善，海洋分子生态学研究得到了迅速发展。

　　分子生态学始于20世纪80年代中期，海洋分子生态学的诞生与陆地研究基本同步（始于 20 世纪 80 年代末期，1992 年 *Molecular Ecology* 在英国正式创刊）。与国际上的研究相比，我国的相关研究并不落后，尤其在近几年得到迅速发展。本书的结构雏形始于 2004 年作者主持了中国科学院知识创新工程重要方向项目“热带亚热带海湾特殊类型生态系统动力过程及其可持续发展机制”，当时受康乐院士、李季伦院士、林鹏院士（已故）等专家的鼓励和支持，团队开始进行红树林分子生态学方面的研究工作，2006 年作者初次以访问学者的身份去美国斯克里普斯海洋研究所（Scripps Institution of Oceanography）时，得到 Ray F. Weiss、B. Greg Mitchell、Farooq Azam 等教授的鼓励和支持，我们的团队开始拓展在海洋分子生态学和计量海洋生态学方面的研究工作，并于 2009 年第二次去该研究所访问时完成了《红树林分子生态学》的整体编写框架。本书是在对我国红树林 10 多年野外考察与研究的基础上完成的（也包括部分东南亚国家的考察工作），张凤琴、董俊德、孙福林、彭亚兰、王丽英、关贵方、宋晖等多位同学在攻读博士、硕士学位期间参与了相关工作，且绝大部分成果已经以论文的形式在国内外公开发表。

　　红树林生态系统是由生长在热带海岸泥滩上的红树科植物（常绿灌木或乔木）与其周围环境共同构成的生态功能统一体。我国红树林面积在历史上曾达 25 万 hm²。20 世纪 50 年代为 4 万 hm² 左右。1981~1986 年全国海岸带和海涂资源综合调查结果表明，全国红树林面积为 1.7 万 hm²。2001 年由国家林业局组织的全国湿地调查结果表明，全国红树林面积为 22 680.9 hm²，仅为 20 世纪 50 年代初的 47%，其中海南减少了 62%，广东减少了 57%，广西减少了 48%。近 40 年来，由于围海造田和以发展滩涂养殖业为目的的大规模围垦，我国沿海地区累计丧失滨海滩涂湿地约 219 万 hm²，大约相当于沿海湿地面积的 50%，与红树林被破坏情况相当。根据 2010 年出版的《世界红树林地图集》（*World Atlas of Mangroves*）和联合国粮食及农业组织（FAO）2007 年的统计数据，全球红树林面积约为 17 075 600hm²，分别占全球森林总面积（37.79 亿 hm^2）的 4.5‰和热带雨林面积（19.37 亿 hm^2）的 8.8‰，中国红树林面积仅占世界红树林面积的 1.3‰。自 1980 年以来，全球约 1/5 的红树林已经消失，且正以每年 7‰的速度继续消失，是陆地森林退化速度的 2~3 倍，海水养殖和海岸滩涂开发将对红树林造成进一步破坏，并导致严重的经济影响及生态退化。

为应对全球变化，世界各国积极开展对沿海红树林的研究与保护，但一方面面临人类活动的强烈干扰，即红树林污染、人为破坏及不合理的开发和利用；另一方面还要面对全球气候变暖、海平面上升及经常性极端气候灾害等问题的挑战。在人类活动和全球气候变化的双重影响下，我国红树林处于大规模、长时间持续衰退中，虽然近年来有所好转，但红树林对自然灾害的应变能力大为下降。就目前而言，对于全球环境变化条件下红树林的分子生态学机制并不清楚，这阻碍了红树林生态系统的保护，制约了海洋经济和生态文明的发展。

考虑到本书主要以学术研究为主，读者可能有高年级本科生和研究生，因此书中内容将以循序渐进的方式展现给读者。第 1 章简要介绍了我国红树林概况，第 2 章介绍了分子生态学基础知识和海洋分子生态学内涵，第 3 章介绍了我国红树林生态系统中固氮微生物群落结构特征，第 4 章和第 6 章阐述了在重金属胁迫下红树林生态系统中红树植物生理生态特征及其分子生态学机制，第 5 章介绍了在有机污染物胁迫下红树植物生理生化特征及其分子生态学机制，第 7 章和第 8 章阐述了在低温和干旱胁迫下红树林生态系统中红树植物生理生化特征及其分子生态学机制。读者可以通过典型实例研究逐步了解在全球环境变化下红树林生态系统动态变化过程及其维持机制的奥秘。本书以全新的视野，从整体和动态的视角阐明了红树林除具有"三高"（高生产力、高归还率、高分解率）特性外，还具有高抗逆性的新观点。真诚希望本书的出版能对红树林生态学的研究与发展起到一定的推动作用。

本书自开始撰写到完成历时 10 年，得到国家重点研发计划项目（国家科技基础资源调查专项）（2017FY100700）、国家自然科学基金重点项目（41430966）、国家自然科学基金面上项目（41876126、41176101、41076070 和 41106103）、广州市科技计划项目（201504010006）、中国科学院 A 类战略性先导科技专项（XDA13010500、XDA13020503 和 XDA23050200）、中国科学院国际伙伴计划项目（133244KYSB20180012）、中国科学院科技服务网络（STS）计划项目（5211449）、中国科学院知识创新工程重要方向项目（KZSX2-SW-132、KSCX2-YW-Z-1024 和 KSCX2-EW-G-12C）、"十一五"国家科技支撑计划重点项目（2009BADB2B06 和 2012BAC07B0402）等的资助。本书涉及的研究内容还得到了广东湛江红树林国家级自然保护区管理局、广西山口红树林国家级自然保护区管理局、福建漳江口红树林国家级自然保护区管理局、广东内伶仃-福田国家级自然保护区管理局、广西红树林研究中心等单位的大力支持。在此表示最诚挚的谢意！

由于作者水平有限，书中难免存在不足之处，敬请各位读者批评指正。

王友绍

2019 年 1 月 20 日

目　　录

第 1 章　中国红树林概况

红树林是生长在热带、亚热带地区海岸潮间带，受周期性潮水浸淹，以红树植物为主体的常绿灌木或乔木组成的潮滩湿地木本生物群落，属于常绿阔叶林，主要分布于淤泥深厚的海湾或河口盐渍土壤。红树林素有"海底森林"之称，生物多样性丰富，是珍贵的生态资源。红树科植物通常富含单宁，其在空气中氧化后呈红褐色，而这类植物的树皮和树干被割破或砍伐后经常呈现红褐色，由此得名"红树"，由红树植物组成的森林，也自然地被称为"红树林"。红树林种类组成以红树科植物为主（植物分类学上的红树科植物），红树植物包括真红树植物（只能在潮间带生境生长的木本植物）和半红树植物（可在潮间带沿岸陆地生长，并可在潮间带形成优势种群的两栖木本植物）（图 1.1）。红树植物具有特殊的根系，可分为支柱根、板状根和呼吸根，即适应泥泞环境的红树植物，从茎基伸出拱形下弯的支柱根或宽厚的板状根，起到抗御风浪和输送氧气的作用；红树植物还具有奇特的"胎生"现象（即种子在树上果实中萌芽成小苗后，脱离母株，下坠插入淤泥中从而发育为新植株，红树植物就是通过这种方式繁衍后代、传播种子的）（图 1.2）。这一繁殖特性极为重要，对于探讨作为先锋红树植物的白骨壤（*Avicennia marina*）的拓荒性能、生殖生态、抗逆生态等具有重要的理论意义。除此之外，红树植物还有泌盐、拒盐现象和具有高的细胞渗透压。红树林为鸟类、鱼类和其他海洋生物提供了丰富的食物和良好的栖息环境，在维护和改善海湾、河口地区生态环境，防浪护岸，净化陆地径流，防治近海水域污染，维护近海渔业的稳产高产，保护沿海湿地生物多样性等方面具有不可替代的重要作用（王友绍，2013）。

图 1.1　涨潮和退潮的红树林
a. 涨潮，湛江；b. 退潮，九龙江口

全世界的红树林大致分布于南、北回归线之间，主要分布在印度洋及西太平洋沿岸，118 个国家和地区的海岸有红树林分布，面积大约为 17 075 600 hm^2（FAO，2007）。若以子午线为分界线，可将世界红树林分成东方和西方两大分布中心：一是分布于亚洲、

图 1.2 红树植物的胎生现象（显胎与隐胎）与根系（支柱根、板状根和膝状根）

大洋洲沿岸和非洲东海岸的东方群系，以印度尼西亚的苏门答腊和马来半岛的西海岸为中心；二是分布于美洲东、西海岸和非洲西海岸的西方群系（图 1.3）。前者种类丰富，后者种类贫乏。两大类型的交界处在太平洋中部的斐济和汤加群岛。离赤道带越远，红树林越矮，最后成为灌木矮林，种类也逐渐减少。印度-马来西亚地区被认为是世界红树植物生物多样性最丰富的地区，澳大利亚为第二大红树植物生物多样性中心（王文卿和王瑁，2007）。

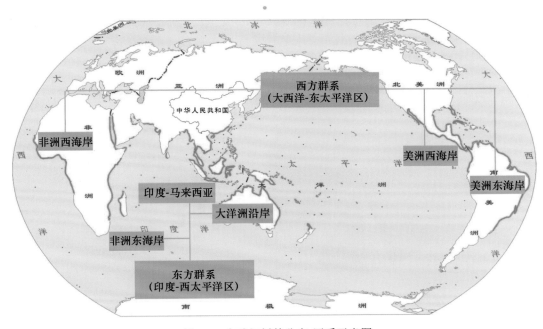

图 1.3　全球红树林分布-区系示意图

　　世界红树林面积前五位的国家分别是印度尼西亚（19%）、澳大利亚（10%）、巴西（7%）、尼日利亚（7%）、墨西哥（5%）（FAO，2007）（图 1.4，图 1.5，表 1.1）。世界上面积最大的红树林位于孟加拉湾，面积达 100 万 hm^2，其次是非洲的尼罗河三角洲，面积为 70 万 hm^2。世界各国天然红树林及人工种植红树林见图 1.6~图 1.17。

　　我国红树林位于东方群系的亚洲沿岸和东太平洋群岛区（即印度-马来西亚区）的东北亚沿岸，自然分布于广东、广西、福建、海南、台湾、香港、澳门等地（林鹏，1997；王文卿和王瑁，2007；王友绍，2013）。

　　我国红树林面积在历史上曾达 25 万 hm^2，20 世纪 50 年代为 4 万 hm^2 左右。人类在海岸带的不合理开发活动对红树林的破坏越来越严重，导致红树林面积不断减少；同时 2004 年印度洋海啸也给世人敲响了警钟，红树林的社会、生态、经济效益再次引起人们的关注；我国浙江、福建、广东、广西等地纷纷开展了人工种植红树林与示范区建设（图 1.18）。我国红树林自然分布于海南的榆林港（18°09′N）至福建福鼎的沙埕湾（27°20′N）之间，分布最北的红树植物是秋茄，天然分布北界是福建福鼎，红树林分布人工引种北界为浙江乐清（28°25′N），天然分布南界在海南岛南岸，我国现存红树林面积约为 2.2 万 hm² （王文卿和王瑁，2007；王友绍，2013）（图 1.19）。

在国家科技基础资源调查专项的支持下，已发现了红树植物一个新记录种——拉氏红树（*Rhizophora × lamarckii*）（罗柳青等，2017）和一个新种——钟氏海桑（*Sonneratia zhongcairongii* Y. S. Wang & S. H. Shi）（图 1.20）；目前，我国天然红树植物共有 21 科 25 属 38 种，包括 11 科 15 属 26 种真红树植物（不包括从孟加拉国引种的无瓣海桑、从墨西哥引种的拉关木）和 10 科 10 属 12 种半红树植物（表 1.2，表 1.3）（王文卿和王瑁，2007；王友绍，2013）。我国台湾地区的 *Rhizophora mucronata*（台湾名为五花梨）实际应为红海榄（*Rhizophora stylosa*）、水笔仔实际应为秋茄（*Kandelia obovata*）、红茄苳实际应为木榄（*Bruguiera gymnorrhiza*）。

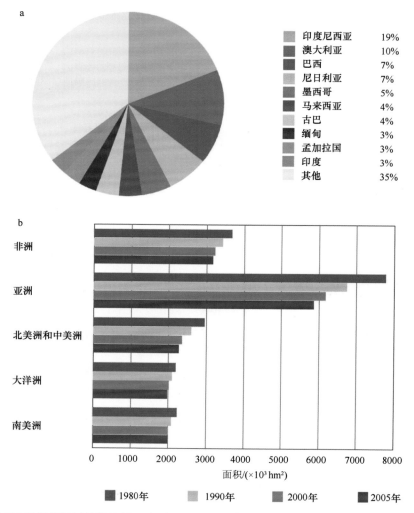

图 1.4　2005 年世界红树林的比例（a）和 1980~2005 年世界红树林面积变化（b）（FAO，2007）

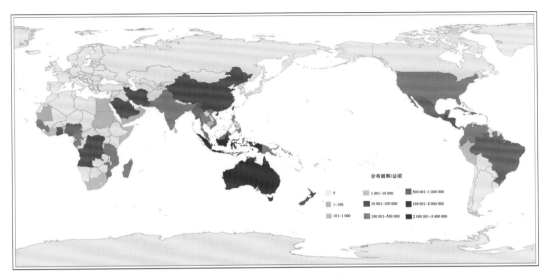

图 1.5　2005 年世界红树林面积分布示意图（改自 FAO，2007）

表 1.1　世界拥有红树林的国家、地区及岛屿（FAO，2007）

非洲

安哥拉	加蓬	尼日利亚
贝宁	冈比亚	圣多美和普林西比
喀麦隆	加纳	塞内加尔
科摩罗	几内亚	塞舌尔
刚果	几内亚比绍	塞拉利昂
科特迪瓦	肯尼亚	索马里
刚果民主共和国	马达加斯加	南非
吉布提	毛里塔尼亚	苏丹
埃及	毛里求斯	坦桑尼亚
赤道几内亚	马约特	多哥
厄立特里亚	莫桑比克	

美洲

安圭拉	多米尼加共和国	荷属安的列斯
安提瓜和巴布达	厄瓜多尔	尼加拉瓜
阿鲁巴	萨尔瓦多	巴拿马
巴哈马	法属圭亚那	秘鲁
巴巴多斯	格林纳达	波多黎各
伯利兹	瓜德罗普	圣基茨和尼维斯
百慕大	危地马拉	圣卢西亚
巴西	圭亚那	圣文森特和格林纳丁斯
英属维尔京群岛	海地	苏里南
开曼群岛	洪都拉斯	特立尼达和多巴哥
哥伦比亚	牙买加	特克斯和凯科斯群岛
哥斯达黎加	马提尼克	美属维尔京群岛
古巴	墨西哥	美国
多米尼克	蒙特塞拉特	委内瑞拉

续表

亚洲		
巴林	日本	沙特阿拉伯
孟加拉国	科威特	新加坡
文莱达鲁萨兰国	马来西亚	斯里兰卡
柬埔寨	马尔代夫	泰国
中国	缅甸	阿拉伯联合酋长国
东帝汶	阿曼	越南
印度	巴基斯坦	也门
印度尼西亚	菲律宾	卡塔尔
伊朗		

太平洋岛屿		
美属萨摩亚	瑙鲁	萨摩亚
澳大利亚	新喀里多尼亚	所罗门群岛
斐济	新西兰	托克劳
关岛	纽埃	汤加
基里巴斯	北马里亚纳群岛	图瓦卢
马绍尔群岛	帕劳	瓦努阿图
密克罗尼西亚	巴布亚新几内亚	瓦利斯和富图纳群岛

图 1.6 马来西亚 Kuala Gula 红树林、恢复示范区与苗圃

图 1.7 印度尼西亚巴厘岛红树林与苗圃

图 1.8 泰国红树林与人工种植

图 1.9 越南芽庄红树林与人工种植

图 1.10 新加坡双溪布洛湿地及红树林

图 1.11 印度 Pichavaram 红树林

图 1.12　孟加拉国 Sandarban 红树林与红树林中的老虎

图 1.13　斯里兰卡南部红树林

图 1.14　巴基斯坦玛里尔河口红树林与示范区

图 1.15　澳大利亚悉尼和凯恩斯红树林

图 1.16 美国东海岸红树林（由廖宝文提供）

图 1.17 尼日利亚红树林

福建集美　　　　　　　　　　　　　　　　　　福建泉州湾

图 1.18　我国人工种植的红树林与示范区

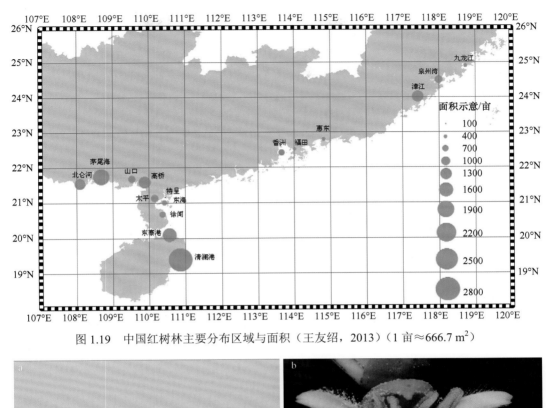

图 1.19　中国红树林主要分布区域与面积（王友绍，2013）（1 亩 ≈ 666.7 m²）

图 1.20　拉氏红树（a，b）和钟氏海桑（c，d）

表 1.2　中国真红树植物的种类及其分布（王文卿和王瑁，2007；王友绍，2013；罗柳青等，2017）

科名	种名	海南	广东	广西	台湾	香港	澳门	福建	浙江
卤蕨科 Acrostichaceae	卤蕨 *Acrostichum aureum*	√	√	√	√	√	√	√	
	尖叶卤蕨 *A. speciosum*	√							
楝科 Meliaceae	木果楝 *Xylocarpus granatum*	√							
大戟科 Euphorbiaceae	海漆 *Excoecaria agallocha*	√	√	√	√	√		√	
海桑科 Sonneratiaceae	杯萼海桑 *Sonneratia alba*	√							
	钟氏海桑 *S. zhongcairongii* Y. S. Wang & S. H. Shi	√							
	无瓣海桑 *S. apetala* (孟加拉国引种)	▽	▽	▽					
	海桑 *S. caseolaris*	√	▽						
	海南海桑 *S.* × *hainanensis*	√							
	卵叶海桑 *S. ovata*	√							
	拟海桑 *S.* × *gulngai*	√							
红树科 Rhizophoraceae	海莲 *Bruguiera sexangula*	√	▽						
	木榄 *B. gymnorrhiza*	√	√	√	☆	√		√	
	尖瓣海莲 *B. sexangula* var. *rhynochopetala*	√	▽						
	角果木 *Ceriops tagal*	√	√	☆	☆				
	秋茄 *Kandelia obovata*	√	√	√	√	√	√	√	▽
	正红树 *Rhizophora apiculata*	√							
	红海榄 *R. stylosa*	√	√	√	√	☆		▽	
	拉氏红树 *R.* × *lamarckii*	√							
使君子科 Combretaceae	红榄李 *Lumnitzera littorea*	√							
	榄李 *L. racemosa*	√	√	√	√	√		▽	
	拉关木 *Laguncularia racemosa* (墨西哥引种)	▽	▽						
紫金牛科 Myrsinaceae	桐花树 *Aegiceras corniculatum*	√	√	√		√	√	√	
马鞭草科 Verbenaceae	白骨壤 *Avicennia marina*	√	√	√	√	√	√	√	
爵床科 Acanthaceae	小花老鼠簕 *Acanthus ebracteatus*	√	√						
	老鼠簕 *A. ilicifolius*	√	√	√		√	√	√	
茜草科 Rubiaceae	瓶花木 *Scyphiphora hydrophyllacea*	√							
棕榈科 Palmae	水椰 *Nypa fruticans*	√							
种类合计[*]		26	11	11	8	9	5	7	0

注：☆灭绝；▽引种成功；[*] 仅统计天然分布种类（包括已经灭绝者）

表 1.3　中国半红树植物的种类及其分布（王文卿和王瑁，2007；王友绍，2013）

科名	种名	海南	广东	广西	台湾	香港	澳门	福建	浙江
莲叶桐科 Hernandiaceae	莲叶桐 *Hernandia nymphaeifolia*	√							
豆科 Leguminosae	水黄皮 *Pongamia pinnata*	√	√	√	√	√			
锦葵科 Malvaceae	黄槿 *Hibiscus tiliaceus*	√	√	√	√	√		√	
	杨叶肖槿 *Thespesia populnea*	√	√	√	√	√		▽	
梧桐科 Sterculiaceae	银叶树 *Heritiera littoralis*	√	√	√	√	√		▽	
千屈菜科 Lythraceae	水芫花 *Pemphis acidula*	√			√				
玉蕊科 Barringtoniaceae	玉蕊 *Barringtonia racemosa*	√			√			▽	
夹竹桃科 Apocynaceae	海杧果 *Cerbera manghas*	√	√	√	√	√	√	▽	
马鞭草科 Verbenaceae	苦郎树 *Clerodendrum inerme*	√	√	√	√	√	√	√	
	钝叶臭黄荆 *Premna obtusifolia*	√	√	√	√				
紫葳科 Bignoniaceae	海滨猫尾木 *Dolichandrone spathacea*	√	√						
菊科 Compositae	阔苞菊 *Pluchea indica*	√	√	√	√	√	√	√	
种类合计*		12	9	8	10	7	3	3	0

注：▽引种成功；* 仅统计天然分布种类（包括已经灭绝者）

1.1　中国红树林植物种类组成、外貌结构和演替特征

中国红树林植物根据其种类组成、外貌结构（图 1.21）和演替特征，可分为 7 个植物群系，即木榄群系、红树群系、秋茄群系、桐花树群系、白骨壤群系、海桑群系和水椰群系（林鹏，1997；王文卿和王瑁，2007）。其中木榄群系和红树群系主要分布于海南、雷州半岛和广西钦州地区，海桑群系和水椰群系仅分布于海南，秋茄群系、桐花树群系和白骨壤群系分布最广，我国东南沿海绝大部分地区都有分布。我国红树林主要分布于海南、广东和广西海岸，占全国红树林总面积的 97%，而海南的红树林几乎包括了我国红树植物的全部种类。随着纬度的提高，红树植物种类减少，矮化现象极为明显。在福建厦门以北地区，只存在秋茄一种红树植物，而福鼎是我国红树林自然分布的北界。总体上，全球红树林面积约为 1700 万 hm^2，分别占全球森林总面积（37.79 亿 hm^2）的 4.5‰和热带雨林面积（19.37 亿 hm^2）的 8.8‰；中国红树林面积仅占世界红树林面积的 1.3‰（FAO，2007；Spalding et al.，2010）。我国的红树林面积较小，但我国红树林位于世界红树林分布区的北缘，因此，中国红树林对研究世界红树林的起源、分布和演化等有着特殊的价值。

海南的红树林主要分布在东北部的东寨港、清澜港和南部的三亚港及西部的新英港等，面积为 3930.3 hm^2。1980 年，东寨港被广东省政府批准为中国第一个红树林自然保护区，1986 年升级为国家级自然保护区，1992 年成为列入国际重要湿地名录的 7 块中国湿地之一，具有重要的研究价值和保护价值。保护区面积为 3337 hm^2，有林地面积为 1733 hm^2。清澜港红树林主要分布于八门湾沿岸滩涂，并断断续续地分布至港湾外，港湾沿岸陆地为沿海台地，原生植被是热带雨林和稀树草原，但受人类经济

图 1.21　部分红树植物的花蕾

活动的影响，绝大部分已变为农田、木麻黄林、桉树林、椰树林及果树林。三亚市红树林成林历史较长，植株高大，嗜热型种类多，是海南省典型的热带红树林。由于人类经济活动的影响，不到 100 年的时间，三亚地区大面积的红树林已绝迹，现存的红树林是次生林或人工防护林。一些嗜热窄布种类，如瓶花木、水椰、红榄李、红树等仅出现于东部，西南部沿海多为砂岸及岩岸，岸线较平直，红树林面积小，组成种类也较简单。

广东的红树林主要分布在湛江、深圳和珠海等地，总面积为 9084.0 hm^2，红树林未成林地 737.9 hm^2，天然更新林地 607.4 hm^2，宜林地 22 260.6 hm^2，是全国红树林面积最大的省份，约占全国红树林面积的 40%。红树林面积比 20 世纪 90 年代初的 1.47 万 hm^2 减少了 5000 hm^2 以上。分布优势种是秋茄、白骨壤、桐花树、木榄、红海榄等（王文卿和王瑁，2007）。

广西的红树林主要分布在英罗湾、丹兜海、铁山港、钦州湾、北仑河口、珍珠湾、防城港等地，总面积为 8374.9 hm^2，面积仅次于广东，以白骨壤、桐花树、红海榄、秋茄和木榄为主。英罗湾的红海榄植株高达 9 m，胸径达 20~25 cm，是大陆沿海红树林保存最好的地段（王文卿和王瑁，2007）。

福建是我国红树林自然分布的北限，在沿岸的河口海湾分布着大面积的红树林。从南端的云霄到最北端的福鼎都有红树林的间断分布，且由南向北，面积与种类均呈减少趋势。福建的红树林总面积为 615.1 hm^2，80%集中分布在漳江口的云霄县竹塔村和九龙江口的龙海市浮宫村、厦门市东屿村，以秋茄、桐花树、白骨壤为主（王文卿和王瑁，

2007）。

　　浙江没有天然红树林分布，只有人工引种的红树林，如秋茄、桐花树和海漆，除了在温州市瑞安、苍南、平阳等县市有红树林零星分布外，唯一规模成片的分布区位于乐清湾西门岛，秋茄面积约为 230 hm^2，桐花树约有 2 亩[①]。

　　香港的红树林主要分布于深圳湾米埔、大埔汀角、西贡和大屿山岛等地，总面积约为 380 hm^2，以秋茄、桐花树、白骨壤最为常见。

　　澳门的红树林主要分布于氹仔跑马场外侧，氹仔与路环之间的大桥西侧等地的海滩上，总面积约为 10 hm^2，主要是桐花树、白骨壤和老鼠簕。

　　台湾的红树林主要分布在台北淡水河口、新竹红毛港至仙脚石海岸，总面积约为 278 hm^2，以秋茄、白骨壤为主（王文卿和王瑁，2007）。

　　我国有辽阔的海岸线，但是红树林的分布比较局限，主要分布在福建、广东、广西及海南，国家为了保护我国数量不多的红树林，在红树林分布区域建立了自然保护区，如海南东寨港红树林自然保护区、福建漳江口红树林自然保护区、广东湛江红树林自然保护区、广西山口红树林生态自然保护区、香港米埔红树林鸟类自然保护区，以及台湾淡水河口红树林自然保护区等（表 1.4）。

表 1.4　中国分布的主要红树林自然保护区

序号	名称	地点	红树林面积/hm^2	成立年份	级别	主管部门
1	东寨港红树林自然保护区	海南海口	1 733	1980 1986	省级 国家级	林业
2	北仑河口红树林自然保护区	广西防城	1 131.3	1990 2000	省级 国家级	海洋
3	山口红树林生态自然保护区	广西合浦	806.2	1990	国家级	海洋
4	湛江红树林自然保护区	广东湛江	933 12 423	1991 1997	省级 国家级	林业
5	福田红树林鸟类自然保护区	广东深圳	82	1984 1988	省级 国家级	林业
6	清澜港红树林自然保护区	海南文昌	1 223.3	1981	省级	林业
7	米埔红树林鸟类自然保护区	香港米埔	85	1975	省级	世界自然基金会香港分会
8	漳江口红树林自然保护区	福建云霄	117.9	1997 2003	省级 国家级	林业
9	九龙江口红树林自然保护区	福建龙海	110	1988	省级	林业
10	淡水河口红树林自然保护区	台湾台北	76.4	1986	省级	台湾林业主管部门
11	关渡自然保留区	台湾台北	30	1988	市级	台湾建设主管部门
12	惠东红树林自然保护区	广东惠东	543.3	2000	市级	林业
13	淇澳红树林自然保护区	广东珠海	600	2004	市级	林业
14	花场湾红树林自然保护区	海南澄迈	150	1983	县级	海洋

[①] 1 亩 ≈ 666.7 m^2

序号	名称	地点	红树林面积/hm²	成立年份	级别	主管部门
15	新盈红树林自然保护区	海南临高	67	1983	县级	林业
16	彩桥红树林自然保护区	海南临高	85.8	1986	县级	林业
17	新英湾红树林自然保护区	海南儋州	79.1	1983	市级	林业
18	儋州东场红树林自然保护区	海南儋州	478.4	1986	县级	林业
19	三亚河口红树林自然保护区	海南三亚	59.7	1990	市级	林业
20	青梅港红树林自然保护区	海南三亚	63	1989	市级	林业
合计			19 944.4			

1.1.1　木榄群系

木榄群系（*Bruguiera* Formation）以木榄属植物为主组成灌木或乔木群落。植株高度一般为 3～4 m，最高可达 15 m，胸径一般为 8～12 cm，最大达 15 cm，郁闭度为 80%～90%，外貌深绿色，林相整齐。木榄属植物常具有发达的膝状气根，可与尖瓣海莲、红海榄、角果木、榄李、秋茄、桐花树等组成多种群落。木榄群系属于演替后期的群落类型（图 1.22）。

图 1.22　木榄

1.1.2　红树群系

红树群系（*Rhizophora* Formation）以红树属植物为主组成高大稠密的灌木林，常分布于宽阔的滩面上，宽可达 110～150 m，植株高 1.5～3 m，最高可达 14 m，具有发达的支柱根。红树可与角果木、榄李、秋茄、桐花树等组成多种群落，属于演替中期的群落类型（图 1.23）。

1.1.3　秋茄群系

秋茄群系（*Kandelia* Formation）以秋茄为主组成或密或疏的小乔木群落。它是一种适应性很广的红树植物群落，从外海到河口地带都有此群系。秋茄一般高达1.5~4 m，最高可达 10 m，直径为 10~30 cm，通常与桐花树组成两层的群落，郁闭度为 60%~90%，外貌青绿色，林相整齐，具有不发达的支柱根或板状根。秋茄群系是最耐寒的群系，它在浙江被引种成功就说明了这一点。秋茄群系基本属于演替中、后期的群落类型（图 1.24）。

图 1.23　红树

图 1.24　秋茄

1.1.4　桐花树群系

桐花树群系（*Aegiceras* Formation）的优势种是较低矮的桐花树。植株高一般为1~2 m，高者可达 3 m，多分枝且树冠平整，郁闭度为 40%~80%，群落结构简单，只有灌木一层。桐花树植株在基部多萌生，形成团状的丛生，有支柱根或低矮的板状根。本群系是红树群落演替的中、前期阶段的群落类型（图 1.25）。

1.1.5　白骨壤群系

白骨壤群系（*Avicennia* Formation）结构简单，主要是白骨壤一种，郁闭度为 30%~80%，植株一般高 1~2 m，在南方海岸保存较好者可高达 4 m。白骨壤群系的最大特点就是具有从榄状匍匐根上伸出地面的指状呼吸根，呼吸根布满滩面。白骨壤群落多生长于外海盐度较高的地段，是红树群落演替最前期的群落类型（图 1.26）。

图 1.25　桐花树

图 1.26　白骨壤

1.1.6　海桑群系

海桑群系（*Sonneratia* Formation）是单优势种群落，植株高 2~3 m，在河口三角洲地区可高达 5 m 以上。林相较稀疏，有一些笋状呼吸根，在河口或咸、淡水交汇处都有分布，适应性较广。海桑群系在红树林演替系列的前期、后期都可存在（图 1.27）。

1.1.7　水椰群系

水椰群系（*Nypa* Formation）也是单优势种群落，外貌呈深绿色、密丛状，郁闭度为 40%~70%，高度为 4~7 m，最高可达 9 m。水椰群系属于两栖类型，既可生长于高潮浸渍的泥滩，又可生长于沉积泥滩上。水椰群落是红树林中特有的棕榈科植物类型，属于红树林演替后期的群落类型（图 1.28）。

图 1.27 海南海桑

水椰植株

果实

水椰地下茎

水椰花絮

图 1.28 水椰（由王文卿提供）

1.2　红树林的生理生态特点与生态、社会、经济意义

1.2.1　强大的根系

红树植物的根多靠近地表生长,或是呈水平分布的榄状根,或是露出地表的表面根,还有特别适应泥滩环境的从枝上向下垂的气根、增强固着能力的板状根和拱状支柱根,以及有利于吸收氧气、在地面横走、膝状或垂直向上的笋状呼吸根等。由于这些根具有数量多、扎得深、铺得远、地上和地下都有的特点,红树植物能在软软的漂移的砂泥地上固定不动。同时地上的气根和地下的根系可以互相交换气体,使得红树植物不会因陷于淤泥缺氧而窒息(图 1.29,图 1.30)。

图 1.29　红树植物根系

Cheng 等(2012a,2012b,2012c,2015)发现从低潮间带先锋红树植物物种到高潮间带半红树植物物种的根系孔隙率和渗氧速率逐渐变小,在水淹胁迫下进一步刺激红树植物根系孔隙率和渗氧速率的增加,从生理水平上揭示了红树林在潮间带的分布特征与适应策略。

图 1.30 因气根被埋导致红树植物死亡（湛江韶山）

1.2.2 独特的繁殖方式——胎生

由于在海岸地带常常风大浪急，潮汐起伏，海滩的土壤都是松软的淤泥，一般树木的种子根本无法萌发生长。红树在长期的进化过程中，形成了与其生长环境相适应的繁殖方式。当红树的果实成熟后，它们并不像一般植物那样自动离开母树，而是继续留在母树上，种子通过母树吸取营养并在果实中萌发，直到变成大约 33 cm 长的小红树（一般指显胎），并长出嫩绿的枝芽，才离开母树。这些小红树扎到泥土后，几小时内就能长出根，牢牢固定在潮滩上（图 1.31）。红树和其他红树植物就是靠这种本领不断繁殖，在海滩形成大片的红树林。由于这种繁殖后代的方法就像哺乳动物的怀孕和分娩，因此用这种奇特方式繁殖后代的植物，也被称为"胎生植物"。当然除了胎萌以外，红树植物还具有无性繁殖能力即分蘖能力。

图 1.31 木榄（a）和海莲（b）（显胎）果实发育过程

1.2.3　良好的拒盐、泌盐功能

红树林要生活在海潮之中，还必须具备脱盐的生理功能，所以它不同于陆地林木的另一个特点，就是能够从海水中吸收营养物质，又能通过自身进行盐分代谢，把多余的盐分排出体外。因此，有人称它为"植物海水淡化器"。红树林脱盐的方式有拒盐和泌盐两种（林鹏，1997；王文卿和王瑁，2007）。拒盐红树植物的植物体依靠其木质部内的高负压力，通过其非代谢性超滤作用从海水中分离出淡水，然后吸收淡水；常见的拒盐植物有红海榄、木榄、角果木、秋茄等。泌盐红树植物直接吸入海水，再通过盐腺将盐分分泌到叶片表面之外，然后被雨水冲掉或随落叶除掉盐分；常见的泌盐植物有白骨壤、桐花树、老鼠簕等（林鹏，1997；王文卿和王瑁，2007）（图 1.32）。

图 1.32　具有泌盐现象的红树林（桐花树）叶片的盐粒

红树植物对盐具有高耐受性，许多关于形态学、解剖学及生理生态学的研究为其耐盐机制提供了依据（林鹏，1997）。近年来由于分子生物学技术的迅速发展，红树植物分子水平的抗盐机制研究取得了较大进展，一些红树植物的抗盐基因被发现，红树植物耐盐性能与其相关基因的表达和调控有关（Banzai et al.，2002；Huang et al.，2003；Fu et al.，2005；Tanakal et al.，2002；Shi et al.，2005）。

1.2.4　高渗透压

红树植物能够适应高盐生境，主要是依靠其高渗透压。红树植物细胞内的渗透压通常达 30~60 atm[①]（一般的陆生植物只有 5~10 atm）。渗透压的大小随种类和生境的不同

---

① 1 atm=1.013 25×10^5 Pa

而不同。例如，海桑平均是 32.0 atm，木榄是 33.0 atm，白骨壤是 34.5~62.0 atm（王友绍，2013）。红树植物的高渗透压保证了植株能从沼泽性盐渍土中吸取足够的水分及养料，这是红树植物能够在潮滩盐土中扎根生长的重要条件。

1.2.5 良好的抗逆性能

高盐是沿海海湾、河口地区红树林的主要环境特点（王文卿和林鹏，1999）。随着现代江河流域工农业的迅猛发展，沿海城市人口与经济的快速增长，人为干扰使河口、海湾区的环境污染日趋严重（张凤琴等，2005）；此外，除上述大气温度的变化（如低温、雨雪）、海平面上升、大气 CO_2 浓度的变化，以及其他一些因素如紫外线辐射增强外，海水盐度的变化、降水量的变化（如干旱）、风暴和巨浪次数的增多也对红树林造成不同程度的影响（Gilman et al.，2008；陈小勇和林鹏，1999）。红树林作为一种海岸潮间带森林生态系统，在逆境条件下表现出较高的承载力和耐受性，具有良好的抗逆性能（Cheng et al.，2012a，2012b，2012c，2015；Huang & Wang，2009，2010a，2010b；Huang et al.，2010，2011，2012；Peng et al.，2013；Song et al.，2011，2012；Zhang et al.，2007，2012），尤其在高盐（王文卿和林鹏，1999；Fu et al.，2005；Chen et al.，2012b；Shi et al.，2005）、低温（陈鹭真等，2010；Markley et al.，1981；Peng et al.，2013，2015a，2015b，2015c；Fei et al.，2015a，2015b）、污染（Cheng et al.，2012a，2012b；Huang & Wang，2009，2010a，2010b；Huang et al.，2010，2011，2012；Zhang et al.，2007，2012；Song et al.，2012）和干旱（Gilman et al.，2008；Tanakal et al.，2002；Guan et al.，2015）等条件下。

1.2.5.1 红树林的耐寒性能

尽管低温对红树植物会产生不同程度的损害，但是不同种类的红树植物对低温的耐受程度不一致，对低温的耐受性与响应也不同（图 1.33）。池伟等（2008）对浙江温州引种的红树植物在自然低温胁迫下的数量和形态变化的研究表明，在自然条件下 5 种红树植物的抗寒能力强弱依次为秋茄>桐花树>老鼠簕>木榄>海桑。2008 年的寒害对红树林的影响也显示出各地主要红树植物抗寒能力的强弱，广布种秋茄、桐花树和白骨壤最为耐寒，其耐寒性均大于红树科的木榄、海莲和红海榄。海桑对温度的敏感性最强，抗寒能力最低（陈鹭真等，2010）。李玫等（2009）通过对 2008 年 2 月广东省红树林遭受严重寒害的情况开展调查，研究发现真红树植物的抗寒能力依次为秋茄>桐花树>老鼠簕>白骨壤>木榄>无瓣海桑>拉关木>红海榄>海桑>海莲，而半红树植物的抗寒能力依次为海杧果>银叶树>水黄皮>杨叶肖槿。林鹏等（1994）报道了零上低温对 6 种红树林幼苗叶片电解质渗出率的影响，得出白骨壤严重受害低温为-2~0℃，海莲略高于 0℃，秋茄、桐花树、木榄、尖瓣海莲（*Bruguiera sexangula* var. *rhynochopetala*）虽然经 0℃或-2℃短时处理后部分叶片受害，却不致死亡，它们的严重受害低温在-2℃以下。杨盛昌和林鹏（1998）报道，海南东寨港主要红树种类的冬季抗寒温度为-2.3~6.8℃。抗寒力相对较强的树种有木榄、海莲、角果木（*Ceriops tagal*）、桐花树、秋茄、银叶树等，而较弱的种类有海桑、杯萼海桑（*Sonneratia alba*）、榄李（*Lumnitzera racemosa*）、红榄李和木果楝。对于广布种的秋茄、桐花树等，生长在低纬度的种群抗寒力弱，生长在高纬度的种群抗寒力强。由于微生境的不同，植株大小、叶片结构、光照不同，分布在不同潮滩及群落的红树植物的抗寒力会发生改变，外滩的抗寒能力大于中滩；在浙江南部的秋茄冬天可以在−2℃条件下生存，并能安全过冬（陈少波等，2012）。

图 1.33　低温下的红树林
a. 浙江南部雪中人工秋茄林（由仇建标提供）；b. 2008 年受寒害的湛江高桥红海榄苗圃

Peng 等（2013，2015a）发现了白骨壤和桐花树 *CBF/DREB1*（*CBF1*、*CBF2* 和 *CBF3*）转录因子基因参与了其抗寒信号转导，其中 *AmCBF2*、*AcCBF1* 对多种压力（逆境）均有响应，尤其在低温、干旱和重金属胁迫下表达量很高，其原因主要是 *AmCBF2*、*AcCBF1* 基因参与了白骨壤、桐花树冷胁迫、干旱胁迫和重金属胁迫的交叉响应信号转导。酶促和非酶抗氧化剂（如过氧化物酶、抗坏血酸过氧化物酶、抗坏血酸、脯氨酸和类胡萝卜素）在抗低温红树林所产生的过量活性氧的清除方面发挥了重大作用（Peng et al.，2015b）。Peng 等（2005c）对桐花树的 5 个管家基因 *18S rRNA*、*Actin*、*GAPDH*、*EF1A* 和 *rpl2* 在不同组织中的表达稳定性，以及它们在低温、高盐和干旱胁迫条件下的表达稳定性进行了分析，发现 *GAPDH* 基因的表达比较稳定，适合在高盐、低温等条件下单独作为内参基因，还发现桐花树 *EF1A* 基因也参与了该植物的生长发育过程和多种逆境响应过程。Fei 等（2015a）从红树植物秋茄中分离到 334 个与冷胁迫有关的基因，334 个基因中有 143 个已确定与代谢、细胞解毒和防御、能量传输、光合作用等有关；进一步研究表明热休克蛋白基因（*HSP70*）在红树植物抗低温胁迫中起重要作用（Fei et al.，2015b）；但是目前，有关红树植物抗寒分子生态学机制方面的研究，尤其对于从分子水平上深化红树林生态系统对全球气候变化响应与适应的认识还相对薄弱（Peng et al.，2013，2015a；Fei et al.，2015a，2015b）。

1.2.5.2　红树林的抗污染性能

由于红树林处于淡水和海水的交互地带，污染物和有毒物质存留在泥滩中（图 1.34），红树林湿地系统可通过物理作用、化学作用及生物作用对各种污染物进行处理，对其加以吸收、积累而起到净化作用，尤其是抗污染分子生态学机制研究，从分子水平探讨了红树植物对重金属、有机污染物等具较高耐受性的分子生态学机制（宋晖和王友绍，2012；Huang & Wang，2009，2010a；Huang et al.，2011，2012；Zhang et al.，2012；Wang et al.，2015a，2015b；Usha et al.，2007；Gonzalez-Mendoza et al.，2007）（图 1.35）。

图 1.34　城市生活污水
a. 三亚；b. 深圳

图 1.35　缺氮和高盐下红海榄根部的解剖特点（Chen et al.，2012b）
a. 缺氮组；b. 对照组；c. 高盐组

大量研究结果表明，红树植物对重金属污染具有一定的耐受性，但高浓度的重金属胁迫对红树植物的生长和形态结构会造成损伤性影响（张凤琴等，2005；程皓等，2009）。由于受诸多环境因子的制约，Lacerda 和 Abrao（1984）认为几乎不可能在野外用成年红树植物个体来研究植物对重金属污染的反应，几乎所有的研究结果都是在幼苗培养的基础上得到的（Zhang et al.，2012）。

陈荣华和林鹏（1988）研究表明，10 mg/L Hg 对秋茄幼苗萌芽有延缓作用，桐花树幼苗萌芽受到抑制，而白骨壤幼苗萌芽和展叶均不受影响。郑逢中等（1994）发现 50 mg/L Cd 对秋茄种苗的萌芽无影响，而 ≥100 mg/L 对秋茄种苗的萌芽和展叶具有明显的抑制作用。MacFarlane 和 Burchett（2002）发现，白骨壤苗高、叶片数量和面积在 Cu 浓度 >100 μg/g 时明显减少，总生物量和根生长在 400 μg/g 时受到明显抑制，Zn 浓度为 500 μg/g 时幼苗苗高、叶片生长、生物量和根生长受到抑制。杨盛昌和吴琦（2003）发现 Cd 浓度为 0.15 μg/L 时略微促进桐花树幼苗植株的生长，而浓度 >0.15 μg/L 时则抑制幼苗的生长。方煜等（2008）发现 Cr（III）浓度 ≤100 mg/L 时对白骨壤幼苗的正常生长不会造成明显的不利影响，而≥200 mg/L 时则对幼苗的生长具有明显的抑制作用，并随胁迫时间的增加而加剧。

关于红树植物耐受重金属胁迫的机制，目前看法不一致，甚至在有些方面存在争议。大量研究表明，红树植物吸收的重金属主要积累于根部（Zhang et al.，2007）。陈荣华和林鹏（1989）认为红树植物根系中发达的凯氏带对减少根系吸收重金属离子有一定作用。MacFarlane 和 Burchett（2002）利用 X 射线能谱-扫描电镜发现白骨壤根系的外皮层及凯氏带是阻止根部吸收及向地上部分传输过多重金属的重要屏障。红树植物根际微环境如pH、Eh 及微生物群落结构等的调节，对红树植物的重金属耐性也起到重要作用，目前机制性研究较少（张凤琴等，2005；程皓等，2009；Cheng et al.，2012a，2012b，2012c，2014，2015a，2015b），Huang、Zhang 等在国际上率先开展了红树植物抗逆金属硫蛋白基因组学研究，结果表明白骨壤Ⅱ型金属硫蛋白基因的表达与环境存在着一定的应答关系，证实了红树林对重金属污染物的净化作用与其Ⅱ型金属硫蛋白基因的表达和调控有关，从分子水平上阐明了重金属对红树植物的作用途径与防御机制（Huang & Wang，2009，2010a；Huang et al.，2011，2012；Zhang et al.，2012）。

Usha 等（2007）比较了白骨壤中的 2 种金属硫蛋白 AmMT2 和 AmMT3 片段在重金属胁迫下的表达模式，发现 2 种金属硫蛋白（MT）在叶片中的表达量高于根，与拟南芥的Ⅲ型和Ⅱ型基因不同，白骨壤只有 AmMT3 受重金属的调节，说明 AmMT3 在白骨壤中有着特殊的作用，可能有激活叶片重金属排出通道的作用。Gonzalez- Mendoza 等（2007）研究白骨壤在 Cd^{2+}、Cu^{2+} 胁迫下 PCS 和 MT 的协调作用时，通过对白骨壤 AmPCS1、AmMT 片段表达的 RT-PCR 检测，发现在低浓度 Cu^{2+} 胁迫下 PCS、MT 表达量分别在 4 h 和 16 d 后出现了明显的上升，证明了 AmPCS 表达的迅速增加可能有助于 Cd^{2+} 和 Cu^{2+} 的解毒。此外，针对重金属，白骨壤有能力通过这 2 个基因的表达（AmMT2和 AmPCS1）构成一个协调的解毒（抗污染）机制。Huang 和 Wang（2009，2010a）研究了白骨壤和木榄金属硫蛋白 AmMT2、BgMT2（Ⅱ型）在根、茎和叶，以及在重金属Cu、Zn 和 Pb 胁迫下的表达；Zhang 等（2012）将秋茄金属硫蛋白 kMT2 功能基因转移到大肠杆菌中表达，该基因具有抗重金属活性。

Wang 等（2015a，2015b）首次发现了在桐花树和白骨壤中具有多重抗逆性能的几丁质酶Ⅰ型、Ⅲ型基因，并证实几丁质酶Ⅰ型、Ⅲ型基因参与了对 Ca^{2+} 的表达与调控。我们除发现了氧化酶系统（Zhang et al.，2007）、金属硫蛋白酶系统（Huang & Wang，2009，2010a；Zhang et al.，2012；Huang et al.，2011，2012）、谷胱甘肽酶系统（Huang & Wang，2010b）以外，还发现了几丁质酶系统（Wang et al.，2015a，2015b），这也是首次在红树植物中发现第 4 套有关体内抗逆的系统（Wang et al.，2015a，2015b）。

李玫等（2002）、叶勇等（2003）分别对秋茄、桐花树、白骨壤及木榄等红树植物进行了研究，结果证明，除了使木榄的根生长量和根茎比减小之外，总体来说污水的排放对红树林植物的生长指标，如株高、胸径、基径、叶片生成量和生物量的年增长量，以及年净生产力等均有促进作用。红树植物对生活污水的适应能力较强，污水排放引起的营养富集不会对红树林本身产生负面影响，在一定范围内还可能有益，特别是在底泥营养水平较低的地区，外来营养的输入促进了红树植物的生长。生活污水中大多富含 N、

P，而红树林生态系统中营养元素（尤指 N、P）是植物生长的限制因子，因此，理论上适量的生活污水排入红树林可以促进植物生长（Henley，1987）。

刘亚云等（2006，2007a，2007b，2007c）研究得出，多氯联苯（PCB）对红树植物秋茄和桐花树幼苗茎高、胸径、生物量和相对生长速率等生长指标具有促进作用，这可能是因为 PCB 具有与植物生长激素如生长素和赤霉素相类似的环状结构，生长素和赤霉素促进植物茎的生长，而 PCB 也可能因其结构的相似性而具有与生长激素类似的作用，从而促进红树植物的生长。他们进一步发现在所设的 PCB 浓度范围内红树植物仍保持相对正常的光合色素水平，而且随着沉积物中 PCB 浓度的增加，秋茄幼苗叶片水势略有增加，积累的游离脯氨酸含量也增加，这些都表明红树植物秋茄对 PCB 具有较强的耐性和抗性。

Song 等（2011，2012）通过在多环芳烃（PAH）胁迫下对红树植物叶、茎、根不同部位的抗氧化系统相关指标的研究表明，红树植物秋茄和木榄在 PAH 胁迫下都会导致其体内的氧化胁迫环境，不同红树植物的防御体系表现出明显的器质特异性的特征，而且不同的 PAH 种类对植物的影响也不同。芘胁迫下对木榄的毒害远大于芘和对三联苯对秋茄的毒害。相关分析也表明，丙二醛（MDA）为指示 PAH 胁迫的良好指标。而在芘胁迫作用下，木榄中超氧化物歧化酶（SOD）和抗坏血酸过氧化物酶（APX）活性也与 PAH 处理强度呈明显的相关关系，是表征芘胁迫的良好生物学参数。研究还表明，在萘胁迫下秋茄抗性与 *MnSOD* 基因和 *C4H* 基因的表达及调控有关（宋晖和王友绍，2012）。此外，不同浓度的 PAH 和不同类型的 PAH 还将影响红树林蓝细菌的群落结构（Sun et al.，2012）。孙娟等（2005）研究发现，白骨壤幼苗在萌发初期，对萘污染的环境胁迫有较强的抗性能力。陆志强等（2005）发现，较低浓度的萘和芘对秋茄幼苗有促进作用。陆志强等（2008）发现，0.1 mg/L 萘和芘的环境胁迫对秋茄幼苗叶片细胞膜透性影响不明显，萘和芘胁迫诱导秋茄幼苗 SOD 和 POD 活性的增加。洪有为和袁东星（2009）的研究结果表明，随着 PAH 浓度增加和处理时间延长，秋茄根受毒害加重，表现为肿大、变黑、腐烂；PAH 处理明显降低了红树幼苗的根、茎、叶重，红树幼苗的净光合速率、蒸腾速率、气孔导度、细胞间隙 CO_2 浓度和叶绿素含量等生理生态指标均呈逐渐降低的趋势；低浓度的菲和荧蒽处理对根系活力、根系生长量和地上部分的生长量有一定的刺激作用，高浓度的处理对秋茄植株的生长造成不利影响。

除上述大气温度的变化（如低温、雨雪）（Peng et al.，2013，2015a，2015b，2015c；Fei et al.，2015a，2015b）和人为污染（有机、无机）（Song et al.，2012；Huang & Wang，2009，2010a，2010b；Zhang et al.，2012；Huang et al.，2010，2011，2012）使红树植物具有良好的抗逆性能外，其他一些因素如紫外线辐射增强、干旱（Guan et al.，2015）、洪涝等使红树林同样具有较强的抗逆性能（Gilman et al.，2008；Peng et al.，2013，2015a，2015b，2015c；Song et al.，2012；Huang & Wang，2009，2010a，2010b；Zhang et al.，2012；Huang et al.，2010，2011，2012；Guan et al.，2015；Wang et al.，2015a，2015b）。

以上研究表明，红树林除了具有"三高"（高生产力、高归还率和高分解率）特性外，还具有高抗逆性（Cheng et al.，2012a，2012b，2012c，2015a，2015b；Huang & Wang，

2009，2010a，2010b；Huang et al.，2010，2011，2012；Peng et al.，2013，2015a，2015b，2015c；Song et al.，2011，2012；Zhang et al.，2007，2012；Shi et al.，2005；Fei et al.，2015a，2015b；Guan et al.，2015；Wang et al.，2015a，2015b）；到目前为止，已发现红树林为具有"四高"特性的生态系统，即高生产力、高归还率、高分解率和高抗逆性。

1.2.6　红树林的生态、社会、经济意义

1.2.6.1　高生产力水平

红树林作为生态系统中的第一生产者，其大量的凋落物经代谢、分解成的有机物质为林中众多的海洋生物提供了丰富的饵料，它们之间构成了一个复杂的食物链（林鹏，1997），而红树林形成了一个理想的觅食和繁衍环境；食物链首先从植物通过光合作用产生碳水化合物和氧气开始；然后，通过端足目动物和蟹的索饵行为粉碎树叶，被树叶中的微生物和菌类所腐烂；从很小的无脊椎动物（底栖生物）到蠕虫、软体动物、虾、蟹重复利用树叶碎屑（以排泄物的形式）从而促进了分解过程。虾、蟹等为低等食肉动物所捕食。食物链的终端是高等食肉动物，如大型鱼类、掠食性鸟类、野猫和人类本身。红树林生态系统的主要热能流沿着红树林树叶—细菌类和真菌类—树叶消费者（食草动物和杂食动物）—低等食肉动物—高等食肉动物传递。红树林生态系统是世界上生物物种最丰富、初级生产力最高的海洋生态系统之一（王友绍，2013）（图 1.36）。

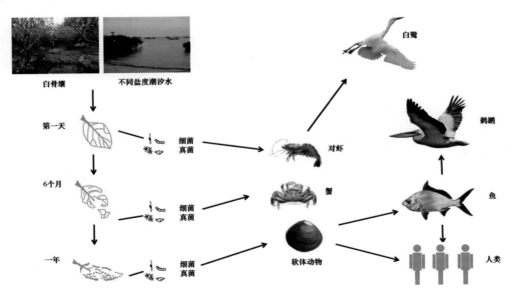

图 1.36　红树林生态系统的一般食物网（以白骨壤为例）

1.2.6.2　保护生物多样性

由于红树林区内潮沟发达，能吸引大量鱼、虾、蟹、贝等生物来此觅食栖息，繁衍后代（林鹏，1997）。此外，红树林区还是候鸟的越冬场和迁徙中转站，更是各种海鸟

繁殖的场所。调查研究表明，红树林是物种多样性极为丰富的生态系统，生物资源非常丰富（王友绍，2013）（图 1.37）。

图 1.37   红树林区鸟、蟹和弹涂鱼、昆虫等

1.2.6.3   维持 CO_2 的平衡

红树植物属于阔叶林，据估计每公顷阔叶林在生长季节 1 d 可消耗 CO_2 1000 kg，释放 O_2 730 kg（林鹏和傅勤，1995）。红树林沼泽中 H_2S 的含量很高，泥滩中大量的厌氧菌在光照条件下能利用 H_2S，使 CO_2 还原为有机物，这是陆地森林所没有的机制。因此，在红树林生态系统中，红树植物从环境中大量吸收 CO_2 并释放出 O_2，这对净化大气、减少温室效应、维持 CO_2 的平衡无疑具有十分积极的意义（Bouillon et al.，2008）（图 1.38）。

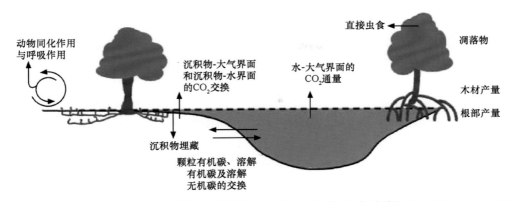

图 1.38 红树林的碳收支情况：初级生产（凋落物、木材、根生产）和各种碳汇（Bouillon et al., 2008）

1.2.6.4 防风御浪、造陆护堤、净化水质

红树林长期适应潮汐及洪水冲击，形成独特的支柱根、气生根、发达的通气组织和致密的林冠等外貌形态特征，具有较强的抗风和消浪性能（陈玉军等，2000；韩维栋等，2000；廖宝文等，2010）；郁闭度达 40%以上，林宽 100 m 左右、林高 2.5~4.0 m 的红树林可消浪 80%以上（张乔民和温孝胜，1996）（图 1.39）。另有研究表明，50 m 宽的红树林带，可使 1 m 高的波浪减至 0.3 m 以下（中国红树林保育联盟，2012）。同时，红树林密集交错的根系减慢了水体流速，沉降水体中的悬浮颗粒，不仅促进土壤的形成，起到保护土壤及造陆护堤的作用，还净化了水质（廖宝文等，2010）。另外，一些红树植物的根还有浓集（积累）重金属和某些放射性核素的作用，这样就可以避免重金属和放射性物质的扩散，减少海水的重金属和放射性核素污染，减少对食物链的污染，保护人类自身的健康（林鹏，1997；张凤琴等，2006；Zhang et al., 2007, 2012）。

图 1.39 红树林发达的根系与抗风浪作用

1.2.6.5 抵御全球温室效应造成海平面上升的负面影响

红树林在促淤保滩的同时，还具有造陆的功能。红树植物发达的根系可加速潮水及陆地径流所带来的泥沙和悬浮物在林区的沉积，促进土壤的形成（谭晓林和张

乔民，1997）。红树林的促淤作用使滩面加厚、加宽，可以应对气候变暖引起的海平面升高的效应，缓解风暴、巨浪对滩面的破坏作用（廖宝文等，2010）。因此，红树林在一定程度上可以抵御全球温室效应导致的海平面上升对沿海地区造成的威胁。从红树林潮滩的沉积速率与海平面上升速率的相对关系上看，当红树林潮滩的沉积速率大于海平面上升速率时，可完全消除海平面上升对沿海地区造成的威胁，并且随着红树林生态系统的不断演化，整个海滩还可向海推进；当红树林潮滩的沉积速率与海平面上升速率相同时，红树林海岸保持一种动态平衡，仍可消除这种威胁；当红树林潮滩的沉积速率小于海平面上升速率时，会减弱这种威胁，但同时红树林生态系统也会因海岸地貌和动力条件的变化而受到影响，发生一系列的变化，或者群落结构发生变化，或者红树林面积减少，或者红树林被海水淹没死亡（Gilman et al.，2008）（图 1.40~图 1.42）。

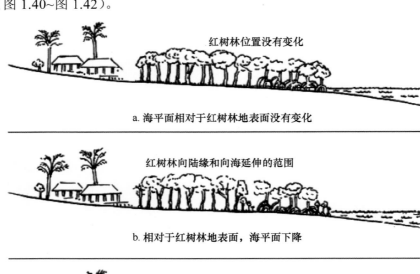

a. 海平面相对于红树林地表面没有变化

b. 相对于红树林地表面，海平面下降

c. 相对于红树林地表面，海平面上升，没有向陆缘延伸的障碍

d. 相对于红树林地表面，海平面上升和向陆缘延伸受阻

图 1.40　红树林对海平面变化的响应（Gilman et al.，2008）

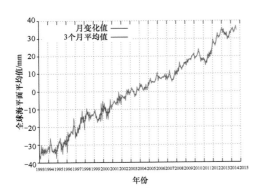

图 1.41 因海平面上升逐渐被水淹没的红树林（孟加拉国南部 Sundarban）

图 1.42 我国受海平面上升影响的红树林（雷州）

1.2.6.6 具有良好的经济效益

除了巨大的生态效益和社会效益以外，红树林的经济价值也不可忽视。红树林全身都是宝，其中单宁可作为鞣料和燃料；有的木材坚硬，耐腐蚀，是建筑、桥梁和船舶的优质用材；有的树木可以药用，治疗皮肤病、疟疾、淋巴结核和癌症等（王友绍等，2004，2007；He et al.，2005，2007）（表 1.5）。

表 1.5　红树林的用途和产品（FAO，1994）

燃料	纺织品、皮革	家庭用品
薪材	合成纤维（rayon）	胶
木炭	布匹染料	发油
建筑业	鞣制皮革的单宁	工具柄
木材、脚手架	纸张产品	碗
重型建筑	各种纸张	玩具
铁路枕木	食品、药品和饮料	火柴杆
矿洞支柱	食糖	香
造船	乙醇	其他林产品
码头桩材	食用油	包装箱
梁和柱	醋	熏制橡胶片用的木材
地板、墙	茶叶替代品	药材
覆盖材料或草席	发酵饮料	其他天然产品
栅栏、碎料板	点心配品	鱼/甲壳类
捕鱼	调味品（树皮）	蜂蜜
鱼栅	甜肉（繁殖体）	蜡
渔船	蔬菜（果实/叶子）	鸟类
熏制鱼用的木材	农业	哺乳动物
渔网/渔线用的单宁	饲料	爬行动物/其他动物
诱鱼所		

　　红树林为人们带来大量的日常保健产品，如木榄和海莲类的果皮可用来止血及制作调味品，其根能榨汁，可用于生产贵重香料；在印度，木榄和海莲类的叶常用于控制血压；斐济的岛民将海漆类的红树树叶放入牙齿的齿洞中以减轻牙痛，据说将红树林的果汁擦在身上可以减轻风湿病的疼痛；在哥伦比亚的太平洋海岸，人们浸泡大红树的树皮，制成漱口剂来治疗咽喉痛；在印度尼西亚和泰国，由红树林的果实榨的油用于点油灯，还能驱蚊和治疗昆虫叮咬、痢疾引起的发烧；在我国，老鼠簕具有抗肝炎的功效（林鹏和傅勤，1995）（图 1.43~图 1.47）。

图 1.43　马来西亚出口的红树林产品（虾蛄、木炭等）

图 1.44　福建红树林产品（漳江口出产可口革囊星虫、血蛤等）

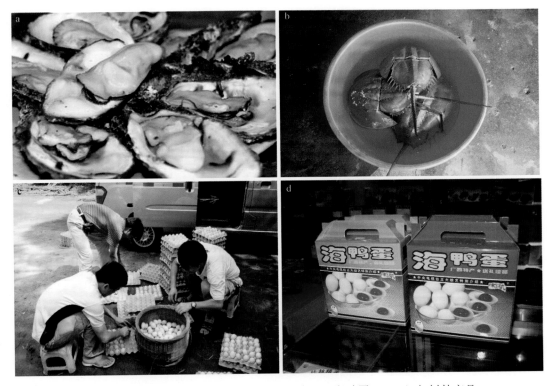

图 1.45　湛江（牡蛎、中华鲎：a，b）和广西（海鸭蛋：c，d）红树林产品

红树林内的海鲜比裸滩的更肥美，而且无污染，所以在红树林下进行合理的海产养殖具有很高的经济效益，如果能充分利用红树林的枯枝落叶作为食物源还可以节省饲养成本；也可将红树林规划为观光游憩地，其独特的海岸景观可以带来较高的经济效益。

红树林是至今世界上少数几个物种最多样化的生态系统之一，生物资源非常丰富，如广西山口红树林区就有 111 种大型底栖动物、118 种鸟类（周放，2010）、133 种昆虫，此外还有 159 种和变种的藻类，其中 4 种为我国新记录（韦受庆等，1993）。这是因为红树以凋落物的方式，通过食物链转换，为海洋动物提供良好的生长发育环境，同时，由于红树林区内潮沟发达,吸引深水区的动物来到红树林区内觅食栖息和繁殖。由于红树林生长于热带、亚热带,并拥有丰富的鸟类食物资源,因此红树林区是候鸟的越冬场和迁徙中转站,更是各种海鸟觅食栖息和繁殖的场所。红树林生态系统是具有高生产力的生态系统之一。根据专家保守估计,世界红树林生态系统的生态价值约为400亿美元(Costanza et al.,1997),中国红树林总的生态价值为每年23.7亿元(韩维栋等,2000),这其中还有大量的直接和间接价值未被计算在内,如景观生态价值、湿地系统营造价值、风险及污水去除价值、降低赤潮发生频率价值、自身药用价值、经济用材价值等(林鹏和傅勤,1995;王友绍等,2004,2007;He et al.,2005,2007),如果这些项目均被科学地计算在内,红树林的生态价值将大大提高(陈仲新和张新时,2000)。红树林的主要服务功能包括:①保护沿海,防止海浪和风的侵蚀;②缓和沿海暴雨和飓风的影响;③庇护和收容各种野生动物,尤其是鸟类;④养分槽效应和减少污染物;⑤截留来自陆地的泥沙沉积,从而保护近海珊瑚礁,降低水的混浊度。此外,红树林还为教育、科研、娱乐和生态旅游提供了机会。因此,红树林是大自然赐予人类的一笔宝贵财富。

图 1.46　马来西亚红树林产品

a. 牡蛎;b. 瓜拉雪兰莪红树林海产品商店

图 1.47　越南红树林产品(芽庄)

1.3　中国红树林生态系统的物种多样性

红树植物为自然分布于热带、亚热带海岸潮间带的木本植物群落。随着《全球生物多样性保护策略与行动计划》的倡议和规划,目前国内外已开展了大规模的生物多样性保护和生物资源可持续利用研究,红树林作为海岸有重要价值的湿地日益受到关注。红树植物因适应海岸带和海涂的生长环境,形成了独特的形态结构和生理生态特性,具有防风御浪、保护堤岸、促淤造陆、净化环境等多种功能。最近的研究表明它还可以随海平面上升而向陆地生长或促淤造陆抵消水面上升,从而减少因全球气候变暖引起的海平面升高造成的威胁(赵萌莉和林鹏,2000;王友绍,2013)。

红树林群落与其所在的生境相互联系、相互作用,构成了红树林生态系统。红树林生态系统处于海洋与陆地的动态交界面,周期性遭受海水浸淹的潮间带环境,使其在结构与功能上具有既不同于陆地生态系统也不同于海洋生态系统的特性,作为独特的海陆边缘生态系统在自然生态平衡中起着特殊的作用。红树林生境是指位于河口港湾淤泥深厚的潮滩上,滩面一般广阔而平坦,基质土壤颗粒精细无结构,通常是半流体而不坚固,含高水分,缺乏氧气,土壤呈还原状态,具沼泽化特征;土壤含盐量高(一般在10%以上),具盐渍化特征;土壤pH低,为3.5~7.5,通常在5以下,呈较强的酸性;土壤含有丰富的植物残体和有机质,有机质含量大多数在2.5%以上,甚至高达10%,平均为4.48%。由于厌氧分解而产生大量的硫化氢,土壤带有特殊的臭味。此外,红树林淤泥中也含有大量的钙质,包括软体动物死亡后的碎壳和由潮汐带来的石灰物。红树林生态系统所处的潮间带环境,各种环境条件变动性大而且严峻,只有高度特化的少数高等植物才能生长;与同纬度地带的陆地森林生态系统相比,红树植物种类少,群落结构简单,但它所处的潮间带生境具有许多大型藻类和浮游植物(林益明和林鹏,2001)。

红树林湿地作为一种特殊的生态交错带,立足于狭长的海岸潮间带滩涂,潮汐循环往复地改变着基质状况,植物群落异质地向水平和垂直方向延伸,构建起景观上与其他生态系统迥异的三维复合体。这种生物地貌特征极其鲜明,构造复杂多样,开放性、包容性极强,相似性和特异性并存,汇集承载了在生境需求、饵料选择、形体大小、营养级别、功能角色上千差万别的各种海洋和陆地生物类群,同时并行着海岸护卫前沿、有机物质生产车间、碎屑食物链源端、饵料场、繁殖地、越冬场所、栖息地、幼苗库、中途加油站、避难所等许多性质各异而又共存的结构和功能载体(图1.48)。红树林广泛生长在我国东南沿海的河口、海湾,但多数林带狭窄,群落低矮,组成简单,发育保存良好者少。尽管如此,我国红树林湿地仍具有较高的经济和生态价值,据估算广西红树林湿地在木材、果实、近海渔业、减少风暴潮损失、维护海堤、保护耕地、防止侵蚀、保持肥力及绿肥含量、产生氧气、净化空气和水体、维持林区动物等方面的经济效益为533.19美元/(hm^2·a)(陈仲新和张新时,2000),这与Costanza等(1997)的红树林总价值9990美元/(hm^2·a)相比偏低。红树林以有限的群体,有力地支撑着我国东南沿海近海海洋生态安全屏障和经济的可持续发展。近年来,我国各地开展了大量的红树林生物多样性调查研究,然而尚缺乏国家层次的更新数据(王友绍,2013)。红树林湿地是具有复杂完整结构和功能的生态系统，包含三大生物功能类群：生产者、消费者和分解者（林鹏，1997；范航清等，2005）。

图 1.48　红树林承载着各种生物类群的生境需求

a. 惠东蟹洲湾；b. 湛江特呈岛

1.3.1　我国红树林湿地中的生产者

1.3.1.1　小型藻类

小型藻类包括浮游植物和底栖硅藻。中国红树林湿地小型藻类有 441 种，包括硅藻门 408 种、裸藻门 18 种、甲藻门 9 种、蓝藻门和绿藻门各 3 种。硅藻是红树林湿地小型藻类的优势类群（林鹏，1997；王友绍，2013），种数较多的属有菱形藻属（*Nitzschia*）和舟形藻属（*Navicula*），均为 46 种；角毛藻属（*Chaetoceros*）和圆筛藻属（*Coscinodiscus*）同为 25 种；双眉藻属（*Amphora*）有 21 种。浮游植物和底栖硅藻都是红树林湿地初级生产的补充力量，在光合放氧、有机物转换、营养元素循环、改变土壤的 pH 和氧化还原电位、吸收重金属等方面起着一定的作用。小型藻类中有赤潮、污染监测指示种，如硅藻门的威氏海链藻（*Thalassiosira weissflogii*）、中肋骨条藻（*Skeletonema costatum*），蓝藻门的颤藻及裸藻门的种类等。广东深圳福田红树林湿地水体中裸藻门多达 18 种，某些赤潮种在个别月份数量激增，成为优势种（何斌源等，2007；王伯荪等，2002）。红树林区蓝藻见图 1.49。

1.3.1.2　大型藻类

红树林湿地大型藻类生长在潮沟、滩面或低矮的红树根系、枝干上。我国红树林区大型藻类有 4 门 55 种，其中蓝藻门 17 种、红藻门 13 种、褐藻门 2 种、绿藻门 23 种（何斌源等，2007）。红树林湿地大型藻类的主要优势属有红藻门的鹧鸪菜属（*Caloglossa*）、卷枝藻属（*Bostrychia*）和节附链藻属（*Catenella*），绿藻门的绿球藻属（*Chlorococcum*）、根枝藻属（*Rhizoclonium*）、无隔藻属（*Vaucheria*）、浒苔属（*Enteromorpha*）（图 1.50）。数量上，红树林海藻以红藻为主要优势种，绿藻次之。红藻较喜荫蔽潮湿的环境，而绿藻适生在光照条件较好的生境（林鹏，1997）。

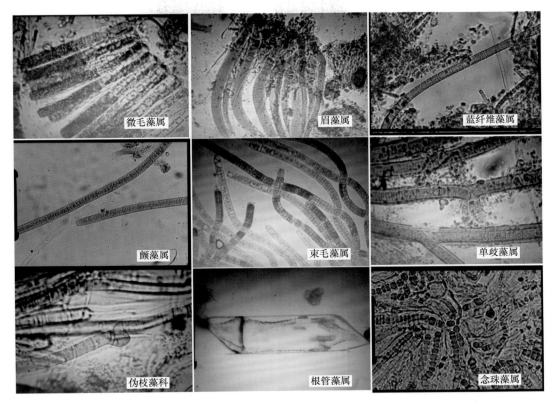

图 1.49　红树林区蓝藻

图 1.50　红树林里的石莼、浒苔等藻类

1.3.1.3　红树植物

红树植物的定义虽然趋于统一，但对于中国红树植物种数有多种不同的表述，代表性观点有（何斌源等，2007）：郑德璋报道真红树有 27 种［含引种成功的无瓣海桑（*Sonneratia apetala*）］，半红树有 8 种；范航清（2005）认为真红树有 27 种，半红树有 10 种；林鹏（1997）归纳了真红树 28 种（含无瓣海桑）和半红树 11 种；王文卿和王瑁（2007）认为真红树有 24 种，半红树有 12 种。归属出入较大的有卤蕨属、老鼠簕属和

银叶树（*Heritiera littoralis*）。卤蕨属或被认为是草本，或强调茎的木质化。老鼠簕属有时被列入半红树。银叶树被认为分布在几乎只有特大潮才能波及的地带，生境趋同于许多伴生种类。

中国现存的原生真红树 11 科 15 属 26 种（含 1 变种）（表 1.2）。中国原生真红树种数占世界总种数（70 种）的 37%（图 1.51）。

我国所有原生真红树种类都可在地处热带的海南省找到，广东有 11 种，广西有 11 种，香港有 9 种，台湾有 8 种，福建有 7 种，澳门有 5 种（表 1.2）。

图 1.51　我国红树植物的花和果实（部分图片由王文卿提供）

中国红树林湿地中常见的半红树植物有 12 种：玉蕊（*Barringtonia racemosa*）、海杧果（*Cerbera manghas*）、海滨猫尾木（*Dolichandrone spathacea*）、莲叶桐（*Hernandia nymphaeifolia*）、水黄皮（*Pongamia pinnata*）、水芫花（*Pemphis acidula*）、黄槿（*Hibicus tiliaceus*）、杨叶肖槿（*Thespesia populnea*）、银叶树（*Heritiera littoralis*）、苦郎树（*Clerodendrum inerme*）、钝叶臭黄荆（*Premna obtusifolia*）和阔苞菊（*Pluchea indica*）。

中国红树林湿地中生长的红树植物有 40 种（包括引种归化的无瓣海桑、拉关木）。

1.3.2　我国红树林湿地中的消费者

红树林生长于滨海湿地，容纳了大量海洋动物，它们可被划分为浮游动物、底栖动物和游泳动物（鱼类）三大生态类群，每个类群包含了丰富多样的分类层次和营养级别。同时，红树林湿地也具有陆地森林性质，生活着昆虫、蜘蛛、两栖类、爬行类、鸟类和兽类（林鹏，1997；王文卿和王瑁，2007）（图 1.52）。

图 1.52　木果楝树上的土蜂窝

1.3.2.1　浮游动物

红树林湿地浮游动物是植食性食物链的重要中间环节，是生态系统物质流动和能量转化的关键一环。资料统计表明中国红树林区水体浮游动物有 4 门 109 种，包括腔肠动物门 49 种（绝大部分为水母）、节肢动物门 48 种、毛颚动物门 9 种、尾索动物门 3 种（何斌源等，2007）。

1.3.2.2　底栖动物

底栖动物是中国红树林湿地最为丰富多样的生物类群，统计有 13 门 873 种，分别为腔肠动物门 8 种、扁形动物门 3 种、线形动物门 29 种、纽形动物门 4 种、环节动物门 142 种、星虫动物门 11 种、螠虫动物门 3 种、软体动物门 348 种、甲壳动物门 250 种、腕足动物门 1 种、棘皮动物门 28 种、尾索动物门 3 种、脊索动物门 43 种（何斌源等，2007）。红树林湿地底栖动物群落多以珠带拟蟹守螺为优势种，这种贝类经济价值不高，常被用作养殖虾蟹的新鲜蛋白补充。但它和众多以小型藻类为食的拟蟹守螺、滩栖螺一样，是食物链的重要中间环节，支撑起更高级别的营养类群。底栖动物中经济种类很多，如可口革囊星虫（*Phascolosoma esculenta*）、裸体方格星虫（*Sipunculus nudus*）、团聚牡蛎（*Ostrea glomerata*）、缢蛏（*Sinonovacula constricta*）、红树蚬（*Geloina erosa*）、文蛤（*Meretrix meretrix*）、青蛤（*Cyclina sinensis*）、脊尾白虾（*Exopalaemon carinicauda*）、锯缘青蟹（*Scylla serrata*）和各种底栖鰕虎鱼、弹涂鱼等（王文卿和王瑁，2007；范航清等，2005）（图 1.53，图 1.54）。

图 1.53　秋茄树干上的藤壶

图 1.54　红树林的蟹、螺和多毛类（部分图片由李亚芳提供）

1.3.2.3 游泳动物（鱼类）

中国红树林湿地的鱼类记录有 258 种，其中软骨鱼纲 4 种、硬骨鱼纲 254 种（何斌源等，2007）。红树林湿地的游泳鱼类以小型鱼类为主，生长期以幼苗为主；区系组成以暖水性种占绝对优势，生态类型上底层鱼类十分丰富，尤其是鰕虎鱼科种类。游泳鱼类数量的季节变化明显，优势种突出且季节间差异很大（图 1.55）。

图 1.55　红树林的弹涂鱼

1.3.2.4 昆虫和蜘蛛

根据文献统计，中国红树林湿地有昆虫 434 种（包括弹尾目、蜚蠊目、螳螂目、鳞翅目等）（王友绍，2013）。红树林湿地的昆虫在种类上与沿岸灌草丛、农田作物上的差异不大。一般而言，昆虫的飞行距离不远，种类和数量呈现由靠岸林带向靠海林带减少的趋势。捕食性和寄生性天敌、授粉昆虫对红树植物的保护和发展起着重要作用，但害虫暴发对红树植物造成破坏。卷蛾科（Tortricidae）猖獗造成广西钦州港大面积桐花树受害。螟蛾科害虫几乎每年夏天都侵害深圳福田的白骨壤植株。2004 年广西沿海受广州小斑螟（*Oligochroa cantonella*）等虫害影响的白骨壤林面积累计达到 700 hm²，受害严重的植株 90% 以上的叶片干枯，约 45% 的枝条枯死（刘文爱和范行清，2009）。颜增光等（1998）的初步研究表明广西英罗港红树林区蜘蛛群落由 12 科 31 种组成，以园蛛科和肖蛸科的种类占优势。红树林蜘蛛群落数量由靠陆林带到靠海林带递减，以昆虫为食的蜘蛛与昆虫在种类和数量分布规律上一致（何斌源等，2007）（图 1.56）。

1.3.2.5 两栖类、爬行类和兽类

中国红树林湿地两栖类、爬行类和兽类调查相对很少且研究不系统，还远不能反映出我国红树林湿地中这些类群多样性的真实状况。两栖类统计出 5 科 6 属 13 种，均为无尾目种类，虎纹蛙（*Rana rugulosa*）为国家二级重点保护动物。爬行类统计有 11 科 34 属 39 种，包括龟鳖目 3 科 8 属 8 种、蜥蜴目 3 科 4 属 5 种、蛇目 5 科 22 属 26 种。其中国家一级重点保护动物有蟒（*Python molurus*）1 种，二级重点保护动物有太平洋丽龟（*Lepidochelys olivacea*）等 5 种（何斌源等，2007）。野生爬行动物几乎都可食用和药用，大多面临危险境地（图 1.57）。

图 1.56　红树林昆虫（a~c）和蜘蛛（d）

图 1.57　红树林的蜥蜴

　　兽类记录了 15 科 24 属 28 种，中华白海豚（*Sousa chinensis*）为国家一级重点保护动物（林鹏，1997），小灵猫（*Viverricula indica*）等 6 种为国家二级重点保护动物。红树林沿岸人口密度较大、经济活动频繁，林区相对简单狭窄，兽类的正常活动容易受到干扰，种类自然较其他森林类型贫乏（何斌源等，2007）。

1.3.2.6 鸟类

　　我国东南沿海红树林湿地位于重要的鸟类迁徙通道上：亚洲东部沿海鸟类迁徙路线和中西伯利亚-中国中部的内陆鸟类迁徙路线在这一带交汇后，再继续往南延伸至东南亚和澳大利亚（林鹏，1997）。在迁徙季节，大量候鸟途经红树林湿地，它们往往在这里歇息取食，休整一段时间后再继续迁飞（周放，2010）。中国重要的红树林湿地分布区均开展过鸟类调查，已记录有 19 目 56 科 433 种（王友绍，2013），占我国 1331 种鸟类的 32.53%。国家一级重点保护鸟类有 6 种：黑鹳（*Ciconia nigra*）、白鹳（*Ciconia ciconia*）、东方白鹳（*Ciconia boyciana*）、中华秋沙鸭（*Mergus squamatus*）、白肩雕（*Aquila heliaca*）和遗鸥（*Larus relictus*），国家二级重点保护鸟类有黑脸琵鹭（*Platalea minor*）等 63 种（何斌源等，2007）（图 1.58，图 1.59）。

图 1.58　红树林区鸟类（部分图片由林广轩提供）

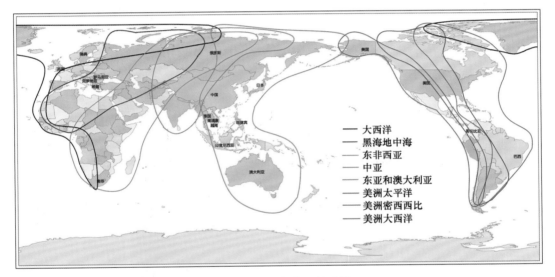

图 1.59　全球候鸟迁徙路线

　　红树林湿地是水鸟和陆鸟共存的生境，何斌源等（2007）统计 421 种鸟类中水鸟 177 种、陆鸟 224 种，分别占 42% 和 53.2%。红树林湿地为需求各异的鸟类提供了适宜的觅食区、栖息地和繁殖地，尽管基于生活习性和安全性选择，有时鸟类仅选择其中一种生活分区，但它们强大的空间移动能力保证其在不同生活分区内畅通无阻。红树林湿地既有长期或临时的水域，又有滩涂，适宜水鸟生活。红树林也具有陆地森林性质，同时由于人类活动干扰，陆鸟的原有生境被压缩而被迫向红树林转移（王文卿和王瑁，2007）。红树林湿地鸟类中，大多数是往来迁徙的候鸟，种类和数量呈现出明显的季节变动，春、秋两季为候鸟迁徙季节，鸟类种类和数量急骤大幅增多，呈现出两个显著高峰（周放，2010）。红树林湿地鸟类的种间竞争导致群落组成发生动态变化，尤其是在发育良好并僻静的林区，一些种类数量逐年上升且栖息地扩张，而有些种类被排挤呈边缘化。

1.3.3 我国红树林湿地中的分解者

微生物是红树林湿地的最主要分解者，在凋落物和有机碎屑的分解转换中处于先锋地位，对红树林湿地的物质循环和能量流动起到重要的推动作用。同时，微生物会引发煤污病、炭疽病等，导致红树叶片脱落、枝梢枯萎，甚至植株死亡（林鹏，1997）。目前红树林微生物研究趋向于在抗菌、抗肿瘤方面有活性的菌株的筛选。红树林湿地微生物包括细菌、放线菌和真菌等类群（林鹏，1997），数量上以细菌类群占绝对优势，其中芽孢杆菌属为突出优势属，放线菌和真菌极少（图 1.60，图 1.61）。王伯荪等（2002）总结了广东、香港和澳门红树林湿地的真菌区系，共计 76 种；优势种有 *Trichocladium linderii*、*Marinosphaera mangrovei*、*Lignincola laevis*、*Hypoxylon oceanicum* 等。根据文献记录，至少真菌有 136 种，放线菌有 13 种，细菌有 7 种。由于微生物研究的特殊性，鉴定到种的占总种数的比例很低，远不能反映红树林湿地微生物的全貌。对于海洋细菌，王岳坤和洪葵（2005）指出不经微生物分离培养步骤，直接从土壤中抽提总 DNA，分析 16S rDNA 的序列多态性，以此反映微生物的种群构成，是近 10 年来逐步发展起来的方法；此研究方法所揭示的红树林土壤微生物种群结构较传统方法更加复杂多样（Zhang et al.，2008，2009）。

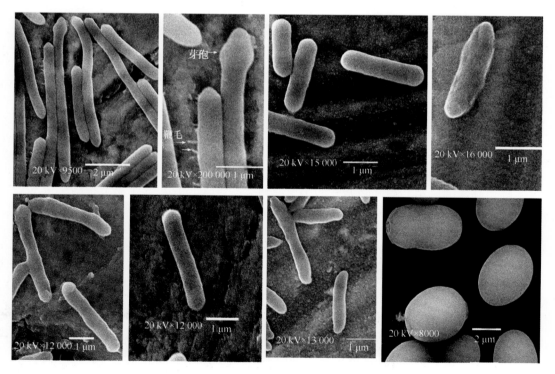

图 1.60　红树林区固氮微生物

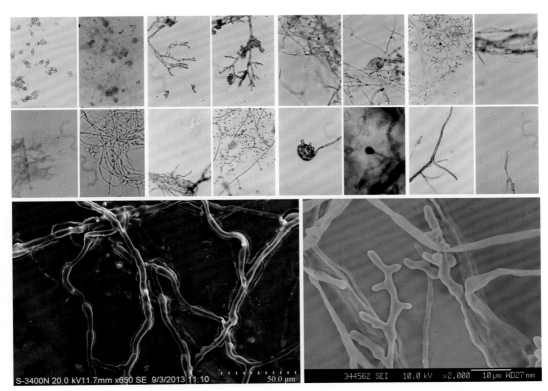

图 1.61　红树林区真菌

上两行采自三亚亚龙湾河口；下两幅分别采自南沙湿地公园（左）和深圳大亚湾（右）

1.3.4　我国红树林湿地所有生物类群的物种多样性

目前中国红树林湿地的动物已记录了 14 门 31 纲 2165 种，加上藻类、高等植物和微生物 789 种，所有生物类群的总种数达 2954 种。有 8 种国家一级重点保护动物、75 种国家二级重点保护生物将中国红树林湿地作为栖息地、饵料场、中途加油站和避难所（何斌源和赖廷和，2013；林鹏，1997）（图 1.62）。此外，红树林湿地鸟类中还有属于中日、中澳双边协定共同保护的候鸟 150 种以上。1992~2001 年，海南东寨港、香港米埔、台湾淡水河口、广西山口和广东湛江等 5 块红树林湿地先后被纳入国际重要湿地之列，彰显了中国红树林湿地在全世界濒危生物保存和发展中的重要地位（王友绍，2013）。

图 1.62　红树林湿地生物多样性（鸟类图片由徐华林提供）

参 考 文 献

陈鹭真, 王文卿, 张宜辉, 等. 2010. 2008 年南方低温对我国红树植物的破坏作用. 植物生态学报, 34 (2): 186-194.

陈荣华, 林鹏. 1988. 汞和盐度对三种红树种苗生长影响初探. 厦门大学学报(自然科学版), 27(1): 110-115.

陈荣华, 林鹏. 1989. 红树幼苗对汞的吸收和净化. 环境科学学报, 9(2): 218-224.

陈少波, 卢昌义, 仇建标, 等. 2012. 应对气候变化的红树林北移生态学. 北京: 海洋出版社.

陈小勇, 林鹏. 1999. 我国红树林对全球气候变化的响应及其作用. 海洋湖沼通报, (2): 11-17.

陈玉军, 郑德璋, 廖宝文, 等. 2000. 台风对红树林损害及预防的研究. 林业科学研究, 13(5): 524-529.

陈仲新, 张新时. 2000. 中国生态系统效益的价值. 科学通报, 45 (12): 17-23.

程皓, 陈桂珠, 叶志鸿. 2009. 红树林重金属污染生态学研究进展. 生态学报, 29(7): 3893-3900.

池伟, 陈少波, 仇建标, 等. 2008. 红树林在低温胁迫下的生态适应性. 福建林业科技, 35(4): 146-148.

范航清, 陈光华, 何斌源, 等. 2005. 山口红树林滨海湿地与管理. 北京: 海洋出版社.

方煜, 郑文教, 万永吉, 等. 2008. 重金属铬(III)对红树植物白骨壤幼苗生长的影响. 生态学杂志, 27(3): 429-433.

韩维栋, 高秀梅, 卢昌义, 等. 2000. 中国红树林生态系统生态价值评估. 生态科学, 19(1): 40-45.

何斌源, 范航清, 王瑁, 等. 2007. 中国红树林湿地物种多样性及其形成. 生态学报, 27(11): 4859-4870.

何斌源, 赖廷和. 2013. 广西北部湾红树林湿地海洋动物图谱. 北京: 科学出版社.

洪有为, 袁东星. 2009. 秋茄(*Kandelia candel*)幼苗对菲和荧蒽污染的生理生态效应. 生态学报, 29(1): 445-455.

李玫, 廖宝文, 管伟, 等. 2009. 广东省红树林寒害的调查. 防护林科技, (2): 29-31.

李玫, 章金鸿, 陈桂珠. 2002. 生活污水排放对红树林植物生长的影响. 防护林科技, (3): 4-8.

廖宝文, 李玫, 陈玉军, 等. 2010. 中国红树林恢复与重建技术. 北京: 科学出版社.

林鹏. 1997. 中国红树林生态系. 北京: 科学出版社.

林鹏, 傅勤. 1995. 中国红树林环境生态及经济利用. 北京: 科学出版社.

林鹏, 沈瑞池, 卢昌义. 1994. 六种红树植物的抗寒特性研究. 厦门大学学报(自然科学版), 33(2): 249-252.

林益明, 林鹏. 2001. 中国红树林生态系统的植物种类、多样性、功能及其保护. 海洋湖沼通报, (3): 8-16.

刘文爱, 范行清. 2009. 广西红树林主要虫害及其天敌. 南宁: 广西科学技术出版社.

刘亚云, 孙红斌, 陈桂珠. 2006. 多氯联苯(PCBs)污染对桐花树幼苗生长的影响. 中山大学学报(自然科学版), 45(5): 108-112.

刘亚云, 孙红斌, 陈桂珠. 2007a. 多氯联苯对桐花树幼苗生长及膜保护酶系统的影响. 应用生态学报, 18(1): 123-128.

刘亚云, 孙红斌, 陈桂珠. 2007b. 多氯联苯(PCBs)污染对秋茄 *Kandelia candel* 生长的影响. 海洋环境科学, 26(1): 23-27.

刘亚云, 孙红斌, 陈桂珠, 等. 2007c. 秋茄(*Kandelia candel*)幼苗对多氯联苯污染的生理生态响应. 生态学报, 27(2): 746-754.

陆志强, 郑文教, 马丽. 2005. 不同浓度萘和芘处理对红树植物秋茄胚轴萌发和幼苗生长的影响. 厦门大学学报(自然科学版), 44(4): 580-583.

陆志强, 郑文教, 马丽. 2008. 萘和芘胁迫对红树植物秋茄幼苗膜透性及抗氧化酶活性的影响. 厦门大学学报(自然科学版), 47(5): 757-760.

罗柳青, 钟才荣, 侯学良, 等. 2017. 中国红树植物 1 个新记录种——拉氏红树. 厦门大学学报(自然科学版), 56(3): 346-350.

宋晖, 王友绍. 2012. 萘胁迫下秋茄 *MnSOD* 基因和 *C4H* 基因的实时定量表达分析. 生态科学, 31(2): 104-108.

孙娟, 郑文教, 赵胡. 2005. 萘胁迫对白骨壤种苗萌生及抗氧化作用的影响. 厦门大学学报(自然科学版), 44(5): 433-436.

谭晓林, 张乔民. 1997. 红树林潮滩沉积速率及海平面上升对我国红树林的影响. 海洋通报, 16(4): 29-35.

王伯荪, 廖宝文, 王勇军, 等. 2002. 深圳湾红树林生态系统及其可持续发展. 北京: 科学出版社.

王文卿, 林鹏. 1999. 盐度对红树植物木榄生长的影响. 厦门大学学报(自然科学版), 38(2): 273-279.

王文卿, 王瑁. 2007. 中国红树林. 北京: 科学出版社.

王友绍. 2013. 红树林生态系统评价与修复技术. 北京: 科学出版社.

王友绍, 何磊, 王清吉, 等. 2004. 药用红树植物的化学成分及其药理研究进展. 中国海洋药物, 23(2): 26-31.

王友绍, 孙翠慈, 何磊. 2007. 功能海洋生物分子——发现和应用. 北京: 科学出版社.

王岳坤, 洪葵. 2005. 红树林土壤细菌群落 16S rDNA V3 片段 PCR 产物的 DGGE 分析. 微生物学报, 45(2): 201-204.

韦受庆, 陈坚, 范航清. 1993. 广西山口红树林保护区大型底栖动物及其生态学的研究. 广西科学院学报, 9(2): 45-57.

颜增光, 蒋国芳, 张永强. 1998. 广西英罗港红树林蜘蛛群落初步调查. 广西科学院学报, 14(4): 5-7.

杨盛昌, 林鹏. 1998. 潮滩红树植物抗低温适应的生态学研究. 植物生态学报, 22(1): 60-67.

杨盛昌, 吴琦. 2003. Cd 对桐花树幼苗生长及某些生理特性的影响. 海洋环境科学, 22(1): 38-42.

叶勇, 谭凤仪, 卢昌义. 2003. 牲畜废水对两种红树植物幼苗的影响. 应用生态学报, 14(5): 766-770.

张凤琴, 王友绍, 殷建平, 等. 2005. 红树植物抗重金属污染研究进展. 云南植物研究, 27(3): 225-231.

张乔民, 温孝胜. 1996. 红树林潮滩沉积速率测量和研究. 热带海洋, 15(4): 57-62.

赵萌莉, 林鹏. 2000. 红树植物多样性及其研究进展. 生物多样性, 8(2): 192-197.

郑逢中, 林鹏, 郑文教. 1994. 红树植物秋茄幼苗对镉耐性的研究. 生态学报, 14(4): 408-414.

中国红树林保育联盟. 2012. 红树林与气候变化中国民间报告. http://www.china-mangrove.org/pagelist/download?page=5[2017-12-10].

周放. 2010. 中国红树林区鸟类. 北京: 科学出版社.

Banzai T, Hershkovits G, Katcoff D J, et al. 2002. Identification and characterization of mRNA transcripts differentially expressed in response to high salinity by means of differential display in the mangrove, *Bruguiera gymnorrhiza*. Plant Science, 162: 499-505.

Bouillon S, Borges A V, Castaneda-Moya E, et al. 2008. Mangrove production and carbon sinks: A revision of global budget estimates. Global Biogeochemical Cycles, 22, GB 2013. DOI: 10.1029/2007GB003052.

Cheng H, Chen D T, Tam N F, et al. 2012c. Interactions among Fe^{2+}, S^{2-}, and Zn^{2+} tolerance, root anatomy, and radial oxygen loss in mangrove plants. J Exp Bot, 63: 2619-2630.

Cheng H, Jiang Z Y, Liu Y, et al. 2014. Metal (Pb, Zn and Cu) uptake and tolerance by mangroves in relation to root anatomy and lignification/suberization. Tree Physiology, 34: 646-656.

Cheng H, Tam N F Y, Wang Y S, et al. 2012a. Effects of copper on growth, radial oxygen loss and root permeability of seedlings of the mangroves *Bruguiera gymnorrhiza* and *Rhizophora stylosa*. Plant & Soil, 359(1-2): 255-266.

Cheng H, Wang Y S, Liu Y, et al. 2015. Pb uptake and tolerance in the two selected mangroves with different root lignification and suberization. Ecotoxicology, 24(7-8): 1650-1658.

Cheng H, Wang Y S, Wu M L, et al. 2015. Differences in root aeration, iron plaque formation and waterlogging tolerance in six mangroves along a continues tidal gradient. Ecotoxicity, 24(7-8): 1659-1667.

Cheng H, Wang Y S, Ye Z D, et al. 2012b. Influence of N deficiency and salt application on metal (Pb, Zn and Cu) accumulation and tolerance by *Rhizophora stylosa* in relation to root anatomy. Environmental

Pollution, 164: 110-117.

Costanza R, Arge R, Groot R, et al. 1997. The value of the world's ecosystem services and natural capital. Nature, 387: 253-260.

FAO. 1994. Mangroves Forest Management Guidines. Food and Agriculture Organisation, Rome, Italy.

FAO. 2007. The world's mangroves 1980-2005. Food and Agriculture Organisation, Rome, Italy.

Fei J, Wang Y S, Jiang Z Y, et al. 2015b. Identification of cold tolerance genes from leaves of mangrove plant *Kandelia obovata* by suppression subtractive hybridization. Ecotoxicity, 24 (7-8): 1686-1696.

Fei J, Wang Y S, Zhou Q, et al. 2015a. Cloning and expression analysis of *HSP70* gene from mangrove plant *Kandelia obovata* under cold stress. Ecotoxicity, 24 (7-8): 1677-1685.

Fu X H, Huang Y L, Deng S L, et al. 2005. Construction of a SSH library of *Aegiceras corniculatum* under salt stress and expression analysis of four transcripts. Plant Science, 169(1): 147-154.

Gilman E, Ellison J, Duke N, et al. 2008. Threats to mangroves from climate change and adaptation options: A review. Aquatic Botany, 89: 237-250.

Gonzalez-Mendoza D, Morreno A Q, Zapata-Perez O. 2007. Coordinated responses of phytochelatin synthase and metallothionein genes in black mangrove, *Avicennia germinans*, exposed to cadmium and copper. Aquatic Toxicology, 83: 306-314.

Guan G F, Wang Y S, Cheng H, et al. 2015. Physiological and biochemical response to drought stress in the leaves of *Aegiceras corniculatum* and *Kandelia obovata*. Ecotoxicology, 24(7-8): 1668-1676.

He L, Wang Y S, Wang Q J. 2007. *In vitro* anti-tumor activity of triterpenes from *Ceriops tagal*. Natural Products Research, 21(14): 1228-1233.

He L, Wang Y S, Wang Q J, et al. 2005. A novel triterpene from *Ceriops tagal*. Die Pharmazie, 60(9): 716-717.

Henley D A. 1987. An investigation of proposed effluent discharge into a tropical mangrove estuary. International Conference on Water Pollution Control in Developing Countries, Bangkok, Thailand: 43-64.

Huang G Y, Wang Y S. 2009. Expression analysis of type 2 metallothionein gene in mangrove species (*Bruguiera gymnorrhiza*) under heavy metal stress. Chemosphere, 77(7): 1026-1029.

Huang G Y, Wang Y S. 2010a. Expression and characterization analysis of type 2 metallothionein from grey mangrove species (*Avicennia marina*) in response to metal stress. Aquatic Toxicology, 99: 86-92.

Huang G Y, Wang Y S. 2010b. Physiological and biochemical responses in the leaves of two mangrove plant seedlings (*Kandelia candel* and *Bruguiera gymnorrhiza*) exposed to multiple heavy metals. Journal of Hazardous Materials, 182: 848-854.

Huang G Y, Wang Y S, Sun C C. 2010. Effect of multiple heavy metals on ascorbate, glutathione and related enzymes in two mangrove plant seedlings (*Kandelia candel* and *Bruguiera gymnorrhiza*). Oceanological and Hydrobiological Studies, 39 (1): 11-25.

Huang G Y, Wang Y S, Ying G G. 2011. Cadmium-inducible *BgMT2*, a type 2 metallothionein gene from mangrove species (*Bruguiera gymnorrhiza*), its encoding protein shows metal-binding ability. Journal of Experimental Marine Biology and Ecology, 405: 128-132.

Huang G Y, Wang Y S, Ying G G, et al. 2012. Analysis of type 2 metallothionein gene from mangrove species (*Kandelia candel*). Trees, 26(5): 1537-1544.

Huang W, Fang X D, Li G Y, et al. 2003. Cloning and expression analysis of salt responsive gene from *Kandelia candel*. Biologia Plantarum, 47: 501-507.

Lacerda L D, Abrao J J. 1984. Heavy metal accumulation by mangrove and saltmarsh intertidal sediments. Rev Bras Bot, 7: 49-52.

MacFarlane G R, Burchett M D. 2002. Toxicity, growth and accumulation relationships of copper, lead and zinc in the grey mangrove *Avicennia marina* (Forsk.) Vierh. Marine Environmental Research, 54: 65-84.

Markley J L, McMillan C, Thompson J R. 1981. Latitudinal differentiation in response to chilling temperatures among population of three mangroves *Avicennia germinans*, *Laguncularia recemosa*, and *Rhizophora mangle* from the western tropical Atlantic and Pacific Panama. Australian Journal of Botany, 60: 2704-2715.

Peng Y L, Wang Y S, Cheng H, et al. 2013. Characterization and expression analysis of three *CBF/DREB1* transcriptional factor genes from mangrove *Avicennia marina*. Aquatic Toxicology, 140-141: 68-76.

Peng Y L, Wang Y S, Cheng H, et al. 2015a. Characterization and expression analysis of a gene encoding *CBF/DREB1* transcription factor from mangrove *Aegiceras corniculatum*. Ecotoxicity, 24 (7-8): 1733-1743.

Peng Y L, Wang Y S, Fei J, et al. 2015b. Ecophysiological differences between three mangrove seedlings (*Kandelia obovata*, *Aegiceras corniculatum*, and *Avicennia marina*) exposed to chilling stress. Ecotoxicity, 24(7-8): 1722-1732.

Peng Y L, Wang Y S, Gu J D. 2015c. Identification of suitable reference genes in mangrove *Aegiceras corniculatum* under abiotic stresses. Ecotoxicity, 24 (7-8): 1714-1721.

Shi S H, Huang Y L, Zeng K, et al. 2005. Molecular phylogenetic analysis of mangroves: independent evolutionary origins of vivipary and salt secretion. Molecular Phylogenetics and Evolution, 34: 159-166.

Song H, Wang Y S, Sun C C, et al. 2011. Effects of polycyclic aromatic hydrocarbons exposure on antioxidant system activities and proline content in *Kandelia candel*. Oceanological and Hydrobiological Studies, 40(3): 9-18.

Song H, Wang Y S, Sun C C, et al. 2012. Effects of pyrene on antioxidant systems and lipid peroxidation level in mangrove plants, *Bruguiera gymnorrhiza*. Ecotoxicology, 21(6): 1625-1632.

Spalding M, Kainuma M, Collins L. 2010. World Atlas of Mangroves. London, UK: Earthscan Press.

Sun F L, Wang Y S, Sun C C, et al. 2012. Effect of three different PAHs on nitrogen-fixing bacterial diversity in mangrove sediment. Ecotoxicology, 21(6): 1651-1660.

Tanakal S, Ikeda K, Ono M, et al. 2002. Isolation of several anti-stress genes from a mangrove plant *Avicennia marina*. World Journal of Microbiology & Biotechnology, 18: 801-804.

Usha B, Prashanth S R, Parida A. 2007. Differential expression of two metallothionein encoding genes during heavy metal stress in the mangrove species, *Avicennia marina* (Forsk.) Vierh. Current Science, 93: 1215-1219.

Wang L Y, Wang Y S, Cheng H, et al. 2015a. Cloning of the *Aegiceras corniculatum* Class I chitinase gene (*AcCHI* I) and the response of *AcCHI* I mRNA expression to cadmium stress. Ecotoxicity, 24(7-8): 1705-1713.

Wang L Y, Wang Y S, Zhang J P, et al. 2015b. Molecular cloning of class III chitinase gene from *Avicennia marina* and its expression analysis in response to cadmium and lead stress. Ecotoxicity, 24(7-8): 1697-1704.

Zhang F Q, Wang Y S, Lou Z P, et al. 2007. Effect of heavy metal stress on antioxidative enzymes and lipid peroxidation in leaves and roots of two mangrove plant seedlings (*Kandelia candel* and *Bruguiera gymnorrhiza*). Chemosphere, 67: 44-50.

Zhang F Q, Wang Y S, Sun C C, et al. 2012. Study on a novel metallothionein gene from a mangrove plant, *Kandelia candel*. Ecotoxicology, 21(6): 1633-1641.

Zhang Y Y, Dong J D, Yang B, et al. 2009. Bacterial community structure of mangrove sediments in relation to environmental variables accessed by 16S rRNA gene-denaturing gradient gel electrophoresis fingerprinting. Scientia Marina, 73(3): 487-498.

Zhang Y Y, Dong J D, Yang Z, et al. 2008. Phylogenetic diversity of nitrogen-fixing bacteria in mangrove sediments assessed by PCR-denaturing gradient gel electrophoresis. Archives of Microbiology, 190(1): 19-28.

第 2 章　海洋分子生态学基础

　　生态学的英文 "ecology" 来源于希腊文 "oikos" 和 "logos" 两词，前者表示住所或栖息地，后者表示科学。生态学是德国生物学家恩斯特·赫克尔（Ernst Haeckel）于 1869 年首先提出的一个概念：生态学是研究生物体与其周围环境相互关系的科学（Begon et al., 2006）。环境包括生物环境和非生物环境，生物环境是指生物物种之间和物种内部个体之间的关系，非生物环境包括自然环境，即土壤、岩石、水、空气、温度和湿度等（Campbell et al., 2006）。生态学是生物学的一个重要分支，目前生物学的研究对象正向微观和宏观两个方向发展，微观方面向分子生物学方向发展，生态学就是向宏观方向发展的一个分支，以生物个体、种群、群落、生态系统甚至整个生物圈作为研究对象。同时，生态学也是一门综合性学科，需要利用地质学、地理学、气象学、土壤学、化学、物理学等各方面的研究方法和知识，将生物群落及其生活的环境作为一个互相之间不断进行物质循环和能量流动的整体来进行研究。

　　自 20 世纪 50 年代以来，分子生物学一直是生物学研究的前沿与生长点，其主要研究领域包括蛋白质体系、蛋白质-核酸体系和蛋白质-脂质体系。分子生物学与其他学科交叉产生了许多新兴学科，如分子生态学、分子免疫学、分子病毒学、分子病理学和分子药理学等，这将极大地促进科学的发展。

　　分子生物学的研究者不仅应用分子生物学特有的技术，而且越来越多地从遗传学、生物化学和生物物理学的技术和思路中获得启迪，进行综合利用（图 2.1）。因此，这些学科间越来越多地相互融合，不再有明确的分界线。在分子生物学中大量的工作是定量研究，而且许多研究工作是在结合生物信息学和计算生物学的基础上完成的（李巍，2004）。从 21 世纪开始，研究基因结构和功能的分子遗传学已经成为分子生物学中发展

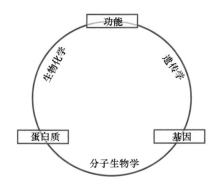

图 2.1　生物化学、遗传学和分子生物学的关系

最快的领域之一。越来越多的学科已经将目光集中到分子水平的研究中，一方面直接研究相关分子间相互作用，如细胞生物学和发育生物学；另一方面利用分子生物学技术来研究并推测群体和物种的历史贡献（非直接，遗传水平）（康乐，1999），如进化生物学领域中的群体遗传学和系统发生学。

　　研究人员将分子生物学原理和技术应用于生态学研究而形成了生态学新的分支科学——分子生态学，它是分子生物学与生态学交叉融合的产物，使生态学实验研究进入分子水平时代。如 Triest（2008）的红树林沿纬度分布进化显著单元（evolutionary significant unit, ESU）概念模型与沿海岸线功能遗传变化特征（图 2.2），Procaccini 等（2007）的海草模块化和遗传结构（图 2.3），以及 Bernardi 等（2008）利用线粒体分子标记和核分子标记构建异孔石鲈属鱼类的分子进化树（图 2.4）等研究均为分子生态学研究成果。

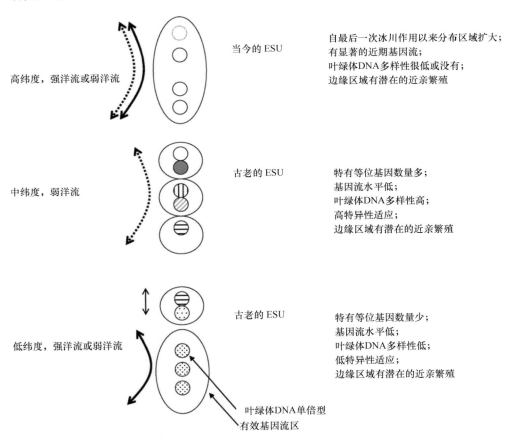

图 2.2　红树林沿纬度分布进化显著单元的概念模型与
沿海岸线功能遗传变化特征（Triest，2008）

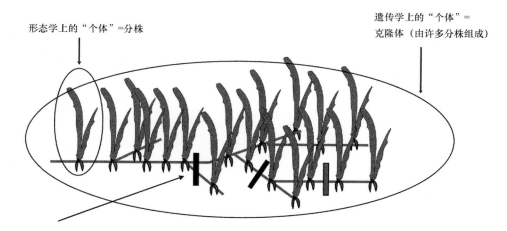

形态学上的"个体"=分株

遗传学上的"个体"=
克隆体（由许多分株组成）

随着时间推移，地下茎的断裂使我们不能根据经验来鉴定一个克隆体。一个
克隆体可以通过无性繁殖持续生长数年之久。因此无性繁殖多样性和基因型
多样性相同，遗传多样性指的是等位基因多样性。图中有一个基因型(或一个
克隆体)

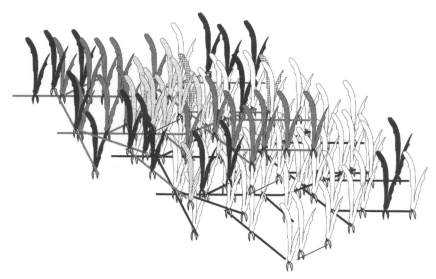

每种模式代表一个不同的基因型或克隆体，它们只能通过具有高度多态性的分子
标记识别出来。图中显示了不同克隆体的混合物。每一个克隆体可以有不同的遗
传(等位基因)多样性

图 2.3　海草模块化和遗传结构（Procaccini et al.，2007）

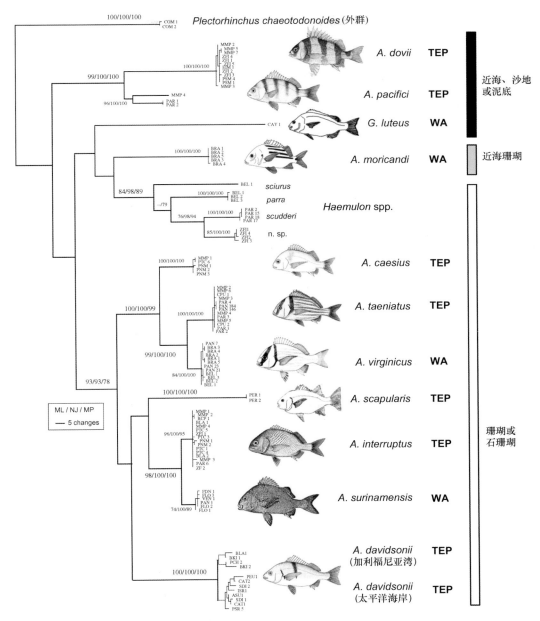

图 2.4　利用分子标记构建异孔石鲈属 *Anisotremus* 的分子进化树（Bernardi et al.，2008）

2.1　分子生态学的定义

　　分子生态学由于发展时间短，不同学者从各自的研究背景出发对它的定义有着不同的理解，至今无明确的概念（康乐，1999；Beebee & Rowe，2004）。1992 年创刊的 *Molecular Ecology*（《分子生态学》）杂志对它的定义是：分子生态学是生态学和种群生态学的交叉，它主要利用分子生物学的方法研究自然、人工种群与其环境的关系，以及转基因生物（或其产物释放）所带来的一系列潜在的生态学问题。Hoelzel 和 Dover（1991）认为分子生态学是利用 DNA 和蛋白质的特征，研究物种的进化、演化及种群生物学。Moritz（1994）认为分子生态学是用线粒体 DNA（mtDNA）的变化来帮助和指导种群动态的研究。向近敏等（1996）则认为分子生态学研究细胞内的生物活性分子特别是核酸分子与其分子环境的关系。由此可见，分子生态学并非是生物学技术在生态学研究领域中的简单运用，而是宏观与微观的有机结合，它是围绕着生态现象的分子活动规律这个中心进行的，包含了在生物形态、遗传、生理生殖、进化等各个水平上协调适应的分子机制（张素琴，2005；阮成江等，2005）。

目前较为一致的看法是：分子生态学是应用分子生物学的原理和方法来研究生命系统与环境系统相互作用机制及其分子机制的科学。它是生态学与分子生物学相互渗透而形成的一门新兴交叉学科，也是生态学分支学科之一，其特点是强调生态学研究中宏观与微观的紧密结合，优势在于对生态现象的研究不仅注重分析外界的作用条件，而且注重分析内部的作用机制（黄勇平和朱湘雄，2003；康乐，1999）。

2.2　分子生态学的起源和发展

分子生态学作为一门全新的自然科学学科，它没有公认的学科创始人和标志性的学术论著，近 20 多年来已日益成为影响较大的科学，虽然分子生态学这一概念是在近年来才正式提出的（黄勇平和朱湘雄，2003；康乐，1999），但分子生态学的形成和发展经历了一个漫长的历史进程，并囊括了广泛的研究主题，包含种群与进化遗传学、行为生态学、微生物生态学、保护生物学、物种多样性的鉴定与评估，以及释放到环境中的遗传修饰生物体（genetically modified organism，GMO）等，现代分子生物学几乎涵盖了所有生态学及行为学和保护生物学等各个方面（刘冬梅等，2012）。

分子生态学研究萌芽于 20 世纪 50 年代，其发展历史就是运用分子遗传标记研究宏观生物学问题的历史，也就是分子生物学、群体遗传学、分子进化交叉融合的历史，促成和不断加深这一融合的因素：一方面是分子生物学技术的不断突破；另一方面是分子进化。从分子生态学的发展历史来看，主要有三门分支学科为分子生态学的形成奠定了基础，它们是群体遗传学、生态遗传学和进化遗传学（Beebee & Rowe，2004）。

Nass M M 和 Nass S（1963）首次在鸡卵母细胞线粒体中发现 mtDNA，其结构与细菌 DNA 相似，呈双链环状。mtDNA 可以独立编码线粒体中的一些蛋白质，是核外遗传物质，基因组是细胞携带生命信息 DNA 及其蛋白质复合物的总称。例如，Anderson 等（1981）测定了人线粒体基因组全序列，长约 5 μm，共 16 569 bp。除了与启动 DNA 有关的 D 环区（D-loop）外，只有 87 bp 不参与基因的组成。之后，科学家对 mtDNA 的结构、功能等方面进行了大量的研究，使得以 mtDNA 为研究对象，探讨生物进化、生态学等领域的一些科学问题成为可能（Galtier et al.，2009）（图 2.5，图 2.6）。

Harris（1966）首次将同工酶分析用于人类，Richardson 等（1986）出版了《等位酶电泳——动物系统学和种群研究手册》（*Allozyme Electrophoresis*：*A Handbook for Animal Systematics and Population Studies*），这被认为是分子生态学的雏形。

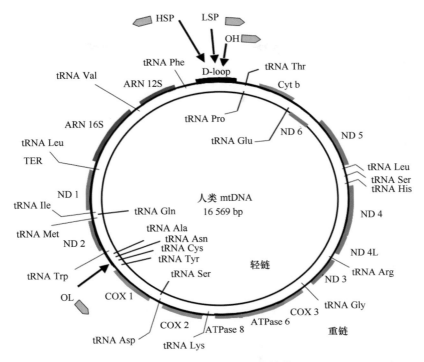

图 2.5　人类 mtDNA 环状结构

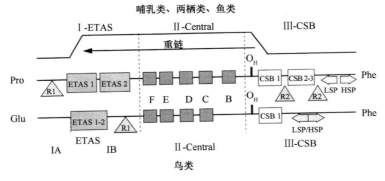

图 2.6　鸟类与哺乳类、两栖类、鱼类 mtDNA 基因的比较

国际生物地理学会（International Biogeography Society）创建者之一 Avise 等（1979）第一次把 mtDNA 的分析方法应用到自然种群的研究中，即使用限制性内切核酸酶来研究自然人群 mtDNA 序列相关性，这被看作分子生态学的研究开端，并于 1978 年提出了一个新词"亲缘地理学"（phylogeography）（Avise et al.，1987）。自 20 世纪 90 年代以来，亲缘地理学研究得到迅速发展，极大地促进了人们对现代物种分布模式如何形成的了解（Avise，1998；Hickerson et al.，2010）（图 2.7）。例如，全球红树林分布、基因流与大洋环流和陆地有关（Triest，2008）（图 2.8）。

Higuchi 等（1984）利用博物馆所存已灭绝的斑驴（*Equus quagga*）皮提取 mtDNA；通过基因克隆技术，测定了克隆所得 mtDNA 片段的序列，并把这一序列与现有种，即

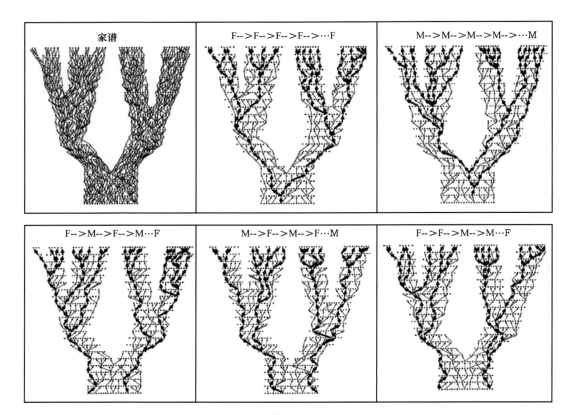

图 2.7 不同的等位基因途径（Avise，1998）

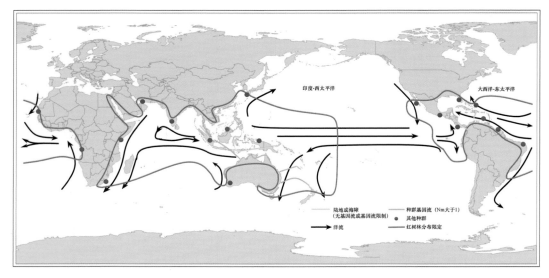

图 2.8 红树林地理分布与基因流（仿 Triest，2008）

平原斑马（*E. burehelli*）、山地斑马（*E. zebra*）的 mtDNA 序列进行比较，发现已灭绝的斑驴与平原斑马具有较近的亲缘关系，它们在 3 万~4 万年前具有共同的祖先，这也标志着一个新研究领域的诞生与开始（图 2.9）。

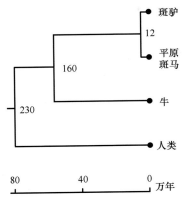

图 2.9　斑驴与平原斑马进化树（Higuchi et al.，1984）

随后，DNA 指纹分析（DNA fingerprinting）和聚合酶链反应（polymerase chain reaction，PCR）技术的产生及完善，使得短时间内从不同的微量样品（如肌肉、血液、毛发、皮张、化石材料等）中提取并扩增出 DNA 成为可能（Biase et al.，2002；Alberts et al.，2010）。同时，出现了多种利用 PCR 扩增产物进行 DNA 序列分析的方法和软件，如 16S rRNA 基因序列分析法、Clustal X、MEGA、Gel Works 1D 等（Zou et al.，2007），从而为分子生态学的研究提供了强有力的工具。

1992 年 *Molecular Ecology*（《分子生态学》）杂志的创刊，标志着分子生态学已正式成为生态学的一个新的、重要的分支学科；从此，分子生态学进入了迅速发展期，并被誉为 20 世纪 90 年代的新学科之一；在此之后，国际上出版了众多有关分子生态学的专著（Freeland et al.，2011），涉及行为生态学、种群遗传学、亲缘地理学、分子生态学与遗传修饰生物等（Beebee & Rowe，2004；Andrew et al.，2013）（图 2.10）。

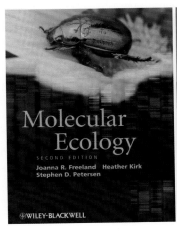

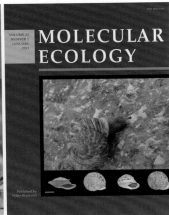

图 2.10　国际上出版的有关分子生态学的专著和杂志

2.3　分子生态学的内涵

分子生态学强调生态学研究中宏观与微观的紧密结合，用分子生物学的方法来解决种群水平的生物学问题。

分子生物学与生态学的结合被认为是分子生态学的研究内容（Andrew et al.，2013）。但是从分子生态学的发展史来看，它与群体遗传学、生态遗传学和进化遗传学的关系是密不可分的（刘亚锋等，2005），这三个学科的研究工作所用的手段既包括 DNA 水平的也包括同工酶等水平的。

随着分子生态学研究的发展和深入，生态学上许多原来悬而未决的或难以确证的科学问题得到了澄清或新的认识。分子生态学主要包括以下几方面的内容（阮成江等，2005；Andrew et al.，2013）。

2.3.1　分子环境遗传学

分子环境遗传学研究种群生态学与基因漂移的分子生物学基础、遗传工程改良生物体的环境生态效应、自然环境中生物的遗传物质交换与转移，以及物种互作的分子生物学机制及其生态学与进化学意义，包括种群生态学和基因流、重组生物的环境释放和自然环境中的遗传交换。

种群生态学和基因流：生境片断化影响基因流，导致近亲交配，降低个体生活力，威胁濒危物种的生存。对种群进行分子遗传分析可提供有关种群遗传多样性和基因流的信息，用于对种群的监测和管理。

例如，Wang 等（2014）探讨了我国舟山群岛上黑斑蛙（*Pelophylax nigromaculatus*）种群的遗传多样性和遗传分化格局。结果显示，岛屿种群的遗传多样性小于大陆种群；岛屿间，以及岛屿与大陆间不存在基因流；各岛屿种群及大陆种群间已出现明显的遗传分化；各岛屿种群及大陆种群均未显示出明显的近期遗传瓶颈现象；单元回归分析表明，岛屿种群的遗传多样性与其面积和种群大小呈正相关，与岛屿隔离时间呈负相关。而层次划分分析显示，只有岛屿种群大小和岛屿隔离时间是影响岛屿种群遗传多样性的主要因素（图 2.11）。岛屿种群遗传多样性降低和遗传分化是由全新世（近 10 000 年）海平面上升后伴随着岛屿隔离而产生的随机遗传漂变引发的。人类作为地球上分布最广的生命体，由于在一定地域长期适应当地的自然环境，且长期相互隔离，导致世界各地的人种具有明显的区别（图 2.12）。

重组生物的环境释放和自然环境中的遗传交换：关于遗传修饰生物体的环境释放，其生态后果已经引起科学界和公众的广泛关注。已有证据表明，转基因作物的外源基因已经转到野生近缘杂草中，导致其原有性状发生改变，并对环境中其他生物造成了有害影响（Altieri，2000；Gilbert，2013）。

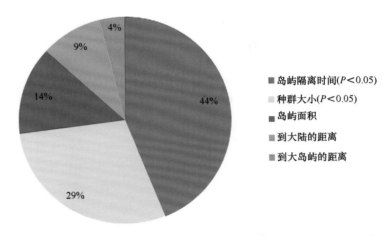

图 2.11　各种因素对岛屿种群遗传多样性的影响（Wang et al.，2014）

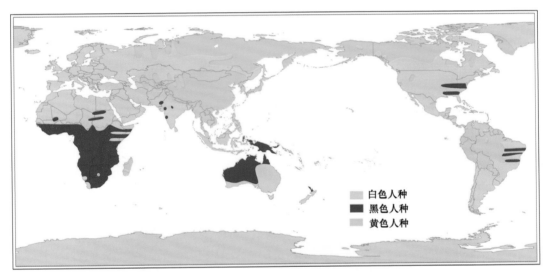

图 2.12　世界人种分布

2.3.2　分子种群生物学

　　分子种群生物学在分子层面上研究种群与进化的遗传学、行为生态学的机制和保护生态学的分子遗传依据，包括种群遗传学和进化遗传学、行为生态学、保护生物学（王祖望和蒋志刚，1996；雷冬梅等，2002）。

2.3.2.1　种群遗传学和进化遗传学

　　种群遗传学是用数学模型和实验来研究繁育体系、突变、选择、随机漂变对种群基因频率的影响，这也是生物进化的过程。DNA 标记不仅信息量大，而且是基因多样性的直接显示。用 DNA 标记研究种群，能更好地显示种群基因频率的变化。

2.3.2.2 行为生态学

到目前为止，对动物行为生态学的研究较多，植物方面研究较少，植物行为生态学尚处于发展的初期。动物行为生态学主要是从生态学的角度研究动物行为的机制和动物行为的生态学意义与进化意义，其中动物行为有迁移、栖息和繁殖等；分子生态学中涉及的植物行为生态学研究热点包括：植物花粉和种子传播、繁殖植物的克隆结构及斑块形成机制、植物有性繁殖和无性繁殖的比例。如果仅依靠野外观察，有时会得出错误的结论；DNA 标记则可以校正野外观察的错误。例如，在灵长类中，野外观察认为猕猴种群中社会等级高的个体交配次数多（占总交配次数的 67%），因而产生的后代个体数就多，对种群的贡献就大。但是，有人利用分子标记的方法对猕猴种群后代做过研究，结果发现在猕猴种群后代个体中，24% 是社会等级高的个体后代，其余76% 的个体则不是（Curie-Cohen et al., 1983）。张亚平等（1995）用微卫星 DNA 进行圈养大熊猫的亲子鉴定，发现动物园一雌多雄多次交配过程中，只有个别雄性是有效的，称为有效雄体；该研究结合基因型的鉴定，有助于制订繁殖计划，防止近交衰退（图 2.13）。

图 2.13 圈养大熊猫的亲子鉴定

2.3.2.3 保护生物学

生物多样性是保护生物学的核心，是一门研究自然及地球上生物多样性的学科，目的是保护各种生物物种、栖息地和整个生态系统，避免其受到物种过快灭绝及生物交互作用崩溃的威胁。它结合多个学术领域，包括科学（如种群生态学、生殖生态学、生理生态学和遗传多样性等）、经济学和自然资源管理。DNA 标记在保护生物学中的主要应用包括（刘思慧等，2003）：评价种群内的遗传变异性、识别进化显著单元，以及从进化角度确定种群保护的价值和区域。例如，周永刚等（2000）进行了柠条同工酶遗传分析，发现这些处于环境恶劣中的隔离小种群由于部分近交更容易固定新突变，并通过异交渗入两翼的斑块种群；同样说明了生态过渡带保育的重要性。

2.3.3　杂交鉴定

研究内容包括自然条件下物种间是否发生杂交，对依据中间型形态特性推断的杂交进行分子鉴定，外来种与本地种间是否发生杂交，以及外来种是否通过杂交和渐渗杂交的方式适应新的环境（对自然杂交和渐渗杂交进行分子鉴定）（曹栋栋等，2015；Powell et al.，1996；Gaudeul et al.，2004）（图 2.14）。

图 2.14　我国杂交谷物和超级杂交水稻

2.3.4　系统地理学

系统地理学的主要研究内容为物种地理分布格局、迁移、定居、侵殖和再侵殖过程，推断物种地理起源。Zhou 等（2013）研究了野生稻物种地理分布格局及其适应机制，对我国 6 个省份 34 个普通野生稻自然种群的形态性状进行了考察，并在普通野生稻中国分布区的最南部（海南陵水）和北缘以外（湖北武汉）分别进行了同质种植园的移栽试验。结果表明：表征普通野生稻生殖特征的种子大小与经纬度呈正相关，表征光合特征的剑叶面积与纬度呈负相关，这两个性状的地理分布格局主要与温度的地理变化关联。移栽试验结果显示，种子大小、剑叶面积、剑叶形态及每穗颖果数的地理变异是遗传分化和表型可塑性共同作用的结果。在南部的陵水同质园中，所有移栽种群个体均能成活并完成有性繁殖过程，而在北部的武汉同质园中只有 65% 的种群繁殖成功，58% 的种群成功越冬，不成功的种群主要是南部种群。对极端低温的耐受性和生殖与生长之间不对称的变化是限制普通野生稻向北扩张的主要因素。

2.3.5 分子适应

分子适应主要研究遗传分化与生理适应的分子遗传学机制和环境对于基因表达的影响。例如，Liu 等（2014）完整地解读了北极熊的基因组，揭示了北极熊适应北极极地气候之谜；通过对基因组中编码蛋白质的相关基因进行更深入的分析后，研究人员发现很多与脂肪酸代谢和心血管功能相关的基因在北极熊中已经发生了适应性的进化，这可能是它们能够适应北极极地气候的关键所在。为了适应北极的严寒，北极熊明显偏向摄食脂肪含量高的猎物，但它们却没有像人类一样由于高脂肪摄入而产生一系列心血管相关疾病。对于是什么促使北极熊这一物种的诞生及进化目前还不清楚，但北极熊与棕熊分化的时期（47.9 万年前到 34.3 万年前）恰好与大约跨越了 5 万年的比较温暖的间冰期（MIS11）重合。可能是由于当时气候变暖，一种远古的熊——棕熊和北极熊的共同祖先可以向北扩大它们的生活领地。而当气候再次回到冰期时，一部分迁徙到北极的熊却逐渐适应了北极越来越冷的环境（图 2.15）。

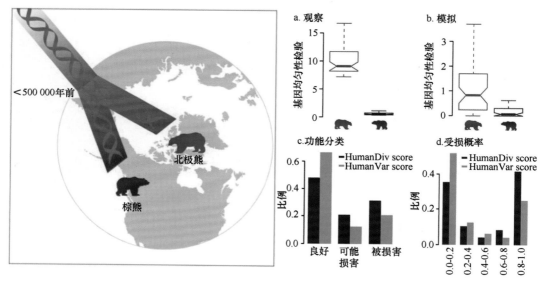

图 2.15　北极熊适应北极极地气候之谜（Liu et al., 2014）

Zhao 等（2013）研究了熊猫种群的演化史及适应性，依据基因组信息确定 6 个山系熊猫可划分为秦岭、岷山、邛崃山—大小相岭—凉山三个遗传系，通过构建大熊猫从起源到现今的演化历史，揭示出其间所经历的两次种群扩张、两次瓶颈和两次种群分化现象。大约在 300 万年前，原始大熊猫的食谱结构从肉食发展为以竹为食，"侏儒型"大熊猫出现。当时温热潮湿的环境适合竹林的生长，从而促使大熊猫种群出现了第一次扩张。大约在 70 万年前，大熊猫种群数量开始下降，到 30 万年前左右，出现了第一次瓶颈。这是因为在此期间，中国出现了两次巨大的更新世冰川作用，寒冷的气候变化导致体形庞大的巴氏大熊猫替代了"侏儒型"大熊猫。在倒数第二次冰期之后，大熊猫的种群数量出现了第二次扩张，并且在 5 万年前到 3 万年前达到顶峰，其间大湖期温热的气候可能对大熊猫的繁盛起到很大作用，而这一时期高山针叶林是适宜熊猫栖息的环境。在末次冰期最盛期，严重的高山冰川作用、气候寒冷、黄土沉积导致熊猫栖息地大量丧失，从而造成了其种群出现第二次瓶颈。大约在 30 万年前，熊猫种群分化成为秦岭和非秦岭两支。而模拟结果显示，在 4 万年前左右，非秦岭种群扩张了三倍，而秦岭种群数量下降了 80%。其后，非秦岭种群数量逐渐减少，而秦岭种群渐趋稳定。大约在 2800 年前，非秦岭种群分化成两个分支，即岷山熊猫和邛崃山—大小相岭—凉山熊猫，形成了当前稳定的三个遗传系，这可能与人类活动相关。在现存的大熊猫种群中，研究者检测到了受到自然选择的基因，其中在秦岭和其他大熊猫种群之间，两个苦味受体基因受到正选择作用，可能与秦岭大熊猫取食更多的含苦味物质的竹叶有关（图 2.16）。该研究为大熊猫的保护提供了种群基因组水平上的科学依据，建议在大熊猫放归工程中考虑该研究所揭示的不同遗传背景的种群和特定种群的环境适应等问题。该研究也为其他濒危动物保护提供了研究的范例。

图 2.16　熊猫从“食肉”改“食竹”

Zhang 等（2012）完成了牡蛎对潮间带逆境适应机制的研究，利用新一代测序技术和全新的组装策略，构建了牡蛎全基因组序列图谱，证实了牡蛎基因组序列具有极高的多态性、较高比例的重复序列和活跃的转座子。结合转录组、蛋白质谱等组学技术，发现一系列与牡蛎抗逆能力相关的基因表达量明显增强，这可能是牡蛎适应潮间带逆境的主要分子基础（图 2.17）。同样，人类走出非洲等移民事件、欧洲绵羊的迁徙和分布等，也与其环境变化和适应机制密不可分（图 2.18，图 2.19）。

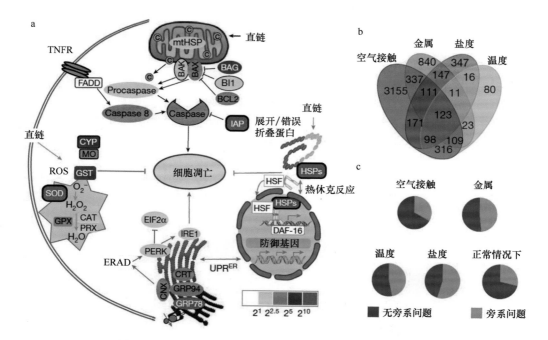

图 2.17 牡蛎对潮间带逆境的适应机制（Zhang et al.，2012）

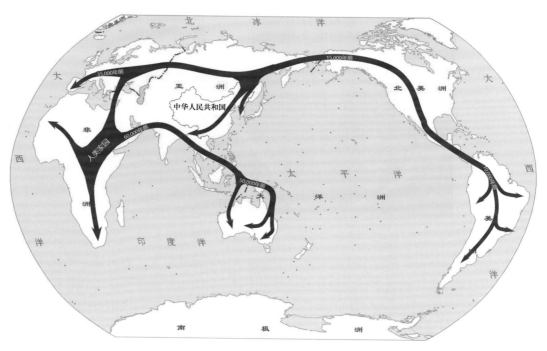

图 2.18 人类走出非洲

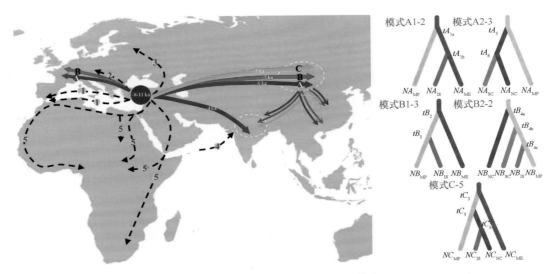

图 2.19　欧洲绵羊的主要迁徙路线和优势种群的分布模式（Lv et al.，2015）

ka 表示千年

2.3.5.1　遗传分化和生理适应

通过对比生理特性与遗传组成和环境的关系，可以探讨生理适应的分子机制。例如，对在北美大西洋沿岸咸淡水中生活的 *Fundulus heteroelitus* 的研究表明，种群个体中存在着 B^a 和 B^b 两种乳酸脱氢酶的等位基因。B^b 在北方水域种群中占优势，而 B^a 在南方水域种群中占优势，由北到南基因频率随纬度变化发生有规律的变化，并形成了渐变群（图2.20）。实验证明 B^b 的催化能力在 20℃时最高，而 B^a 的催化能力在 30℃时最高（Powers et al.，1991）。Short 等（2007）研究表明，不同海草（包括海藻）及其生态系统中的各成分在海洋中的分布也与其生活环境的水温、水深等环境因素的变化梯度密切相关，这是生态选择压力梯度变化的结果（图 2.21）。

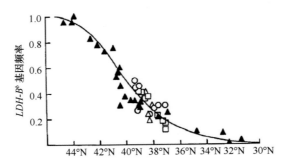

图 2.20　*LDH-B^b* 基因变异与纬度的关系（Powers et al.，1991）

2.3.5.2　遗传分化和形态分化

物种一般是按形态特征区分的，研究对比占据不同生境近缘物种的 DNA 变异，可望了解形态分化的分子基础及其与环境的关系。

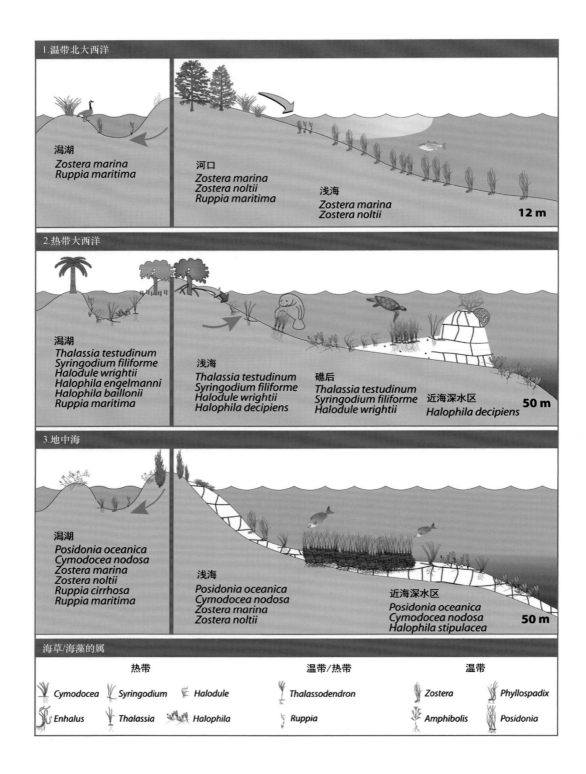

1.温带北大西洋

潟湖
Zostera marina
Ruppia maritima

河口
Zostera marina
Zostera noltii
Ruppia maritima

浅海
Zostera marina
Zostera noltii

12 m

2.热带大西洋

潟湖
Thalassia testudinum
Syringodium filiforme
Halodule wrightii
Halophila engelmanni
Halophila baillonii
Ruppia maritima

浅海
Thalassia testudinum
Syringodium filiforme
Halodule wrightii
Halophila decipiens

礁后
Thalassia testudinum
Syringodium filiforme
Halodule wrightii

近海深水区
Halophila decipiens

50 m

3.地中海

潟湖
Posidonia oceanica
Cymodocea nodosa
Zostera marina
Zostera noltii
Ruppia cirrhosa
Ruppia maritima

浅海
Posidonia oceanica
Cymodocea nodosa
Zostera marina
Zostera noltii

近海深水区
Posidonia oceanica
Cymodocea nodosa
Halophila stipulacea

50 m

海草/海藻的属

热带　　　　　温带/热带　　　　　温带

Cymodocea　*Syringodium*　*Halodule*　*Thalassodendron*　*Zostera*　*Phyllospadix*

Enhalus　*Thalassia*　*Halophila*　*Ruppia*　*Amphibolis*　*Posidonia*

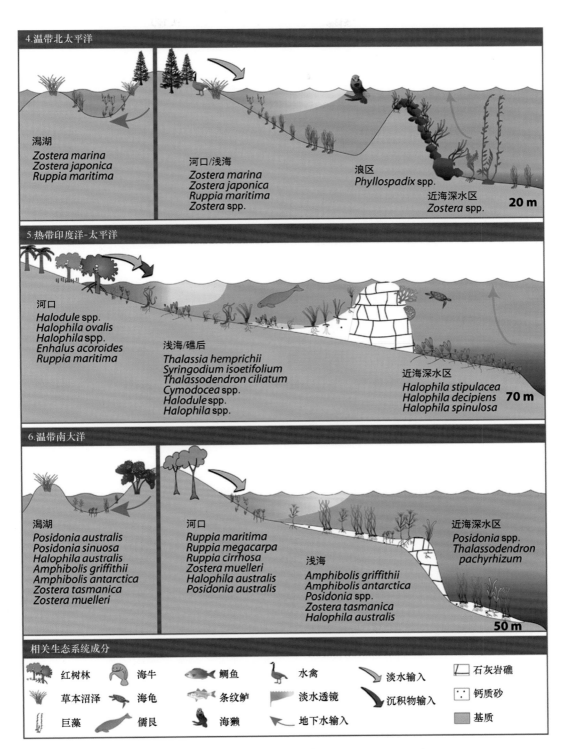

图 2.21　全球海草生物多样性分布（Short et al.，2007）

例如，周福军等（2001）对采自黑龙江省平顶山和吉林省长白山的 14 个天然居群高山红景天的分株数、株高、基径、叶长和叶宽 5 个形态性状进行了比较分析，探讨了高山红景天适应环境的形态变异机制。单因素方差分析 F 检验表明，除分株数外的 4 个形态性状在 14 个居群中均表现为差异极显著。对这 4 个性状的多重比较分析表明，各形态性状在不同生态环境下表现出一定程度的分化。对 14 个天然居群形态性状的聚类分析表明，高山红景天的形态变异与其生态环境间存在着明显的相关关系。

2.3.6　分子生态学的技术与方法

分子生态学的技术分为两大类：蛋白质标记技术和 DNA 分子标记技术。主要是在分子生态学领域引入新的研究方法和新理论，或对原有方法进行改进，主要有核酸杂交分析技术、特异性 PCR 扩增技术、DNA 序列分析、基因芯片技术等（张于光等，2005），如对物种鉴定的分子技术（Yan et al.，2011）、发明新的探针（Li et al.，2010，2011）、研究种群的序列和引物（Sun et al.，2012；Jiang et al.，2015a，2015b；Ling et al.，2015a，2015b）等（图 2.22）。

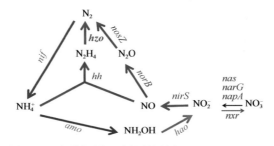

图 2.22　海洋氮循环功能基因图（Li et al.，2010）

限制性片段长度多态性（restriction fragment length polymorphism，RFLP）是利用探针显示限制性内切核酸酶识别专一 DNA 序列的特性，检测限制性片段长度多态性。主要应用于识别物种，分析群体进化，研究适应辐射、亚种分化、地理起源等方面问题。

扩增片段长度多态性（amplified fragment length polymorphism，AFLP）是用一个短的随机引物（random primer）进行 PCR。模板 DNA 有多个扩增子（amplicon），可以扩增出多个产物而可能产生多态现象。主要应用于亲子鉴定，家族分析，个体识别，绘制遗传图谱（genetic map），研究多态性和种群的分布、丰富度及其进化关系等。

揭示 DNA 多态性的方法是 DNA 序列分析。分子生态学上应用最多的是用通用引物扩增 mtDNA、ctDNA 或核 DNA 片段，随后直接测序。mtDNA 具有独特的优点，包括遗传上具有自主性、分子质量较小、无组织特异性、严格的母系遗传、进化速度快等。现阶段，DNA 序列分析研究主要集中在 mtDNA 片段测序分析方面，通过 mtDNA 片段的测序分析可以获得大量的可靠数据，因而在分子生态学上得到广泛应用。主要包括分析种群的遗传变异、确定种内或种间的系统发生和进化、识别进化显著单元（ESU）、确定生物多样性保护和管理上的价值及规模、鉴别迁移物种中的个体起源、研究种群迁移与有效种群大小的关系等。

2.4　分子生态学的研究方法

目前分子生态学研究所选用的方法和技术，是最近几年发展起来的针对蛋白质、核酸变异的检测手段，可分为两大类：DNA 水平和蛋白质水平的研究方法。

DNA 水平上的研究方法，主要有限制性片段长度多态性（Liu et al.，2010）、PCR法（Peng et al.，2013）、随机扩增多态性 DNA（Das et al.，2001）、扩增片段长度多态性（Harada et al.，2005）、简单重复序列（simple sequence repeat，SSR）（Jian et al.，2004）、DNA 扩增指纹分析（DNA amplification fingerprinting）（Alberte et al.，1994；Lu et al.，2012）、DNA 测序（DNA sequencing）（Ekblom & Galindo，2011）、DNA 杂交（DNA hybridization）（Ng & Szmidt，2014）等（比毕和罗著，2012）。

蛋白质水平上的研究方法，包括蛋白质免疫法和蛋白质电泳法，其中蛋白质电泳法最为常用；采用此种方法所获得的多位点等位酶资料，可以用来分析基因的变异情况，并由此可以得出如遗传多样性和遗传分化等一些有价值的结论。

在分子生态学实验中，以 PCR 为基础的 RFLP、RAPD、内部简单重复序列（ISSR）、单核苷酸多态性（single nucleotide polymorphism，SNP）和 DNA 测序法最为常用（比毕和罗，2009）。

2.4.1　遗传标记方法

分子遗传标记是以物种突变造成 DNA 片段长度多态性为基础的，具有许多优点：①直接探测 DNA 水平的差异，不受时空的限制；②标记数量丰富、多态性高；③共显性标识，可以区分纯合子与杂合子；④可以解释家系内某些个体的遗传变异；⑤可以鉴定不同性别、不同年龄的个体。随着基因工程特别是 DNA 重组技术的发展，现在人们已确知动物不但有毛色、体态、血型、染色体等的多态性，而且有 DNA 水平的多态性，特别是 20 世纪 80 年代以后，研究 DNA 多态性的各种遗传标记方法的发展极其迅速，使分子遗传标记应用于动物育种成为现实。

应用较广泛的分子遗传标记有：限制性片段长度多态性分析技术（Lakshmi et al.，2002）、随机引物扩增多态性 DNA 技术（Dalmazio et al.，2002）、短串联重复序列（short tandem repeat，STR）（Reusch & Hughes，2006）和扩增片段长度多态性分析技术（Waycott & Barnes，2001）。

2.4.1.1　RFLP 分析技术

20 世纪 70 年代中期，遗传学家发现了 RFLP 现象；1980 年 Botstein 等首先提出利用 RFLP 作为遗传标记构建遗传图谱，直到 1987 年 Donis-Keller 等才构建出第一张人的 RFLP 图谱。RFLP 的基本原理是基因组 DNA 在限制性内切核酸酶的作用下，产生大小不等的 DNA 片段，它所代表的是基因组 DNA 酶切后产生的片段在长度上的差异，这种差异是由突变增加或减少了某些内切酶位点造成的。RFLP 作为遗传标记具有其独特性：①标记的等位基因间是共显性的，不受杂交方式制约，即与显隐性基因无关；②检测结果不受环境因素影响；③标记的非等位基因之间无基因互作效应，即标记之间无干扰。RFLP 分析技术的主要缺陷是克隆可表现基因组 DNA 多态性的探针较为困难，但随着可标记多态性探针的增多，该技术将在分子生物学研究中得到更广泛的应用。

利用限制性内切核酸酶消化基因组 DNA，形成大小不等、数量不同的分子片段，经电泳分离，通过 Southern 印迹将 DNA 片段转移至支持膜（尼龙膜或硝酸纤维素膜）上，标记的探针（如地高辛、荧光素标记）与支持膜上的 DNA 片段进行杂交。不同基因组 DNA 酶切位点的改变，会使得 RFLP 谱带表现出不同程度的多态性。

2.4.1.2　DNA 指纹分析技术

20 世纪 80 年代初期，人类遗传学家相继发现在人类基因组中存在高度变异的重复序列，并命名为小卫星 DNA（minisatellite DNA），又称可变数目串联重复（variable number of tandem repeat，VNTR），由 15~65 bp 的基本单位串联而成，总长通常不超过 20 kb，重复次数在群体中是高度变异的。1987 年人们利用人工合成的寡核苷酸（2~4 bp）作为探针，探测到高度变异位点，即所谓的微卫星 DNA。以小卫星或微卫星 DNA 作为探针，与多种限制性内切核酸酶酶切片段杂交，所得到的个体特异性的杂交图谱，即为 DNA 指纹分析。

DNA 指纹技术作为一种遗传标记有以下特点：①具有高度特异性，同一物种中两个随机个体的 DNA 指纹相似系数仅为 0.22，二者指纹完全相同的概率为三千亿分之一；②遗传方式简明，DNA 指纹遵循孟德尔遗传定律，微卫星 DNA 是高度变异的重复序列，所检测的多态性信息含量较高；③具有高效性，同一个微卫星 DNA 探针可同时检测基因组中 10 个位点的变异，相当于数十个探针。由于微卫星 DNA 不是单拷贝，难以跟踪分离群体中个体基因组中同源区域的分离。

2.4.1.3　RAPD 分析技术

RAPD（随机扩增多态性 DNA）是 Williams 等（1990）发展起来的一种新型遗传标记，由于其独特的检测 DNA 多态性的方式即快速、简捷、高效等优点，RAPD 技术已渗透于有关基因研究的各个领域（图 2.23）。RAPD 是建立于 PCR 基础之上的，利用随机的脱氧核苷酸序列作为引物（一般 9~10 bp），对所研究的基因组 DNA 进行体外扩增，扩增产物经电泳分离染色后，检测其多态性，这些扩增 DNA 片段多态性反映了基因组相应区域的 DNA 多态性。RAPD 标记的特点是：①扩增引物没有物种的限制，一套引物可用于不同物种的基因组分析；②扩增引物没有数量上的限制，可以囊括基因组中的所有位点；③简洁方便，可进行大量样品的筛选。RAPD 标记是显性的，无法区分动物纯合体、杂合体，而且在分析中易产生非特异性。

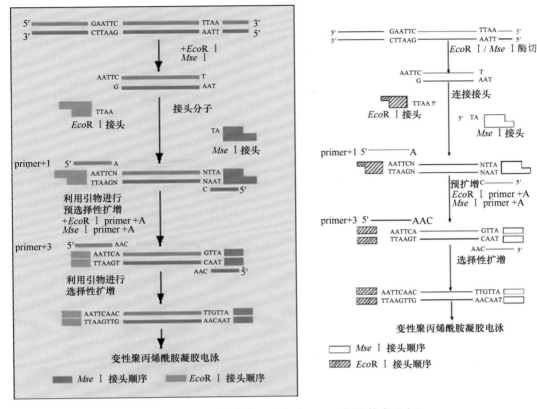

图 2.23　RAPD 分子标记（左）和 AFLP 标记技术（右）

2.4.1.4　AFLP 分析技术

AFLP（扩增片段长度多态性）技术是荷兰 KeyGene 公司的科学家 Zabeau 和 Vos（1993）将 PCR 与 RFLP 结合起来创造的一种检测 DNA 多态性的新方法。基因组 DNA 先用限制性内切核酸酶双酶切，再在两端连上特定的人工接头，根据接头和酶切位点的序列设计引物。一般在引物的 3′端再增加 1~3 个碱基进行选择性扩增。不同样品由于 DNA 序列不同，扩增出的片段数及长度各不相同，经变性聚丙烯酰胺凝胶电泳就能区分出不同样品之间的差异，作为遗传标记构建连锁图，或鉴定与特定性状连锁的标记。与 RFLP 比较，它无须了解 DNA 模板序列，产生的多态性较多；与 RAPD 比较，它的可重复性得到极大提高。

2.4.2　种群多样性分析方法

生物群落多样性主要是指物种多样性、遗传多样性和功能多样性。多样性分析方法主要为细胞结构分析方法、分子生物学方法、功能多样性分析方法等。

2.4.2.1　细胞结构分析方法

18~19 世纪显微技术的发展推动了生物学，特别是细胞学的迅速发展。例如，19 世纪后叶细胞学家对受精作用染色体结构和行为的研究结果就是在不断改进显微技术的过程中取得的，而这些结果又为细胞遗传学的建立和发展打下了基础。此外，显微技术在细胞学、组织学、胚胎学、植物解剖学、微生物学、古生物学及孢粉学发展中已成为一个主要研究手段。电子显微镜的发明，促使生物学中微观现象的研究从显微水平发展到超显微水平，结合生物化学的研究使以形态描述为主的细胞学发展成为以研究细胞生命活动基本规律为目的的细胞生物学。

随着电镜技术的发展，生物细胞的超微结构研究取得了很大的进展，使研究细胞的超微结构、生化过程与功能之间的联系成为可能，如细胞超微结构的电镜分析技术。特别是近年来随着人类、水稻和拟南芥等模式生物基因组测序的完成，解释这些基因功能及作用就变得尤为迫切，使生物亚细胞结构、蛋白质组学研究成为可能，如植物叶绿体蛋白测定及其技术（刘知晓，2009）；一些特化结构的发现与描述，极大地丰富了生物生理学、细胞生物学、分子生物学及其相关学科的内容。

2.4.2.2 分子生物学方法

分子生物学方法主要包括重组 DNA 技术、工具酶与载体、DNA 操作技术（转化、阳性克隆的筛选、cDNA 文库的构建、PCR 等）、基因克隆技术、基因表达技术、蛋白质表达技术等。越来越多的基因被发现，其中多数基因功能不明，利用蛋白质表达系统表达目的基因是研究基因功能及其相互作用的重要手段。常见的蛋白质表达系统包括：大肠杆菌/原核蛋白表达系统、酵母/真核蛋白表达系统、哺乳动物细胞蛋白表达系统、昆虫细胞蛋白表达系统、植物蛋白表达系统（图 2.24，图 2.25）。

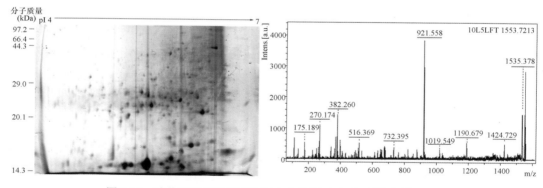

图 2.24　秋茄的蛋白质提取物双向电泳图（a）与质谱分析（b）

蛋白质表达是指用模式生物如细菌、酵母、动物细胞或者植物细胞表达外源基因蛋白的一种分子生物学技术。在基因工程技术中占有核心地位。

蛋白质表达系统是指由宿主、外源基因、载体和辅助成分组成的体系。通过这个体系可以实现外源基因在宿主中表达的目的。一般由以下几个部分组成。

（1）宿主：表达蛋白的生物体，可以为细菌、酵母、植物细胞、动物细胞等；由于各种生物的特性不同，适合表达蛋白的种类也不相同。

（2）载体：载体的种类与宿主相匹配，根据宿主的不同，分为原核（细菌）表达载

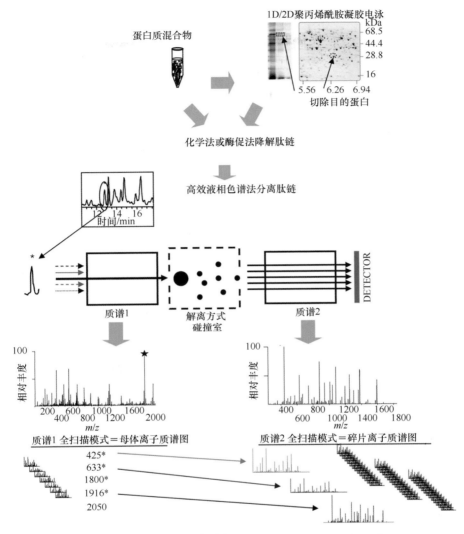

图 2.25　蛋白质组学研究过程（Nunn & Timperman，2007）

体、酵母表达载体、植物表达载体、哺乳动物表达载体、昆虫表达载体等；载体中含有外源基因片段，通过载体介导，外源基因可以在宿主中表达。

（3）辅助成分：有的表达系统中还包括了协助载体进入宿主的辅助成分，如昆虫-杆状病毒表达体系中的杆状病毒。

2.4.2.3　功能多样性分析方法

现在地球上生长着 200 万余种生物，这是经过 30 多亿年生物进化的历史而产生多样化的结果，种间的相似程度并不一样，这些种通过复杂的关系相互联系，在各地区组成生物社会。当前全球水平的生物多样性正在以超出人们想象的速度下降，这一结果已经成为维持受人类影响的宏观生态过程及自然生态系统的威胁。近年来，生物多样性与生态系统功能关系成为生态学领域内的一个重大科学问题。随着全球性的物种灭绝速度的加快，生态系统中物种的减少会对生态系统造成何种影响成为备受关注的话题。

物种功能多样性分析方法主要包括：功能丰富度指数、功能均匀度指数、功能分歧度指数、Walker 功能多样性指数（FAD）、Rao's 二次方程指数、Mason 功能多样性指数、CWM 指数、树状图距离功能多样性指数、基于最小生成树的功能多样性指数（张金屯和范丽宏，2011）。

此外，特别是进入 21 世纪，由于网络技术、通信技术和计算机技术（如超级计算机）的迅猛发展，应用数学、统计学、计算机技术的原理和方法来处理及解决生态领域的一些科学问题（Wang et al.，2006，2011，2012），如模糊数学、神经网络理论等可能会提供新的、较理想的功能多样性研究方法，在理论上它们更适合于研究复杂的生态系统（王友绍，2013）。

2.5 海洋分子生态学研究方法

海洋生态学是研究海洋生物与海洋环境间相互关系的科学，它是生态学的一个分支，也是海洋生物学研究的主要组成部分（李冠国和范振刚，2004）。通过研究海洋生物在海洋环境中的繁殖、生长、分布和数量变化，以及生物与环境的相互作用，阐明生物海洋学的规律，为海洋环境和生态保护，海洋生物资源的开发、利用和管理等提供科学依据。

20 世纪 70 年代，由于限制性内切核酸酶的发现、DNA 重组技术的建立、DNA 序列快速测定方法的发明，分子生物学及其技术以迅猛的速度发展。80 年代，PCR 技术的产生和发展，加速了分子生物学技术在生物学各研究领域的广泛应用。分子生物学技术应用于海洋生物学及生物海洋学研究始于 80 年代中期，尤其是近年来，此技术在国内外发展十分迅猛（Freeland et al.，2011；Andrew et al.，2013；Johnson & Browman，2007）（图 2.26）。

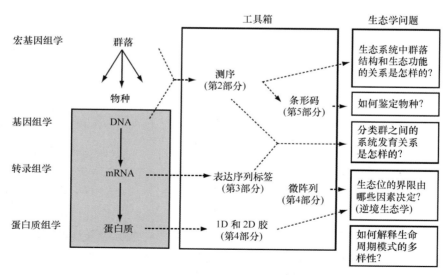

图 2.26　基因组的工具和海洋生态学问题之间的联系（Dupont et al.，2007）

海洋分子生态学是用分子生物学的原理与方法从分子水平上研究海洋生态学的科学问题（刘冬梅等，2012），海洋分子生态学是一个巨大的、迅速发展的领域，主要侧重于海洋生物在分子水平上的相互作用和演化的研究。它大致包括：群落遗传学、疏散和现场识别（dispersal and site recognition）、捕食相互作用、寄生、共生和许多其他各种海洋生物——从微生物到脊椎动物之间的相互作用。所研究的分子包括核酸、蛋白质和化学信号，不仅要研究它们的功能，还要研究它们与物理环境间的相互作用。传统上，海洋生态学的研究范畴被限定在所调查生物的大小，如微生物、无脊椎动物、鱼类生物学和渔业，以及海洋哺乳动物中；然而，这种界定阻碍了对相互作用的各类海洋生物作为一个整体——海洋生态系统的了解。

2.5.1　海洋微生物分子生态学研究方法

人类生存在一个被海洋覆盖的星球，海洋占地球总面积的71%，全部水源的97%都在海洋之中。海洋中的微生物包括细菌、真菌、放线菌及病毒等，提供地球近一半的初级生产力，影响气候变化，参与物质和能量循环，并且为现代工业生产提供了重要的药物资源和酶资源。作为分解者，它促进了物质循环，在海洋沉积成岩及海底成油成气过程中都起到重要作用。还有一小部分化能自养菌则是深海生物群落中的生产者。与陆地相比，海洋环境以高盐、高压、低温和低营养为特征。海洋微生物长期适应复杂的海洋环境而生存，因而有其独具的特性。

海洋分子生态学作为一门新兴学科，将现代分子生物学技术与传统生态学理念有机结合，成为海洋环境微生物多样性研究的有力武器，有助于深化人们对于海洋微生物资源的认识。现代分子生物学技术在生态学研究中的应用大大推动了微生物生态学的发展，导致了微生物分子生态学的产生。微生物分子生态学方法弥补了传统的微生物生态学方法的不足，使人们可以避开传统的分离培养过程而直接探讨自然界中微生物的种群结构及其与环境的关系。微生物生态学研究中采用的分子生物学方法主要有核酸探针技术、PCR扩增技术、rRNA序列同源性分析方法、梯度凝胶电泳方法等。这些技术方法的采用，在微生物生态学研究中取得了一系列重要的成果和突破，使得对某些微生物的研究成为可能，并在分子水平上阐述了生态问题的机制。例如，Ling 等（2015b）利用这些新技术和方法研究了多环芳烃浓度对海草床沉积物细菌群落结构的影响（图2.27）。此外，微生物分子生态学的发展，为揭示各类生态环境尤其是极端环境，如冰川、深海热液等的微生物群落结构和多样性提供了一条新途径。海洋生境大而复杂，其中的微生物群落组成也因各种因素而异，分子生物学方法提供了更加真实、有效地描述海洋微生物多样性等的手段，必将成为研究海洋微生物生态学的强有力的工具。

目前常见的海洋微生物分子生态学的研究方法有：基于PCR构建克隆文库的方法（邓超和王友绍，2011）、变性/温度梯度凝胶电泳（denature/temperature gradient gel electrophoresis，DGGE/TGGE）（Sun et al.，2012；Wu et al.，2014；Ling et al.，2015a，2015b）、随机引物扩增产物多态性分析（Winget & Wommack，2008）、末端限制性片段长度多态性（terminal restriction fragment length polymorphism，T-RFLP）（Mendes

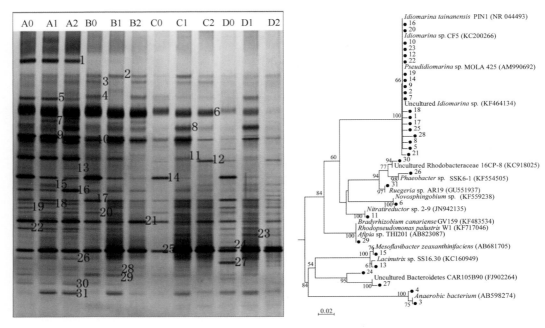

图 2.27　多环芳烃浓度影响海草床沉积物细菌群落结构 DGGE 图谱和进化树（Ling et al.，2015b）

et al.，2012）及荧光原位杂交（fluorescent *in situ* hybridization，FISH）（Kumar et al.，2011）等，这些方法克服了传统微生物学分离培养方法的不足，从分子水平反映环境中海洋微生物的多样性和群落结构（Sun et al.，2012；Wu et al.，2014；Ling et al.，2015a，2015b），并在海洋微生物生态学的研究中取得了较为广泛的应用（舒青龙等，2009；梁俊等，2002）。例如，利用这些方法 Sun 等（2014）调查研究了南海北部海域的细菌组成（图 2.28），Jiang 等（2015a，2015b）调查了南海新村湾海草床沉积物不可培养细菌和可培养细菌（图 2.29）。

　　近年来，分子生物学的发展，尤其是新一代测序技术（next generation sequencing technology）又称为第二代测序技术（Sun et al.，2014；Jiang et al.，2015a，2015b）、GeoChip（He et al.，2007）等高通量技术的研发及应用和传统实验方法的改进优化，为海洋微生物分子生态学的研究方法、研究策略注入了新的力量；第三代测序技术是指单分子测序技术，进行 DNA 测序时，不需要经过 PCR 扩增，实现了对每一条 DNA 分子的单独测序，目前第三代测序技术逐步成熟；第四代测序技术（即新型纳米孔测序技术）也已商业化，第一大阵营是单分子荧光测序，代表性的技术为美国螺旋生物（Helicos）的 SMS 技术和美国太平洋生物（Pacific Bioscience）的 SMRT 技术，第二大阵营为纳米孔测序，代表性的公司为英国牛津纳米孔公司。

　　高通量测序技术逐渐应用于微生物分子生态学研究中，目前高通量测序平台以 Illumina 公司的 Solexa、ABI 公司的 SOLiD 和 Roche 公司的 454 技术应用最为广泛。Roche 公司的 454 技术的最大优点是测序单序列读长很长（目前升级后的 GS FLX 最长可达到 1000 bp），测序结果不经过拼接就能进行一定的微生物分子生态学的分析；Illumina 测序技术单次测序获得的数据大，产生高覆盖率的测序量所需费用低，可检测到

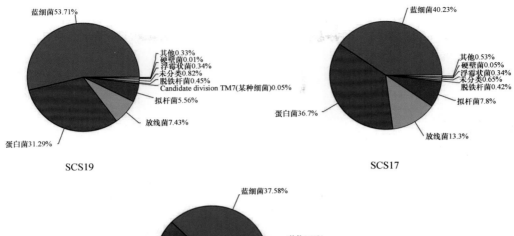

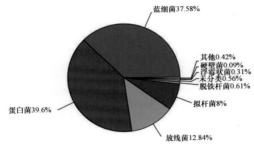

图 2.28　南海北部海域不同样品的细菌组成（Sun et al.，2014）

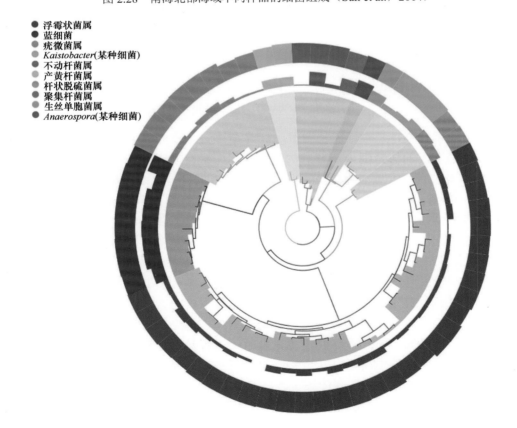

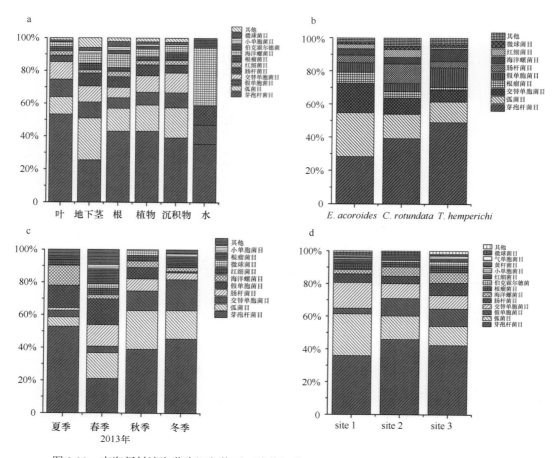

图 2.29　南海新村湾海草床沉积物不可培养细菌（a，c；Jiang et al.，2015a）和可培养
细菌（b，d；Jiang et al.，2015b）

更多低丰度的转录本，在对已知基因组序列的物种测序分析中更具优势；SOLiD 基于双碱基编码系统的纠错能力及较高的测序通量，适合转录本研究及比较基因组学特别是 SNP 检测等，但是测序片段长度太短；其中，目前在微生物分子生态学中应用最多的是 Roche 454、HiSeq 2500 等测序。高通量测序技术的出现与应用，改变了在微生物多样性、宏基因组和宏转录组等方面研究的基本策略，简化了研究步骤，缩短了研究周期，同时得到的数据更加丰富，利用高通量测序主要涉及海洋微生物多样性、宏基因组学、宏转录组学研究（图 2.30）。利用基因芯片新技术的海洋微生物分子生态学研究方法也备受关注，高通量测序的出现使得基因芯片的市场受到了不小的影响，甚至有人断言基因芯片会因此退出历史舞台，但是高通量测序也并非完美，具有读长偏短、仪器设备昂贵、后期数据处理复杂等不足之处。而基因芯片相对来说实验费用低，而且不需要花费大量时间进行数据处理，有些对特定功能基因或种群的研究中，并不需要对其全基因组进行测序，只需要对其特定的基因片段进行重点研究，使基因芯片具有优势（吕昌勇等，2012），在海洋微生物生态学的研究中将发挥巨大作用（Jiao & Zhang，2011）（图 2.31）。

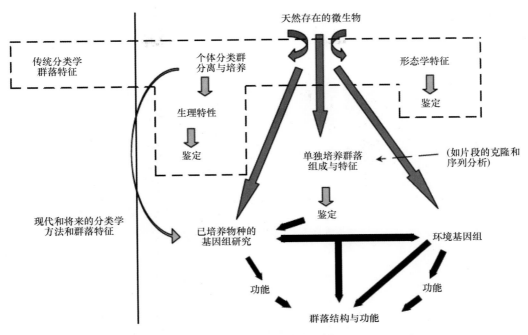

图 2.30　分子世界中海洋微生物群落分析（Caron，2005）

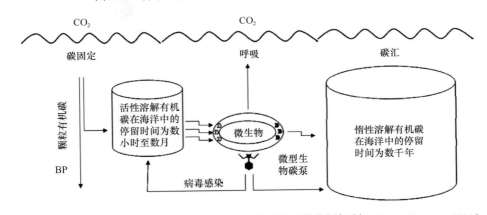

图 2.31　微型生物碳泵（MCP）对海洋碳储库的影响及其作用机制（Jiao & Zhang，2011）

2.5.2　海洋动物分子生态学研究方法

海洋动物是生物界重要的组成部分，现知有 16 万~20 万种，它们门类繁多，形态结构和生理特点差异很大。微小的有单细胞原生动物，最大的海洋动物长可超过 30 m、重可超过 190 t。它们分布广泛，从海面至海底、从岸边或潮间带至最深的海沟底都有海洋动物。它们不进行光合作用，不能将无机物合成为有机物，只能以摄食植物、微生物和其他动物及其有机碎屑物质为生。海洋动物可分为海洋无脊椎动物、海洋原索动物和海洋脊椎动物三类。海洋无脊椎动物占海洋动物的绝大多数，门类最为繁多，主要有原生动物、海绵动物、腔肠动物、扁形动物、纽形动物、线形动物、环节动物、软体动物、节肢动物、腕足动物、毛颚动物、须腕动物、棘皮动物和半索动物等；海洋原索动物是海洋中介于脊椎动物与无脊椎动物之间的动物。包括尾索动物和头索动物等。海洋脊椎动物包括依赖海洋而生的鱼类、爬行类、鸟类和哺乳类动物（图 2.32）。

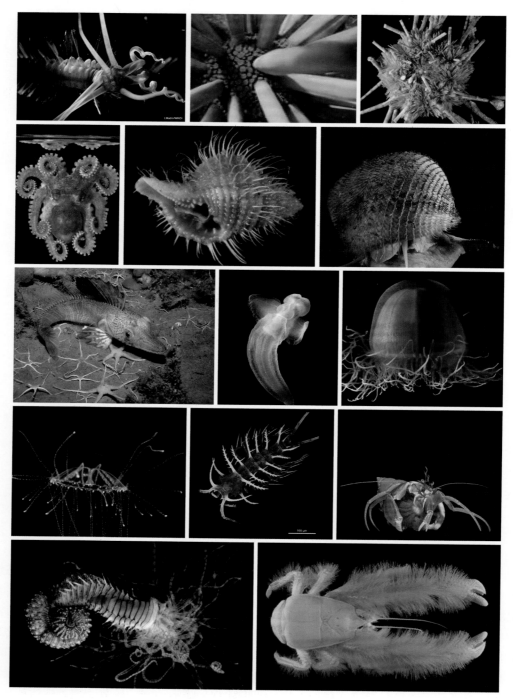

图 2.32　全球海洋生物普查发现的部分特异海洋生物（王友绍，2011）

　　海洋动物分子生态学主要是利用成熟的分子生态学技术与方法从分子水平上研究海洋动物生态学的科学问题，这些技术与方法包括：RFLP、RAPD、随机引物 PCR、AFLP、微卫星 DNA（又称 SSR）及 DNA 序列分析等（Baker et al.，1998；Goksøyr，1995；Lyrholm & Gyllensten，1998；Olsen，2012；Arrigoni et al.，2015），双向凝胶电泳（2-DE）技术、图谱分析技术、生物质谱（MS）技术、蛋白质组生物信息学和高通量测序技术等。近年来，已有很多利用分子生态学技术研究海洋动物生态学的研究成果发表，如 Arrigoni 等（2015）研究了阿拉伯半岛两种珊瑚的亲缘关系，Ning 等（2013）分析了浮游动物中华哲水蚤（*Calanus sinicus*）的转录组（图 2.33），Long 等（2013）构建了斑马鱼幼体低温胁迫的差减文库（图 2.34）。

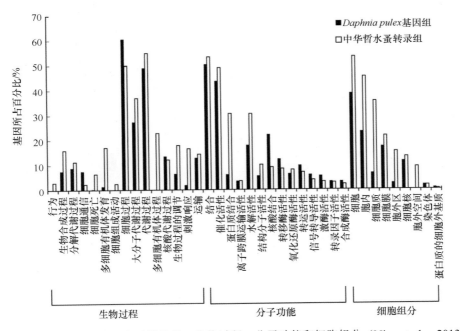

图 2.33　浮游动物中华哲水蚤转录组：生物过程、分子功能和细胞组分（Ning et al.，2013）

2.5.3　海洋植物分子生态学研究方法

　　海洋植物是海洋中利用叶绿素进行光合作用以生产有机物的自养型生物，属于初级生产者。海洋植物门类很多，可以分为两大类——低等的藻类植物和高等的种子植物。其中硅藻最多，约 6000 种；原绿藻门最少，只有 1 种。海洋植物以藻类为主，海洋藻类是简单的光合营养的有机体，其形态构造、生活样式和演化过程均较复杂，介于光合细菌和维管植物之间，在生物的起源和进化上占很重要的地位。海洋种子植物的种类不多，都是被子植物，可分为红树植物和海草两类，它们和栖居的多种生物组成沿岸生物群落（图 2.35，图 2.36）。

　　海洋植物分子生态学研究主要涉及分子种群生物学、分子环境遗传学、杂交鉴定、系统地理学、分子适应、分子生态学技术等。近年来，海洋植物分子生态学研究取得了

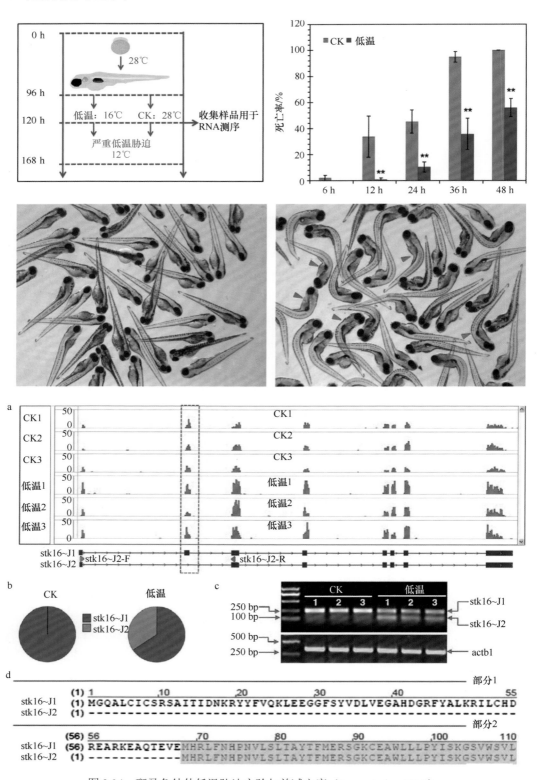

图 2.34　斑马鱼幼体低温胁迫实验与差减文库（Long et al.，2013）

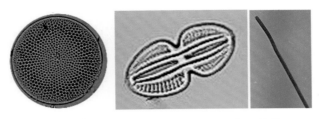

图 2.35　海洋浮游植物——硅藻、甲藻和蓝藻

图 2.36　部分红树植物、海藻和海草

较大进展。例如，宋晖和王友绍（2012）分析了秋茄 *C4H* 基因和 *MnSOD* 基因在不同组织表达量的差异（图 2.37）。Peng 等（2013，2015a，2015b，2015c）研究了白骨壤 CBF/DREB1 转录因子的结构和桐花树 AP2/ERFBR 家族转录因子的进化树（图 2.38）。Wang 等（2015a，2015b）研究了具有多重抗逆性能的桐花树几丁质酶的Ⅰ型和Ⅲ型基因（图 2.39）。Fei 等（2015b）构建了低温胁迫下秋茄的差减文库并分析了胁迫条件下表达的功能基因（图 2.40）。其他相关研究还有 Schwarzbachl 和 Ricklefs（2001）、Zhou 等（2007）、Lakshmi 等（2002）、Abeysinghe 等（2000）、彭亚兰和王友绍（2014）、Sugihara 等（2000）、Huang 和 Wang（2009，2010a，2010b）、Huang 等（2011，2012）、Zhang 等（2012）等。

　　目前海洋植物分子生态学研究所选用的方法和技术，也是最近几年发展起来的针对蛋白质、核酸变异的检测手段。概括起来可分为两大类：第一类为 DNA 和蛋白质水平的研究方法，如 Sugihara 等（2000）、Fu 等（2005）、Huang 和 Wang（2009，2010a，

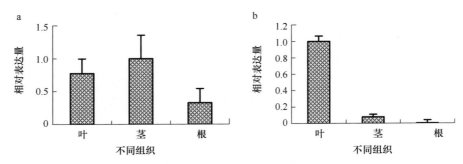

图 2.37 秋茄 *C4H* 基因（a）和 *MnSOD* 基因（b）在不同组织中表达量的差异（宋晖和王友绍，2012）

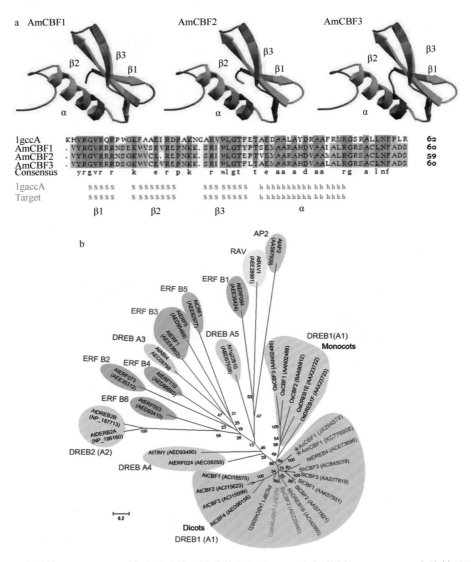

图 2.38 白骨壤 *CBF/DREB1* 转录因子基因的结构与组成（a）和桐花树 AP2/ERFBR 家族转录因子的
进化树（b）（Peng et al.，2013，2015b）

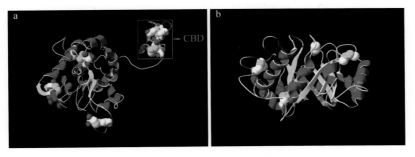

图 2.39　具有多重抗逆性能的桐花树几丁质酶的Ⅰ型基因（a）和Ⅲ型基因（b）
（Wang et al.，2015a，2015b）

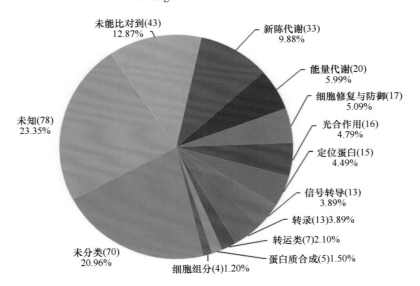

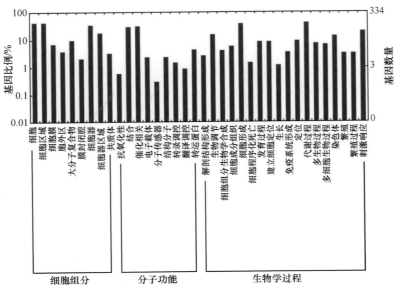

图 2.40　低温胁迫下秋茄的差减文库与功能基因（Fei et al.，2015b）

2010b）、Huang 等（2011，2012）、Zhang 等（2012）、Fei 等（2015a，2015b）的研究；第二类为海洋植物分子生态学研究方法，如 RFLP、PCR、RAPD、AFLP 等，以及双向电泳（2-DE）技术、图谱分析技术、生物质谱（MS）技术、蛋白质组生物信息学和高通量测序技术等，相关研究有 Johnson 和 Browman（2007）、Babin 等（2007）、Tan 等（2015）、Mazzuca 等（2013）。近年来海洋植物分子生态学研究以浮游植物、大型藻类、海草、红树植物研究较多，如 Scanlan 和 West（2002）、陈纪新等（2006）、Zhang 等（2012，2015a，2015b）、秦松等（1996）、Mazzuca 等（2013）、Fu 等（2005）、Huang 和 Wang（2009，2010a，2010b）、Huang 等（2011，2012）、Peng 等（2013，2015a，2015b，2015c）、Tan 等（2015）、Zhu 等（2012）（图 2.41~图 2.43）。

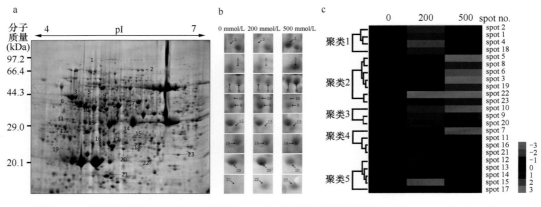

图 2.41　盐胁迫下木榄叶双向电泳图（a，b）和蛋白质聚类分析（c）（Zhu et al.，2012）

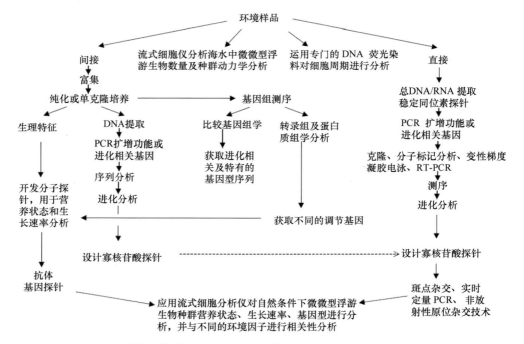

图 2.42　海洋微型浮游植物分子生态学研究策略（Scanlan & West，2002）

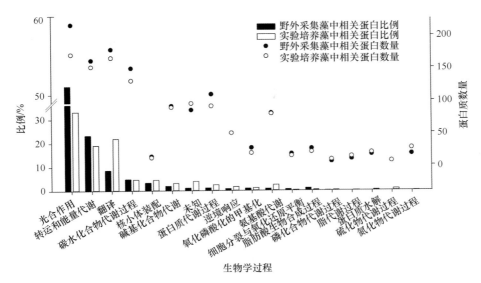

图 2.43　藻华过程中肋骨条藻参与相关生物过程的肽和蛋白质（Zhang et al.，2015b）

参 考 文 献

比毕, 罗著. 2003. 分子生态学概论. 张军丽, 廖斌, 王胜龙, 译. 2009. 广州: 中山大学出版社.

曹栋栋, 詹艳, 王洋, 等. 2015. 杂交水稻种子纯度鉴定方法对比研究. 浙江农业科学, 56(5): 718-722.

陈纪新, 黄邦钦, 李少菁. 2006. 海洋微型浮游植物分子生态学研究进展. 厦门大学学报(自然科学版), 45(A02): 32-37.

邓超, 王友绍. 2011. 珠江口沉积物好氧反硝化细菌的筛选及鉴定. 生态科学, 30 (3): 321-326.

黄勇平, 朱湘雄. 2003. 分子生态学——生命科学领域的新学科. 中国科学院院刊, (2): 84-88.

康乐. 1999. 分子生态学及其在未来生态学发展中的地位和作用. 科学通报, 41(S1): 36-46.

雷冬梅, 段昌群, 徐晓勇. 2002. 分子标记方法在生态学中的应用潜力和局限. 生态科学, 21(4): 361-365.

李冠国, 范振刚. 2004. 海洋生态学. 北京: 高等教育出版社.

李巍. 2004. 生物信息学导论. 郑州: 郑州大学出版社.

梁俊, 李道季, 张经. 2002. 分子生物学技术在生物海洋学研究中的应用. 海洋科学, 26(8): 44-47.

刘冬梅, 王占青, 李永峰. 2012. 分子生态学概论. 哈尔滨: 哈尔滨工业大学出版社.

刘思慧, 刘季科, 王应祥. 2003. 分子生态学在野生动物保护中的作用. 世界林业研究, 16(4): 23-26.

刘亚锋, 山宝琴, 刘亚惠. 2005. 分子生态学及其研究进展. 延安大学学报(自然科学版), 24(1): 85-87.

刘知晓. 2009. 植物亚细胞结构蛋白质组学研究进展. 内蒙古农业大学学报, 30(4): 327-332.

吕昌勇, 陈朝银, 葛锋, 等. 2012. 微生物分子生态学研究方法的新进展. 中国生物工程杂志, 32(8): 111-118.

彭亚兰, 王友绍. 2014. 红树植物桐花树 *EF1A* 基因的克隆与表达分析. 生态科学, 33(4): 704-712.

秦松, 严小军, 曾呈奎. 1996. 藻类分子生物技术两年评——基因工程及其上游——分子遗传学. 海洋与湖沼, 27(1): 103-111.

阮成江, 何祯祥, 周长芳. 2005. 植物分子生态学. 北京: 化学工业出版社.

舒青龙, 焦念志, 汤坤贤. 2009. 海洋厌氧氨氧化细菌分子生态学研究进展. 微生物学通报, 36(11): 1758-1765.

宋晖, 王友绍. 2012. 盐胁迫下秋茄*MnSOD*基因和*C4H*基因的实时定量表达分析. 生态科学, 31(2):

104-108.

王友绍. 2011. 海洋生态系统多样性研究. 中国科学院院刊, (2): 184-189.

王友绍. 2013. 计量海洋生态学——理论、方法与实践. 北京: 科学出版社.

王祖望, 蒋志刚. 1996. 当代行为生态学和保护生态学的发展机遇. 中国科学基金, (4): 274-477.

向近敏, 向连滨, 林雨霖. 1996. 分子生态学. 武汉: 湖北科学技术出版社.

张金屯, 范丽宏. 2011. 物种功能多样性及其研究方法. 山地学报, 29(5): 513-519.

张素琴. 2005. 微生物分子生态学. 北京: 科学出版社.

张亚平, 王文, 宿兵, 等. 1995. 大熊猫微卫星 DNA 的筛选及其应用. 动物学研究, 16: 301-306.

张于光, 李迪强, 肖升木. 2005. 分子生态学技术在环境微生物群落与功能基因中的应用研究. 微生物学杂志, 25(5): 87-90.

周福军, 颜庭芬, 王琴, 等. 2001. 高山红景天形态分化与生存环境关系的研究. 植物研究, 21(1): 90-96.

周永刚, 王洪新, 胡志昂. 2000. 植株内种子蛋白多样性与繁育系统. 植物学报(英文版), 42(9): 910-912.

Abeysinghe P D, Triest L, Greef B D, et al. 2000. Genetic and geographic variation of the mangrove tree *Bruguiera* in Sri Lanka. Aquatic Botany, 67: 131-141.

Alberte R S, Suba G K, Procaccini G R C, et al. 1994. Assessment of genetic diversity of seagrass populations using DNA fingerprinting: implications for population stability and management. Proceedings of the National Academy of Sciences of the United States of America, 91(3): 1049-1053.

Alberts C C, Ribeiro-Paes J T, Aranda-Selverio G, et al. 2010. DNA extraction from hair shafts of wild Brazilian felids and canids. Genetics and Molecular Research, 9 (4): 2429-2435.

Altieri M A. 2000. The ecological impacts of transgenic crops on agroecosystem health. Ecosystem Health, 6: 13-23.

Anderson S, Bankier A T, Barrell B G, et al. 1981. Sequence and organization of the human mitochondrial genome. Nature, 290: 457-465.

Andrew R L, Bernatchez L, Bonin A, et al. 2013. A road map for molecular ecology. Molecular Ecology, 22: 2605-2626.

Arrigoni R, Berumen M, Terraneo T, et al. 2015. Forgotten in the taxonomic literature: resurrection of the scleractinian coral genus *Sclerophyllia* (Scleractinia, Lobophylliidae) from the Arabian Peninsula and its phylogenetic relationships. Systematics and Biodiversity, 13: 140-163.

Avise J C. 1998. The history and purview of phylogeography: a personal reflection. Molecular Ecology, 7: 371-379.

Avise J C, Arnold J, Ball R M, et al. 1987. Intraspecific phylogeography: the mitochondrial DNA bridge between population genetics and systematics. Annual Review of Ecology and Systematics, 18: 489-522.

Avise J C, Lansman R A, Shade R O. 1979. The use of restriction endonucleases to measure mitochondrial DNA sequence relatedness in natural populations: I. Population structure and evolution in the genus Peromyscus. Genetics, 92(1): 279-295.

Babin P J, Cerdà J, Lubzens E. 2007. The Fish Oocyte: from Basic Studies to Biotechnological Applications. Dordrecht: Springer.

Baker C S, Medrano-Gonzalez L, Calambokidis J, et al. 1998. Population structure of nuclear and mitochondrial DNA variation among humpback whales in the North Pacific. Molecular Ecology, 7: 695-707.

Beebee T, Rowe G. 2004. An Introduction to Molecular Ecology. New York: Oxford University Press.

Begon M, Townsend C R, Harper J L. 2006. Ecology: from Individuals to Ecosystems. 4th ed. Oxford: Blackwell Publishing.

Bernardi G, Alva-Campbell Y R, Gasparini J L, et al. 2008. Molecular ecology, speciation, and evolution of the reef fish genus *Anisotremus*. Molecular Phylogenetics and Evolution, 48: 929-935.

Biase F H, Franco M M, Goulart L R, et al. 2002. Protocol for extraction of genomic DNA from swine solid tissues. Genetics and Molecular Biology, 25(3): 313-315.

Botstein D, White R L, Skolnick M, et al. 1980. Construction of a genetic linkage map in man using restriction fragment length polymorphisms. The American Journal of Human Genetics, 32(3): 314-331.

Campbell N A, Williamson B, Heyden R J. 2006. Biology: Exploring Life. Boston: Pearson Prentice Hall.

Caron D A. 2005. Marine microbial community analysis in a molecular world: what does the future hold? Sci Mar, 69 (Suppl. 1): 97-110.

Curie-Cohen M, Yoshihara D, Luttrell L, et al. 1983. The effects of dominance on mating behavior and paternity in a captive troop of rhesus monkeys (*Macaca mulatta*). American Journal of Primatology, 5: 127-138.

Dalmazio S, Cammarata M, Carrillo D, et al. 2002. Molecular Characterization of a variable tandem repeat sequence determined during RAPD analysis among *Posidonia oceanica* insular and coastline populations. Russian Journal of Genetics, 38(6): 684-690.

Das A B, Mukherjee A K, Das P, et al. 2001. Molecular phylogeny of *Heritiera* Aiton (Sterculiaceae), a tree mangrove: variations in RAPD markers and nuclear DNA content. Botanical Journal of the Linnean Society, 136(2): 221-229.

Donis-Keller H, Green P, Helms C, et al. 1987. A genetic linkage map of the human genome. Cell, 51: 319-337.

Dupont S, Wilson K, Obst M, et al. 2007. Marine ecological genomics: when genomics meets marine ecology. Marine Ecology Progress Series, 332: 257-273.

Ekblom R, Galindo J. 2011. Applications of next generation sequencing in molecular ecology of non-model organisms. Heredity, 107: 1-15.

Fei J, Wang Y S, Jiang Z Y, et al. 2015b. Identification of cold tolerance genes from leaves of mangrove plant *Kandelia obovata* by suppression subtractive hybridization. Ecotoxicity, 24(5): 1686-1696.

Fei J, Wang Y S, Zhou Q, et al. 2015a. Cloning and expression analysis of *HSP70* gene from mangrove plant *Kandelia obovata* under cold stress. Ecotoxicity, 24 (5): 1677-1685.

Freeland J R, Petersen S D, Kirk H. 2011. Molecular Ecology. Hoboken: John Wiley & Sons, Ltd.

Fu X H, Huang Y L, Deng S L, et al. 2005. Construction of a SSH library of *Aegiceras corniculatum* under salt stress and expression analysis of four transcripts. Plant Science, 169(1): 147-154.

Galtier N, Nabholz B, Glémin S, et al. 2009. Mitochondrial DNA as a marker of molecular diversity: a reappraisal. Molecular Ecology, 18: 4541-4550.

Gaudeul M, Till-Bottraud I, Barjon F, et al. 2004. Genetic diversity and differentiation in *Eryngium alpinum* L. (Apiaceae): comparison of AFLP and microsatellite markers. Heredity, 92: 508-518.

Gilbert N. 2013. Case studies: a hard look at GM crops. Nature, 497: 24-26.

Goksøyr A. 1995. Cytochrome P450 in marine mammals: isozyme forms, catalytic functions, and physiological regulations. Developments in Marine Biology, 4: 629-639.

Harada K, Okaura T, Giang L H, et al. 2005. A novel microsatellite locus isolated from an AFLP fragment in the mangrove species *Kandelia obovata* (Rhizophoraceae). Journal of Plant Research, 118(1): 49-51.

Harris H. 1966. Enzyme polymorphisms in man. Proceedings of the Royal Society B: Biological Sciences, 164: 298-310.

He Z, Gentry T J, Schadt C W, et al. 2007. GeoChip: a comprehensive microarray for investigating biogeochemical, ecological and environmental processes. ISME Journal, 1(1): 67-77.

Hickerson M J, Carstens B C, Cavender-Bares J, et al. 2000. Phylogeography's past, present, and future: 10 years after Avise, 2000. Molecular Phylogenetics and Evolution, 54: 291-301.

Higuchi R, Bowman B, Freiberger M, et al. 1984. DNA sequences from the quagga, an extinct member of the horse family. Nature, 312(5991): 282-284.

Hoelzel A R, Dover G A. 1991. Evolution of the cetacean mitochondrial D-loop region. Molecular Biology and Evolution, 8: 475-493.

Huang G Y, Wang Y S. 2009. Expression analysis of type 2 metallothionein gene in mangrove species (*Bruguiera gymnorrhiza*) under heavy metal stress. Chemosphere, 77: 1026-1029.

Huang G Y, Wang Y S. 2010a. Expression and characterization analysis of type 2 metallothionein from grey mangrove species (*Avicennia marina*) in response to metal stress. Aquatic Toxicology, 99: 86-92.

Huang G Y, Wang Y S. 2010b. Physiological and biochemical responses in the leaves of two mangrove plant seedlings (*Kandelia candel* and *Bruguiera gymnorrhiza*) exposed to multiple heavy metals. Journal of Hazardous Materials, 182: 848-854.

Huang G Y, Wang Y S, Ying G G, et al. 2012. Analysis of type 2 metallothionein gene from mangrove species (*Kandelia candel*). Trees-Structure and Function, 26(5): 1537-1544.

Huang G Y, Wang Y S, Ying G G. 2011. Cadmium-inducible *BgMT2*, a type 2 metallothionein gene from mangrove species (*Bruguiera gymnorrhiza*), its encoding protein shows metal-binding ability. Journal of Experimental Marine Biology and Ecology, 405: 128-132.

Jian S, Tang T, Zhong Y, et al. 2004. Variation in inter-simple sequence repeat (ISSR) in mangrove and non-mangrove populations of *Heritiera littoralis* (Sterculiaceae) from China and Australia. Aquatic Botany, 79: 75-86.

Jiang Y F, Ling J, Dong J D, et al. 2015a. Illumina-based analysis the microbial diversity associated with *Thalassia hemprichii* in Xincun Bay, South China Sea. Ecotoxicology, 24(7-8): 1548-1556.

Jiang Y F, Ling J, Wang Y S, et al. 2015b. Cultivation-dependent analysis the microbial diversity associated with the seagrass meadows in Xincun Bay, South China Sea. Ecotoxicology, 24(7-8): 1540-1547.

Jiao N Z, Zheng Q. 2011. The microbial carbon pump: from genes to ecosystems. Applied and Environmental Microbiology, 77(21): 7439-7444.

Johnson S C, Browman H I. 2007. Introducing genomics, proteomics and metabolomics in marine ecology. Marine Ecology Progress Series, 332: 247-248.

Kumar S, Dagar S S, Mohanty A K, et al. 2011. Enumeration of methanogens with a focus on fluorescence in situ hybridization. Naturwissenschaften, 98(6): 457-472.

Lakshmi M, Parani M, Parida A. 2002. Molecular phylogeny of mangroves IX: molecular marker assisted intra-specific variation and species relationships in the Indian mangrove tribe Rhizophoreae. Aquatic Botany, 74(3): 201-217.

Li M, Ford T, Li X Y, et al. 2011. Cytochrome cd1-containing nitrite reductase encoding gene *nirS* as a new functional biomarker for detection of anaerobic ammonium oxidizing (Anammox) bacteria. Environmental Science and Technology, 45: 3547-3553.

Li M, Hong Y, Klotz M G, et al. 2010. A comparison of primer sets for detecting 16S rRNA and hydrazine oxidoreductase genes of anaerobic ammonium-oxidizing bacteria in marine sediments. Applied Microbiology and Biotechnology, 86: 781-790.

Ling J, Jiang Y F, Wang Y S, et al. 2015b. Responses of bacterial communities in seagrass sediments to polycyclic aromatic hydrocarbon-induced stress. Ecotoxicology, 24(7-8): 1517-1528.

Ling J, Zhang Y Y, Wu M L, et al. 2015a. Fungal community successions in rhizosphere sediment of seagrasses *Enhalus acoroides* under PAHs stress. International Journal of Molecular Sciences, 16: 14039-14055.

Liu H, Yang C, Tian Y, et al. 2010. Screening of PAH-degrading bacteria in a mangrove swamp using PCR-RFLP. Marine Pollution Bulletin, 60(11): 2056-2061.

Liu S, Lorenzen E D, Fumagalli M, et al. 2014. Population genomics reveal recent speciation and rapid evolutionary adaptation in polar bears. Cell, 157(4): 785-794.

Long Y, Song G, Yan J, et al. 2013. Transcriptomic characterization of cold acclimation in larval zebrafish. BMC Genomics, 14: 612.

Lu Q, Hu H, Mo J, et al. 2012. Enhanced amplification of bacterial and fungal DNA using a new type of DNA polymerase. Article Australasian Plant Pathology, 41(6): 661-663.

Lv F H, Peng W F, Yang J, et al. 2015. Mitogenomic meta-analysis identifies two phases of migration in the history of eastern Eurasian sheep. Molecular Biology and Evolution, DOI: 10.1093/molbev/msv139.

Lyrholm T, Gyllensten U. 1998. Global matrilineal population structure in sperm whales as indicated by mitochondrial DNA sequences. Proceedings of The Royal Society B: Biological Sciences, 265: 1679-1684.

Mazzuca S, Björk M, Beer S, et al. 2013. Establishing research strategies, methodologies and technologies to link genomics and proteomics to seagrass productivity, community metabolism, and ecosystem carbon fluxes. Frontiers in Plant Science, 4: 1-19.

Mendes L W, Taketani R, Aparecido A, et al. 2012. Shifts in phylogenetic diversity of archaeal communities in mangrove sediments at different sites and depths in southeastern Brazil. Research in Microbiology, 163(5): 366-377.

Moritz C. 1994. Applications of mitochondrial DNA analysis in conservation: critical review. Molecular Ecology, 3: 401-411.

Nakajima Y, Matsuki Y, Lian C, et al. 2014. The Kuroshio current influences genetic diversity and population genetic structure of a tropical seagrass, *Enhalus acoroides*. Molecular Ecology, 23: 6029-6044.

Nass M M, Nass S. 1963. Intramitochondrial fibers with DNA characteristics I. Fixation and electron staining reactions. Journal of Cell Biology, 19: 593-611.

Ng W L, Szmidt A E. 2014. Introgressive hybridization in two Indo-West Pacific *Rhizophora* mangrove species, *R. mucronata* and *R. stylosa*. Aquatic Botany, 120: 222-228.

Ning J, Wang M X, Li C L, et al. 2013. Transcriptome sequencing and *de novo* analysis of the copepod *Calanus sinicus* Using 454 GS FLX. PLoS One, DOI: 10.1371/journal.pone.0063741.

Nunn B L, Timperman A T. 2007. Marine proteomics. Marine Ecology Progress Series, 332: 281-289.

Olsen M T. 2012. Molecular ecology of marine mammals. PhD thesis, Stockholm University, Sweden.

Peng Y L, Wang Y S, Cheng H, et al. 2013. Characterization and expression analysis of three *CBF/DREB1* transcriptional factor genes from mangrove *Avicennia marina*. Aquatic Toxicology, 140-141: 68-76.

Peng Y L, Wang Y S, Cheng H, et al. 2015a. Characterization and expression analysis of a gene encoding *CBF/DREB1* transcription factor from mangrove *Aegiceras corniculatum*. Ecotoxicity, 24(7-8): 1733-1743.

Peng Y L, Wang Y S, Fei J, et al. 2015b. Ecophysiological differences between three mangrove seedlings (*Kandelia obovata*, *Aegiceras corniculatum*, and *Avicennia marina*) exposed to chilling stress. Ecotoxicity, 24(7-8): 1722-1732.

Peng Y L, Wang Y S, Gu J D. 2015c. Identification of suitable reference genes in mangrove *Aegiceras corniculatum* under abiotic stresses. Ecotoxicity, 24(7): 1714-1721.

Powell W, Morgante M, Andre C, et al. 1996. The comparison of RFLP, RAPD, AFLP and SSR (microsatellite) markers for germplasm analysis. Molecular Breeding, 2: 225-238.

Powers D A, Lauerman T, Crawford D, et al. 1991. Genetic mechanisms for adapting to a changing environment. Annual Review of Genetics, 25: 629-659.

Procaccini G, Olsen J L, Reusch T B H. 2007. Contribution of genetics and genomics to seagrass biology and conservation. Journal of Experimental Marine Biology and Ecology, 350: 234-259.

Procaccini G, Orsini L, Ruggiero M V, et al. 2001. Spatial patterns of genetic diversity in *Posidonia oceanica*, an endemic Mediterranean seagrass. Molecular Ecology, 10(6): 1413-1421.

Reusch T B H, Hughes A R. 2006. The emerging role of genetic diversity for ecosystem functioning: estuarine macrophytes as models. Estuaries and Coasts, 29(1): 159-164.

Richardson B J, Baverstock P R, Adams M. 1986. Allozyme Electrophoresis. A Handbook for Animal Systematics and Population Studies. New York: Academic Press.

Rodrigues P M, Silva T S, Dias J, et al. 2012. Proteomics in aquaculture: applications and trends. Journal of Proteomics, 75: 4325-4345.

Scanlan D J, West N J. 2002. Molecular ecology of the marine cyanobacterial genera *Prochlorococcus* and *Synechococcus*. FEMS Microbiology Ecology, 40: 1-12.

Schwarzbachl A E, Ricklefs R E. 2001. The use of molecular data in mangrove plant research. Wetlands Ecology and Management, 9: 195-201.

Short F, Carruthers T, Dennison W, et al. 2007. Global seagrass distribution and diversity: a bioregional model. Journal of Experimental Marine Biology and Ecology, 350: 3-20.

Sugihara K, Hanagata N, Dubinsky Z, et al. 2000. Molecular characterization of cDNA encoding oxygen evolving enhancer protein 1 increased by salt treatment in the mangrove *Bruguiera gymnorrhiza*. Plant and Cell Physiology, 41(11): 1279-1285.

Sun F L, Wang Y S, Sun C C, et al. 2012. Effect of three different PAHs on nitrogen-fixing bacterial diversity in mangrove sediment. Ecotoxicology, 21(6): 1651-1660.

Sun F L, Wang Y S, Wu M L, et al. 2014. Genetic diversity of bacterial communities and gene transfer agents in Northern South China Sea. PLoS One, 9(11): e111892.

Tan W K, Lim T K, Loh C S, et al. 2015. Proteomic characterisation of the salt gland-enriched tissues of the mangrove tree species *Avicennia officinalis*. PLoS One, 10(7): e0133386.

Triest L. 2008. Molecular ecology and biogeography of mangrove trees towards conceptual insights on gene flow and barriers: a review. Aquatic Botany, 89: 138-154.

Wang L Y, Wang Y S, Cheng H, et al. 2015b. Cloning of the *Aegiceras corniculatum* class I chitinase gene (*AcCHI* I) and the response of *AcCHI* I mRNA expression to cadmium stress. Ecotoxicology, 24(7-8): 1705-1713.

Wang L Y, Wang Y S, Zhang J P, et al. 2015a. Molecular cloning of class III chitinase gene from *Avicennia marina* and its expression analysis in response to cadmium and lead stress. Ecotoxicology, 24(7-8): 1697-1704.

Wang N, Zheng Y, Xin H, et al. 2013. Comprehensive analysis of NAC domain transcription factor gene family in *Vitis vinifera*. Plant Cell Reports, 32: 61-75.

Wang S, Zhu W, Gao X, et al. 2014. Population size and time since island isolation determine genetic diversity loss in insular frog populations. Molecular Ecology, 23: 637-648.

Wang Y S, Lou Z P, Sun C C, et al. 2006. Multivariate statistical analysis of water quality and phytoplankton characteristics in Daya Bay, China, from 1999 to 2002. Oceanologia, 48 (2): 193-211.

Wang Y S, Lou Z P, Sun C C, et al. 2012. Identification of water quality and zooplankton characteristics in Daya Bay, China, from 2001 to 2004. Environmental Earth Sciences, 66: 655-671.

Wang Y S, Sun C C, Lou Z P, et al. 2011. Identification of water quality and benthos characteristics in Daya Bay, China, from 2001 to 2004. Oceanological and Hydrobiological Studies, 40(1): 82-95.

Waycott M, Barnes P. 2001. AFLP diversity within and between populations of the Caribbean seagrass *Thalassia testudinum* (Hydrocharitaceae). Marine Biology, 139(6): 1021-1028.

Williams J G, Kubelik A R, Livak K J, et al. 1990. DNA polymorphisms amplified by arbitrary primers are useful as genetic markers. Nucleic Acids Research, 18(22): 6531-6535.

Winget D M, Wommack K E. 2008. Randomly amplified polymorphic DNA (RAPD)-1 PCR as a tool for assessment of marine viral richness. Appl Environ Microbiol, 74(9): 2612-2618.

Wu P, Wang Y S, Sun F L, et al. 2014. Bacterial polycyclic aromatic hydrocarbon ring-hydroxylating dioxygenases in the sediments from the Pearl River estuary, China. Applied Microbiology and Biotechnology, 98(2): 875-884.

Yan H F, Hu Q M, Hao G, et al. 2011. DNA barcoding in closely related species: a case study of *Primula* L. sect. Proliferae Pax (Primulaceae) in China. Journal of Systematics and Evolution, 49: 225-236.

Zabeau M, Vos P. 1993. Selective restriction fragment amplification: a general method for DNA fingerprinting. Paris, European Patent Application 92402629.7.

Zhang G, Fang X, Guo X, et al. 2012. The oyster genome reveals stress adaptation and complexity of shell formation. Nature, 490(7418): 49-54.

Zhang H, Wang D Z, Xie Z X, et al. 2015a. Proteomic analysis provides new insights into the adaptive response of a dinoflagellate *Prorocentrum donghaiense* to changing ambient nitrogen. Plant, Cell and Environment, 38(10): 2128-2142.

Zhang H, Wang D Z, Xie Z X, et al. 2015b. Comparative proteomics reveals highly and differentially expressed proteins in field-collected and laboratory-cultured blooming cells of the diatom *Skeletonema costatum*. Environmental Microbiology, 17(10): 3976-3991.

Zhao S, Zheng P, Dong S, et al. 2013. Whole-genome sequencing of giant pandas provides insights into demographic history and local adaptation. Nature Genetics, 45: 67-71.

Zhou R, Zeng K, Wu W, et al. 2007. Population genetics of speciation in nonmodel organisms: Ⅰ. Ancestral polymorphism in mangroves. Molecular Biology and Evolution, 24 (12): 2746-2754.

Zhou W, Wang Z, Davy A J, et al. 2013. Geographic variation and local adaptation in *Oryza rufipogon* across its climatic range in China. Journal of Ecology, 101(6): 1498-1508.

Zhu J, Chen J, Zheng H L. 2012. Physiological and proteomic characterization of salt tolerance in a mangrove plant, *Bruguiera gymnorrhiza* (L.) Lam. Tree Physiology, 32(11): 1378-1388.

Zou J, Tafalla C, Truckle J, et al. 2007. Identification of a second group of type Ⅰ IFNs in fish sheds light on IFN evolution in vertebrates. The Journal of Immunology, 179(6): 3859-3871.

第 3 章　红树林固氮微生物群落结构特征

氮素在自然界中有多种存在形式,其中,数量最多的是大气中的氮气,总量约为 3.9×10^{15} t。除了少数原核生物以外,其他所有的生物都不能直接利用氮气。目前,陆地上生物体内贮存的有机氮的总量达 $1.1 \times 10^{10} \sim 1.4 \times 10^{10}$ t。这部分氮素的数量尽管不算多,但是能够迅速地再循环,从而可以反复地供植物吸收利用。存在于土壤中的有机氮总量约为 3.0×10^{11} t,这部分氮素可以逐年分解成无机态氮供植物吸收利用。海洋中的有机氮约为 5.0×10^{11} t,这部分氮素可以被海洋生物循环利用。构成氮循环的主要环节是:生物体内有机氮的合成、氨化作用、硝化作用、反硝化作用和固氮作用(徐继荣等,2004)。

生物固氮是指固氮微生物将大气中的氮气还原成氨的过程。固氮生物都属于个体微小的原核生物,所以,固氮生物又称为固氮微生物。根据固氮微生物的固氮特点及其与植物的关系,可以将它们分为自生固氮微生物、共生固氮微生物和联合固氮微生物三类。前两者独立存在于土壤之中;后者与高等植物共生时才能固氮,如根瘤菌等。固定的氮素除供自身生长发育外,部分以无机状态或简单的有机氮化物分泌于体外,供植物吸收利用。氮循环在生态系统中是一个相当完善的自我调节系统,能够形成动态平衡。溶解在海水中的氮是如何被生物体利用的问题曾困扰海洋学家达数十年之久,直到科学家发现了一些海洋细菌可以固定大气中的氮。海洋生物固氮是重要的氮素来源,是维持海洋初级生产力持续发展和形成新生产力的一个重要生态反应过程;另外,固氮生物也是环境变化的重要生态指示物,对海洋生态环境的维护与平衡有重要作用。

相对于陆地生态系统而言,海洋生态系统生物固氮作用的研究要滞后得多,较大规模的实测研究则是在近 30 年才开展起来的。Dugdale 等(1961)通过 ^{15}N 示踪培养法研究了北大西洋马尾藻的生物固氮作用,首次证实了该海区束毛藻固氮作用的存在,束毛藻自此被视为最重要的海洋固氮微生物。但此后 ^{15}N 培养测定固氮速率的方法并没有立即得到广泛应用,主要是受限于当时的仪器分析水平。随后,另一种精度更高、更易操作、更廉价的测定固氮速率的方法——乙炔还原法的出现,极大地推进了海洋生物固氮作用研究的发展。到了 20 世纪末,同位素比值质谱技术的突飞猛进使得 ^{15}N 示踪培养法测定固氮速率在灵敏度、可操作性等方面都得到了质的提升,此法较乙炔还原法具有明显的优越性,自此,该方法成为测定海洋固氮速率的首选。其他的估算方法包括硝酸盐异常指数(N^*)法、^{15}N 同位素收支平衡法、卫星遥测法等。目前来看,早期研究中获得的全球海洋生物固氮速率可能被低估了。例如,Capone 和 Carpenter(1982)估算出全球海洋生物固氮速率仅为 $10 \sim 20$ Tg/a,这是依据在热带大西洋和加勒比海进行的有限的现场直接测定束毛藻固氮速率并结合历史记载的束毛藻在主要大洋中的丰度而估算出的结果。然而到了 1997 年,据 Gruber 估算仅北大西洋的固氮速率就达到了 28 Tg/a。现在得到较多认可的全球海洋生物固氮速率为 $100 \sim 200$ Tg/a。但实际情况是无论哪个估算值都存在很大的不确定性，其原因在于生物固氮速率的实测值不足、固氮生物的水华贡献难以定量、固氮微生物种类的不确定性等。

目前发现能进行固氮作用的微生物只有原核生物（prokaryote），根据固氮微生物的固氮特点及其与植物的关系，可以将它们分为自生固氮微生物、共生固氮微生物和联合固氮微生物三类。海洋中固氮菌的种群比较复杂，多数集中于海洋沉积物中，也有少数一部分存在于水体中（Bergman et al.，1997）。目前已发现的海洋固氮微生物主要包括蓝细菌类（又称藻类）、光合细菌类和异养细菌类（包括好氧型、微需氧型、兼性厌氧型和专性厌氧型）。对海洋固氮微生物群落的研究表明，不同海洋环境中的固氮细菌具有十分丰富的多样性，固氮方式也多种多样。

3.1 三亚红树林固氮微生物群落结构聚合酶链反应-变性梯度凝胶电泳分析

红树林被认为是具有较高生产力的生态系统，该生态系统具有较高的有机质水平，为毗连的沿岸水域和相关的生物群落生境提供有机物（Holguin et al.，2001；Lugomela & Bergman，2002），然而红树林生态系统的无机营养较贫乏，尤其是无机氮水平较低（Holguin et al.，1992；Vazquez et al.，2000），固氮生物的生物固氮作用被证明是红树林生态系统无机氮的主要来源（Hicks & Sylvester，1985；Kyaruzi et al.，2003）。固氮生物是指具有将空气中的氮气转化为可被生物体利用的氮素功能的生物。生物固氮作用就决定了固氮生物在以氮为主要限制元素的自然生态系统中有极其重要的作用。生物固氮作为红树林生态系统和生源要素生物地球化学循环的重要环节，对红树林生态系统及生态环境产生极大的影响。在红树林生态系统的不同生态群落都检测到较高的固氮效率，如腐烂的树叶（Gotto & Taylor，1976；Hicks & Silvester，1985）、气生根（Zuberer & Silver，1978；Potts，1979；Hicks & Silvester，1985）、根际土壤（Zuberer & Silver，1978；Holguin et al.，1992）、树皮（Uchino et al.，1984）、覆盖蓝细菌的微藻垫（Toledo et al.，1995a，1995b）及沉积物（Zuberer & Silver，1978，1979；Potts，1979）。目前在红树林生态系统的沉积物及根际土中分离得到的固氮菌经过鉴定属于 *Cyanobacterium*、*Azospirillum*、*Azotobacter*、*Rhizobium*、*Clostridium* 和 *Klebsiella* 等属。

Mann（1993）在南非 Beachwood 红树林自然保护区进行生物固氮研究后指出，该红树林生态系统中存在完善、高效的联合固氮生态系，主要包括固氮细菌以及红树植物根系主要为白骨壤（*Avicennia marina*）根系的联合固氮。另外，还有蓝藻如丝状鞘丝藻（*Lyngbya confervoides*）、泥生颤藻（*Oscillatoria limosa*）、原型微鞘藻（*Microcoleus chthonoplastes*）等与根系的联合固氮，其中，固氮生物在根系周围获得根系分泌的有机物，作为固氮的能源和碳源，固氮活性与温度、光照强度和季节性变化有重要关系，生物固氮的 24.3%化合态氮供红树林吸收。

Toledo 等（1995a，1995b）在墨西哥的西北部对红树林根际和气生根系与蓝藻的联合固氮关系作了详细研究，结果表明红树林根系的不同位置联合共生不同的海洋蓝藻，在靠近沉积物的底部主要联合非异形胞的丝状蓝藻，如颤藻属（*Oscillatoria*）和鞘丝藻属（*Lyngbya*），中心区域主要聚集微鞘藻属（*Microcoleus*），上面部分主要有隐杆藻属（*Aphanothece*）等蓝藻。从气生根中分离出微鞘藻属和鱼腥藻属（*Anabaena*），并以鱼腥藻属为优势种。同位素示踪研究发现：这些固氮菌能在红树植物体内定居并为植物根部提供无机氮，促进红树植物的生长和发育，它们的固氮活性有着明显的季节性变化及日变化特征。另外，Pelegri（1997）在美国沿岸进行了不同种类的红树林生态区系中的固氮活性研究。在澳大利亚南部的红树林生态系统中，凋落物及表面沉积物的固氮量能提供全年氮需求量的 40%（van der Valk & Attiwill，1984）。在佛罗里达的红树林生态系统中，生物固氮能满足该生态系统 60% 的氮需求量（Zuberer & Silver，1979）。可见，生物固氮是红树林生态系统中微生物的重要功能之一。

科学家研究还发现在红树林生态系统中固氮活性（乙炔还原比率）与有机物可利用性、纤维素和有机质分解有着明显的相关性。生物固氮需要大量的能量，微生物通过分解凋落物为固氮作用提供了足够能量。红树林生态系统有相当数量的凋落物[1000 g/$(m^2·a)$ 以上]，它们的分解和能量利用使固氮成为可能。同时红树植物庞大的根系系统，为生长在根际的大量固氮微生物提供能量和碳源，因此，具有高生物多样性的红树林生态系统通过多年的自然选择，形成了具有高效固氮活性功能的菌群，它们之间以及它们与纤维素分解菌、溶磷菌等形成了相辅相成、互通有无、密切协作的关系。

Bano 等（1997）研究发现：在热带和亚热带红树林生态系统中生活着多种多样的微生物群体，它们不断地把死掉的红树植物中的营养转化为能够被植物利用的氮、磷和其他形式的营养，与此同时，植物体也为生活在这个生态系统中的微生物提供食物来源。van der Valk 等研究白骨壤叶片分解时发现：105 d 时由于碳的流失，氮浓度由 0.7% 增加到 1.2%，而整个落叶层由于林下微生物的固氮作用，氮素含量从 41% 提高到 64%，凋落的海榄属植株枝干在分解的最初两个月内，氮素含量增加了 5 倍（Robertson & Daniel，1989）。巴拿马海湾中红树叶片在经过 27 d 分解后，干重减少了 50%，而氮素浓度由 0.3% 增加到 3.9%，磷的浓度由 0.04% 增加到 0.13%（D'Croz et al.，1989）。Odum 和 Heald（1975）发现，刚凋落的红树叶片中蛋白质含量仅为 6%，6 个月后，叶片蛋白质增加到 20%，这可能是脂肪、碳水化合物转化的结果。我们团队在三亚河流域和亚龙湾红树林自然保护区的研究也发现生物固氮菌和纤维素分解菌在生态系统中协同作用、密切联系，现已分离出固氮菌 11 种，纤维素分解菌 2 种。系统中有些枯死腐烂的木质纤维素凋落物的固氮活性很高，同时这些木质纤维素降解速率也相当快。此外，我们也证明了土壤的固氮活性与土壤的有机质和纤维素含量有明显的正相关关系。

红树林生态系统的生产力极高，这归功于它所拥有的高效营养循环系统（林鹏，1997；Lu & Lin，1990）。在红树林生态系统中，只有少量的营养保留，新的营养不断从腐烂的红树树叶中产生，微生物的活动在其中起到了非常重要的作用，是驱动红树林生态系统中营养转化及红树林生态系统群落演替和可持续发展的主要因素之一（庄铁城和林鹏，1992；Raghukumar et al.，1994）。红树林生活在热带、亚热带海岸潮间带，其生境具有强还原性、强酸性、高含盐量、营养丰富等特征。其特殊的生长环境创造了极为丰富又极具特色的微生物资源，而其中的固氮微生物及其生物固氮作用是这个高效营养循环系统中关键的驱动要素。

三亚位于海南岛的最南端，是中国最南部的热带滨海旅游城市。三亚市别称鹿城，又被称为"东方夏威夷"，位居中国四大一线旅游城市"三威杭厦"之首，拥有全岛最美丽的海滨风光。三亚市东邻陵水县，西接乐东县，北毗保亭县，南临南海。陆地总面积为 1919.58 km²，海域总面积为 6000 km²。三亚红树林主要分布在三亚河口、亚龙湾和青梅港等地（图 3.1）。

图 3.1　三亚河口、亚龙湾红树林

本研究利用聚合酶链反应-变性梯度凝胶电泳（PCR-DGGE）和基因克隆测序分析，通过对三亚三个红树林区沉积物中固氮酶基因（*nifH*）的多样性和系统发育进行研究，探讨了三个红树林区固氮细菌的多样性和固氮细菌的群落结构与环境因子的对应关系。

3.1.1　材料与方法

1）样品采集

2006 年 7 月，在海南省三亚市三个红树林样地采集了 10 个土壤样品，样品采集的具体位置及植被类型见表 3.1。样品采集采用正方形五点取样法。垂直取 1~10 cm 深度的土壤，每个取样点的取样量大体一致，均匀混合后分成三份，第一份装入灭菌的封口聚乙烯袋中，4℃保存用于分析土壤的理化性质；第二份装入灭菌的封口聚乙烯袋中，−20℃保存用于 DNA 的提取；最后一份置于固氮仪器中，进行固氮活性测定。

表 3.1　土壤样品的采集地点及植被情况

采样地点	样品	红树植物优势种
A	A1	木果楝（*Xylocarpus granatum*）
18°15′52″N,	A2	红海榄（*Rhizophora stylosa*）
109°34′22″E	A3	木榄（*Bruguiera gymnorrhiza*）
	A4	木榄（*Bruguiera gymnorrhiza*）
B	B1	秋茄（*Kandelia obovata*）
18°13′50.2″N,	B2	榄李（*Lumnitzera racemosa*）

采样地点	样品	红树植物优势种
109°37′15.8″E	B3	角果木（*Ceriops tagal*）
C	C1	白骨壤（*Avicennia marina*）
18°15′8.6″N，	C2	正红树（*Rhizophora apiculata*）
109°30′51.1″E	C3	白骨壤（*Avicennia marina*）

2）主要试剂和仪器

主要仪器：微量可调移液器（移液枪，Eppendorf）、PCR 扩增仪（MJ PTC-200）、高速台式冷冻离心机（Sigma）、恒温水箱、电泳仪、−70℃超低温冰箱（Sanyo）、电泳槽、超净工作台、培养箱、恒温振荡器、凝胶成像系统、紫外分光光度计。

主要试剂：pMD18-T Vector（TaKaRa）、*Taq* DNA 聚合酶（TaKaRa）、Tris-Base（Promega）、CTAB（Amresco）、TEMED（Sigma）、Formamide（Amresco）、Soil DNA Kit（Omega）。SDS、EDTA、$Na_4P_2O_7$、Triton X-100、聚乙烯吡咯烷酮（PVP）、琼脂糖、SOC 培养基、丙烯酰胺购于加拿大 Bio Basic Inc.，脱脂奶粉（Amresco）、氯仿、异丙醇、氯化钠等购于上海生工生物工程股份有限公司。

3）固氮活性测定

采用乙炔还原法测定固氮活性（Capone，1993），将采集的土壤样品置于自制的有机玻璃固氮容器中（直径 100 mm，容积 1 L），用橡皮塞盖紧，用注射器从固氮容器中抽走 5%空气，然后加入相同体积的乙炔气体。每个样品设三个重复，一个空白对照，对照容器中不加入乙炔气体。所有样品放在室温下孵育 17~20 h。每隔 2 h 从样品中抽取 100 μL 气体，用 SQ-204 气相色谱仪检测乙烯的生成量。生成的乙烯与固定氮气的转换率为 4∶1（Postgate，1982；Montoya et al.，1996），固氮活性单位为 μmol N/（h·m²）。

4）细菌 DNA 的提取

红树林沉积物中含有大量结构复杂的结合态腐殖酸（humic acid，HA）（Sengupta & Chaudhuri，1991；Holguin et al.，1992；Vazquez et al.，2000），在 DNA 提取过程中难以分离。本实验采用席峰等（2006）针对腐殖酸含量较高的海洋沉积物提取 DNA 前先除去腐殖酸的简易方法，具体操作如下。

取 1.0 g 土壤样品加入 10 mL 脱腐殖酸缓冲液（pH 10.0，100 mmol/L Tris，100 mmol/L $Na_4P_2O_7$，100 mmol/L Na_2EDTA，1.0% PVP，100 mmol/L NaCl，0.05% Triton X-100，4.0% 脱脂奶粉）涡旋混合 3 min，60℃水浴 5 min，再涡旋 1 min 后 5000 r/min 离心 5 min，根据上清颜色再重复洗涤与离心 1 或 2 次，至上清颜色与洗涤缓冲液颜色无明显差异为止，5000 r/min 离心 5 min，弃上清。

土壤样品脱腐殖酸后采用商用土壤细菌 DNA 提取试剂盒（Omega）进行细菌总 DNA 的提取，试剂盒没有提供试剂的成分信息。具体操作如下。

（1）将脱腐殖酸后的 1.0 g 土壤样品置于 2 mL 离心管中，加入 500 mg 玻璃珠，加入 600 μL 缓冲液 SL1，涡旋 3 min。

（2）70℃水浴 5 min，其间涡旋混匀样品 2 次。

（3）置于冰上 5 min。

（4）涡旋 30 s，12 000 r/min 离心 1 min，轻轻吸取 400 μL 上清液到一新的 2 mL 离心管中。

（5）加入 400 μL 缓冲液 SL2，加入 25 μL 蛋白酶 K，涡旋混匀。

（6）70℃水浴 10 min。

（7）加入等体积（800 μL）氯仿：异戊醇（24：1）涡旋 20 s，12 000 r/min 离心 2 min，将上清液转移到一新的 2mL 离心管中。

（8）加入与上清液等体积的缓冲液 BL，涡旋混匀，70℃水浴 10 min。

（9）加入与上清液等体积的乙醇（室温），涡旋 15 s 混匀。

（10）吸取 700 μL 步骤（9）中的混合液加入 DNA 吸附柱中，将吸附柱置于收集管中，12 000 r/min 离心 1 min，弃废液。

（11）将吸附柱重新放到收集管中，重复步骤（10）。

（12）将吸附柱放到一个新的 2 mL 收集管中，加入 500 μL 缓冲液 HB，12 000 r/min 离心 1 min。

（13）将吸附柱放到一个新的 2 mL 收集管中，加入 700 μL DNA 漂洗液，12 000 r/min 离心 1 min；弃废液，将吸附柱放回收集管中，重复洗涤一次。12 000 r/min 离心 1 min；再弃废液，将吸附柱再放回收集管中，12 000 r/min 离心 2 min。

（14）将吸附柱置入新的 1.5 mL 离心管中，加入 60 μL 预热到 60~70℃的 EB 缓冲液，室温静置 2 min，12 000 r/min 离心 1 min，即得到 DNA 溶液，–20℃保存备用。

5）DNA 质量检测

取 1~3 μL DNA 溶液用 1.0%琼脂糖凝胶电泳，经 EB 染色，凝胶成像系统下观察 DNA 样品的完整性并拍照。取 4 μL DNA 溶液稀释 100 倍后，在紫外分光光度计上测定 260 nm、280 nm 处的 OD 值，检测 DNA 的纯度。

6）固氮基因（*nifH*）的 PCR 扩增

A. 引物

采用固氮细菌通用引物 PolF/PolR（Poly et al.，2001a，2001b）进行 PCR 扩增。PolF：5′-TGCGA(C/T)CC(G/C)AA(A/G)GC(C/G/T)GACTC-3′；PolR：5′-AT(G/C)GCCATCAT(C/T)TC(A/G)CCGGA-3′，用于 DGGE 上游引物的 5′端连接一个 GC 夹（5′-CGCCCGGGG-CGCGCCCCGGGCGGGGCGGGGGCACGGGGGG-3′）。

B. PCR 反应

经过多次实验后建立了适宜的反应体系和反应条件，PCR 反应产物用 1.5%琼脂糖凝胶电泳检测，PCR 产物的碱基数为 350~380 bp。

PCR 反应体系如下：

提取的模板（未稀释）	1 μL
上、下游引物	各 20 μmol/L
10×PCR 缓冲液	5 μL
MgCl$_2$	3.0 mmol/L

续表

dNTP	各 0.2 mmol/L
牛血清白蛋白（BSA）	4 µg
Ex-*Taq* 酶	3.0 U
DEPC 水	34 µL
总计	50 µL

PCR 反应程序如下：

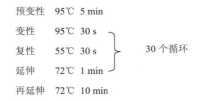

C. PCR 产物纯化

为了减少 PCR 非特异性扩增和引物二聚体对变性梯度凝胶电泳（DGGE）的干扰，必须在 DGGE 前将 PCR 产物进行纯化。PCR 产物用 Tiangen 公司超薄琼脂糖凝胶 DNA 回收试剂盒（离心柱型）进行纯化。试剂盒没有提供试剂的成分信息，步骤如下。

（1）将单一的目的 DNA 条带从琼脂糖凝胶中切下（尽量切除多余部分），放入干净的离心管中，称取重量。

（2）向胶块中加入 3 倍体积溶胶液 PN；50℃水浴 10 min，其间不断温和地上下翻转离心管，以确保胶块充分溶解。

（3）将上述所得溶液加入吸附柱 CA1 中，13 000 r/min 离心 30 s，倒掉收集管中的废液，将吸附柱重新放入收集管中。

（4）向吸附柱中加入 700 µL 漂洗液 PW，13 000 r/min 离心 30 s，倒掉废液，将吸附柱重新放入收集管中。

（5）向吸附柱中加入 500 µL 漂洗液 PW，13 000 r/min 离心 30 s，倒掉废液。将吸附柱 CA1 放回收集管中，13 000 r/min 离心 2 min，尽量除去漂洗液。将吸附柱置于室温或 50℃温箱数分钟，彻底晾干。

（6）将吸附柱放到一个干净的离心管中，向吸附膜中间位置悬空滴加适量洗脱缓冲液 EB，室温放置 2 min。13 000 r/min 离心 1 min，收集 DNA 溶液纯化，−20℃保存。

7）固氮基因（*nifH*）的 DGGE

A. DGGE 试剂的配制

（1）40%丙烯酰胺/甲叉基双丙烯酰胺溶液（37.5∶1）配制如下。

丙烯酰胺	38.93 g
甲叉基双丙烯酰胺	1.07 g
加 ddH$_2$O	至 100 mL

0.45 µm 的滤膜抽滤后避光保存于 4℃。

（2）50×TAE 缓冲液配制如下。

Tris-Base	243.0 g
冰醋酸	57.1 mL
MDTA（0.5 mol/L，pH 8.0）	100 mL
ddH$_2$O	至 1000 mL

121℃灭菌 30 min，室温保存。

（3）10%过硫酸铵溶液配制如下。

1 g 过硫酸铵溶于 10 mL ddH$_2$O 中，−20℃保存，一周内有效。

（4）8%丙烯酰胺梯度胶的制备。

试剂	0%变性剂溶液条件下	100%变性剂溶液条件下
40%丙烯酰胺/甲叉基双丙烯酰胺溶液	20 mL	20 mL
50×TAE 缓冲液（pH 7.4）	2 mL	2 mL
去离子甲酰胺	0	40 mL
尿素	0	42 g
ddH$_2$O	至 100 mL	至 100 mL

（5）上样缓冲液配制如下。

甘油	40 mL
ddH$_2$O	10 mL
溴酚蓝	0.125 g
二甲苯青	0.125 g

4℃保存。

B. DGGE 操作步骤

（1）将两套玻璃板彻底洗净后 60℃烘干，固定在制胶器上，其下方垫一块密封海绵垫，调整隔条使其垂直。

（2）在冰上分别用 100%变性剂溶液和 0%变性剂溶液按比例配制 45%和 65%的胶液各 15 mL；向两种胶液中分别加入 100 μL 10%过硫酸铵溶液，搅匀后再分别加入 10 μL 冰冷的 N,N,N',N'-四甲基乙二胺（TEMED）。

（3）用 2 个 30 mL 注射器，将上述的两种胶液分别吸入两个注射器中，连接好胶管和 Y 形适配器，排除气体及多余胶，使吸入量各为 14.5 mL。将注射器固定于梯度混合器上（Model 475 Gradient Delivery System）。

（4）匀速地转动推动轮，在 8~10 min 完成整个注胶过程，插入具有所需胶孔的梳子，将梯度胶放于光下聚合。

（5）待梯度胶完全聚合后，垂直向上拔去梳子，用 1×TAE 电泳缓冲液通过注射器彻底洗净未完全聚合的丙烯酰胺胶液。

（6）取出电泳核心，按说明将两套梯度胶玻璃板固定其上，并将整个装置放入加有 7 L 1×TAE 电泳缓冲液的电泳仪中。

（7）接通控制器电源，启动缓冲液泵，将升温速率设在 200（最大），温度设于 60℃。

（8）当达到预设温度时，取下加样盖，按样品：上样缓冲液=6:1 的标准，上样量约为 300 ng。

（9）盖好加样盖，设置电压为 100 V，时间为 10 h，接通电泳直到电泳结束。

（10）在自来水中剥胶，并用 EB 于 1×TAE 电泳缓冲液中染色 30 min，自来水冲洗 1 min，在 AlphaImager 紫外成像系统（Alpha Innotech）下拍照得到 DGGE 图像。

C. DGGE 指纹图谱分析

获得 DGGE 指纹图谱后用 Glyko BandScan version 5.0 分析 DGGE 图像，对各样品电泳条带的多少及密度进行定量分析，DGGE 胶中各泳道以程序转换成峰面图形式，经背景差减后，程序自动以某个峰的曲线下面积与整个泳道所有峰的曲线下面积总和的比值作为该峰所代表条带的相对亮度（relative intensity）并将其输出到 Excel 表格中，作为多样性统计指标的初步数据。

8）DGGE 条带的切割、重扩增及 PCR 产物纯化、测序

A. DGGE 条带的切割及 DNA 回收

DGGE 胶经紫外线照射成像的同时，对各泳道中的主要条带在紫外灯下进行切割，尽量去掉不含 DNA 部分。切割后的胶条保存于−20℃。胶条中 PCR 片段的回收方法参照 Duineveld 等（2001）及 Toffin 等（2004）的方法并作修改，其具体操作如下所述。

（1）将切割后的胶条放入 1.5 mL 离心管内，用移液枪加入 100 μL ddH$_2$O 并迅速清洗表面。

（2）立即吸干残液，用移液枪枪头初步捣碎胶，再加入 20~30 μL TE 继续捣至形成小于 1 mm^3 的碎胶块，4℃放置过夜。

（3）37℃水浴 30 min，其间涡旋混合数次，5000 g 离心 1 min。

（4）小心取上清液，即为 DGGE 胶回收后的 DNA 溶液，−20℃保存。

B. DGGE 条带所含 DNA 片段的重扩增及产物纯化

取上述 DNA 溶液 1 μL 作为模板，以 PolF/PolR 为引物（无 GC），采用"固氮基因（$nifH$）的 PCR 扩增"中的 PCR 反应体系和反应程序进行 30 个循环的扩增。取 2 μL PCR 产物，经琼脂糖凝胶电泳检查产物是否存在及产量。剩余 PCR 产物用 Tiangen 公司超薄琼脂糖凝胶 DNA 回收试剂盒（离心柱型）进行纯化。具体步骤见上文"PCR 产物纯化"。

C. PCR 产物的连接、克隆与转化

（1）在微量离心管中制备 5 μL 连接反应液：pMD18-Vector 1 μL（TaKaRa）和 DNA 片段 0.1~0.3 pmol（约 3.5 μL），加入适量的灭菌超纯水到 5 μL。

（2）加入 5 μL 的 Ligation Mix（在冰中融解）。

（3）16℃反应 30 min 以上（一般放置 4 h 以上），制成连接产物。

（4）全量（10 μL）加入到 100 μL 的 DH5α（TaKaRa）感受态细胞中，冰中放置 30 min。

（5）42℃放置 45~60 s 后，再在冰中放置 90 s。

（6）加入 37℃预热好的 890 μL SOC 培养基，终体积为 1 mL。

（7）37℃振荡培养 1 h。

（8）室温下 4000 r/min 离心 4 min，用枪头吸去约 900 μL 上清液，再用剩余的培养基重悬细胞。

（9）将细胞涂布在预先用 20 μL 100 mmol/L IPTG 和 100 μL 20 mg/mL X-gal 涂布的氨苄西林（100 μL/mL）平板上，先在 37℃正向放置 1 h 以吸收过多的液体，然后倒置过夜培养。

（10）4℃放置 5 h 以上，让非重组克隆菌落充分蓝化。

（11）用牙签挑取白色菌落至含有氨苄西林（100 μL/mL）的 SOC 液体培养基中，每个平板至少挑 5 个单菌落，37℃、120 r/min 振荡培养过夜。

D. PCR 产物阳性克隆的鉴定及测序

a. 酶切鉴定

利用质粒 DNA 小量抽提试剂盒（Tiangen）提取克隆质粒，然后用内切酶 *Eco*R I（TaKaRa，大连）酶切质粒。操作步骤如下。

（1）取 1~5 mL 的过夜培养菌液加入离心管中，12 000 r/min 离心 1 min，弃尽上清液。

（2）向菌体沉淀中加入 250 μL P1 溶液与 2 μL RNase A（4 mg/mL），振荡至悬浮细菌彻底沉淀。

（3）向离心管中加入 250 μL P2 溶液，温和地上下翻转离心管 4~6 次以混匀，使菌体充分裂解直至形成透亮的溶液（此步骤不宜超过 5 min，以免质粒受到破坏）。

（4）向离心管中加入 350 μL P3 溶液，立即温和地上下翻转离心管 6~8 次以混匀，此时将出现白色絮状沉淀，12 000 r/min 离心 10 min，此时在离心管底部形成沉淀。

（5）小心地吸取上清液到吸附柱 CB3 中，室温放置 1~2 min，12 000 r/min 离心 1 min，弃废液，将吸附柱重新放回收集管中。

（6）向吸附柱 CB3 中加入 700 μL 漂洗液 PW，12 000 r/min 离心 30 s，弃废液，将吸附柱重新放回收集管中。

（7）向吸附柱中加入 500 μL 漂洗液 PW，12 000 r/min 离心 30 s，弃废液，将吸附柱重新放回收集管中；12 000 r/min 离心 2 min，目的是将吸附柱中的残余漂洗液去除。

（8）将吸附柱 CB3 置于一个干净的离心管中，向吸附膜中央加入 60 μL 洗脱液 EB，室温静置 1 min，12 000 r/min 离心 2 min，得到克隆质粒 DNA。

（9）取所提克隆质粒 DNA 5μL，加入 10×反应缓冲液 1 μL、*Eco*R I 1 μL，补充加入灭菌超纯水 3 μL，37℃温浴酶切过液。

（10）将步骤（9）的反应终产物 6 μL 与 1 μL 6 倍溴酚蓝上样缓冲液混合，经 0.5% 琼脂糖凝胶电泳，EB 染色后紫外成像，根据分子质量大小确定阳性克隆。

b. 阳性克隆的 PCR 鉴定

采用 PolF/PolR 引物对提取的质粒 DNA 进行扩增，PCR 反应程序见上文"PCR 反应"。根据 PCR 产物片段的大小确定阳性克隆。

c. 测序

对阳性克隆菌株扩大培养 1.2 mL，离心回收所有的菌体细胞直接交于 Invitrogen 生物技术有限公司，应用 ABI Prism 3730 XL DNA 分析系统测序。

d. DNA 序列的递交及系统发育分析

测序后所获得的固氮基因（*nifH*）序列直接递交 Genbank 数据库，31 个序列均成功递交，序列号为：EF178501、EF178502、EF185784~EF185791、 EF191077、EF196648~EF196656、EF199926 和 EF494084~EF494093。利用 DNAMAN 软件对测序结果进行同源性比较，利用 Blast 软件将测定得到的基因序列与 GenBank（http://www.ncbi.nlm.nih.gov）数据库进行序列比对分析，获取相近典型菌株的 *nifH* 基因序列，然后利用 BIOEDIT 中的 Clustal W 对序列进行排列，利用 Mega 中的邻接法（neighbor-joining method）建立 *nifH* 基因的系统发育树，进行系统发育分析，其中的遗传距离用 Tamura-Nei 公式计算，支长代表了分歧程度，各支上的数字是 1000 次 bootstrap 重抽样分析的支持百分比。

3.1.2 结果分析

3.1.2.1 DGGE 指纹图谱分析

10 个红树林沉积物样品固氮基因（*nifH*）的 DGGE 指纹图谱见图 3.2，由图 3.2 可见，利用固氮基因（*nifH*）通用引物 PolF/PolR，各红树林沉积物样品中的固氮细菌 *nifH* 基因均产生了较好的扩增，并能在 DGGE 图谱上明确区分。每个样品经过变性梯度凝胶电泳都分离出数目不等的电泳条带，且各个条带的亮度和迁移率各不相同，根据 DGGE

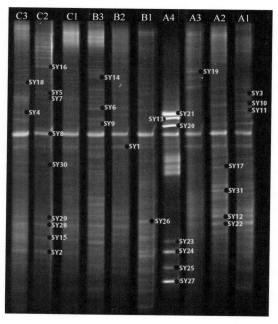

图 3.2 三亚三个红树林区沉积物中固氮基因（*nifH*）扩增产物的 DGGE 结果

对不同 DNA 片段的分离原理，可以得知 10 个样品具有很丰富的固氮细菌种类。同时，各个土壤样品之间又有许多共同的条带，说明这些沉积物样品之间可能存在一些共有的细菌类型；而且这些共有的条带的强度也不相同。

经 BandScan 凝胶分析软件对 DGGE 图谱进行分析，结果显示 10 个样品共得到 215 条 *nifH* 条带，位于 DGGE 图谱的 64 个不同的位置。各个样品条带数为 15~27（表 3.2），通过电泳图谱可以直观地判断各个样品中具有较高的固氮细菌多样性。

表 3.2　红树林沉积物固氮基因多样性及固氮效率统计

样品	Shannon-Wiener 多样性指数（H）	DGGE 条带数	固氮活性/[μmol N/（h·m²）]
A1	1.237	23	18.09
A2	1.196	22	43.62
A3	1.051	18	30.69
A4	1.031	15	37.04
B1	1.141	23	47.76
B2	1.249	27	57.81
B3	1.053	22	23.76
C1	1.153	23	37.56
C2	1.040	21	28.66
C3	1.123	21	25.46

多样性统计结果（表 3.2）显示三个采样点采集的红树林沉积物样品平均多样性指数（Shannon-Wiener 多样性指数）变化为 B>A>C。其中采样点 B 采集的样品 B2 多样性指数最高，达 1.249，而采样点 A 采集的样品 A4 多样性指数最低，只有 1.031。

所有样品都检测到固氮活性，其中 B2 样品固氮活性最高，A1 样品固氮活性最低，固氮活性为 18.09~57.81 μmol N/（h·m²）。

3.1.2.2 *nifH* 基因的系统发育分析

通过切除相对浓度大于 1%且至少在三个样品中同时出现的条带（个别条带只在一个样品中出现，但浓度大于 3%），成功切除了 31 条条带，代表群落中的相对优势种（图谱中的位置和编号见图 3.2），进行测序并构建分子进化树。通过 GenBank 中的 Blast 软件将 31 条 *nifH* 序列与 GenBank 数据库中的序列进行比对，在数据库中没有找到完全相似的序列，表明这 31 条 *nifH* 基因序列为首次发现的新基因序列。向基因库成功递交 31 条新基因序列，得到登录号为 EF178501、EF178502、EF185784~EF185791、EF191077、EF196648~EF196656、EF199926 和 EF494084~EF494093。

用 Blast 软件为每个基因序列在 GenBank 中选取一个最相近序列，结果显示大多数固氮基因序列与基因库中序列的相似性低于 90%，而由这些基因序列翻译得到的蛋白质序列与 NCBI 数据库中的蛋白质序列具有 90%~99%的遗传相似性（表 3.3）。

表 3.3　测序基因序列固氮酶蛋白特性总结

条带	登录号	与 NCBI 数据库中匹配的登录号	相似性/%
SY1	EF178501	*Azotobacter chroococcum*（strain mcd 1）（P26248）	98
SY2	EF178502	*Azotobacter vinelandii* AvOP（EAM06835）	94
SY3	EF185784	*Bradyrhizobium elkanii* USDA 76（BAC75968）	95
SY4	EF185785	*Pseudomonas stutzeri*（CAC03734）	96
SY5	EF185786	*Derxia gummosa*（BAE15989）	94
SY6	EF185787	*Pseudomonas stutzeri*（CAC03734）	95
SY7	EF185789	uncultured nitrogen-fixing bacterium（ABD74315）	95
SY8	EF185788	*Azotobacter chroococcum*（strain mcd 1）（P26248）	99
SY9	EF185790	*Desulfuromonas acetoxidans* DSM 684（EAT15955）	98
SY10	EF185791	*Sphingomonas azotifigens*（BAE71134）	99
SY11	EF191077	uncultured nitrogen-fixing bacterium（AAZ06758）	97
SY12	EF494084	*Azotobacter chroococcum*（strain mcd 1）（P26248）	96
SY13	EF196648	uncultured nitrogen-fixing bacterium（ABD74299）	99
SY14	EF196650	*Azotobacter chroococcum*（1208261A）	93
SY15	EF196649	*Azotobacter vinelandii* AvOP（EAM06835）	93
SY16	EF196651	*Azotobacter chroococcum*（1208261A）	93
SY17	EF196652	*Azotobacter vinelandii* AvOP（EAM06835）	94
SY18	EF196653	*Azotobacter chroococcum*（1208261A）	93
SY19	EF196654	*Azotobacter chroococcum*（1208261A）	93
SY20	EF196655	*Geobacter lovleyi* SZ（EAV87322）	98
SY21	EF196656	uncultured bacterium（AAY85434）	90
SY22	EF494085	*Azotobacter chroococcum*（strain mcd 1）（P26248）	99
SY23	EF494088	*Azotobacter chroococcum*（strain mcd 1）（P26248）	98
SY24	EF494086	*Azotobacter chroococcum*（strain mcd 1）（P26248）	99
SY25	EF199926	*Pseudomonas stutzeri*（CAC03734）	95
SY26	EF494087	*Azotobacter chroococcum*（strain mcd 1）（P26248）	99
SY27	EF494089	*Azotobacter chroococcum*（strain mcd 1）（P26248）	99
SY28	EF494090	*Azotobacter chroococcum*（strain mcd 1）（P26248）	99
SY29	EF494091	*Azotobacter vinelandii* AvOP（EAM06835）	95
SY30	EF494092	*Azotobacter vinelandii* AvOP（EAM06835）	95
SY31	EF494093	*Azotobacter vinelandii* AvOP（EAM06835）	94

　　在 GenBank 数据库中选取了部分与测定序列相似性较高的代表性固氮酶蛋白序列，通过 Clustal W 软件和 Mega 软件以邻接法构建系统进化树（图 3.3），进行系统发育分析。从系统发育树可以看出，序列具有高度的多样性，所有的 *nifH* 测序基因可以被分为 5 个主要的簇，分属于多个不同的分支。从图 3.3 可以看出，大部分序列分布在 γ-和 β-变形菌簇中，部分序列与已知培养固氮菌具有较近的亲缘关系，在所有的样品中都分离到 SY8，由 SY8 在 DGGE 指纹图谱中的强度可以说明它为所有样品的优势种，SY8 的蛋白质序列与固氮菌 *Azotobacter chroococcum* 具有 99%的相似性，属于 γ-变形菌纲

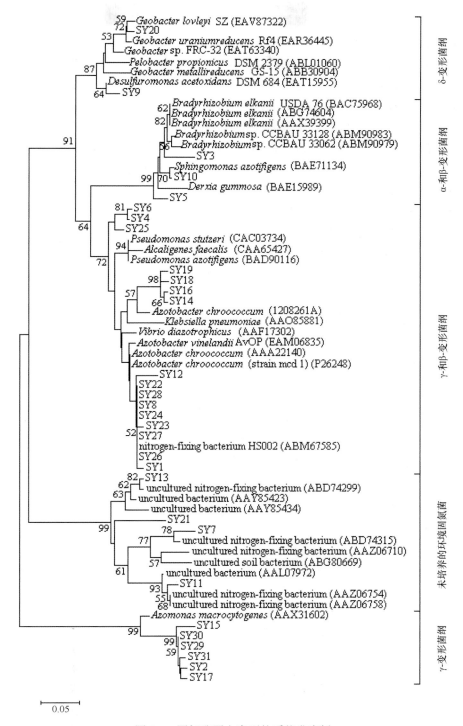

图 3.3 固氮酶蛋白序列的系统发育树

（Proteobacteria）。该簇中的 SY1、SY12、SY22~SY24、SY26~SY28 的蛋白质序列与 SY8 聚类在一起，与固氮菌 *Azotobacter chroococcum* 具有 96%~99%的遗传相似性。另外，

该簇中的 SY4、SY6 和 SY25 聚类在一起，它们的蛋白质序列与 *Pseudomonas stutzeri* 具有 95%~96% 的遗传相似性。

在 α- 和 β- 变形菌簇中 SY3 的蛋白质序列与 α- 变形菌纲慢生根瘤菌属的 *Bradyrhizobium elkanii* USDA 76 具有 95% 的遗传相似性，SY10 的蛋白质序列与 α- 变形菌纲鞘氨醇单胞菌属的 *Sphingomonas azotifigens* 具有 99% 的遗传相似性。而 SY5 的蛋白质序列与 β- 变形菌纲德克斯氏菌属的 *Derxia gummosa* 具有 94% 的遗传相似性。两条序列分布在 δ- 变形菌簇中，分别为 SY9 和 SY20，其中 SY9 的蛋白质序列与 *Desulfuromonas acetoxidans* 具有 98% 的遗传相似性，而 SY20 的蛋白质序列与 *Geobacter lovleyi* SZ 具有 98% 的遗传相似性。在 γ- 变形菌簇中，SY2、SY15、SY17 和 SY29~SY31 与氮单胞菌属的 *Azomonas macrocytogenes* 具有 93%~95% 的遗传相似性。

一些序列与已知的固氮菌序列具有较远的亲缘关系，与不可培养的环境固氮微生物聚类在一起，如 SY7、SY11、SY13 和 SY21。

3.1.3 讨论

目前，已有很多关于研究环境固氮微生物多样性的报道，这些研究中每次都发现大量新的固氮生物 *nifH* 基因序列，本研究也得到 31 条新的序列，并表明该区域固氮生物丰富的多样性。系统发育分析显示红树林沉积物中固氮细菌优势种大多数属于变形菌门（Proteobacteria），海洋中的固氮细菌大多数属于变形菌门，Bagwell 等（2002）运用 PCR-DGGE 对圣萨尔瓦多（San Salvador）半岛两个贫营养的海草群落的固氮细菌进行多样性研究，结果显示多数固氮细菌属于变形菌门的 α-，γ- 和 β- 变形菌纲。Church 等（2005）研究报道贫营养的北太平洋中的固氮细菌与不可培养的 γ- 变形菌纲的固氮细菌有较近的亲缘关系。Bird 等（2005）研究显示 γ- 变形菌纲中的固氮细菌广泛分布在热带和亚热带海洋中，是固氮异养细菌的重要组成部分。本研究中部分 *nifH* 基因序列并不与已知的固氮微生物具有很近的亲缘关系，这说明它们可能代表了独特的新的固氮细菌。*nifH* 亚基是固氮酶中最为保守的序列，很多研究证实它与 16S rDNA 的系统发育较为相似，因此可以很好地用于对固氮生物的鉴定（Zehr & Capone，1996）。

本研究对红树林沉积物中固氮微生物群落的多样性和系统发育进行了探讨，除提供了固氮微生物多样性外，还就某些影响固氮细菌群落组成的生物地理化学性状进行了分析。从研究的结果来看，不同环境因子可能是造成固氮生物群落结构差异的基础。因此，为了进一步了解固氮微生物群落分布与功能的关系，有必要对固氮细菌群落和它们的动态变化进行更加深入的研究及探讨。同时，生物固氮是红树植物可利用氮的重要来源（Hicks & Sylvester，1985；Kyaruzi et al.，2003），要提高海洋荒芜的滩涂和滨海湿地生态系统土壤的氮素水平，从宏观角度考虑，应该合理利用植被，增加和恢复天然植被的覆盖率，如建立人工和半人工红树林区。此外，在生物固氮方面，应该进行固氮菌的有效应用技术研究，从现有的红树林沉积物中分离和选育有较高固氮活性的固氮菌、引进优良固氮菌、接种等来解决海洋荒芜的滩涂和滨海湿地生态系统的红树林区土壤缺氮问题，以促进滨海生态农业的发展和生态环境的保护。

由于人类的过度开发、围海造地和都市化等行为，全球的红树林正以惊人的速度减少，根据联合国粮食及农业组织保守的数据估算，全球红树林正以平均每年减少 7‰的速度消失，消失的速度甚至超过了珊瑚礁和热带森林的减少速度，在发展中国家中消失的速度更快，而 90%以上的红树林位于发展中国家。美国红树林行动项目组负责人Aheredo 在 1999 年认为，热带和亚热带国家曾在 3/4 的海岸线上分布有红树林，现在仅剩下不到一半，而且大部分红树林为严重退化的生态系统。科学家预言，如果任其发展，在未来的近 100 年内，人类将面临没有红树林生态系统服务功能的世界（Duke et al.，2007）。近几十年来，人类显然已经意识到红树林对地球环境保护和生物资源开发具有不可忽视的作用，近年来，有关红树林生态系统的维护和红树林植株的保育等研究成为热门研究领域，也有多个国际组织和团体发起旨在保护红树林的国际会议。《中国 21 世纪议程》（1994 年）优先项目计划（调整、补充部分）中把红树林恢复与重建技术纳入了议事日程。国际热带木材组织（ITTO 组织）于 2002~2006 年亦把红树林生态系统恢复列为首要资助目标之一。可见红树林湿地生态系统的恢复工作急需大力开展。

该研究旨在分离高效率固氮微生物，为探索其对红树的促生作用打下基础，为红树林生态系统的恢复和发展，以及红树植物的保育和繁殖提供新的技术支持，对海洋荒芜的滩涂和滨海湿地的可持续发展及有效利用，以及海滨的生态型环境治理和保护有重要的指导意义。

3.2　多环芳烃对珠江口红树林沉积物固氮细菌多样性的影响

多环芳烃普遍持续存在于环境之中。由于其疏水性，多环芳烃更易结合颗粒物并贮存于沉积物中（Latimer & Zheng，2003）。由于其本身的化学性质、不易降解及其对生物的高毒性，多环芳烃在环境中被认为是致癌物质（Churchill et al.，1999；Marchand et al.，2005）。

红树林处于热带和亚热带潮间带，是连接陆地和海洋的关键生态系统。由于其位置的特殊性，红树林湿地经常受到河流及陆源输入的污染物的污染（如多环芳烃）。红树林生态系统为沿海地带提供大量的有机物质，参与营养物质的生物地球化学循环，其高生产力及多样性的微生物群落持续地把红树凋零物转化为可供植物利用的氮、磷及其他营养物质（Holguin et al.，2001）。尽管红树林生态系统富含有机物质，但是经常处于营养匮乏状态，尤其是氮源（Holguin et al.，1992；Vazquez et al.，2000）。生物固氮被认为是红树林主要的氮源输入（Hicks & Silvester，1985）。高效率的固氮被发现存在于腐烂的树叶、气生根、根际土壤、树皮、蓝藻藻垫及红树林沉积物中（Zuberer & Silver，1978；Hicks & Silvester，1985；Holguin et al.，1992；Lugomela & Bergman，2002）。

近年来，多环芳烃由于其对植物、微生物及软体动物的毒性备受关注。微生物由于直接接触土壤环境而被认为是土壤污染的最好的指示物，土壤微生物在能量流、营养循环和有机物质转化上起着重要作用（Kennedy & Smith，1995；Yao et al.，2000；Schutter et al.，2001），它们对土壤污染非常敏感并能快速作出反应，因此分析微生物群落结构是指示土壤质量的最好方法（van Bruggen & Semenov，2000；Agnelli et al.，2004；Salles et al.，2004)。微生物活性和多样性的改变预示着土壤质量的降低(Schloter et al.，2003)。近些年来，分子生物学的发展使得人们能够通过不可培养手段原位研究环境微生物的特点，PCR-DGGE 被认为是检测环境微生物多样性较好的手段(Muyzer，1999)。该方法可以运用到功能基因上，如固氮基因 *nifH*，编码固氮过程中的关键酶即固氮酶还原酶，*nifH* 基因被广泛地应用于固氮微生物多样性的检测上(Piceno et al.，1999；Widmer et al.，1999；Zani et al.，2000；Poly et al.，2001b)。尽管固氮菌种类非常多样，但是 *nifH* 基因同 16S rRNA 基因一样可以作为分子进化的标记(Young，1992)。同数据库中的 *nifH* 基因序列进行比对可以获得相应的固氮菌的分类信息。Zhang 等(2008)利用 DGGE 的方法研究了 10 个红树林湿地固氮菌的多样性分布情况。

尽管在很多生态系统中固氮菌研究很多，但是对于红树林沉积物多环芳烃对固氮菌多样性的影响还知之甚少。该研究的目的是揭示三种多环芳烃——萘、芴和芘对红树林固氮菌多样性的影响机制(Sun et al.，2012)。

3.2.1　材料和方法

3.2.1.1　研究地点和采样

红树林沉积物样品采集于广州南沙湿地公园内 (23°36′N~23°37′N，113°38′E~113°39′E)。采样点位于无瓣海桑种植区。采集 0~5 cm 表层沉积物于无菌密封袋中，冰盒保存带回实验室。

3.2.1.2　实验设计

称取 200 g (含水量 160%) 沉积物置于小的无菌塑料桶中，温育 25℃过夜。同时，将萘、芴和芘溶解于丙酮。不同的多环芳烃母液混合进沉积物中，终浓度分别达到 1 mg/kg、10 mg/kg 和 100 mg/kg (湿重)。对照沉积物直接喷洒丙酮，混匀。沉积物每两天喷洒无菌水以保持湿润并用无菌玻璃棒搅拌均匀。经过 7 d 和 24 d 的温育，取样分析用于评估固氮菌的多样性。

3.2.1.3　样品总 DNA 的提取

称取 1 g 样品，根据 Zhou 等(1996)的方法提取样品总 DNA，然后用 Vitagen 琼脂糖凝胶 DNA 纯化试剂盒纯化，重新溶于 30 μL TE 缓冲液中。分析前保存于−20℃冰箱中。用引物对 PolF-GC/PolR 扩增 *nifH* 基因(Poly et al.，2001a)。50 μL PCR 反应体系包括：2500 ng 牛血清蛋白、引物 15 pmol、5 mmol/L dNTP、3.5 单位的 *Taq* 聚合酶和 1 μL 模板。反应条件：95℃预变性 5 min：94℃ 30 s，55℃ 1 min，72℃ 1 min，34 个循环；最后 72℃延伸 10 min。

3.2.1.4　变性梯度凝胶电泳(DGGE)分析

DGGE 分析用仪器为 INGENYphorU-2(Ingeny International BV，Goes，NL)。DGGE 参数为：变性剂(尿素及甲酰胺)梯度 50%~70%。聚丙烯酰胺凝胶浓度 8%，胶厚度

1.0 mm。在 60℃，1×TAE 缓冲液，100 V 电压下进行 17 h 电泳。电泳结束后在 EB 染色液中染色 20~30 min，将染色后的凝胶用 AlphaImager 系统拍照。

3.2.1.5　DGGE 数据分析

运用 BandScan 5.0 软件对 DGGE 图谱条带数据进行进一步分析。在同一位置的条带被认为是同一个物种。为了评估不同样品固氮菌基因的遗传多样性，运用多维尺度（multidimensional scaling，MDS）法对条带数据进行分析（Muckian et al.，2007）。采用 MDS 可以创建多维空间感知图，图中的点（对象）的距离反映了它们的相似性或差异性（不相似性）。运用 CANOCO 4.5 软件对多环芳烃和固氮菌群落多样性间的联系进行对应分析（correspondence analysis，CA）。

3.2.1.6　序列测定及遗传发育树的构建

从 DGGE 凝胶上小心切下条带，40 μL 无菌水 4℃过夜，离心收集上清液，以此作为模板，用不含 CC 夹引物扩增 *nifH* 基因片段，PCR 条件同前。产物经纯化后，pMD18-T Vector 连接，转入大肠杆菌 DH5α 感受态细胞中，进行蓝白斑筛选。采用载体通用引物进行扩增，琼脂糖凝胶电泳检测插入片段的大小，对含有合适片段大小的菌株进行测序。

对 DGGE 条带序列通过 Blast 程序在 GenBank 数据库中进行相似性序列搜索，运用 Clustal X 1.8 软件，按照最大同源性的原则进行多重序列比对。系统发育树的绘制使用 Mega 4.1 软件。

3.2.2　结果

本实验运用 DGGE 的方法分析多环芳烃对沉积物固氮菌多样性的影响。样品 DNA 提取完好，满足后续 PCR 的要求。PCR 扩增得到明亮的大小在 380 bp 左右的片段。根据 DGGE 凝胶上条带的有无及迁移度比较样品间的不同。

3.2.2.1　固氮菌的多样性分析

通过扩增 *nifH* 基因的多样性比较培养 7 d 和 24 d 的沉积物样品。结果如图 3.4 所示，DGGE 图谱中的条带数及条带亮度随着多环芳烃的类型、多环芳烃的浓度及培养时间的不同而变化明显。

从图上可以看出，有些条带存在于所有的泳道中（如 H6、H7、H8、H10 和 H13）。这些共有的条带表明其所代表的固氮细菌对多环芳烃的污染具有抗性。但是，这些条带的亮度在不同的样品中不同，说明三种不同浓度的多环芳烃对这些固氮菌的影响程度不一致。总体来说，高浓度的多环芳烃对固氮菌多样性产生较大的负面影响。高浓度处理下的沉积物样品，大多数的条带亮度变弱甚至消失。高浓度处理样品 p3、f3、n3、P3、F3 和 N3 相比于对照 CK1 和 CK2 含较少的条带，亮度也较弱。相反，低浓度的芴和苊可以刺激一些固氮菌的生长。与芴和苊相比，萘的作用比较强烈，从图中可以看出，不论萘的浓度高低，都对固氮菌的多样性产生抑制作用。泳道 n1、n2 和 n3 中条带 H6、H7、H8、H9、H10、H11 和 H13 相比于对照都明显受到了抑制。

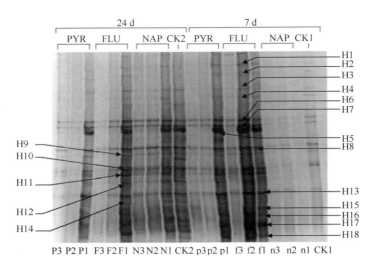

图 3.4　沉积物固氮微生物 *nifH* 基因多样性的 DGGE 图谱

图 3.4 还显示固氮微生物群落结构在培养 7 d 和 24 d 的动态变化。就芴来说，在 10 mg/kg 浓度处理下，固氮菌在第 24 天的变化大于处理 7 d 的样品，表现为大多数条带亮度变弱甚至消失，说明大多数微生物不适应芴的处理而消失。DGGE 显示在 100 mg/kg 芴处理下表现出相似的变化。

多样性分析表明，经过 7 d 的处理，萘对固氮微生物多样性的影响显著；相反，低浓度的芴和芘对固氮微生物具有促进作用。n1 和 n2 的 Shannon-Wiener 多样性指数比对照低很多。经过 24 d 的处理，N1 和 N2 的 Shannon-Wiener 多样性指数有轻微升高，而 P2、P3、F2 和 F3 的 Shannon-Wiener 多样性指数明显降低（图 3.5）。

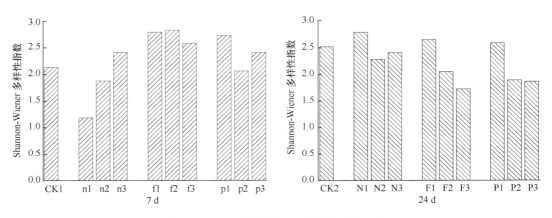

图 3.5　沉积物固氮微生物多样性指数比较

3.2.2.2　DGGE 图谱的多元统计分析

为了比较不同样品间固氮菌多样性的差异，用多元统计的方法分析 DGGE 图谱，如图 3.6 所示。结果显示，添加多环芳烃对红树林固氮微生物群落影响显著；多元分析压力值为 0.13，图谱显示聚类 A 同其他样品距离较远，表明高浓度处理过的样品固氮微生物群落结构明显不同于低浓度处理样品。

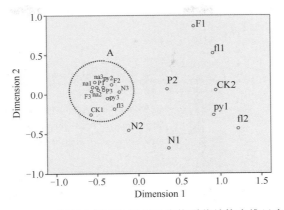

图 3.6　DGGE 图谱中沉积物固氮微生物群落结构多维尺度分析

3.2.2.3　DGGE 图谱类型的对应分析

根据 DGGE 图谱条带类型的有无,图谱数据化以后进行对应分析。图 3.7 清晰地显示了不同多环芳烃处理同固氮微生物群落间的关系。大多数的条带同低浓度处理过的样品有较近的关系。

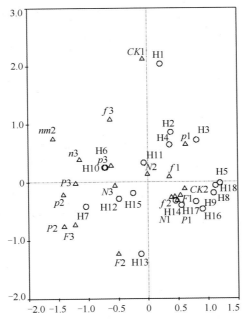

图 3.7　固氮微生物群落与沉积物处理浓度的相关分析

3.2.2.4　测序和鉴定 DGGE 片段

遗传分析表明,*nifH* 基因编码的 12 个蛋白质序列与 4 个主要的固氮微生物类群具有同源性。条带 H2、H11、H12 和 H18 属于聚类 A,遗传分类属于 γ 变形细菌。H6 和

H16 属于聚类 C，在数据库中没有明确的分类。H1 和 H17 与不可培养的蓝细菌具有同源性。在聚类 D 中，H3、H4 和 H10 蛋白质序列与 *Bradyrhizobium japonicum* 具有同源性，属于 α 变形细菌（图 3.8）。

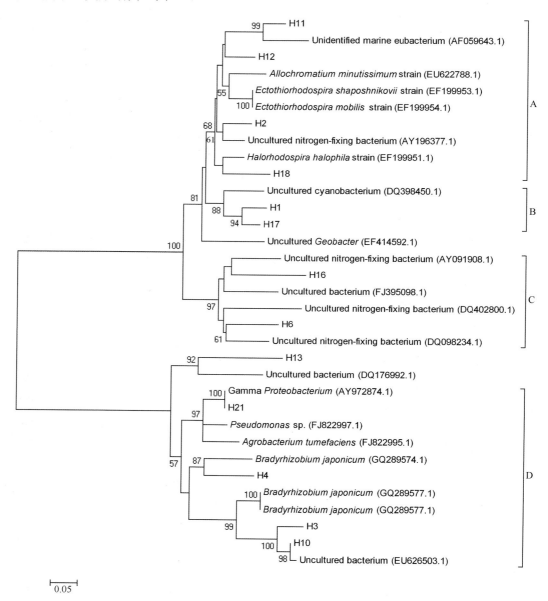

图 3.8　固氮微生物群落的系统发育分析

3.2.3　讨论

在本研究中，我们运用 PCR-DGGE 技术研究原位多环芳烃处理下红树林沉积物固氮微生物多样性的变化规律。研究证明多环芳烃在环境中对微生物影响的重要性

（Mahmood & Rao，1993；Blakely et al.，2002）。根据研究结果，固氮微生物的多样性随着多环芳烃种类、浓度及处理时间的不同而变化明显。

总体来说，三种多环芳烃对固氮微生物的影响不同。处理 7 d 时，萘对固氮微生物表现出明显的抑制作用，低浓度的芘和芴促进固氮菌的生长，而高浓度的芘和芴的抑制作用不明显。结果同其他的有机污染物作用相似（Maliszewska-Kordybach et al.，2007）。这些研究揭示出毒性有机污染物同它们水溶性的关系（Griffin & Calder，1977；Henson & Hayasaka，1982）。水溶性越大，其对微生物的毒性越大。萘具有较大的溶解度（31 mg/L），高于芘（0.14 mg/L）和芴（1.69 mg/L），因此其在短时间内对微生物毒性强烈。而芘和芴具有高疏水性、低水溶性，易结合到土壤颗粒上，所以短期内芘和芴在沉积物中的溶解量少。低浓度污染物产生刺激效应在很多研究中是一个普遍现象（Jensen & Folker-Hansen，1995；Maliszewska-Kordybach et al.，2007）。

PCR-DGGE 图谱表明在多环芳烃处理下固氮微生物群落的显著性变化。首先，24 d 处理下，萘的抑制性作用明显降低，特别是低浓度萘处理样品。这可能是因为降解或是适应萘的微生物增加。萘是最简单也是水溶性最大的多环芳烃，很多能降解萘的微生物很早就已经得到研究（Goyal & Zylstra，1997）。相反，芘和芴在经过 24 d 之后，对固氮微生物仍具有较强的毒性，这可能是因为：一是土壤颗粒会慢慢地释放多环芳烃从而增加其作用的有效浓度；二是芘和芴具有更多的苯环而难以降解，这同其他研究发现高分子质量的复合物在土壤和沉积物中难以降解的结果相类似（MacRae et al.，1998）；三是大分子多环芳烃降解后的产物毒性可能更大（Balashova et al.，1999；Gadzala-Kopciuch et al.，1999）。就单个多环芳烃来说，高浓度的多环芳烃对固氮微生物的影响大于低浓度的多环芳烃。并且对于本研究的三种多环芳烃来说，萘在短时间内具有最大的毒性，而芘和芴作用时间最长。

总之，PCR-DGGE 和多样性指数提供了固氮微生物群落变化的有用信息。研究结果显示相似的多环芳烃结构可能对微生物的影响也相似。对应分析表明，固氮微生物种类同低浓度的多环芳烃有紧密的联系，不同的多环芳烃浓度和作用时间对固氮微生物的影响不同。

以前的研究表明变形菌门的固氮菌在海洋环境中普遍分布（Bagwell et al.，2002；Church et al.，2005），特别是在热带和亚热带广泛分布的 γ 变形杆菌，在土壤氮循环中扮演着重要的角色（Bird et al.，2005）。在本研究中，一些基因的同源序列来源于红树林湿地，但是还有一些 *nifH* 基因序列与不可培养的固氮细菌具有同源性。虽然红树林包含大量的蓝细菌（Kyaruzi et al.，2003），但是只有两条序列被鉴定为不可培养的蓝细菌种类。固氮是土壤输入氮源的重要途径。固氮菌群落结构的变化直接影响到固氮进程。多环芳烃降低固氮菌的多样性，抑制大多数固氮微生物（变形细菌和蓝细菌）的生长。固氮菌多样性的降低将会导致红树林沉积物可利用性氮源的减少，从而影响到红树林生态系统。因此，固氮菌群落可以作为多环芳烃影响红树林生态系统的一个重要指标。

3.2.4 结论

本研究提供了三种不同多环芳烃对原位红树林沉积物固氮微生物的影响的数据。固氮微生物群落随着多环芳烃的种类、浓度和处理时间的不同而变化明显。并且,与浓度相比不同多环芳烃的结构对固氮微生物的影响更大。这对于研究和评估多环芳烃对沉积物能量循环的阻碍,以及对环境的负面影响具有重要的意义。

参 考 文 献

蔡平河, 黄奕普, 陈敏, 等. 2002. 运用 ^{228}Ra-NO$_3^-$ 法测定南沙海域的新生产力. 中国科学(D 辑): 地球科学, 32(3): 249-254.

董俊德, 王汉奎, 张偲, 等. 2002a. 三亚湾海水温度季节变化及溶解无机氮的垂直分布特征. 热带海洋学报, 2(11): 40-47.

董俊德, 王汉奎, 张偲, 等. 2002b. 海洋生物固氮及其对海洋生产力的碳、氮贡献. 生态学报, 22(10): 1741-1749.

国家质量监督检验检疫总局. 2007. 海洋调查规范第 6 部分: 海洋生物调查. 北京: 中国标准出版社.

韩秋影, 黄小平, 施平, 等. 2006. 华南滨海湿地的退化趋势、原因及保护对策. 科学通报, 51(S3): 102-107.

韩舞鹰, 王明彪, 马克美, 等. 1990. 全国夏季表层最低水温海区——琼东沿岸上升流区. 海洋与湖沼, 2: 267-275.

洪华生, 丘书院, 阮五崎, 等. 1991. 闽南-台湾浅滩渔场上升流区生态系研究. 北京: 科学出版社.

侯建军, 黄邦钦. 2005. 海洋蓝细菌生物固氮的研究进展. 地球科学进展, 20(3): 312-319.

黄邦钦, 林学举. 2000. 厦门西侧海域微微型浮游植物的时空分布及其调控机制. 台湾海峡, 19(3): 329-333.

黄建辉, 林光辉, 韩兴国. 2005. 不同生境间红树科植物水分利用效率的比较研究. 植物生态学报, 29(4): 530-533.

黄良民, 张偲, 王汉奎, 等. 2007. 三亚湾生态环境与生物资源. 北京: 科学出版社.

黄小平, 黄良民, 李颖虹, 等. 2006. 华南沿海主要海草床及其生境威胁. 科学通报, 51(S3): 114-119.

姜广策, 林永成, 周世宁, 等. 2003. 中国南海红树林内生真菌 No.1403 次级代谢物研究. 中山大学学报(自然科学版), 39 (6): 119.

蒋云霞, 郑天凌, 田蕴. 2006. 红树林土壤微生物的研究: 过去、现在、未来. 微生物学报, 46(5): 848-851.

焦念志, 王荣, 李超伦. 1998. 东海春季初级生产力与新生产力的研究. 海洋与湖沼, 29(2): 135-140.

靖元孝, 任延丽, 陈桂珠. 2005. 人工湿地污水处理系统 3 种红树植物生理生态特性. 生态学报, 25(7): 1612-1619.

李玫, 廖宝文, 康丽华. 2006b. PGPB 对红树植物木榄幼苗的接种效应. 林业科学研究, 19(1): 109-113.

李玫, 廖宝文, 章金鸿. 2004. 我国红树林恢复技术研究概况. 广州环境科学, 19(4): 32-33.

李玫, 廖宝文, 章金鸿. 2006a. 底泥微生物在红树林生态系统中的作用. 广州环境科学, 21(4): 21-25.

李晓菊, 靖元孝, 陈桂珠, 等. 2005. 红树林湿地系统污染生态及其净化效果. 湿地科学, 3(4): 315-320.

廖宝文, 李玫, 康丽华, 等. 2002. 红树林湿地植物生长促进菌及其应用展望. 生态科学, 21(3): 275-278.

廖文彬, 鲍时翔. 2004. 红树林放线菌产抗菌活性物质的分离纯化研究. 药物生物技术, 11(6): 376-380.

林鹏. 1997. 中国红树林生态系. 北京: 科学出版社: 23-30.

林鹏. 2003. 海洋高等植物生态学. 北京: 科学出版社.

刘镇盛, 王春生, 张志南, 等. 2005. 乐清湾浮游动物的季节变动及摄食率. 生态学报, 25(8): 1853-1863.

马英. 2006. 海洋超微型浮游生物分子生态学研究. 厦门: 厦门大学博士后论文.

孙军, 刘东艳, 高会旺, 等. 2004a. 2001 年冬季渤海的网采浮游植物群落结构特征. 中国海洋大学学报, 34(3): 413-423.

孙军, 刘东艳, 徐俊, 等. 2004b. 1999 年春季渤海中部及其邻近海域的网采浮游植物群落结构. 生态学报, 24(9): 2004-2015.

唐启升, 苏纪兰. 2000. 中国海洋生态系统动力学研究Ⅰ: 关键科学问题与研究发展战略. 北京: 科学出版社.

王伯荪, 廖宝文, 王勇军, 等. 2003. 深圳湾红树林生态系统及其持续发展. 北京: 科学出版社.

王岳坤, 洪葵. 2005. 红树林土壤细菌群落 16S rDNA V3 片段 PCR 产物的 DGGE 分析. 微生物学报, 45: 201-204.

韦桂峰, 王肇鼎, 练健生. 2003. 大亚湾大鹏澳水域春季浮游植物优势种的变化. 生态学报, 23(11): 2285-2293.

席峰, 傅莲英, 王桂忠, 等. 2006. 海洋沉积物 DNA 提取前的简易脱腐方法研究. 高技术通讯, 16(5): 539-544.

肖海燕, 曾辉, 昝启杰, 等. 2007. 基于高光谱数据和专家决策法提取红树林群落类型信息. 遥感学报, 11(4): 531-537.

肖天, 张武昌, 王荣. 1999. 海洋蓝细菌在微食物环中作用的初步研究. 海洋科学, 5: 48-50.

徐继荣, 王友绍, 孙松. 2004. 海岸带地区的固氮、氨化、硝化与反硝化特征. 生态学报, 24(12): 2907-2914.

徐宁, 陈菊芳, 王朝晖, 等. 2001. 广东大亚湾藻类水华的动力学分析——Ⅰ. 藻类水华的生消过程及其与环境因子的关系. 海洋环境科学, 20(2): 1-3.

张武昌, 孙松. 2007. 大洋真光层中的新生产力和 N 的来源. 海洋科学, 31(1): 65-70.

张瑜斌, 曹卉, 庄铁诚, 等. 2003. 红树林固氮微生物研究进展. 海洋通报, 22(6): 79-83.

张忠华, 胡刚, 梁士楚. 2006. 我国红树林的分布现状、保护及生态价值. 生物学通报, 41(4): 9-11.

章金鸿, 李玫, 陈桂珠. 2004. 港湾污水排放对红树林湿地的影响. 上海环境科学, 23(4): 147-151.

郑华, 欧阳志云, 赵同谦, 等. 2006. 不同森林恢复类型对土壤生物学特性的影响. 应用与环境生物学报, 12(1): 36-43.

庄铁城, 林鹏. 1992. 九龙江口秋茄红树林凋落叶自然分解与落叶腐解微生物的关系. 植物生态学与地植物学学报, 16(1): 1-25.

邹发生, 宋晓军, 江海声, 等. 1999. 海南岛的湿地类型及其特点. 热带地理, 19(3): 204-207.

Agnelli A, Ascher J, Corti G, et al. 2004. Distribution of microbial communities in a forest soil profile investigated by microbial biomass, soil respiration and DGGE of total and extracellular DNA. Soil Biology and Biochemistry, 36: 859-868.

Alongi D M, Christoffersen P, Tirendi F. 1993. The influence of forest type on microbial-nutrient relationships in tropical mangrove sediments. J Exp Mar Biol Ecol, 171: 201-223.

Andrews J C, Gentien P. 1982. Upwelling as a source of nutrients for the Great Barrier Reef ecosystems: a solution to Darwin's question? Mar Ecol Prog Ser, 8: 257-269.

Bagwell C E, Rocque J R L, Smith G W, et al. 2002. Molecular diversity of diazotrophs in oligotrophic tropical seagrass bed communities. FEMS Microbiology Ecology, 39: 113-119.

Balashova N, Kosheleva I, Golovchenko N, et al. 1999. Phenanthrene metabolism by *Pseudomonas* and *Burkholderia* strains. Process Biochemistry, 35: 291-293.

Bange H W, Naqvi S W A, Codispoti L A. 2005. The nitrogen cycle in the Arabian Sea. Progress in Oceanography, 65: 145-158.

Bano N, Nisa M U, Khan N, et al. 1997. Significance of bacteria in the flux of organic matter in the tidal creeks of the mangrove ecosystem of the Indus river delta. Mar Ecol Prog Ser, 157: 1-13.

Bashan Y, Puente M E, Myrold D D, et al. 1998. *In vitro* transfer of fixed nitrogen from diazotrophic filamentous cyanobacteria to black mangrove seedlings. FEMS Microbiology Ecology, 26: 165-170.

Bell P R F, Elmetri I, Uwins P. 1999. Nitrogen fixation by *Trichodesmium* spp. in the Central and Northern Great Barrier Reef Lagoon: relative importance of the fixed-nitrogen load. Mar Ecol Prog Ser, 186: 119-123.

Bergman B J, Gallon J, Rai A N, et al. 1997. Nitrogen fixing non-heterocystous cyanobacteria. FEMS Microbiol Rev, 19: 139-185.

Berman-Frank I, Lundgren P, Chen Y B, et al. 2001. Segregation of nitrogen fixation and oxygenic photo synthesis in the marine cyanobacterium *Trichodesmium*. Science, 294: 1534-1537.

Bird C, Martinez J M, O'Donnell A G, et al. 2005. Spatial distribution and transcriptional activity of an uncultured clade of planktonic diazotrophic gamma-proteobacteria in the Arabian sea. Appl Environ Microbiol, 71: 2079-2085.

Blakely J K, Neher D A, Spongberg A L. 2002. Soil invertebrate and microbial communities, and decomposition as indicators of polycyclic aromatic hydrocarbon contamination. Applied Soil Ecology, 21: 71-88.

Boyd P W, Doney S C. 2002. Modelling regional responses by marine pelagic ecosystems to global climate change. Geophysical Research Letters, 29(16): 1010-1029.

Bronk D A, Glibert P M, Malone T C, et al. 1998. Inorganic and organic nitrogen cycling in Chesapeake Bay: autotrophic versus heterotrophic processes and relationships to carbon flux. Aquatic Microbial Ecology, 15: 177-189.

Brown M M, Friez M J, Lovell C R. 2003. Expression of *nifH* genes by diazotrophic bacteria in the rhizosphere of short form *Spartina alterniflora*. FEMS Microbiology Ecology, 43: 411-417.

Bürgmann H, Widmer F, von Sigler W, et al. 2004. New molecular screening tools for analysis of free-living diazotrophs in soil. Appl Environ Microbiol, 70: 240-247.

Cai W J, Dai M H, Wang Y C, et al. 2004. The biogeochemistry of inorganic carbon and nutrients in the Pearl River estuary and the adjacent Northern South China Sea. Continental Shelf Research, 24(12): 1301-1319.

Capone D G. 1993. Determination of nitrogenase activity in aquatic samples using the acetylene reduction procedure. *In*: Kemp P F, Sherr B F, Sherr E V, et al. Handbook of Methods in Aquatic Ecology. Tokyo: Lewis Publishers: 621-631.

Capone D G, Carpenter E J. 1982. Nitrogen fixation in the marine environment. Science, 217: 1140-1142.

Capone D G, Carpenter E J. 1999. Nitrogen fixation by marine cyanobacteria: historical and global perspectives. Bull Inst Oceanogr Monaco, 19: 235-253.

Capone D G, Zehr J P, Pearl H W, et al. 1997. *Trichodesmium*, a globally significant marine cyanobacterium. Science, 276: 1221-1229.

Carpenter E J, Romans K. 1991. Major role of the cyanobacterium *Trichodesmium* in nutrient cycling in the North Atlantic Ocean. Science, 254: 1356-1358.

Carpenter E J, Till R. 1995. The marine planktonic cyanobacteria *Trichodesmium* spp.: photosynthetic rate measurements in the SW Atlantic Ocean. Mar Ecol Prog Ser, 118: 267-273.

Chang J. 2000. Precision of different methods used for estimating the abundance of the nitrogen-fixing marine cyanobacterium, *Trichodesmium* Ehrenberg. Journal of Experimental Marine Biology and Ecology, 245: 215-224.

Chang J, Chiang K P, Gong G C. 2000. Seasonal variation and cross-shelf distribution of the nitrogen-fixation cyanobacterium, *Trichodesmium*, in southern East China Sea. Continental Shelf Research, 20: 479-493.

Charlson R J, Lovelock J E, Andreae M O, et al. 1987. Oceanic phytoplankton, atmospheric sulphur, cloud albedo and climate. Nature, 326: 655-661.

Charpy L, Blanchot J. 1999. Picophytoplankton biomass, community structure and productivity in the Great Astrolabe Lagoon, Fiji. Coral Reefs, 18: 255-263.

Chelius M K, Lepo J E. 1999. Restriction fragment length polymorphism analysis of PCR-amplified *nifH* sequences from wetland plant rhizosphere communities. Environ Techno, 2(2): 883-889.

Chen C T A, Liu K K, MacDonald R. 2002. Continental Margin Exchanges. *In*: Fasham M J R. JGOFS Synthesis Book. Berlin, Heidelberg: Springer-Verlag: 1-17.

Chen Y L. 2005. Spatial and seasonal variations of nitrate-based new production and primary production in the South China Sea. Deep Sea Research I, 52: 319-340.

Chen Y L, Lu H B. 1999. New production and F-ratio on the continental shelf of the East China Sea: comparisons between nitrate inputs from the subsurface Kuroshio current and the Changjiang River. Estuarine, Coastal and Shelf Science, 48: 59-75.

Chen Y L, Chen H Y, Lin Y H. 2003. Distribution and downward flux of *Trichodesmium* in the South China Sea as influenced by the transport from the Kuroshio Current. Mar Ecol Prog Ser, 259: 47-57.

Cho B C, Park M G, Shim J H, et al. 2001. Sea-surface temperature and f-ratio explain large variability in the the ratio of bacterial production to primary production in the Yellow Sea. Mar Ecol Prog Ser, 216: 34-41.

Church M J, Short C M, Jenkins B D, et al. 2005. Temporal patterns of nitrogenase gene (*nifH*) expression in the oligotrophic North Pacific Ocean. Appl Environ Microbiol, 71: 5362-5370.

Churchill S A, Harper J P, Churchill P F. 1999. Isolation and characterization of a *Mycobacterium* species capable of degrading three- and four-ring aromatic and aliphatic hydrocarbons. Appl Environ Microbiol, 65: 549-553.

Clough B F, Boto K G, Attiwill P M. 1983. Mangrove and sewage: a reevaluation. *In*: Teas H J. Biology and Ecology of Mangroves. TAVS (Vol: 8). Lancaster: Dr. W Junk Publishers: 151-161.

D' Croz L, del Rosario J, Holness R. 1989. Degradation of red mangrove (*Rhizophora mangle*) leaves in the bay of Panama. Rev Biol Trop, 37: 101-104.

D' Croz L, Mate J L. 2004. Experimental responses to elevated water temperature in genotypes of the reef coral *Pocillopora damicornis* from upwelling and non-upwelling environments in Panama. Coral Reefs, 23: 473-483.

Cruz L M, de Souza E M, Weber O B, et al. 2001. 16S ribosomal DNA characterization of nitrogen-fixing bacteria isolated from banana (*Musa* spp.) and pineapple [*Ananas comosus* (L) Merril]. Appl Environ Microbiol, 67: 2375-2379.

Cynthia A G, Jorge A H S. 2006. Variations of phytoplankton community structure related to water quality trends in a tropical karstic coastal zone. Marine Pollution Bulletin, 52(1): 48-60.

Darwin C. 1963. The structure and distribution of coral reef. Smith, Elder and Co. London, 1843. Stockton: University of California Press.

Davis C S, McGillicuddy Jr D J. 2006. Transatlantic abundance of the N_2-fixing colonial cyanobacterium *Trichodesmium*. Science, 312: 1517-1520.

Denman K E, Hofmann H M. 1996. Marine biotic responses and feedbacks to environmental change and feedbacks to climate, in Climate Change 1995. *In*: Houghton J T, DingoY, Griggs D J, et al. The Science of Climate Change. Cambridge: Cambridge University Press: 483-513.

des Marais D J. 2003. Biogeochemistry of hypersaline microbial mats illustrates the dynamics of modern microbial ecosystems and the early evolution of the biosphere. Biol Bull, 204: 160-167.

Dore J E, Brum J R, Tupas L M, et al. 2002. Seasonal and interannual variability in sources of nitrogen supporting export in the oligotrophic subtropical North Pacific Ocean. Limnol Oceanogr, 47: 1595-1607.

Drewes K. 1928. Über die Assimilation der Luftstiekstoffs durch. Blaualgen Zbl Bakt II Abt, 76: 80.

Dugdale R C, Goering J J. 1967. Uptake of new and regenerated forms of nitrogen fixation in primary productivity. Limnol Oceanogr, 12: 196-203.

Dugdale R C, Goering J J, Ryther J H. 1961. Nitrogen fixation in the Sargasso sea. Deep Sea Research, 7: 298-300.

Duineveld B M, Kowalchuk G A, Keijzer A, et al. 2001. Analysis of bacterial communities in the rhizosphere of chrysanthemum via denaturating gradient gel electrophoresis of PCR-amplified 16S rRNA as well as DNA fragments coding for 16S rRNA. Appl Environ Microbiol, 67: 172-178.

Duke N C, Meynecke J O, Dittmann S, et al. 2007. A world without mangroves? Science, 317: 41-43.

Dyhrman S T, Chappell P D, Haley S T. 2006. Phosphonate utilization by the globally important marine diazotroph *Trichodesmium*. Nature, 439: 68-71.

Ellison A M, Farnsworth E J, Twilley R R. 1996. Facultative mutualism between red mangrove and rot-fouling sponges in Belizean mangal. Ecology, 77(8): 2431-2444.

Falcon L I, Pluvinage S, Carpent E J. 2005. Growth kinetics of marine unicellular N_2-fixing cyanobacterial isolates in continuous culture in relation to phosphorus and temperature. Mar Ecol Prog Ser, 285: 3-9.

Fennel K, Spitz Y H, Letelier R M, et al. 2002. A deterministic model for N_2-fixation at stn. ALOHA in the subtropical North Pacific Ocean. Deep Sea Research II, 49: 149-174.

France R, Holmquist J, Chandler M. 1998. ^{15}N evidence for nitrogen fixation associated with macroalgae from a seagrass-mangrove-coral reef system. Mar Ecol Prog Ser, 167: 297-299.

Gadzala-Kopciuch R, Kroszczyński W, Buszewski B. 1999. Aryl chemically bonded phases for determination of selected polycyclic aromatic hydrocarbons isolated from environmental samples utilizing SPE/HPLC. Polish Journal of Environmental Studies, 8: 383-387.

Giskes W W C, Krauy G W. 1993. ^{14}C labelling of algal pigments to estimate the contribution of different taxa to primary production in natural seawater sample. ICES Marine Science Symposia, 197: 114-120.

Gotto J W, Taylor B F. 1976. N_2 fixation associated with decaying leaves of the red mangrove (*Rhizophora mangle*). Appl Environ Microbiol, 31: 781-783.

Goyal A, Zylstra G. 1997. Genetics of naphthalene and phenanthrene degradation by *Comamonas testosteroni*. Journal of Industrial Microbiology and Biotechnology, 19: 401-407.

Griffin L F, Calder J A. 1977. Toxic effect of water-soluble fractions of crude, refined, and weathered oils on the growth of a marine bacterium. Appl Environ Microbiol, 33: 1092-1093.

Hennecke H, Kaluza K, Thony B, et al. 1985. Concurrent evolution of nitrogenase genes and 16S rRNA in *Rhizobium* species and other nitrogen fixing bacteria. Arch Microbiol, 142: 342-348.

Henson J M, Hayasaka S S. 1982. Effects of the water-soluble fraction of microbiologically or physically altered crude petroleum on the heterotrophic activity of marine bacteria. Marine Environmental Research, 6: 205-214.

Hernández-De-La-Torre B, Gaxiola-Castro G, Alvarez-Borrego S, et al. 2003. Interannual variability of new production in the southern region of the California Current. Deep Sea Research II, 50: 2423-2430.

Hicks B J, Silvester W B. 1985. Nitrogen fixation associated with the New Zealand mangrove [*Avicennia marina* (Forsk.) Vierh. var. *resinifera* (Forst. f.) Bakh.]. Appl Environ Microbiol, 49: 955-959.

Hill J K, Wheeler P A. 2002. Organic carbon and nitrogen in the northern California current system: comparison of offshore, river plume, and coastally upwelled waters. Progress in Oceanography, 53: 369-387.

Holguin G, Guzman M A, Bashan Y. 1992. Two new nitrogen-fixing bacteria from the rhizosphere of mangrove trees: their isolation, identification and *in vitro* interaction with rhizosphere *Staphylococcus* sp. FEMS Microbiology Ecology, 101: 207-213.

Holguin G, Vazquez P, Bashan Y. 2001. The role of sediment microorganisms in the productivity, conservation, and rehabilitation of mangrove ecosystems: an overview. Biol Fertil Soils, 33: 265-278.

Huang L M, Tan Y H, Song X Y, et al. 2003. The status of ecological environment and a proposed protection strategy in Sanya Bay, Hainan Island, China. Marine Pollution Bulletin, 47: 180-183.

Huang Z G. 1994. Marine Species and their distributions in China's seas. Beijing: Ocean Press.

Jenkins B D, Steward G F, Short S M, et al. 2004. Fingerprinting diazotroph communities in the Chesapeake Bay by using a DNA macroarray. Appl Environ Microbiol, 70: 1767-1776.

Jensen J, Folker-Hansen P. 1995. Soil quality criteria for selected organic compounds. Danish Environmental Protection Agency. Working Report No. 47.

Jonathan P Z. 2001. Unicellular cyanobacteria fix N_2 in the subtropical North Pacific Ocean. Nature, 412: 635-638.

Karl D. 1997. The role of nitrogen fixation in biogeochemical cycling in the subtropical North Pacific Ocean.

Nature, 388(7): 533-538.

Karl D. 2000. A new source of new nitrogen in the sea. Trends in Microbiology, 8(7): 301.

Karl D, Letelier R, Tupas L, et al. 1997. The role of nitrogen fixation in biogeochemical cycling in the subtropical North Pacific Ocean. Nature, 386: 533-538.

Karl D, Michaels A, Bergman B, et al. 2002. Dinitrogen fixation in the world's oceans. Biogeochemistry, 57/58: 47-98.

Kathiresan K. 2003. Polythene and plastics-degrading microbes from the mangrove soil. Rev Biol Trop, 51(3): 629-634.

Kayanne H, Hirota M. 2005. Nitrogen fixation of filamentous cyanobacteria in a coral reef measured using three different methods. Coral Reef, 24: 197-200.

Kennedy A, Smith K. 1995. Soil microbial diversity and the sustainability of agricultural soils. Plant and Soil, 170: 75-83.

Kolber Z S. 2006. Getting a better picture of the Ocean's nitrogen budget. Science, 312: 1479-1480.

Kononen K. 1999. Spatial and temporal variability of a dinoflagellate-cyanobacterium community under a complex hydrodynamical influence: a case study at the entrance to the Gulf of Finland. Mar Ecol Prog Ser, 186: 43-57.

Kurosawa K, Suzuki Y, Tateda Y. 2006. A model of the cycling and export of nitrogen in Fukido mangrove in Ishigaki Island. Journal of Chemical Engineering of Japan, 36(4): 411-413.

Kustka A, Sañudo-Wilhelmy S, Carpenter E J, et al. 2003. A revised estimate of the iron use efficiency of nitrogen fixation, with special reference to the marine cyanobacterium *Trichodesmium* spp.(Cyanophyta). J Phycol, 39: 12-25.

Kyaruzi J J, Kyewalyanga M S, Muruke M H S. 2003. Cyanobacteria composition and impact of seasonality on their *in situ* nitrogen fixation rate in a mangrove ecosystem adjacent to Zanzibar Town. Western Indian Ocean J Mar Sci, 2 (1): 35-44.

Langlois R J, LaRoche J, Raab P A. 2005. Diazotrophic diversity and distribution in the tropical and subtropical Atlantic ocean. Appl Environ Microbiol, 71: 7910-7919.

LaRoche J, Breitbarth E. 2005. Importance of the diazotrophs as a source of new nitrogen in the ocean. Journal of Sea Research, 53: 67-91.

Latimer J S, Zheng J. 2003. Sources, transport, and fate of PAHs in the marine environment. *In*: Douben P E T. PAHs: An Ecotoxicological Perspective. New York: JohnWiley & Sons: 9-33.

Lesser M P, Mazel C H, Gorbunov M Y. 2004. Discovery of symbiotic nitrogen-fixing cyanobacteria in corals. Science, 305: 997-1000.

Letelier R M, Karl D M. 1996. Role of *Trichodesmium* spp. in the productivity of the subtropical North Pacific Ocean. Mar Ecol Prog Ser, 133: 263-273.

Levy M. 2003. Mesoscale variability of phytoplankton and of new production: impact of the large-scale nutrient distribution. J Geophysical Research, 108(C11): 3358.

Liang J B, Chen Y Q, Chong L, et al. 2007. Recovery of novel bacterial diversity from mangrove sediment. Mar Biol, 150: 739-747.

Lin S, Henze S, Pernilla Lundgren P, et al. 1997. Whole-cell immunolocalization of nitrogenase in marine diazotrophic cyanobacteria, *Trichodesmium* spp. Appl Environ Microbiol, 64: 3052-3058.

Lipschultz F. 2001. A time-series assessment of the nitrogen cycle at BATS. Deep Sea Research II: Topical Studies in Demography, 48: 1897-1924.

Lovell C R, Friez M J, Longshore J W, et al. 2001. Recovery and phylogenetic analysis of *nifH* sequences from diazotrophic bacteria associated with dead aboveground biomass of *Spartina alterniflora*. Appl Environ Microbiol, 67: 5308-5314.

Lovell C R, Piceno Y M, Quattro J M, et al. 2000. Molecular analysis of diazotroph diversity in the rhizosphere of the smooth cordgrass, *Spartina alterniflora*. Appl Environ Microbiol, 66: 3814-3823.

Lu C Y, Lin P. 1990. Studies on liter fall and decomposition of *Bruguiera sexangula* (Lour) Poir community on Hainan Island, China. Bull Mar Sci, 47 (1): 139-148.

Lugomela C, Bergman B. 2002. Biological N$_2$-fixation on mangrove pneumatophores: preliminary observations and perspectives. AMBIO: A Journal of the Human Environment, 31: 612-613.

Lugomela C, Bergman B, Waterbury J. 2001. Cyanobacterial diversity and nitrogen fixation in coastal areas around Zanzibar, Tanzania. Algol Stud, 103: 95-113.

Lugomela C, Lyimo T J, Bryceson I, et al. 2002. Trichodesmium in coastal waters of Tanzania: diversity, seasonality, nitrogen and carbon fixation. Hydrobiologia, 477: 1-13.

MacRae J, Hall K, Grabow W. 1998. Biodegradation of polycyclic aromatic hydrocarbons (PAH) in marine sediment under denitrifying conditions. Water Science & Technology, 38: 177-185.

Mahmood S K, Rao P R. 1993. Microbial abundance and degradation of polycyclic aromatic hydrocarbons in soil. Bulletin of Environmental Contamination and Toxicology, 50: 486-491.

Maliszewska-Kordybach B, Klirnkowicz-Pawlas A, Smreczak B, et al. 2007. Ecotoxic effect of phenanthrene on nitrifying bacteria in soils of different properties. Journal of Environmental Quality, 36: 1635-1645.

Mann F D. 1993. Biological nitrogen fixation associated with blue green algal communities in the Beachwood Mangrove Nature Reserve II. Seasonal variation in acetylene reduction activity. South African Journal of Batany, 59(3): 1-8.

Marchand C, Disnar J R, Lallier-Verges E, et al. 2005. Early diagenesis of carbohydrates and lignin in mangrove sediments subject to variable redox conditions (French Guiana). Geochimica et Cosmochimica Acta, 69: 131-143.

Margalef R. 1958. Information theory in ecology. Gen Syst, 3: 36-71.

McLeod E, Salm R V. 2003. Managing Mangroves for Resilience to Climate Change. IUCN.

Menzie C A, Potocki B B, Santodonato J. 1992. Exposure to carcinogenic PAHs in the environment. Environmental Science & Technology, 26: 1278-1284.

Mills M M, Ridame C, Davey M, et al. 2004. Iron and phosphorus co-limit nitrogen fixation in the eastern tropical North Atlantic. Nature, 429: 292-294.

Moisander P H, Steppe T F, Hall N S. 2003. Variability in nitrogen and phosphorus limitation for Baltic Sea phytoplankton during nitrogen-fixing cyanobacterial blooms. Mar Ecol Prog Ser, 262: 81-95.

Moncoiffe G, Alvarez-Salgado X A. 2000. Seasonal and short-time-scale dynamics of microplankton community production and respiration in an inshore upwelling system. Mar Ecol Prog Ser, 196: 111-123.

Montoya P, Peñalver E, Ruiz-Sánchez F J, et al. 1996. Los yacimientos paleontológicos de la cuenca terciaria continental de Rubielos de Mora (Aragón). Revista Espanola de Paleontologia: 215-224.

Morell J M, Corredor J E. 1993. Sediment nitrogen trapping in a mangrove lagoon. Estuar Coast Shelf Sci, 37: 203-213.

Muckian L, Grant R, Doyle E, et al. 2007. Bacterial community structure in soils contaminated by polycyclic aromatic hydrocarbons. Chemosphere, 68: 1535-1541.

Mulholland M R, Capone D G. 2000. The nitrogen physiology of the marine N$_2$-fixing cyanobacteria Trichodesmium spp. Trends in Plant Science, 5(4): 148-153.

Muyzer G. 1999. DGGE/TGGE a method for identifying genes from natural ecosystems. Current Opinion in Microbiology, 2: 317-323.

Muyzer G, Dewaal E C, Uitterlinden A G. 1993. Profiling of complex microbial populations by denaturing gradient gel electrophoresis analysis of polymerase chain reaction-amplified genes coding for 16S rRNA. Appl Environ Microbiol, 59: 695-700.

Muyzer G, Smalla K. 1998. Application of denaturing gradient gel electrophoresis (DGGE) and temperature gradient gel electrophoresis (TGGE) in microbial ecology. Antonie van Leeuwenhoek, 73: 127-141.

Nicholas J F, Glen A T, Marian Y. 2006. Molecular analysis of picocyanobacterial community structure along an Arabian Sea transect reveals distinct spatial separation of lineages. Limnology and Oceanography, 51(6): 2515-2523.

Odum W E, Heald E J. 1975. Mangrove forests and aquatic productivity. In: Hasler A D. Coupling of Land and Water Systems. Ecological Study No. 10. New York: Springer-Verlag: 129-133.

Ogier J, Son O, Gruss A, et al. 2002. Identification of the bacterial microflora in dairy products by temporal temperature gradient gel electrophoresis. Appl Environ Microbiol, 68: 3691.

Omoregie E O, Crumbliss L L. Bebout B M. 2004. Determination of nitrogen-fixing phylotypes in *Lyngbya* sp. and *Microcoleus chthonoplastes* cyanobacterial mats from Guerrero Negro, Baja California, Mexico. Appl Environ Microbiol, 70(4): 2119-2128.

Ong J E. 1995. The ecology of mangrove conservation & management. Hydrobiologia, 295: 343-351.

Paul G F, Barber R T, Smetacek V V. 1998. Biogeochemical controls and feedbacks on ocean primary production. Science, 281: 200-203.

Paustian T P, Shah V K, Roberts G P. 1990. Apodinitrogenase: purification, association with a 20-kilodalton protein, and activation by the iron-molybdenum cofactor in the absence of dinitrogenase reductase. Biochemistry, 29: 3515-3523.

Pelegri S P. 1997. A comparison of nitrogen fixation (acetylene reduction) among three species of mangrove litter, sediments and pneumatophores in south Florida, USA. Hydrobiologia, 356: 73-79.

Peter R F B, Ibrahim E. 1995. Ecological indication of eutrophication in the Great Barrier Reef Lagoon. AMBIO, 24(4): 208-215.

Piceno Y M, Lovell C R. 2000. Stability in natural bacterial communities. I . Nutrient addition effects on rhizosphere diazotroph assemblage composition. Microbial Ecology, 39: 32-40.

Piceno Y M, Noble P A, Lovell C R. 1999. Spatial and temporal assessment of diazotroph assemblage composition in vegetated salt marsh sediments using denaturing gradient gel electrophoresis analysis. Microbial Ecology, 38: 157-167.

Pinckney J, Paerl H W, Fitzpatrick M. 1995. Impacts of seasonality and nutrients on microbial mat community structure and function. Mar Ecol Prog Ser, 123: 207-213.

Poly F, Monrozier L J, Bally R. 2001a. Improvement in the RFLP procedure for studying the diversity of *nifH* genes in communities of nitrogen fixers in soil. Research in Microbiology, 152: 95-103.

Poly F, Ranjard L, Nazaret S, et al. 2001b. Comparison of *nifH* gene pools in soils and soil microenvironments with contrasting properties. Appl Environ Microbiol, 67: 2255-2263.

Post F, Dedej Z, Gottlieb R. 2002. Spatial and temporal distribution of *Trichodesmium* spp. in the stratified Gulf of Aqaba, Red Sea. Mar Ecol Prog Ser, 239: 241-250.

Postgate J R. 1982. The Fundamentals of Nitrogen Fixation. New York: Cambridge University Press.

Potts M. 1979. Nitrogen fixation (acetylene reduction) associated with communities of heterocystous and non-heterocystous blue-green algae in mangrove forests of Sinai. J Gen Microbiol, 39: 359-375.

Proctor L M. 1997. Nitrogen-fixing, photosynthetic, anaerobic bacteria associated with pelagic copepods. Aquatic Microbial Ecology, 12: 105-113.

Raghukumar S, Sharma S, Raghukuma C, et al. 1994. Thraustochytrid and fungal component of marine detritus. IV. Laboratory studies on decomposition of leaves of the mangrove *Rhizophora apiculata* Blume. J Exp Mar Biol Ecol, 183 (1): 113-131.

Ravikumar S, Kathiresan K, Ignatiammal S T M, et al. 2004. Nitrogen-fixing azotobacters from mangrove habitat and their utility as marine biofertilizers. Journal of Experimental Marine Biology and Ecology, 312: 5-17.

Raymond N S. 1993. Elevated consumption of carbon relative to nitrogen in the surface ocean. Nature, 363: 248-249.

Riffkin P A, Quigley P E, Kearney G A, et al. 1999. Factors associated with biological nitrogen fixation in dairy pastures in south-western Victoria. Aust J Agric Res, 50: 261-273.

Robertson A I, Daniel P A. 1989. Decomposition and the annual flux of detritus from fallen timber in tropical mangrove forests. Limnol Oceanogr, 34: 640-643.

Rojas A, Holguin G, Bernard R G. 2001. Synergism between *Phyllobacterium* sp. (N_2-fixer) and *Bacillus licheniformis* (P-solubilizer), both from a semiarid mangrove rhizosphere. FEMS Microbiology Ecology, 35: 181-187.

Rosado A S, Duarte G F, Seldin L, et al. 1998. Genetic diversity of *nifH* gene sequences in *Paenibacillus azotofixans* strains and soil samples analyzed by denaturing gradient gel electrophoresis of PCR-amplified gene fragments. Appl Environ Microbiol, 64(8): 2770-2779.

Rougerie F, Wauthy B. 1990. The endo-upwelling concept: from geothermal convection to reef construction. Coral Reefs, 12: 19-30.

Salles J F, van Veen J A, van Elsas J D. 2004. Multivariate analyses of burkholderia species in soil: effect of crop and land use history. Appl Environ Microbiol, 70: 4012-4020.

Sammarco P W. 1999. Cross-continental shelf trends in coral $\delta^{15}N$ on the Great Barrier Reef: further consideration of the reef nutrient paradox. Mar Ecol Prog Ser, 180: 131-138.

Sarhan T. 2000. Upwelling mechanisms in the northwestern Alboran Sea. Journal of Marine Systems, 23(4): 317-331.

Sarmiento J L, Toggweiler J R, Najjar R. 1998. Ocean carbon-cycle dynamics and atmospheric $p\text{CO}_3$. Phil Trans R Soc Lond A, 325: 3-21.

Schloter M, Dilly O, Munch J C. 2003. Indicators for evaluating soil quality. Agriculture, Ecosystems & Environment, 98: 255-263.

Schutter M, Sandeno J, Dick R. 2001. Seasonal, soil type, and alternative management influences on microbial communities of vegetable cropping systems. Biology and Fertility of Soils, 34: 397-410.

Sengupta A, Chaudhuri S. 1991. Ecology of heterotrophic dinitrogen fixation in the rhizosphere of mangrove plant community at the Ganges river estuary in India. Oecologia, 87(4): 560-564.

Serglo A S, Kustka A B, Gobler C J, et al. 2001. Phosphorus limitation of nitrogen fixation by *Trichodesmium* in the central Atlantic Ocean. Nature, 411: 66-69.

Shaffer B T, Widmer F, Porteous L A, et al. 2000. Temporal and spatial distribution of the *nifH* gene of N_2-fixing bacteria in forests and clearcuts in western Oregon. Microb Ecol, 39: 12-21.

Shang S L, Zhang C Y, Hong H S, et al. 2004. Short-term variability of chlorophyll associated with upwelling events in the Taiwan Strait during the southwest monsoon of 1998. Deep Sea Research Part Ⅱ: Tropical Studies in Oceanography, 51(10-11): 1113-1127.

Shannon C E, Weaver W. 1949. The Mathematical Theory of Communication. Urbana: University of Illinois Press.

Sousa O V, Macrae A, Menezes F G R N, et al. 2006. The impact of shrimp farming effluent on bacterial communities in mangrove waters, Ceará, Brazil. Mar Pollut Bull, 52(12): 1725-1734.

Sprent J I. 1985. Nitrogen Fixation Biology. Beijing: China Agricultural Publishing House.

Staal M. 2001. Nitrogenase activity in cyanobacteria measured by the acetylene reduction assay: a comparison between batch incubation and on-line monitoring. Environmental Microbiology, 3(5): 343-351.

Staal M. 2003. Temperature excludes N_2-fixing heterocystous cyanobacteria in the tropical oceans. Nature, 425: 504-507.

Stal L J, Staal M. 1999. Nutrient control of cyanobacterial blooms in the Baltic Sea. Aquatic Microbial Ecology, 18: 165-173.

Steinberg D K, Nelson N B, Carlson C A, et al. 2004. Production of chromophoric dissolved organic matter (CDOM) in the open ocean by zooplankton and the colonial cyanobacterium *Trichodesmium* spp. Mar Ecol Prog Ser, 267: 45-53.

Subramanian A. 1994. An empirically derived protocol for the detection of blooms of the marine cyanobaeterium *Trichodesmium* sp. using CZCS imagery. International Journal of Remote Sensing, 15(8): 1559-1569.

Sun F L, Wang Y S, Sun C C, et al. 2012. Effect of three different PAHs on nitrogen-fixing bacterial diversity in mangrove sediment. Ecotoxicology, 21(6): 1651-1660.

Sutka R L, Ostrom N E, Ostrom P H, et al. 2004. Stable nitrogen isotope dynamics of dissolved nitrate in a transect from the North Pacific. Geochimica et Cosmochimica Acta, 68(3): 517-527.

Tan C K, Ishizaka J, Matsumura S, et al. 2006. Seasonal variability of SeaWiFS chlorophyll a in the Malacca Straits in relation to Asian monsoon. Continental Shelf Research, 26: 168-178.

Taton A, Grubistic S, Brambilla E. 2003. Cyanobacterial diversity in natural and artificial microbial mats of Lake Fryxell (McMurdo Dry Valleys, Antarctica): a morphological and molecular approach. Appl Environ Microbiol, 69(9): 5157-5169.

Toffin L, Webster G, Weightman A J, et al. 2004. Molecular monitoring of culturable bacteria from deep-sea sediment of the Nankai Trough, ODP Leg 190. FEMS Microbiological Ecology, 48(3): 357-367.

Toledo G, Bashan Y, Soeldner A. 1995a. Cyanobacteria and black mangroves in northwestern Mexico: colonization and diurnal and seasonal nitrogen fixation on aerial roots. Canadian Journal of Microbiology, 41: 999-1011.

Toledo G, Bashan Y, Soeldner A. 1995b. *In vitro* colonization and increase in nitrogen fixation of seedling roots of black mangrove inoculated by a filamentous cyanobacteria. Canadian Journal of Microbiology, 41(11): 1012-1020.

Uchino F, Hambali G G, Yatazawa M. 1984. Nitrogen-fixing bacteria from warty lenticellate bark of a mangrove tree, *Bruguiera gymnorrhiza* (L.) Lamk. Appl Environ Microbiol, 47(1): 44-48.

Vahtera E, Laanemets J, Pavelson J, et al. 2005. Effect of upwelling on the pelagic environment and bloom-forming cyanobacteria in the western Gulf of Finland, Baltic Sea. Journal of Marine Systems, 58: 67-83.

van Bruggen A H C, Semenov A M. 2000. In search of biological indicators for soil health and disease suppression. Applied Soil Ecology, 15: 13-24.

van der Valk A G, Attiwill P M. 1984. Acetylene reduction in an *Avicennia marina* community in southern Australia. Aust J Bot, 32: 157-164.

van Duyl F C, Gast G J. 2001. Linkage of small-scale spatial variations in DOC, inorganic nutrients and bacterioplankton growth with different coral reef water types. Aquatic Microbial Ecology, 24: 17-23.

Varela M, Prego R, Pazos Y, et al. 2005. Influence of upwelling and river runoff interaction on phytoplankton assemblages in a Middle Galician Ria and Comparison with northern and southern rias (NW Iberian Peninsula). Estuarine, Coastal and Shelf Science, 64: 721-737.

Vazquez P, Holguin G, Puente M E, et al. 2000. Phosphate-solubilizing microorganisms associated with the rhizosphere of mangroves in a semiarid coastal lagoon. Biol Fertil Soils, 30: 460-468.

Walsh J J. 1996. Nitrogen fixation within a tropical upwelling ecosystem: evidence for a Redfield budget of carbon/nitrogen cycling by the total phytoplankton community. J Geophys Res, 101(C9): 20: 607-613.

Wang B S, Liang S C, Zhang W Y, et al. 2003. Mangrove flora of the world. Acta Botanica Sinica, 45(6): 644-653.

Wasmund N, Voss M, Lochte K. 2001. Evidence of nitrogen fixation by non-heterocystous cyanobacteria in the Baltic Sea and re-calculation of a budget of nitrogen fixation. Mar Ecol Prog Ser, 214: 1-14.

Widmer F, Shaffer B T, Porteous L A, et al. 1999. Analysis of *nifH* gene pool complexity in soil and litter at a Douglas fir forest site in the Oregon Cascade mountain range. Appl Environ Microbiol, 65: 374-380.

Xie C H, Yokota A. 2006. *Sphingomonas azotifigens* sp. nov., a nitrogen-fixing bacterium isolated from the roots of *Oryza sativa*. Int J Syst Evol Microbiol, 56: 889-893.

Yamamuro M. 1999. Importance of epiphytic cyanobacteria as food sources for heterotrophs in a tropical seagrass bed. Coral Reefs, 18: 263-271.

Yao H, He Z, Wilson M J, et al. 2000. Microbial biomass and community structure in a sequence of soils with increasing fertility and changing land use. Microbial Ecology, 40: 223-237.

Yim M W, Tam N F Y. 1999. Effects of wastewater-borne heavy metals on mangrove plants and soil microbial activities. Marine Pollution Bulletin, 39(1-12): 179-183.

Young J P W. 1992. Phylogenetic classification of nitrogen-fixing organisms. *In*: Stacey G, Burris R, Evans H. Biological Nitrogen-Fixation. New York: Chapman & Hall: 43-83.

Zani S, Mellon M T, Collier J L, et al. 2000. Expression of *nifH* genes in natural microbial assemblages in Lake George, New York, Detected by Reverse Transcriptase PCR. Appl Environ Microbiol, 66: 3119-3124.

Zehr J P, Capone D G. 1996. Problems and promises of assaying the genetic potential for nitrogen fixation in the marine environment. Microbial Ecology, 32: 263-281.

Zehr J P, Carpenter E J, Villareal T. 2000. New perspectives on nitrogen-fixing microorganisms in tropical and subtropical oceans. Trends Microbiol, 8: 68-73.

Zehr J P, Mellon M T, Zani S. 1998. New Nitrogen-fixing microorganisms detected in oligotrophic oceans by amplification of nitrogenase (*nifH*) genes. Appl Environ Microbiol 64(9): 3444-3450.

Zehr J P, Mellon M T, Braun S, et al. 1995. Diversity of heterotrophic nitrogen fixation genes in a marine cyanobacterial mat. Appl Environ Microbiol, 61: 2527-2533.

Zhang Y Y, Dong J D, Yang Z H, et al. 2008. Phylogenetic diversity of nitrogen-fixing bacteria in mangrove sediments assessed by PCR-denaturing gradient gel electrophoresis. Archives of Microbiology, 190: 19-28.

Zhou J, Bruns M, Tiedje J. 1996. DNA recovery from soils of diverse composition. Appl Environ Microbiol, 62: 316-323.

Zuberer D A, Silver W S. 1978. Biological dinitrogen fixation (acetylene reduction) associated with florida mangroves. Appl Environ Microbiol, 35: 567-575.

Zuberer D A, Silver W S. 1979. N_2-fixation (acetylene reduction) and the microbial colonization of mangrove roots. New Phytol, 82: 467-471.

第4章 红树植物抗重金属生理生态特征
及其分子生态学机理

红树植物是生长在热带、亚热带海岸潮间带受周期性海水浸淹的木本植物，它们是陆地显花植物进入海洋边缘演化而成的（Nybaken，1991），占据海岸生态关键区，适应特殊环境从而具有特殊化的形态结构和生理生态特性，展现着生物多样性多姿多彩的内涵。

研究红树植物及其组成的红树林文献资料浩如烟海，目前相关文献已超过 7000 份（Snedaker S C & Snedaker J G，1984；郑德璋，1994）。国内外学者对红树林生态系统中多种环境污染物的环境行为和生态效应展开研究，尤其是重金属污染物已引起了广泛的关注（Peters et al.，1997）。不少学者已注意到红树林在净化环境方面的独特功能，有关红树植物对重金属抗性与净化的报道不少（郑逢中等，1994；Chen et al.，1995；MacFarlane & Burchett，1999，2000，2001，2002；MacFarlane et al.，2003）。大多数是以单一重金属对红树植物生态影响为对象的研究。在自然环境中重金属污染以多种形式、多种种类混合在一起，共同对红树植物进行胁迫。迄今为止，有关红树植物抗重金属的分子生态学机制研究相对较少（Huang & Wang，2009，2010；Huang et al.，2011，2012；Zhang et al.，2012）；从分子水平上揭示红树植物抗逆分子机制，对红树植物和红树林的保护、生态恢复和持续发展具有极为重要的科学意义及经济价值。

4.1 国内外研究进展

4.1.1 红树植物抗重金属的研究进展

红树林是热带海岸潮间带的木本植物群落。有的因温暖洋流的影响，可以分布到亚热带，有的由于潮汐的影响，在最高潮边缘具有水陆两栖现象。红树林中生长的木本植物称为红树植物，草本植物或藤本植物被列入红树林伴生植物（林鹏，2001）。我国红树林植物有 21 科 25 属 38 种，主要分布于广东、广西、福建、海南等省（区）的沿海海岸、滩涂（林鹏，2001；王友绍，2013）。

长期以来，红树林湿地被认为是排放城镇生活污水和工业废水的便利场所。由于沿海污水排放量日益增大，河口海岸环境污染日益严重，尤其是重金属污染。国内外早有研究者提出用红树植物处理城市污水的设想，认为红树林湿地系统与其他类型的湿地一样具有潜在的净化污水的能力，并开展了广泛的研究（Navalker，1951；黄立南等，2000）。国内不少学者也多次指出红树林具有过滤陆地径流和内陆带出的有机物质及其他污染物的生态功能（陈映霞，1995；韩维栋等，2000；黄立南等，2000；林益明和林鹏，2001；张凤琴等，2005；Huang & Wang，2009，2010；Huang et al.，2011，

2012；Zhang et al.，2007，2012）。20 世纪 80 年代以来，红树林净化污水研究得到广泛开展，取得了一系列重要成果。

4.1.1.1 红树植物对重金属污染的抗性

有关红树植物重金属抗性研究有以下两方面的应用：一是由于利用生物指示检测海洋环境重金属污染的方法既表明了化学可利用性又表征了生物积累潜力，具有直接的毒理学意义（范志杰和宋春印，1995），人们可以利用红树植物来监测海岸带的重金属污染；二是如林志庆和黄会一于 1988 年所认为的，木本植物具有较大的生物量和较长的生长周期，植物吸收累积的污染物不会在短时期内释放到环境中或进入食物链，人们可以利用森林生态工程来治理重金属污染。

Walsh 等（1979）采用人工模拟室内栽培，研究了不同浓度的 Pb 对大红树（*Rhizophora mangle*）种苗生长的影响。结果发现：种苗在 Pb 浓度为 0~250 μg/g 的土壤中生长三个月后，其胚轴、茎、根和叶的生长都未受到影响。Thomas 和 Eong（1984）用含不同浓度 Zn、Pb 的砂土培养红海榄（*R. stylosa*）和白海榄雌（*Avicennia alba*）的幼苗，对其抗性进行研究。结果表明：这两种幼苗在含 Pb 50~250 mg/g、Zn 10~500 mg/g 培养土中生长的情况与其对照组相似。Chen 等（1988）在 8.75 和 14.5 两个系列盐度下，用含不同浓度 Hg 的水浇灌，进行砂培秋茄（*Kandelia obovata*）、桐花树（*Aegiceras corniculatum*）和白骨壤（*Avicennia marina*）种苗的研究。结果显示：在盐度为 14.5、含 Hg 10^{-5} mol/L 的培养环境中，秋茄种苗萌芽延缓；在两个系列盐度下，含 Hg 10^{-5} mol/L 的培养环境中，桐花树种苗萌芽均受到抑制；当 Hg 浓度低于 10^{-5} mol/L 时，两个系列盐度中，秋茄和桐花树种苗的萌芽及展叶无明显的影响；而白骨壤则表现出更强的抗性，在 Hg 浓度达到 10^{-5} mol/L 时，两个系列盐度下仍能正常萌芽和展叶。在种苗生长方面，在 Hg 浓度为 10^{-5} mol/L 时，秋茄种苗生长一个月后，根变短，呈黑褐色；桐花树种苗的胚轴萎缩，植株茎、叶扭曲，根系少且根表呈黄褐色，整个植株不断枯萎；白骨壤种苗则表现出植株矮小、叶片小、子叶萎缩，只有侧根而无根毛，根尖呈黑色。郑逢中等（1994）分别在盐度为 10 的人工海水和盐度为 10 的土壤（NaCl 调制）环境中对秋茄种苗进行砂培及土培，用含不同浓度 Cd 的水浇灌，从而研究秋茄种苗对不同浓度 Cd 的抗性。其结果为：当 Cd 浓度不高于 50 mg/L 时，两种培养方式中种苗的萌芽和展叶都不受抑制；当浓度超过 50 mg/L 时，Cd 对种苗伤害的程度，从植株外形看与 Hg 对种苗伤害的程度相似：根长变短，根毛少，呈褐色，叶片枯萎，植株死亡。这与杨盛昌和吴琦（2003）研究不同浓度 Cd 对桐花树种苗生长影响的实验结果一致。由此可见，红树植物幼苗对 Hg、Pb、Cd 等的抗性是比较高的。

MacFarlane 和 Burchett（2002）同时用不同浓度的 Zn、Pb 对白骨壤进行抗性研究时发现：在用高浓度的 Zn(500 μg/g)、Pb(400 μg/g)培养时，植物的死亡率增加，植株高度受到明显的抑制，最大叶面积变小，生物量降低，表现出显著的植物毒害作用。Yim 和 Tam（1999）用含不同浓度的 Cu、Zn、Cd、Cr 和 Ni 配置成三个级别的人工污水对木榄（*Bruguiera gymnorrhiza*）种苗进行抗性研究，结果显示：高级别的人工污水（Cu、Zn、Cd、Cr 和 Ni 的含量分别为 30 mg/L、50 mg/L、2 mg/L、20 mg/L 和 30 mg/L）所处理的植株明显受到损伤，成熟叶提前变黄、脱落，生物量变少。

环境中过量的重金属对植物是一种不利因素，它们会限制植物的正常生长与发育。尽管如此，不少种类的植物仍能在高浓度的重金属环境中生长、繁殖，并能完成生活史。这表明植物在长期的进化过程中对重金属产生了相应的抗性（Wen et al.，1999）。总之，长期生活在重金属高度污染环境中的红树植物都表现出了一定的抗性，但不同红树植物对同一重金属的抗性存在差异，同一红树植物对不同重金属的抗性也不一致。

4.1.1.2　红树植物对重金属的吸收与分布

植物能吸收环境中的污染物并累积于植物体内，不同植物吸收有害物质的能力不同，同一植物不同器官、组织对有害物质的吸收亦不同。用含不同浓度 Hg（$1.0 \times 10^{-8} \sim 1.0 \times 10^{-6}$ mol/L）的海水浇灌砂土培养的秋茄和桐花树种苗，其结果为：桐花树幼苗各器官中 Hg 的含量大多高于秋茄幼苗相应器官中的含量，且这两种植物所吸收的 Hg 在体内分布均表现为根系含量最高，叶中其次，茎中含量最少（陈荣华等，1988）。Chiu 等（1995）在研究土壤中不同浓度 Cu、Zn 和 Pb 的含量与其在秋茄种苗各部位的相应分布关系时发现：根系中 Zn 的含量与土壤中 Zn 的含量呈强正相关，叶中 Zn 的含量与土壤中 Zn 的含量也呈正相关；在含低浓度 Cu 的土壤中，根系中 Cu 的含量与其土壤中 Cu 的含量呈正相关，而叶中 Cu 的含量几乎保持不变；Pb 只在根系中少量积累。这与一些学者研究重金属在其他红树植物体内的分布结果一致（Chen et al.，1995；Wong et al.，1997；Chu et al.，1998；Shenyu & Chen，1998；MacFarlane & Burchett，2002；MacFarlane et al.，2003），大部分的 Cu、Zn 主要在植物根部累积，叶片中富集量较少，Pb 只在根部少量富集且几乎不被运输到地上部位。MacFarlane 和 Burchett（2000）发现，Cu、Zn 和 Pb 在白骨壤的根、叶器官内各组织中的分布也存在差异：Zn 在根部的韧皮部、木质部、内表皮、表皮软组织、表皮细胞壁的富集呈递增关系；在叶片中则主要分布于各种腺体细胞壁中；其他组织器官的细胞壁中 Zn 的含量均高于其细胞器中的含量。Cu 和 Pb 在根部的分布与 Zn 在根部的分布相似，只是在含量上要远远低于 Zn 的含量。Mengel 和 Kirkby（2001）指出，植物从污泥中吸收的重金属要比它从加入了相等水平重金属的一般土壤中吸收的少，从一般土壤中吸收的重金属量又比从培养液中吸收的要少得多。

由此可见，红树植物各物种对重金属的吸收尽管存在量的差异，但在体内的分布却十分相似。这种把吸收到体内的有害物质尽可能地分布于远离细胞原生质部位的机制，有助于植物在有害物质胁迫条件下正常生长、发育。

4.1.1.3　红树植物抗重金属污染的机制

长期生活在多种污染物质胁迫环境中的红树植物，在进化过程中会相应地产生抵抗多种胁迫的防御机制。

1）将有害重金属重新排出体外

将吸收的重金属重新排出体外是植物自身降解重金属毒害的一种有效方式，这在微生物和动物实验中得到了证实，如把受到三种砷①化合物污染的鱼类移至自来水中，鱼类能迅速将体内积累的砷向水中释放（Jiang & Zhao，2001）。Nies 和 Siler（1989）研究不同耐性植物吸收金属离子与代谢的关系时，认为耐性植物的原生质膜有主动排出金属离子的作用。红树植物体内吸收的重金属离子也能被其排出体外，如白骨壤种苗在500 μg/g Zn 处理的土壤中培养 7 个月后，通过扫描电子显微镜（SEM）X-ray 分析仪分析发现：叶片中过剩的 Zn^{2+} 通过叶表面的盐生腺体和其他腺体，以及具有腺体功能的表皮毛排出体外（MacFarlane & Burchett，1999）。该现象证实了 Thompson（1975）及 Drennan 和 Pammenter（1982）所推测的耐盐植物白骨壤叶表面应具有丰富的腺体组织，用来排出体内所吸收的过剩离子，从而保持盐生环境中渗透压的平稳以维持其自身的正常生长。另外，植物还可以把有害物质包括重金属离子转移到老叶上，通过老叶脱落达到排出有害成分的目的。

2）植物对吸收的重金属离子可通过根部富集、细胞壁沉淀、区域化及螯合等方式解毒

一般情况下，植物吸收的重金属主要积累在根部，地上部位含量极低，这在一定程度上提高了植物的抗性。对红树植物的大量研究表明，根部是主要的富集部位，有些重金属（如 Pb、Cd 等）几乎不被运输到地上部位（Thomas & Eong，1984；陈荣华等，1988；Chen et al.，1995；Chiu et al.，1995；Peng et al.，1997；Wong et al.，1997；Chu et al.，1998；Delacerda，1998；Shenyu & Chen，1998；MacFarlane & Burchett，2000，2002；MacFarlane et al.，2003）。另外，植物细胞壁中的有机化合物能与重金属形成沉淀达到自身解毒的目的。Nishizono（1987）发现在禾秆蹄盖蕨（*Athyrium yokoscense*）细胞壁中积累了大量的 Cu、Zn 和 Cd，以至于占整个细胞总量的 70%~90%。Molone 等（1974）在电子显微镜下的观察直接证明了细胞壁沉淀重金属离子的作用。MacFarlance 和 Burchett（1999）发现红树植物白骨壤的细胞壁积累了大量的重金属 Zn^{2+}，这可能是重金属 Zn^{2+} 与细胞壁上的多聚半乳糖醛酸和碳水化合物形成沉淀所致。还有一些植物可以把重金属离子运输到液泡或其他细胞器中进行区域化隔离，这可能是由于液泡中含有的各种蛋白质、糖类、有机酸、有机碱等物质都能与重金属结合。Steffens（1990）认为细胞质内的游离态 Zn^{2+} 能经过复杂的跨膜运动，透过液泡膜进入液泡而被隔离。Wang（1991）曾在模拟烟草液泡中 Cd 的化学状态时发现，液泡内的 Cd 与无机酸根能形成磷酸盐沉淀，以降低 Cd 的毒性。Yang 等（1999）报道了小麦液泡对进入细胞内的 Cd 有一定的分隔作用。Rauser 和 Ackerley（1987）在电子显微镜下观察到 Cd 在植物液泡中的结晶，更直接地证明了植物液泡对重金属元素的区域化作用。另外，植物细胞质中游离的重金属离子可通过肌醇六磷酸、苹果酸盐、柠檬酸盐、谷胱甘肽、草酸盐、组氨酸及金属螯合蛋白等形成稳定的螯合物，从而降低重金属的毒性（Ernst et al.，1992；Ma et al.，1998；Meharg，1994；Rauser，1995，1999；Satl et al.，1999），这在其他耐性植物上已得到广泛的研究，尤其是金属硫蛋白（MT）和植物螯合素（PC）。

---

① 砷为类金属，因其化合物具有金属性质，将其归于重金属。

3）植物细胞的抗氧化系统及其对活性氧的清除

重金属胁迫与其他形式的氧化胁迫相似，能导致大量活性氧自由基的产生，自由基能损伤主要的生物大分子蛋白质和核酸，引起膜脂过氧化。但植物体内的多种抗氧化防卫系统能够清除自由基，保护细胞免受伤害（Dietz et al.，1999；Huang et al.，1997；Korichva et al.，1997）。植物在受到重金属胁迫时会产生活性氧自由基，要清除这些自由基从而维持自身的正常生长主要依赖于抗氧化酶类物质［超氧化物歧化酶（SOD）、过氧化氢酶（CAT）、过氧化物酶（POD）、谷胱甘肽还原酶（GR）］和抗氧化剂类物质［抗坏血酸（AsA）、谷胱甘肽（GSH）和生育酚（维生素 E）等］。大豆幼苗受到 Cd 污染时，体内 CAT 活性上升（Zhou et al.，1998）；van Assche 和 Clijsters（1990）经过大量研究发现，一些植物对重金属响应的共同特征是它们组织中的 POD 总活性明显升高，因此，有人建议将植物组织中 POD 活性水平的变化作为反映污染胁迫的灵敏指标（Korichva et al.，1997）。MacFarlane 等（2001）研究白骨壤组织中 POD 的活性水平与土壤中不同浓度 Cu、Zn 和 Pb 的关系时发现：当 Cu 浓度为 0~800 μg/g 时，POD 总活性呈线性递增；当 Pb 浓度为 0~800 μg/g 时，POD 总活性有增加的趋势，但并不呈线性关系；当 Zn 浓度为 0~1000 μg/g 时，其含量与白骨壤组织中 POD 总活性呈强正相关。这与 Habemeyer（1999）研究其他耐性植物组织中 POD 活性与 Zn 含量关系的结果是一致的。杨盛昌和吴琦（2003）发现 Cd 浓度≤0.5 μg/L 时，桐花树幼苗中的 POD 和 SOD 活性均有所提高，但当 Cd 浓度>0.5 μg/L 时，POD 和 SOD 活性都出现了不同程度的下降，这可能是由于植物体内所产生的活性氧自由基超过了它们的清除能力极限，对植物组织细胞中的多种功能膜及酶系造成了破坏，抑制了它们活性的增加。

4）一些特殊基因的表达以减少重金属离子的毒害

重金属胁迫能诱导泛素（ubiquitin）、热休克蛋白（HSP）、DNA-like 蛋白、几丁质酶、β-1,3-葡聚糖酶、富含脯氨酸细胞壁蛋白（PRP）、富含甘氨酸细胞壁蛋白（GRP）和病程相关蛋白（PR）等的基因表达（Chai et al.，1998a，1998b；张玉秀等，1999；Diderjean et al.，1996；Ding et al.，2001；Margis-pinheiro et al.，1993）。泛素能介导细胞内变性的蛋白质降解；HSP、DNA-like 蛋白作为分子伴侣，参与体内蛋白质的折叠、装配、释放和定向运输，并能在逆境胁迫下防止蛋白质变性；几丁质酶、β-1,3-葡聚糖酶和病原相关蛋白共同作用阻止病菌的侵染，诱导植物的系统防卫反应；PRP 和 GRP 能参与受损细胞壁的修复及加固。这些胁迫蛋白的基因不仅能响应多种重金属（Hg^{2+}、Cd^{2+}、Zn^{2+}、Cu^{2+}等）胁迫，而且能在多种其他胁迫下表达。长期生活在多种胁迫条件下的红树植物，有其响应蛋白的基因表达，但有关这方面的研究还未见报道，而就这方面对其他耐重金属胁迫植物的研究已取得很大的进展，人们还从动物、微生物及豌豆中找到另外几种抗重金属的基因如金属硫蛋白基因、汞离子还原酶基因和铁蛋白基因等，这为研究其他抗重金属生物提供了资料。

红树植物抗重金属污染机制涉及植物复杂的生理、生化等多种代谢过程，应全面考虑重金属离子如何进入植物体内及其在植物体内的运输（环境→细胞间→细胞内→细胞器→组织→系统）和重金属离子在细胞内的活动等（重金属的累积、代谢、对细胞功能的破坏及被螯合、区域化等），才能弄清楚红树植物的整体抗性机制（Zhang et al.，2007，2012；Huang & Wang，2009，2010；Huang et al.，2011，2012）。

4.1.1.4 重金属胁迫对红树植物的影响

植物在重金属胁迫下，虽然亦相应地产生了多种抵抗重金属毒害的防御机制，但是，当细胞内的重金属离子使这种防御体系达到饱和后，活性氧的增加远远超过正常的歧化能力，既诱导了活性氧的生成，又影响了整个活性氧清除系统对活性氧的清除能力，结果必然导致整个生理生化过程紊乱，植物生长受到影响，生物量减少，甚至造成植物细胞膜结构被破坏，导致植物死亡或基因突变体的产生。

红树植物在重金属污染环境中长期生长，亦产生了上述相应的抵抗机制。但当环境中重金属离子超过红树植物的最大耐受阈值时，红树植物的生长发育会受到影响。例如，陈荣华等（1988）研究秋茄、桐花树在 Hg 10^{-5}mol/L 的环境中，其萌芽受到抑制，一个月后两种红树植物的营养性生长也均受到抑制，根变短、呈黑褐色、植株矮小、叶片小、子叶萎缩；杨盛昌和吴琦（2003）及郑逢中等（1994）的研究也认为秋茄和桐花树在过量 Cd^{2+} 的环境中生长，其受害程度与陈荣华等的研究结果相似。上述研究成果都是基于对 Hg、Cd、Pb、Zn 等少数元素的单因子栽培实验，且大多仅以形态指标评价重金属的毒性（王文卿和林鹏，1999）。Das 等（1999）研究了印度奥里萨邦（Orissa）的 Bhitarkanika 红树林的重金属污染，发现重金属毒性引起一部分红树植物减数分裂和有丝分裂染色体结构变化及异常，如延迟、早分裂、染色体缺失、断裂等。进一步研究表明，该地区的桐花树、秋茄、白骨壤、海漆（*Excoecaria agallocha*）等 9 种红树植物的根部和幼苗分生组织的细胞中 DNA 含量明显减少。此外，有丝分裂指数从 5.3%下降到 2.6%。染色体组长度、数量及 4C 核内 DNA 含量总体上都减少，表明在 DNA 复制过程中，重金属引起了基因突变。

4.1.2 植物金属硫蛋白的研究进展

金属硫蛋白（MT）是一类分子质量低（6000~7000 Da）、半胱氨基酸（Cys）含量高、具有金属结合能力的多肽。它具有独特的氨基酸排列顺序，即多肽的 N 端和 C 端具有两个富含 Cys 的金属结合结构域，其中的 Cys 按 CXC 或 CXXC 的方式排列（常团结和朱祯，2002a）。第一个金属硫蛋白是 1957 年由 Margoshes 和 Vallee 从马肾细胞中分离的一种含有大量的硫和金属 Cd 的蛋白质。之后，结构相似的蛋白质在许多生物，如动物、植物、真菌和蓝细菌中均有发现。它们具有以下特点：低分子质量，高金属含量，高 Cys 含量，具有独特的金属硫四面体的络合结构，Cys 按 CXC 或 CXXC 的方式排列。动物 MT 的表达受金属离子、激素、炎症等因素的调节，现在一般认为动物和真菌的 MT 参与重金属离子的解毒及金属离子的代谢（Andrews，1990；Hamer，1986）。植物 *MT* 基因的表达也受金属离子及其他因素，如糖饥饿、胁迫、激素、热激、损伤、病毒侵染等的影响（Hsieh et al.，1995；Choi et al.，1996）。植物 MT 的功能目前尚无十分明确的结论，由于它具有结合金属离子（如 Cu^{2+}、Zn^{2+}、Cd^{2+}等）的能力，因此被认为在解除重金属离子的毒害、维持组织中金属离子的稳定，以及调节金属离子向特定组织的运输等方面起作用（Robinson et al.，1996）。目前已分离纯化的植物

MT 只有小麦胚乳 Ec 蛋白（Lane et al.，1987）和拟南芥的 MT1、MT2、MT3（Murphy et al.，1997）。研究发现，在红树植物中主要为 MT2（Zhang et al.，2012；Huang & Wang，2009，2010；Huang et al.，2011，2012）。

4.1.2.1　植物 MT 的分类及一般特征

根据推测的植物 MT 蛋白中 Cys 残基的位置及排列方式，参照动物 MT 的分类方法，植物 MT 可分为三类：Ⅰ类 MT 的 Cys 按 CC、CXC、CXXC 的方式排列，集中分布在肽链的 N 端和 C 端；Ⅱ类 MT 的 Cys 则散布在整个肽链中；Ⅲ类 MT 不是基因编码产物，是以谷胱甘肽为底物酶促合成的多聚物，富含 Cys。

1）Ⅰ类 MT

植物Ⅰ类 MT 是发现最多的一类 MT。同动物 MT 相似，植物Ⅰ类 MT 的 N 端和 C 端富含 Cys，不含芳香族氨基酸和疏水性氨基酸，两个富含 Cys 的结构域被一个不含 Cys 的中间区分开，与动物 MT 中间区不同的是植物Ⅰ类 MT 中间区较长，保守性低，往往含有芳香族氨基酸及疏水性氨基酸。

2）Ⅱ类 MT

目前发现的植物Ⅱ类 MT 有小麦 Ec 和面包小麦 EcMT，均由 81 个氨基酸组成，含有 17 个 Cys，其中 14 个 Cys 按 CXC 的形式排列，但 Cys 分布在整个氨基酸序列中，而不是像Ⅰ类 MT 那样集中分布在肽链的 N 端和 C 端（Kawashima et al.，1992）。

3）Ⅲ类 MT

植物Ⅲ类 MT 又称为植物螯合素（phytochelatin，PC）。PC 是一类由长度不同的肽链构成的多聚物，它由 PC 合成酶以谷胱甘肽为底物催化合成，而非基因编码产物。PC 的基本结构为 $(\gamma\text{-Glu-Cys})_n\text{-Gly}$，其中 $n=2\sim11$。PC 还有其他几种同 Ⅰ 酶形式，如 $(\gamma\text{-Glu-Cys})_n\text{-}\beta\text{-Ala}$，$n=2\sim7$；$(\gamma\text{-Glu-Cys})_n\text{-Ser}$、$(\gamma\text{-Glu-Cys})_n\text{-Glu}$，$n=2$ 或 3；$(\gamma\text{-Glu-Cys})_n$（Zenk，1996）。在 200 多种植物包括苔藓、蕨类和种子植物中均发现了 PC，在一些真菌中也发现了 PC（Gekeler et al.，1989）。目前已经从拟南芥和小麦中分离到了 PC 合成酶基因（Cobbett，2000）。

4.1.2.2　植物 MT 基因组织器官表达的特异性

植物Ⅰ类 MT 基因的表达特异性差别很大。根据现有的资料，一般认为Ⅰ类 MT 基因主要在根中表达，而Ⅱ类 MT 基因在中等地上部分的表达相对丰富（Foley et al.，1997）。但就所有 MT 基因的表达而言，因物种、类型不同而表达特性各异。

水稻 ricMT 在幼苗根、茎、叶、胚乳中均有表达，胚乳、根中的表达量较低，但在茎、节间中的表达量非常高，特别是第一节间的表达量高达叶片的 150 倍，第二、第三节间的表达量均低于第一节间，但仍远远高于叶片中的表达量（Yu et al.，1998）。番茄 $LeMT_A$ 和 $LeMT_B$ 都是Ⅱ类 MT 基因，主要在叶片中表达，根中的表达量很低（Whitelaw et al.，1997）。Giritch 等（1998）从番茄根中克隆了 LEMT1、LEMT2、LEMT3、LEMT4 4 个 MT 基因，其中 LEMT1、LEMT3、LEMT4 为Ⅱ类 MT 基因，在根尖、叶、茎、花、未成熟的果实中均有表达，其中花、幼叶中表达量丰富。LEMT2 和Ⅰ类 MT、Ⅱ类 MT

基因均不相同，它主要在根尖中大量表达。拟南芥是发现 *MT* 基因最多的一个物种，包括 *MT1*、*MT2*、*MT3*，对它们的报道很多。Zhou 和 Goldsbrough（1994）发现 *MT1*、*MT2* 在不同组织中表达不同，*MT1* 在幼苗和成熟植株的根中表达最为丰富，在叶中的表达量低，在花序中不表达。而 *MT2* 在成熟植株的根、叶、花序中主要为组成型表达，表达量没有大的差异。蚕豆 *MT1* 在根、茎、叶中大量表达，在成熟组织（叶茎）中的表达量高于幼嫩组织。*MT2* 则主要在地上部分，如叶、茎、花萼中表达，在根中不表达（Foley & Singh，1994）。Hsieh 等（1995）发现 *rgMT* 在根中表达丰富，在叶片中的表达随发育的进程，按黄化时、幼叶、成熟叶、衰老叶的顺序，mRNA 的水平渐渐升高，在衰老叶片中的表达量最高。拟南芥叶片中 *MT1* 的表达量则随叶片的衰老进程慢慢升高（Miller et al.，1999）。油菜 *MT1* 在绿叶中检测不到表达，但在叶片衰老的早期即被高水平诱导表达，并在整个衰老过程中维持较高的表达水平（Buchanan-Wollaston & Ainsworht，1997）。玉米 II 类 *MT* 基因 *MZm3-4* 的表达较为特异，RNA 原位杂交显示它仅在花药绒毡层中表达，从花粉母细胞时期到单核小孢子期间均有表达，减数分裂期表达量达到高峰，而同时期的营养器官如根、叶、小花序中未检测到表达（Charbonnel-Campaa et al.，2000）。Dong 和 Dunstan（1999）从白云杉的体细胞胚 cDNA 文库中分离了一个 *MT* 基因，发现它在体细胞胚胎发生过程中表达量增加，特别是在胚胎发育的后期，mRNA 水平达到高峰。综上所述，植物 *MT* 基因的表达具有多样性和复杂性，表达特征不仅和组织器官有关，还与植物的生长发育过程有关。

4.1.2.3 植物 *MT* 基因的诱导表达特性

在 *MT* 基因表达影响因素中，金属离子对 *MT* 基因表达影响的研究最多，这是因为许多报道认为 MT 蛋白具有金属结合能力及对过量金属离子解毒的作用。有关的研究结果表明，不同的金属离子对植物 *MT* 基因表达的影响，因物种、组织器官、发育时期、MT 类型的不同存在很大差异。此外，植物 *MT* 基因的表达还受激素、化学物质的影响，在某些生理过程和组织器官的发育中也伴有 *MT* 基因表达量的变化。

1) 对金属离子的反应

Yu 等（1998）将水稻幼苗用 100 μmol/L 的金属离子处理 24 h 后，发现 Cu^{2+}、Zn^{2+}、Fe^{3+}、Pb^{2+}、Al^{3+} 均提高 *MT* 在幼苗茎、叶中的表达量。除 Cu^{2+} 提高了幼苗根部的表达量外，其余的金属离子则降低了 *MT* 在根中的表达量。拟南芥幼苗经 40 mmol/L Cu^{2+} 处理后，*MT1a* 的表达量升高，*MT2a* 的变化不大，仅在处理后第 8 天才有轻微的升高。*MT1a*、*MT2a* 在高表达的叶毛状体中，其表达量稳步增长的态势在处理前后无明显的变化，同时它们在根中的表达不受 Cu^{2+} 的影响（Garcia-Hernandez et al.，1998）。Choi 等（1996）的研究发现，1 mmol/L、10 mmol/L Cu^{2+} 可以提高烟草 *MT* 基因的表达量，而 50 mmol/L Cu^{2+} 则降低 *MT* 的表达。猴面花（*Mimulus guttatus*）经 10 μmol/L Cu^{2+} 处理 24 h 后，根中 *MT* 基因的表达量明显下降，持续生长在 50 μmol/L Cu^{2+}、5 μmol/L Cd^{2+}、15 μmol/L Zn^{2+} 中的植株，根中的表达量均较对照明显降低（de Miranda et al.，1990a）。大豆经 10 μmol/L Cu^{2+} 处理，根中 *MT* 的表达水平下降（Kawashima et al.，1991）。Foley 和 Singh（1994）将蚕豆叶片经 10 μmol/L、100 μmol/L、1 mmol/L Cu^{2+}、Fe^{2+}、Cd^{2+}、Zn^{2+} 处理 15 h 后，

发现 1 mmol/L Cu^{2+}、100 mmol/L Cd^{2+}、1 mmol/L Fe^{2+} 降低 *MT1* 的表达水平,其他浓度均无明显的影响。三种浓度的 Zn^{2+} 均不影响 *MT1* 的表达。*MT2* 经 Cu^{2+}、Zn^{2+}、Cd^{2+} 处理后,表达水平变化不大,仅轻微下降。

2)对激素和化学物质的反应

Hsieh 等(1995)用 100 μmol/L 脱落酸(ABA)处理水稻悬浮培养细胞 24 h 后,*rgMT* mRNA 水平下降;0.06%二甲基亚砜(DMSO)处理 1 h,40℃热激 2 h,蔗糖饥饿均可以诱导 *rgMT* mRNA 水平升高。其中随蔗糖饥饿的进程,*rgMT* mRNA 水平渐渐提高,并可持续 72 h。Choi 等(1996)发现,用水杨酸和 MJ(茉莉酸甲酯)对烟草进行处理,烟草的 *MT* 基因表达没有受到影响,而机械损伤能提高烟草 *MT* 基因的表达。Foley 等(1997)发现水杨酸处理、冷处理、盐胁迫能轻微降低蚕豆叶片 *MT1* 的表达。Giritch 等(1998)研究了二酰胺对番茄的处理,其 *MT* 基因表达为 1 mmol/L 用量轻微诱导 *LEMT1* 的表达,对 *LEMT4* 则没有明显的作用,但强烈抑制 *LEMT2*、*LEMT3* 的表达。余荔华等(1999)用赤霉素、细胞分裂素、细胞因子处理刚萌发的水稻幼苗,7 d 后,赤霉素处理组中植物茎、叶部位的 *MT* 表达有所减弱,而根中 *MT* 的表达无明显变化,其他两种激素对 *MT* 的表达也无明显影响。

4.1.2.4　植物 MT 的功能

自 MT 被发现以来,MT 的金属结合能力一直受到关注,一般认为 MT 的功能与它的金属结合能力是分不开的,MT 可能在重金属的解毒、金属离子的运输、维持金属离子浓度的稳定等方面起作用。目前植物的功能仅根据其表达行为进行推测,具体功能还不清楚。这是因为当前大多数植物 MT 蛋白未得到纯化,*MT* 基因又以多基因家族成员的形式出现,甚至家族成员之间在结构和表达方式上差异性很大,影响 *MT* 基因表达的因素众多,这些都给植物 MT 功能的研究增加了复杂性和不确定性。目前认为植物 MT 有以下几方面的功能。

1)参与金属离子的运输和供给

Yu 等(1998)发现,水稻 *ricMT* 在茎,特别是在节间的表达量异常高,约为叶片的 150 倍,认为 *ricMT* 可能参与了特定的金属离子通过维管束运输到穗及小穗这一过程,同时也检测到小穗中 *ricMT* 的表达量很高;另外,作者还提出一种可能,即 *ricMT* 将金属辅助因子运输到脱辅基的酶上,激活酶参与代谢反应,促进发育。Garcia-Hernandez 等(1998)对拟南芥 *MT1a*、*MT2a* 进行了 RNA 原位杂交,结果显示两者的表达谱不同,但具有一些重叠。*MT1a*、*MT2a* 均在毛状体中高表达,可能是毛状体为植物排出多余重金属离子的通道,因为毛状体细胞的体积比叶肉细胞大,可以作为贮存有害金属离子的场所,当毛状体衰老死亡时,有害金属离子被安全地排出体外。此外,毛状体中硫、类黄酮、花色素苷的代谢旺盛,参与防御反应的如多酚氧化酶、过氧化物酶、苯丙氨酸脱氨酶、查尔酮合成酶基因的表达,以及自身的木质化等都需要大量的 Cu^{2+},高 *MT1a*、*MT2a* 的表达量为高 Cu^{2+} 的供给运输提供了保证。*MT1a* 在维管束及向种子输送营养物质的组织如胎座和珠柄中的表达,也说明 *MT1a* 可能在金属离子运输或维管束的发育过程中起作用。Foley 等(1997)对蚕豆 *MT1a*、*MT1b* 的表达分析认为,MT 作为金属离子的配体，可能在金属离子浓度较低时更具有稳定内环境中金属离子水平的作用，并有效地运输和供给金属离子到需要的组织。*MT1a*、*MT1b* 在蚕豆叶毛状体中的表达也很高，这与 Garcia-Hernandez 等（1998）对拟南芥 *MT1a*、*MT2a* 的研究结果相似。

2）解除金属离子的毒害及维持细胞内环境的稳定

Zhou 和 Goldsbrough（1994）将拟南芥 *MT1* 和 *MT2* 在酵母突变体 *cup1*[4] 中进行了表达，该突变体被删除了内源 MT 基因 *cup1*，对金属离子敏感。*MT1* 和 *MT2* 的表达均使突变体获得了对高水平 $CuSO_4$ 的抗性和对中等程度 $CdSO_4$ 的抗性。Robinson 等（1993）将拟南芥 *MT2* 在蓝细菌突变体 *Synechococcus* PCC7924 中进行了表达，*MT2* 部分互补了突变体对 Zn^{2+} 的超敏性。Charbonnel-Campaa 等（2000）发现，玉米 *MZm3-4* 在小孢子发育过程中特异地在花药绒毡层细胞中表达，可能是 *MZm3-4* 参与绒毡层组织中金属离子的调控，这与绒毡层细胞中旺盛的代谢活动有关。另外，小孢子发育过程也是绒毡层细胞死亡过程。在许多植物中发现 MT 与衰老过程相联系，但有关 MT 的作用并不清楚，研究者认为 MT 可能贮存金属离子，之后将其运输到需要的部位，这样不仅可以有效地对营养物质再利用，也解除了有害金属离子的潜在危害。Buchanan-Wollaston 和 Ainsworht（1997）对油菜衰老叶片中 mRNA 的分析也表明，有两种 *MT* 基因在衰老叶片中大量表达，认为 MT 可能对金属离子具有解毒和运输的作用。哺乳动物中 MT 的存在可以防止 DNA 免受自由基的氧化损伤。叶片的衰老同样是一个氧化的过程，MT 可以螯合大量的自由金属离子，限制活性氧的产生，保护核 DNA 不受损伤，保证衰老过程中相关基因的正常表达。

对植物III类 MT（PC）的研究认为，PC 主要参与对重金属离子的防御反应。Howden 等（1995）分离了一个对 Cd^{2+} 敏感的拟南芥突变体 *cad1*，这个突变体没有形成 PC-Cd 复合体的能力，但突变体中谷胱甘肽的生物合成速率与野生型相同，Cd^{2+} 诱导时却无 PC 的积累，分析表明该突变体无 PC 合成酶。研究还表明 *cad1* 突变体对高浓度 Zn^{2+}、Cu^{2+} 不敏感。作者认为，*CAD1* 基因可能就是 PC 合成酶基因，*CAD1* 基因介导了植物对 Cd^{2+} 的抗性，PC 的水平与对 Cd^{2+} 的抗性是相关的。

根据 Ortiz 等（1995）的研究，植物体内 Cd 积累机制是 PC 与重金属 Cd^{2+} 在细胞质中结合成低分子质量复合物后，被液泡膜 HMT1 转运蛋白转移到液泡中，形成高分子质量复合物，并以这种形式在液泡中积累。Zenk（1996）提出 PC 解除 Cd^{2+} 毒性的一个模型，当 Cd^{2+} 进入细胞后，PC 合成酶被激活，大量合成 PC，PC 与 Cd^{2+} 形成复合体被运输到液泡中，液泡中的组织酸如柠檬酸、苹果酸等与 Cd^{2+} 结合，PC 被降解成氨基酸后进入细胞质。Cobbeett 等（2000）提出了另外一个 PC 参与解除 Cd^{2+} 毒性的新的模型（图 4.1）。

3）参与基因的表达调控

Robinson 等（1993）进行了拟南芥 *MT2* 在大肠杆菌中的表达，发现 *MT2* 具有结合 Zn^{2+} 的能力。推测植物中 *MT2* 可能同样具有结合 Zn^{2+} 的能力，通过与其他蛋白竞争植物组织内的 Zn^{2+} 而调节 Zn^{2+} 依赖型蛋白的活性，如 DNA 聚合酶、RNA 聚合酶、转录因子等，进而在基因的表达调控中起作用。Reynold 和 Crawford（1996）在研究面包小麦 *EcMT* 基因与 ABA 的关系，以及对花粉胚发育过程中特异性表达的作用时，发现受

ABA 调控的 *EcMT* 基因可能至少部分介导了小麦花粉胚的形成，在胚胎发生过程中 *EcMT* 可能与 Zn^{2+} 结合，或者通过夺取依赖 Zn^{2+} 的 DNA 聚合酶、RNA 聚合酶及锌指蛋白中的 Zn^{2+}，从而调控相关基因的表达；同样红树植物 *MT2* 在大肠杆菌中的表达也证明了这一结论（Zhang et al.，2012）。

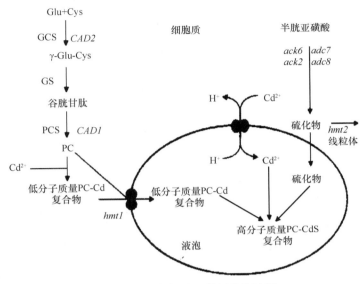

图 4.1　PC 参与对 Cd^{2+} 解毒的过程

4.2　人工复合重金属污水对两种红树植物幼苗的影响

红树林生长在热带和亚热带沿海、海湾、河口的潮间带，对维护生态平衡、保护环境起着重要作用。在很多地区，红树林生态系统像其他湿地生态系统一样能够吸附大量的重金属和营养物，作为废物、废水的排放场地（Saenger et al.，1990；Peters et al.，1997；Robertson & Phillips，1995；Tam & Wong，1996）。这些被沉积下来的重金属成为红树植物的污染源，影响红树植物的生长和发育等。长期生活在这种重金属等多种胁迫中的红树植物在生理生化上产生相应的反应，以提高自身的重金属抗性。目前已发现一些红树植物对较高浓度的重金属具有较高的抗性（Peters et al.，1997），红树植物在过量的重金属环境中能产生一系列抗重金属的生理生化反应，以减少体内自由基对细胞膜、核酸、叶绿体等细胞组成成分的影响（Somashekaraiah et al.，1992；Chaoui et al.，1997）。重金属污染的本质为破坏植物体内各种氧化酶和氧化剂功能的平衡，使体内积累自由基。积累的自由基能诱导抗氧化系统功能的增强。其中超氧化物歧化酶（SOD）是催化自由基 $O_2^{-\cdot}$ 成 H_2O_2 和 O_2 的一种关键酶，H_2O_2 也是一种自由基，也能对生物膜产生破坏作用。过氧化氢酶（CAT）及过氧化物酶（POD）都能催化 H_2O_2 成无害的 H_2O 和 O_2。在正常的生长环境中，这些保护酶能使体内自由基含量保持低水平。在胁迫环境中，自由基的增加能诱导这些抗氧化酶的增加，这在许多其他植物中都有报道，重金属能诱导植物 SOD、CAT 和 POD 的活性增加（Li et al.，2006；Fornazier et al.，2002；Bhattacharjee，

1998；Lee & Shin，2003；Gallego et al.，1999）。

对红树植物而言，以往的研究主要集中在盐度、水浸等胁迫下红树植物的生理生态反应，某些金属在红树植物中的吸收与分布，以及单个重金属对某些红树植物的光合合成等生物量的影响（MacFarlane & Burchett，1999，2001；Takemura et al.，2000；Ye et al.，2003），有关红树植物同时在多种重金属胁迫下生理生化反应的报道很少。事实上在自然环境中，红树植物是在多种重金属共同胁迫及多种胁迫环境中生长发育的，因此有必要研究红树植物在多种重金属胁迫条件下各种抗氧化系统的变化、红树植物与重金属之间的关系等，为红树植物的抗重金属机制研究提供资料，从而有利于红树林的生态保护和发展。

在本研究中，选择木榄和秋茄作为研究对象，它们是红树植物中两种主要的东方种群，在我国海南、广西、广东、香港、澳门及福建都有分布（Li et al.，1997）。研究它们对复合重金属的抗性，有利于引种、人工栽培，以及进行抗性种的培养。

4.2.1 人工复合重金属污水对木榄红树幼苗的影响

4.2.1.1 材料与方法

1）材料

成熟的木榄胚轴采自大亚湾澳头（或海南省三亚市郊）的红树林，海水盐度为26~34。挑选生活力强、无病虫害且大小相近的繁殖体，洗净后栽培于砂基的塑料盆中，每盆种植5株。用1/2 Hogland营养液每3 d浇灌一次，每次每盆为1 L。待植株长至第三对叶完全展开后，分成5组，每组三个平行处理。分别用1/2 Hogland营养液中含有不同污染级别的人工复合重金属污水对木榄幼苗进行浇灌，不同人工复合重金属见表4.1。对每个处理每5 d用500 mL处理液浇灌，2个月后进行实验。

表4.1　1/2 Hogland营养液配成人工污水中的各种重金属浓度　　（单位：mg/L）

重金属	对照组	1倍污水	5倍污水	10倍污水	15倍污水
Zn^{2+}	0	5.0	25.0	50.0	75.0
Pb^{2+}	0	1.0	5.0	10.0	15.0
Cd^{2+}	0	0.2	1.0	2.0	3.0
Hg^{2+}	0	0.2	1.0	2.0	3.0

2）试剂与仪器

试剂：磷酸缓冲液（PBS）、聚乙烯吡咯烷酮（PVP）、巯基乙醇、甲硫氨酸、硝基氮蓝四唑（NBT）、乙二胺四乙酸二钠（EDTA）、核黄素、H_2O_2、愈创木酚、三氯乙酸、丙酮、乙醇、三羟甲基氨基甲烷（Tris）等，均为分析纯产品。

仪器：离心机、研钵、移液器、紫外分光光度计、电热炉、秒表等。

3）方法

A. 组织液的制备

从每一处理组中分别采集约0.5 g的根和嫩叶，在液氮中研磨成粉状，按$W:V$=1：5

加入 50 mmol/L pH 4.8 的 PBS（含 ρ=0.01 g/mL 不溶性 PVP，10 mmol/L 巯基乙醇），10 000 g 离心 15 min，将上清液转入另一离心管中再离心 20 min。上清液即为所需提取液。以上操作均在 0~4℃ 条件下进行。

B. 蛋白质的测定

参考 Bradford（1976）的方法，用小牛血清蛋白作为标准蛋白。

C. 超氧化物歧化酶（SOD）活性测定

参考 Beauchamp 和 Fridovich（1971）所建立的方法。总体积为 3 mL 反应混合体系中有 50 mmol/L pH 4.8 的 PBS，13 mmol/L 甲硫氨酸，75 μmol/L NBT，0.1 mmol/L EDTA，2 μmol/L 核黄素，0.1 mL 酶提取液。当光照时，体系中产生的氧自由基能还原 NBT 形成蓝色甲臜，在波长 560 nm 处测定消光值。以抑制光还原 NBT 50% 为一个酶活性单位。酶活性以每毫克蛋白质所含的酶量计算（U/mg protein）。

D. 过氧化氢酶（CAT）活性测定

参考 Beer 和 Sizer（1952）所建立的方法。总体积为 1.5 mL 反应混合体系中有 100 mmol/L pH 4.0 的 PBS，0.1 mmol/L EDTA（含 20 mmol/L H_2O_2 和 50 μL 酶提取液）。1 min 后在波长 240 nm 处测定消光值。消光系数为 36 mmol/（L·cm），酶活性以每毫克蛋白质所含的酶量计算（U/mg protein）。

E. 过氧化物酶（POD）活性测定

参考 Chance 和 Machly（1955）所建立的方法。总体积为 2.8 mL 反应混合体系中有 10 mmol/L pH 4.0 的 PBS，0.1 mL 酶提取液和愈创木酚。反应从加入 20 μL 的 40 mmol/L H_2O_2 开始，1 min 后，在波长 470 nm 处测定消光值，消光系数为 26.6 mmol/（L·cm）。酶活性以每毫克蛋白质所含的酶量计算（U/mg protein）。

F. 膜脂质过氧化测定

丙二醇（MDA）是膜脂质过氧化的最终产物，参考 Heath 和 Packer（1968）所建立的方法。总体积为 5 mL 反应混合体系中含有 20% TCA 和 0.2 g 叶片或根的提取液，在 95℃ 热水中反应 30 min 后，立即放在冰水中冷却，在不高于 25℃ 下以 13 000 g 离心 10 min，在波长为 532 nm 和 600 nm 处测定上清液的消光值。根据 Kosugi 和 Kikugawa（1985）所定义的消光系数 155 mmol/（L·cm）计算 MDA 浓度（μmol/mg protein）。

4）数据处理

每个测定样品重复三次，对每一个处理的 6 个数值进行平均方差分析。

4.2.1.2　结果与分析

1）人工复合重金属污水对木榄幼苗 SOD 活性的影响

SOD 是生物体内防御氧化损伤的一种十分重要的金属酶，其功能是将 O_2^- 歧化为 H_2O_2，从而阻止或减少 O_2^- 自由基对植株细胞膜的损伤，避免对植物生长的破坏。从图 4.2 可看出，木榄幼苗遭受人工复合重金属污染时，根系与叶片中 SOD 活性变化总的趋势一致，均为"先升后降"，但叶片中的 SOD 变化幅度比根系中 SOD 变化幅度明显要低。根系中 SOD 活性在 5 倍污水时产生一个最高值 1632.24 U/mg protein，为对照组的 209.64%，其后下降明显，但仍高于对照组水平；而叶片中 SOD 活性变化在低浓度 1 倍污水处有所下降，为 420.90 U/mg protein，在 10 倍污水处，其活性为最高值 943.37 U/ mg protein，其后与在根系中的变化相似。

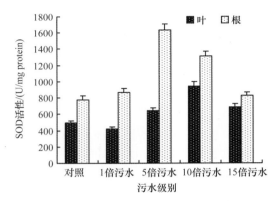

图 4.2　人工复合重金属污水对木榄幼苗叶、根中 SOD 活性的影响

在重金属的胁迫下，木榄幼苗营养器官根和叶中 SOD 的变化并不完全一致，这可能是由于植株的根最先接触到重金属，具有活性氧清除酶系统和具备抗性特征的生理活动被诱导，SOD 在此诱导下活性增加，用以清除重金属胁迫所产生的过剩 O_2^-。而重金属胁迫到达叶片需要一定时间，加之叶片是植物的"动力加工厂"，具有更复杂的防御系统，低浓度的重金属并未诱导叶片中的 SOD 活性增加，反而使其有所下降。随着污染程度在一定范围内增加，叶片中 SOD 活性增强；当污染程度超过某个极限时（10 倍污水），SOD 活性迅速下降。这与任安芝等（2002）研究青菜幼苗体内几种保护酶活性对 Pb、Cd、Cr 胁迫的反应结果一致。

2）人工复合重金属污水对木榄幼苗 POD 和 CAT 活性的影响

POD 是植物呼吸作用中有重要功能的酶。呼吸作用的实质是植物体内进行一系列氧化还原反应，酶是这些反应不可缺少的物质。从图 4.3 中可以看出，木榄幼苗在遭受重金属胁迫时，叶片和根的 POD 活性变化与 SOD 活性变化相似，呈"先升后降"趋势。

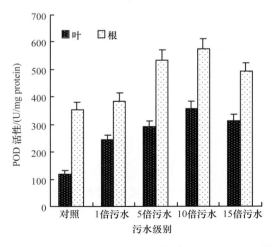

图 4.3　人工复合重金属污水对木榄幼苗叶、根中 POD 活性的影响

其中叶片的 POD 活性变化幅度要比根系中的 POD 活性变化幅度大，在 10 倍污水时叶片和根系中 POD 活性都达到最大值，分别为各自对照的 299.61% 和 161.97%；再增加重金属人工复合污染程度时，两者 POD 活性均下降，但仍高于对照水平。

　　CAT 是植物体内所有组织中普遍存在的一种抗氧化酶，能够有效清除植物体内多余的 H_2O_2，保护膜结构。从图 4.4 中可知，木榄幼苗叶片在遭受复合重金属胁迫时，CAT 活性与污染程度几乎没有关系，保持相对平稳；只是在高度（15 倍污水）污染时，CAT 活性有下降的趋势。而根在遭受这种胁迫时，CAT 活性随着污染程度的增加而增加，在 10 倍污水时 CAT 活性为对照的 288.50%，但在 15 倍污水时，CAT 活性下降明显，但仍高于对照组水平。

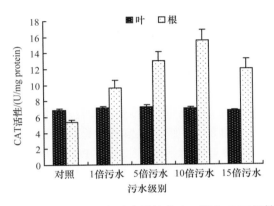

图 4.4　人工复合重金属污水对木榄幼苗叶、根中 CAT 活性的影响

　　3）人工复合重金属污水对木榄幼苗根、叶中膜脂质过氧化作用的影响

　　大量研究表明，植物在逆境胁迫过程中由于细胞内自由基代谢平衡被破坏，向有利于自由基产生的方向发展，过剩的自由基会引发或加剧膜脂质过氧化作用，造成细胞膜系统的损伤。MDA 是膜脂质过氧化作用的产物，其含量的高低代表膜脂质过氧化作用的程度（黄薇等，2002）。从图 4.5 中可得，木榄幼苗在不同程度的人工复合重金属污水下，叶片中的 MDA 含量随着污水程度的增加而升高，尤其是在高度（15 倍污水）污染时 MDA 的积累量更高，比对照组含量提高了 291.39%。根系中的膜脂质过氧化作用比叶

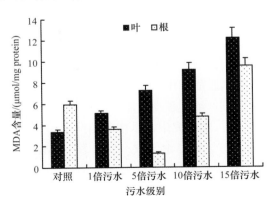

图 4.5　人工复合重金属污水对木榄幼苗叶、根中膜脂质过氧化作用的影响

片要复杂得多，其含量随污染程度的增加呈"先下降后上升"的变化；在 5 倍污水时，其 MDA 积累量只为对照的 21.98%；随后 MDA 大幅度增加，在高浓度的重金属下（15 倍污水）为对照的 159.90%。比叶中相应环境中的 MDA 值要少得多，表明植物在胁迫环境中优先保护根系以维持植物的生长。总之，木榄幼苗在遭受复合重金属胁迫时，叶片比根系较易被体内自由基所攻击或破坏，从而加剧了过氧化程度；而根系中 MDA 先下降的现象可能与根系中自由基清除系统功能加强有关，之后 MDA 上升表明，根系内清除自由基系统在高度的重金属胁迫下受到损伤或已破坏，膜脂质过氧化作用加剧。

4.2.1.3 讨论

Fridovich（1976）的自由基学说认为，逆境条件下植物体同时存在膜保护系统，能够清除体内多余的自由基，其活性氧自由基代谢是一个动态的变化过程。这一保护系统实际上是一个抗氧化系统，它由许多酶和还原型物质组成。其中 SOD、POD、CAT 是主要的抗氧化酶。目前有关重金属胁迫下植物体内 SOD 的活性变化有两种情况：一是 SOD 活性随重金属浓度的增加而增加（Cakmak & Horst，1991）；二是随着重金属浓度的增加，SOD 活性变化呈"先上升后下降"的现象（严重玲等，1997）。本研究的结论与后者相一致。

POD 是活性较高的适应性酶，能够反映植物生长发育的特性、体内代谢状况及其对外界环境的适应性。重金属胁迫能诱导植物组织中 POD 活性升高，这是植物对所有污染胁迫的共同响应。因为植物在遭受胁迫时产生了大量有害的过氧化物，POD 利用 H_2O_2 来催化这些对植物自身有毒害作用的过氧化物（POD 底物）的氧化和分解，以维持自身的正常代谢，从而诱导了 POD 活性的增加。当某种胁迫超过了植物自身的承受能力即抗性时，就势必对植物造成伤害，相应地植物体内的保护系统受到破坏。杨盛昌和吴琦（2003）认为，当 Cd^{2+} 浓度大于 0.5 μg/L 时，Cd^{2+} 就会对桐花树幼苗叶片中的 POD 造成伤害，使其活性急剧下降。本实验中当复合重金属的浓度增加到 15 倍污水时，无论是木榄叶片还是根系中的 POD 活性均下降，可能是高度的重金属污染超过了 POD 的承受极限，破坏了它的功能。

CAT 是含 Fe 的蛋白酶，能将 SOD 的歧化产物 H_2O_2 分解成 H_2O 以清除体内多余的 H_2O_2，阻遏了哈伯-韦斯（Haber-Weiss）反应（$H_2O_2 + O_2^- + H^+ \rightarrow \cdot OH + H_2O + O_2$），产生毒性更强的 $\cdot OH$，也避免了 H_2O_2 对植物组织的伤害。本研究从图 4.2 和图 4.4 可得知，SOD 活性的加强能诱导 CAT 活性的增加，尤其在木榄根部。

Bowler 等（1992）研究指出，植物在低温、干旱、污染、高盐分和强辐射等逆境中都可以增强膜脂质过氧化作用，增加植物体内的活性氧，打破活性氧的代谢平衡，从而启动膜脂质过氧化作用或膜脂脱脂作用，破坏膜的结构，影响膜的功能。大量研究证明，重金属是脂质过氧化的诱变剂，浓度越高，脂质的过氧化产物 MDA 积累越多，两者呈密切相关（张玉秀等，1999）。本研究中，木榄幼苗叶片中 MDA 的含量与遭受的复合重金属污染程度呈正相关，与上述结论一致。但根系中 MDA 的含量变化与根系中的 SOD、POD、CAT 的活性变化关系密切。综合分析得出：在较低浓度的重金属污染下（10 倍污水内），木榄根系中 SOD、POD 和 CAT 的协同作用能使木榄幼苗体内的自由基维持在一个低水平，保证幼苗的正常生长；当重金属浓度再增加，污染程度再加深时，根系中的膜保护系统被破坏，SOD、POD 和 CAT 活性下降，清除体内自由基的能力下降或被完全破坏，膜脂质过氧化作用加剧，MDA 的积累量增加。因而在木榄幼苗中根系 MDA 的含量变化随着复合重金属污染程度的加深先下降后迅速上升，并非简单的正相关。这一结论与 Zheng 和 Lin（1997）研究盐度对白骨壤的影响一致。

综上所述，红树植物木榄幼苗遭受多种重金属协同胁迫时，作为内源活性氧清除剂的 SOD、POD和CAT 能够在一定程度下清除体内过剩的活性氧，维持活性氧代谢平衡，保护膜结构，使木榄具有一定的忍耐或抵抗重金属的能力。但这种维持有一定的限度，当重金属胁迫超过木榄的承受极限时，SOD、POD和CAT活性下降或被破坏，膜脂质过氧化作用加剧，MDA积累量增加，细胞的正常代谢被破坏，植株生长受到抑制或整株死亡。

4.2.2　人工复合重金属污水对秋茄红树幼苗的影响

4.2.2.1　材料与方法

1）材料

成熟的秋茄胚轴采自深圳福田红树林自然保护区，海水盐度为 22~30。挑选生活力强、无病虫害且大小相近的繁殖体。其处理与培养同本节中 4.2.1.1。

2）试剂与仪器

同本节 4.2.1.1 试剂与仪器一致。

3）方法

A. 叶绿素的提取

参考朱广廉等（1995）所建立的方法。即取有代表性的叶片洗净擦干，去叶柄及中脉剪碎混匀后，称取 0.5 g 叶片置于研钵中，加入 2 mL 丙酮和少许 CaCO₃ 研磨。再加入 5 mL 80%丙酮，磨成浆。将匀浆用 80%丙酮定容至 10 mL。摇匀后马上吸取 2 mL 置一试管中，再加入 80%丙酮进一步提取。离心后，上清液即提取液。

B. 叶绿素的测定

将叶绿素的提取液加入 1 cm 光程的比色杯中，用 80%丙酮作为对照，分别测定 440 nm、663 nm 和 645 nm 处的吸光值。

C. 叶绿素值的计算

根据朗伯-比尔（Lambert-Beer）定律，可得出叶绿素 a、b 的浓度（mg/g）与它们的吸光值 A 之间的关系为

$C_A = 12.7A_{663} - 2.69A_{645}$；　$C_B = 22.9A_{645} - 4.68A_{663}$；　$C_{A+B} = 20.2A_{645} + 8.02A_{663}$

C_A、C_B、C_{A+B} 分别表示叶绿素 a、叶绿素 b、叶绿素 $a+b$ 的浓度。

D. 组织液的制备

同本节 4.2.1.1。

E. 蛋白质、SOD、CAT、POD 和 MDA 的测定

同本节 4.2.1.1 中相关部分。

4）数据处理

同本节 4.2.1.1 中相应处理。

4.2.2.2 结果与分析

1）人工复合重金属污水对秋茄幼苗叶绿素含量的影响

浇灌两个月后，测定秋茄幼苗叶绿素含量，结果如图 4.6 所示。与对照相比，叶绿素 a、b 及总量在低浓度处（1 倍污水）有所上升，分别为相应对照值的 103.83%、106.23% 和 114.98%。随着污染级别的增加，叶绿素含量均下降。5 倍污水时，分别为相应对照值的 61.18%、64.15%、62.46%；到 15 倍污水时，只分别为相应对照值的 33.23%、61.73%、38.43%。

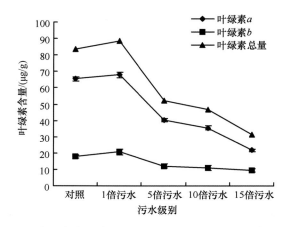

图 4.6　人工复合重金属污水对秋茄幼苗叶绿素含量的影响

2）人工复合重金属污水对秋茄幼苗 SOD 活性的影响

从图 4.7 可以看出，遭受重金属胁迫时，根系 SOD 活性在 10 倍污水内有一个明显上升的过程，但随着重金属胁迫的进一步加强，根系 SOD 活性则急剧降低，但仍高于对照值的 99.21%。叶片遭受重金属胁迫时，SOD 活性变化同根系中相似。在 10 倍污水时，SOD 活性达到最高值，为对照值的 199.21%。再增加重金属浓度，叶片 SOD 活性下降，但仍高于对照值。

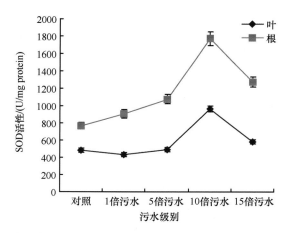

图 4.7　人工复合重金属污水对秋茄幼苗叶、根中 SOD 活性的影响

3）人工复合重金属污水对秋茄幼苗 CAT 活性的影响

人工复合重金属污水对秋茄幼苗中 CAT 活性的影响如图 4.8 所示。叶片中的 CAT 活性随污水级别的增加，有略微上升；在 15 倍污水级别时，CAT 活性值为对照的 182.87%。根系中的 CAT 活性变化比叶片中 CAT 活性变化要剧烈得多，呈"先升后降"的波动性变化，且变化幅度大。在 10 倍污水级别时，根系中 CAT 活性达到最高值，为对照的 230.13%。再增加重金属含量，加重污水级别，其 CAT 活性显著下降，在 15 倍污水级别时，只为对照的 89.92%。

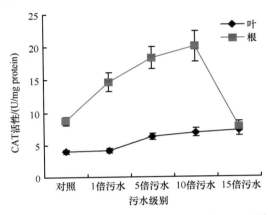

图 4.8　人工复合重金属污水对秋茄幼苗叶、根中 CAT 活性的影响

4）人工复合重金属污水对秋茄幼苗 POD 活性的影响

从图 4.9 中可以得出秋茄幼苗遭受多种重金属共同胁迫时，植物叶片和根系中的 POD 活性变化相似，呈先上升后下降的变化。在 10 倍污水级别时，叶片与根系中的 POD 活性达到最大值，分别为 1091.06 U/mg protein、1205.28 U/mg protein。再增加污染级别，两者 POD 活性都下降，但叶片中的下降幅度要大于根系的下降幅度。在 15 倍污水级别中，叶片的 POD 活性为其最高值的 84.48%，而根系中的 POD 活性为其最高值的 94.07%；两者仍高于各自的对照值。

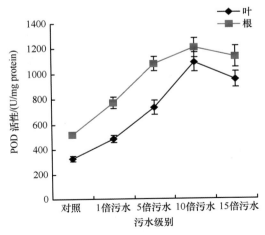

图 4.9　人工复合重金属污水对秋茄幼苗叶、根中 POD 活性的影响

5）人工复合重金属污水对秋茄幼苗根、叶中膜脂质过氧化作用的影响

MDA是脂质过氧化的主要产物之一（Placer et al.，1966），其含量可表示膜脂质过氧化的程度。由图 4.10 可得，秋茄在复合重金属胁迫下，叶片和根系中的MDA变化在很大程度上存在差异。叶片中的MDA含量变化在 10 倍污水以内有微量的减少，当超过此浓度后，MDA含量急剧增加。在 15 倍污水时，叶片中MDA含量为对照值的 199.73%。而根系中的MDA变化呈先升后降再升的趋势。在低级别的污水（1 倍污水）时，MDA含量有所上升，随后下降；到 10 倍污水时，出现最低值，只为对照值的 63.12%；其后再增加胁迫强度，MDA含量又上升；在 15 倍污水时，MDA含量高于 10 倍污水时的最低值，但仍低于对照值，只为对照值的 75.23%。

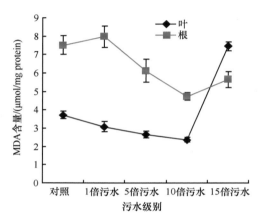

图 4.10　人工复合重金属污水对秋茄幼苗叶、根中膜脂质过氧化作用的影响

4.2.2.3　讨论

胁迫环境促使细胞中活性氧（reactive oxygen species，ROS）的产生。高浓度的 ROS 具有细胞毒性，通过氧化损伤细胞组分来破坏细胞的新陈代谢（Halliwell，1982）。为了适应环境，自然界的生物形成了各种机制来避免环境胁迫因素，抗氧化酶系统是其中的一种保护机制，包括 SOD、CAT 和 POD 等。SOD 定位于多个细胞组分，催化超氧阴离子发生歧化反应，生成 H_2O_2 和 O_2。H_2O_2 则被其他的抗氧化酶如 CAT 和 POD 催化生成 H_2O。在外来胁迫初期，植物活性氧清除系统被激活，其清除活性氧的作用超过活性氧的损伤作用，从而保护植物免受伤害。本研究中，SOD、POD 和 CAT 等活性氧清除酶在低级别复合重金属胁迫时几乎都有所上升，以提高活性氧清除能力，减少体内自由基的伤害。随着胁迫级别或强度的增加，保护酶系统逐渐被抑制，抗氧化酶系统内多种酶之间的活性比不平衡，膜脂质过氧化作用加剧，自由基积累。本研究中上述三种酶的活性变化基本符合这一规律，但各酶的活性变化在植物的不同器官中表现并不一致。从图 4.8 中可以看出，秋茄根系中 H_2O_2 的清除主要依靠 CAT，其变化的幅度比叶中大得多。

高等植物叶绿素分为叶绿素 a 和叶绿素 b，其含量的高低是反映叶片光合能力的一个重要指标。叶绿素含量和叶绿素 a/叶绿素 b 值的变化可以反映污染对植物光合作用的影响（孟范平等，2002；徐勤松等，2001；何冰等，2003）。王友保和刘登义（2003）

发现污灌组作物的叶绿素 a 和叶绿素 b 含量均低于非污灌组。本研究中，在低级别的胁迫中，叶绿素 a、叶绿素 b 和叶绿素 $a+b$ 均比对照组有所增加。随污水程度的增加，三者均下降且低于对照组，这可能是因为不同植物叶片色素对胁迫的敏感程度不一样。另外，由于叶绿体是植物产生自由基的主要场所，因此应该考虑在复合重金属污水条件下叶绿素含量与各抗氧化酶的相关性。有研究表明，叶绿素含量与 SOD 活性之间呈显著或极显著相关（张玉琼等，1998）。本研究中，秋茄叶片中的叶绿素在低程度的污水中，与各抗氧化酶有正相关趋势，随着抗氧化酶系的抑制、膜脂质过氧化的加剧、细胞膜系统的破坏，在一定程度上影响了叶绿体等细胞器的正常生理功能，导致叶绿素含量降低，并且随着铅胁迫浓度的增加，叶绿素含量降低得越多。这一结果与宋勤飞和樊卫国（2000）研究铅胁迫对番茄生长的影响一致。

总之，红树植物秋茄在遭受复合重金属胁迫时，作为内源活性氧清除剂的 SOD、POD 和 CAT，同样能够在一定程度下清除体内过剩的活性氧，维持活性氧代谢平衡，保护膜结构，具有一定的忍耐或抵抗重金属的能力。但这种维持与木榄相似，具有一定的限度，当重金属胁迫达到极限时，自由基伤害加剧，膜结构破坏，导致细胞凋亡，甚至整个植株死亡。

4.2.3　两种红树植物对人工复合重金属污水抗性的比较

许多生物学工作者对低温、干旱和 UV-B 辐射等逆境胁迫下植物抗逆性的研究表明，在极端环境条件下，植物体内会产生过量的活性氧自由基，对细胞膜系统产生伤害，甚至导致细胞衰老或死亡（Zhou & Zhao，2002；Xu et al.，1993；Yan & Dai，1996）。但细胞内的酶系统 SOD、POD、CAT 等及非酶系统抗氧化物质抗坏血酸（AsA）、类胡萝卜素（Car）和脯氨酸（Pro）等具有清除活性氧自由基、保护膜系统、使细胞不受伤害等的作用和功能（Long et al.，1994）。植物体内抗氧化物质的活力大小和含量多少是植物能否适应不良环境的重要表现，其与植物抗逆性的强弱能力有着密切关系（刘鸿先等，1985）。本研究中，两种红树植物各自对 5 个级别的人工复合污水的胁迫反应也不一样，上述三种酶在两种红树中的差异性如表 4.2 所示。

表 4.2　木榄、秋茄根和叶中 SOD、CAT 和 POD 的分析

抗氧化酶	木榄		秋茄	
	叶	根	叶	根
SOD/（U/mg protein）	634.39±184.54a	1083.21±344.88b	592.74±198.42a	1160.1±359.4b
CAT/（U/mg protein）	4.012±0.25c	11.2±3.66b	5.72±1.5d	13.95±5.23a
POD/（U/mg protein）	265.34±85.18d	467±91.40c	718.60±292.37b	908.49±303.71a

注：不同字母表示差异显著，$P<0.05$

从表 4.2 中可以看出，SOD 在同种植物不同组织中存在显著差异，而在不同种植物同一组织中无差异。这与 Ye 等（2003）研究木榄与秋茄对水浸的生理反应的结果一致，他们认为这两种红树植物浸水 12 周，其叶、根和茎中的 SOD 变化不显著。Casano 等

（1994）认为环境胁迫对保护酶活性的影响除与植物本身的发育程度有关外，也随植物器官、组织部位的不同而异。本研究中 SOD 活性在两种红树植物根系和叶片中的变化符合这一结论。许多研究还表明，SOD 作为超氧自由基清除剂，其活性高低与植物抗逆性大小有一定的相关性，在适度的逆境环境诱导下，SOD 活性增加以提高植物的适应能力。笔者认为红树植物在重金属胁迫时，根中的 SOD 诱导合成可能优先于叶中 SOD 的合成，从而能及时清除体内的活性氧，提高自身的生存能力。

过氧化物酶（POD）是植物体内分布较广的一类氧化还原酶，具有重要的生理功能，如参与木质素的形成、伸展蛋白的聚合、植物生长素的代谢、病毒的抵抗和创伤的愈合等。过氧化物酶是植物体内清除活性氧伤害的酶保护系统，在清除超氧自由基、控制膜脂的过氧化作用和保护细胞膜的正常代谢方面起重要作用。解凯彬等（2000）研究了 Hg 对芡实、菱根部过氧化物酶活性的影响，结果发现，低质量浓度 Hg 在短时间内有促进酶活升高的作用；随着 Hg 质量浓度的提高和作用时间的延长，植物体内 Hg 的积累增加，对酶蛋白产生了毒害。李元等（1992）在探讨 Cd 对烟草过氧化物酶活性的影响研究中发现，当 Cd 质量浓度为 $10 \sim 160 \ mg/L$ 时，随着 Cd 处理质量浓度的增加，烟草叶片过氧化物酶活性急剧上升。可见不同植物过氧化物酶对不同重金属胁迫的反应存在明显的差异。杨居荣等（1996）研究了几种作物体内酶系统在耐受 Cd 胁迫中的作用，结果表明不同耐性作物的几种酶活性（包括 POD）对重金属 Cd 胁迫的反应亦各不相同。本研究中，两种红树植物在重金属胁迫下，其叶片和根系中 POD 活性差异都很显著，物种间存在显著差异。另外，从图 4.3 和图 4.9 中可得，POD 活性在秋茄中的变化比木榄中的变化幅度大。当重金属进入植物体内，植物细胞通过一系列生理生化反应产生了有害的过氧化物，作为 POD 的底物，随着这些物质浓度的增加，POD 活性逐渐增加以降低 H_2O_2 的含量。秋茄在重金属胁迫时能迅速提高 POD 含量，减少有害的过氧化物，减轻重金属对膜脂的过氧化从而免受重金属的伤害，表现出比木榄更具有抗重金属能力。

CAT 是植物体内一种重要的氧化还原酶，可以清除植物通过呼吸代谢或者光合作用等途径产生的 H_2O_2，清除植物体内过多的活性氧，维持活性氧代谢的平衡，保护细胞膜的完整性。表 4.2 中两种红树植物中 CAT 活性与 POD 活性变化相似，物种间差异显著，同种植物中不同组织中也存在显著差异，尤其是两种植物根系中的 CAT 变化（图 4.4）。这可能是由于植物在受到重金属胁迫时，根部所产生的 H_2O_2 诱导了 CAT 活性的快速上升，以清除过多的 H_2O_2，从而在一定程度上缓解了 H_2O_2 对细胞的破坏，有效地保护红树植物根系的过氧化，提高植物相应的抗性能力。

在逆境胁迫下，通常植物会产生具高度反应性的氧自由基，ROS 在细胞中引起生物膜的过氧化损伤，造成叶绿体与线粒体等细胞器的功能损害，最终导致细胞凋亡。相应地，植物体内也有一套复杂的活性氧清除系统来保护植物细胞免受活性氧的损伤。活性氧清除系统包括低分子质量的抗氧化剂如谷胱甘肽、脯氨酸等，以及抗氧化酶类如 POD、CAT 和 SOD 等（方允中和李文杰，1999）。在外来胁迫初期，植物体内的活性氧清除系统被激活，其产生的作用超过了活性氧对植物的损伤作用，可以保护植物不受损害。但是随着重金属浓度的增加，胁迫的加强，保护酶系统逐渐被抑制，抗氧化酶系统内多种酶之间的活性比不平衡，细胞内多种功能膜被破坏，表现为生理代谢紊乱，甚至细胞凋亡。

在重金属胁迫处于同一级别时，POD、CAT、SOD 三种酶在两种红树植物中表现不一致。秋茄和木榄叶中的 CAT 活性在整个胁迫过程中变化很小，与对照几乎无差异。而根系中的变化很显著，但当重金属浓度超过植物耐受能力时，CAT 活性显著被抑制；在低强度胁迫时，POD 被激活，随着污染级别的增大，激活效应逐渐增强；而 SOD 则存在低浓度下的激活效应和高浓度下的抑制效应。这三种酶在这两种红树植物中所受抑制效应的重金属级别：木榄为 5 倍污水，秋茄为 10 倍污水；表明重金属胁迫下，秋茄比木榄更具有清除活性氧的能力。综合实验结果来看，与许多报道相一致（王宏镔等，2002；罗立新等，1998），在三种抗氧化酶中，POD 起关键作用，其在逆境胁迫下被激活的程度最大，且持续时间最长。

在重金属胁迫下，木榄与秋茄体内这几种抗氧化酶的活性变化趋势较为一致，或被激活，或被抑制。但综合实验结果来看，秋茄抗氧化酶系统较木榄更为敏感，几种酶活性变化更为显著，其抵抗重金属胁迫的能力更强，从而显示了优越性。另外，两种红树植物都优先保护根系以增强对重金属的抗性。这种注重对根系的保护是否为红树植物对污染环境的一种适应机制，需要进一步研究与探讨。

4.3　两种红树植物金属硫蛋白全长 cDNA 的克隆

金属硫蛋白（MT）是一类低分子质量、富含半胱氨酸、可吸附金属的特异蛋白质，在细胞内具有调节金属离子的重要功能（Viarengo，1989）。1957 年 Margoshe 和 Valle 首次在马肾中发现并分离出 MT，之后发现 MT 广泛存在于各种生物体中，到 1997 年第四届国际金属硫蛋白会议为止，共发现并确定氨基酸序列的 MT 有 170 多种（茹炳根，1998）。到目前为止，金属硫蛋白被认为有以下功能：①调节细胞内微量金属离子的动态平衡；②保护有机生物体免受过多重金属离子的伤害；③清除体内自由基；④贮存有机生物所必需的金属离子，为其他金属蛋白所利用；⑤保护细胞免受细胞内过氧化物的损伤（Karin，1985；Hamer，1986）。许多研究表明，金属硫蛋白的表达受多种因素的影响，包括生物体所必需或不必需的重金属离子、糖激素、热激、冷激、饥饿、损伤、病毒侵染及各种胁迫（Winge & Miklossy，1982；Kägi，1993；Albergoni & Piccinni，1998）。

许多单子叶或双子叶植物中存在金属硫蛋白，但是除了从拟南芥中所分离的 MT1、MT2、MT3，以及从麦芽中分离到的 EcMT 外（Lane et al.，1987；Murphy et al.，1997），到目前为止在其他植物中还没有分离出纯的金属硫蛋白，与动物金属硫蛋白相比，它们的结构与功能也不清楚。根据半胱氨酸在金属硫蛋白肽链中的分布，可以将植物金属硫蛋白分成三类：Ⅰ 类、Ⅱ 类和Ⅲ类金属硫蛋白（如第 4.1 节所述）。绝大多数植物的金属硫蛋白属于第一类型。Ⅰ 类金属硫蛋白又可以分为几个亚型，如表 4.3 所示（Robinson et al.，1993；Cobbett & Goldsbrough，2002）。

红树植物秋茄和木榄是东方红树林中的广布种类之一，生活在富含多种重金属的河口、海湾和海岸潮间带。在过去的几十年里，绝大部分研究都集中在红树植物的生理生态及红树植物的抗盐机制方面（Tam & Wong，1994，1996；Rovertson & Phillips，1995；Wong et al.，1995）。一些研究发现，有些红树植物包括秋茄和木榄能吸附大量金属离子于体内（Macfarlane & Burchett，2001；Peters et al.，1997），有关红树植物耐重金属的机制在重金属的排除、重金属的螯合、细胞壁的吸附等方面已有报道（Kägi，1991；di Toppi & Gabbrielli，1999；Klaassen et al.，1999；Clemens，2001；Hall，2002）。但目前，有关红树植物抗重金属的相关基因研究较少（Zhang et al.，2012；Huang & Wang，2009，2010；Huang et al.，2011，2012），尤其是与环境因素紧密相关的金属硫蛋白基因。因此十分必要研究它们的抗重金属相关基因。本研究利用 cDNA 末端快速扩增法（rapid amplification of cDNA end，RACE）扩增上述两种红树植物的金属硫蛋白 cDNA，分析其结构与功能（Zhang et al.，2012），为红树林抗重金属机制提供科学依据。

表 4.3　植物 Ⅰ 类金属硫蛋白的分类

种类	富含 Cys 结构域的氨基和羧基端区域特征
1	CXCXXXCXCXXXCXC---CXCXXXCXCXXCXC
2	CCXXXCXCXXXCXCXXXCXXC---CXCXXXCXCXXCXC
3	CXCXXXCXCXXXCXC---CXXCXCXXXCXCXXXCXC
4	CCXXXCXCXXXCXCXXXCXXC---CXCXXCXCXXXC(X)XCXCCXC

注：C 和 X 分别代表半胱氨酸和其他氨基酸；"---"代表两个富含半胱氨酸区域之间的氨基酸

4.3.1　材料

4.3.1.1　植物材料

木榄和秋茄的胚分别采自海南三亚市郊和深圳福田红树林自然保护区。种植在装有沙的塑料盆中，用含有 10‰ NaCl 的 1/2 Hoagland 营养液进行浇灌，每 3 d 一次。待两对真叶完全展开后，用含有 500 mg/L $ZnSO_4$ 的上述营养液浇灌，48 h 后收集两种红树植物的嫩芽于液氮中备用。

4.3.1.2　载体与菌株

大肠杆菌（*Escherichia coli*）DH5α 由中山大学惠赠。
pUCm-T：2.773 kb，购自加拿大 BBI 公司。

4.3.1.3　PCR 引物

PCR 反应所用引物由上海生工生物工程技术服务有限公司（Sangon）合成。
1）局部 cDNA 的扩增引物
第一链 cDNA 的合成引物：oligo(dT)$_{12\sim18}$
扩增引物如下。
上游引物（MP）：5'-ATGWSITGYGGIGGIAAYTG-3'
下游引物（MF）：5'-RCAIKTRCAIGGRTYRCAIKTRCA-3'

其中，W=A/T；S=G/C；Y=C/T；R=A/G；K=G/T。

2）3′RACE 的引物

oligo(dT)锚定引物：5′-(T)$_n$-CTGATCTAGAGGTACCGGATCC-3′

3′的改编引物：5′-CTGATCTAGAGGTACCGGATCC-3′

木榄 3′RACE 基因特异性引物 BGSP1：5′-CAGTTGCTTCCGCACTTG-3′

秋茄 3′RACE 基因特异性引物 KGSP1：5′-GCCGAGAAGACCACTACCGAG-3′

3）5′RACE 的引物

5′引物：5′-CGACTGGAGCACGAGGACACTGA-3′

5′巢式引物：5′-GGACACTGACATGGACTGAAGGAGTA-3′

木榄 5′RACE 基因特异性引物如下。

BGSP2：5′-GCAAGACTCCCAACACACACATATAGAC-3′

BGSP3：5′-CTTCCCTGTCACTTTCCCCTCATT-3′

BGSP4：5′-CTTCCGCACTTGCAGCTCCGTTCT-3′

秋茄 5′RACE 基因特异性引物如下。

KGSP2：5′-TCTGTCCCTTTCCCCTCATTTGCAC-3′

KGSP3：5′-CCTTTTCTGTCCCTTTCCCCTCAT-3′

KGSP4：5′-AACCAGAGTCTCGGTGGTGGTCTT-3′

4.3.2　主要试剂及试剂盒

Taq 酶、dNTP、琼脂糖、溴化乙淀（EB）、AMV 反转录酶、RNase H 等购自加拿大 BBI 公司；抗生素 Amp 购自北京鼎国生物有限公司；植物 RNA 提取试剂盒、第一链 cDNA 合成试剂盒、5′RACE 试剂盒购自 Invitrogen 公司；3′RACE 试剂盒购自大连 TaKaRa 生物有限公司；质粒提取试剂盒、琼脂糖凝胶回收试剂盒购自 Tiangen 公司。文中提及的其他各种试剂和药品均为分析纯级别。

4.3.3　主要溶液

抗生素贮存液：将 Amp（50 mg/mL）溶于 H$_2$O，过滤灭菌，−20℃贮存。

E. coli 感受态细胞缓冲液的制备见表 4.4。

表 4.4　缓冲液 A 和 B

缓冲液	组分	终浓度/(mmol/L)	备注
缓冲液 A	KCl	100	加甘油至终浓度为 15%，混合后用冰醋酸调 pH 至 5.8，灭菌
	CaCl$_2$	60	
	KAc（乙酸钾）	30	
缓冲液 B	KCl	10	加甘油至终浓度为 15%，混合后用 NaOH 调 pH 至 6.8，灭菌
	CaCl$_2$	75	
	MPOS［3-(N-吗啉代)丙磺酸］	10	

4.3.4 主要仪器设备

Anke TGL-16G 高速冷冻离心机，MJR-200 PCR 扩增仪，电热恒温水浴锅，水平电泳槽，AlphaImager 凝胶成像系统。

4.3.5 方法

4.3.5.1 RNA 的提取

（1）称取 0.2 g 植物材料（嫩芽）于研钵中，加入液氮，磨成粉末，并立即转入无 RNase 的 2 mL 离心管中，加入 1 mL 植物 RNA 提取液，充分混匀，水平放置于离心管中。

（2）混合液乳化 5 min 后，在室温中，1300 g 离心 4 min。将上清液转入另一无 RNase 的 2 mL 离心管中。

（3）加入 0.2 mL 5 mol/L NaCl 于离心管中混匀，再加入 0.6 mL 三氯甲烷，充分混匀后，在 4℃下，1300 g 离心 10 min。

（4）将上清液再转入无 RNase 的 2 mL 离心管中，加入等体积的异丙醇。混匀，放置−20℃ 15 min 后，在 4℃下，1300 g 离心 10 min。

（5）小心地废弃上浮液，其沉淀物用 1 mL 无 RNase 的 75%乙醇漂洗，1300 g 离心 1 min。

（6）倒掉上浮液，用 40 μL 无 RNase DEPC 水充分溶解 RNA，于−70℃备用。

4.3.5.2 RNA 的纯化及检测

（1）在 0.2 mL 的扩增管中配制下列反应液，全量 50 μL。

RNA	20~50 μg
10×DNase I Buffer	5 μL
DNase I （RNase-free，5 U/μL）	2 μL
RNase Inhibitor（40 U/μL）	0.5 μL
DEPC 水	至 50 μL

（2）37℃反应 30 min，加入 50 μL DEPC 水，再加入等量的苯酚：氯仿：异戊醇（25：24：1），充分混匀，1300 g 离心 10 min。

（3）将上层液转入另一无 RNase 的微量离心管中，加入等量的氯仿：异戊醇（24：1），充分混匀，1300 g 离心 10 min。

（4）将上层液转入另一无 RNase 的微量离心管中，加入 10 μL 3 mol/L NaOAc 和 250 μL 冷的无水乙醇，−20℃放置 30 min。

（5）离心回收沉淀，用 70%无 RNase 的冷乙醇清洗沉淀，干燥数分钟后，用 10 μL DEPC 水溶解。

（6）用 1.5%琼脂糖凝胶电泳确认基因组 DNA 或 RNA 是否已降解。

4.3.5.3　第一链 cDNA 的合成

根据试剂盒的要求和上述 RNA 的质量，其第一链 cDNA 合成体系与反应参数如下。

总 RNA（5 μg）	5 μL
10 mmol/L dNTP Mix	1 μL
oligo(dT)$_{12\text{-}18}$（0.5 μg）	1 μL
2 μmol/L GSP	1 μL
DEPC 水	2 μL

将上述溶液混合后，65℃反应 5 min，立即放入冰中 5 min 后加入下述物质。

10 × RT Buffer	2 μL
25 mmol/L MgCl$_2$	4 μL
0.1 mol/L DTT	2 μL
RNaseOUT RNase Inhibitor（40 U/μL）	1 μL

混合后，在离心机上轻离，其后在 45℃下反应 2 min，再加入 1 μL 反转录酶（Super Script ^{TM} II RT，200 U/μL），在 45℃下反应 60 min，之后在 70℃下反应 15 min。将离心管放入冰上，再加入 1 μL RNase H（40 U/μL），在 37℃下反应 20 min，于–20℃下保存备用。

4.3.5.4　局部 cDNA 的扩增

PCR 扩增前将合成的第一链 cDNA 稀释 2 倍。用 4.3.1.3 设计的引物（MP，MF），其反应体系如下。

10 × PCR Buffer	2.5 μL
dNTP（2.5 mmol/L）	2.0 μL
Mg^{2+}（50 mmol/L）	1.0 μL
MP 引物（20 μmol/L）	1.0 μL
MF 引物（20 μmol/L）	1.0 μL
Taq DNA 聚合酶（5 U/μL）	2.0 U
第一链合成的 cDNA	3.0 μL（稀释后的）
DEPC 水	至 25.0 μL

反应参数：94℃预变性 4 min；94℃变性 40 s；58℃复性 40 s；71℃延伸 1.5 min；循环 40 次；最后 72℃延伸 10 min。

4.3.5.5　3′RACE

1）反转录反应

按以下组分配制反应液。

10 × RNA PCR Buffer	1 μL
MgCl₂（25 mmol/L）	2 μL
dNTP Mix（每管 10 mmol/L）	1 μL
AMV 反转录酶（5 U/μL）	0.5 μL
RNase Inhibitor（40 U/μL）	0.25 μL
oligo(dT)锚定引物（2.5 μL）	0.5 μL
木榄（秋茄）RNA	1 μL
DEPC 水	至 10 μL

反应参数：30℃，10 min；50℃，40 min；95℃，5 min；5℃，5 min。

2）3′RACE 扩增反应

10×PCR Buffer	2 μL
Mg²⁺（25 mmol/L）	1.5 μL
BGSP1 或 KGSP1（20 μmol/L）	0.5 μL
3′的改编引物（20 μmol/L）	0.5 μL
Taq DNA 聚合酶（5 U/μL）	2.0 U
反转录反应液	10 μL
DEPC 水	至 25.0 μL

反应参数：94℃预变性 2 min；94℃变性 30 s，55℃复性 30 s，72℃延伸 1.5 min，循环 35 次；最后 72℃延伸 7 min。

4.3.5.6　5′RACE

（1）材料总 RNA 的前期处理如图 4.11 所示。

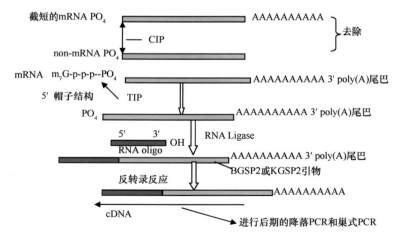

图 4.11　5′RACE RNA 的前期处理

（2）5′RACE 扩增反应体系如下。

10 × PCR Buffer	2.5 μL
Mg^{2+}（25 mmol/L）	1.5 μL
dNTP Mix（每管 10 mmol/L）	0.5 μL
BGSP3 或 KGSP3（20 μmol/L）	0.5 μL
5′引物（10 μmol/L）	0.5 μL
Taq DNA 聚合酶（5 U/μL）	2.0 U
RACE-ready cDNA（稀释 2 倍液）	3 μL
DEPC 水	至 25.0 μL

进行降落 PCR（touchdown PCR），其反应参数为 94℃预变性 2 min；94℃变性 30 s；72℃延伸 1.5 min，循环 5 次；94℃变性 30 s，70℃延伸 1.5 min，循环 8 次；94℃变性 30 s，68℃复性 30 s；71℃延伸 1.5 min；循环 30 次；最后 72℃延伸 7 min。

（3）巢式 PCR 反应体系如下。

5′巢式引物（10 μmol/L）	0.5 μL
BGSP4 或 KGSP4（20 μmol/L）	0.5 μL
10 × PCR Buffer	2.5 μL
Mg^{2+}（25 mmol/L）	1.5 μL
dNTP Mix（每管 10 mmol/L）	0.5 μL
touchdown PCR（稀释 10 倍）	3 μL
Taq DNA 聚合酶（5 U/μL）	2.0 U
DEPC 水	至 25.0 μL

反应参数：94℃预变性 2 min；94℃变性 30 s；65℃复性 30 s；70℃延伸 1.5 min；循环 35 次；最后 72℃延伸 7 min。

以上各类 PCR 反应后的检测与目的片段的回收为：将扩增产物与 6×上样缓冲液按量混匀，在含 0.5 μg/mL EB 的 1.5%琼脂糖凝胶上电泳，检测扩增质量。切下目的条带，用琼脂糖凝胶回收试剂盒进行回收。

4.3.5.7　细菌培养基的配制

用于培养大肠杆菌的培养基如下。

LB（1 L）：胰蛋白胨	10 g
酵母提取物	5 g
NaCl	10 g

用 5 mol/L NaOH 调节 pH 至 4.0，在 121℃下灭菌 20 min 后备用。

SOB（1 L）：胰蛋白胨	20 g
酵母提取物	5 g
NaCl	0.5 g

加入 10 mL 250 mmol/L KCl 溶液，用 5 mol/L NaOH 调节 pH 至 4.0，在 121℃下灭菌 20 min 后备用。

SOC（1 L）：在 SOB 培养基中加入 20 mL 除菌的 1 mol/L 葡萄糖溶液。

4.3.5.8　大肠杆菌感受态细胞的制备

（1）从平板上挑取单菌落，接种于 5 mL LB 培养基中，37℃培养过夜。

（2）将过夜培养物接种于 50 mL LB 培养基中，37℃振荡培养 3 h，使 $OD_{600}\leq0.6$。

（3）将培养物装入离心管中，4℃下 3000 g 离心 15 min。

（4）用 15 mL 缓冲液 A 重悬，冰浴 1 h。

（5）4℃下 3000 g 离心 15 min，弃上清。

（6）用 2 mL 缓冲液 B 重悬，冰浴 15 min。

（7）每 150 μL 分装于冻存管中，在液氮中保存备用。

4.3.5.9　目的片段与载体的连接和热激法转化大肠杆菌

（1）连接反应体系为：1 μL 连接缓冲液，1 μL 50% PEG，1 μL pUCm-T 载体，5 μL 目的片段，1 μL ddH₂O，1 μL T4 连接酶。16℃连接过夜。

（2）从液氮中取出一管感受态细胞在冰上缓慢融化；将连接产物加入管中并轻轻混合，冰上放置 30 min。

（3）42℃热激 90 s，置于冰上 2~10 min。

（4）每管加不含抗生素的液体 LB 培养基 400 μL，37℃、200 r/min 培养 50 min。

（5）用涂布器将上述菌液涂于含 Amp 抗生素琼脂平板表面，室温下静置至液体被吸收；然后于 37℃倒置培养 12~16 h。

4.3.5.10　质粒的提取与阳性克隆子的检测

按照质粒提取试剂盒说明书进行。

根据上述相应 PCR 体系扩增质粒 DNA，电泳检测有无上述 PCR 相应大小的片段，将扩增的片段大小相同的克隆子送上海生工生物工程技术服务有限公司进行测序。

4.3.6　数据分析

获得木榄和秋茄的金属硫蛋白基因的全长 cDNA 后，将序列提交到 GenBank。在 NCBI 中用 Blast 搜索同源序列，利用 Clustal W 进行多序列比对分析，根据邻接法（neighbor-joining method）（Thompson et al.，1994；Saitou & Nei，1987）进行相似度分析。

4.3.7　结果与分析

4.3.7.1　RNA 的质量

完整性好和纯度高的总 RNA 是进行分子生物学研究的前提和基础。红树植物组织特别是胚胎、嫩芽、种皮内常含有丰富的多糖、脂类、多酚及色素等次生物质，而这些物质在 RNA 提取过程中很难去除干净。多糖、脂类的存在不仅会使 RNA 的溶解度降低，还会抑制许多工具酶的活性，且多酚、色素等物质在提取过程中很容易被氧化导致 RNA 褐变，影响 RNA 用于进一步的分子实验操作。另外，RNA 酶的降解作用会影响 RNA 量。因此在提取过程中尽量去除这些干扰因素是获得高质量红树植物总 RNA 的关键。本研究中用植物 RNA 提取液所提取的总 RNA，分别取 1 μL 和 0.5 μL RNA 溶液，在 1.2% 非变性琼脂糖凝胶上电泳分析，RNA 呈现 2 条或 4 条 rRNA 带，其中 18S 和 28S 两条 rRNA 带清晰，且 28S 亮度比 18S 大，这表明该方法提取的 RNA 完整性很好（图 4.12），符合分子生物学实验要求。

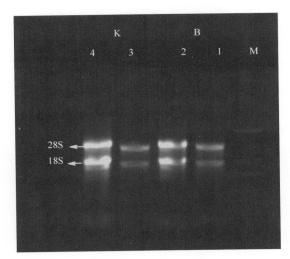

图 4.12　木榄与秋茄的总 RNA 图谱

M(Marker). DL2000 (TaKaRa，1000 bp)；B. 木榄，1、2 表示 RNA 上样量分别为 0.5 μL 和 1.0 μL；K. 秋茄，3、4 表示 RNA 上样量分别为 0.5 μL 和 1.0 μL

4.3.7.2　局部 cDNA 的扩增结果

有关红树植物的 MT-like 基因还未见报道，且 MT-like 在红树植物中的丰度也未知。因此，本研究采用 RACE。它是以已知一部分 cDNA 为基础、快速扩增 5′端和 3′端的方法。为了获得局部 cDNA 片段，对目前其他植物 MT-like 基因和蛋白质搜索并进行对比，根据蛋白质序列中的较保守区域设计了 4.3.1.3 小节中 MP 和 MF 一对简并引物，进行两种红树植物的 MT-like 局部 cDNA 扩增，其结果如图 4.13 所示。测序后，两种植物的片段长度都为 231 bp。Blast 后与其他生物 MT 或 MT-like 的相似值小于 e^{-4}，被认为是这两种植物 MT-like cDNA 的一部分。

4.3.7.3　3′/5′RACE 扩增结果

根据扩增反应测序结果，分别设计两种植物的 RACE 3′引物（BGSP1 和 KGSP1）。按照试剂盒的要求进行扩增，结果如图 4.14a 所示。秋茄和木榄 3′端片段长度分别为 531 bp 和 446 bp。根据 3′RACE 的结果，设计 RACE 5′端的扩增引物分别为 BGSP2、

BGSP3、BGSP4 和 KGSP2、KGSP3 和 KGSP4。利用降落 PCR 和巢式 PCR 扩增，得到两种红树的 RACE 5′端片段，结果如图 4.14b 所示，秋茄和木榄 5′端片段长度分别为 244 bp 和 320 bp。

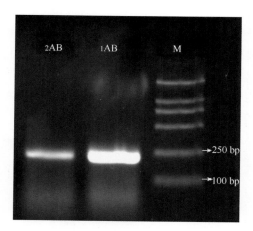

图 4.13　局部 cDNA PCR 扩增结果

M(Marker). DL2000 (TaKaRa，1000 bp)；1AB、2AB 分别为木榄和秋茄的扩增

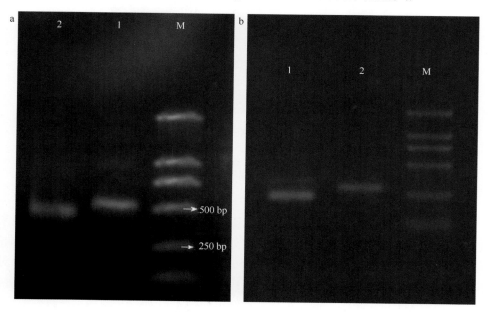

图 4.14　3′/5′RACE 结果

a. 3′ RACE；b. 5′RACE；M(Marker). DL2000（TaKaRa，1000 bp）；1、2 分别为秋茄和木榄的相应 RACE 结果

4.3.7.4　MT-like 全长 cDNA

结合 3′/5′RACE 扩增结果，分析可得：秋茄 MT-like 全长 cDNA 为 728 bp，包含以 ATG 为起始密码子和以 TGA 为终止密码子的 240 bp 的翻译区，编码 79 个氨基酸。3′端、5′端非编码区（3′UTR、5′UTR）分别为 367 bp 和 121 bp。木榄的 MT-like 全长 cDNA

为 682 bp，包含的可读框为 240 bp，也编码 79 个氨基酸，其起始密码子和终止密码子也分别为 ATG、TGA。3′UTR、5′UTR 长度分别为 354 bp 和 88 bp。两者 3′UTR 中都含有一个暗示 poly(A) 的 AATAAA 元件（Kozak，1987；Rothnie，1996）（图 4.15）。这两个 cDNA 分别命名为 kMT 和 bMT，并提交于 GenBank，登录号分别为 DQ414691 和 DQ494173。

a
```
1    GAAAACTAGT TCAATACGCC ATTATTATCT ATCATCGGAT TATCTGAGAA
51   AAAATAACCC CTCGAAAAAC AAAGCAATCT CCTGAAGG
89   [ATG] TCT TGC TGT GGT GGA AAC TGC GGC TGC GGA GCA AGC TGC AAG
     M   S   C   C   G   G   N   C   G   C   G   A   S   C   K
134  TGC GGC AAC GGC TGT GGA GGG TGC AAG ATG TAC CCA GAC ATG GGC
     C   G   N   G   C   G   G   C   K   M   Y   P   D   M   G
179  TTC GCC GAG AAG ACC ACT ACC GAG ACT CTG GTT CTC GGC GTG GGG
     F   A   E   K   T   T   T   E   T   L   V   L   G   V   G
224  CCT GAG AGG GCC CAC TTT GAG GGA GCC GAG ATG GTG GTG CCG GCA
     P   E   R   A   H   F   E   G   A   E   M   G   V   P   A
269  GAG AAC GGA GGC TGC AAG TGC GGA AGC AAC TGC ACC TGC GAC CCC
     E   N   G   G   C   K   C   G   S   N   C   T   C   D   P
314  TGC ACT TGT AAA [TGA] GG GGAAAGTGAC AGGGAAGGTC CGATCTATTA
     C   T   C   K   *
361  TTAGTCTATA TGTGTGTGTT GGGAGTCTTG CTTAC[AATAA A]CCAGTCATG
411  CCTTGCGTTT CCTCCATGCT CAGATCTTAG GTTTTAAGTT ATCTCTCTGG
461  TTTCTCCAAG CTATGGATTT TCAGTGTCTA GTTTTCCTGT ATTACAAGGA
411  TAGTATATAA CCGTATATGC ATGGTCGGAA TCCTTCCAAC CATTTCGTTT
561  GTCTAAATAT ATATATCGT GTGTGTGTGT GTGTGTGTTT GATGGGAAAG
611  TGAGCTTCTA TATGTTTTAT GACTAATGCA AACTCGCTTC TTCTAAGTTA
661  TGCTTGC[AAA AAAAAAAAAA AA]
```

b
```
1    GGACACTGAC ATGGACTGAA GGAGTAGAAA ACACTCATTC ACTCTAACAT
51   CTTATCTCCT AGAGATAAAA AGTCCTCTCC ACCCCCCGCC CCCAAAAGTA
101  AAACAAAGCA CTCTACTGAA A
122  [ATG] TCT TGC TGT GGT GGA AAC TGT GGT TGC GGA TCG GGC TGC
     M   S   C   C   G   G   N   C   G   C   G   S   G   C
164  AGT TGC GGC AGC GGC TGT GGA GGG TGC AAG ATG TTC CCA GAT
     S   C   G   S   G   C   G   G   C   K   M   F   P   D
206  ATG AGC TTA GCT GAG AAG ACC ACC ACC GAG ACT CTG GTT CTT
     M   S   L   A   E   K   T   T   T   E   T   L   V   L
248  GGC GTG GCG CCC GAG AGG GGC CAC CTT GAG GGA GCC GAG ATG
     G   V   A   P   E   R   G   H   L   E   G   A   E   M
290  GGC GTG CCG GCC GAG AAC GGA GGC TGC AAG TGC GGA AGC AAC
     G   V   P   A   E   N   G   G   C   K   C   G   S   N
332  TGC ACC TGC GAC CCT TGC ACG TGC AAA [TGA]    GGGGAAGG
     C   T   C   D   P   C   T   C   K   *
371  CAGAAAAG GTCTGATCTT TTTCAATCCA TAAGAAAGAT CGGACCAAAG
421  ATGTCGCCTT GTGTCATGAT TATGATTAAT ATATATATAT GTTTGTTGGG
471  TGTCTTGTCT AC[AATAAA]CC AGTAATGCCT TGCGTTCCT GCATGAGCAG
521  ATCTTAGGAT TTCCTTCCGT TTCTCCAAGC TTTTCAGTGT CTGGTTTCCC
571  TGTATTAGAA GGATATTTTA TTACTGTATA TGAATGATCG GAGTGCTTCC
621  GCCTATTTCG TTCGTCTAAA TATACGTGGT TCCGACTCTT TATTTTTTAT
671  GAGCCTAATT GAAACTCCTT TCTTCT[AAAA AAAAAAAAAA AAAAAAAAAA
721  AAAAAAAA]
```

图 4.15 bMT（a）和 kMT（b）的全长 cDNA 序列

起始密码子、终止密码子及 AATAAA 元件和 poly(A) 用不同的形式在图中标出

4.3.7.5　*k*MT 和 *b*MT 5′UTR 的比较

从图 4.15 中可以得出*k*MT和*b*MT所编码的氨基酸序列一致。而 5′UTR的长度相差甚远，对两者的 5′UTR序列进行校准（alignment）后，发现 *k*MT中位于起始密码子上游–30 bp处左右有一特殊序列（CCCCCCGCCCCC）（图 4.16）。当外来胁迫时，这一序列是否有可能为*k*MT表达调控的影响因子，使秋茄比木榄更具有抗重金属能力，需要更进一步的实验和论证。Pesole等（1997）认为mRNA 5′UTR与 3′UTR在真核生物基因的表达和调控方面都起着十分重要的作用。分析表明，5′UTR较 3′UTR具有更为复杂的结构。陶爱林等（2003）提出起始密码子的前导序列背景、5′UTR序列中的可读框、特异蛋白或反义RNA 结合区等的存在与否、5′UTR序列的长度等因素将更深刻地影响翻译的效率，暗示了 5′UTR可能在基因的表达调控中扮演着更为重要的角色。

```
5′–bMT   GAAAACT---------------AGTTCAATACGCCATTATTATCTATCATCGGATTATCT   50
5′–kMT   GGACACTGACATGGACTGAAGGAGTAGAAAACACTCATTCACTCTAACATCTTATCTCCT   60
         * * ***             *** ** ** *  *  **** **** ** **

5′–bMT   GAGAAAAAATAACCCCTC--------------------GAAAAACAAAGCAATCTCCTGA   85
5′–kMT   AGAGAATAAAAAGTCCTCTCCACCCCCCGCCCCCAAAAGTAAAACAAAGCACTCTACTGA   120
         ** ** **  ****              * *********** *** ****

5′–bMT   AGG                                                         88
5′–kMT   A--                                                         121
         *
```

图 4.16　*k*MT 和 *b*MT 的 5′UTR 比较

*k*MT 的 5′UTR 中特殊序列用暗影标出

4.3.7.6　*k*MT 和 *b*MT 蛋白序列与其他植物 MT 蛋白序列的比对

从图 4.15 中可以得出，*k*MT 和 *b*MT 全长 cDNA 序列中都有一个由 240 bp 组成的可读框（ORF）。这一 ORF 编码一条由 79 个氨基酸组成的肽链，分子质量分别为 4.6 kDa 和 4.62 kDa。将编码的氨基酸序列在 NCBI 和 EMBL 基因库中进行 Blast，并进行 Clustal W 比对，结果显示它们与植物 MT 中 I 类 2 型蛋白序列相似程度高。其氨基酸序列中 N 端和 C 端分别包含 8 个和 6 个半胱氨酸残基，且被内部无半胱氨酸的序列所分开。在 N 端和 C 端中的半胱氨酸都以 Cys-Cys、Cys-X-Cys 和 Cys-X-X-Cys 形式分布，这是典型的 I 类 2 型植物金属硫蛋白（表 4.3）。从图 4.17 中可以看出，*k*MT 和 *b*MT 所编码的氨基酸序列中 N 端和 C 端具有上述特征的保守区。因此，可以推测这两个 cDNA 为这两种红树植物的 I 类 2 型金属硫蛋白基因。

将所编码的氨基酸序列与基因库中其他植物 MT 的氨基酸序列进行相似度分析，结果为：*k*MT 和 *b*MT 所编码的氨基酸序列之间相似度高，其同源系数达到 89%；它们与蓖麻（*Ricinus communis*）（L02306）的相似度分别为 86%和 82%；与软木橡树（*Quercus suber*）（AJ277599）的相似度 79%和 81%；与山毛榉（*Fagus sylvatica*）（AY574281）的相似度分别为 78%和 81%；与豇豆（*Vigna angularis*）（AB176561）的相似度分别为 78%

```
Bruguiera bMT          MS-CCGGNCGCGSGCSCGSGCGGCKMYPDMSLAEK-TTT----ETLVLGVAPERGHLEGA
Kandelia kMT           MS-CCGGNCGCGASCKCGSGNCGGCKMYPDMGFAEK-TTT----ETLVLGVGPERAHFEGA
Vigna angularis        MS-CCGGNCGCGSGSCCKCGSGCGGCKMYPDLSYTEQ-TTT----ETLVMGVAPVKVQFEGA
Arabidopsis thaliana   MS-CCGGNCGCGSGCKCGNGCGGCKMYPDLGFSGE-TTTT----ETFVLGVAPAMKNQYEA
Arachis hypogaea       MSSCCGGNCGCGSGCKCGNGCGGCKMYPDLSYTES-SSTT----ESLVMGVAPAKAQFEGA
Atropa belladonna      MS-CCGGNCGRGSGCKCGNGCGGCKMYPDLSYTES-TTT----ETLVLGVGPEKTSFDAM
Avicennia germinans    MS-CCGGNCGCGSGCMCGGGCGGCKMYPNLSYSEA--AT----EPLVLGVAPQKTNYEGC
Avicennia marina       MS-CCGGNCGCGSGCMCGGGCGGCKMYPNLSYSEA--AT----EPLVLGVAPQKTNYGGS
Brassica rapa          MS-CCGGNCGCGSGCKCGNGCGGCKMYPDLGFSGE-STTT----ETFVFGVAPAMKNQYEA
Capsicum chinense      MS-CCGGNCGCGSGCKCGNGCGGCKMYPDMSYTES-MTTT----ETLVLGMGPEKTSFGAM
Codonopsis lanceolata  MS-CCGGNCGCGSGCKCGSGCGGCKMYPDMSYTESESTTA----ETLILGVAPKSKTIMYC
Cynodon dactylon       MS-CCGGNCGCGSGCKCGSGCGGCKMYPDMA--EEVTTTA----TQTVIMGLAPSKGHAEDG
Fagus sylvatica        MS-CCGGNCGCGTGCKCGSGCGGCKMYPDLSYTEK--TTT----ETLIVGVAPKAHSEGS
Hordeum vulgare        MS-CCGGNCGCGSGCKCGNGCGGCKMYPGMD--EGVSTTATSSQALVMGVAPSKGNGPS-
Lablab purpureus       MS-CCGGNCGCGSSCKCGNGCGGCKMYPDLSYAEQ-TSP----ESLVMGVAPVRVQFGGA
Mesembryanthemum       MS-CCGGNCGCGSACKCGNGCGGCKMYPDMAENG--ASST----ATLVTGVAPKISYFDNG
Musa acuminata         MS-CCGGNCGCGSGCSCQCGSGCGGCKMYPDLL-TER-DTTA----QTMVMGVVPQKGNFEEL
Oryza sativa           MS-CCGGNCGCGSGCQCGSGCGGCKMYPEMA--EEVTT----TQTVIMGVAPSKGHAEG-
Petunia                MS-CCGGNCGCGSGCKCGNGCGGCKMYPDFSYTES--TTT----ETLILGVGPEKTSFGSM
Pisum sativum          MS-CCGGNCGCGCKCGSGCGGCKMYADLSYTEA-TSS----ETLIMGVGSEKTQFESA
Poa secunda            MS-CCGGSCGCGSGCKCGNGCGGCKMYPGMD--EGLTT----SQTLIMGVAPS--SKPS-
Pyrus pyrifolia        MSSCCGGKCGCGSSCSCGSGCGNCGMAPDLSYMEG--STT----ETLVMGVAPQKSHLEAS
Quercus suber          MS-CCGGNCGCGTGCKCGSGCGGCKMFPDIS-SEK--TTT----ETLIVGVAPQKTHFEGS
Ricinus communis       MS-CCGGNCGCGSGCKCGNGCGGCKMYPDMSFSEK-TTT----ETLVLGVGAEKAHFEGG
                       ** **** ** *. * ** **. **

Bruguiera bMT          EMG---VP--AENGGCKCGSNCTCDPCTCK-
Kandelia kMT           EMG---VP--AENGGCKCGSNCTCDPCTCK-
Vigna angularis        EMG---VA--GENDGCKCGSNCTCNPCTCK-
Arabidopsis thaliana   S-G--ESNNAENDACKCGSDCKCDPCTCK-
Arachis hypogaea       EMG---VP--AENDACKCGPNCSCNPCTCK-
Atropa belladonna      EFG---ESLIAENG-CKCGSDCKCDPCTCSK
Avicennia germinans    MED---VT--VENG-CKCGDNCTCNPCNCK-
Avicennia marina       VEE---VT--AENG-CKCGDNCTCNPCNCK-
Brassica rapa          S-G--EG-VAENDRCKCGSDCKCDPCTCK-
Capsicum chinense      EMG---ESP-AENG-CKCGSDCKCDSCTCNK
Codonopsis lanceolata  E------G--SENGGCKCGANCTCDPCTCK-
Cynodon dactylon       FEA---AGAENDGCKCGPNCSCNPCKCGK-
Fagus sylvatica        EMG---VG--AENGGCKCGSNCTCDPCNCK-
Hordeum vulgare        FE-----AAAAENGGCKCGPNCTCNPCIC-
Lablab purpureus       EMG---VA--GETDGCKCGANCTCNPCTCK-
Mesembryanthemum       S-E--MGVGAENDGCKCGSDCKCDPCTCK-
Musa acuminata         DMA--AEG-SENG-CKCGSNCTCDPCNCK-
Oryza sativa           LEAGAAAGAGAEN-GCKCGDNCTCNPCNCGK
Petunia                EMG---ESP-AENG-CKCGSDCKCDPCTCSK
Pisum sativum          EMG-----AENDGCKCGANCTCNPCTCK-
Poa secunda            FEDDAAAATGAENGGCKCGDNCTCNPCTCK-
Pyrus pyrifolia        EMG---VA--AENG-CKCGSNCTCDPCNCK-
Quercus suber          EMG---VG--AENG-CKCGSNCTCDPCNCK-
Ricinus communis       EMG---VVG-AEEGGCKCGDNCTCNPCTCK-
                       * **** * * * * *
```

图 4.17　木榄 *b*MT 和秋茄 *k*MT 蛋白序列与其他植物 MT 蛋白序列的比对

Vigna angularis（AB176561）；*Arabidopsis thaliana*（AY077669）；*Arachis hypogaea*（DQ097731）；*Atropa belladonna*（AJ309387）；*Avicennia germinans*（DQ023294）；*Avicennia marina*（AF329968）；*Brassica rapa*（D78491）；*Capsicum chinense*（AJ879116）；*Codonopsis lanceolata*（AY833717）；*Cynodon dactylon*（AY574281）；*Fagus sylvatica*（AY574281）；*Hordeum vulgare*（AJ511346）；*Lablab purpureus*（AB176567）；*Mesembryanthemum* sp.（AF078912）；*Musa acuminata*（AF268391）；*Oryza sativa*（U43530）；*Petunia*（AF201384）；*Pisum sativum*（AB176565）；*Poa secunda*（AF246982）；*Pyrus pyrifolia*（AB021785）；*Quercus suber*（AJ277599）；*Ricinus communis*（L02306）

和 79%；与模式植物拟南芥（*Arabidopsis thaliana*）（AY077669）中典型的 2 型 MT 同源性也很高，分别为 70% 和 69%；与水稻（*Oryza sativa*）（U43530）的同源性分别为 64% 和 70%；与其他豆类植物的同源性都大于 60%。另外，值得指出的是黑海榄雌（*Avicennia germinans*）（DQ023294）和白骨壤（*Avicennia marina*）（AF329968）两种红树植物的 MT 与 *k*MT 和 *b*MT 的同源性并不是最高的，分别为 64% 和 70%。这些具有 MT 的典型植物与 *k*MT 和 *b*MT 之间的相似度聚类图结果见图 4.18 所示。

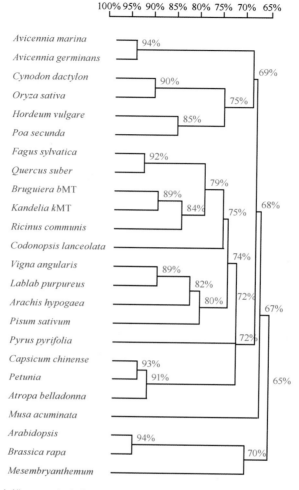

图 4.18　木榄 *b*MT 和秋茄 *k*MT 蛋白序列与其他植物 MT 蛋白序列的相似度

4.3.8　讨论

自从 Frohman 等（1988）采用 RACE 技术克隆了大鼠早期胚胎中表达的低丰度的 *int*-2 基因以来，目前全长 cDNA 的克隆策略有 3 种。

（1）传统的方法。以标记探针筛选文库，选择合适的文库，考虑合适的组织来源及建库方法；这种方法费时较长，工作量较大，只适合于少量基因的研究。例如，Schäfer 等（1997，1998）构建了分别以 Cu 和 Cd 诱导植物荠菜（*Brassica juncea*）的差异文库，分别筛选了 240 000 个和 120 000 个重组子，获得 10 个编码 MT 的 cDNA；Zhou 和 Goldsbrough（1994）从植物拟南芥全基因文库中筛选了 240 000 个重组子，只获得 5 个编码 MT 的 cDNA。可见传统的文库筛选工作量大，效率低。

（2）电子数据库查询法。它是以基因数据库和电子查询为工具，进行拼接和延伸可能得到全长 cDNA 的方法。EST 主要针对人类等灵长目动物中保守性强的基因序列进行拼接和延伸。这方面已有文献报道（Capone et al.，1996；Rossi et al.，1997）。用传统的方法分离和克隆目的基因的操作烦琐且工作量大，并且经常出现 PCR 扩增效率低和特异性差的问题，不易得到完整的全长基因（包括 5'UTR 和 3'UTR），特别是在基因的 5'端。

（3）cDNA 末端快速扩增法（RACE）。RACE 技术是基于解决上述问题而建立的一种简单、快速扩增 cDNA 5'端和 3'端的方法，它可以从低丰度的转录本中快速扩增 cDNA 的 5'端和 3'端。自 20 世纪 90 年代以来，利用 RACE 成功获得全长基因的例子已不少（Wu & Moses，2001；Hinton & Hammock，2001；Chen et al.，2002）。本研究利用 RACE 技术成功地从两种红树植物中克隆到 MT-like cDNA 全长序列 kMT 和 bMT。但是，当利用 RACE 扩增目的基因时，值得特别注意的几个问题是：①应考虑所需分离的 mRNA 在组织中的丰度，低丰度的 mRNA 如能通过人为提高，更能保证目标基因克隆的成功率；②高质量的 RNA 是 RACE 成功的前提；③设计合适的引物是获得目的基因的决定因素。

植物修复（phytoremediation）是利用植物降低污染物的一种经济有效、很有发展前景的污染处理技术（Garbisu & Alkorta，2001）。秋茄能吸收污染环境中的重金属并积累于体内从而修复环境，常被生态学者作为红树林污染研究的对象（Peters et al.，1997；Macfarlae & Burchett，2001）。然而，目前有关红树植物耐受重金属的分子机制的研究未见报道，与重金属抗性相关基因—— 金属硫蛋白（MT）的研究仍为空白。本研究利用 RACE 技术，首次从红树植物秋茄和木榄中成功克隆到 MT 全长 cDNA（Zhang et al.，2012）。经过在基因库检索并进行序列分析发现，它们是一种新的金属硫蛋白基因。所编码的氨基酸序列与其他植物的 2 型 MT 相似度极高，具有保守的 N 端和 C 端，且被由 43 个无半胱氨酸的氨基酸链分开（图 4.17）。这一现象在其他植物 MT 氨基酸序列中普遍存在，如猴面花（*Mimulus guttatus*）的 MT 中有 33 个无半胱氨酸的氨基酸链（de Miranda et al.，1990b），蚕豆（*Vicia faba*）中有 45 个（Foley & Singh，1994），宽叶香蒲（*Typha latifolia*）中有 41 个（Zhang et al.，2004）。另外，红树植物红海榄、白骨壤与木榄、秋茄虽然生活的外界条件相似，但其 MT 结构存在一定的差异，同源性不高。这些差异是否影响植物本身对重金属的耐受性，以及其影响的程度，都需要进一步研究。这也是红树林分子生态学研究所关注的问题之一。

bMT 和 kMT 所推导的氨基酸序列中都含有 14 个半胱氨酸残基，占此蛋白质总氨基酸数的 14.7%。高半胱氨酸残基含量是 MT 的典型特征，组成蛋白质的 20 种氨基酸中只有半胱氨酸是含有巯基的氨基酸，显示 bMT 和 kMT 基因可能具有较强的抗氧化胁迫能力。从多序列比对结果可以看出，各植物的 MT 在氨基酸数目上保守性差，同时，氨基酸序列的中部保守性很低，但半胱氨酸残基的位置和数目都具有很高的保守性，并且都集中于蛋白质的 N 端和 C 端，其排列方式为典型的 CC 和 CXC，提示这些半胱氨酸残基及其所在的位置可能对维持该蛋白质的功能具有重要作用。因此，bMT 和 kMT 也具有植物 MT 蛋白相应的功能。

金属硫蛋白除了参与生长发育、胚胎发生、果实发育等生理过程外，最为重要的功能就是与金属离子的结合功能和氧自由基清除功能。目前，人们已经对植物 MT 的这些功能进行了研究。例如，Foley 等（1997）对蚕豆的两种 *MT* 基因的表达分析认为，MT 作为金属离子的配体，具有维持内环境中金属离子水平稳定的作用，并有效地运输和供给金属离子到需要的组织，从而说明植物 *MT* 基因具有参与金属离子的运输和供给功能。*MT* 基因能够螯合重金属离子，具有解除金属离子的毒害及维持细胞内环境稳定的作用（常团结和朱祯，2002b）。目前，*MT* 等基因已经被转入植物中来培育抗重金属植物，转基因植物具有抗镉、汞、砷、硒等元素的能力（Eapen & Souza，2005），同时，在植物体内 *MT* 基因还具有远较谷胱甘肽-*S*-转移酶（GST）强的氧自由基清除能力（全先庆和高翔，2003）和抵抗氧化胁迫的作用。Akashi 等（2004）从野生西瓜里分离出金属硫蛋白 CLMT2，发现其具有强的氧自由基清除能力等。由此说明 *MT* 基因是植物体内重要的氧自由基清除剂之一。各种胁迫环境，如盐、旱、冷等都会导致植物体内氧自由基的生成，造成氧化胁迫，清除氧化胁迫是植物抗胁迫的重要途径之一。因此，*MT* 基因可能是用于培育抗逆转基因植物的优良基因。红树植物长期生活在多种胁迫环境下，其MT 蛋白应有相应的抗逆功能。因此克隆木榄和秋茄的 *MT* 基因不仅丰富了这一功能基因的数量，也为研究这类重要基因的功能打下了基础（Huang & Wang，2009，2010；Huang et al.，2011，2012）。

4.4　*k*MT 和 *b*MT 基因组的克隆与分析

　　基因是遗传物质最基本的单位，也是所有生命活动的基础。无论研究基因的结构还是揭示基因的功能，都必须先克隆要研究的基因。因此，克隆某个功能基因的全长是生物工程或分子生物学的起点，基因全长的获得由此也就显得特别重要。在本研究的前期工作中，已获得木榄和秋茄抗重金属相关的金属硫蛋白基因 cDNA 的全长，因此如何克隆到该序列的完整基因组非常重要。只有在基因组序列清楚的背景下才能进行基因的结构分析，进行转录、表达和调控等特性的研究，才能构建高表达的载体，进行转基因生物研究。

4.4.1　材料

4.4.1.1　植物材料

　　同 4.3.1.1。

4.4.1.2　载体与菌株

　　大肠杆菌（*E. coli*）TOP10 由中山大学惠赠。
　　pMD18-T：2.692 kb，购自 TaKaRa 公司。

4.4.1.3　PCR 引物

　　PCR 反应所用引物由上海生工生物工程技术服务有限公司合成。

木榄 *b*MT 基因组的扩增引物设计：根据它的全长 cDNA 的 3′UTR、5′UTR 的序列进行设计，具体序列如下。

上游引物（BMP）：5′-CGCCATTATTATCTATCATCGGA-3′

下游引物（BMF）：5′-TGTCTAGTTTTCCTGTATTACAAG-3′

秋茄 *k*MT 基因组的扩增引物设计：根据它的全长 cDNA 的 3′UTR、5′UTR 的序列进行设计，具体序列如下。

上游引物（KMP）：5′-CACTGACATGGACTGAAGGAGT-3′

下游引物（KMF）：5′-TGAGCCTAATTGAAACTCCT-3′

4.4.2 主要试剂

除 4.3.2 小节中的一些试剂外，另外需要 λDNA/*Eco*R I +*Hin*d III Marker 和 PCR Marker，购自加拿大 BBI 公司。

购自上海生工生物工程技术服务有限公司的有：200 mL 2% CTAB（十六烷基三甲基溴化铵）提取缓冲液 [1 mol/L Tris-HCl（pH 8.0） 20 mL，0.05 mol/L EDTA（pH 8.0）80 mL，4.9 mol/L NaCl 54.1 mL，4 g CTAB]；100 mL TE 缓冲液（pH 8.0）[1 mol/L Tris-HCl（pH 8.0）1 mL，0.05 mol/L EDTA（pH 8.0）2 mL]，高温灭菌，4℃保存；饱和酚：氯仿：异戊醇（25：24：1）；氯仿：异戊醇（24：1）；1%焦亚硫酸钠（$Na_2S_2O_5$）；文中提及的其他各种试剂和药品均为分析纯级别。

4.4.3 主要溶液和主要仪器

同 4.3.3、4.3.4。

4.4.4 方法

4.4.4.1 总 DNA 的提取与纯化

采用 CTAB 法（Doyle，1987），有所修改。

（1）称取上述材料的嫩芽约 0.2 g 于研钵中，加入液氮研磨。

（2）将粉末装入 5 mL 离心管并加入 1.8 mL 提取缓冲液 [2% CTAB、100 mmol/L Tris-HCl、1.4 mol/L NaCl、20 mmol/L EDTA]、0.5% β-巯基乙醇（β-ME）和 200 μL 1% $Na_2S_2O_5$ 充分混合。

（3）65℃水浴 40 min，其间将离心管取出反复颠倒数次。

（4）冷却后加入 1.5 mL 饱和酚抽提，取上清液于另一 5 mL 离心管中。

（5）用等体积的饱和酚：氯仿：异戊醇（25：24：1）抽提一次，再取上清液于另一 5 mL 离心管中。

（6）用氯仿：异戊醇（24：1）抽提一次，将上清液移入另一 5 mL 离心管中。

（7）用 4℃ 0.7 倍体积的异丙醇沉淀 DNA，12 000 r/min 离心 10 min，收集 DNA 沉淀。

（8）用 75%乙醇洗涤沉淀两次，自然晾干。

（9）用 800 μL TE 缓冲液溶解粗提的 DNA，并加入 8 μL RNase 贮藏液（浓度为 10 mg/mL），于 37℃保温 30 min。

（10）再用饱和酚：氯仿：异戊醇（25∶24∶1）和氯仿：异戊醇（24∶1）各抽提一次。

（11）如果中间层蛋白质及糖类等杂质明显，需重复前一步骤，直至中间层几乎不存在。

（12）取上清液用 4℃ 0.7 体积的异丙醇沉淀 DNA，12 000 r/min 离心 10 min，收集 DNA 沉淀。

（13）用 75%乙醇洗涤沉淀两次，自然晾干；用 50 μL ddH₂O 溶解，–20℃保存备用。

4.4.4.2　DNA 质量检测

取 1~3 μL DNA 溶液进行 1.0%琼脂糖凝胶电泳，EB 染色，在凝胶成像系统下观察 DNA 样品的完整性并拍照。取 4 μL DNA 溶液稀释 100 倍后，在紫外分光光度计上测定 260 nm、280 nm 处的 OD 值，检测 DNA 的纯度。

4.4.4.3　目的片段的扩增

反应体系如下。

10 × PCR Buffer	2 μL
Mg²⁺（25 mmol/L）	1.5 μL
上游引物（BMP 或 KMP）（20 μmol/L）	0.5 μL
下游引物（BMF 或 KMF）（20 μmol/L）	0.5 μL
Taq DNA 聚合酶（5 U/μL）	2.0 U
木榄或秋茄 DNA（稀释 50 倍）	1 μL
DEPC 水	至 25.0 μL

反应参数：94℃预变性 4 min；94℃变性 30 s；58℃复性 30 s；72℃延伸 1.5 min；循环 35 次；最后 72℃延伸 7 min。

4.4.4.4　细菌培养基的配制、大肠杆菌感受态细胞的制备

同 4.3.5.7、4.3.5.8。

4.4.4.5　目的片段的克隆与转化大肠杆菌

同 4.3.5.9。

4.4.4.6　质粒的提取与阳性克隆子的检测

同 4.3.5.10。

4.4.5　数据分析

将所得的序列与相应植物的 cDNA 序列进行对比，寻找内含子。再同 NCBI 数据库进行 Blast 同源对比。

4.4.6　结果与分析

4.4.6.1　DNA 的质量

用修改后的 CTAB 法提取两种植物材料的总 DNA，紫外分光光度计检测总 DNA 的 OD 值，其 OD_{260}/OD_{280} 为 1.7~1.9，表明蛋白质、色素及糖类等杂质含量极少，所提取的基因组 DNA 质量高。经 1.0%琼脂糖凝胶电泳、EB 染色，与 λDNA/$EcoR$ Ⅰ +$Hind$ Ⅲ比较，片段长度均大于 21 kb，约为 100 kb，DNA 完整性较好，符合分子生物学要求（图 4.19）。

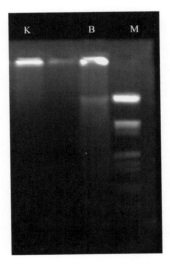

图 4.19　木榄和秋茄模板 DNA 琼脂糖凝胶电泳图谱
M. Marker；B. 木榄；K. 秋茄

4.4.6.2　两种植物 MT-like 基因组的扩增

根据 4.4.1.3 所设计的引物，按照 4.4.4.3 的反应体系和反应参数，进行两种植物相应的 MT-like 基因组的扩增，结果如图 4.20 所示。片段大小分别为木榄约 600 bp、秋茄约 800 bp。这两个片段比设计引物区的长度约长 100 bp，表明序列中插入了内含子。将目的片段回收、克隆和转化，鉴定阳性克隆子后，选择阳性克隆子进行测序。

4.4.6.3　两种植物 MT-like 基因组中内含子的比较

测序结果表示，两种植物 MT-like 基因组片段比根据全长 cDNA 所设计引物之间的长度均长 106 bp。分析发现两者都在可读框内插入了这一大小的内含子，将翻译区分成

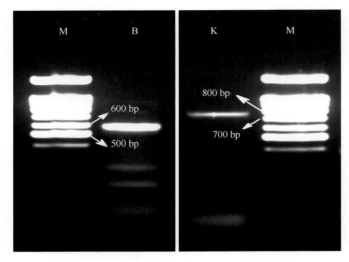

图 4.20　木榄与秋茄的 MT-like 基因组的扩增

M. 100 bp PCR Marker；B. 木榄；K. 秋茄

两部分，即两个外显子和一个内含子。内含子的 5′、3′都以常规的碱基开始（GT）和结束（AG）。但与外显子相邻的连续 5 个碱基两者间并不完全相同，内含子 5′端秋茄以片段 5′-G/GTACA 拼接，木榄则以 5′-G/GTACG 拼接，而在内含子 3′端两者都以 TGCAG/G-3′连接第二个外显子，并对此基因组分别命名为 *k*MT（秋茄）和 *b*MT（木榄）。将两者的内含子进行校准（alignment），发现它们的同源性为 83%（图 4.21），所含 A、T 的含量也有所差异，*k*MT 的 A、T 含量高达整个内含子的 63%，*b*MT 为 57%。

```
kMT-intron  GTAC-ATATCTCTCTTCTTTCATTCCATTCATAACCCATTAATCCCTTTCGTTAGATCTT   59
bMT-intron  GTACGATCTCTCTGTTCTTTCGTTCCAATCATAACCCATTAATCCGTGTCGCCGGATCAT   60
consensus   **** ** ***** ******* ***** **************** * ***    **** *

kMT-inter   CGGATTTCTTTACACTTTTCAATGATGACGCGATGTTTGGTTTGCAG              106
bMT-inter   CGGATTTCTC-ACACTTTTCAATAATGTTGCGATGTTACGTTTGCAG              106
consensus   ********* ************ *** ******** ********
```

图 4.21　*k*MT 和 *b*MT 中的内含子比较

外显子与内含子之间的连接碱基用暗影标出

4.4.7　讨论

现已克隆到的植物 *MT* 基因多为 cDNA，而对其基因组结构的了解很有限，这就给研究 MT 在植物体内的功能带来了困难，因此，非常有必要分离这类蛋白的基因组。在真核生物中绝大部分 *MT* 基因有外显子和内含子结构。大部分植物 *MT* 基因有一个靠近 N 端的内含子，具体位置因 MT 类型不同而有所不同，几乎所有单子叶植物 1 型 *MT* 基因的内含子位于 N 端编码最后一个半胱氨酸的密码子之后；所有已鉴定的 3 型 *MT* 基因包含两个内含子；小麦 Ec 蛋白的基因中没有内含子（全先庆等，2006）。本研究中，木榄 *b*MT 和秋茄 *k*MT 基因中都含有一个内含子，且都位于 N 端编码倒数第二个半胱氨酸的密码子之后。已知的植物 *MT* 基因的内含子没有同源性，长度差别很大，如番茄 *LeMT~B~* 唯一的一个内含子长 1097 bp（Whitelaw et al.，1997），水稻 *ricMT* 的一个内含子长 64 bp（Hsieh et al.，1996），棉花 *MT1-A* 的两个内含子分别长 1042 bp 和 130 bp（Hudspeth et al.，1996）；木榄 *b*MT 和秋茄 *k*MT 基因的内含子长 106 bp，且两者之间的同源性达 83%。

真核生物基因的不连续性，使得真核生物中某一基因的功能研究变得比原核生物更为复杂，这是因为真核基因中内含子的存在，它具有以下功能：Ⅰ类内含子通过启动子、起始位点的精确碱基配对，阻止或增强 RNA 聚合酶的作用，对转录具有调控功能；Ⅱ类内含子具有各种剪接信号，不同细胞能选择不同的拼接点，将初始转录产物进行不同的加工，对外显子进行选择地拼接，形成不同的成熟 mRNA；Ⅲ类内含子也许还有自己特定的蛋白质编码，可能携带某些信号，作为基因调控的因素（杨岐生，1994）。在环境胁迫下，动物包括人类 *MT-10* 基因的内含子有以下功能已得到证实（Haq et al.，2003；Barsyte et al.，1999；Mackay et al.，1993；Palmiter et al.，1992）：在不同重金属胁迫下，内含子能调控 *MT-10* 基因进行不同水平的表达，或者内含子能通过有效调控，产生能解除非必需金属毒害的高质量 mRNA，或者内含子能对基因的表达终产物蛋白质进行直接调控。本研究中秋茄或木榄遭受重金属胁迫时，*k*MT 和 *b*MT 中内含子如何对其基因表达进行调控、它们之间的调控有无差异都需要进一步研究。另外，MT 内含子的 A、T 含量也影响基因结构，从而影响基因的功能（The Human Genome Consortium，2001）。

4.5　*k*MT 和 *b*MT 在大肠杆菌中的表达

非必需重金属元素和过量的必需重金属元素对植物的生长和发育都是有害的。植物在长期的进化过程中形成了独特的耐受重金属胁迫的反应机制，金属硫蛋白和植物络合素等络合剂对重金属离子的螯合作用是这种反应机制的重要方面。对于植物 *MT* 基因的表达特征、组织器官特异性及其基因组结构，如启动子、内含子在染色体上的定位等方面的研究已经取得了一些进展，但对其功能的研究还处于起步阶段。当某一全长功能未知的植物 MT cDNA 被克隆后，一个适合该 MT cDNA 表达系统的建立就成为鉴定 MT 的重要条件。由于在有氧状态下 MT 不稳定，在植物体中识别和研究 MT 比较困难，本研究拟进行植物 *MT* 基因异源表达，以探讨 *k*MT 和 *b*MT 对重金属的抗性。

目前存在细菌、酵母和杆状病毒介导的昆虫细胞等表达系统。其中大肠杆菌表达系统是最简单的一种异源表达系统，它的优点是表达水平高，易操作，有许多菌株突变体和含强启动子的载体可供使用。因此，在研究 *k*MT 和 *b*MT 的功能特性时，选择了具有 T7 强启动子的 pET 质粒为载体，并将其转化到宿主细菌 BL21 上，对转化子进行重金属耐性实验（Zhang et al.，2012），为今后研究 *k*MT、*b*MT 的生理功能及转基因生物修复重金属污染提供科学依据。

4.5.1 材料

4.5.1.1 菌株

大肠杆菌 BL21 Star™（DE3）购自 Invitrogen 公司。

分别具有 kMT 和 bMT 阳性克隆的 pMD18-T 载体菌（进行 4.4 节实验时，经 RT-PCR 进一步验证 kMT 和 bMT 全长 cDNA 的正确性，且将结果克隆在 pMD18-T 载体上，文中没有赘述）。

4.5.1.2 质粒

pET-100-TOPO：购自 Invitrogen 公司。

4.5.1.3 PCR 引物

PCR 反应所用引物由上海生工生物工程技术服务有限公司合成。

bMT 的 ORF 片段扩增引物如下。

上游引物（EbMTP）：5′-CACCATGTCTTGCTGTGGTGGAAAC-3′

下游引物（EbMTF）：5′-TCATTTACAAGTGCAGGGGTC-3′

kMT 的 Extron 片段扩增引物如下。

上游引物（EkMTP）：5′-CACCATGTCTTGCTGTGGTGGAAACTGT-3′

下游引物（EkMTF）：5′-TCATTTGCACGTGCAAGGGTCGCA-3′

4.5.2 主要试剂及试剂盒

PCR 扩增反应所需的试剂与上述相同；抗生素为 Amp、Car，购自 Invitrogen 公司；

重组蛋白表达试剂盒（Champion pET Directional TOPO® Expression Kit）、异丙基 β-D-硫代半乳糖苷（IPTG），均购自 Invitrogen 公司；琼脂糖凝胶回收试剂盒（E.N.Z.A.Gel Extraction Kit），购自 Omega 公司；质粒提取试剂盒（E.N.Z.A.Plasmid Minipreps Kit Ⅰ），购自 Omega 公司；$CuSO_4$、$CdCl_2$、$PbCl_2$、$HgCl_2$、$ZnCl_2$ 均为分析纯，购自广州试剂厂；其他文中所提的试剂都为分析纯级别。

4.5.3 主要溶液和主要仪器设备

同 4.3.3、4.3.4。

4.5.4 方法

4.5.4.1 细菌培养基的配制、大肠杆菌感受态的制备

同 4.3.5.7、4.3.5.8。

4.5.4.2　*b*MT 和 *k*MT 的 ORF 片段扩增

分别挑取具有 *k*MT 和 *b*MT 的单个阳性克隆菌落于 SOB 培养基中，37℃振荡，培养 8 h 后进行质粒 DNA 提取。用 4.5.1.3 中设计好的引物，根据如下反应体系及反应参数，分别扩增 *k*MT 和 *b*MT 基因中的 ORF 序列。

反应体系如下：

10 × PCR Buffer	2 μL
Mg^{2+}（25 mmol/L）	1.5 μL
上游引物（E*b*MP 或 E*k*MP）（20 μmol/L）	0.5 μL
下游引物（E*b*MF 或 E*k*MF）（20 μmol/L）	0.5 μL
Taq DNA 聚合酶（5 U/μL）	2.0 U
质粒 DNA（100~500 ng/μL）	3 μL
DEPC 水	至 25.0 μL

反应参数为：94℃预变性 4 min；94℃变性 30 s；58℃复性 30 s；72℃延伸 1.5 min；循环 35 次；最后 72℃延伸 15 min。

反应完毕，将扩增产物与 6×上样缓冲液按量混匀，在含 0.5 μL/mL EB 的 1.5%琼脂糖凝胶上电泳，用凝胶成像系统检测扩增质量。切下目的片段约 350 bp 条带，用 E.N.Z.A. Gel Extraction Kit 试剂盒进行回收，4℃保存备用。

4.5.4.3　目的片段的克隆

根据试剂盒中的操作（有所改动），将目的片段克隆到试剂盒中所带有的 TOPO 载体上，其反应体系如下。

PCR 回收产物	2 μL
Salt Solution	1 μL
Sterile water	2 μL
TOPO® vector	1 μL

反应参数为：轻轻混匀后，在 22℃下反应 15 mim。放置冰上进行转化，或−20℃保存备用。

4.5.4.4　热激法转化大肠杆菌

（1）从液氮中取出一管感受态细胞在冰上缓慢融化。
（2）将 3 μL 上述克隆反应液加入管中并轻轻混合，冰上放置 10 min。
（3）42℃热激 30 s，千万不要摇动。
（4）立即置于冰上 1 min。
（5）每管加不含抗生素的液体 SOC 培养基 250 μL。
（6）在摇床上 37℃、200 r/min 培养 1 h。

（7）用涂布器将上述菌液 100~200 μL 涂于含 Amp 抗生素琼脂平板表面，室温下静置至液体被吸收，然后于 37℃ 倒置培养 12~16 h。

4.5.4.5 阳性克隆子的检测

大肠杆菌中质粒的提取按照 E.N.Z.A.Plasmid Minipreps Kit Ⅰ 试剂盒说明进行；阳性克隆子的检测同 4.3.5.10。

4.5.4.6 克隆子的转化

将带有目的片段的载体，按照试剂盒中 BL21 Star™（DE3）One Shot® Cells 的要求进行转化，具体操作如下。

（1）将 BL21 Star™（DE3）One Shot® Cells 在冰上融化。

（2）加入 4 μL 阳性克隆子的质粒 DNA（5~10 ng），用移液枪枪头轻轻混匀。

（3）冰上放置，使其反应 30 min。

（4）42℃ 热激 30 s，千万不要摇动。

（5）立即置于冰上 1 min，加入 250 μL 室温的 SOC 培养基。

（6）在摇床上 37℃、200 r/min 培养 30 min。

（7）将上述培养液全部加入含 Car 抗生素 10 mL 的 LB 液体培养基中，在摇床上 37℃、200 r/min 过夜培养。

（8）将阴性对照菌同样放入无抗生素的 LB 液体培养基中，过夜培养。

（9）在分光光度计中测定 OD_{600} 值，当两种菌的 OD_{600} 值达 0.5~0.8 时，收集，备用。

4.5.4.7 不同重金属浓度的 LB 琼脂培养基的配制

分别用蒸馏水配制 $ZnCl_2$、$CuSO_4$、$PbCl_2$、$HgCl_2$、$CdCl_2$ 40 mmol/L 的 100 mL 母液，在 121℃、15 lbf/in²[①] 条件下灭菌 20 min 后，与含有 1.5% 琼脂的无菌 LB 培养液按以下浓度（终浓度）倒平板。每个浓度设三个重复。

平板含各重金属的终浓度如下。

$ZnCl_2$ 为 600 μmol/L、1000 μmol/L、1200 μmol/L、1500 μmol/L。

$CuSO_4$ 为 1000 μmol/L、2000 μmol/L、2500 μmol/L、3000 μmol/L。

$PbCl_2$ 为 1000 μmol/L、2000 μmol/L、3000 μmol/L、4000 μmol/L。

$HgCl_2$ 为 30 μmol/L、50 μmol/L、80 μmol/L、120 μmol/L。

$CdCl_2$ 为 200 μmol/L、600 μmol/L、1000 μmol/L、2000 μmol/L。

4.5.4.8 转化子对重金属的抗性

（1）从 4℃ 中取出转化子的细菌 BL21 Star™（DE3）One Shot® Cells 和阴性对照受体菌，分别加入诱导表达物 IPTG，使其终浓度为 1.0 mmol/L。

（2）4.5.4.7 中各平板事先分成两个区域，且在每区中用接种丝划细线。

（3）用 20 μL 的移液枪向各区分别接种含重组蛋白菌和阴性对照菌各 20 μL。

---

① 1 lbf/in²=6.894 76×10³ Pa

（4）室温下静置至液体被吸收，然后于 37℃倒置培养 2 d。

（5）进行拍照分析。

4.5.5　结果与分析

为了检测 kMT 和 bMT 的功能，本研究利用 pET 载体，将 kMT 和 bMT 克隆转化到具有 T7 强启动子的大肠杆菌 BL21 中，通过诱导物质 IPTG 进行重组蛋白的表达。在含有不同浓度重金属的 LB 培养基中，各自转化子（转化子区）与受体细菌（对照区）的抗性分析如图 4.22~图 4.26 所示。

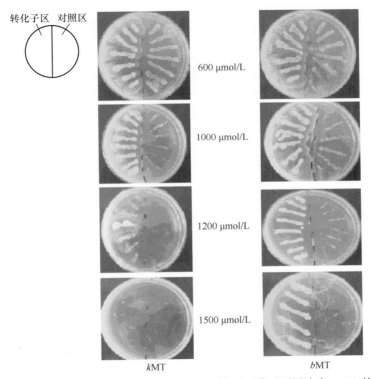

图 4.22　分别具有 kMT 和 bMT 的转化子与阴性对照菌对不同浓度 $ZnCl_2$ 的抗性

图 4.22 中，受体菌在含有 $ZnCl_2$ 浓度不少于 1000 μmol/L 的培养基中已不能生长，分别具有 kMT 和 bMT 的转化子却能正常生长。甚至培养基中 $ZnCl_2$ 浓度高至 1500 μmol/L 时，具有 bMT 的转化子仍能正常生长，表现出对 Zn^{2+} 的强抗性。

图 4.23 中，受体菌及分别具有 kMT 和 bMT 的转化子在 $CuSO_4$ 浓度为 1000~3000 μmol/L 的培养基中都能正常生长，其抗性并无明显差异。

图 4.24 中，无论是受体菌还是转化子在 $PbCl_2$ 浓度为 1000~4000 μmol/L 的培养基中都能正常生长；但在含高浓度 Pb^{2+} 的培养基中，转化子菌周与受体菌周具有明显的色泽差异。

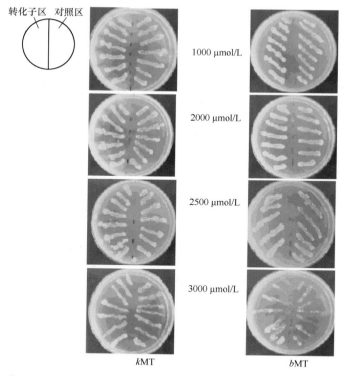

图 4.23　分别具有 *k*MT 和 *b*MT 的转化子与阴性对照菌对不同浓度 CuSO$_4$ 的抗性

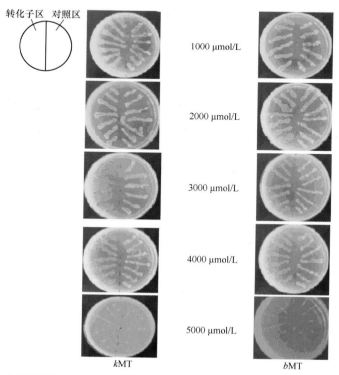

图 4.24　分别具有 *k*MT 和 *b*MT 的转化子与阴性对照菌对不同浓度 PbCl$_2$ 的抗性

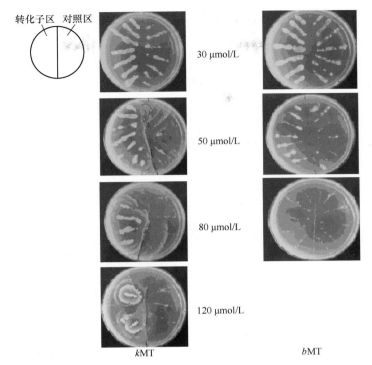

图 4.25　分别具有 kMT 和 bMT 的转化子与阴性对照菌对不同浓度 $HgCl_2$ 的抗性

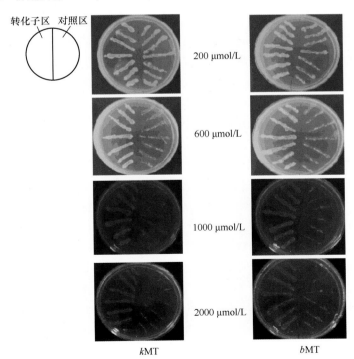

图 4.26　分别具有 kMT 和 bMT 的转化子与阴性对照菌对不同浓度 $CdCl_2$ 的抗性

图 4.25 中，受体菌和具有 bMT 的转化子在 $HgCl_2$ 浓度为 50 μmol/L 的培养基中几乎不能生长，当浓度为 80 μmol/L 时，两者几乎都不生长。而具有 kMT 的转化子能在浓度高达 120 μmol/L 的培养基中生长，对 Hg^{2+} 表现出强抗性。

图 4.26 中，受体菌在 $CdCl_2$ 浓度为 600 μmol/L 的培养基中不能正常生长，当浓度为 1000 μmol/L 时已完全停止生长；分别具有 kMT 和 bMT 的转化子在浓度为 2000 μmol/L 的培养基中仍能正常生长，对 Cd^{2+} 都表现出强抗性。

总之，上述结果表明，同一转化子对不同重金属的抗性存在差异，不同转化子对同一重金属的抗性也不相同。

4.5.6　讨论

MT 基因在植物中普遍表达水平较高并且结构保守，其丰富的巯基含量及与重金属结合能力决定了它功能方面的多样性，但至今对 MT 的功能仍没有明确的结论。一般认为植物 MT 在重金属解毒、金属离子运输及动态平衡的维持、离子代谢及活性氧的清除等方面起作用。

目前已有多种植物 MT 在 $E.\ coil$、酵母和其他植物中得到表达，并且检测了表达产物的金属结合特性及其赋予植物金属抗性的能力，也有很多实验研究了非植物来源的 MT 基因在植物中异源表达对植物重金属耐受性的影响。例如，豌豆（$Pisum\ sativum$）Ⅰ型 MT 基因 $PsMTa$ 在 $E.\ coli$ 中表达，其产物可结合 Cu^{2+}、Cd^{2+} 和 Zn^{2+}，其中对 Cu^{2+} 的亲和力最高（Tommey et al.，1991）。拟南芥 MT 在缺失 MT 的酵母菌中表达可恢复该菌株对 Cu^{2+} 的耐受性（Zhou & Goldsbrough，1994）。用紫羊茅（$Festuca\ rubra$）的 $mcMT1$ 和对金属敏感的酵母 $cup1^A$ 突变体 $ABDE-1$ 进行功能互补实验，发现基因表达产物可以络合 Cu、Zn、Cd、Pb、Cr（Ma et al.，2003）。在 Cd 敏感酵母突变体中表达杂交三叶杨的 $PtdMTs$ cDNA，酵母表现出对 Cd 的抗性（Kohler et al.，2004）。另外，Zhang 等（2004）将宽叶香蒲（$Typha\ latifolia$）的 $tyMT$ 基因重组到敏感的酵母 $cup1^A$ 突变体 $ABDE-1$ 后，该转化子能耐受 1000 μmol/L Zn、6000 μmol/L Pb、100 μmol/L Cd 和 2000 μmol/L Cu 等高浓度的重金属。这些结果表明，来源于植物的 MT 可介导非植物系统对金属的耐受，同时也间接地证明了植物 MT 不仅对必需重金属具有调节功能，还提高了植物对非必需重金属的抗性，减少了它们对植物的胁迫（Taylor & Crowder，1983；Blake et al.，1987；Ye et al.，1997）。

迄今为止，有关红树植物的 MT 研究仍为空白，为了初步探讨这两种红树植物的 MT 功能，本研究利用原核生物进行体外表达以检测它们对重金属的抗性。其结果表明，将秋茄的 kMT 重组到 $E.\ coli$ 的 BL21 菌株中，该重组菌株对重金属 Zn^{2+}、Cd^{2+} 和 Hg^{2+} 具有耐受性，而对 Cu^{2+} 和 Pb^{2+} 无耐受性；将木榄的 bMT 同样重组到 $E.\ coli$ 的 BL21 菌株中，则该重组菌株只对 Zn^{2+} 和 Cd^{2+} 表现出耐受性。而且这两种重组菌株对 Zn^{2+} 的耐受力不同，具有 bMT 基因的重组菌株对 Zn^{2+} 的耐受力高于携带 kMT 基因的重组菌株。Kägi 和 Schaffer（1988）通过离体实验表明，MT 通过二硫键与一系列重金属及类似物结合，对下列离子的亲和力依次为 Bi（Ⅲ）>Hg（Ⅱ）>Ag（Ⅰ）>Cu（Ⅰ）>Cd（Ⅱ）> Pb（Ⅱ）>Zn（Ⅱ），与本研究结果基本一致，即 Cu>Zn，从而间接地证明了 *k*MT 基因能提高秋茄对 Zn^{2+}、Cd^{2+} 和 Hg^{2+} 重金属的抗性，而 *b*MT 基因只能增强木榄对 Zn^{2+} 和 Cd^{2+} 的抗性，尤其是 Zn^{2+}（图 4.22）。

真核基因在细菌中不易表达并不是一件容易的事，通常是蛋白质的表达量较少，或者是不溶性的，或两者兼有。一般情况下，所要表达的目的蛋白对宿主菌来说是一种异源蛋白，会干扰宿主菌正常基因的表达，或破坏细胞的完整性，而且所表达的蛋白质容易被降解。pET 表达系统以噬菌体 T7 为启动子，可以由各种基因（包括原核、真核细胞）产生大量的目的蛋白。但是还有许多因素影响真核基因在该表达系统中的表达，如信号肽序列、毒性基因与质粒的稳定性、mRNA 转录的二级结构和稀有密码子，以及实际操作过程中表达条件等均会影响真核基因在 pET 系统中的表达。本研究为首次对红树植物 *MT* 基因相关性质的探索（Zhang et al.，2012），运用了 pET 表达体系。从抗性实验结果来看，*k*MT 和 *b*MT 能在大肠杆菌 BL21 菌株中表达，且转化子对不同重金属的耐受性表现出明显的差异。有关这两种基因在该表达系统中表达量的多少，表达的蛋白是否为融合蛋白或非融合蛋白等，以及如何建立更高效的表达体系或真核表达载体，需要进一步研究。

4.6　小　　结

本研究一是以木榄和秋茄两种红树植物为材料，首次研究了这两种红树植物幼苗在多种重金属共同胁迫下体内活性氧清除系统中的保护酶变化，膜脂过氧化作用的影响及对叶绿素的影响；二是首次克隆和分离了这两种红树植物抗重金属相关基因——金属硫蛋白（MT），并在大肠杆菌中进行了初步表达，对其结构与功能进行了较深入的研究。主要得出以下结果。

木榄幼苗研究结果表明：根系中 SOD 活性随污染程度的增加而增加，当污染级别大于 5 倍污水时，其活性迅速下降，但仍高于对照水平；但在 1 倍污水时，叶片中 SOD 活性有所下降。POD 活性在根系和叶片中的变化相对一致，均随污染级别的增加而升高；但在叶片中的变化幅度大于根系中的变化幅度。CAT 活性在叶片中几乎不受污染程度的影响，保持平稳，但过量程度的污染使活性有下降趋势；而根系中 CAT 活性在 10 倍污水时达到最大值，污染程度再加强，则活性下降。叶片中 MDA 含量随污染程度的增加而增加，膜脂过氧化作用加剧；但根系中 MDA 含量在 5 倍污水时最少，只为对照的 21.98%，其后随着污染程度的增加，膜脂过氧化作用加剧，其 MDA 含量大幅度积累。

秋茄幼苗研究结果表明：叶片和根系中的 SOD 和 POD 活性随污染级别的加剧而上升；在 10 倍污水时，两者达到最高值；其后，两种酶活性随污染级别的增加反而下降，但仍高于对照中相应的酶活性。CAT 活性在叶片中变化不大，随污染级别的增加，有略微上升；在根系中，10 倍污水时，酶活性达最高值；其后迅速下降，且明显低于对照。在叶片中 MDA 含量先降后升，在 10 倍污水时为最小值，随后显著上升，膜脂过氧化作用加剧；根系中的 MDA 含量呈先升后降再升的变化规律，同样在 10 倍污水时为最小值，随后增加，但仍低于对照组。在 1 倍污水时，叶绿素 *a*、*b* 和总量都有所上升，随后下降，但总叶绿素的变化幅度很小。

从这两种红树植物幼苗对人工复合重金属污水抗性比较可得：SOD 活性在物种间无差异，在同一物种的不同组织中存在显著差异；POD 和 CAT 活性在物种间有极显著差异，且不同组织中也存在显著差异，尤其是两种植物根系中这两种酶活性的变化。综合分析实验结果来看，秋茄中抗氧化酶系统比木榄中更为敏感，几种酶活性变化更为显著，其抵抗重金属胁迫的能力更强，具有更强的重金属耐受性。另外，两种红树植物都优先保护根系以增强重金属的抗性。这种注重对根系的保护也许是红树植物对污染环境的一种适应机制。

利用 RACE 技术，从木榄和秋茄两种红树植物中分别克隆到一个 MT-like 基因，其全长 cDNA 分别命名为 bMT 和 kMT。bMT 和 kMT 的全长分别为 682 bp 和 728 bp，都以 ATG 为起始密码子，以 TGA 为终止密码子，都包含一个编码 79 个氨基酸的 ORF，3′UTR 分别为 354 bp 和 367 bp，5′UTR 分别为 88 bp 和 121 bp。编码的氨基酸序列在 NCBI 中进行 Blast，通过 Clustal W 对比和相似度分析表明，bMT 和 kMT 所编码的蛋白质为 I 类 2 型 MT；N 端和 C 端中的半胱氨酸都以 Cys-Cys、Cys-X-Cys 和 Cys-X-X-Cys 形式分布；它们之间的同源性很高，达 89%；与模式植物拟南芥中典型的 MT（2 型）同源性分别为 70% 和 69%；将这两个 cDNA 提交于 GenBank，kMT 和 bMT 的编号分别为 DQ414691 和 DQ494173。

引物设计根据 bMT 和 kMT 的全长 cDNA 序列进行。通过 PCR 技术从木榄和秋茄总 DNA 中扩增出 bMT 和 kMT 基因，分别命名为 KMT 和 BMT，用阳性克隆子测序。基因组序列与相应的 cDNA 序列对比发现，KMT 和 BMT 片段均比两引物之间的长度长 106 bp。在 ORF 内插入了这一大小的内含子，将翻译区分成两部分，即两个外显子和一个内含子。内含子的 5′端、3′端都以常规的碱基开始（GT）和结束（AG）。内含子 5′端秋茄以片段 5′-G/GTACA 拼接，木榄则以 5′-G/GTACG 拼接，而在内含子 3′端两者都以 TGCAG/G-3′连接第二个外显子，两者内含子的同源性为 83%，内含子中 KMT 的 A、T 含量为 63%，略高于 BMT 中的 A、T 含量（57%）。

根据试剂盒的操作要求，将 kMT 和 bMT 中的 ORF 克隆到具有 T7 强启动子的 pET 载体中，并转化到大肠杆菌 BL21 上，进行重金属抗性研究。结果显示：有 kMT 基因的重组菌株对重金属 Zn^{2+}、Cd^{2+} 和 Hg^{2+} 具有耐受性，对 Cu^{2+} 和 Pb^{2+} 无耐受性；有 bMT 基因的重组菌株只对 Zn^{2+} 和 Cd^{2+} 表现出耐受性；而且这两种重组菌株对 Zn^{2+} 的耐受力不同，具有 bMT 基因的重组菌株对 Zn^{2+} 的耐受力高于携带 kMT 基因的重组菌株。

参 考 文 献

柴团耀, 张玉秀, Burkard G. 1998. 菜豆重金属胁迫响应基因 cDNA 克隆及其表达分析. 植物生理学报, 24(4): 399-404.

常团结, 朱祯. 2002a. 植物金属硫蛋白研究进展(一)——植物 MT 的分类、特征及其基因结构. 生物技术通报, 3: 5-10.

常团结, 朱祯. 2002b. 植物金属硫蛋白研究进展(二)——植物 MT 基因的表达特征及其功能. 生物技术通报, 18(5): 1-6.

陈荣华, 林鹏. 1988. 汞和盐度对三种红树种苗生长影响初探. 厦门大学学报(自然科学版), 27(1):

110-115.

陈少裕.1989. 膜脂过氧化与植物逆境胁迫. 植物学通报, 6 (4): 211-214.

陈映霞.1995. 红树林的环境生态效应. 海洋环境科学, 14(4): 51-56.

丁宝莲, 谈宏鹤, 朱素琴.2001. 胁迫与植物细胞壁关系研究进展. 广西科学院学报,17(2): 87-90.

范志杰, 宋春印.1995. 海洋盐沼环境中金属的行为研究. 环境科学, 16(5): 82-86.

方允中, 李文杰.1999. 自由基与酶: 基础理论及其在生物学和医学中的应用. 北京: 科学出版社.

韩维栋, 高秀梅, 卢昌义.2000. 红树林生态系统及其生态价值. 福建林业科技, 27(2): 10-14.

何冰, 叶海波, 杨肖娥. 2003. 铅胁迫下不同生态型东南景天叶片抗氧化酶活性及叶绿素含量比较. 农业环境科学学报, 22 (3): 274-278.

黄立南, 蓝崇钰, 束文圣.2000. 污水排放对红树林湿地生态系统的影响. 生态学杂志, 19(2): 13-19.

黄薇, 林栖凤, 李冠一, 等. 2002. 盐度对秋茄幼苗的某些生理特性的影响. 海南大学学报(自然科学版), 20 (4): 328-331.

江行玉, 赵可夫.2001. 植物重金属伤害及其抗性机理. 应用与环境生物学报, 7(1): 92-99.

李元, 王焕校, 吴玉树. 1992. Cd、Fe 及其复合污染对烟草叶片几项生理指标的影响. 生态学报, 12(2): 147-150.

林鹏. 1994. 中国红树林生态系. 北京: 科学出版社.

林鹏. 2001. 中国红树林研究进展. 厦门大学学报(自然科学版), 40(2): 592-603.

林鹏, 傅勤. 1995. 中国红树林环境生态及经济利用. 北京: 高等教育出版社.

林益明, 林鹏.2001. 中国红树林生态系统植物种类、多样性、功能及其保护. 海洋湖沼通报, 3: 8-16.

林益明, 林鹏, 王通.2000. 几种红树植物木材热值和灰分含量的研究. 应用生态学报, 11(6): 181-184.

刘鸿先, 曾韶西, 王以柔. 1985. 低温对不同抗寒力黄瓜幼苗子叶各细胞中超氧化物歧化酶的影响. 植物生理学报, 12: 244-251.

罗立新, 孙铁珩, 靳月华. 1998. 镉胁迫下小麦叶中超氧阴离子自由基的积累. 环境科学学报, 18(5): 495-499.

孟范平, 李桂芳, 吴方正. 2002. 氟害大豆超氧化物歧化酶活性与叶绿素含量及叶片脱落的关系. 农村生态环境, 18 (2): 34-38.

尼贝肯 J W. 1991. 海洋生物学: 生态学探讨. 林志恒, 李和平, 译. 北京: 海洋出版社.

全先庆, 高翔. 2003. 植物金属硫蛋白及其在自由基清除中的作用. 临沂师范学院学报, 25(6): 64-66.

全先庆, 张洪涛, 单雷, 等.2002. 植物金属硫蛋白及其重金属解毒机制研究进展. 遗传, 8(3): 375-382.

任安芝, 高玉葆, 刘爽.2002. 青菜幼苗体内几种保护酶的活性对 Pb、Cd、Cr 胁迫的反应研究. 应用生态学报, 13 (4): 510-512.

茹炳根.1998. 第四届国际金属硫蛋白会议简介. 生命科学, 10 (3): 157-159.

宋勤飞, 樊卫国.2000. 铅胁迫对番茄生长及叶片生理指标的影响. 山地农业生物学报, 23 (2): 134-138.

陶爱林, 林兴华, 张端品.2003. 获取全长 cDNA 若干方法的比较. 武汉植物学研究, 21 (2): 179-186.

王宏镔, 王焕校, 文传浩, 等. 2002. 镉处理下不同小麦品种几种解毒机制探讨. 环境科学学报, 22(4): 524-528.

王文卿, 林鹏.1999. 红树林生态系统重金属污染的研究. 海洋科学, 3: 45-48.

王友保, 刘登义.2003. 污灌对作物生长及其活性氧消除系统的影响. 环境科学学报, 23(4): 554-555.

王友绍, 何磊, 王清吉, 等. 2004. 药用红树植物的化学成分及其药理研究进展. 中国海洋药物, 23(2): 26-31.

文传浩, 常学秀, 王震洪, 等. 1999. 不同重金属污染经历下曼陀罗(Datura stramonium)核酸代谢动态变化研究. 农业环境保护,18(2): 49-53.

吴征镒, 王献溥. 1980. 中国植被. 北京: 科学出版社.

解凯彬, 施国新, 陈国祥, 等. 2000. 汞污染对芡实、菱根部过氧化物酶活性的影响. 武汉植物学研究, 18 (1): 70-74.

徐勤松, 施国新, 郝怀庆. 2001. Cd、Cr (VI)单一及复合污染对菹草叶绿素含量和抗氧化酶系统的影响. 广西植物, 21 (1): 87-90.

许长成, 邹琦. 1993. 干旱条件下大豆叶片 H_2O_2 代谢变化及其同抗旱性的关系. 植物生理学报, 19(3): 216-220.

严重玲, 洪业汤, 付舜珍, 等. 1997. Cd、Pb 胁迫对烟草叶片中活性氧清除系统的影响. 生态学报, 17 (5): 488-492.

晏斌, 戴秋杰. 1996. 紫外线 B 对水稻叶组织中活性氧代谢及膜系统的影响. 植物生理学报, 22(4): 373-378.

余荔华, 刘进元, 梅田正明, 等. 1999. 水稻金属硫蛋白核基因的克隆及其序列特征. 科学通报, 44(15): 1645-1648.

杨居荣, 贺建群, 张国祥, 等. 1996. 不同耐性作物中几种酶活性对 Cd 胁迫的反应. 中国环境科学, 16(2): 113-124.

杨岐生. 1994. 分子生物学基础. 杭州: 浙江大学出版社.

杨盛昌, 吴琦. 2003. Cd 对桐花树幼苗生长及某些生理特性的影响. 海洋环境科学, 22 (1): 38-42.

杨志敏, 郑绍建, 赵秀兰, 等. 1999. 磷对小麦细胞镉、锌的积累及在亚细胞内分布的影响. 环境科学学报, 19(6):693-695.

张凤琴, 王友绍, 董俊德, 等. 2006. 重金属污水对木榄幼苗几种保护酶及膜质过氧化作用的影响. 热带海洋学报, 25(2): 66-70.

张凤琴, 王友绍, 殷建平, 等. 2005. 红树植物抗重金属污染研究进展. 云南植物研究, 27(3): 225-231.

张玉琼, 董召荣, 张鹤英, 等. 1998. 拔节期氮肥用量对大麦开花后超氧化物歧化酶和过氧化物酶活性以及产量的影响. 植物生理学通讯, 34(6): 423-426.

张玉秀, 柴团耀, Burkard G. 1999. 植物耐重金属机理研究进展. 植物学报, 41 (5): 453-457.

郑德璋. 1994. 红树林生态系统研究方法. 广州: 广东科技出版社.

郑逢中, 林鹏, 郑文教, 等. 1994. 红树植物番茄幼苗对镉耐性的研究. 生态学报, 14(4): 408-414.

郑海雷, 林鹏. 1995. 盐度对桐花树幼苗根茎叶膜保护系统的影响. 厦门大学学报(自然科学版), 34(4): 629-633.

周青, 黄晓华, 屠昆岗, 等. 1998. La 对 Cd 伤害大豆幼苗的生态生理作用. 中国环境科学, 18(5): 442-445.

周瑞莲, 赵哈林. 2002. 高寒山区草本植物的保护酶系统及其在低温生长中的作用. 西北植物学报, 22(3): 566-573.

朱广廉, 钟海文, 张爱琴. 1995. 植物生理实验. 北京: 北京大学出版社.

Akashi K, Nishimura N, lshida Y, et al. 2004. Potent hydroxyl radical scavenging activity of drought induced type 2 metallothionein in wild watermelon. Biochemical and Biophysical Research Communications, 323(1): 72-78.

Albergoni V, Piccinni E. 1998. Copper and zinc metallothioneins. *In*: Rainsford K D, Milanino R, Sorenson J R J, et al. Copper and Zinc in Inflammation and Degenerative Diseases. London: Kluwer Academic Press: 61-78.

Andrews G K. 1990. Regulation of metallothionein gene expression. Progress in food & Nutrition Science, 14: 193-258.

Barsyte D, White K N, Lovejoy D A. 1999. Cloning and characterization of metallothionein cDNAs in the mussel *Mytilus edulis* L. digestive gland. Comparative Biochemistry and Physiology Part C: Pharmacology, Toxicology and Endocrinology, 122: 287-296.

Beauchamp C, Fridovich I. 1971. Superoxide dismutase: improved assays and an assay applicable to acrylamide gels. Analytical Biochemistry, 44: 276-284.

Beer Jr R F, Sizer I W. 1952. A spectrophotometric method for measuring the breakdown of hydrogen peroxide by catalase. Journal of Biological Chemistry, 195: 133-140.

Bhattacharjee S. 1998. Membrane lipid peroxidation, free radical scavengers and ethylene evolution in

Amaranthus as affected by lead and cadmium. Plant Biology, 40 (1): 31-135.

Blake G, Gagnare M J, Kirassian B, et al. 1987. Distribution and accumulation of zinc in *Typha latifolia*. *In*: Reddy K R, Smith W H. Aquatic Plants for Water Treatment and Resource Recovery. Orlando: Magnolia Publishing Inc.: 487-495.

Bowler C, Montage M V, Inze Q. 1992. Superoxide dismutase and stress tolerance. Annual Review of Plant Physiology and Plant Molecular Biology, 43: 83-116.

Bradford M M. 1976. A rapid and sensitive method for the quantitation of microgram quantities of protein utilizing the principle of protein-dye binding. Analytical Biochemistry, 72: 248-254.

Buchanan-Wollaston V, Ainsworht C. 1997. Leaf senescence in *Brassica napus*: cloning of senescence related genes by subtractive hybridization. Plant Molecular Biology, 33: 821-834.

Cakmak I, Horst W J. 1991. Effect of aluminium on lipid peroxidation, superoxide dismutase, catalase and peroxidase activities in root tips of soybean. Physiologia Plantarum, 83: 463-468.

Capone M C, Gorman D M, Ching E P, et al. 1996. Identification through bioinformatics of cDNAs encoding human thymic shared Ag-1/stem cell Ag-2. A new member of the human Ly6 family. Journal of Immunology, 157(3): 969-973.

Casano L M, Martin M, Sabater B. 1994. Sensitivity of superoxide dismutase transcript levels and activities to oxidatives stress is lower in mature-senescent than in young barley leaves. Plant Physiology, 106: 1033-1039.

Chai T Y, Didierjean L, Burkard G, et al. 1998a. Expression of a green-tissue-specific 11 kDa proline-rich protein gene in bean in response to heavy metals. Plant Science, 133: 47-56.

Chance B, Machly A. 1955. Assay of catalases and peroxidases. Methods in Enzymology, 2: 764-775.

Chaoui A, Mazhoudi S, Ghorbal M H, et al. 1997. Cadmium and zinc induction of lipid peroxidation and effects on antioxidant enzyme activities in bean (*Phaseolus vulgaris* L.). Plant Sci, 127: 139-147.

Charbonnel-Campaa L, Lauga B, Combes D. 2000. Isolation of a type 2 metallothionein-like gene preferentially expressed in the tapetum in *Zea mays*. Gene, 254: 199-208.

Chen D, Zhang Z, Wheatly M G, et al. 2002. Cloning and characterization of the heart muscle isoform of sarco/endoplasmic reticulum Ca + ATPase (SERCA) from crayfish. Journal of Experimental Biology, 205 (17): 2677-2686.

Chen G I, Miao S Y, Tan N F Y, et al. 1995. Effect of synthetic wastewater on young *Kandelia candel* plants growing under greenhouse conditions. Hydrobiologia, 295: 263-273.

Chiu C Y, Hsiw F S, Chen S S, et al. 1995. Reduced toxicity of Cu and Zn to mangrove seedlings in saline environments. Botanica Bulletin Academic Sinca, 36: 19-24.

Choi D, Kim H M, Yun H K, et al. 1996. Molecular cloning of a metallothionein-like gene from *Nicotiana glutinosa* L. and its induction by wounding and tobacco mosaic virus infection. Plant Physiology, 112: 353-359.

Chu H Y, Chen N C, Yeung M C, et al. 1998. Tide-take system simulating mangrove wetland for removal of nutrients and heavy metals from wastewater. Water Science Technology, 38(1): 361-368.

Clemens S. 2001. Molecular mechanisms of plant metal tolerance and homeostasis. Planta, 212: 475-486.

Cobbeett C S. 2000. Phytochelatins and their roles in heavy metal detoxification. Plant Physiology, 123: 825-832.

Cobbett C, Goldsbrough P B. 2002. Phytochelatins and metallothioneins: roles in heavy metal detoxification and homeostasis. Annual Review of Plant Biology, 53: 159-182.

Das A B. 1999. Genetic erosion of wetland biodiversity in Bhitarkanika forest of Orissa, India. Biologia, 54(4): 415-422.

de Miranda J R, Gopal V, Chatterji D. 1990a. Correlation between the DNA supercoiling and the initiation of transcription by *Escherichia coli* RNA polymerase *in vitro*: role of the sequences upstream of the promoter region. FEBS Letters, 260: 273-276.

de Miranda J R, Thomas M A, Thurman D A, et al. 1990b. Metallothionein genes from the flowering plant *Mimulus guttatus*. FEBS Letters, 260: 277-280.

Delacerda L D. 1998. Trace metal in mangrove plants: why such low concentrations? *In*: Delacerda L D,

Diop H S. Mangrove ecosystem studies in Latin America and Africa. Paris: UNESCO/ISME/USDA: 171-178.

di Toppi L, Gabbrielli R. 1999. Response to cadmium in higher plants. Environmental and Experimental Botany, 41: 105-130.

Diderjean L, Frendo P, Nasser W, et al. 1996. Heavy metal-responsive gene in maize: identification and comparison of their expression upon various forms of abiotic stress. Planta, 199: 1-8.

Dietz K J, Baier M, Kramer U. 1999. Impact of heavy metals on photosynthesis. *In*: Pread M N V, Hagemeyer J. Heavy Metal Stress in Plants: form Molecules to Ecosystems. Berlin: Springer: 73-97.

Dong J Z, Dunstan D I. 1999. Cloning and characterization of six embryogenesis-associated cDNAs from somatic embryos of *Picea glauca* and their comparative expression during zygotic embryogenesis. Plant Molecular Biology, 39(4): 859-864.

Doyle J J. 1987. A rapid DNA isolated procedure for small quantities of fresh leaf tissue. Plant Genetic Resource Newsletter, 10: 50-54.

Drennan P, Pammenter N W. 1982. Physiology of salt excretion in the mangrove, *Avicennia marina* (Forsk.) Vierh. New Phytologist, 91: 597-606.

Eapen S, D'Souza S F. 2005. Prospects of genetic engineering of plants for phytoremediation of toxic metals. Biotechnology Advances, 23(2): 97-114.

Ernst W H O, Verkleij J A C, Schat H. 1992. Metal tolerance in plants. Acta Botanica Neerlandica, 41: 229-248.

Foley R C, Liang Z M, Singh K B. 1997. Analysis of type 1 metallothionein cDNAs in *Vicia faba*. Plant Molecular Biology, 33(4): 583-591.

Foley R C, Singh K B. 1994. Isolation of a *Vicia faba* metallothionein-like gene, expression in foliar trichomes. Plant Molecular Biology, 26: 435-444.

Fornazier R F, Ferreira R R, Pereira G J G, et al. 2002. Cadmium stress in sugar cane callus cultures: effect on antioxidant enzymes. Plant Cell, Tissue and Organ Culture, 71: 125-131.

Fridovich I. 1976. Free Radical in Biology Vol.1. New York: Academic Press: 239.

Frohman M A, Dush M K, Martin G R. 1988. Rapid production of full length cDNAs from rare transcripts: amplification using a single gene-specific oligonucleotide primer. Proceedings of the National Academy of Sciences of the United States of America, 85: 8998-9002.

Gallego S M, Benavides M P, Tomaro M L. 1999. Effect of cadmium ions antioxidant defense system in sunflower cotyledons. Biologia Plantarum, 42 (1): 49-55.

Garbisu C, Alkorta I. 2001. Phytoextraction: a cost-effective plant-based technology for the removal of metals from the environment. Bioresource Technology, 77: 229-236.

Garcia-Hernandez M, Murphy A, Taiz L. 1998. Metallothioneins 1 and 2 have distinct but overlapping expression patterns in *Arabidopsis*. Plant Physiology, 118: 387-394.

Gekeler W, Grill E, Winnacker E L, et al. 1989. Survey of the plant kingdom for the ability to bind heavy metals through phytochelatins. Zeitschrift Für Naturforschung C, Biosciences, 44c: 361-369.

Giritch A, Martin G, Udo W. 1998. Structure, expression and chromosomal localisation of the metallothionein-like gene family of tomato. Plant Molecular Biology, 37: 701-714.

Hagemeyer J. 1999. Structural and ultrastructural changes in heavy metal exposed plants. *In*: Pread M N V, Hagemeyer J. Heavy Metal Stress in Plants: form Molecules to Ecosystems. Berlin: Springer: 157-181.

Hall J L. 2002. Cellular mechanisms for heavy metals detoxification and tolerance. Journal of Experimental Botany, 53: 1-11.

Halliwell H. 1982. The toxic effects of oxygen on plant tissues. *In*: Oberley I W. Superoxide Dismutase. Vol I. Boca Raton: CRC Press: 125-129.

Hamer D H. 1986. Metallothioneins. Annual Review of Biochemistry, 55: 913-951.

Haq F, Mahoney M, Koropatnick J. 2003. Signaling events for metallothionein induction. Mutation Research, 533: 211-226.

Heath R L, Packer L. 1968. Photoperoxidation in isolated chloroplasts, kinetics and stoichemistry of fatty acid peroxidation. Archives of Biochemistry and Biophysics, 125: 189-198.

Hinton A C, Hammock B D. 2001. Purification of juvenile hormone esterase and molecular cloning of the cDNA from *Manduca sexta*. Insect Biochemistry and Molecular Biology, 32(1): 57-66.

Howden R, Goldsbrough P B, Andersen C R, et al. 1995. Cadmium-Sensitive, cad1 mutants of *Arabidopsis thaliana* are phytochelatin deficient. Plant Physiology, 107: 1059-1066.

Hsieh H M, Liu W K, Chang A, et al. 1996. RNA expression patterns of a type 2 metallothionein-like gene from rice. Plant Molecular Biology, 32: 525-529.

Hsieh H M, Liu W K, Huang P C. 1995. A novel stress-inducible metallothionein-like gene from rice. Plant Molecular Biology, 28: 381-389.

Huang G Y, Wang Y S. 2009. Expression analysis of type 2 metallothionein gene in mangrove species (*Bruguiera gymnorrhiza*) under heavy metal stress. Chemosphere, 77(7): 1026-1029.

Huang G Y, Wang Y S. 2010. Expression and characterization analysis of type 2 metallothionein from grey mangrove species (*Avicennia marina*) in response to metal stress. Aquatic Toxicology, 99: 86-92.

Huang G Y, Wang Y S, Ying G G. 2011. Cadmium-inducible *BgMT2*, a type 2 metallothionein gene from mangrove species (*Bruguiera gymnorrhiza*), its encoding protein shows metal-binding ability. Journal of Experimental Marine Biology and Ecology, 405: 128-132.

Huang G Y, Wang Y S, Ying G G, et al. 2012. Analysis of type 2 metallothionein gene from mangrove species (*Kandelia candel*). Trees-Structure and Function, 26(5): 1537-1544.

Hudspeth R L, Hobbs S L, Anderson D M, et al. 1996. Characterization and expression of metallothionein-like genes in cotton. Plant Molecular Biology, 31: 701-705.

Hwang Y S, Luo G H, Kwan K M. 1997. Peroxidation damage of oxygen free radicals induced by *Cadmium* to plant. Acta Botanica Sinica, 39: 522-526.

Kägi J H R. 1991. Overview of metallothionein. Methods in Enzymology, 205: 613-621.

Kägi J H R. 1993. Evolution, structure and chemical activity of class I metallothioneins: an overview. *In*: Suzuki K T, Imura N, Kimura M. Metallothionein. Vol. III. Basel/Switzerland: Birkhäuser Verlag: 29-55.

Kägi J H, Schaffer A. 1988. Biochemistry of metallothionein. Biochemistry, 27: 8509-8515.

Karin M. 1985. Metallothioneins: proteins in search of function. Cell, 41: 9-10.

Kawashima I, Inokuchi Y, Chino M, et al. 1991. Isolation of a gene for a metallothionein-like protein from soybean. Plant Cell Physiology, 32: 913-916.

Kawashima I, Kennedy T D, Chino M, et al. 1992. Wheat Ec metallothionein genes. Like mammalian Zn^{2+} metallothionein genes, wheat Zn^{2+} metallothionein genes are conspicuously expressed during embryogenesis. European Journal of Biochemistry, 209: 971-976.

Klaassen C D, Liu J, Choudhuri S. 1999. Metallothionein: an intracellular protin to protect against cadmium toxicity. Annual Review of Pharmacology and Toxicology, 39: 267-294.

Kohler A, Blaudez D, Chalot M. 2004. Cloning and expression of multiple metallothioneins from hybrid poplar. New Phytologist, 164: 83-93.

Korichva J, Rey S, Vranjic J A, et al. 1997. Antioxidant response to simulated acid rain and heavy metal deposition in birch seedlings. Environmental Pollution, 65: 249-258.

Kosugi H, Kikugawa K. 1985. Thiobarbituric acid reaction of aldehydes and oxidized lipids in glacial acetic acid. Lipids, 20: 915-920.

Kozak M C. 1987. At least six nucleotides preceding the AUG initiator codon enhance translation in mammalian cells. Journal of Molecular Biology, 196: 947-950.

Lane B, Kajioka R, Kennedy T. 1987. The wheat-germ Ec protein is a zinc-containing metallothionein. Biochemistry and Cell Biology, 65: 1001-1005.

Lee M Y, Shin H W. 2003. Cadmium-induced changes in antioxidant enzymes from the marine algae *Nannochloropsis oculate*. Journal of Applied Phycology, 15: 13-19.

Li M, Hu C, Zhu Q, et al. 2006. Copper and zinc induction of lipid peroxidation and effects on antioxidant enzyme activities in the microalga *Pavlova viridis* (Prymnesiophyceae). Chemosphere, 62: 565-572.

Li M S, Lee S Y. 1997. Mangroves of China: a brief review. Forest Ecology and Management, 96: 241-259.

Long S P, Humphries S, Falkowski P G. 1994. Photo inhibition of photosynthesis in nature. Annual Review of Plant Physiology and Plant Molecular Biology, 45: 633-662.

Ma J F, Hiradate S, Matsumoto H. 1998. High aluminum resistance in buck wheat II . Oxalic acid detoxifies aluminum internally. Plant Physiology, 117: 753-759.

Ma M, Lau P S, Jia Y T, et al. 2003. The isolation and characterization of type 1 metallothionein (MT) cDNA from a heavy-metal-tolerant plant, *Festuca rubra* cv. Merlin. Plant Science, 164: 51-60.

MacFarlane G R, Burchett M D. 1999. Zinc distribution and excretion in the leaves of the grey mangrove, *Avicennia marina* (Forsk.) Vierh. Environmental Experimental Botany, 41: 167-175.

MacFarlane G R, Burchett M D. 2000. Cellular distribution of copper, lead and zinc in the grey mangrove, *Avicennia marina* (Forsk.) Vierh. Aquatic Botany, 68: 45-59.

MacFarlane G R, Burchett M D. 2001. Photosynthetic pigments and peroxidase activity as indicators of heavy metal stress in the grey mangrove, *Avicennia marina* (Forsk.) Voerh. Marine Pollution Bulletin, 42(3): 233-240.

MacFarlane G R, Burchett M D. 2002. Toxicity growth and accumulation relationships of copper lead and zinc in the grey mangrove *Avicennia marina* (Forsk.) Vierh. Marine Environmental Research, 54: 65-84.

MacFarlane G R, Pulkownik A, Burchett M D. 2003. Accumulation and distribution of heavy metals in the gray mangrove, *Avicennia marina* (Forsk.) Vierh.: biological indication potential. Environmental Pollution, 123: 139-151.

Mackay E A, Overnell J, Dunbar B, et al. 1993. Complete amino acid sequences of five dimeric and four monomeric forms of metallothionein from the edible mussel *Mytilus edulis*. European Journal of Biochemistry, 218: 183-194.

Macnair M R. 1981. Tolerance of higher plants to toxic materials. *In*: Bishop J A, Cook L M. Genetic Consequence of Man Made Charge. London & New York: Academic Press: 177-204.

Margis-pinheiro M, Martin C, Didierjean L, et al. 1993. Differential expression of bean chitinase genes by virus infection, chemical treatment and UV irradiation. Plant Molecular Biology, 22: 659-668.

Margoshes M, Vallee B L. 1957. A cadmium protein from equine kidney cortex. Journal of the American Chemical Society, 79: 4813-4814.

Meharg A A. 1994. Integrated tolerance mechanisms: constitutive and adaptive plant responses to elevate metal concentration in the environment. Plant Cell Environ, 17: 989-993.

Mengel K, Kirkby E A. 2001. Principles of Plant Nutrition. 5th Edition, New York: Springer-Verlag.

Miller J D, Richard N A, Pell E J. 1999. Senescence-associated gene expression during ozone-Induced leaf senescence in *Arabidopsis*. Plant Physiology, 120: 1015-1023.

Molone C, Koeppe D E, Miller R J. 1974. Localization of lead accumulation by corn plants. Plant Physiology, 3: 388-394.

Murphy A, Zhou J, Goldsbrough P, et al. 1997. Purification and immunological identification of metallothioneins 1 and 2 from *Arabidopsis thaliana*. Plant Physiology, 113: 1293-1302.

Navalker B S. 1951. Succession of the mangrove vegetation of Bombay and Salsette Islands. Journal of the Bombay Natural History Society, 50: 157-161.

Nies D H, Silver S. 1989. Plasmid-determined inducible efflux is responsible for resistance to cadmium, zinc and cobalt in *Alcaligenes eutrophus*. Journal of Bacteriology, 171: 896-900.

Nishizono H. 1987. The role of the root cell wall in the heavy metal tolerance of *Athyrium yokoscense*. Plant and Soil, 101: 15-20.

Ortiz D F, Ruscitti T, McCue K F, et al. 1995. Transport of metal-binding peptides by HMT1, a fission yeast ABC-type vacuolar membrane protein. Journal of Biological Chemistry, 270: 4721-4728.

Palmiter R P, Findley S D, Whitmore T E, et al. 1992. MT-III, a brain-specific member of the metallothionein gene family. Proceedings of the National Academy of Sciences of the United States of America, 89: 6333-6334.

Peng L, Wenjian Z, Zhenji L. 1997. Distribution and accumulation of heavy metals in *Avicennia marina* community in Shen Zhen, China. Journal of Environmental Sciences, 9 (4): 472-479.

Pereira G J G, Molian S M G, Lea P J, et al. 2002. Activity of antioxidant enzymes in response to cadmium in *Crotalaria juncea*. Plant and Soil, 239: 123-132.

Pesole G, Liuni S, Grillo G, et al. 1997. Structure and compositional features of untranslated regions of eukaryotic mRNAs. Gene, 205: 95-102.

Peters E C, Gassman N J, Firman J C, et al. 1997. Ecotoxicology of tropical marine ecosystems. Environmental Toxicology and Chemistry, 16: 12-40.

Placer Z A, Cushman L L, Johnson B C. 1966. Estimation of product of lipid peroxidation (malonyl dialdehyde) in biochemical systems. Analytical Biochemistry, 16: 369-364.

Rauser W E. 1995. Phytochelatins and related peptides. Plant Physiol, 109: 1141-1149.

Rauser W E. 1999. Structure and function of metal chelator produced by plants. The case for organic acids, amino acids, phytin, and metallothioneins. Cell Biochemistry and Biophysics, 31: 19-48.

Rauser W E, Ackerley C A. 1987. Localization of Cadmium in granules within differentiating and mature root cells. Canadian Journal of Botany, 65: 643-646.

Reynolds T L, Crawford R L. 1996. Changes in abundance of an abscisic acid-responsive, early cystein-labeled metallothionein transcript during pollen embryogenesis in bread wheat (*Triticum aestivum*). Plant Molecular Biology, 32: 823-829.

Roberson A I, Phillips M J. 1995. Mangroves as filter of shrimp pond effluent: prediction and biogeochemical research needs. Hydrobiologia, 295: 311-321.

Robinson N F, Jonathan R W, Jennifer S T. 1996. Expression of the type 2 metallothionein-like gene MT2 from *Arabidopsis thaliana* in Zn^{2+}-metallothionein-deficient *Synechococcus* PCC 7942: putative role for MT2 in Zn^{2+} metabolism. Plant Molecular Biology, 30: 1169-1179.

Robinson N J, Tommey A M, Kuske C, et al. 1993. Plant metallothioneins. Biochemical Journal, 295: 1-10.

Rossi D L, Vicari A P, Franz-Bacon K, et al. 1997. Identification through bioinformatics of two new macrophage proinflammatory human chemokines: MIP-3alpha and MIP-3beta. Journal of Immunology, 158(3): 1033-1036.

Rothnie H M. 1996. Plant Mrna 3′ end formation. Plant Mol Biol, 32 (1): 43-61.

Rovertson A I, Phillips M J. 1995. Mangroves as filter of shrimp pond effluent: prediction and biogeochemical research needs. Hydrobiologia, 295: 311-321.

Saenger P, McConchie D, Clark M. 1991. Mangrove Forests as a buffer zone between anthropogenically polluted areas and the sea. *In*: Saenger P. Proceedings 1990 CZM Workshop. Yeppoon, QLD: 280-294.

Saitou N, Nei M. 1987. The neighbor-joining method: a mew method for reconstructing phylogenetic trees. Molecular Biology and Evolution, 4: 406-425.

Satl D E, Prince R C, Baker A J M, et al. 1999. Zinc ligands in the metal typer accumulator *Thlaspi caerulescens* as determined using X-ray absorption spectroscopy. Environmental Science & Technology, 33: 713-714.

Schäfer H J, Greiner S, Rausch T, et al. 1997. In seedlings of the heavy metal accumulator *Brassica juncea* Cu^{2+} differentially affects transcript amounts for glutamylcysteine synthetase (ECS) and metallothionein (MT2). FEBS Letters, 404: 216-220.

Schäfer H J, Kerwer A H, Rausch T. 1998. cDNA cloning and expression analysis of genes encoding GSH synthesis in roots of the heavy metal accumulator *Brassica juncea* L.: evidence for Cd-induction of a putative mitochondrial glutamylcysteine synthetase isoform. Plant Molecular Biology, 37: 87-94.

Shenyu M, Chen G. 1998. Allocation and migration of lead in a simulated wetland system of *Kandelia Candel*. China Environmental Science, 18 (1): 48-51.

Snedaker S C, Snedaker J G. 1984. The mangrove ecosystem: research method printed in United Kingdom. Paris: UNESCO.

Somashekaraiah B V, Padmaja K, Prasad A R K. 1992. Phytotoxicity of cadmium ions on germinating seedlings of mung bean (*Phaseolus vulgaris*): involvement of lipid peroxides in chlorophyll degradation. Plant Physiology, 85: 85-89.

Steffens J C. 1990. The heavy metal-binding peptides of plants. Annual Review of Plant Physiology and Plant Molecular Biology, 41: 553-575.

Takemura T, Hanagta N, Sugihara K, et al. 2000. Physiological and biochemical responses to salt stress in the mangrove, *Bruguiera gymnorrhiza*. Aquatic Botany, 68: 15-28.

Tam N F Y, Wong Y S. 1994. Nutrient and heavy metals and plant mineral nutrients. Acta Societatis Botanicorum Poloniae, 64 (3): 265-271.

Tam N F Y, Wong Y S. 1996. Retention and distribution of heavy metals in mangrove soils receiving wastewater. Environmental Pollution, 94: 283-291.

Taylor G J, Crowder A A. 1983. Uptake and accumulation of copper, nickel, and iron by *Typha latifolia* grown in solution culture. Canadian Journal of Botany, 61: 1825-1830.

The Human Genome Consortium. 2001. Intial sequencing and analysis of human genome. Nature, 409: 860-921.

Thomas S, Eong O J. 1984. Effects of the heavy metals Zn and Pb on *R. mucromata* and *A. alba* seedlings. *In*: Soepadmo E, Rao A M, NacIntosh M D. Proceedings of Asian Symposium on Mangroves and Environment, Research and Management. Penang: Malaysia VCH Press: 568-574.

Thompson J D, Higgins D G, Gibson T J. 1994. Clustal W: improving the sensitivity of progressive multiple sequence alignment through sequence weighting, position-specific gap penalties and weight matrix choice. Nucleic Acids Research, 22: 4673-4680.

Thompson W W. 1975. The structure and function of salt glands. *In*: Poljakoff-Mayber A, Gale J. Plants in Saline Environments. New York: Springer: 118-146.

Tommey A M, Shi J, Lindsay W P, et al. 1991. Expression of the pea gene PsMTA in *E. coli* metal-binding properties of the expressed protein. FEBS Letters, 292: 48-52.

van Assche F V, Clijsters H. 1990. Effects of metals on enzyme activity in plants. Plant Cell Environment, 13: 195-206.

Verkleij J A C, Schat H. 1990. Mechanisms of metal tolerance in plants. *In*: Shaw A J. Heavy Metal Tolerance in Plants-Evolutionary Aspects. Boca Raton: CRC Press: 179-193.

Viarengo A. 1989. Heavy metals in marine invertebrates: mechanisms of regulation and toxicity at cellular level. Crit Rev Aquat Sci, 1: 295-314.

Walsh G E, Ainsworth K A, Rigby R. 1979. Resistance of the mangrove [*Rhizpohora mangle*(L.)] seedlings to Pb, cadmium and mercury. Biotropica, 11(1): 22-24.

Wang J. 1991. Computer-simulated evaluation of possible mechanisms for quenching heavy metal ion activity in plant vacuoles. Plant Physiology, 97: 1154-1160.

Whitelaw C A, Le Huquet J A, Thurman D A, et al. 1997. The isolation and characterization of type II metallothionein-like genes from tomato (*Lycopersicon esculentum* L.). Plant Molecular Biology, 33: 503-511.

Winge D R, Miklossy K A. 1982. Domain nature of metallothionein. Journal of Biological Chemistry, 257: 3471-3476.

Wong Y S, Lan C Y, Chen G Z, et al. 1995. Effect of wastewater discharge on nutrient contamination of mangrove soils and plant. Hydrobiologia, 295: 243-254.

Wong Y S, Tam N F Y, Chen G Z, et al. 1997. Response of *Aegiceras corniculatum* to synthetic sewage under simulated tidal conditions. Hydrobiologia, 352: 89-96.

Wu I, Moses M A. 2001. Cloning of a cDNA encoding an isoform of human protein phosphatase inhibitor 2 from vascularized breast tumor. DNA Sequencing, 11(6): 515-518.

Ye Y, Tam N F Y, Wong Y S, et al. 2003. Growth and physiological responses of two mangrove species (*Bruguiera gymnorrhiza* and *Kandelia candel*) to waterlogging. Environmental and Experimental Botany, 49: 209-221.

Ye Z H, Baker A J M, Wong M H, et al. 1997. Zinc, lead and cadmium tolerance, uptake and accumulation by *Typha latifolia*. New Phytologist, 136: 469-480.

Yim M W, Tam N F Y. 1999. Effects of wastewater-borne heavy metals on mangrove plants and soil microbial activities. Marine Pollution Bulletin, 39: 179-186.

Yu L H, Umeda M, Liu J Y, et al. 1998. A novel MT gene of rice plants is strongly expressed in the node portion of the stem. Gene, 206: 29-35.

Zenk M H. 1996. Heavy metal detoxification in higher plant: a review. Gene, 179: 21-30.

Zhang F Q, Wang Y S, Lou Z P, et al. 2007. Effect of heavy metal stress on antioxidative enzymes and lipid peroxidation in leaves and roots of two mangrove plant seedlings (*Kandelia candel* and *Bruguiera gymnorrhiza*). Chemosphere, 67: 44-50.

Zhang F Q, Wang Y S, Sun C C, et al. 2012. Study on a novel metallothionein gene from a mangrove plant, *Kandelia candel*. Ecotoxicology, 21(6): 1633-1641.

Zhang Y X, Chai T Y, Burkard G. 1999. Research advances on the mechanisms of heavy metal tolerance in plants. Acta Botanica Sinica, 41 (5): 453-454.

Zhang Y W, Tam N F, Wong Y S. 2004. Cloning and characterization of type 2 metallothionein -like gene from a wetland plant, *Typha latifolia*. Plant Science, 167: 869-874.

Zhou J, Goldsbrough P B. 1994. Functional homologs of animal and fungal metallothionein genes from *Arabidopsis* plant. Cell, 6: 875-884.

第 5 章　多环芳烃胁迫下红树植物的生理 生化特征及其分子生态学机制

　　河流两岸和沿海工农业的急速发展、城市化进程的加快、航海运输业的发展及水产养殖业等人为活动的影响,使大量的有机污染物排入红树林湿地,大规模的石油泄漏事件及其在沉积物中的长久积累加重了红树林地区的有机污染程度。多环芳烃等持久性有机污染物的累积造成岸边的大片红树林落叶、折枝和支柱根数量减少,并导致大量红树死亡。据 Burns 等 (1993) 的调查研究表明,油类的污染毒性至少持续 20 年,并在这一过程中转化为多环芳烃 (polycyclic aromatic hydrocarbon,PAH) 等物质。红树林湿地过滤陆地径流和内陆带出的有机污染物,同时又截留潮汐所带来的海水中的多环芳烃,污染物含量远高于同海域的其他区域,Tam 等 (2001) 的研究表明红树林湿地沉积物的多环芳烃含量是该海域海洋底层沉积物含量的 2~10 倍。

　　多环芳烃性质稳定,难以降解,不溶于水,具有亲脂性,并且可以通过红树林生态系统复杂的食物链在生物脂肪中富集,对红树植物和红树林生态系统及人类健康等均构成潜在的威胁和影响。多环芳烃具有"三致"(致畸性、致癌性、致毒性)性质,能够导致生物体内分泌紊乱、生殖及免疫系统失调。红树林湿地特殊的生态特征和有机污染物的持久毒性,使红树林湿地有机污染生态学研究一度成为热点,主要有以下几个原因:红树林资源短缺,且不断遭受破坏;红树林生态系统的生物资源丰富,是众多海洋生物的栖息地;湿地沉积物有利于多环芳烃等有机污染物的富集,且难以降解;红树林湿地生态环境功能显著。因此,有机污染物对红树林湿地及其生态系统的影响受到广大科研工作者的关注。

5.1　国内外研究进展

　　红树林生长于热带、亚热带陆海交汇的海湾河口区,作为河口海区生态系统的初级生产者,支撑着广博的陆域和海域生命系统,为海区和陆源生物提供食物来源,为鸟类、昆虫、鱼类、贝类、藻菌等提供栖息繁衍场所,构成了复杂的食物链和食物网关系(林鹏,1997)。近年来随着工农业、沿海城市开发及港口驳岸海运的发展,大量的环境污染物混集于海湾河口区,严重冲击和威胁着红树林生态系统。目前国内外红树林污染生态学的研究多集中于重金属污染物,而对于持久性有机污染物如多环芳烃(PAH)的研究报道还较少(孙娟等,2005a;陆志强等,2002)。PAH 是一类重要的环境污染物,其持久性、难降解性、致毒性和致畸诱变作用受到国际社会越来越多的关注。但目前有关 PAH 在红树林领域的研究报道大多局限于分析红树林湿地沉积物中 PAH 的种类、含量、来源及微生物对 PAH 的降解作用(Ke et al.,2002,2003,2005;Tam et al.,2001;Tian et al.，2008；孙娟等，2005a），而对红树林湿地的核心主体——红树植物在 PAH 污染胁迫下的毒理效应的研究极少见报道。因此，研究红树植物在多环芳烃胁迫下的生理生化特征及其在分子生态学水平的防御机制（宋晖和王友绍，2012；Song et al.，2012），对于更好地保护红树林生态系统具有重要的意义。

5.1.1 多环芳烃在红树林生态系统的分布

红树林湿地地处潮间带，红树根系发达稠密，纵横交错，有机质丰富，有利于过滤和蓄积陆地污水及海洋潮汐所带来的有机污染物。多环芳烃因水溶性低、表面亲和力大等特性，极易吸附在红树林颗粒沉积物上。目前，红树林多环芳烃毒理学的研究主要集中于多环芳烃的来源、分布特征及其在沉积物中的代谢。

5.1.1.1 多环芳烃的来源

红树林区多环芳烃的来源主要有以下几方面：陆地生活污水和工业废水的输入；潮汐作用带来的海水中的多环芳烃；航运业产生的油污；大型石油泄漏事件；大气中有机物的干湿沉降（Gao et al.，2007；Ke et al.，2002，2005；Klekowski et al.，1994）。

污染物在红树林区的分布并不是均匀的，而是集中在一小块区域内，其含量、种类组成、代谢变化因沉积物机械组成、有机质含量、沉积物深浅不同而异（Ke et al.，2005；陆志强等，2007）。在某些区域内沉积物含量能够与某些指数形成线性关系。不同层次含量的不同，则可以反映污染物的来源及时间。

5.1.1.2 多环芳烃在红树林生态系统的分布特征

红树林湿地生产力丰富，食物链错综复杂，有机污染物一旦进入，则沿着食物链传递，从而逐级富集影响，因此研究污染物在食物链各级中的分布和富集系数有着重要意义（陈宏林等，2010）（图 5.1）。目前红树林湿地有机污染物在食物链方面的研究还仅限于研究藻类、浮游动植物等低等物种中有机污染物的含量，而对于其在食物链中的动态分布，以及有无生物放大作用还未涉及（Bayen et al.，2005；Torres et al.，2008；Triest，2008）。近几年来，关于 PAH 在红树林区域的污染研究也成为污染生态学的重要研究方向。Tam 等（2001）的研究发现，红树林区域特殊的沉积物特征及其水陆交汇的独特地理位置，使其沉积物中 PAH 含量是同等海域非红树林区域沉积物中含量的 2~10 倍。Ke 等（2005）对香港红树林区域沉积物中 PAH 含量的时空分布研究表明，沉积物中 PAH 总量和美国国家环境保护局提出的 16 种优控 PAH 组分的空间分布存在很大的差异。这种分布特征表明，不同的采样点总量的差异表明污染源可能多来自于工业污水、城市污水、船舶油污和溢油事故等。而在垂直断面的总量分析表明，表层含量低于底层，通过沉积物年层的分析得出 1958~1979 年是 PAH 污染最严重的时间，之后污染有所减轻。而对表层沉积物中多环芳烃的种类组成分析表明，红树林湿地中多环芳烃组成以萘、苊、芴和菲为主，说明红树林沉积物以低分子质量的多环芳烃为主，由此推测近年来多环芳烃的污染源主要来自于石油和废水污染。

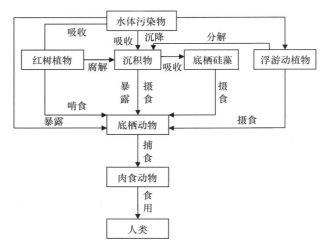

图 5.1　红树林区污染物分布图

5.1.2　多环芳烃对植物的毒性

　　土壤中的 PAH 可以穿过植物根皮层而进入木质部，通过根毛细胞的作用累积于植物茎，或通过运输作用到达叶部并积累。多环芳烃进入植物体内后，影响植物的正常发育、色素合成，抑制侧根发育，因此植株生长迟缓、矮小，加快植物的衰老以致死亡。研究表明，较高浓度的 PAH 对植物生长有明显的抑制作用（Kummerová & Kmentová，2004；Meudec et al.，2007；Oguntimehin et al.，2010）。拟南芥（*Arabidopsis thaliana*）在菲胁迫下，根、苗生长受到抑制，表现出根毛减少、叶片发黄、开花延迟等症状（刘泓等，2009）；辣椒（*Capsicum frutescens*）在苊作用下，生物量、株高显著下降（杨志峰和史衍玺，2006）。而郑文教和陆志强（2009）、洪有为和袁东星（2009）等的研究表明，红树植物秋茄在多环芳烃胁迫下，PAH 处理浓度越高，秋茄根部的毒害就越严重，表现为肿大、变黑、腐烂；而且红树幼苗的根、茎、叶干重明显降低，总生长量降低，干物质积累量减少（郑文教和陆志强，2009）。但是秋茄植物对于不同类型的多环芳烃污染物则表现出不同的生理反应（洪有为和袁东星，2009）。秋茄幼苗叶片在不同浓度菲处理下（1 mg/kg、5 mg/kg、10 mg/kg、50 mg/kg、100 mg/kg）的光合速率在 6 周时与第 3 周、第 9 周的状况存在着显著性差异，而在荧蒽各浓度处理的第 6 周，幼苗叶片净光合速率与第 3 周的状况之间不存在显著性差异，到了第 9 周才对叶片净光合速率有明显影响，表现出菲处理对秋茄幼苗生长及光合作用的影响大于荧蒽，说明秋茄幼苗对不同类型的 PAH 有不同的耐受性，这与植物的种类，以及 PAH 的环数、水中溶解度、化学性质等息息相关，一般环数越多，理化性质越稳定，水中溶解度越小，从而对植物的伤害程度也越小。

5.1.2.1　多环芳烃与氧化胁迫

　　Liu 等（2009）的研究表明多环芳烃胁迫导致拟南芥体内活性氧（ROS）增加，诱导植物保护酶活性显著提高，脂质过氧化作用增强，使植物体内形成高的氧化胁迫环境；尹颖等（2007）也检测到芘始终导致苦草叶部产生大量的自由基。植物体内 ROS 增加，一方面引起对细胞膜的伤害和蛋白质、核酸等大分子物质代谢损伤，另一方面则诱导 SOD、CAT、APX 等抗氧化酶活性增加（孙海平和汪晓峰，2009），但随着植物体内 PAH 浓度的增加，抗氧化酶分子合成机制受到损伤或其代谢途径受到破坏，活性下降（Liu et al.，2009；Naidoo et al.，2010）。对于 PAH 胁迫的生理响应和伤害的分子机制存在多种观点，如 McCann 等认为 PAH 与细胞膜的脂肪分子作用而破坏了膜的双层结构，也有可能是由于 PAH 能稳定地吸收紫外线，通过光化学反应产生氧自由基从而破坏了细胞膜结构的完整性（McCann et al.，2000；McCann & Solomon，2000）；Reilley 等（1996）则认为 PAH 对生物的伤害是间接影响作用，认为地上叶片色素含量下降可能是 PAH 阻碍了植物根系从污染土壤中吸收养分和水分的能力，导致色素合成能力下降。

5.1.2.2　PAH 对光合作用和蒸腾作用的影响

多环芳烃落在植物叶片上，会堵塞叶片呼吸孔，使其变色、萎缩、卷曲甚至脱落，影响植物的正常生长和结果（Clarke，1993；Kummerová et al.，2006；Meudec et al.，2007；Oguntimehin et al.，2008）。例如，受多环芳烃污染的大豆叶片发红、掉落，使果荚变小或不结粒（Alfani et al.，2005；Kyung-Hwa et al.，2004；Shane & Bush，1989）。

红树植物在人工污水、重金属、盐胁迫等处理下光合作用的研究表明，在低浓度污染物下有促进红树植物生长的作用，但是随着处理浓度的升高，会不同程度地降低植物光合作用的速率，抑制植物的正常生长（Cheng et al.，2010；Takemura et al.，2000；Zhang et al.，2007a）。洪有为和袁东星（2009）对红树植物秋茄在 PAH 胁迫下的研究结果也表明，随着 PAH 浓度和处理时间的增加，叶片气孔阻力增加，细胞间隙 CO_2 浓度减少，叶绿素 a、b 的含量减少，从而降低了植物的净光合速率和蒸腾速率。

5.1.2.3　PAH 对细胞色素 P450 酶系统的影响

细胞色素 P450 酶系统由于其蛋白质种类的多样性及其底物的重叠性可以催化多种类型的反应，不仅对体内具有生理功能的内源性物质如激素、脂肪酸具有代谢作用，对许多外来物质如农药、多环芳烃、多氯联苯（PCB）等也具有分解代谢作用。研究表明，多环芳烃苯环的断裂主要依靠 P450 的作用（宋玉芳等，2009）。目前，关于动物和微生物 P450 酶系统在毒理学方面的研究众多（Cavanagh et al.，2000；Fuentes-Rios et al.，2005；Lee & Anderson，2005；Peters et al.，1997）。研究者发现，海鱼的 7-乙氧基-异吩噁唑酮-脱乙基酶（EROD）活性是监测海鱼中 PAH 和 PCB 的良好指标。而多环芳烃对植物 P450 酶系统影响的研究表明，P450 酶系统对外界的多环芳烃作用具有高度敏感性。李昕馨等（2006）对小麦在菲胁迫下的研究结果表明，P450 含量与菲诱导存在明显的剂量-效应关系，其相关程度和敏感程度均高于常用的发芽率、根伸长抑制率和超氧化物歧化酶（SOD）等指标，是外界低剂量条件下指示多环芳烃污染的重要生物标志物。

5.1.3 植物对抗多环芳烃污染的机制

5.1.3.1 植物细胞色素 P450 酶系统的解毒机制

细胞色素 P450 酶系是一个大的基因家族，催化多种亲脂性外源化合物的生物转化，反应底物包括脂类、苯丙烷类、黄酮类等内源化合物，以及多种农药、除草剂、多环芳烃等外源物质，涉及的反应机制有羟基化、环氧化、杂原子脱烷基、双键氧化等。生物暴露于 PAH、PCB 等污染物的水平与体内 P450 酶系的表达水平具有显著相关性，因而许多学者提出将 P450 酶系的表达水平作为海洋动物暴露于持久性有机污染物的可靠的生物标志物（Nahrgang et al.，2009），作为检测环境污染情况变化的早期预警（Fuentes-Rios et al.，2005；Lee & Anderson，2005；Nahrgang et al.，2009；Shane & Bush，1989）。

细胞色素 P450 几乎存于所有的动物、植物和微生物中。目前关于动物和微生物中 P450 酶系的表达和功能的研究较多，然而对于植物中 P450 酶系的功能和表达特征研究还较少。随着分子生物技术的发展，研究人员已从 111 种植物中获得 1052 个植物细胞色素 *P450* 基因，部分 *P450* 基因功能已得到鉴定（余小林等，2004；贺丽虹等，2008）。P450 在植物体的功能主要体现在两个方面：生物合成和代谢解毒。多种胁迫下对于 P450 酶系统的研究表明，P450 在植物抗逆反应中具有重要的作用。而植物在长期的进化过程中，植物细胞色素 P450 也可以通过各种代谢途径在体内形成各种与抗逆相关的物质，一方面作为体内的缓冲系统，提高对外界病原物、胁迫的抗性；另一方面作为胁迫信号，激活植物的各种抗逆防御机制。也有研究者认为烃类降解的初始阶段都是通过 P450 的作用，在碳链上加上氧原子，再经一系列反应使碳链断开，进而完成降解，多环芳烃苯环的断裂也主要依靠 P450 的作用（朱琳等，2001）。而这些反应对 P450 产生两种不同的影响：诱导和抑制作用。诱导响应为生物在复杂和不利环境中生存下来的一种适应机制，诱导加强能够有效增强植物的解毒能力。研究表明，各种病虫感染、重金属、PAH、PCB 及杀虫剂等对小麦、玉米、甘薯、以色列菊芋等作物的 P450 含量有明显的诱导作用（Arun & Subramanian，2007；Badal et al.，2011；Bebianno et al.，2007；Durst & O'Keefe，1995；Tsuji & Walle，2007；刘宛等，2001；贺丽虹等，2008）。近年来，关于植物特定 *P450* 基因克隆及表达的研究逐步深入，必将引导人们进一步探究 *P450* 基因的表达调控和诱导机制。

肉桂酸-4-羟化酶（cinnamate-4-hydroxylase，C4H）是一种 P450 单加氧酶，在植物的各组织中均具有很高的表达活性，参与许多异源物质（包括药物、除草剂、杀虫剂等）的羟化反应（骆萍等，2001）。C4H 是第一个被鉴定的植物 P450 单加氧酶，也是第一个被克隆和确定了功能的植物 P450（陈安和等，2007）。C4H 是苯丙烷途径的关键酶，苯丙烷途径是指从 L-苯丙氨酸到羟基肉桂酸及其各种衍生物的合成途径，可以产生多种具有重要生理功能的多酚类次生物质，如木质素和类黄酮等（Leonard et al.，2006；Ye，1996）。木质素是植物细胞壁的重要组成成分之一，与纤维素一起使植物的根、茎加粗和加固，增加植物抵抗病虫害和抗倒伏能力；类黄酮物质对植物的生长发育、抗逆性等有重要作用（李莉等，2007）。因此，分析这些 P450 单加氧酶的生理生化特征和基因表达特性，对于深入探讨植物的抗逆防御机制和次生代谢途径等都有重要的意义。

5.1.3.2　活性氧的产生及植物抗氧化系统

在 PAH 作用下会导致多种植物包括黑麦草、秋茄、桐花树、拟南芥体内活性氧（ROS）的增加（Liu et al.，2009；孙娟等，2005b；陆志强等，2008）。植物的氧化胁迫响应是植物响应 PAH 胁迫的早期警报，ROS 的积累具有双重作用：一方面作为信号分子介导植物对各种外界刺激产生胁迫响应；另一方面作为强氧化剂攻击植物体内的细胞膜或蛋白质分子，造成氧化伤害。活性氧产生于植物代谢过程中的需氧组织，正常情况下，植物体内的 ROS 含量由抗氧化系统调控并保持在一定的水平。这些调控系统主要包括酶促和非酶促两类活性氧自由基清除系统（Mittler，2002）。酶系统主要包括：超氧化物歧化酶（SOD）、过氧化氢酶（CAT）、过氧化物酶（POD），以及涉及抗坏血酸-谷胱甘肽（AsA-GSH）循环的 5 个酶，即抗坏血酸过氧化物酶（APX）、单脱氢抗坏血酸还原酶（MDHAR）、脱氢抗坏血酸还原酶（DHAR）、谷胱甘肽过氧化物酶（GPX）和谷胱甘肽还原酶（GR）（图 5.2）。非酶系统包括：抗坏血酸、谷胱甘肽、类胡萝卜素、酚类化合物等。在植物中活性氧的大量积累会引起植物代谢失活、细胞死亡、光合作用速率下降、同化物的形成减少，甚至造成植物品质下降和产量降低等严重后果，因此高效的活性氧清除体系在植物抵抗环境胁迫中发挥着重要作用（Boscolo et al.，2003；Cho & Seo，2005；Lin et al.，2007；Munné-Bosch & Peñuelas，2004；卢晓丹等，2008）。

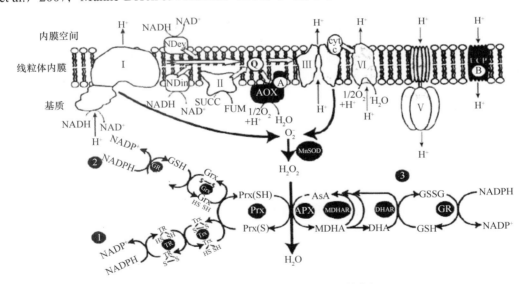

图 5.2　ROS 在植物体内的产生和代谢途径

MnSOD. Mn 超氧化物歧化酶；Prx. 过氧化蛋白；Trx. 硫氧还蛋白；TR. 硫氧还蛋白还原酶；Crx. 谷氧还蛋白；GR. 谷胱甘肽还原酶；APX. 抗坏血酸过氧化物酶；GSSG. 氧化型谷胱甘肽；GSH. 还原型谷胱甘肽；AsA. 抗坏血酸；DHAR. 脱氢抗坏血酸还原酶；MDHAR. 单脱氢抗坏血酸还原酶；MDHA. 单脱氢抗坏血酸；DHA. 脱氢抗坏血酸；SUCC. 琥珀酸；FUM. 黄素蛋白

SOD 是抗氧化胁迫的第一道防线，是主要的超氧化物淬灭剂，可将 O_2^- 歧化为 H_2O_2 和单分子氧，作为一种诱导酶，SOD 活性受到底物 O_2^- 浓度的诱导。根据其结合金属离

2
06 | 红树林分子生态学

子的不同，SOD 可以分为 CuZn-SOD、MnSOD 和 FeSOD 三种类型（马旭俊和朱大海，2003）。SOD 广泛分布于植物细胞内能够产生活性氧的亚细胞结构中，但是不同植物及同一细胞不同亚细胞结构中 SOD 类型和酶活性存在差异（杨剑平，1995）。CuZnSOD 主要位于细胞质和叶绿体中，MnSOD 主要位于线粒体中，FeSOD 一般位于一些植物的叶绿体中。三种类型的 SOD 可通过它们对 KCN 和 H_2O_2 的敏感程度不同在实验中加以区分。FeSOD 仅对 H_2O_2 敏感，CuZnSOD 对 KCN 和 H_2O_2 均敏感，而 MnSOD 不受两种抑制剂的影响。因此不同的逆境胁迫下，不同植物不同部位启动的 SOD 保护机制也不同（Badawi et al.，2004）。研究表明，各种外界胁迫均能诱导 SOD 活性的升高，但是随着胁迫强度的增大，当活性氧的产生速率超过系统清除能力时，细胞受到严重伤害，继而引起 SOD 活性下降（Gill & Tuteja，2010；Wang et al.，2005，2004a；Wen et al.，2009）。

过氧化氢酶（CAT）和过氧化物酶（POD）是植物中清除 H_2O_2 的关键酶，也是植物耐受胁迫所必需的保护酶（Smirnoff，1998）。多种研究表明，盐胁迫、重金属胁迫条件下，能够有效地诱导红树植物木榄、白骨壤叶片的 CAT、POD 活性（Candan & Tarhan，2003a；Zhang et al.，2007a）。环境信号可以引发细胞内 Ca^{2+} 浓度迅速、瞬时增加，通过CaM 等调节细胞生理过程。CaM 在 Ca^{2+} 存在下激活 CAT，提高 CAT 的表达量，从而降低体内 H_2O_2 的含量。过氧化氢酶主要存在于植物过氧化物酶体与乙醛酸循环体中，不需要还原底物且具有较高的酶活速率，但是对 H_2O_2 的亲和力较弱（Willekens et al.，1997）。这点与 APX 的特点不同。

在氧化胁迫时，除了上述抗氧化酶的作用外，植物体内还存在着由一系列酶促反应组成的 AsA-GSH 循环。该循环是由 Foyer 和 Halliwell（1976）提出的，该循环依赖 NADPH 的氧化还原作用而解除 H_2O_2 的毒性。其中 APX 位于叶绿体胞质中，是该循环的关键酶（图 5.3）。在多环芳烃胁迫下，APX 活性的提高和转录水平的增强在拟南芥的研究中已经得到验证（Liu et al.，2009），而红树植物在盐胁迫、重金属胁迫下，APX 活性的提高也是植物抵御外界胁迫的有效表达机制。APX 的催化机制是以抗坏血酸作为电子供体在氧化抗坏血酸的同时将 H_2O_2 还原为 H_2O。化学反应为：2 抗坏血酸+H_2O_2 ⟶ 2 单脱氢抗坏血酸+H_2O，产生的单脱氢抗坏血酸可通过不同的途径被还原（Asada，1992）。因此，与 CAT 比较，APX 可以将抗坏血酸作为底物，与 H_2O_2 的亲和能力较强（孙卫红等，2005），这也是在反应中 APX 的活性和抗坏血酸含量总呈负相关的原因。

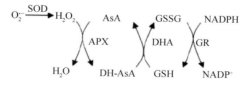

图 5.3　植物体内 APX 的作用机制

植物体内的 ROS 清除系统是一个协调一致的平衡过程，植物细胞内存在多处 ROS 产生位点，正常生理条件下，ROS 都被控制在毒性水平以下；而在胁迫条件下，过量的 ROS 会导致渐进的有害反应，因此活性氧产生和清除之间的平衡对于植物生长和代谢的维持，以及总体的环境胁迫耐性至关重要。细胞具有一系列清除体内外有害化学物质的酶系统。解毒过程可以分为三个阶段：第一阶段和第二阶段为将亲脂性和非极性物质转化代谢为水溶性的物质来降低毒性。第三阶段是将前两个阶段的产物排出体外或者使其参与体内的代谢（Neuefeind et al.，1997；Sandermann，1992）。第一阶段主要由细胞色素 P450 酶系统来完成，它是第一个蛋白酶家族，能够参与多种反应，尤其是氧化反应。第二阶段主要是催化已经活化的外源物质与内源的水溶性物质如 GSH 等的结合。谷胱甘肽-S-转移酶（GST）就催化这类反应。各类 GST 之间的序列差距很大，但是GST 都具有两个单体，每个单体都具有两个结构域、N 端区和 C 端区，对于不同植物的 GST 通过 X 射线衍射分析其晶体结构，发现它们有极其相似的三维结构（图 5.4）（Armstrong，1997；Dixon et al.，2002；Reinemer et al.，1996）。而对鱼类、贝类在重金属、多环芳烃胁迫下的研究表明，外界环境胁迫能够诱导生物体内 GST 的表达，从而协同金属硫蛋白和 CAT 等协调一致地抵御外界引起的氧化胁迫环境（Chang et al.，2008；Lee et al.，2007；Maria & Bebianno，2011）。

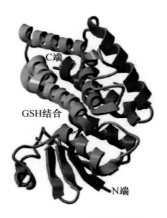

图 5.4　GST 的结构图

5.1.3.3　渗透调节机制

渗透调节机制是植物适应外界胁迫的重要生理机制，植物通过渗透调节维持一定的膨压，从而维持气孔开放、细胞生长和光合作用等生理过程的正常运行。渗透调节主要是通过细胞内积累的有机渗透物质如可溶性糖、脯氨酸、甜菜碱及多胺等物质，从而保持细胞的渗透活性，又不会扰乱大分子溶质系统，同时还能保持细胞膜的稳定性（Verbruggen & Hermans，2008）。其中关于脯氨酸的研究最多，包括热胁迫、紫外辐射、重金属胁迫、盐胁迫、渗透胁迫下番茄、水稻、拟南芥等植物中脯氨酸的作用机制（Chen et al.，2004；Cvikrová et al.，2012；de Campos et al.，2011；Knight et al.，1997；Silva-Ortega et al.，2008；Wang et al.，2004b），脯氨酸的增加和积累有助于细胞和组织的保水，同时还可作为一种碳水化合物的来源、酶和细胞结构的保护剂。因此，在生理水平上研究脯氨酸含量的变化对于了解脯氨酸在胁迫下的防御机制具有重要意义。

5.1.4 植物胁迫相关基因的研究

植物在逆境胁迫下（高盐、干旱、高低温、重金属、持久性有机污染物等）能够感知并传导胁迫信号，进而引发一系列的反应，使某些基因得以表达从而适应逆境。大量的研究表明，众多基因都能够受逆境胁迫的诱导，根据胁迫诱导基因表达产物的作用不同，可以将这些胁迫诱导表达的基因分为两大类（图 5.5）（Shinozaki & Yamaguchi-Shinozaki，2007）。第一类基因的编码产物在抗逆性中直接发挥功能，包括：①细胞色素 $P450$ 基因，P450 是植物体内在外源物质刺激下普遍被诱导的酶。PAH、百草枯、乙醇等环境毒物和机械损伤对小麦、甘薯、以色列菊芋等作物的 P450 的表达含量有明显的诱导作用（Cavanagh et al.，2000；Durst & O'Keefe，1995；Lee & Anderson，2005；Leonard et al.，2006；Tsuji & Walle，2007）。②毒性降解酶，如超氧化物歧化酶、过氧化物酶、过氧化氢酶、谷胱甘肽-S-转移酶、抗氧化家族相关酶和抗坏血酸过氧化物酶等可以保护细胞，使其免受活性氧的伤害（George et al.，2010；Tewari et al.，2006；Liu et al.，2009；Neuefeind et al.，1997；Szaefer et al.，2008；Wang et al.，2004a）。③渗透调节因子，如脯氨酸、甜菜碱、糖类等物质的合成，其中控制这些物质合成的关键基因就成为重要的研究对象，如参与脯氨酸合成的 $P5CS$ 基因（Silva-Ortega et al.，2008）。④直接保护使细胞免受水分胁迫伤害的功能蛋白，如渗透蛋白、抗冻蛋白、水通道蛋白、离子通道蛋白、伴侣蛋白和 mRNA 结合蛋白（Shinozaki et al.，2003）。目前这类基因产物的具体功能受到广泛重视，并且是研究的重要方向。第二类基因的编码产物参与调控下游基因的表达及信号的转导，包括：①感应和传导胁迫信号的蛋白激酶；②传导信号和调控基因表达的转录因子；③在信号转导中起重要作用的蛋白酶。

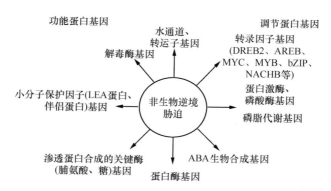

图 5.5　非生物逆境胁迫诱导表达的基因种类（Shinozaki et al.，2003，2007）

本部分主要综述了各种胁迫下细胞色素 P450 酶体系、抗氧化体系相关基因和渗透调节相关基因的表达调控。

5.1.4.1　细胞色素 $P450$ 基因的表达调控

植物细胞色素 P450 酶系统是植物中重要的生物合成系统，催化多种次级代谢反应，在防御反应、抗性及除草剂选择性方面都起着重要的作用。催化形成的物质有些是植物生长发育所必需的，有些则是防御物质和信号分子。苯丙氨酸代谢途径为植物最重要的次生代谢途径之一，从碳流的角度来看，占细胞代谢总量的 20%以上。而代谢产生的类黄酮、木质素等次生物质在植物抵抗逆境、病害等方面有重要的作用（Xu et al.，2010）。而苯丙氨酸解氨酶（phenylalanine ammonia-lyase，PAL）、肉桂酸-4-羟化酶（cinnamate-4-hydroxylase，C4H）、4CL 酶（4-香豆酸-辅酶 A 连接酶，4-coumarate-coenzyme A ligase）是这一代谢过程中三个重要的调控酶（李莉等，2007）。

C4H 是第一个被鉴定的植物 P450 单加氧酶，也是第一个被克隆并确定了功能的植物 P450 酶，与其他 P450 酶相比，C4H 在植物的各组织中均具有较高的活性（陈安和等，2007；骆萍等，2001）。C4H 的表达与植物的木质化进程紧密相关。在欧芹及拟南芥等植物中的研究表明，该酶在正在木质化部位的细胞中表达最强，在幼叶和老叶中部分表达。而对 C4H 功能的研究发现，植物的生长发育在各种外界因子，如机械损伤、化学诱导、干旱等刺激下，其编码基因 mRNA 均能受到诱导（Bellés et al.，2008；Blee et al.，2001；Hübner et al.，2003；Hotze et al.，1995；Xu et al.，2010）。但是对于多环芳烃胁迫下，C4H 基因的表达调控机制还未见报道。因此，开展 C4H 基因在多环芳烃胁迫下的作用机制、表达部位和时空表达模式的研究，将有利于我们深入地了解基因的表达调控机制，并使其按照需求在转基因植物中大量持久地表达，从而增强植物对外界环境的广谱持久抗性，使植物更好地适应和保护生态环境。

5.1.4.2　ROS 应答基因的表达调控

ROS 是植物生命活动的重要组成部分，外界环境胁迫和体内代谢的失衡都能够引发体内电子传递和氧化还原动态平衡的破坏，引起 H_2O_2、超氧离子等 ROS 的产生。ROS 的产生和积累不仅可以造成细胞坏死、细胞膜渗漏、染色质凝结等细胞伤害，而且 ROS 也可以作为信号分子，介导植物对于环境刺激的防御反应、程序性死亡、细胞生长和植物发育调控等许多重要的生理过程。植物体内具有复杂的活性氧产生和清除机制，从而维持细胞内氧化还原状态的微妙平衡。其中 SOD、CAT、POD、APX、GST 等是活性氧代谢过程的关键基因。

SOD 基因的表达受这种环境胁迫的控制，不同的环境胁迫导致不同的 SOD 基因表达，这可能是因为不同的逆境胁迫引起不同的亚细胞结构活性氧较多地积累。低温和干旱均能诱导小麦 MnSOD 基因的表达，而小麦 CuZnSOD 基因的表达只受到低温的诱导。干旱则会引起番茄细胞质 CuZnSOD 基因的转录产物急剧积累，而叶绿体 CuZnSOD 基因的转录产物未见明显改变。因此，同种植物对不同的外界刺激会启动不同的防御机制，而同种植物不同部位也因为胁迫产物量的不同而表达不同类型的 SOD 基因（马旭俊和朱大海，2003）。

CAT 是生物体内主要的抗氧化酶之一，能清除光呼吸、线粒体电子传递及脂肪酸β-氧化等过程中产生的 H_2O_2（Willekens et al.，1997）。众多研究也表明，CAT 在植物防御、胁迫应答、延缓衰老及控制细胞的氧化平衡等方面起到重要作用。例如，在 CAT 基因缺失的烟草中，H_2O_2 含量升高，导致类似于凋亡的细胞死亡（Pei et al.，2000）。而转玉米

CAT2 基因的烟草则引起更为严重的超敏反应，从而可以有效地控制细菌感染。在干旱作用下，玉米 CAT 活性则与水分胁迫条件呈显著正相关，而抗旱性强的玉米种类，其 SOD、CAT、GPX 等保护酶活性也相应较高。植物高的抗盐能力也与高的抗氧化酶水平密切相关（Nagamiya et al.，2007）。用不同浓度的 NaCl 处理盐敏感和耐盐棉花，随着浓度的提高，耐盐品种 CAT 活性逐渐降低，而 100 mmol/L 则使敏感品种的 CAT 活性提高，说明耐盐品种本身具有较高的 CAT 活性（Meloni et al.，2003）。

过氧化物酶（POD）的表达主要包括组成型表达和诱导型表达。组成型表达主要是参与植物正常代谢和生长发育等相关的结构型过氧化物酶，而大部分过氧化物酶的合成属于诱导型表达。大量的胁迫实验和分子水平上的基因调控研究已经证实这一点。紫外线照射、干旱、盐碱等均会诱导多种酚类化合物如苯丙酯类化合物的合成表达，过氧化物酶通过参与此类代谢产生胁迫响应（Elfstrand et al.，2001）。POD 为双功能酶，催化羟基化循环和过氧化循环，通过过氧化循环将各种结体分子如酚类化合物、木质素前体、生长素或次级代谢物的电子转移到 H_2O_2 从而将其还原，同时在羟基化循环中参与 ROS（O_2^-、H_2O_2、$\cdot OH$ 等）的释放。POD 的多样性使其参与多种生理反应包括生长素代谢、木质素的合成和木栓化、细胞壁组分的交联，并且与损伤信号转导等一系列的生理生化变化相关（Passardi et al.，2004）。

APX 是植物细胞叶绿体和细胞质中清除 H_2O_2 的主要酶类，多种逆境下 APX 的高表达已多有报道，而其在抗氧化胁迫中的重要性在 APX 转基因烟草中也已得到证实（Shi et al.，2001；Tarantino et al.，2005）。人们将从棉花、拟南芥等植物中克隆到的 *APX* 基因进行了转基因植物研究。将 *SOD*、*APX*、*GR* 基因分别导入棉花中，过量表达，所有转基因棉花具有较高的 PSⅡ 光化学活性和抗氧化能力（Kornyeyev et al.，2001）。Charles 等（1998）研究大豆中的 APX 发现，APX 的转录、翻译和翻译后调控可能增强农作物抵抗环境胁迫的能力（Caldwell et al.，1997）。汤莉等（2008）报道，转入 *APX* 基因的甘薯清除活性氧的能力增加，在水分胁迫下能保持较高的叶片含水量和净光合速率，耐旱性得到提高。而关于红树植物在重金属、盐胁迫等条件下的研究表明，在胁迫条件下 *APX* 基因的表达也会对环境的改变作出相应变化，保护重要的细胞区域免受氧化胁迫，严格控制细胞内 H_2O_2 的水平。

GST 普遍存在于各种生物体内，是由多个基因编码并具有多种功能的一组同工酶。研究人员第一次在动物中发现 GST，其在代谢和解除药物毒性中起着重要作用。1970 年，研究人员第一次在玉米中发现 GST。自此，在动物、植物、真菌中不断发现新的具有 GST 活性的相应酶和基因序列。GST 在植物体中具有多种多样的功能。一些 GST 同工酶含有非硒依赖性谷胱甘肽过氧化酶活性，可以清除脂类自由基，有抗脂质过氧化的作用。GST 的活性也是可以被诱导的，在机体有毒化合物的代谢、保护细胞免受急性毒性化学物质攻击中起重要作用（Cummins et al.，1999）。GST 是一种多基因的同工酶家族，酶的多态性使其代谢功能出现很大差异，并因此而影响到对某些毒物的敏感性。其中 GSTM1 和 GSTT1 两类酶参与多环芳烃类等多种致癌物在体内的代谢转化过程，两者均能参与 CYP 类代谢活化的产物或者氧化应激所造成的脂质或 DNA 过氧化物的解毒过程；编码该酶的等位基因的缺失会导致体内没有相应的酶表达，可使致癌物在体内蓄积

（Soni et al.，1998；Won et al.，2011）。GST 家族中的基因多态性使得携带不同基因型的个体对特定的外源化合物的代谢能力不同，由此造成个体在抗逆环境方面的差异。研究表明，外源 *GST* 基因导入植物后，转化植株表现为 GST 的优势表达，能提高植株的抗逆境能力。而且外源 *GST* 基因通过优势表达，提高转基因植株的 GST 活性，从而保护其他抗氧化酶，进而提高转基因植株的活性氧清除能力，防止逆境条件下氧化应激的产生和膜脂质过氧化（Yu et al.，2003；赵凤云等，2006）。正是由于 GST 在植物受到逆境胁迫时会增加植物的耐受力，因此关于其耐受机制和功能研究比较多。

植物在适应各种环境因子胁迫过程中，一种酶活性的升高通常伴随着其他抗氧化酶活性的提高。例如，抗旱型玉米比敏感型玉米的 APX 表现出更高的诱导活性，而此时 GR 的活性也明显升高。在含有 NaCl 的培养基上能进行光合自养而筛选出来的拟南芥突变体 pst1，其 APX 和 SOD 活性表现出显著的升高趋势，pst1 突变体也抵抗其他胁迫，调节这些酶的活性可以赋予植物其他的胁迫防御能力（Tsugane et al.，1999），这就暗示 ROS 清除系统的各组分之间存在着共调节作用。植物由于不能像动物那样自由移动，因此只能进化出最有效的生存方式来应对外界的不良环境，而外界生物、气候、营养失调、环境污染物刺激等胁迫因子的影响，使植物很难达到最适生长条件下体内的动态平衡，所以，植物需要调控多种基因和通过多种途径来抵御外界非生物胁迫的伤害。

5.1.4.3　渗透调节相关基因的表达调控

胁迫条件下，植物可通过提高脯氨酸、甘露醇、甜菜碱等渗透物质的含量，提高植株的抗性，这方面已有较多报道。因此研究代谢合成这些物质的关键基因，通过克隆转化这些基因，提高此类基因的表达量，可以有效地改善植物抵御外界胁迫的能力。参与脯氨酸代谢的酶主要有吡咯啉-5-羧酸合成酶（P5CS）、吡咯啉-5-羧酸还原酶（P5CR）、鸟氨酸-α-转氨酶（α-OAT）、P5C 脱氢酶（P5C dehydrogenase，P5CDH）。其中 P5CS 脱氢酶是脯氨酸合成代谢的限速酶，决定着脯氨酸合成的速度（Zhang et al.，1995），因此我们从该关键酶着手，研究多环芳烃胁迫下对脯氨酸代谢合成的影响。前人的研究结果表明，通过转 *P5CS* 基因，可以改善转基因植物的抗逆性。Zhu 等（1998）的研究表明转豇豆 *VaP5CS* 基因的水稻，造成脯氨酸含量持续升高，无论是在盐胁迫还是正常培养条件下都比野生型的生物量高。用农杆菌介导法获得的转基因小麦，随着盐浓度的增强，转基因小麦植株的脯氨酸含量也逐渐增加，野生型小麦在 100 mmol/L NaCl 的胁迫下全部死亡，而转基因植株能忍耐高达 200 mmol/L NaCl 的胁迫（Sawahel & Hassan，2002）。我们通过多环芳烃处理红树植物发现，在较低浓度多环芳烃胁迫下，增加脯氨酸含量也是植物对抗胁迫的重要手段之一，但是对其关键酶 *P5CS* 基因的表达调控还不得而知。

5.1.4.4　多酚氧化酶基因的表达调控

多酚氧化酶（polyphenol oxidase，PPO）是一类广泛存在于植物体中的质体金属酶，分为单酚氧化酶、双酚氧化酶和漆酶三类。一般所说的多酚氧化酶是儿茶酚氧化酶和漆酶的统称。PPO 由核基因编码，在细胞质中合成，定位于植物叶绿体的类囊体和其他类型质体的基质中而具有酶活性。多酚氧化酶能催化单元酚、二元酚等多元酚到联苯酚的羟基化，能直接以 O_2^- 为底物催化羟基酚到醌的脱氢反应。大量研究证明，PPO 是植物重要的防御酶，参与活性氧清除及酚类、木质素和植保素等抗病相关物质的合成，能抵御活性氧及氧自由基对细胞膜系统的伤害，从而增强植物对病害的抵抗能力（李斌等，2003；赵伶俐等，2005）。Iwabuchi 和 Harayama（1998）的研究表明，PPO 也是降解多环芳烃途径的一类关键酶，能催化 PAH 开环，生成较易降解的中间产物，降低 PAH 的毒性。而多环芳烃的存在也能普遍诱导多酚氧化酶的活性，但是 PPO 对不同类型多环芳烃的敏感性不同，这与多环芳烃的种类、环数及其在植物中的富集度有关，且其在植物中的表达具有明显的器质特异性（卢晓丹等，2008）。

由于 PPO 可在外界病原物感染、伤害、胁迫等条件下增加活性，表现出明显的抗病抗逆性，因此，通过转基因的方法，在特定器官和组织中选择调节 PPO 表达，可使 PPO 对植物体褐变的影响降至最低，同时使植物其他部分 *PPO* 基因大量表达，以减少伤害，提高植物的价值。目前关于盐胁迫下红树植物 *PPO* 基因的功能特征已有研究，因此开展多环芳烃胁迫下红树植物 *PPO* 基因的表达特性研究对于深入了解 *PPO* 基因的功能特征和生理生化特性具有重要的意义。

5.1.5 红树林污染生态学的研究热点

由于红树林生态系统的特殊性，红树林污染生态学的研究已成为目前红树林研究中的重要领域之一。而 PAH 是一类重要的持久性有机污染物，具有明显的毒性、致癌性和致畸突变作用。因此，多环芳烃在红树林生态系统的迁移、转化和生态效应已受到国际学者的普遍关注。红树林污染生态学经过多年的发展已经积累了大量有价值的基础资料和研究成果，为更好地保护和利用珍贵的红树林资源提供了重要的科学依据。但是目前还有很多方面亟待深入研究。综合近年来 PAH 在红树林污染研究的趋势来看，以下几方面有可能成为今后研究的热点。

（1）调查分析红树林 PAH 的总含量、各组分的含量及组成比例等从而评估 PAH 污染物来源。

（2）开展 PAH 在红树林湿地中环境、动物、植物及微生物间的多层次系统研究，探究污染物在红树林湿地生境水体、沉积物、有机碎屑和动物之间的分布、迁移转化规律及其生物、生态效应。

（3）以栽培模拟和自然生境相结合的方法研究 PAH 在不同浓度、不同时间胁迫下不同红树植物的生长情况、生理生态及生化效应，研究 PAH 对细胞膜结构和膜脂质过氧化等生理指标与抗氧化防御系统功能的影响，并在此过程中筛选出指示 PAH 污染程度的良好生物标志物。

（4）开展 PAH 胁迫下红树植物分子生态学抗逆机制研究，通过研究筛选对抗 PAH 胁迫的相关基因，通过基因工程技术改造红树植物，提高植物的抗逆性，并在此过程中更为深入地探究植物耐受 PAH 污染的分子机制。

5.1.6　研究的目的意义、研究内容和技术路线

5.1.6.1　目的意义

红树林作为河口海区生态系统的初级生产者支撑着广博的陆域和海域生命系统，为海区和陆源生物提供食物来源，也为鸟类、昆虫、鱼、虾、贝类、藻菌等提供栖息繁衍场所，并构成复杂的食物链和食物网关系。而红树植物作为红树林生态系统的重要组成部分，是承载整个生态系统的关键因素。因此，开展关于多环芳烃胁迫下红树植物的生理生化特征和分子生态学响应机制研究，对于保护红树植物、优化红树林生态系统具有重要的现实意义。

5.1.6.2　研究内容

以常见的红树植物木榄、秋茄、红海榄、桐花树等为供试植物，用红树林湿地常见的多环芳烃污染物萘、芘进行处理，采用经典毒理学、生物化学、分子生物学和实时定量 PCR 等技术，从个体、细胞和分子三个层次研究典型污染物对红树植物的生态毒理效应。具体研究了多环芳烃胁迫下红树植物体内两个抗氧化系统（SOD-CAT，POD；AsA-GSH 氧化还原系统）和细胞色素 P450 酶系统的响应机制，并通过单因素方差分析、判别分析、相关分析等统计分析手段，寻找指示不同强度多环芳烃胁迫的良好生物指标。

5.1.6.3　技术路线

技术路线如下所示。

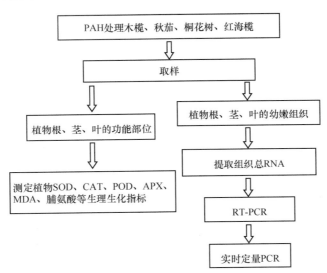

5.2 多环芳烃对红树植物抗氧化系统的影响

红树林是热带、亚热带海岸潮间带的木本植物群落，是备受国内外广泛关注和重点保护的珍贵生物资源。红树林生境特殊，地处陆海交汇的港湾河口区，受来自陆域和海域环境污染物的双重冲击，其高初级生产力、富含有机碎屑和有机碳等特征使其成为吸收和蓄积多环芳烃的重要场所。而多环芳烃通过红树林生态系统复杂的食物链和食物网关系有可能对整个生态系统甚至人类健康具有潜在的威胁。目前关于多环芳烃对微生物和动物影响的研究较多，而对植物的危害主要集中在对其生长状况等形态学指标的研究方面。研究表明，较高浓度的 PAH 对植物生长有抑制作用。例如，用菲胁迫拟南芥（*Arabidopsis thaliana*），其根、苗生长受到抑制，并表现出根毛减少、叶片发黄、开花延迟等症状（刘泓等，2009）；用菲、芘胁迫小麦（*Triticum aestivum*）、白菜（*Brassica pekinensis*）等，均对根的生长表现出显著的抑制效应，而且随着多环芳烃苯环数量的增加，毒害作用也随之增强（Guo et al.，2011）。一些研究认为，PAH 在低浓度时，对植物生长表现出促进效应。低浓度萘和芘（0.1 mg/L）对秋茄（*Kandelia candel*）幼苗生长有一定的刺激作用，当浓度为 10 mg/L 时则对胚轴等第二对叶的展开有明显的抑制作用。而关于植物对PAH 胁迫的生理响应的生理生化机制还不清楚。Ramos 和 García（2007）认为，PAH 导致植物体内活性氧（ROS）增加，植物的氧化胁迫响应是植物响应 PAH 胁迫的早期警报。

本研究我们采用常见的红树植物木榄、秋茄为供试植物，分别用菲、芘和对三联苯处理，研究了不同浓度 PAH 胁迫下红树植物抗氧化系统的变化，包括抗氧化酶 SOD、CAT、POD、APX，以及抗氧化物质脯氨酸含量的变化，并对叶绿素的含量变化进行了检测。在此基础上运用单因素方差分析、判别分析与相关分析对于根、茎、叶对多环芳烃的不同响应机制进行了分析。

5.2.1 芘和对三联苯胁迫下红树植物秋茄抗氧化系统的反应

5.2.1.1 实验材料

成熟的秋茄胚轴采集于海南东寨港红树林国家级自然保护区，种植在无 PAH 污染的沙质培养基中，待植株长至第三对叶完全展开后，分成 5 组，每组设三个平行，分别种植于预先处理好的 PAH 污染基质中。每周用含 10‰ NaCl 的 1/2 Hogland 营养液浇灌。处理 30 d 后取植物的根、叶、茎的功能部位进行植物抗氧化系统指标的测定。

实验设一个对照组（CK）和 4 个不同浓度处理组，对照组不加 PAH，处理组 PAH的浓度分别为海洋沉积物 PAH 污染风险评价中值（1PAH）（Long et al.，1995）、中值的5 倍（5PAH）、10 倍（10PAH）和 15 倍（15PAH），芘和对三联苯的纯度>99%，为美国百灵威公司产品。实验通过三个步骤将多环芳烃与风干过筛的沉积物混合：①将实验用的芘和对三联苯（1:1）溶于丙酮中，取适量加入到 1000 g 沉积物中，充分搅拌均匀，于振荡器中振荡 24 h，再放置 1 d，为第一母体污染沉积物；②将第一母体污染沉积物分别加入到 5 kg 沉积物中，充分搅拌，于振荡器上振荡 24 h，放置 1 d，为第二母体污染沉积物；③将第二母体污染沉积物再分别加入到另外三份预先准备好的沉积物中，使多环芳烃的浓度达到上述 4 种实验处理要求的浓度，放置 15 d，其间每天混合一次，向每个盆钵中加入自来水，使水面高过土样 3 cm，平衡 15 d，备用。

5.2.1.2　实验方法

1）组织液的制备

从每一处理组分别采集约 0.5 g 的叶、茎和根，在液氮中研磨，研成粉状，按 W：V=1：5 加入 50 mmol/L pH 7.8 的 PBS（内含 0.1 mmol EDTA、质量浓度为 0.3% Triton X-100 和质量浓度为 4%聚乙烯吡咯烷酮），3000 g 离心 15 min，将上清液转入另一离心管中再离心 10 min，即为所需提取液。以上操作均在 0~4℃条件下进行。

2）蛋白质的测定

参考 Bradford（1976）的方法，用小牛血清蛋白作为标准蛋白。

3）超氧化物歧化酶活性的测定

参考 Beauchamp 和 Fridovich（1971）所建立的方法。即总体积为 3 mL 反应混合体系中有 50 mmol pH 7.8 的 PBS，14.5 mmol 甲硫氨酸，2.25 mmol 氮蓝四唑（NBT），0.1 mmol EDTA，50 μL 酶提取液。在 400 lx 光照时，体系中产生的氧自由基能还原 NBT 形成蓝色甲䐶，在波长 560 nm 处测定消光值。以抑制光还原 NBT 50%为一个酶活性单位。酶活性用每毫克蛋白质所含的酶量计算（U/mg protein）。

4）过氧化氢酶活性的测定

参考陈建勋和王晓峰（2006）所建立的方法，在 3 mL 反应体系中，包含 1 mL 0.3% H_2O_2，1.95 mL 50mmol/L PBS（pH 7.0），最后加入 0.05 mL 酶液，启动反应，测定波长 240 nm 处 OD 值的降低速度，将每分钟减少 0.001 定义为 1 个活力单位。

5）过氧化物酶活性的测定

参考陈建勋和王晓峰（2006）所建立的方法，在 3 mL 反应体系中，包含 1 mL 0.3% H_2O_2，0.95 mL 0.2%愈创木酚，1 mL pH 7.0 的 PBS，最后加入 0.05 mL 酶启动液，记录波长 470 nm 处 OD 值的增加速度。酶活性单位为 U/mg protein。

6）抗坏血酸过氧化物酶活性的测定

参考陈建勋和王晓峰（2006）所建立的方法，在 1 mL 反应体系中，包含 50 mmol/L H_2O_2，加入 200 μL 酶提取液，启动反应，立即记录波长 290 nm 处 90 s 内 OD 值的变化。

7）膜脂质过氧化的测定

丙二醛（MDA）是膜脂质过氧化的终产物，参考赵世杰和许长成（1994）的方法。即总体积为 4 mL 反应混合体系含有 0.6%硫代巴比妥酸（用 10%三氯乙酸配制）2 mL，2 mL 提取液，置于沸水浴中煮沸 15 min，迅速冷却，离心。取上清液测定 532 nm 和 450 nm 波长下的 OD 值。对照管以 2 mL 水代替提取液。

8）脯氨酸含量的测定

根据张志良和瞿伟菁（2003）的研究方法，取 0.2 g 组织用 3%磺基水杨酸在沸水浴中充分提取 10 min，冷却后，3000 r/min 离心 10 min。取上清液 2 mL，加入 2 mL 3%

磺基水杨酸、2 mL 冰醋酸和 4 mL 2.5%茚三酮，置沸水浴显色 1 h，冷却后加入 4 mL 甲苯于涡旋混合仪振荡 0.5 min，静置分层，吸取红色甲苯相，于波长 520 nm 处测定 OD 值，制作标准曲线，最后从标准曲线中查得脯氨酸含量。

5.2.1.3　数据处理

每个对照组取 4~6 个样品，每个样品重复 2 次。数据为平均数±标准差。组间数据比较采用单因素方差分析，并对指标的含量或活性和 PAH 处理水平进行了相关分析，对同一水平下不同指标间进行了偏相关分析。根据不同组织的差异性表达进行了判别分析。

5.2.1.4　实验结果

1）SOD 活性

如图 5.6 所示，除了叶在 5PAH 处理下，在叶和根中 SOD 的活性均随着 PAH 处理浓度的升高普遍升高（$p<0.01$）。但是茎中在 5PAH 和 10PAH 处理下，SOD 的活性受到强烈的抑制。在 1PAH 和 15PAH 处理下，与对照比较在统计学上没有明显的变化。

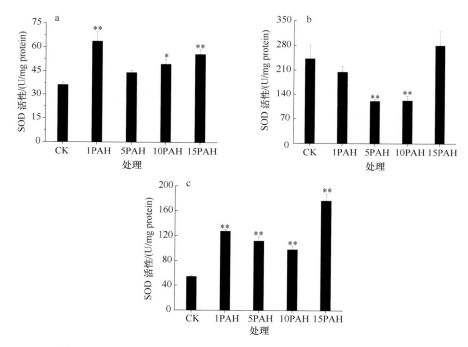

图 5.6　多环芳烃对秋茄叶（a）、茎（b）、根（c）中 SOD 活性的影响
*$p<0.05$ 为差异显著，**$p<0.01$ 为差异极显著；下同

2）CAT 活性

在 4 个不同浓度的处理下，在叶和根中 CAT 的活性在 $p \leqslant 0.01$ 的水平上都强烈增强，叶和根中分别在 10PAH、15PAH 处理下达到峰值（图 5.7）。与对照相比，茎在 1PAH 处理下 CAT 活性升高了大约 234%，在 5PAH 处理下，CAT 活性没有明显变化，但是在 10PAH 和 15PAH 处理下 CAT 活性分别降到对照的 34%和 52%。

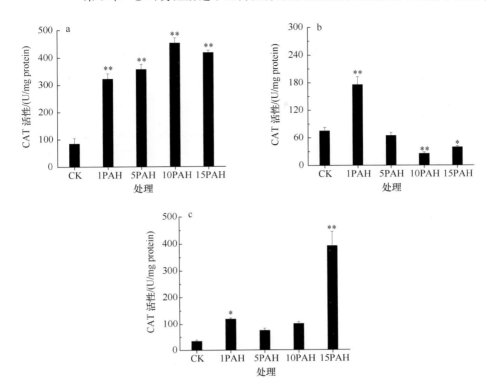

图 5.7　多环芳烃对秋茄叶（a）、茎（b）、根（c）中 CAT 活性的影响

3）POD 活性

如图 5.8 所示，秋茄根中 POD 活性在 4 个不同浓度 PAH 处理下都明显增强，尤其从 5PAH 处理开始，其活性在 $p \leqslant 0.01$ 的水平上都具有明显的变化。但是在叶和茎中的变化则不具有这种统一性。在 5PAH 和 10PAH 处理下茎中 POD 活性明显降低（$p \leqslant 0.01$），但是在 15PAH 处理下又显著升高。在叶中，POD 活性在 1PAH 处理下表现为极显著降低，在 10PAH 处理下又极显著升高，5PAH 和 15PAH 处理与对照相比则没有明显的变化。

4）MDA 含量

脂质过氧化水平的变化是通过 MDA 含量的变化来指示的，如图 5.9 所示。在叶、茎、根中 MDA 含量随着 PAH 处理浓度的增加均普遍升高。叶、茎、根中 MDA 含量的明显升高分别在 15PAH、10PAH 和 5PAH 处理条件下。

5）脯氨酸含量

在叶和根中脯氨酸的含量都明显升高（$p \leqslant 0.01$），如图 5.10 所示。但是茎中脯氨酸的含量只在 5PAH 和 10PAH 处理下极显著升高，在 15PAH 处理下含量降低。

6）判别分析

对 PAH 胁迫下的各个指标进行判别分析，如图 5.11 所示。数据可以明显地分为三个部分，并且这种分类有 77.5% 的正确率。

7）相关分析

我们对多环芳烃胁迫下酶活的强度和抗氧化物质的含量与 PAH 胁迫强度进行了相

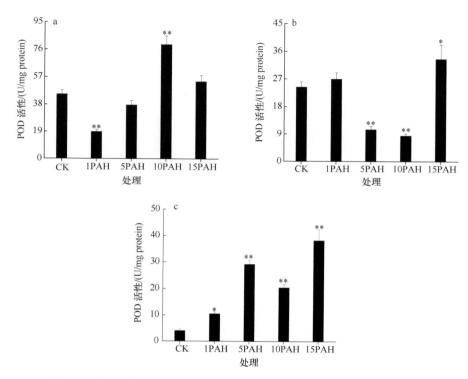

图 5.8　多环芳烃对秋茄叶（a）、茎（b）、根（c）中 POD 活性的影响

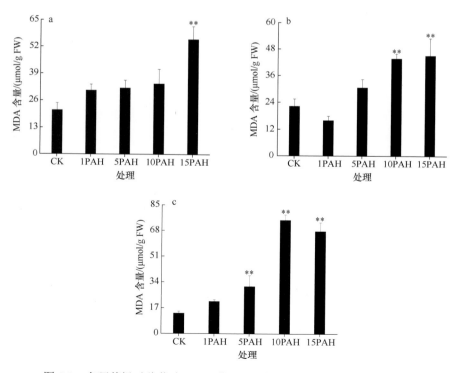

图 5.9　多环芳烃对秋茄叶（a）、茎（b）、根（c）中 MDA 含量的影响

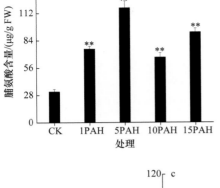
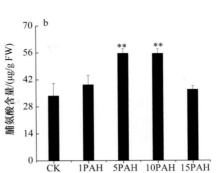

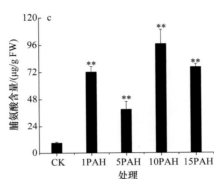

图 5.10　多环芳烃对秋茄叶（a）、茎（b）、根（c）中脯氨酸含量的影响

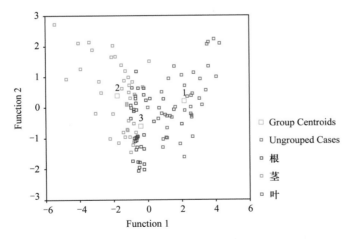

图 5.11　PAH 胁迫下不同指标根、茎、叶表达的判别分析

关分析，Pearson 相关系数如表 5.1 所示。在 $p<0.05$ 的水平下，只有 MDA 含量表现出明显的相关关系。比较叶、茎、根中相关系数和概率水平，相比叶、茎，根表现出在较低概率水平下具有较高的相关系数。为了进一步解析叶、茎、根中不同抗氧化指标的关系，对叶、茎、根不同指标间的偏相关分析表明（表 5.2），在茎中 SOD、POD 和脯氨酸的含量表现出明显的负相关关系。叶中 MDA 含量和 POD 活性也表现出明显的负相关关系。

表 5.1　多环芳烃处理浓度和酶及抗氧化指标的相关分析

指标	叶		茎		根	
	r	p	r	p	r	p
SOD	0.26	0.67	0.12	0.84	0.71	0.18
CAT	0.76	0.14	−0.68	0.21	0.81	0.09
POD	0.63	0.25	0.08	0.89	0.86	0.06
MDA	0.90	0.04	0.94	0.02	0.93	0.03
脯氨酸	0.42	0.48	0.21	0.74	0.64	0.24

表 5.2　根、茎、叶不同指标间的偏相关分析

指标（叶）	SOD	CAT	POD	MDA	脯氨酸
SOD	1.00				
CAT	0.60（0.40）	1.00			
POD	−0.62（0.38）	−0.17（0.83）	1.00		
MDA	0.64（0.36）	−0.01（0.99）	−0.95（0.05）	1.00	
脯氨酸	0.26（0.74）	0.59（0.41）	−0.61（0.39）	0.35（0.65）	1.00
指标（茎）	SOD	CAT	POD	MDA	脯氨酸
SOD	1.00				
CAT	0.30（0.70）	1.00			
POD	0.96（0.04）	−0.55（0.45）	1.00		
MDA	−0.55（0.45）	−0.93（0.07）	−0.76（0.24）	1.00	
脯氨酸	−0.99（0.00）	−0.31（0.69）	−0.95（0.05）	0.53（0.47）	1.00
指标（根）	SOD	CAT	POD	MDA	脯氨酸
SOD	1.00				
CAT	0.77（0.23）	1.00			
POD	0.50（0.49）	0.16（0.84）	1.00		
MDA	−0.52（0.48）	0.72（0.28）	−0.63（0.37）	1.00	
脯氨酸	0.27（0.73）	−0.12（0.88）	−0.32（0.68）	0.68（0.32）	1.00

5.2.1.5　讨论

植物在 PAH 胁迫下会产生大量的活性氧自由基，包括超氧离子、羟基、过氧化氢等，这些自由基会引起氧化应激，一方面作为信号分子介导植物对外界刺激产生胁迫响应；另一方面作为强氧化剂攻击植物体内的细胞膜和蛋白质分子，进而可能产生脂质过氧化和酶失活等毒理学效应（Liu et al.，2009；卢晓丹等，2008）。为了防止有氧状态下 ROS 的伤害，生物体在进化过程中形成了多种防御机制，以维持其体内的 ROS 在合适的浓度范围内。这些防御机制主要包括酶促和非酶促两类活性氧自由基清除系统（Fridovich，1986）。酶促系统主要包括 SOD、CAT、POD。SOD 是主要的抗氧化物淬灭剂，把 O_2^- 歧化为 H_2O_2 和氧，作为一种诱导酶，SOD 活性受到其底物 O_2^- 浓度的诱导（Lin & Kao，2000）。在许多植物中的研究表明在胁迫条件下 O_2^- 浓度升高，相应的 SOD 活

性也升高。而 CAT 和 POD 则是植物中清除 H_2O_2 的关键酶，也是植物耐受胁迫所必需的保护酶，是保护自身免受·OH 毒害的关键（Willekens et al.，1997）。而对 PAH 胁迫下红树植物的研究也同样表明，在芘和对三联苯的胁迫下，引起了红树植物体内的氧化胁迫环境，进而诱导酶活性和抗氧化物质的变化。这种反应同红树植物在高盐、重金属、水淹、油类胁迫下的变化相似（Yan & Chen，2007；Ye & Tam，2007；Zhang et al.，2007a，2007b）。

SOD 作为抗氧化胁迫的第一道防线，在许多植物中的研究表明在胁迫环境下 SOD 活性升高（Alscher et al.，2002）。Liu 等对 PAH 胁迫下拟南芥抗氧化系统的研究表明，PAH 处理能够引起植物体内 SOD、CAT、POD 和 APX 活性的升高（Cheng et al.，2010；Liu et al.，2009）。本研究也表明，秋茄根部 SOD 活性都明显升高。在叶中除了 5PAH 处理，SOD 活性也都明显增强。结果表明，秋茄叶和根部在应对 PAH 引起的氧化胁迫时，SOD 能够有效地启动从而清除氧自由基。但在茎中，除了 15PAH 处理，SOD 活性受到了普遍抑制。这有可能是自由基的产生速率超过了系统的清除能力，细胞受到严重损害，继而导致 SOD 活性下降。SOD 在不同部位的反应与 Gill 和 Tuteja（2010）关于植物在胁迫下不同的亚细胞结构启动不同的防御机制的观点类似。

H_2O_2 是 SOD 催化反应的产物，植物通过 CAT、POD、APX、GPX 等的作用，将 H_2O_2 催化为 H_2O，从而降低了氧自由基在植物体内的积累，可以避免或减轻自由基对生物大分子如核酸、蛋白质（酶）等的降解破坏及其对生物膜的损害，以提高植物的抗逆性（Mittler，2002）。本研究表明，CAT 和 POD 活性在叶部和根部的变化和 SOD 的变化趋势是一致的，与拟南芥在 PAH 胁迫下的反应相似（Liu et al.，2009）。说明由于 SOD 活性增强而产生的 H_2O_2 会诱导 CAT 和 POD 活性的变化，从而使其共同应对在叶绿体和线粒体内的氧化胁迫环境。但本研究又存在一种有趣的现象，不同的抗氧化酶在叶部和根部的调控机制是不同的。在叶部 CAT 在所有的 PAH 处理水平下都明显升高，但是在根部只是在 1PAH 和 15PAH 处理下得到加强。相反，POD 在根部的活性普遍升高，在叶部只是在 10PAH 处理下增强。结果表明，CAT 和 POD 联合起来共同抵御氧化胁迫，也有可能两种抗氧化酶对 H_2O_2 有不同的敏感性和阈值，从而在不同的情况下加强不同的酶活性。而叶部和根部在 10PAH 和 15PAH 处理时，CAT 和 POD 活性同时增强，表明随着外界胁迫的增强，植物的防御体系随之加强，从而适应体内生理生化环境的变化以降低伤害。

在 5PAH 和 10PAH 处理下，茎中 SOD 活性受到强烈的抑制，说明在茎中的氧化胁迫水平超过了 SOD 活性的阈值，从而导致茎部抗氧化酶系统不能有效地抵御氧化胁迫。在 1PAH 和 15PAH 处理下，SOD 活性没有表现出明显的抑制。上述结果表明，PAH 处理干扰了茎部酶系统的表达体系（Candan & Tarhan，2003b）。比较茎部 SOD、POD 和 CAT 活性的变化趋势，我们发现所有的抗氧化酶活性都普遍明显降低。而对它们之间的偏相关研究也表明，SOD 和 POD 之间表现出明显的正相关关系（$r=0.96$，$p<0.05$），这些结果都说明茎部抗氧化酶系统在 PAH 处理下受到了严重损害。而在这些防御酶活性受到强烈抑制时，MDA 含量则表现出了明显的升高趋势，更加验证了我们的猜测，植物茎部由于抗氧化机制的破坏不能有效地清除 ROS，从而导致脂质过氧化水平的升高。

而 Yan 和 Chen（2007）研究了盐胁迫下无瓣海桑（*Sonneratia apetala*）也表现出相似的反应。茎部脯氨酸的含量则在酶活抑制的同时表现出明显升高的趋势，而且与 SOD 和 CAT 的酶活力呈明显的负相关关系。抗氧化酶系统和非抗氧化酶系统的这种协同作用机制，与 Li 等（2008）关于植物不同器官在胁迫下可能启动不同的防御机制来清除 ROS 的影响，且抗氧化系统有明显的器质特异性特征的说法不谋而合。为了更加明确地验证这个观点，我们对监测的指标进行了判别分析（图 5.11）。结果数据被明显地分为三个部分，并且这种分组有 77.5%的正确率。因此这个结果在统计学上说明红树植物秋茄在 PAH 处理下有明显的器质特异性的特点。这与 Sinha 等（2009）关于大漂（*Pistia stratiotes*）在铬胁迫下的观点相似。

MDA 是一种高活性的脂质过氧化产物，能够交联脂类、核酸、糖类及蛋白质，也可使蛋白质的硫基氧化，引起蛋白质分子内和分子间的交联，从而使酶失活，破坏生物膜的结构和功能（Bailly et al.，1996）。本研究结果显示，在叶中只有在 15PAH 处理下，MDA 含量在统计学意义上明显升高，说明秋茄叶片在高强度 PAH 胁迫下不能有效解除氧化胁迫环境从而诱发脂质过氧化。而在根部 MDA 含量从 5PAH 处理开始就表现出明显升高趋势。这些结果表明叶部的抵御机制比根部有效，这可能是因为根部是直接接触 PAH 的部位，因此也是胁迫最强烈的部位。而 Wieczorek J K 和 Wieczorek Z J（2007）关于莴苣等植物在 ANT 处理下生物量的研究也表明，直接接触多环芳烃的部位比地上部分的生物量减少量大，而对地上部分则无明显影响。茎部与叶、根相比是最不敏感的部位，这与 Li 等（2008）的研究类似。而对 MDA 含量指标和外界多环芳烃胁迫强度的相关分析表明，MDA 在叶、茎、根中均表现出高的相关系数（$r=0.90$，$r=0.94$，$r=0.93$，$p \leqslant 0.05$）。以上分析表明 MDA 是指示外界胁迫的敏感指标，可以作为表征 PAH 胁迫强度的良好生物学参数。而 Zhang 等（2007a）对重金属胁迫下红树植物中 MDA 含量的变化研究表明，MDA 也是指示重金属胁迫水平的良好指标。

植物体内累积的脯氨酸主要以游离形式存在。在各种环境胁迫下植物体内的脯氨酸起着重要的生理作用，脯氨酸不仅可作为一种可溶性的渗透保护剂，而且可作为一种迅速利用的能源、氮源和碳源，能稳定大分子蛋白质和膜结构，还可作为金属离子螯合剂，具有清除活性氧的功能；与此同时，脯氨酸也可能是植物对胁迫作出适当反应的良好信号（Alia et al.，2001；Saradhi et al.，1995）。而本研究结果表明，在 PAH 作用下，红树植物秋茄叶、根在所有 PAH 处理水平下脯氨酸的含量都明显累积。茎中在 5PAH 和 10PAH 处理下，虽然 SOD、POD、CAT 活性明显下降，但脯氨酸的含量明显上升。它们之间显著的负相关关系表明脯氨酸含量的升高是对氧化酶系统受到抑制的补偿，充分体现了植物各个系统间的代偿效应（Parida et al.，2002）。

为了进一步分析说明植物抗氧化酶体系和非酶抗氧化物质间的相互关系，对它们进行了偏相关分析（Chiang & Lin，2000）。叶中 POD 活性和 MDA 含量呈明显的负相关关系（$r=-0.95$，$p=0.05$），表明 POD 在清除 ROS 的过程中起着关键酶的作用，其活性的降低使其不能有效地消除积累的 H_2O_2 从而导致脂质过氧化反应。而黄瓜叶片受到真菌感染时，其 POD 活性的降低与秋茄在 PAH 胁迫下的反应相同（Zhang et al.，2007c）。

茎中 POD 和 SOD 呈现明显的正相关关系，但它们和脯氨酸的含量又表现出显著的负相关关系。而其他抗氧化酶和抗氧化物质间则没有或者表现出弱的相关关系。这些分析结果进一步验证了植物在对抗外界胁迫时不同的器官组织启动不同的防御机制的观点。蚕豆在紫外线作用时，不同的器官组织表现出不同的作用机制，而秋茄茎中脯氨酸和抗氧化酶系统的这种协同作用机制则说明在对抗 PAH 胁迫时，当植物某一部位的一种防御机制遭到破坏时，植物会代偿性地启动其他机制（Shetty et al.，2002）。而对于植物抗氧化指标和 PAH 胁迫强度的相关分析也更加验证了这一点。如表 5.1 所示，根中各个指标的相关系数相比叶、茎在较低的概率水平下表现出较高的响应水平，这有可能由于根部是直接暴露于 PAH 胁迫的部位，而且多环芳烃的存在也会影响根部吸收养分等生理功能。

5.2.2　芘胁迫下红树植物木榄抗氧化系统的反应

5.2.2.1　实验材料

成熟的木榄胚轴采集于深圳东冲河口，种植于无 PAH 污染的沙质培养基中，待植株长至第三对叶完全展开后，分成 5 组，每组设三个平行，分别种植于预先处理好的 PAH 污染基质中。每周用含 10‰ NaCl 的 1/2 Hogland 营养液浇灌。处理 30 d 后取植物的叶、茎、根的功能部位进行植物抗氧化系统指标的测定。

实验设一个对照组（CK）和 4 个不同浓度处理组，对照组不加 PAH，处理组 PAH 的浓度分别为海洋沉积物 PAH 污染风险评价中值（1PAH）、中值的 5 倍（5PAH）、10 倍（10PAH）和 15 倍（15PAH），芘纯度>99%，为美国百灵威公司产品。实验通过三个步骤将多环芳烃与风干过筛的沉积物混合：①将实验用的芘溶于丙酮中，取适量体积加入到 1000 g 沉积物中，充分搅拌均匀，于振荡器中振荡 24 h，再放置 1 d，为第一母体污染沉积物；②将第一母体污染沉积物分别加入到 5 kg 沉积物中，充分搅拌，于振荡器上振荡 24 h，放置 1 d，为第二母体污染沉积物；③将第二母体污染沉积物再分别加入到另外三份预先准备好的沉积物中，使多环芳烃的浓度达到上述 4 种实验处理要求的浓度，放置 15 d，其间每天混合一次，向每个盆钵中加入自来水，使水面高过土样 3 cm，平衡 15 d，备用。

5.2.2.2　实验方法

1）叶绿素含量的测定

取 0.2 g 叶片用纯丙酮研磨，加入少许碳酸钙和石英砂，研磨成匀浆，再添加 5 mL 80%丙酮，并用适量 80%丙酮洗涤研钵，一并转入离心管离心后沉淀，直至沉淀为白色，上清液用 80%丙酮定容至 25 mL。以 80%丙酮为对照，测定 663 nm、646 nm 和 470 nm 波长处的 OD 值。根据消光系数值计算叶绿素 a、b 的含量。

2）组织液的制备

同上一节 5.2.1.2 1）。

3）蛋白质、SOD、CAT、POD、APX、MDA 和脯氨酸含量的测定

同上一节 5.2.1.2 2）～8）。

4）数据处理

同上一节 5.2.1.3。

5.2.2.3　实验结果

1）叶绿素的含量和株高

PAH 处理后木榄叶绿素含量、株高的变化如表 5.3 所示。叶绿素 a 和叶绿素 b 的含量相比对照没有统计学意义的明显变化。但是叶绿素 a 与叶绿素 b（Chl$a$/Chl$b$）之间的比值自 5PAH 处理开始明显升高，而且同 PAH 处理浓度水平呈现明显的正相关关系（表 5.3）。如表 5.3 所示，木榄的株高在 PAH 处理下没有明显的变化。

表 5.3　PAH 胁迫下木榄叶绿素含量和株高的变化

处理	叶绿素 a/（mg/g）	叶绿素 b/（mg/g）	叶绿素 a/叶绿素 b	株高/cm
CK	0.8±0.11	0.38±0.03	2.09±0.20	37.08±6.22
1PAH	0.60±0.08	0.28±0.05	1.17±0.09	33.75±2.75
5PAH	0.92±0.12	0.39±0.01	2.38±0.08[**]	41.17±3.97
10PAH	0.74±0.05	0.32±0.01	2.30±0.14[**]	32.17±6.31
15PAH	0.88±0.08	0.37±0.03	2.38±0.04[**]	37.17±3.66

注：数据为 6 次平均值，**表示显著性差异，$p<0.05$

2）芘胁迫下木榄抗氧化酶的变化

如图 5.12 所示，叶中 SOD 活性除了在 5PAH 处理下都普遍升高。尤其在 10PAH 和 15PAH 水平下相比对照都表现出统计学水平的明显差异，分别是对照的 1.9 倍和 1.8 倍。相比叶，茎中的 SOD 活性在所有的 PAH 处理水平下都明显降低，分别降到对照的 68%、75%、19%、54%。在根中，在 1PAH 和 5PAH 处理下 SOD 活性明显降低，但是在 10PAH 和 15PAH 水平下则没有明显变化。总之，SOD 活性的变化在木榄不同部位表现出不同的变化趋势。

APX 的变化趋势和 SOD 在根、茎、叶中的变化相似，如图 5.12 所示，在所有 PAH 处理水平下叶中 APX 活性都明显升高，在 10PAH 处理下达到峰值，而且 10PAH 和 15PAH 处理和对照相比显著升高。在茎中，只是在 10PAH 处理水平下其活性明显增强，在其他处理下，相比对照 APX 活性降低。在根中，从 1PAH 到 10PAH 处理 APX 活性都有轻微的降低，但是在 15PAH 又升高。因此，APX 在根、茎、叶中的活性变化特征和 SOD 活性变化特征相似。

在叶中，从 1PAH 到 10PAH 处理 CAT 活性相比对照没有明显变化，只在 15PAH 处理下其活性明显增强（$p<0.05$）。在茎中，CAT 活性在 1PAH 和 5PAH 处理下普遍被抑制，在 10PAH 处理下轻微升高，在 15PAH 处理下又降低。在根中，从 1PAH 到 10PAH 处理 CAT 活性都升高，但是在统计学意义上没有明显变化。在 15PAH 处理下时，其活性又降低，而且相比 5PAH 和 10PAH 处理 CAT 活性有明显变化。但是，在对不同器官的 CAT 活性变化进行分析时，CAT 没有 SOD 和 APX 那样明显的器质特异性特征。

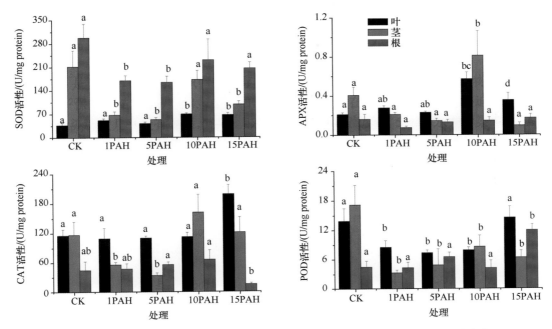

图 5.12　多环芳烃胁迫下木榄根、茎、叶中 SOD、APX、CAT、POD 活性的变化

不同小写字母表示差异显著，$p<0.05$；下同

PAH 的处理导致叶中 POD 活性从 1PAH 到 10PAH 处理分别降低到对照的 38%、47% 和 43%。但在 15PAH 处理下，POD 活性则没有表现出明显的变化。在茎中，PAH 胁迫环境使 POD 活性受到普遍的抑制，分别降低了 80%、71%、50% 和 63%。在根中，从 1PAH 到 10PAH 处理没有监测到 POD 活性的明显变化，只在 15PAH 处理下其活性升高了 167%。POD 也是表征多环芳烃胁迫下其酶系统有明显器质特异性的良好指标。

3）芘胁迫下脂质过氧化水平的变化和脯氨酸含量的变化

木榄脂质过氧化水平的变化是通过测定 MDA 含量的变化来体现的，如图 5.13 所示。在叶中，MDA 含量只在 1PAH 处理下上升，而从 5PAH 到 15PAH 处理其含量明显下降。在茎中，MDA 含量都明显增强，但是只在 1PAH 处理水平下表现出统计学意义的差异（$p<0.05$）。在根中，除了 10PAH 处理下，MDA 含量也上升。PAH 处理引起了茎和根中的脂质过氧化反应。

叶中脯氨酸含量在芘处理下都明显升高，在 1PAH 时最高，和对照相比升高了 121%。但在茎和根中，除了在 1PAH 处理下轻微升高外，其他处理脯氨酸含量都明显受到抑制（图 5.14）。

4）芘胁迫下抗氧化指标的相互关系

如表 5.4 所示，对抗氧化指标和 PAH 处理水平进行了相关分析，结果表明，叶中 MDA 含量和 PAH 处理水平呈明显的相关关系。SOD、CAT、APX 和叶绿素 a/叶绿素 b 显示出中度相关关系，其他的则只为低相关或者没有相关关系。我们也对指标之间的相互关系进行了偏相关分析，结果见表 5.5。在茎中，SOD 与 APX、SOD 与 CAT、SOD 与 POD、CAT 与 APX 和 POD 与 CAT 间显示出正相关关系。在叶中，APX 与 SOD、

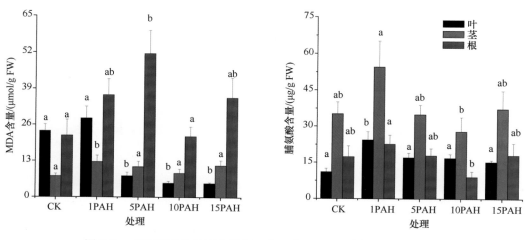

图 5.13　多环芳烃胁迫下木榄根、茎、叶 MDA 和脯氨酸含量的变化

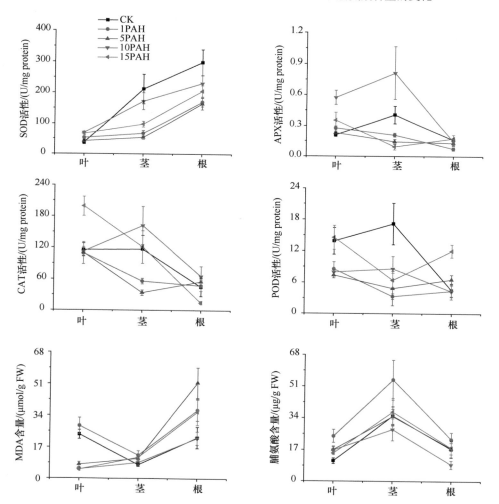

图 5.14　多环芳烃胁迫下木榄根、茎、叶中 SOD、APX、CAT、POD 活性的变化及 MDA 和脯氨酸含量的变化

表 5.4　指标含量和 PAH 处理水平间的相关关系

指标	r（叶）	r（茎）	r（根）
叶绿素 a	0.351		
叶绿素 b	0.119		
叶绿素 a/叶绿素 b	0.562*		
SOD	0.624*	−0.089	−0.091
APX	0.478*	0.012	0.232
CAT	0.571*	0.309	−0.223
POD	0.139	−0.188	0.563*
MDA	−0.756*	0.063	0.017
脯氨酸	−0.096	−0.216	−0.198

*相关关系显著，$p < 0.05$

表 5.5　不同指标间的相关关系

指标（叶）	SOD	APX	CAT	POD	MDA	脯氨酸
SOD	1					
APX	0.517*	1				
CAT	0.016	−0.226	1			
POD	0.002	−0.180	0.490*	1		
MDA	0.034	−0.085	0.248	0.355*	1	
脯氨酸	0.270	0.094	−0.021	−0.287	0.339	1
指标（茎）	SOD	APX	CAT	POD	MDA	脯氨酸
SOD	1					
APX	0.530*	1				
CAT	0.780*	0.612*	1			
POD	0.512*	0.179	0.404*	1		
MDA	−0.388*	0.175	−0.210	−0.396*	1	
脯氨酸	−0.314	−0.176	−0.230	−0.210	0.237	1
指标（根）	SOD	APX	CAT	POD	MDA	脯氨酸
SOD	1					
APX	0.568*	1				
CAT	0.421*	0.408*	1			
POD	0.421*	0.353	0.035	1		
MDA	−0.345	−0.181	−0.141	−0.093	1	
脯氨酸	−0.376*	−0.226	−0.376*	0.046	0.297	1

*相关关系显著，$p < 0.05$

CAT 与 SOD、POD 与 MDA 呈一定的相关关系，其他指标之间在 $p < 0.05$ 的水平下则没有表现出相关关系。结合不同指标在不同器官反应的差异，判断不同组织、器官间可能存在不同的防御机制，因此我们在监测数据的基础上进行了判别分析。判别分析的结果如图 5.15 所示，数据被明显地分为三部分，因此在统计学意义上更加验证了前者的假设。

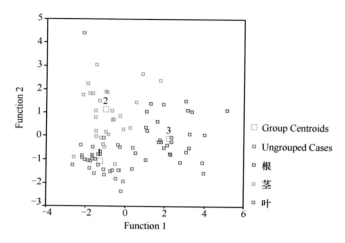

图 5.15　多环芳烃胁迫下红树植物根、茎、叶变化的判别分析

5.2.2.4　讨论

　　Alkio 等（2005）的研究表明 PAH 可以在植物体内积累，并且导致植物体内的氧化胁迫反应。氧化胁迫会对植物体内的生理生化反应造成干扰从而对植物的生长产生不利影响。本研究通过监测红树植物木榄中的抗氧化酶系统等各项指标来反映植物在芘胁迫下的响应机制。

　　叶绿素的含量是指示光合作用的重要指标，是对生物和非生物胁迫都很敏感的生物学参数。Liu 等（2009）的研究表明，植物在重金属胁迫、营养缺乏和盐胁迫等外界不利环境下，光合作用通常会被抑制。因此，研究 PAH 胁迫下色素含量的变化是研究胁迫下光合作用调节机制的重要手段。本研究表明，在芘胁迫下，木榄中叶绿素含量没有明显变化，但是叶绿素 a 与叶绿素 b 之间的比值同芘胁迫水平则表现出中度相关关系。这种变化同其他植物在 PAH 胁迫下的反应不同。在菲的胁迫下，拟南芥中叶绿素的含量明显降低，在高盐胁迫下红树植物桐花树中叶绿素的含量也明显降低。对照其他植物的反应，说明在所设芘处理范围下，对木榄中叶绿素的合成不会产生影响，但是叶绿素 a 与叶绿素 b 之间的比值则是指示 PAH 胁迫的敏感指标。而 Ormrod 等（1999）关于花旗松（Douglas-Fir）在温度胁迫时叶绿素的反应与本研究的结果相似。

　　关于 PAH 胁迫对动物体内抗氧化系统的反应的研究已有较多报道，通常 PAH 会导致动物体内形成氧化胁迫环境（Almroth et al.，2008；Nahrgang et al.，2009；Park et al.，2006）。而 Liu 等（2009）对拟南芥在 PAH 胁迫的研究也得出了同样的结论。而红树植物木榄在 PCB 胁迫下也表现出抗氧化酶系统的变化。植物体内的氧化胁迫环境是一个复杂的反应体系，始于 ROS 等强氧化分子的产生，然后 ROS 会诱导一系列的清除系统来维持其在植物细胞内的平衡。通过本研究可以深入地探究木榄的各个抗氧化酶系统及其体内的抗氧化物质在 PAH 胁迫下的反应机制，并寻找植物体内能够指示 PAH 胁迫的良好生物学指标。如图 5.14 所示，SOD 和 APX 活性随着芘处理浓度的升高都明显增强。这些结果与红树植物在重金属、盐胁迫等环境下的反应类似。而且两个指标间也表现出了较为明显的相关关系（$r=0.51$，$p<0.01$），说明这两种酶协同作用、互相调节，共同来

应对植物体内的 ROS 胁迫。但是在根和茎中 SOD 活性则普遍被抑制。这有可能是由于
芘处理造成的胁迫水平超过了该组织内 SOD 所能承受的阈值，从而使其启动机制遭到
破坏，不能有效地抵御 ROS 所造成的危害。

　　APX 在茎和根中分别在 10PAH 和 15PAH 达到峰值，而在其他处理下相比对照则没
有表现出统计学意义上的变化。APX 是催化 H_2O_2 反应的重要酶，它可以抗坏血酸为底
物，通过抗坏血酸-谷胱甘肽循环系统来降解 H_2O_2（Noctor & Foyer，1998；Sankar
et al.，2007）。结合 SOD 在根、茎中的反应，我们猜测木榄在根、茎部位的抵御机制可
能与叶中不同。

　　CAT 也是将 H_2O_2 分解成水和单氧分子的关键酶。因为其没有底物，所以结合
H_2O_2 的能力较 APX 偏低（Willekens et al.，1997）。而我们的研究也显示了同样的结
果，在叶中，从 1PAH 到 10PAH 处理，CAT 活性都没有明显的变化，只在 15PAH 处
理时其活性才明显升高。结果表明，在低强度胁迫时，CAT 没有被明显诱导，只有在高
强度胁迫时，才可能随着 H_2O_2 浓度的升高，植物启动 CAT 合成体系，从而有效地对
抗各种氧化胁迫环境。这种反应机制与木榄在重金属胁迫下的反应类似。根中，在
15PAH 处理下，其活性则受到明显抑制，说明在高强度胁迫时，植物根部首先受到
迫害，过量的 ROS 积累导致 CAT 合成酶系统受到伤害。而水稻根部在盐胁迫下也表
现出相同的反应。而在茎中，在低水平胁迫时 CAT 活性明显降低，但是在高水平芘
处理下则轻微升高。红树植物无瓣海桑在盐胁迫时茎部也表现出同样的特征（Yan &
Chen，2007）。

　　POD 也是广泛分布在植物不同组织和亚细胞部位清除 ROS 的过氧化物酶，前人对
胁迫下植物中 POD 活性变化的研究较多，POD 活性表现出升高、降低或者没有明显变
化。我们的研究表明在叶和茎中 POD 活性在芘处理下普遍受到抑制。在根中，只在 15PAH
处理下，其活性明显升高。这些结果表明在 PAH 胁迫下 POD 普遍没有被启动。Wang
等（2009）研究苜蓿在盐和干旱胁迫下的 POD 活性表现出同样的变化。

　　综合考虑各个抗氧化酶系统的变化，我们对指标间进行了偏相关分析来研究它们之
间的相互关系。叶中 APX 与 SOD 活性都增强，而且表现出明显的正相关关系，但是
CAT 与 POD 活性则普遍被抑制，而且显示两者之间也有中等强度的相关关系。说明叶
中 SOD 与 APX 是解除 ROS 毒性的关键酶。在茎中，SOD 与 CAT、CAT 与 APX、SOD
与 APX、SOD 与 POD 和 CAT 与 POD 之间表现出从强到弱不同的相关关系。而这些酶
活性则没有表现出明显变化或者其活性都普遍受到抑制。以上分析说明茎中抗氧化酶系
统的反应与叶中截然不同。而在根中，SOD 与 CAT、POD 间都表征出低的相关关系，
说明在根中，这三个酶的协同作用是对抗 ROS 胁迫的关键酶。这些分析进一步说明木
榄在芘胁迫时根、茎、叶不同部位表现出不同的反应特征。

　　脯氨酸作为植物体内的可溶性渗透保护剂，一方面可以作为一种迅速利用的能源、
氮源和碳源，稳定大分子蛋白质和膜结构；另一方面也是一种金属离子螯合剂，具有清
除活性氧的功能；与此同时，它也可能是植物对胁迫作出适当反应的良好信号（Pollard &
Wyn，1979）。在胁迫发生时，脯氨酸的含量会普遍增加从而缓冲外界所带来的胁迫环
境，保护酶活性。我们的研究也表明，叶中脯氨酸含量明显上升，说明它们协同抗氧化

酶共同缓解胁迫所造成的伤害。在茎和根中，脯氨酸和 SOD、APX 和 CAT 表现出负相关关系（表 5.5），说明脯氨酸含量的增加可以补充酶活性的不足，从而缓解酶活性失活所带来的伤害（Shevyakova et al.，2009）。

MDA 是指示脂质过氧化反应的敏感指标，通常作为表征外界胁迫的良好生物学参数（Dotan et al.，2004）。在叶中，MDA 含量只在 1PAH 处理下明显升高，随着处理浓度的升高，MDA 含量又明显降低，其与芘的处理浓度呈现明显的负相关关系（$r=-0.756$）。这些结果说明，在低水平 PAH 处理下，会导致叶中 MDA 的积累，从而导致膜脂质过氧化反应。但随着 PAH 处理浓度的增大，植物的抗氧化系统会被破坏，不能有效地解除植物所产生的活性氧，而 MDA 产生系统也被破坏，从而不能指示膜脂质过氧化反应。互花米草在盐胁迫下其 MDA 含量的变化特征也是如此，桡足类动物在重金属胁迫下也表现出同样的反应特点（Shi & Bao，2007；Wang M & Wang G，2010）。根、茎中 MDA 含量除了根在 10PAH 处理下，其 MDA 含量都明显升高。而且 POD 与 MDA 和 SOD 与 MDA 之间也显示出负相关关系，如表 5.5 所示，说明抗氧化酶活性的降低可能是导致膜脂质过氧化反应的原因之一。

为了更加深入地了解所选参数和 PAH 处理水平的关系，我们对结果进行了相关分析，结果见表 5.4，通过 Pearson 相关分析表明，叶中 MDA、叶绿素 a/叶绿素 b、SOD、APX、CAT 同 PAH 胁迫强度呈明显的相关关系（$p<0.05$）；但是在根中，只有 POD 显示中度相关；而在茎中，则显示低相关或者没有相关关系。通过这些分析结果，我们可以得出在 PAH 胁迫下，木榄叶是最敏感的部位，根次之，茎最不敏感。这有可能与植物不同部位的功能有关。为了解析参数间的内部相互关系，对指标两两之间进行了偏相关分析，结果见表 5.5，结果说明三个不同的器官组织，其防御体系也反应各异。因此，植物不同组织对抗外界胁迫的机制是复杂多变的，它们互相配合、协同一致地维持体内的生理平衡。

综上所述，PAH 处理下，木榄不同器官组织表现出不同的变化特征，而 SOD 与 APX 是这种表达特征最为明显的两个指标。为了验证植物器质特异性，我们对数据进行了判别分析，结果见图 5.15，显示数据可以明显地分为根、茎、叶三组，而且这种正确率高达 92.2%。而当减去任何一个指标时，这种分类的准确率都会明显降低。因此，判别分析结果表明上述 6 个指标是反映木榄不同部位反应特征的良好指标。Sinha 等（2009）研究大漂在铬胁迫下也表现出类似的反应特征。

5.2.3 小结

研究表明，红树植物秋茄和木榄在 PAH 胁迫下都会导致植物体内的氧化胁迫环境，而植物为了应对体内活性氧所导致的氧化环境，也有自己的防御机制。但是不同植物不同部位表现出明显的器质特异性特征。芘胁迫下木榄的毒害远大于芘和对三联苯对秋茄的毒害。相关分析也表明，MDA 为指示 PAH 胁迫的良好指标。而在芘胁迫作用于木榄时，SOD 和 APX 活性和 PAH 处理浓度呈明显的相关关系，也是表征芘胁迫的良好生物学参数。

5.3　红树植物叶片总 RNA 提取方法的比较与优化

红树林是生长在热带、亚热带海岸潮间带的木本植物群落，具有防浪护堤、过滤陆地径流及污染物、减轻海洋污染、为鱼虾蟹贝和鸟类提供栖息地及觅食场所等重要的生态功能（Fu et al.，2004）。由于红树植物生长于高盐海水的特殊生境，以及其特殊的生态功能，关于红树植物的耐盐机制，耐受重金属、多环芳烃和多氯联苯等污染物机制，以及植物种类进化等方面的研究备受关注（Ezawa & Tada，2009；Huang & Wang，2010）。

RNA 是植物分子生物学的重要研究对象之一，获得高质量的 RNA 则是后续进行 RT-PCR、Northern 杂交、cDNA 文库构建、实时定量 PCR 等分子生物学研究的基础。目前用于植物 RNA 提取的方法很多，各类商业试剂盒质量也是参差不齐；且红树植物在长期的进化中其叶片含有大量的高复含蛋白、多糖、多酚、次级代谢物，以及革质化严重等特点，这给其核酸提取带来了很大的困难（符秀梅等，2009）。本研究采用三种植物 RNA 提取试剂盒（TaKaRa、Tiangen 及 Invitrogen）及改良的 CTAB 提取缓冲液对木榄（*Bruguiera gymnorrhiza*）、秋茄（*Kandelia candel*）、桐花树（*Aegiceras corniculatum*）和白骨壤（*Avicennia marina*）4 种常见红树植物叶片的 RNA 提取结果进行了比较，并针对不同植物提出了提取总 RNA 的优化措施。

5.3.1　材料与方法

5.3.1.1　红树植物

实验用红树植物木榄、秋茄、桐花树和白骨壤由本实验室培植，采集木榄、秋茄、桐花树和白骨壤叶片的幼嫩组织置于液氮中备用。

5.3.1.2　三种植物 RNA 提取试剂盒

（1）植物 RNA 提取试剂盒（RNAiso for Polysaccharide-rich Plant Tissue，TaKaRa），按试剂操作说明进行。

（2）植物 RNA 提取试剂盒（RNA Plant Plus Reagent，Tiangen），按试剂操作说明进行。改良方法为在氯仿抽提步骤之前先用苯酚：氯仿：异戊醇（25：24：1）抽提，12 000 r/min 离心。后续的步骤则遵循试剂操作说明进行。

（3）植物 RNA 提取试剂盒（Concert™ Plant RNA Reagent，Invitrogen），按试剂操作说明进行。

5.3.1.3　CTAB-LiCl 改良法

根据张玉刚等（2005）、Ghangal 等（2009）的方法，步骤如下。

（1）称取 4 种红树植物的幼嫩叶片 0.2 g，加液氮研磨成粉末，加入 65℃ 预热的提取缓冲液（2% CTAB，2% PVP，100 mmol/L Tris-HCl pH 8.0，25 mmol/L EDTA，2.0 mol/L

NaCl，1% PEG 4000，0.5 g/L 亚精胺，用前加β-巯基乙醇至浓度 20%）1 mL，颠倒混匀，置于 65℃水浴 10 min，12 000 r/min 离心 10 min，吸取上清液。

（2）用等体积的苯酚：氯仿：异戊醇（25∶24∶1）抽提，12 000 r/min 离心，取上清液，再加等体积的氯仿：异戊醇（24∶1），12 000 r/min 离心 10 min，吸取上清液。

（3）加入 1/3 体积的 8 mol/L LiCl 和 2/3 体积的异丙醇，置于−20℃沉淀过夜（7~8 h）。4℃ 12 000 r/min 离心 15 min，弃上清液。

（4）加入 1 mL 预冷的 75%乙醇洗涤沉淀，12 000 r/min 离心 1 min，干燥后溶于 30 μL DEPC 水中，−70℃保存。

5.3.1.4 CTAB-异丙醇法

（1）沉淀 RNA 之前的步骤同 CTAB-LiCl 改良法，沉淀 RNA 时只加等体积的异丙醇。后面的方法同 CTAB-LiCl 改良法，但是最后 RNA 溶于 100 μL DEPC 水中。

（2）加入等体积的 65℃预热 10 min 后的非酶多糖清除剂（天泽基因技术有限公司）中，充分振荡 1 min，加入等体积的氯仿，充分振荡混匀。12 000 r/min 离心 2 min，吸取上清液。

（3）加入 0.1 倍体积的 3 mol/L 乙酸钠（pH 5.2）和两倍体积的无水乙醇，混匀，12 000 r/min 离心 10 min。小心弃上清液。

（4）加入 1 mL 75%乙醇，12 000 r/min 离心 1 min，小心弃上清液。干燥后溶于 30 μL DEPC 水中，−70℃保存。

5.3.1.5 总 RNA 检测及纯度分析

（1）RNA 样品紫外分光光度计检验。取 5 μL RNA，溶于 500 μL RNase-free 水中，混匀，用岛津 UV-1700 型紫外分光光度计测定 260 nm 和 280 nm 波长下的 OD 值。

（2）RNA 样品非变性琼脂糖凝胶电泳检测。另取 10 μL RNA 样品，于 1%琼脂糖凝胶电泳后，EB 染色，用 Alpha 凝胶成像系统拍照记录。

（3）RNA 样品的 RT-PCR 检验。RT-PCR 是基因克隆、转基因植物分子鉴定等分子生物学实验的重要方法之一。为了验证不同方法提取红树植物叶片 RNA 的效果，进行 RT-PCR 验证，并进行实时定量 PCR 检测，验证不同方法的反转录效率。通过 Promega RQ1 RNase-Free DNase（M610）去除基因组 DNA 后，cDNA 的合成参照 Tiangen 公司 M-MLV 反转录试剂盒说明书进行，以合成的 cDNA 为模板，根据木榄 *18S rRNA* 基因设计引物，正向引物为 5′-GGGCATTCGTATTTC-3′，反向引物为 5′-CCTGGTCGGCATCGTTTA T-3′，进行实时定量 PCR 扩增。采用 TaKaRa（DRR081）实时定量试剂盒，25 μL 扩增体系为：12.5 μL SYBR Premix Buffer，9.5 μL DEPC，0.5 μL（10 μmol）正向引物，0.5 μL（10 μmol）反向引物，2 μL 模板。扩增程序为：95℃变性 30 s；95℃变性 5 s，55℃复性 15 s，72℃延伸 30 s，循环 45 次；65~95℃测定熔解曲线，每隔 0.5℃测定吸光值。

5.3.2　实验结果

5.3.2.1　不同提取方法的 RNA 完整性检测

提取的 RNA 以 1%非变性琼脂糖凝胶电泳检测，5 种方法的提取结果如图 5.16a 所示，CTAB-LiCl 改良法对 4 种红树植物 RNA 的提取均有良好的效果，28S 和 18S 条带清晰，且 28S 亮度是 18S 的 1.5~2.0 倍。加入高浓度的 LiCl 能有效地去除多糖、蛋白质等杂质的污染，而且能够有效地选择性沉淀 RNA，去除基因组 DNA 的污染，而其他 4 种提取方法则会有少量基因组 DNA 的污染，必须在后续的反转录步骤前用 DNase 去除 DNA。但该方法沉淀需过夜（7~8 h），提取周期较长。如图 5.16c 所示，Invitrogen RNA 提取试剂盒对木榄、秋茄、白骨壤均有良好的提取结果，28S、18S、5S 条带清晰且完整，提取 RNA 的质量较高，但是和 CTAB-LiCl 改良法比较，此试剂不能有效地去除基因组 DNA 的污染，在 28S 条带上或多或少都有基因组 DNA 的污染。Tiangen RNA 提取试剂盒能有效提取秋茄、桐花树和白骨壤叶片的 RNA，但是同 Invitrogen 相同也受到了基因组 DNA 的干扰。对于木榄，得到一大团的黏性物质，难溶于水，在电泳加样时存在漂样，因此该方法难以有效地去除蛋白质及多糖等的污染，而在改良 Tiangen 提取步骤（提取过程中加入苯酚：氯仿：异戊醇的处理）后，则得到了良好的 RNA 提取效果，如图 5.16e 所示。由于 CTAB-LiCl 改良法周期较长，尝试性地只用异丙醇沉淀 RNA，但是提取的 RNA 难溶，有明显的多糖污染，用天泽基因的非酶多糖去除剂在后续的处理中能够有效地去除多糖，如图 5.16b 所示。该方法能够有效地提取桐花树和白骨壤 RNA，但是提取的木榄和秋茄 RNA 条带有轻微的拖尾现象，且 5S 条带较亮，说明 RNA 在提取过程中有少量的降解。TaKaRa 提取结果如图 5.16d 所示，该方法只对白骨壤有良好的提取效果，其他三种植物均不能有效地提取其 RNA，提取的 RNA 呈褐色，黏稠，在电泳点样时出现漂样，说明不能有效地去除多酚、多糖的污染。其他 4 种方法加入 β-巯基乙醇后均能有效防止多酚氧化，在后续的步骤中使多酚得以去除，提取的 RNA 为乳白接近透明色，而白骨壤叶片中由于多酚含量较少，故用 TaKaRa 试剂亦能成功提取。因此，在提取红树植物叶片总 RNA 的过程中，防止多酚氧化是提取过程的关键因素之一。

5.3.2.2　RNA 浓度、纯度检测

CTAB-LiCl 改良法、Invitrogen RNA 提取试剂盒及改良后的 Tiangen RNA 提取试剂盒法提取的总 RNA，OD_{260}/OD_{280} 值均在 1.8~2.1，说明提取的 RNA 能有效地去除蛋白、多糖等的污染。其他方法对白骨壤提取的比值也均在 1.8~2.1。但是 CTAB-LiCl 改良法和异丙醇沉淀法提取的 RNA 的产率较低，一般为 50~70 μg/g，而其他方法均为 90~150 μg/g。

5.3.2.3　RT-PCR 和实时定量 PCR 扩增目的基因

为了进一步验证各类提取试剂盒和 CTAB-LiCl 改良法提取的 RNA 的质量，以木榄为例，扩增其 *18S rRNA*。通过扩增曲线和熔解曲线表明，改良后的方法均能有效地扩增出目的基因（图 5.17）。对表达量进行比较，取 0.5 μg 总 RNA，进行反转录，通过实时

定量 PCR 扩增 18S rRNA，如图 5.18 所示，1、2、3、4 分别显示的是 CTAB-LiCl 改良法、CTAB-异丙醇法、Tiangen RNA 提取试剂盒和 Invitrogen RNA 提取试剂盒反转录后扩增的定量结果，CTAB-LiCl 改良法和 CTAB-异丙醇法的扩增量明显低于 Invitrogen RNA 提取试剂盒和 Tiangen RNA 提取试剂盒，如图 5.18 所示。

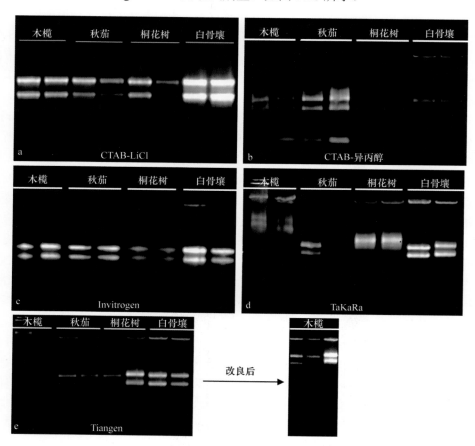

图 5.16　红树植物叶片总 RNA 琼脂糖凝胶电泳

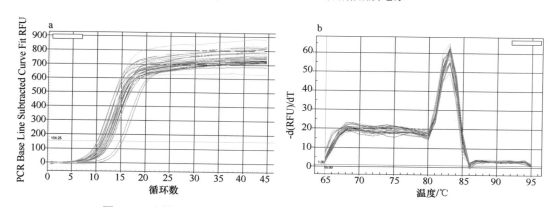

图 5.17　木榄 *18S rRNA* 的实时定量扩增曲线（a）和熔解曲线（b）

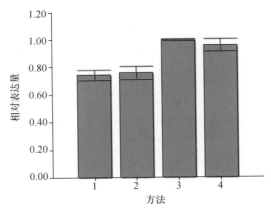

图 5.18　4 种不同的 RNA 提取方法木榄 *18S rRNA* 的相对表达结果

1. CTAB-LiCl 改良法；2. CTAB-异丙醇法；3. Invitrogen RNA 提取试剂盒；4. Tiangen RNA 提取试剂盒

5.3.3　讨论

高质量的 RNA 是进行分子生物学研究的基础和关键，提取植物总 RNA 的基本原理是将细胞破碎后，使 RNA 与糖类、蛋白质、DNA 等杂质分开。植物的生长特性决定了植物材料的理化性质，在提取 RNA 的时候要根据材料的特点选用适宜的方法（李宏和王新力，1999）。红树植物叶片中含有大量多糖、高蛋白、酚类、醌类及其他次生代谢物质，采用常规的提取方法很难得到高质量的 RNA。因此，去除蛋白质、多糖和抑制多酚氧化是提取红树植物叶片 RNA 的关键。

5.3.3.1　蛋白质的去除

CTAB 抽提法被广泛应用于植物 DNA 和 RNA 的提取。CTAB 是一种很强的去污剂，有明显的使蛋白质变性的效果。该提取液在富含多酚及次级代谢物质的白桦、落叶松中都有良好的提取效果（周怀军等，2003；曾凡锁等，2007），在富含多糖的百合、甘薯、棉花叶片的提取效果中也已得到验证（尹慧等，2008；刘洋等，2006；马丽，2008）。该研究通过改进 CTAB 缓冲液配方，加入高浓度的β-巯基乙醇，防止多酚等次生代谢物的氧化，从而在后续的纯化步骤中有效地去除蛋白质。该法能有效地使秋茄和白骨壤叶片的蛋白质变性并被去除，后续只需氯仿抽提即可去除蛋白质。但是木榄和桐花树的蛋白质含量较高，必须用酚氯仿抽提才能更有效地去除。Invitrogen RNA 提取试剂盒和 Tiangen RNA 提取试剂盒能通过后续的氯仿抽提去除秋茄和白骨壤叶片 RNA 中的蛋白质，但只有对 Tiangen 提取步骤进行优化后（在氯仿步骤之前再用酚氯仿抽提一次），才能有效地去除蛋白质污染，从而得到高质量的总 RNA。

5.3.3.2　多酚的抑制

红树植物叶片富含酚类化合物。匀浆时，酚类及醌类物质会被氧化为褐色，褐色物质能与 RNA 稳定结合，影响后续 RNA 的分离及纯化（Manning，1991）。通过向提取液加入浓度高达 20%的β-巯基乙醇且结合 PVP 从而防止酚类氧化，β-巯基乙醇可抑制多酚氧化，PVP 可螯合酚类物质，从而有效地去除多酚、醌类等次级代谢物质。Invitrogen RNA 提取试剂盒、Tiangen RNA 提取试剂盒里也含有β-巯基乙醇，而 TaKaRa RNA 提取试剂盒里没有抑制多酚类氧化的物质，从而使氧化后的多酚类物质与 RNA 共沉淀，影响 RNA 的提取结果。白骨壤中的次生代谢物、多酚类含量较少，因此无须β-巯基乙醇等抑制剂就能有效地提取 RNA。所以 TaKaRa RNA 提取试剂盒不适用于提取多酚含量较高的木榄、秋茄、桐花树叶片的总 RNA。

5.3.3.3 多糖的去除

红树植物多糖的去除同其他植物一样是提取 RNA 的难题之一。通常去除多糖的方法有：①在高浓度 Na⁺ 或 K⁺条件下，通过苯酚、氯仿等有机溶剂抽提；②异丙醇沉淀 RNA 时加入高盐溶液选择性地沉淀 RNA，如柠檬酸钠和 NaCl；③无水乙醇和 3 mol/L 乙酸钾或乙酸钠溶液配合以去除多糖杂质；④通过 LiCl 选择性沉淀 RNA（朱昀等，2007；谢传胜等，2009；赵春喜等，2008）。实验表明，采用 LiCl 选择性沉淀 RNA 可达到去除多糖的效果，而其他单一的方法都不能有效去除红树植物提取过程中的多糖，但是 LiCl 选择性地沉淀大分子 rRNA 和 mRNA，因此总 RNA 的完整性不好，如图 5.16a 所示，28S 和 18S rRNA 均能提取，但是 5S rRNA 不能完整地提取出来。而且，研究表明，LiCl 在后续的反转录实验中有可能影响反转录酶的效率，该研究也验证了该结果，如图 5.18 所示。利用 Invitrogen RNA 提取试剂盒、Tiangen RNA 提取试剂盒，在高浓度 NaCl 条件下通过氯仿抽提就能有效去除秋茄和白骨壤中的多糖，而木榄和桐花树则需要在高浓度 NaCl 条件下通过加入酚氯仿抽提才能有效去除多糖。

5.3.4 小结

实验结果表明：5 种方法对提取白骨壤叶片均有良好的效果，CTAB-LiCl 改良法和 CTAB-异丙醇法改良后也能提取得到木榄和秋茄叶片的总 RNA，但是产率偏低。Invitrogen RNA 提取试剂盒对 4 种植物总 RNA 的提取效果优于 Tiangen 和 TaKaRa，但是其价格也比较昂贵。因此，改良后的 Tiangen RNA 提取试剂盒价格低廉，是提取红树植物叶片 RNA 的良好选择。

5.4 多环芳烃胁迫下红树植物抗氧化酶基因的实时定量表达

近年来，科研工作者关于 PAH 胁迫下对植物生长发育及其生理生化的研究较多。对于红树植物的研究也多集中于形态学指标的变化。我们对于不同种类 PAH 作用下 2 种常见红树植物秋茄和木榄抗氧化系统的响应机制进行了研究。但是 PAH 处理下，植物体内的基因表达会发生改变，部分正常基因关闭表达，一些与适应性相关的基因启动表达，从而诱导一些逆境蛋白的合成。而一些植物介导蛋白会诱导植物系统的防御基因过量表达，从而提高其转录水平，调节下游活性酶的含量。

目前关于重金属、盐胁迫下红树植物抗性基因的研究较多，多种红树植物体内的金属硫蛋白基因及抗氧化家族的基因序列已经陆续被克隆，而且关于基因的表达调控机制也正在如火如荼地展开（Ezawa & Tada，2009；Huang & Wang，2010；Liu et al.，2010；Zhang et al.，2007a）。PAH 胁迫下模式植物拟南芥中关于 *CAT*、*APX*、*SOD* 等基因的转录水平的变化特征也已经有所报道（Liu et al.，2009），但是对于红树植物在这方面的研究还较少。因此，我们开展了关于 PAH 胁迫下红树植物体内消除超氧自由基相关基因的表达调控机制的研究，运用实时定量 PCR 技术来定量地解析在 PAH 作用下红树植物抗氧化体系相关基因的表达机制。

5.4.1　材料和方法

5.4.1.1　植物材料

成熟的木榄和红海榄胚轴采自海南东寨港红树林国家级自然保护区；成熟的秋茄采自深圳东冲河口。

于无污染的沙质培养基中培养，具体处理 30 d 后取植物叶、茎、根的幼嫩组织用于红树植物总 RNA 的提取。

5.4.1.2　主要实验试剂

（1）Concert^{TM} Plant RNA Reagent（Invitrogen）

（2）PrimeScript RT Reagent Kit with gDNA Eraser（Perfect Real Time）（TaKaRa）

（3）SYBR Premix Ex Taq^{TM} II（Perfect Real Time）（TaKaRa）

5.4.1.3　红树植物总 RNA 的提取

（1）取 100 mg 新鲜植物组织，于液氮中研磨至粉状，移入预先制冷的 1.5 mL 离心管中，加入 0.5 mL 预冷的 Concert^{TM} Plant RNA Reagent，上下颠倒数次，将植物组织完全悬浮。

（2）将离心管在室温条件下平放 5 min。

（3）12 000 r/min 离心 5 min，弃沉淀，取上清于另一离心管中。

（4）加入 0.1 mL 5 mol/L NaCl，混匀。

（5）加入 0.3 mL 氯仿，混匀。

（6）12 000 r/min 离心 10 min，弃沉淀，取上清于另一干净的离心管中。

（7）加入一体积的异丙醇，混匀，在−20℃沉淀 30 min。

（8）12 000 r/min 于 4℃离心 10 min，取上清。

（9）加入 1 mL 75%乙醇。

（10）12 000 r/min 于 4℃离心 1 min，取上清。

（11）室温下干燥 5 min。

（12）沉淀溶于 30 μL DEPC 水，用紫外分光光度计检测。

5.4.1.4　cDNA 的合成

1）总 RNA 中基因组 DNA 的去除

去除基因组 DNA 的反应液成分如下。

5×gDNA Eraser Buffer	2.0 μL
gDNA Eraser	1.0 μL
总 RNA	1 μg
DEPC 水	至 10 μL

然后于 42℃放置 2 min，之后放于 4℃，用于后续的反转录反应。

2）cDNA 的合成

（1）反转录反应液成分如下。

5×PrimeScript® Buffer（for Real Time）	4.0 μL
PrimeScript® RT Enzyme Mix Ⅰ	1.0 μL
RT Primer Mix ×4	1.0 μL
上述反应液	10.0 μL
DEPC 水	至 20.0 μL

（2）反转录反应的参数：37℃ 15 min；85℃ 5 s。

（3）将反应液稀释到 160 μL。

（4）−20℃保存。

5.4.1.5　实时定量 PCR 测定 *APX*、*CAT*、*MnSOD*、*POD* 的表达量

（1）各基因实时定量 PCR 扩增的引物见表 5.6。

（2）实时定量 PCR 反应液成分如下。

Real-time PCR Master Mix	12.5 μL
上游引物（10 μmol）	0.5 μL
下游引物（10 μmol）	0.5 μL
第一链 cDNA	2 μL
DEPC 水	至 25.0 μL

（3）反应程序。

95℃	30 s	
95℃	5 s	
55℃/57℃	15 s	45 个循环
72℃	20 s	
72℃	7 min	

其中，*APX* 和 *POD* 的复性温度为 57℃，*CAT* 和 *MnSOD* 的复性温度为 55℃。

表 5.6　实时定量 PCR 扩增的引物序列

基因	引物序列	序列号	T_m/℃	扩增片段长度/bp
秋茄 18S rRNA	F: 5′-CCTGAGAAACGGCTACCACATC-3′ R: 5′-ACCCATCCCAAGGTCCAACTAC-3′	AY289625.1	87.9	257
APX	F: 5′-GGGGATAAGGAAGGACTC-3′ F: 5′-TCAGCATAATCGGCAAAG-3′	GU433196.1	83.1	122
MnSOD	F: 5′-TGGAAGTATGCCAGTGAAGTGTATGAGA-3′ R: 5′-TGACCCGTTGAGGAACCGAAAA-3′	GU433194.1	84.3	247
CAT	F: 5′-GCATTCTGCCCTGCTATT-3′ R: 5′-CACTTCTCACGCCTTCCA-3′	GU433192.1	85.1	293
POD	F: 5′-GAGCCACTGTCAACCTTT-3′ R: 5′-AGAGCAATCTCGCCGTAT-3′	GU478979.1	83	128
GST	F: 5′-CCACTGTTGCCCTCTGAT-3′ R: 5′-TGCTCCTTCCTGCTCTTC-3′	GU433191.1	84.5	126
木榄 18S rRNA	F: 5′-CGGGGGCATTCGTATTTC-3′ R: 5′-CCTGGTCGGCATCGTTTAT-3′	AB233615	82.7	168

（4）熔解曲线的分析。扩增反应结束后，进行熔解曲线反应。随着反应温度的逐渐升高，扩增的产物链变性，逐渐释放为游离态，荧光值随之减少，由此可观察产物的熔解情况，熔解曲线为单峰表示单一的扩增产物，多峰表示扩增有杂带。熔解曲线的测定是从 65℃到 95℃，每隔 0.5℃测定吸光值。

（5）基因的表达量分析。以 18S rRNA 为内参，对加入到反转录反应中的 RNA 进行均一化处理。各个基因的相对表达量按照 Livak 和 Schmittgen（2001）的 $2^{-\Delta\Delta C_t}$ 方法进行处理。

5.4.1.6　统计学分析

实验结果为平均值±标准差（$n=6$）。实验原始数据的处理和作图均采用 Excel。基因表达量与 PAH 处理浓度间的相关分析由 SPSS 10.0 统计软件完成，其中 $p < 0.05$ 表示具有显著差异。

5.4.2　实验结果

5.4.2.1　4 个基因及内参在 3 种植物中的实时定量扩增结果

1）4 个基因和 18S rRNA 在木榄中的实时定量扩增结果

利用实时定量引物扩增木榄 18S RNA、MnSOD、CAT、POD、APX 基因，以总 RNA 反转录的第一条 cDNA 为模板，用 BIO-RAD IQ5 监测各基因的扩增反应过程（图 5.19）。从各基因的熔解曲线可以判断它们进行了有效而准确的扩增。各熔解曲线只有一条单峰，表示 PCR 反应过程中没有非特异性扩增。各熔解曲线中的基因熔点与其理论值也一致，前后漂移不超过 2℃。

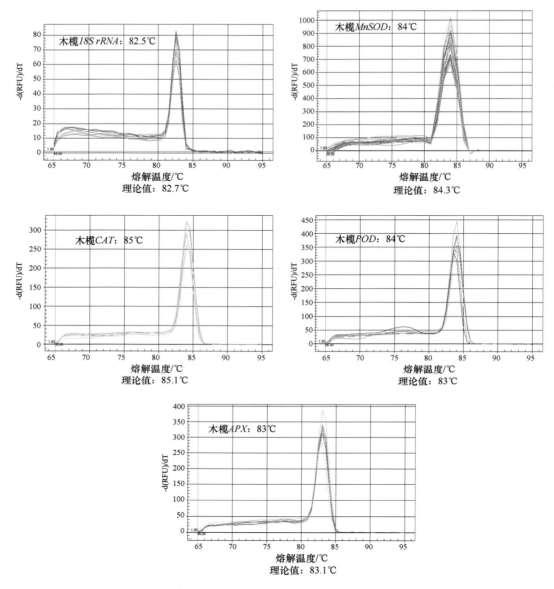

图 5.19　木榄抗氧化酶基因和 *18S rRNA* 的实时定量熔解曲线

2）4 个基因和 *18S rRNA* 在秋茄中的实时定量扩增结果

利用木榄实时定量引物扩增秋茄 *MnSOD*、*CAT*、*POD*、*APX* 基因，以总 RNA 反转录的第一条 cDNA 为模板，用 BIO-RAD IQ5 监测各基因的扩增反应过程（图 5.20）。从各基因的熔解曲线可以判断它们进行了有效而准确的扩增。各熔解曲线只有一条单峰，表示 PCR 反应过程中没有非特异性扩增。各熔解曲线中的基因熔点与其理论值也一致，前后漂移不超过 3℃，说明利用亲缘性较近的木榄的引物进行秋茄基因的扩增是有效的。

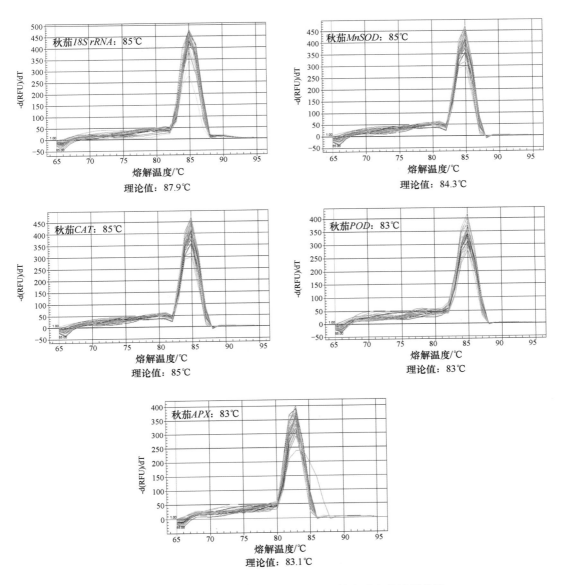

图 5.20　秋茄抗氧化酶基因和 *18S rRNA* 的实时定量熔解曲线

3）4 个基因和 *18S rRNA* 在红海榄中的实时定量扩增结果

利用木榄实时定量引物扩增红海榄 *MnSOD*、*CAT*、*POD*、*APX* 基因，以总 RNA 反转录的第一条 cDNA 为模板，用 BIO-RAD IQ5 监测各基因的扩增反应过程（图 5.21）。从各基因的熔解曲线可以判断它们进行了有效而准确的扩增。各熔解曲线只有一条单峰，表示 PCR 反应过程中没有非特异性扩增。各熔解曲线中的基因熔点与其理论值也一致，前后漂移不超过 2℃，说明利用亲缘性较近的木榄的引物进行红海榄基因的扩增是有效的。

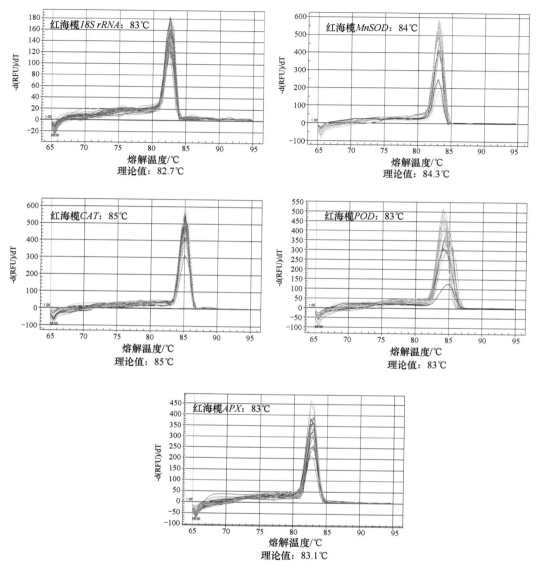

图 5.21　红海榄抗氧化酶基因和 *18S rRNA* 的实时定量熔解曲线

5.4.2.2　萘胁迫下抗氧化酶基因在 3 种植物不同组织中的表达结果

1）*MnSOD* 表达水平的变化

秋茄 *MnSOD* 的表达在根、茎、叶不同组织中表现出不同的反应特征，如图 5.22 所示。在叶中，在 N1~N3 处理水平下，其表达水平没有变化，但是在 N4、N5 处理下其表达水平明显增强。而在茎、根中，在 N1、N2 低浓度处理下其表达水平升高，但是随着处理浓度增大，其表达水平受到明显的抑制，但根中 *MnSOD* 在 N5 处理下、茎中在 N4 处理下又恢复高的表达水平。

如图 5.23 所示，木榄叶、茎中 *MnSOD* 的表达水平在低 PAH 胁迫强度下（N1、N2

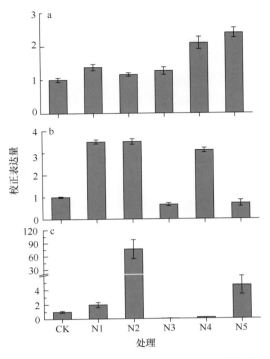

图 5.22　秋茄叶（a）、茎（b）、根（c）中 *MnSOD* 基因在不同萘处理水平下的表达量

N1~N5 分别为 1 mg/kg、5 mg/kg、10 mg/kg、15 mg/kg 和 20 mg/kg；下同

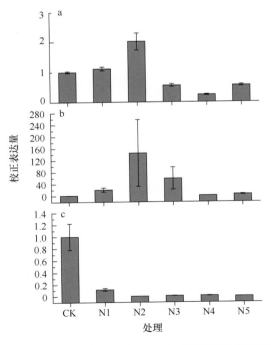

图 5.23　木榄叶（a）、茎（b）、根（c）中 *MnSOD* 基因在不同萘处理水平下的表达量

处理）升高，但是接下来其表达水平又逐渐降低，以至于明显低于对照水平，受到明显的抑制。根中 *MnSOD* 的表达水平在 PAH 处理下则受到了普遍的抑制。

红海榄 *MnSOD* 的变化趋势与木榄相似。如图 5.24 所示，叶、茎中，低浓度 PAH 处理时，其表达水平升高，但是随着处理浓度增大，其表达则明显被抑制。叶中在 N5 处理下表现出较高的表达水平。根中只是在 N1 处理下表达水平升高，其他处理水平下均明显降低。

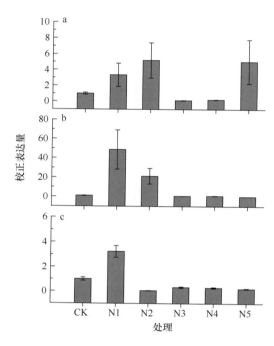

图 5.24　红海榄叶（a）、茎（b）、根（c）中 *MnSOD* 基因在不同萘处理水平下的表达量

2）*CAT* 表达水平的变化

如图 5.25 所示，秋茄叶片中 *CAT* 的表达量随着 PAH 处理浓度的增加而逐渐升高，在 N4 处理时达到峰值，是对照组的 8.12 倍。茎在各处理下，除了 N3 处理外，转录水平也都普遍升高。根中的 *CAT* 转录水平都明显增强，分别为对照的 115.13 倍、1667.07倍、7.99 倍、10.63 倍、84.20 倍。说明在 PAH 处理下，根部 *CAT* 转录本的显著增强是秋茄对抗外界 PAH 而产生的重要防御机制。

如图 5.26 所示，木榄叶部 *CAT* 基因的表达水平随着 PAH 处理浓度的升高而逐渐降低，在 N1~N3 处理下升高，但是在 N4、N5 处理下则明显减弱。而根部 *CAT* 转录本的表达水平在各处理下则表现为明显降低。相比叶、根，茎中 *CAT* 基因的表达水平都明显增强。在 N2 处理时达到峰值，为对照的 159.69 倍。之后 N3、N4、N5 处理下降低，但是均比对照水平上调。

红海榄叶中 *CAT* 基因的表达量在 N1、N3、N4 处理下没有明显变化（图 5.27），但在 N2、N5 处理下则明显升高，分别为对照的 4.56 倍和 3.12 倍。茎中 *CAT* 基因的表达量变化与其 *MnSOD* 基因的变化趋势相似，在 N1、N2 处理下明显升高，但是随着处理浓度的加大，其表达水平又明显降低。根中在 N2~N5 处理下，*CAT* 基因的表达量随着浓度增加而逐渐增加，但是相比对照，其表达水平均明显降低。

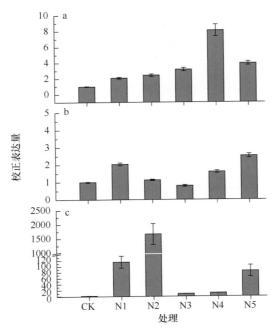

图 5.25　秋茄叶（a）、茎（b）、根（c）中 *CAT* 基因在不同萘处理水平下的表达量

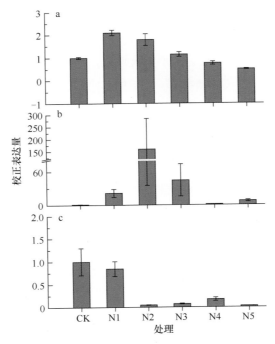

图 5.26　木榄叶（a）、茎（b）、根（c）中 *CAT* 基因在不同萘处理水平下的表达量

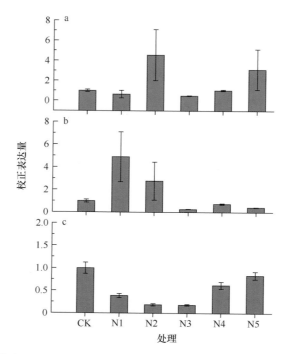

图 5.27 红海榄叶（a）、茎（b）、根（c）中 *CAT* 基因在不同萘处理水平下的表达量

3）*POD* 表达水平的变化

秋茄叶中 *POD* 的表达量随着 PAH 处理水平增强而逐渐升高，如图 5.28 所示，在 N5 处理下达到峰值，为对照组的 45.90 倍。茎中在低浓度处理下（N1、N2），*POD* 表达量明显升高，但是在 N3、N4 处理下又降低，在 N5 处理时又再度上调为对照的 2.37 倍。根中 *POD* 除了 N2 处理下表达水平大大增强，为对照组的 6.31 倍外，其他处理水平下均明显减弱，分别为对照的 88.75%、0.76%、8.43% 和 15.88%。

如图 5.29 所示，木榄叶中 *POD* 的表达水平在 PAH 处理下都普遍降低，只有在 N3 处理时轻微上升。而木榄根中 *POD* 的表达量也受到了强烈的抑制，分别降低为对照的 20.97%、0.97%、5.68%、2.43% 和 0.30%。茎中 *POD* 的表达则完全不同于叶和根，在各处理水平下，其转录本都明显增强。在 N2 处理时最高，为对照组的 62.88 倍。

如图 5.30 所示，红海榄叶、茎、根中 *POD* 的表达水平在低水平处理时都升高（N1、N2），但随着处理浓度的升高，叶、茎、根则有了不同的变化趋势。叶中在 N3、N4 处理下则明显受到抑制，N5 时表达水平又明显增强，为对照的 24.58 倍。茎中 *POD* 的表达量也在 N3、N4 处理下降低，但是在 N5 处理时其表达水平相比对照则没有表现出明显变化。根中 *POD* 在 N2~N5 处理下，相比对照，只是轻微上升，但是没有统计学意义的变化。

4）*APX* 表达水平的变化

秋茄 *APX* 基因在叶中的表达水平随着 PAH 处理水平的升高而升高，相比对照，只是 N2 处理下轻微减弱，如图 5.31 所示。茎中 *APX* 的表达量则随着处理浓度的升高而逐渐降低，但是其表达量均高于对照。根中 *APX* 的表达量只在 N2 处理时明显升高，为对照的 25.24 倍，其他处理下表达量都降低，在 N3、N4 处理时则受到强烈抑制，分别为对照的 8.74% 和 3.65%。

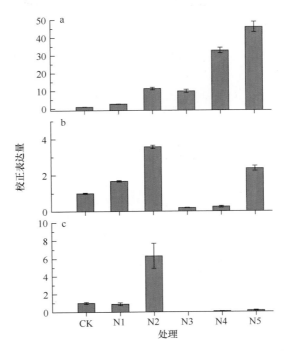

图 5.28　秋茄叶（a）、茎（b）、根（c）中 *POD* 基因在不同萘处理水平下的表达量

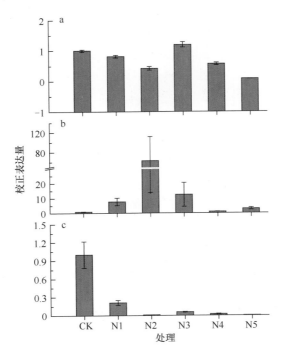

图 5.29　木榄叶（a）、茎（b）、根（c）中 *POD* 基因在不同萘处理水平下的表达量

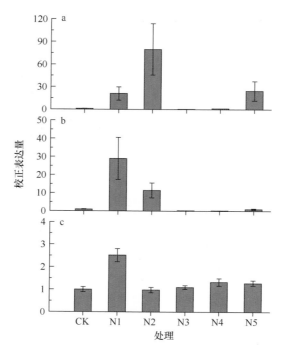

图 5.30　红海榄叶（a）、茎（b）、根（c）中 *POD* 基因在不同萘处理水平下的表达量

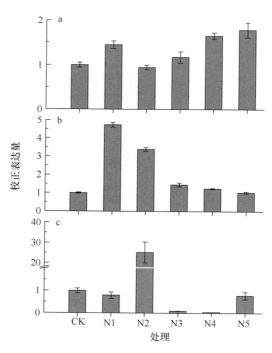

图 5.31　秋茄叶（a）、茎（b）、根（c）中 *APX* 基因在不同萘处理水平下的表达量

　　如图 5.32 所示，木榄叶中 *APX* 的表达量在低浓度时明显增强，但是随着处理浓度的升高（N3~N5 处理），其表达水平又逐渐降低。而根中 *APX* 的变化趋势与其 *POD* 的

表达水平变化相似，都受到了明显抑制。茎中 *APX* 的变化也与 *POD* 相似，在各处理水平下都表现为明显的上调，在 N2 处理时最高，可以达到对照的 142.26 倍。

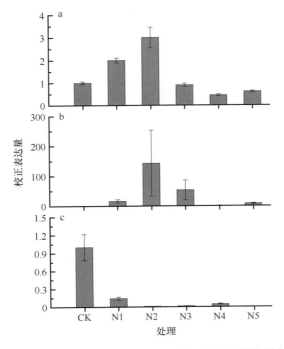

图 5.32　木榄叶（a）、茎（b）、根（c）中 *APX* 基因在不同萘处理水平下的表达量

如图 5.33 所示，红海榄叶和茎中 *APX* 的表达水平在 N1、N2 处理水平下都明显升高，但是叶中在 N3、N4 处理下显著降低，在 N5 处理时，其表达则又被强烈诱导。而茎中在 N3~N5 处理下，其表达含量没有明显变化。根中 *APX* 的表达量在 N1 处理时轻微上升，随后随着处理浓度的升高，表达水平也随之升高，但是相比对照，其表达量都减弱了。

5.4.2.3　相关分析结果

1）各基因表达水平与 PAH 处理浓度间的相关关系

我们对多环芳烃的处理浓度与各基因的表达水平变化进行了相关分析，如表 5.7 所示。在 $p<0.05$ 时，只有木榄根部 *CAT* 的表达量显示出良好的相关关系，相关系数达到 0.83，而叶、茎、根中对比表明，根部各基因在较小的概率水平下显示出较强的相关关系，叶次之，而茎中的相关关系最弱。

秋茄则与木榄不同，叶中 *MnSOD* 和 *POD* 均表现出良好的相关关系，在 $p<0.05$ 时，相关系数分别达到 0.88 和 0.93。而比较三个不同部位的相关敏感性，秋茄叶相关性最大，根和茎较小。

红海榄与秋茄、木榄相比，其各基因表达水平的相关性是最差的，叶、茎、根中均没有良好的相关关系。相比不同组织的相关敏感性，则为茎最强，根次之，叶最弱。

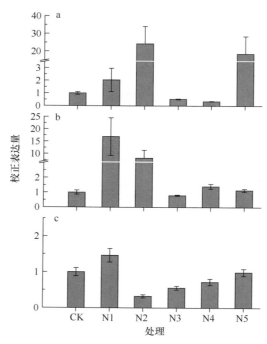

图 5.33　红海榄叶（a）、茎（b）、根（c）中 *APX* 基因在不同萘处理水平下的表达量

表 5.7　多环芳烃处理浓度和基因表达水平的相关分析

基因	木榄叶		木榄茎		木榄根	
	相关系数	显著性水平	相关系数	显著性水平	相关系数	显著性水平
MnSOD	0.54	0.27	0.12	0.83	0.71	0.11
CAT	0.62	0.19	0.13	0.81	0.83	0.04
POD	0.60	0.21	0.13	0.80	0.75	0.09
APX	0.47	0.34	0.10	0.85	0.71	0.11
GST	0.37	0.46	0.90	0.87	0.73	0.10
C4H	0.44	0.39	0.31	0.55	0.73	0.10

基因	秋茄叶		秋茄茎		秋茄根	
	相关系数	显著性水平	相关系数	显著性水平	相关系数	显著性水平
MnSOD	0.88	0.02	0.21	0.70	0.11	0.83
CAT	0.72	0.11	0.48	0.34	0.13	0.81
POD	0.93	0.01	0.03	0.95	0.28	0.59
APX	0.73	0.09	0.42	0.40	0.15	0.78
GST	0.44	0.38	0.37	0.48	0.19	0.72
C4H	0.82	0.05	0.31	0.55	0.36	0.49

基因	红海榄叶		红海榄茎		红海榄根	
	相关系数	显著性水平	相关系数	显著性水平	相关系数	显著性水平
MnSOD	0.13	0.81	0.46	0.36	0.55	0.26
CAT	0.25	0.64	0.53	0.29	0.02	0.97
POD	0.04	0.95	0.45	0.37	0.19	0.72
APX	0.30	0.57	0.44	0.39	0.27	0.60
GST	0.19	0.72	0.16	0.76	0.38	0.45
C4H	0.31	0.55	0.42	0.41	0.66	0.16

2）各基因在不同组织部位之间的相关关系

因为植物体内 ROS 的消除是各个酶的协同作用，为了验证并更好地分析说明它们之间的协同作用机制，我们对不同部位各基因之间进行了偏相关分析，具体结果见表 5.8。在 $p<0.05$ 水平下，木榄叶中 MnSOD 与 APX、MnSOD 与 GST、APX 与 GST 均表现出高度的相关关系，相关系数分别达到 0.94、0.94 和 0.90。而茎中各抗氧化酶基因之间，如 MnSOD 与 CAT、POD、APX、GST，CAT 与 POD、APX、GST，POD 与 APX、GST，APX 与 GST 之间均表现出强烈的相关关系，相关系数均达到 0.97~0.99。木榄根中各基因间的相关关系与茎类似，除了 CAT 与另 5 种抗氧化酶基因之间没有高强度的相关系数外，其他基因表达含量均有高强度的相关关系（r 均达到 0.99）。

表 5.8 根、茎、叶中不同基因表达水平间的偏相关分析

木榄叶	MnSOD		CAT		POD		APX		GST		C4H	
	r	p	r	p	r	p	r	p	r	p	r	p
MnSOD	1.00	0.00										
CAT	0.58	0.31	1.00	0.00								
POD	0.62	0.26	0.16	0.80	1.00	0.00						
APX	0.94	0.02	0.81	0.10	0.50	0.39	1.00	0.00				
GST	0.94	0.02	0.55	0.34	0.42	0.48	0.90	0.04	1.00	0.00		
C4H	0.97	0.01	0.62	0.26	−0.44	0.46	0.95	0.01	0.99	0.002	1.00	0.00

木榄茎	MnSOD		CAT		POD		APX		GST		C4H	
	r	p	r	p	r	p	r	p	r	p	r	p
MnSOD	1.00	0.00										
CAT	0.99	0.00	1.00	0.00								
POD	0.97	0.05	0.99	0.00	1.00	0.00						
APX	0.99	0.00	0.99	0.00	0.98	0.00	1.00	0.00				
GST	0.99	0.00	0.99	0.00	0.98	0.00	0.99	0.00	1.00	0.00		
C4H	0.77	0.13	0.73	0.16	0.69	0.20	0.74	0.15	0.71	0.18	1.00	0.00

木榄根	MnSOD		CAT		POD		APX		GST		C4H	
	r	p	r	p	r	p	r	p	r	p	r	p
MnSOD	1.00	0.00										
CAT	0.49	0.40	1.00	0.00								
POD	0.99	0.00	0.56	0.32	1.00	0.00						
APX	0.99	0.00	0.52	0.37	0.99	0.00	1.00	0.00				
GST	0.99	0.00	0.56	0.32	0.99	0.00	0.99	0.00	1.00	0.00		
C4H	0.99	0.00	0.53	0.36	0.99	0.00	0.99	0.00	0.99	0.00	1.00	0.00

秋茄叶	MnSOD		CAT		POD		APX		GST		C4H	
	r	p	r	p	r	p	r	p	r	p	r	p
MnSOD	1.00	0.00										
CAT	0.26	0.68	1.00	0.00								
POD	0.80	0.10	0.08	0.90	1.00	0.00						
APX	0.90	0.04	0.26	0.68	0.48	0.42	1.00	0.00				
GST	0.25	0.69	0.98	0.00	0.05	0.94	0.25	0.68	1.00	0.00		
C4H	0.99	0.00	0.29	0.63	0.75	0.14	0.93	0.02	0.28	0.65	1.00	0.00

续表

秋茄茎	MnSOD		CAT		POD		APX		GST		C4H	
	r	p	r	p	r	p	r	p	r	p	r	p
MnSOD	1.00	0.00										
CAT	0.23	0.71	1.00	0.00								
POD	0.33	0.59	0.34	0.57	1.00	0.00						
APX	0.74	0.15	0.44	0.46	0.49	0.41	1.00	0.00				
GST	0.55	0.34	0.41	0.49	0.47	0.42	0.97	0.01	1.00	0.00		
C4H	0.65	0.24	0.04	0.95	0.82	0.09	0.64	0.25	0.57	0.32	1.00	0.00

秋茄根	MnSOD		CAT		POD		APX		GST		C4H	
	r	p	r	p	r	p	r	p	r	p	r	p
MnSOD	1.00	0.00										
CAT	0.99	0.00	1.00	0.00								
POD	0.99	0.00	0.99	0.00	1.00	0.00						
APX	0.99	0.00	0.99	0.00	0.99	0.00	1.00	0.00				
GST	0.97	0.00	0.96	0.01	0.97	0.01	0.97	0.01	1.00	0.00		
C4H	0.84	0.08	0.81	0.09	0.84	0.07	0.84	0.08	0.95	0.02	1.00	0.00

红海榄叶	MnSOD		CAT		POD		APX		GST		C4H	
	r	p	r	p	r	p	r	p	r	p	r	p
MnSOD	1.00	0.00										
CAT	0.82	0.09	1.00	0.00								
POD	0.83	0.09	0.93	0.02	1.00	0.00						
APX	0.89	0.04	0.98	0.00	0.93	0.02	1.00	0.00				
GST	0.80	0.11	0.85	0.07	0.98	0.03	0.86	0.07	1.00	0.00		
C4H	0.80	0.10	0.72	0.17	0.91	0.03	0.75	0.15	0.96	0.01	1.00	0.00

红海榄茎	MnSOD		CAT		POD		APX		GST		C4H	
	r	p	r	p	r	p	r	p	r	p	r	p
MnSOD	1.00	0.00										
CAT	0.99	0.00	1.00	0.00								
POD	0.99	0.00	0.98	0.00	1.00	0.00						
APX	0.99	0.00	0.99	0.00	0.99	0.00	1.00	0.00				
GST	0.94	0.02	0.92	0.02	0.95	0.01	0.93	0.02	1.00	0.00		
C4H	0.91	0.03	0.93	0.02	0.89	0.05	0.92	0.03	0.72	0.17	1.00	0.00

红海榄根	MnSOD		CAT		POD		APX		GST		C4H	
	r	p	r	p	r	p	r	p	r	p	r	p
MnSOD	1.00	0.00										
CAT	0.05	0.94	1.00	0.00								
POD	0.99	0.00	0.15	0.82	1.00	0.00						
APX	0.86	0.06	0.45	0.45	0.79	0.11	1.00	0.00				
GST	0.31	0.61	0.92	0.03	0.20	0.75	0.75	0.15	1.00	0.00		
C4H	0.20	0.75	0.89	0.04	0.11	0.86	0.63	0.26	0.94	0.02	1.00	0.00

　　秋茄叶中 $MnSOD$ 与 APX、CAT 与 GST 之间也表现出高度的相关，在 $p<0.05$ 水平下相关系数分别达到 0.90、0.98。茎中只有 APX 与 GST 之间显示高度相关，相关系数达到 0.97。而根中各基因的相关关系则与木榄根相似，各基因之间均表现出高度的相关

关系，相关系数为 0.96~0.99。

红海榄各部位的相关关系又区别于木榄和秋茄，叶中，*MnSOD* 与 *APX*，*CAT* 与 *POD*、*APX*，*POD* 与 *APX*、*GST* 之间表现出良好的相关关系，相关系数分别为 0.89、0.93、0.98、0.93、0.98。而根中只有 *MnSOD* 与 *POD*、*CAT* 与 *GST* 之间显示高度相关，相关系数分别为 0.99 和 0.92。而茎中各抗氧化酶基因之间的反应则与木榄相似，*MnSOD* 与 *CAT*、*POD*、*APX*、*GST*，*CAT* 与 *POD*、*APX*、*GST*，*POD* 与 *APX*、*GST*，*APX* 与 *GST* 之间均表现出显著的相关关系，相关系数达到 0.92~0.99。

5.4.3 讨论

在正常生命过程中 ROS 是植物维持生命活动所必需的，相对低浓度的 ROS 可作为第二信使参与信号转导，从而参与植物的代谢。大量的研究已经证明在受到外界非逆境胁迫的诱导时，植物体内会产生过量的 ROS，造成细胞代谢的失衡，ROS 信号的改变被各种蛋白质、酶或受体感知，进而调节相应的发育、代谢及防御机制，而各个细胞器中所产生的 ROS 最终能够诱导和影响核基因的表达。植物细胞区室中几乎都存在参与 ROS 调控的多种 ROS 清除酶。ROS 则主要由基质 SOD 及"抗坏血酸-谷胱甘肽循环"来清除。过氧化物酶体中，SOD、CAT、POD 及 APX 负责 O_2^- 和 H_2O_2 的清除。目前关于各种不同的 *SOD* 基因、*APX* 基因、*CAT* 基因在转基因植株中的表达研究发现，过量表达某个或者某两个基因，能够提高植物对氧化胁迫的耐性。而我们通过研究这些基因在 PAH 胁迫下的转录表达水平，为进一步揭示抗氧化基因在逆境胁迫下的作用机制提供了一定的理论基础。

MnSOD 是植物细胞线粒体内消除超氧离子、保护线粒体不受活性氧伤害的关键酶。CuZnSOD 和 FeSOD 对 KCN 及 H_2O_2 敏感，而 MnSOD 不受这两种抑制剂的影响（马旭俊和朱大海，2003）。在外界胁迫条件下，MnSOD 的大量增加能够有效地增强植物的抵抗力。研究表明，在外界光、百草枯、干旱及水淹等胁迫发生时，多种植物叶片中 *SOD* 基因的表达能够强烈地被诱导（马旭俊和朱大海，2003），这说明在逆境胁迫时，植物可能具有同一个抗逆机制，而 *SOD* 的高表达量能够有效抵御 ROS 引起的氧化胁迫环境（Badawi et al.，2004；Wang et al.，2005，2004a）。本研究结果表明，在低浓度萘处理下，秋茄叶中 *MnSOD* 基因的表达量没有变化，但在高浓度胁迫时，叶中 *MnSOD* 基因的表达则受到了强烈诱导。这说明在高浓度时，植物通过增强 *MnSOD* 基因的转录水平，提高 *MnSOD* 的表达量，从而有效地清除氧自由基，抵抗萘胁迫的危害；这与研究玉米在高渗压剂胁迫、水稻在干旱胁迫下 *MnSOD* 表达量迅速上升的结果相似（Gill & Tuteja，2010；Madejón et al.，2009；Wang et al.，2005；杨剑平，1995）。而木榄和红海榄叶与茎中，以及秋茄茎中 *MnSOD* 的表达水平则表现为低浓度时升高，高浓度时下降，说明在高浓度萘胁迫下，*MnSOD* 达到抗氧化系统防御机制的临界值，会抑制该酶系统的有效表达。在根中，秋茄 N1、N2 处理显著增加了 *MnSOD* 基因的表达量外，N3、N4 处理时显著降低，在 N5 处理时又明显升高（图 5.22）。说明在低强度胁迫时，*MnSOD* 的表达量显著增加来对抗萘引起的氧化胁迫环境，而随着胁迫强度的增大，该基因的调控水平明显降低，在更高强度时，则进一步启动解毒防御机制，这种表达机制说明萘可以调节植物内部该基因的表达与调控。而红海榄和木榄根部 *MnSOD* 的表达水平则受到了明显抑制。多种胁迫下的研究结果也表明 *MnSOD* 基因表达受各种环境胁迫的控制，不同的环境胁迫导致不同的 *SOD* 基因表达，可能是因为不同的逆境胁迫引起不同的亚细胞结构活性氧较多地积累，从而启动不同的酶表达系统，协调一致地应对外界胁迫所引起的高氧化环境（Madejón et al.，2009；马旭俊和朱大海，2003）。

植物在受到各种胁迫时，SOD、APX、CAT、POD 等抗氧化酶的活性是普遍同时增加的，这表明 ROS 清除酶体系的各部分受到共同调控。研究表明，这些酶基因及其活性的表达受各种外界环境因子如温度、光照、干旱、高盐、重金属及生物因子（病原）等的影响。转 *APX* 过量表达的转基因烟草和拟南芥植株提高了对甲基紫精等引起的氧化胁迫的耐受能力（Shi et al.，2001；Tarantino et al.，2005），而基因敲除技术研究表明，拟南芥中，*APX1* 基因敲除可致使 PrxR（过氧还蛋白）和一种铁蛋白的表达增强，*CAT* 基因缺失会导致铜结合蛋白、谷氧还蛋白及硫氧还蛋白的表达增强，*CuZnSOD* 基因缺失则致使 FeSOD、铁蛋白及 CAT 的表达增强，这些基因缺失突变体转录本的表达表明基因表达存在互补性，同时 ROS 网络应答不同种类胁迫具有高度特异的模式，即转录本在不同胁迫下存在表达差异，由此可见 ROS 的基因调控网络具有高度的灵活性（Miller et al.，2007）。而我们对于 PAH 胁迫下，秋茄、红海榄、木榄体内叶、茎、根不同组织中 CAT、POD、APX 的研究得出同样的结论。在生理水平上，SOD 与 CAT、POD、APX 等酶系共同作用来对抗 ROS 引起的氧化胁迫。而在基因表达水平上，它们表现出同样的对抗机制，秋茄叶在多环芳烃处理下，其 MnSOD、CAT、POD、APX 活性均增加，从而协调一致地解除氧化胁迫环境，偏相关分析也表明，秋茄、木榄、红海榄叶中 *MnSOD* 和 *APX* 具有明显的正相关关系，相关系数分别达到 0.90、0.94、0.89，说明 *MnSOD* 与 *APX* 是不同红树植物对抗 ROS 的关键酶基因。这可能与不同抗氧化酶基因的启动子对 ROS 的敏感性不同有关。研究表明，在 H_2O_2 浓度轻微增加的情况下，APX 的启动子作为一种非常有效地用于识别与 H_2O_2 和其他氧化还原信号有关的启动子 DNA 序列及 DNA 结合蛋白的工具，能够快速地诱导 *APX* 基因表达，而不同基因的转录因子是基因转录的重要启动子，是应对外界胁迫的重要调控元件，这些调控元件间的协调作用是基因高效表达和应对外界胁迫的基础（夏江东等，2006）。

三种植物茎和根中各抗氧化酶基因间表达量的相关关系又各有不同，木榄茎和根中两两基因表达水平之间，如 *MnSOD* 与 *CAT*、*POD*、*APX*、*GST*，*CAT* 与 *POD*、*APX*、*GST*，*POD* 与 *APX*、*GST*，*APX* 与 *GST* 均表现出高度的相关关系，相关系数均在 0.90 以上，木榄根部各酶基因的表达均普遍受到抑制，而茎部基因的表达均表现出在低浓度时升高、在高浓度 PAH 胁迫下降低的变化趋势。秋茄根部和红海榄茎部的变化与木榄根部和茎部的变化类似。说明不同红树植物的抗氧化酶体系在多环芳烃胁迫下表现出不同的防御机制，而同种植物不同组织之间清除 ROS 相关基因的表达又具有器官和组织特异性。目前对于这种调节的具体表达调控机制还不得而知，有些研究猜测 ROS 可通过修饰作用改变转录因子的活性来调节基因的表达，一般是通过共价修饰半胱氨酸中的—SH 基团来实现的，不同种类的 ROS 可与不同的半胱氨酸残基发生反应，产生不同的修饰产物，这样就可以解释不同的外界胁迫通过诱导相同的转录因子引起不同系列基因表达的原因（Delaunay et al.，2002）。而 Liu 等（2009）关于 PAH 胁迫下拟南芥中 *APX* 和 *CAT* 基因的表达调控也验证了这一点。

对于各个基因在不同 PAH 强度胁迫下的相关分析表明，只有木榄根部 *CAT* 和秋茄叶部 *POD*、*MnSOD* 基因的表达转录水平在 $p<0.05$ 水平下呈明显的相关关系，相关系数分别为 0.83、0.93 和 0.88，说明它们是指示 PAH 污染水平的良好生物学指标。而对相关系数的总体分析可看出，在较低的概率水平下，木榄根部各基因的相关关系大于叶部，茎最小；而秋茄则为叶>根>茎；红海榄为茎部的相关关系最明显，叶部和根部相差不大。这在一定程度表明，在外界 PAH 胁迫下，不同植物的防御机制是不同的，而同种植物不同组织器官的敏感性也不同。Wieczorek J K 和 Wieczorek Z J（2007）等对蒽胁迫下生菜和胡萝卜的研究也发现同样的表达特征，因为在胁迫下植物根部是直接接触污染物的部位，往往也是受到伤害最大、对污染最敏感的部位，而叶部作为植物重要的功能器官，也是植物对抗胁迫的重要部位，而茎部的功能特征敏感性弱于根和叶，我们的研究结论与上述研究结果相似。

5.4.4　小结

（1）实时定量结果表明，三种红树植物的抗氧化酶系统的基因在萘胁迫下都普遍受到诱导，而且在转录水平表现出了协调一致的表达特征，而叶部 *MnSOD* 与 *APX* 两个基因的相关性均高于其他基因的相关性，为红树植物叶部防御 ROS 的主要基因。

（2）红树植物体内 ROS 调控基因网络具有高度的灵活性，不同植物之间具有各自的表达特征。木榄中茎和根中两两基因表达水平之间，如 *MnSOD* 与 *CAT*、*POD*、*APX*、*GST*，*CAT* 与 *POD*、*APX*、*GST*，*POD* 与 *APX*、*GST*，*APX* 与 *GST* 均表现出高度的相关关系，相关系数均在 0.90 以上，木榄根部各基因的表达均普遍受到抑制，而茎部基因的表达均表现出在低浓度时升高、在高浓度 PAH 胁迫下降低的变化趋势。秋茄根部和红海榄茎部的变化与木榄根部和茎部的变化类似。说明不同红树植物的抗氧化酶体系在多环芳烃胁迫下表现出不同的防御机制。

（3）不同红树植物的不同组织器官在萘胁迫下的敏感性不同，木榄为根>叶>茎；秋茄为叶>根>茎；红海榄为茎>叶、根，其中叶、根之间的差距不大。

5.5　多环芳烃胁迫下红树植物细胞色素 P450 酶系统
基因和 *GST* 基因的实时定量表达

植物解除入侵体内的亲脂非极性化合物的毒性主要分为两步：首先通过细胞色素 P450 酶系统催化各种氧化、还原、水解反应，使其底物与它们暴露的功能基团结合，然后通过 GST 的催化作用使 GSH 与已活化的有毒物质发生偶联作用，形成低毒性和高水溶性的结合物。而 *C4H* 基因和 *GST* 基因是这两步的关键酶基因，因此可以研究 PAH 作用下两者的表达水平，探索性地研究 PAH 进入红树植物体内的代谢机制。

5.5.1 材料和方法

5.5.1.1 植物材料

成熟的木榄和红海榄胚轴采自海南东寨港红树林国家级自然保护区；成熟的秋茄采自深圳东冲河口。

在无污染的沙质培养基上培养 30 d 后取植物叶、茎、根的幼嫩组织用于红树植物总RNA 的提取。

5.5.1.2 主要实验试剂

（1）Concert^{TM} Plant RNA Reagent（Invitrogen）

（2）PrimeScript RT Reagent Kit with gDNA Eraser（TaKaRa）

（3）SYBR Premix Ex Taq^{TM} II（TaKaRa）

5.5.1.3 红树植物总 RNA 的提取

同 5.4.1.3。

5.5.1.4 cDNA 的合成

同 5.4.1.4。

5.5.1.5 实时定量 PCR 测定 *C4H* 基因的表达量

（1）*C4H* 实时定量 PCR 扩增的引物见表 5.9。

表 5.9 实时定量 PCR 扩增的引物序列

基因	引物序列	序列号	T_m/℃	扩增片段长度/bp
秋茄 *18S rRNA*	F: 5′-CCTGAGAAACGGCTACCACATC-3′ R: 5′-ACCCATCCCAAGGTCCAACTAC-3′	AY289625.1	87.9	257
C4H	F: 5′-CCAGCAAAAGGGAGAGAT-3′ R: 5′-TCAGGGTGGTTTACAAGC-3′	GU478983.1	82.6	126
木榄 *18S rRNA*	F: 5′-CGGGGGCATTCGTATTTC-3′ R: 5′-CCTGGTCGGCATCGTTTAT-3′	AB233615	82.7	168
GST	F: 5′-CCACTGTTGCCCTCTGAT-3′ R: 5′-TGCTCCTTCCTGCTCTTC-3′	GU433191.1	84.5	126

（2）实时定量 PCR 反应液成分如下。

Real-time PCR Master Mix	12.5 μL
上游引物（10 μmol）	0.5 μL
下游引物（10 μmol）	0.5 μL
第一链 cDNA	2 μL
DEPC 水	至 25.0 μL

（3）反应程序如下。

$$
\left.
\begin{array}{ll}
95\text{℃} & 30\ \text{s} \\
95\text{℃} & 5\ \text{s} \\
57\text{℃} & 15\ \text{s} \\
72\text{℃} & 20\ \text{s}
\end{array}
\right\}\ 45\ \text{个循环}
$$
$$
\begin{array}{ll}
72\text{℃} & 7\ \text{min}
\end{array}
$$

（4）熔解曲线的分析。扩增反应结束后，进行熔解曲线反应。随着反应温度的逐渐升高，扩增的产物链变性，逐渐释放为游离态，荧光值随之减少，由此可观察产物的熔解情况，熔解曲线为单峰，表示单一的扩增产物，多峰表示扩增有杂带。熔解曲线的测定是从 65℃到 95℃，每隔 0.5℃测定吸光值。

（5）基因的表达量分析。以 *18S rRNA* 为内参，对加入到反转录反应中的 RNA 进行均一化处理。各个基因的相对表达量按照 Livak 和 Schmittgen（2001）的 $2^{-\Delta\Delta C_t}$ 方法进行处理。

5.5.1.6 统计学分析

实验结果为平均值±标准差（$n=6$）。实验原始数据的处理和作图均采用 Excel。处理组与对照组之间的差异分析由 SPSS 10.0 统计软件完成，其中 $p<0.05$ 表明具有显著差异。

5.5.2 实验结果

5.5.2.1 *C4H* 基因在三种植物中的实时定量扩增结果

利用实时定量引物扩增木榄、秋茄、红海榄的 *C4H* 基因，以总 RNA 反转录的第一条 cDNA 为模板，用 BIO-RAD IQ5 监测各基因的扩增反应过程（图 5.34）。从各基因的熔解曲线可以判断它们进行了有效而准确的扩增。各熔解曲线只有一条单峰，表示 PCR反应过程中没有非特异性扩增。而各熔解曲线中基因的熔点与其理论值也一致，前后漂移不超过 2℃。

5.5.2.2 *GST* 基因在三种植物中的实时定量扩增结果

利用实时定量引物扩增木榄、秋茄、红海榄的 *GST* 基因，以总 RNA 反转录的第一条 cDNA 为模板，用 BIO-RAD IQ5 监测各基因的扩增反应过程（图 5.35）。从各基因的熔解曲线可以判断它们进行了有效而准确的扩增。各熔解曲线只有一条单峰，表示 PCR反应过程中没有非特异性扩增。而各熔解曲线中基因的熔点与其理论值也一致，前后漂移不超过 2℃。

5.5.2.3 PAH 胁迫下 *C4H* 基因表达水平的变化

如图 5.36 所示，秋茄叶中 *C4H* 基因转录本的表达量随着 PAH 处理水平的增加而逐渐增强，在 N5 处理时达到峰值，为对照表达量的 5.32 倍。而茎中其表达水平在低浓度PAH 处理水平下明显升高，分别达到对照水平的 3.63 倍和 8.99 倍，但随着处理浓度的加大，表达水平被抑制。而根中除了 N2 处理略有升高外，其他处理下其表达水平均降低。

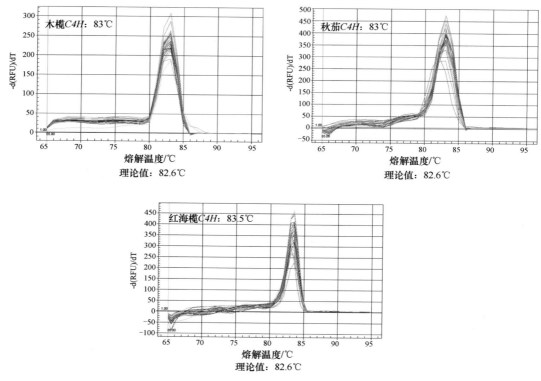

图 5.34　三种红树植物 C4H 基因的实时定量熔解曲线

如图 5.37 所示，木榄叶中 C4H 基因的表达量在 N1、N2 处理下明显上升，但是随着处理浓度的加大又降低。而茎中 C4H 基因的表达量都强烈地被诱导，但随着处理浓度的加大，其表达水平反而随之降低。根中 C4H 基因的表达则被明显地抑制，分别降低到对照组的 16.48%、1.04%、2.66%、2.99% 和 0.38%。

如图 5.38 所示，红海榄 C4H 基因的表达水平变化与木榄相似，叶中在低水平处理下表达量升高，但是在 N3、N4 处理下降低，在 N5 处理时又略有升高。而茎中 C4H 基因的表达水平相比对照都增强，但是随着处理浓度的升高反而降低。根中在 N1~N3 处理下都轻微下降，随着胁迫强度的增加，C4H 基因的表达量随之提高，但是相比对照都没有统计学意义。

5.5.2.4　PAH 胁迫下 GST 基因表达水平的变化

如图 5.39 所示，秋茄叶中 GST 基因的表达水平在 PAH 各处理浓度下都上升，但只是在 N4 处理下表现为明显的统计学意义上的变化。而茎中 GST 基因的表达量和叶中相似，都普遍被诱导，表达量升高，但是在 N1~N4 处理下，其表达水平随着处理浓度的增大而逐渐降低。根中 GST 的表达量只在 N2 处理下明显升高，为对照的 3.71 倍，其他处理水平下 GST 的表达则被明显抑制。

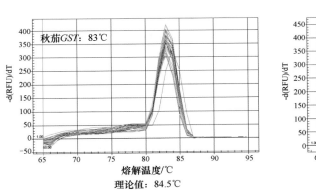

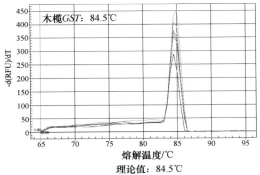

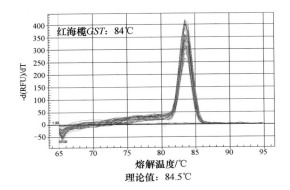

图 5.35　三种红树植物 *GST* 基因的实时定量熔解曲线

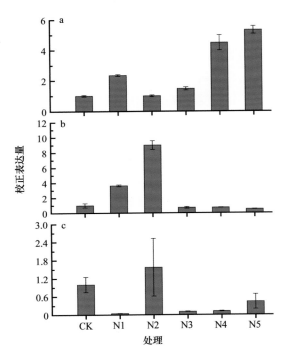

图 5.36　秋茄叶（a）、茎（b）、根（c）中 *C4H* 基因在不同萘处理水平下的表达量

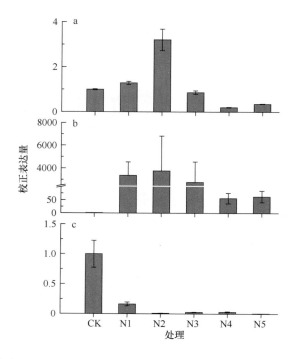

图 5.37　木榄叶（a）、茎（b）、根（c）中 *C4H* 基因在不同萘处理水平下的表达量

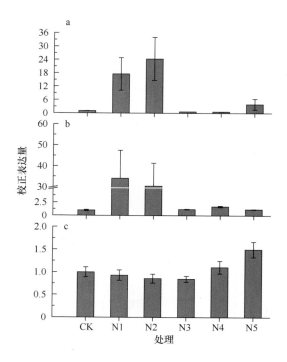

图 5.38　红海榄叶（a）、茎（b）、根（c）中 *C4H* 基因在不同萘处理水平下的表达量

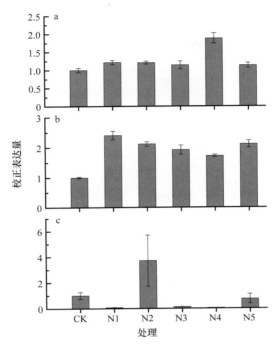

图 5.39　秋茄叶（a）、茎（b）、根（c）中 *GST* 基因在不同萘处理水平下的表达量

如图 5.40 所示，木榄叶中 *GST* 基因的转录本含量随着处理水平的变化先升高然后又逐渐降低，只在 N2 处理水平下明显升高，为对照组的 2.52 倍。茎中 *GST* 的表达量在各处理下都明显被诱导，表现出明显的上调，分别达到对照组的 25.19 倍、518.39 倍、179.38 倍、2.56 倍、14.43 倍。而根中 *GST* 的表达量和 *MnSOD*、*CAT*、*POD*、*APX* 基因在根中的表达量类似，均受到明显抑制。

如图 5.41 所示，红海榄叶中 *GST* 基因的表达量除了 N3 处理外均明显上升，只在 N3 处理下明显降低。根中 *GST* 的表达量相比对照在 N1~N4 处理时降低，在 N5 处理时则又升高，但在 N2~N5 处理下，随着 PAH 处理浓度的升高，*GST* 的表达水平随之增强。茎中 *GST* 的表达水平在各处理下相比对照都升高，在 $p<0.05$ 的统计学水平下，只有 N3 处理没有变化，其他处理下 *GST* 的表达量都明显升高。

5.5.3　讨论

目前，关于动物 P450 酶系在外界环境胁迫下的表达机制的研究较多，其酶系统的表达变化常被作为检测海域石油类化合物、PCB、其他卤代化合物及农药等污染的指标（Fuentes-Rios et al.，2005；Lee & Anderson，2005；Leonard et al.，2006；Nahrgang et al.，2009；Peters et al.，1997），但是在植物中细胞色素 P450 酶系统的功能与表达的报道还较少。Durst 和 O'Keefe（1995）的研究表明，外界环境胁迫对小麦、甘薯、以色列菊芋等作物的 P450 酶含量有明显的诱导作用。在萘的胁迫下，红树植物秋茄 *C4H* 基因的表达明显被诱导，*C4H* 基因在叶中的表达量随着萘处理浓度的升高而逐渐升高，相关分析

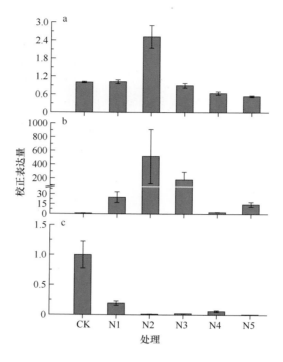

图 5.40　木榄叶（a）、茎（b）、根（c）中 *GST* 基因在不同萘处理水平下的表达量

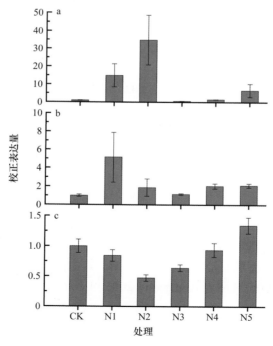

图 5.41　红海榄叶（a）、茎（b）、根（c）中 *GST* 基因在不同萘处理水平下的表达量

表明，*C4H* 基因的表达量和萘的浓度的相关系数达到 0.82（*p*<0.05），说明在萘的处理下，叶中 *C4H* 基因的表达普遍受到诱导。而蒙古扁桃在干旱胁迫下 C4H 的活性也表现出相似的相关关系，表明 *C4H* 的表达在植物抗性方面具有一定程度的广适性，是构成植物抵抗外界逆境胁迫的重要支撑系统。而红海榄和木榄叶中则在低浓度时 *C4H* 表达水平上升，处理浓度升高时，*C4H* 则表现为被抑制，说明秋茄叶中的防御能力强于红海榄和木榄。而茎在低浓度时（N1、N2 处理），*C4H* 表达量明显升高，但在浓度升高时（N3~N5 处理），*C4H* 基因的表达量显著降低，其结果与金属硫蛋白在 Zn 胁迫下的表达结果一致（Huang & Wang, 2010），而红海榄和木榄茎中 *C4H* 基因在各处理水平下都被强烈诱导，说明不同植物、不同部位在萘胁迫下的基因表达水平的响应临界值不同。在秋茄根中 *C4H* 基因表达水平除了在 N2 处理水平下显著增强外，其他处理水平下 *C4H* 基因的表达都受到了明显抑制，木榄根部的反应与秋茄类似，红海榄虽然在高浓度处理时 *C4H* 的表达量略有上升，但是都没有被强烈诱导，而在低浓度处理时，其表达量相比对照也是轻微下调。这说明在萘胁迫下，植物根部 P450 酶系统最容易受到伤害，这可能与根部直接接触多环芳烃污染物有关。*C4H* 基因转录水平在叶、茎、根中的表达特征说明，在萘胁迫下红树植物秋茄不同部位、不同器官有不同的表达机制。

李昕馨等（2006）的研究表明，小麦细胞色素 P450 可以作为土壤多环芳烃污染的良好生物标志物，而本研究的相关分析也得出相同的结论，萘胁迫的强度和 *C4H* 基因在秋茄叶中的表达量呈明显的正相关性，而在茎和根中则无明显相关关系；结合抗氧化酶基因中秋茄的相关分析表明，秋茄相比木榄和红海榄对于萘胁迫更加敏感，其叶中 *C4H* 基因、*MnSOD* 基因和 *POD* 基因的表达含量均是指示萘胁迫强度的良好指标。

植物 GST 可催化 GSH 和亲电子的异源物质结合，从而对外界刺激产生一定的防御作用。研究表明 *GST* 基因在生物体中的表达受各种生物因素和非生物因素的诱导，在受到病原体攻击、重金属毒害及臭氧等逆境条件下，体内的 GST 会被大量诱导表达，这些都表明 GST 可作为植物响应胁迫的细胞信号（George et al., 2010；Neuefeind et al., 1997；Yu et al., 2003）。而且 GST 能阻止植物体内的氧化伤害，参与 Tyr 等物质的降解反应（Thom et al., 2001）。我们的研究也表明萘胁迫下红树植物体内的 *GST* 基因表达被诱导。秋茄和红海榄叶、茎在萘处理下 *GST* 基因的表达被强烈诱导，均大幅度升高。而木榄叶中 *GST* 基因只是在低浓度的萘处理下大量增加，随着处理浓度的增加，其表达水平则表现为抑制，而茎部同秋茄和红海榄相似，表现为强烈升高。而三者根中 *GST* 基因的表达都表现为被抑制。这些研究结果表明红树植物在 PAH 胁迫下，*GST* 基因是其内部的一个重要防御基因，但是其在不同植物及植物的不同部位的表达机制不同。而对于木榄和红海榄叶、根部位 *GST* 基因和 *C4H* 基因之间，以及秋茄根部 *C4H* 基因之间都表现出高度的正相关关系，在 *p*<0.05 显著水平下，相关系数均在 0.90 以上，说明两个基因在 PAH 胁迫下具有协调一致性，也从侧面说明了两个基因有可能在 PAH 解毒方面具有重要的作用。

对 *C4H* 基因和 *GST* 基因与抗氧化酶基因的相关分析表明，木榄、红海榄、秋茄不同组织部位、不同类型抗氧化酶基因都与 *C4H* 和 *GST* 基因表现出高度的正相关关系，说明红树植物在对抗 PAH 引起的胁迫时,抗氧化酶体系与细胞色素 P450 酶体系及植物体内的 PAH 解毒体系都不是独立的,而是相互促进的,这些理论机制也需要进一步的研究来验证。

5.6 多环芳烃对桐花树 *PPO* 基因和 *P5CS* 基因表达量的影响

5.6.1 材料和方法

5.6.1.1 植物材料

成熟的桐花树胚轴采自深圳东冲河口。在无 PAH 沙质基质中培养,待三对叶子萌发后移植到 PAH 处理过的基质中培养。

在无污染的沙质培养基上培养 30 d 后取植物叶、茎、根的幼嫩组织用于红树植物总 RNA 的提取。

5.6.1.2 主要实验试剂

(1) Concert^{TM} Plant RNA Reagent (Invitrogen)

(2) PrimeScript RT Reagent Kit with gDNA Eraser (TaKaRa)

(3) SYBR Premix Ex Taq^{TM} II (TaKaRa)

5.6.1.3 红树植物总 RNA 的提取

同 5.4.1.3。

5.6.1.4 cDNA 的合成

同 5.4.1.4。

5.6.1.5 实时定量 PCR 测定 *PPO* 和 *P5CS* 基因的表达量

(1) *PPO* 和 *P5CS* 实时定量 PCR 扩增的引物见表 5.10。

表 5.10 实时定量 PCR 扩增的引物序列

基因	引物序列	序列号	T_m/℃	扩增片段长度/bp
18S rRNA	F: 5′-ATAAACGATGCCGACCAG-3′ R: 5′-TCAGCCTTGCGACCATAC-3′	AY671951.1	82.8	108
P5CS	F: 5′-AGCGTATTGGTACTCTATTTCATCG-3′ R: 5′-GACATAGCCTGTAGTTGCCTTGA -3′	DQ431113.1	83.3	118
PPO	F: 5′-GCCTCCTCACCATTCTAT-3′ R: 5′-CTATTGTTCCCTGACCTG-3′	GQ404509.1	84.7	229

（2）实时定量 PCR 反应液成分如下。

Real-time PCR Master Mix	12.5 μL
上游引物（10 μmol）	0.5 μL
下游引物（10 μmol）	0.5 μL
第一链 cDNA	2.0 μL
DEPC 水	至 25.0 μL

（3）反应程序如下。

95℃	30 s	
95℃	5 s	⎫
55℃	15 s	⎬ 45 个循环
72℃	20 s	⎭
72℃	7 min	

（4）熔解曲线的分析。扩增反应结束后，进行熔解曲线反应。随着反应温度的逐渐升高，扩增的产物链变性，逐渐释放为游离态，荧光值随之减少，由此可观察产物的熔解情况，熔解曲线为单峰，表示单一的扩增产物，多峰表示扩增有杂带。熔解曲线的测定是从 65℃到 95℃，每隔 0.5℃测定吸光值。

（5）基因的表达量分析。以 *18S rRNA* 为内参，对加入到反转录反应中的 RNA 进行均一化处理。各个基因的相对表达量按照 Livak 和 Schmittgen（2001）的 $2^{-\Delta\Delta C_t}$ 方法进行处理。

5.6.1.6　统计学分析

实验结果为平均值±标准差（$n=6$）。实验原始数据的处理和作图均采用 Excel。处理组与对照组之间的差异分析由 SPSS 10.0 统计软件完成，其中 $p<0.05$ 表示具有显著差异。

5.6.2　实验结果

5.6.2.1　*PPO* 和 *P5CS* 基因在桐花树的实时定量扩增结果

如图 5.42 所示，利用实时定量引物扩增桐花树的 *PPO* 和 *P5CS* 基因，以总 RNA 反转录的第一条 cDNA 为模板，用 BIO-RAD IQ5 监测各基因的扩增反应过程（图 5.42）。从各基因的熔解曲线可以判断它们进行了有效而准确的扩增。各熔解曲线只有一条单峰，表示 PCR 反应过程中没有非特异性扩增。而各熔解曲线中基因的熔点与其理论值也一致，前后漂移不超过 1℃。

5.6.2.2　PAH 胁迫下 *PPO* 基因和 *P5CS* 基因表达水平的变化

如图 5.43 所示，桐花树叶、茎、根中 *PPO* 基因的表达水平表现出相似的变化趋势，在低浓度的 PAH 处理下（N1~N3），其表达水平没有明显变化或者略有降低。但在高浓度的 PAH 处理下（N4、N5），其表达水平被强烈诱导，表达量大量增加。

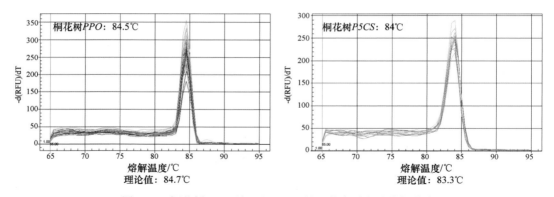

图 5.42　桐花树 *PPO* 基因和 *P5CS* 基因的实时定量熔解曲线

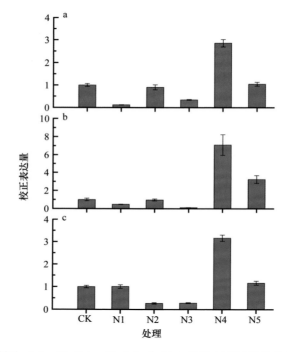

图 5.43　桐花树叶（a）、茎（b）、根（c）中 *PPO* 基因在不同萘处理水平下的表达量

如图 5.44 所示，桐花树叶中 *P5CS* 基因的表达水平在 PAH 各处理浓度下被强烈抑制，而茎中 *P5CS* 基因的表达水平除了在 N1 处理下相比对照没有明显变化外，在其他 PAH 处理浓度下，其表达水平明显升高，但是随着处理浓度的增加呈现下降的趋势。根中 *P5CS* 基因的表达水平在 N1~N3 处理下被抑制，N4、N5 处理下才略有升高，但是从 N1、N2 开始表现为明显的上升趋势，且表达水平与处理浓度之间呈现显著的正相关关系（r=0.958，p=0.01）。

5.6.3　讨论

多酚氧化酶是植物体内的重要防御酶，可以参与活性氧的清除及酚类、木质素和植

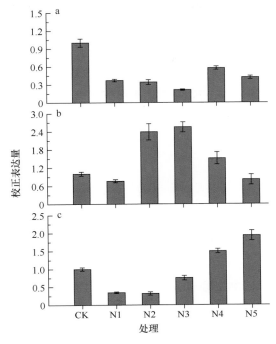

图 5.44　桐花树叶（a）、茎（b）、根（c）中 *P5CS* 基因在不同萘处理水平下的表达量

保素等抗病相关物质的合成，抵御 ROS 及氧自由基对细胞膜系统的伤害，从而增强植物对病害的抵抗能力。同时多酚氧化酶也是 PAH 降解途径中的一类关键酶，能催化 PAH 开环，生成较易降解的中间产物（Chiaiese et al.，2011；Passardi et al.，2004；王曼玲等，2005；卢晓丹等，2008），因此研究 *PPO* 基因在转录水平的变化，可以在分子水平上研究桐花树在 PAH 胁迫下 PPO 的作用机制。对于萘胁迫下桐花树叶、茎、根中 *PPO* 转录水平的研究结果表明，*PPO* 基因在桐花树叶、茎、根中的反应变化相似，在低浓度时（N1~N3 处理），其表达水平没有明显变化或者略有降低。但在高浓度的 PAH 处理下（N4、N5 处理），其表达水平则被强烈诱导，表达量大量增加。说明植物在较强胁迫水平下才会启动 PPO 的防御机制从而抵御胁迫引起的超氧自由基胁迫，并降解 PAH 来减少其危害。而对于根、茎、叶中对 PAH 的响应程度则没有太大的差异，这可能与处理多环芳烃的种类有关。萘是两环的多环芳烃，较易被植物吸收，并向叶、茎传递和累积，从而使植物不同组织器官不具有明显的器质特异性。该研究结果与萘处理黑麦草时其体内多酚氧化酶的变化反应一致（卢晓丹等，2008）。而这个结果与木榄、红海榄及秋茄中抗氧化酶基因和细胞色素 P450 酶系统的变化又有不同。

植物通过很多不同的机制来消除和减缓逆境胁迫，可溶性物质脯氨酸的积累是重要的机制之一（Alia et al.，2001；Shetty et al.，2002）。尽管很多研究认为脯氨酸在渗透胁迫下起作用，但对其作用机制还不是很清楚。最近人们试图通过转基因的方法来提高植物中脯氨酸的含量，从而改良植株对逆境胁迫的危害（Alia et al.，2001；Verbruggen & Hermans，2008；Zhang et al.，1995；Zhu et al.，1998）。参与脯氨酸代谢的酶主要有吡咯啉-5-羧酸合成酶（P5CS）、吡咯啉-5-羧酸还原酶（P5CR）、鸟氨酸-α-转氨酶（α-OAT）、

P5C 脱氢酶（P5C dehydrogenase，P5CDH）。而 P5CS 是脯氨酸合成代谢的限速酶，决定着脯氨酸的合成速度，因此我们从该关键酶着手，研究多环芳烃胁迫对脯氨酸代谢合成的影响（Silva-Ortega et al.，2008）。研究结果表明，在萘胁迫下，桐花树叶中 *P5CS* 基因的表达水平显著降低，而茎中 *P5CS* 的表达水平从 N2 处理开始被强烈诱导，其表达量明显高于对照，而根中 *P5CS* 的表达水平与处理浓度之间呈现显著的正相关关系（$r=0.958$，$p=0.01$），但是在 N1~N3 处理强度下其表达量低于对照。根中 *P5CS* 的表达特征说明了萘胁迫下桐花树根部 *P5CS* 基因的表达量可以作为外界 PAH 胁迫强度的指示指标，因此关于 *P5CS* 基因的表达特征仍然要结合脯氨酸在生理水平的积累来共同说明其在植物体内的作用机制。

参 考 文 献

陈安和, 李加纳, 柴友荣, 等. 2007. 羽衣甘蓝中一个突变型肉桂酸-4-羟化酶基因的克隆及分析. 园艺学报, 34(4): 915-922.

陈宏林, 王玺, 何振艳. 2010. 红树植物抗逆分子生物学研究进展. 安徽农业科学, 24: 13260-13262.

陈建勋, 王晓峰. 2006. 植物生理学实验指导. 广州: 华南理工大学出版社.

符秀梅, 韩淑梅, 朱红林, 等. 2009. 一种有效的红树根部总 RNA 提取方法. 华北农学报, 24(B12): 13-15.

贺丽虹, 赵淑娟, 胡之璧. 2008. 植物细胞色素 *P450* 基因与功能研究进展. 药物生物技术, 15(2): 142-147.

洪有为, 袁东星. 2009. 秋茄(*Kandelia candel*)幼苗对菲和荧蒽污染的生理生态效应. 生态学报, 29(1): 445-455.

李斌, 黎秋华, 杨宏伟, 等. 2003. 植物多酚氧化酶分子生物学研究进展. 广东茶业, 4: 25-28.

李宏, 王新力. 1999. 植物组织 RNA 提取的难点及对策. 生物技术通报, 15(1): 36-39.

李莉, 赵越, 马君兰. 2007. 苯丙氨酸代谢途径关键酶: PAL、C4H、4CL 研究新进展. 生物信息学, 5(4): 187-189.

李昕馨, 宋玉芳, 杨道丽, 等. 2006. 小麦细胞色素 *P450* 作为土壤污染生物标记物的研究. 环境化学, 25(3): 283-287.

林鹏. 1997. 中国红树林生态系. 北京: 科学出版社: 34-53.

刘泓, 崔波, 叶媛蓓, 等. 2009. 拟南芥对多环芳烃菲胁迫的早期响应. 中国生态农业学报, 17(5): 949-953.

刘宛, 李培军, 周启星, 等. 2001. 植物细胞色素 P450 酶系的研究进展及其与外来物质的关系. 环境污染治理技术与设备, 2(5): 1-9.

刘洋, 何心尧, 马红波, 等. 2006. 用CTAB-PVP法提取棉花各组织总RNA的研究. 中国农业大学学报, 11(1): 53-56.

卢晓丹, 高彦征, 凌婉婷, 等. 2008. 多环芳烃对黑麦草体内过氧化物酶和多酚氧化酶的影响. 农业环境科学学报, 27(5): 1969-1973.

陆志强, 郑文教, 马丽. 2007. 九龙江口及邻近港湾红树林区沉积物中多环芳烃污染现状及评价. 台湾海峡, 26(3): 321-326.

陆志强, 郑文教, 马丽. 2008. 萘和芘胁迫对红树植物秋茄幼苗膜透性及抗氧化酶活性的影响. 厦门大学学报(自然科学版), 47(5): 757-760.

陆志强, 郑文教, 彭荔红. 2002. 红树林污染生态学研究进展. 海洋科学, 26(7): 26-29.

骆萍, 王国栋, 陈晓亚. 2001. 亚洲棉 C4H 同源 cDNA 的分离和表达特征分析. 植物学报, 43(1): 77-81.

马丽. 2008. 两种快速提取甘薯块根总 RNA 的方法. 山东农业科学, 6: 92-95.

马旭俊, 朱大海. 2003. 植物超氧化物歧化酶(SOD)的研究进展. 遗传, 25(2): 225-231.

宋晖, 王友绍. 2012. 萘胁迫下秋茄 *MnSOD* 基因和 *C4H* 基因的实时定量表达分析. 生态科学, 31(2): 104-108.

宋玉芳, 李昕馨, 张薇, 等. 2009. 植物 CytP450 和抗氧化酶对土壤低浓度菲、芘胁迫的响应. 生态学报, 29(7): 3768-3774.

孙海平, 汪晓峰. 2009. 植物线粒体中活性氧的产生与抗氧化系统. 现代农业科技, 8: 239-240.

孙娟, 郑文教, 陈文田. 2005b. 红树林湿地多环芳烃污染研究进展. 生态学杂志, 24(10): 1211-1214.

孙娟, 郑文教, 赵胡. 2005a. 萘胁迫对白骨壤种苗萌生及抗氧化作用的影响. 厦门大学学报(自然科学版), 44(3): 433-436.

孙卫红, 王伟青, 孟庆伟. 2005. 植物抗坏血酸过氧化物酶的作用机制、酶学及分子特性. 植物生理学通讯, 41(2): 143-147.

汤莉, 汤晖, Sang-Soo K, 等. 2008. 转铜/锌超氧化物歧化酶和抗坏血酸过氧化物酶基因马铃薯的耐氧化和耐盐性研究. 中国生物工程杂志, 28(3): 25-31.

王曼玲, 胡中立, 周明全, 等. 2005. 植物多酚氧化酶的研究进展. 植物学通报, 22(2): 215-222.

夏江东, 程在全, 吴渝生, 等. 2006. 高等植物启动子功能和结构研究进展. 云南农业大学学报, 21(1): 7-14.

谢传胜, 宋国琦, 王兴军, 等. 2009. 拟南芥和烟草幼嫩种子 RNA 不同提取方法的比较. 中国农学通报, 23: 78-81.

杨剑平. 1995. ABA 和高渗压剂导致的玉米 MnSOD 转录本差异积累. 国外农学: 杂粮作物, 6: 22-25.

杨志峰, 史衍玺. 2006. 芘胁迫对辣椒生理指标的影响. 山东农业科学, 4: 20-22.

尹慧, 陈莉, 李晓艳, 等. 2008. 百合叶片总 RNA 提取方法比较及优化. 中国农业大学学报, 13(4): 41-45.

尹颖, 孙媛媛, 郭红岩, 等. 2007. 芘对苦草的生物毒性效应. 应用生态学报, 18(7): 1528-1533.

余小林, 曹家树, 崔辉梅, 等. 2004. 植物细胞色素 P450. 细胞生物学杂志, 26: 561-566.

曾凡锁, 南楠, 詹亚光. 2007. 富含多糖和次生代谢产物的白桦成熟叶中总 RNA 的提取. 植物生理学通讯, 43(5): 913-916.

张玉刚, 成建红, 韩振海, 等. 2005. 小金海棠总 RNA 提取方法比较及 cDNA 的 LD-PCR 扩增. 生物技术通报, 4: 50-53.

张志良, 瞿伟菁. 2003. 植物生理学实验指导. 北京: 高等教育出版社.

赵春喜, 马利华, 杨同文. 2008. 改进的 CTAB 法提取中华芦荟叶总 RNA. 安徽农业科学, 36(16): 6671-6672.

赵凤云, 王晓云, 赵彦修, 等. 2006. 转入盐地碱蓬谷胱甘肽转移酶和过氧化氢酶基因增强水稻幼苗对低温胁迫的抗性. 植物生理与分子生物学学报, 32(2): 231-238.

赵伶俐, 范崇辉, 葛红, 等. 2005. 植物多酚氧化酶及其活性特征的研究进展. 西北林学院学报, 20(3): 156-159.

赵世杰, 许长成. 1994. 植物组织中丙二醛测定方法的改进. 植物生理学通讯, 30(3): 207-210.

郑文教, 陆志强. 2009. 红树植物秋茄幼苗对多环芳烃芘胁迫的生理生态响应. 厦门大学学报(自然科学版), 6: 910-914.

周怀军, 张洪武, 安连荣, 等. 2003. 落叶松 RNA 提取方法对比研究. 河北农业大学学报, 26(3): 62-64.

朱琳, 钱芸, 刘广良. 2001. 细胞色素 P450 酶系及其在毒理学上的应用. 上海环境科学, 20(2): 88-91.

朱昀, 王猛, 贾志伟, 等. 2007. 一种从富含多糖的玉米幼穗中提取 RNA 的方法. 植物学通报, 24(5): 624-628.

Alfani A, Nicola F D, Maisto G, et al. 2005. Long-term PAH accumulation after bud break in *Quercus ilex* L. leaves in a polluted environment. Atmospheric Environment, 39(2): 307-314.

Alia, Mohanty P, Matysik J. 2001. Effect of proline on the production of singlet oxygen. Amino Acids, 21(2): 195-200.

Alkio M, Tabuchi T M, Wang X, et al. 2005. Stress responses to polycyclic aromatic hydrocarbons in *Arabidopsis* include growth inhibition and hypersensitive response-like symptoms. Journal of Experimental Botany, 56(421): 2983-2994.

Almroth B C, Sturve J, Stephensen E, et al. 2008. Protein carbonyls and antioxidant defenses in corkwing wrasse (*Symphodus melops*) from a heavy metal polluted and a PAH polluted site. Marine Environmental Research, 66(2): 271-277.

Alscher R G, Erturk N, Heath L S. 2002. Role of superoxide dismutases (SODs) in controlling oxidative stress in plants. Journal of Experimental Botany, 53(372): 1331-1341.

Armstrong R N. 1997. Structure, catalytic mechanism, and evolution of the glutathione transferases. Chemical Research in Toxicology, 10(1): 2-18.

Arun S, Subramanian P. 2007. Cytochrome P450-dependent monooxygenase system mediated hydrocarbon metabolism and antioxidant enzyme responses in prawn, *Macrobrachium malcolmsonii*. Comparative Biochemistry and Physiology Part C: Toxicology & Pharmacology, 145(4): 610-616.

Asada K. 1992. Ascorbate peroxidase—a hydrogen peroxide-scavenging enzyme in plants. Physiologia Plantarum, 85: 235-241.

Badal S, Williams S A, Huang G, et al. 2011. Cytochrome P450 1 enzyme inhibition and anticancer potential of chromene amides from *Amyris plumieri*. Fitoterapia, 82(2): 230-236.

Badawi G H, Yamauchi Y, Shimada E, et al. 2004. Enhanced tolerance to salt stress and water deficit by overexpressing superoxide dismutase in tobacco (*Nicotiana tabacum*) chloroplasts. Plant Science, 166(4): 919-928.

Bailly C, Benamar A, Corbineau F, et al. 1996. Changes in malondialdehyde content and in superoxide dismutase, catalase and glutathione reductase activities in sunflower seeds as related to deterioration during accelerated aging. Physiologia Plantarum, 97(1): 104-110.

Bayen S, Wurl O, Karuppiah S, et al. 2005. Persistent organic pollutants in mangrove food webs in Singapore. Chemosphere, 61(3): 303-313.

Beauchamp C, Fridovich I. 1971. Superoxide dismutase: improved assays and an assay applicable to acrylamide gels. Analytical Biochemistry, 44(1): 276-287.

Bebianno M J, Lopes B, Guerra L, et al. 2007. Glutathione *S*-transferases and cytochrome P450 activities in *Mytilus galloprovincialis* from the south coast of Portugal: effect of abiotic factors. Environment International, 33(4): 550-558.

Bellés J M, López-Gresa M P, Fayos J, et al. 2008. Induction of cinnamate 4-hydroxylase and phenylpropanoids in virus-infected cucumber and melon plants. Plant Science, 174(5): 524-533.

Blee K, Choi J W, O'Connell A P, et al. 2001. Antisense and sense expression of cDNA coding for CYP73A15, a class Ⅱ cinnamate 4-hydroxylase, leads to a delayed and reduced production of lignin in tobacco. Phytochemistry, 57(7): 1159-1166.

Boscolo P R S, Menossi M, Jorge R A. 2003. Aluminum-induced oxidative stress in maize. Phytochemistry, 62(2): 181-189.

Bradford M M. 1976. Rapid and sensitive method for the quantitation of microgram quantities of protein utilizing the principle of protein-dye binding. Analytical Biochemistry, 72: 248-254.

Burns K A, Garrity S D, Levings S C. 1993. How many years until mangrove ecosystems recover from catastrophic oil-spills. Marine Pollution Bulletin, 26: 239-248.

Caldwell C R, Turano F J, McMahon M B. 1997. Identification of two cytosolic ascorbate peroxidase cDNAs from soybean leaves and characterization of their products by functional expression in *E. coli*. Planta, 204(1): 120-126.

Candan N, Tarhan L. 2003a. The correlation between antioxidant enzyme activities and lipid peroxidation levels in *Mentha pulegium* organs grown in Ca^{2+}, Mg^{2+}, Cu^{2+}, Zn^{2+} and Mn^{2+} stress conditions. Plant Science, 165(4): 769-776.

Candan N, Tarhan L. 2003b. Relationship among chlorophyll-carotenoid content, antioxidant enzyme activities and lipid peroxidation levels by Mg^{2+} deficiency in the *Mentha pulegium* leaves. Plant Physiology and Biochemistry, 41(1): 35-40.

Cavanagh J E, Burns K A, Brunskill G J, et al. 2000. Induction of hepatic cytochrome P-450 1A in Pikey bream (*Acanthopagrus berda*) collected from agricultural and urban catchments in Far North Queensland. Marine Pollution Bulletin, 41(7-12): 377-384.

Chang S, Donham R T, Luna A D, et al. 2008. Characterization of cytosolic glutathione *S*-transferases in striped bass (*Morone saxitilis*). Ecotoxicology and Environmental Safety, 69(1): 58-63.

Charles J F, Jaspersen S L, Tinker-Kulberg R L, et al. 1998. The polo-related kinase Cdc5 activates and is destroyed by the mitotic cyclin destruction machinery in *S. cerevisiae*. Current Biology, 8: 497-507.

Chen C T, Chen T H, Lo K F, et al. 2004. Effects of proline on copper transport in rice seedlings under excess copper stress. Plant Science, 166(1): 103-111.

Cheng H, Liu Y, Tam N F Y, et al. 2010. The role of radial oxygen loss and root anatomy on zinc uptake and tolerance in mangrove seedlings. Environmental Pollution, 158(5): 1189-1196.

Chiaiese P, Ruotolo G, di Matteo A, et al. 2011. Cloning and expression analysis of kenaf (*Hibiscus cannabinus* L.) major lignin and cellulose biosynthesis gene sequences and polymer quantification during plant development. Industrial Crops and Products, 34(1): 1072-1078.

Chiang D A, Lin N P. 2000. Partial correlation of fuzzy sets. Fuzzy Sets and Systems, 110(2): 209-215.

Cho U H, Seo N H. 2005. Oxidative stress in *Arabidopsis thaliana* exposed to cadmium is due to hydrogen peroxide accumulation. Plant Science, 168(1): 113-120.

Clarke P J. 1993. Dispersal of grey mangrove (*Avicennia marina*) propagules in southeastern Australia. Aquatic Botany, 45(2-3): 195-204.

Cummins I, Cole D J, Edwards R. 1999. A role for glutathione transferases functioning as glutathione peroxidases in resistance to multiple herbicides in black-grass. The Plant Journal, 18(3): 285-292.

Cvikrová M, Gemperlová L, Dobrá J, et al. 2012. Effect of heat stress on polyamine metabolism in proline-over-producing tobacco plants. Plant Science, 182: 49-58.

de Campos M K F, de Carvalho K, de Souza F S, et al. 2011. Drought tolerance and antioxidant enzymatic activity in transgenic 'Swingle' citrumelo plants over-accumulating proline. Environmental and Experimental Botany, 72(2): 242-250.

Delaunay A, Pflieger D, Barrault M B, et al. 2002. A thiol peroxidase is an H_2O_2 receptor and redox-transducer in gene activation. Cell, 111(4): 471-481.

Dixon D P, Lapthorn A, Edwards R. 2002. Plant glutathione transferases. Genome Biology, 3(3): 1-10.

Dotan Y, Lichtenberg D, Pinchuk I. 2004. Lipid peroxidation cannot be used as a universal criterion of oxidative stress. Progress in Lipid Research, 43(3): 200-227.

Durst F, O'Keefe D P. 1995. Plant cytochromes P450: an overview. Drug Metabol Drug Interact, 12(3-4): 171-187.

Elfstrand M, Fossdal C, Sitbon F, et al. 2001. Overexpression of the endogenous peroxidase-like gene *spi 2* in transgenic Norway spruce plants results in increased total peroxidase activity and reduced growth. Plant Cell Reports, 20(7): 596-603.

Ezawa S, Tada Y. 2009. Identification of salt tolerance genes from the mangrove plant *Bruguiera gymnorrhiza* using *Agrobacterium* functional screening. Plant Science, 176(2): 272-278.

Foyer C H, Halliwell B. 1976. The presence of glutathione and glutathione reductase in chloroplasts: a proposed role in ascorbic acid metabolism. Planta, 133(1): 21-25.

Fridovich I. 1986. Biological effects of the superoxide radical. Archives of Biochemistry and Biophysics, 247(1): 1-11.

Fu X, Deng S, Su G, et al. 2004. Isolating high-quality RNA from mangroves without liquid nitrogen. Plant Molecular Biology Reporter, 22(2): 197.

Fuentes-Rios D, Orrego R, Rudolph A, et al. 2005. EROD activity and biliary fluorescence in *Schroederichthys chilensis* (Guichenot 1848): biomarkers of PAH exposure in coastal environments of the South Pacific Ocean. Chemosphere, 61(2): 192-199.

Gao S, Sun C, Zhang A. 2007. Chapter 5 pollution of polycyclic aromatic hydrocarbons in China. *In*: Li A, Tanabe S, Jiang B, et al. Developments in Environmental Sciences. Elsevier, 5-7: 237-287.

George S, Venkataraman G, Parida A. 2010. A chloroplast-localized and auxin-induced glutathione

S-transferase from phreatophyte *Prosopis juliflora* confer drought tolerance on tobacco. Journal of Plant Physiology, 167(4): 311-318.

Ghangal R, Raghuvanshi S, Sharma P C. 2009. Isolation of good quality RNA from a medicinal plant seabuckthorn, rich in secondary metabolites. Plant Physiology and Biochemistry, 47(11-12): 1113-1115.

Gill S S, Tuteja N. 2010. Reactive oxygen species and antioxidant machinery in abiotic stress tolerance in crop plants. Plant Physiology and Biochemistry, 48(12): 909-930.

Guo G X, Deng H, Qiao M, et al. 2011. Effect of pyrene on denitrification activity and abundance and composition of denitrifying community in an agricultural soil. Environmental Pollution, 159(7): 1886-1895.

Hotze M, Schröder G, Schröder J. 1995. Cinnamate 4-hydroxylase from *Catharanthus roseus* and a strategy for the functional expression of plant cytochrome P450 proteins as translational fusions with P450 reductase in *Escherichia coli*. FEBS Letters, 374(3): 345-350.

Huang G Y, Wang Y S. 2010. Expression and characterization analysis of type 2 metallothionein from grey mangrove species (*Avicennia marina*) in response to metal stress. Aquatic Toxicology, 99(1): 86-92.

Hübner S, Hehmann M, Schreiner S, et al. 2003. Functional expression of cinnamate 4-hydroxylase from *Ammi majus* L. Phytochemistry, 64(2): 445-452.

Iwabuchi T, Harayama S. 1998. Biochemical and molecular characterization of 1-hydroxy-2-naphthoate dioxygenase from *Nocardioides* sp. KP7. The Journal of Biological Chemistry, 273: 8332-8336.

Ke L, Wang W Q, Wong T W Y, et al. 2003. Removal of pyrene from contaminated sediments by mangrove microcosms. Chemosphere, 51(1): 25-34.

Ke L, Wong T W Y, Wong Y S, et al. 2002. Fate of polycyclic aromatic hydrocarbon (PAH) contamination in a mangrove swamp in Hong Kong following an oil spill. Marine Pollution Bulletin, 45(1-12): 339-347.

Ke L, Wong T W Y, Wong Y S, et al. 2005. Spatial and vertical distribution of polycyclic aromatic hydrocarbons in mangrove sediments. Science of The Total Environment, 340(1-3): 177-187.

Klekowski Jr E J, Corredor J E, Morell J M, et al. 1994. Petroleum pollution and mutation in mangroves. Marine Pollution Bulletin, 28(3): 166-169.

Knight H, Trewavas A J, Knight M R. 1997. Calcium signalling in *Arabidopsis thaliana* responding to drought and salinity. The Plant Journal, 12(5): 1067-1078.

Kornyeyev D, Logan B A, Payton P, et al. 2001. Enhanced photochemical light utilization and decreased chilling-induced photoinhibition of photosystem II in cotton overexpressing genes encoding chloroplast-targeted antioxidant enzymes. Physiologia Plantarum, 113(3): 323-331.

Kummerová M, Kmentová E. 2004. Photoinduced toxicity of fluoranthene on germination and early development of plant seedling. Chemosphere, 56(4): 387-393.

Kummerová M, Krulová J, Zezulka S, et al. 2006. Evaluation of fluoranthene phytotoxicity in pea plants by Hill reaction and chlorophyll fluorescence. Chemosphere, 65(3): 489-496.

Kyung-Hwa B, Hee-Sik K, Hee-Mock O, et al. 2004. Effects of crude oil, oil components, and bioremediation on plant growth. Journal of Environmental Science and Health, Part A: Toxic/Hazardous Substances and Environmental Engineering, 39(9): 2465-2472.

Lee R F, Anderson J W. 2005. Significance of cytochrome P450 system responses and levels of bile fluorescent aromatic compounds in marine wildlife following oil spills. Marine Pollution Bulletin, 50(7): 705-723.

Lee Y M, Lee K W, Park H, et al. 2007. Sequence, biochemical characteristics and expression of a novel Sigma-class of glutathione *S*-transferase from the intertidal copepod, *Tigriopus japonicus* with a possible role in antioxidant defense. Chemosphere, 69(6): 893-902.

Leonard E, Yan Y, Koffas M A G. 2006. Functional expression of a P450 flavonoid hydroxylase for the biosynthesis of plant-specific hydroxylated flavonols in *Escherichia coli*. Metabolic Engineering, 8(2): 172-181.

Li B, Wei J, Wei X, Tang K, et al. 2008. Effect of sound wave stress on antioxidant enzyme activities and lipid peroxidation of *Dendrobium candidum*. Colloids and Surfaces B: Biointerfaces, 63(2): 269-275.

Lin A J, Zhang X H, Chen M M, et al. 2007. Oxidative stress and DNA damages induced by cadmium accumulation. Journal of Environmental Sciences, 19(5): 596-602.

Lin C C, Kao C H. 2000. Effect of NaCl stress on H_2O_2 metabolism in rice leaves. Plant Growth Regulation, 30(2): 151-155.

Liu H, Weisman D, Ye Y B, et al. 2009. An oxidative stress response to polycyclic aromatic hydrocarbon exposure is rapid and complex in *Arabidopsis thaliana*. Plant Science, 176(3): 375-382.

Liu H, Yang C, Tian Y, et al. 2010. Screening of PAH-degrading bacteria in a mangrove swamp using PCR-RFLP. Marine Pollution Bulletin, 60(11): 2056-2061.

Livak K J, Schmittgen T D. 2001. Analysis of relative gene expression data using real-time quantitative PCR and the 2-[Delta][Delta]CT Method. Methods, 25(4): 402-408.

Long E, Macdonald D, Smith S, et al. 1995. Incidence of adverse biological effects within ranges of chemical concentrations in marine and estuarine sediments. Environmental Management, 19(1): 81-97.

Madejón P, Ramírez-Benítez J E, Corrales I, et al. 2009. Copper-induced oxidative damage and enhanced antioxidant defenses in the root apex of maize cultivars differing in Cu tolerance. Environmental and Experimental Botany, 67(2): 415-420.

Manning K. 1991. Isolation of nucleic acids from plants by differential solvent precipitation. Analytical Biochemistry, 195(1): 45-50.

Maria V L, Bebianno M J. 2011. Antioxidant and lipid peroxidation responses in *Mytilus galloprovincialis* exposed to mixtures of benzo(a)pyrene and copper. Comparative Biochemistry and Physiology Part C: Toxicology & Pharmacology, 154(1): 56-63.

McCann J H, Greenberg B M, Solomon K R. 2000. The effect of creosote on the growth of an axenic culture of *Myriophyllum spicatum* L. Aquatic Toxicology, 50(3): 265-274.

McCann J H, Solomon K R. 2000. The effect of creosote on membrane ion leakage in *Myriophyllum spicatum* L. Aquatic Toxicology, 50(3): 275-284.

Meloni D A, Oliva M A, Martinez C A, et al. 2003. Photosynthesis and activity of superoxide dismutase, peroxidase and glutathione reductase in cotton under salt stress. Environmental and Experimental Botany, 49(1): 69-76.

Meudec A, Poupart N, Dussauze J, et al. 2007. Relationship between heavy fuel oil phytotoxicity and polycyclic aromatic hydrocarbon contamination in *Salicornia fragilis*. Science of The Total Environment, 381(1-3): 146-156.

Miller G, Suzuki N, Rizhsky L, et al. 2007. Double mutants deficient in cytosolic and thylakoid ascorbate peroxidase reveal a complex mode of interaction between reactive oxygen species, plant development, and response to abiotic stresses. Plant Physiology, 144(4): 1777-1785.

Mittler R. 2002. Oxidative stress, antioxidants and stress tolerance. Trends in Plant Science, 7(9): 405-410.

Munné-Bosch S, Peñuelas J. 2004. Drought-induced oxidative stress in strawberry tree (*Arbutus unedo* L.) growing in Mediterranean field conditions. Plant Science, 166(4): 1105-1110.

Nagamiya K, Motohashi T, Nakao K, et al. 2007. Enhancement of salt tolerance in transgenic rice expressing an *Escherichia coli* catalase gene, *katE*. Plant Biotechnology Reports, 1(1): 49-55.

Nahrgang J, Camus L, Gonzalez P, et al. 2009. PAH biomarker responses in polar cod (*Boreogadus saida*) exposed to benzo (a) pyrene. Aquatic Toxicology, 94(4): 309-319.

Naidoo G, Naidoo Y, Achar P. 2010. Responses of the mangroves *Avicennia marina* and *Bruguiera gymnorrhiza* to oil contamination. Flora-Morphology, Distribution, Functional Ecology of Plants, 205(5): 357-362.

Neuefeind T, Reinemer P, Bieseler B. 1997. Plant glutathione *S*-transferases and herbicide detoxification. Biological Chemistry, 378(3-4): 199-205.

Noctor G, Foyer C H. 1998. Ascorbate and glutathione: keeping active oxygen under control. Annual Review of Plant Physiology and Plant Molecular Biology, 49(1): 249-279.

Oguntimehin I, Eissa F, Sakugawa H. 2010. Negative effects of fluoranthene on the ecophysiology of tomato plants (*Lycopersicon esculentum* Mill): fluoranthene mists negatively affected tomato plants. Chemosphere, 78(7): 877-884.

Oguntimehin I, Nakatani N, Sakugawa H. 2008. Phytotoxicities of fluoranthene and phenanthrene deposited on needle surfaces of the evergreen conifer, Japanese red pine (*Pinus densiflora* Sieb. et Zucc.). Environmental Pollution, 154(2): 264-271.

Ormrod D P, Lesser V M, Olszyk D M, et al. 1999. Elevated temperature and carbon dioxide affect chlorophylls and carotenoids in Douglas-Fir Seedlings. International Journal of Plant Sciences, 160(3): 529-534.

Parida A, Das A B, Das P. 2002. NaCl stress causes changes in photosynthetic pigments, proteins, and other metabolic components in the leaves of a true mangrove, *Bruguiera parviflora* in hydroponic cultures. Journal of Plant Biology, 45(1): 28-36.

Park S Y, Lee K H, Kang D, et al. 2006. Effect of genetic polymorphisms of MnSOD and MPO on the relationship between PAH exposure and oxidative DNA damage. Mutation Research/Fundamental and Molecular Mechanisms of Mutagenesis, 593(1-2): 108-115.

Passardi F, Penel C, Dunand C. 2004. Performing the paradoxical: how plant peroxidases modify the cell wall. Trends in Plant Science, 9(11): 534-540.

Pei Z M, Murata Y, Benning G, et al. 2000. Calcium channels activated by hydrogen peroxide mediate abscisic acid signalling in guard cells. Nature, 406(6797): 731-734.

Peters L D, Morse H R, Waters R, et al. 1997. Responses of hepatic cytochrome P450 1A and formation of DNA-adducts in juveniles of turbot (*Scophthalmus maximus* L.) exposed to water-borne benzo[a]pyrene. Aquatic Toxicology, 38(1-3): 67-82.

Pollard A, Wyn J R G. 1979. Enzyme activities in concentrated solutions of glycinebetaine and other solutes. Planta, 144(3): 291-298.

Ramos R, García E. 2007. Induction of mixed-function oxygenase system and antioxidant enzymes in the coral *Montastraea faveolata* on acute exposure to benzo(a)pyrene. Comparative Biochemistry and Physiology Part C: Toxicology & Pharmacology, 144(4): 348-355.

Reilley K A, Banks M K, Schwab A P. 1996. Dissipation of polycyclic aromatic hydrocarbons in the rhizosphere. Journal of Environmental Quality, 25(2): 212-219.

Reinemer P, Prade L, Hof P, et al. 1996. Three-dimensional structure of glutathione *S*-transferase from *Arabidopsis thaliana* at 2.2 Å resolution: structural characterization of herbicide-conjugating plant glutathione *S*-transferases and a novel active site architecture. Journal of Molecular Biology, 255(2): 289-309.

Sandermann Jr H. 1992. Plant metabolism of xenobiotics. Trends in Biochemical Sciences, 17(2): 82-84.

Sankar B, Jaleel C A, Manivannan P, et al. 2007. Effect of paclobutrazol on water stress amelioration through antioxidants and free radical scavenging enzymes in *Arachis hypogaea* L. Colloids and Surfaces B: Biointerfaces, 60(2): 229-235.

Saradhi P P, Alia, Arora S, et al. 1995. Proline accumulates in plants exposed to UV radiation and protects them against UV-induced peroxidation. Biochemical and Biophysical Research Communications, 209(1): 1-5.

Sawahel W A, Hassan A H. 2002. Generation of transgenic wheat plants producing high levels of the osmoprotectant proline. Biotechnology Letters, 24(9): 721-725.

Shane L A, Bush B. 1989. Accumulation of polychlorobiphenyl congeners and *p, p'*-DDE at environmental concentrations by corn and beans. Ecotoxicology and Environmental Safety, 17(1): 38-46.

Shetty P, Atallah M T, Shetty K. 2002. Effects of UV treatment on the proline-linked pentose phosphate pathway for phenolics and L-DOPA synthesis in dark germinated *Vicia faba*. Process Biochemistry, 37(11): 1285-1295.

Shevyakova N, Bakulina E, Kuznetsov V. 2009. Proline antioxidant role in the common ice plant subjected to salinity and paraquat treatment inducing oxidative stress. Russian Journal of Plant Physiology, 56(5): 663-669.

Shi F, Bao F. 2007. Effects of salinity and temperature stress on ecophysiological characteristics of exotic cordgrass, *Spartina alterniflora*. Acta Ecologica Sinica, 27(7): 2733-2741.

Shi W M, Muramoto Y, Ueda A, et al. 2001. Cloning of peroxisomal ascorbate peroxidase gene from barley and enhanced thermotolerance by overexpressing in *Arabidopsis thaliana*. Gene, 273(1): 23-27.

Shinozaki K, Yamaguchi-Shinozaki K. 2007. Gene networks involved in drought stress response and tolerance. Journal of Experimental Botany, 58(2): 221-227.

Shinozaki K, Yamaguchi-Shinozaki K, Seki M. 2003. Regulatory network of gene expression in the drought and cold stress responses. Current Opinion in Plant Biology, 6(5): 410-417.

Silva-Ortega C O, Ochoa-Alfaro A E, Reyes-Agüero J A, et al. 2008. Salt stress increases the expression of *p5cs* gene and induces proline accumulation in cactus pear. Plant Physiology and Biochemistry, 46(1): 82-92.

Sinha S, Basant A, Malik A, et al. 2009. Multivariate modeling of chromium-induced oxidative stress and biochemical changes in plants of *Pistia stratiotes* L. Ecotoxicology, 18(5): 555-566.

Smirnoff N. 1998. Plant resistance to environmental stress. Current Opinion in Biotechnology, 9(2): 214-219.

Song H, Wang Y S, Sun C C, et al. 2012. Effects of pyrene on antioxidant systems and lipid peroxidation level in mangrove plants, *Bruguiera gymnorrhiza*. Ecotoxicology, 21(6): 1625-1632.

Soni M, Madurantakan M, Krishnaswamy K. 1998. Glutathione *S*-transferase Mu (GST Mu) deficiency and DNA adducts in lymphocytes of smokers. Toxicology, 126(3): 155-162.

Szaefer H, Krajka-Kuzniak V, Baer-Dubowska W. 2008. The effect of initiating doses of benzo[a]pyrene and 7, 12-dimethylbenz[a]anthracene on the expression of PAH activating enzymes and its modulation by plant phenols. Toxicology, 251(1-3): 28-34.

Takemura T, Hanagata N, Sugihara K, et al. 2000. Physiological and biochemical responses to salt stress in the mangrove, *Bruguiera gymnorrhiza*. Aquatic Botany, 68(1): 15-28.

Tam N F Y, Ke L, Wang X H, et al. 2001. Contamination of polycyclic aromatic hydrocarbons in surface sediments of mangrove swamps. Environmental Pollution, 114(2): 255-263.

Tarantino D, Vannini C, Bracale M, et al. 2005. Antisense reduction of thylakoidal ascorbate peroxidase in *Arabidopsis* enhances paraquat-induced photooxidative stress and Nitric Oxide-induced cell death. Planta, 221(6): 757-765.

Tewari R K, Kumar P, Sharma N P. 2006. Magnesium deficiency induced oxidative stress and antioxidant responses in mulberry plants. Scientia Horticulturae, 108(1): 7-14.

Thom R, Dixon D P, Edwards R, et al. 2001. The structure of a zeta class glutathione *S*-transferase from *Arabidopsis thaliana*: characterisation of a GST with novel active-site architecture and a putative role in tyrosine catabolism. Journal of Molecular Biology, 308(5): 949-962.

Tian Y, Luo Y R, Zheng T L, et al. 2008. Contamination and potential biodegradation of polycyclic aromatic hydrocarbons in mangrove sediments of Xiamen, China. Marine Pollution Bulletin, 56(6): 1184-1191.

Torres M A, Barros M P, Campos S C G, et al. 2008. Biochemical biomarkers in algae and marine pollution: a review. Ecotoxicology and Environmental Safety, 71(1): 1-15.

Triest L. 2008. Molecular ecology and biogeography of mangrove trees towards conceptual insights on gene flow and barriers: a review. Aquatic Botany, 89(2): 138-154.

Tsugane K, Kobayashi K, Niwa Y, et al. 1999. A recessive *Arabidopsis* mutant that grows photoautotrophically under salt stress shows enhanced active oxygen detoxification. Plant Cell, 11: 1195-1206.

Tsuji P A, Walle T. 2007. Benzo[a]pyrene-induced cytochrome P450 1A and DNA binding in cultured trout hepatocytes-Inhibition by plant polyphenols. Chemico-Biological Interactions, 169(1): 25-31.

Verbruggen N, Hermans C. 2008. Proline accumulation in plants: a review. Amino Acids, 35(4): 753-759.

Wang F Z, Wang Q B, Kwon S Y, et al. 2005. Enhanced drought tolerance of transgenic rice plants expressing a pea manganese superoxide dismutase. Journal of Plant Physiology, 162(4): 465-472.

Wang M, Wang G. 2010. Oxidative damage effects in the copepod *Tigriopus japonicus* Mori experimentally exposed to nickel. Ecotoxicology, 19(2): 273-284.

Wang S, Wan C, Wang Y, et al. 2004b. The characteristics of Na^+, K^+ and free proline distribution in several drought-resistant plants of the Alxa Desert, China. Journal of Arid Environments, 56(3): 525-539.

Wang W B, Kim Y H, Lee H S, et al. 2009. Analysis of antioxidant enzyme activity during germination of alfalfa under salt and drought stresses. Plant Physiology and Biochemistry, 47(7): 570-577.

Wang Y, Ying Y, Chen J, et al. 2004a. Transgenic *Arabidopsis* overexpressing Mn-SOD enhanced salt-tolerance. Plant Science, 167(4): 671-677.

Wen X P, Ban Y, Inoue H, et al. 2009. Aluminum tolerance in a spermidine synthase-overexpressing transgenic European pear is correlated with the enhanced level of spermidine via alleviating oxidative status. Environmental and Experimental Botany, 66(3): 471-478.

Wieczorek J K, Wieczorek Z J. 2007. Phytotoxicity and accumulation of anthracene applied to the foliage and sandy substrate in lettuce and radish plants. Ecotoxicology and Environmental Safety, 66(3): 369-377.

Willekens H, Chamnongpol S, Davey M, et al. 1997. Catalase is a sink for H_2O_2 and is indispensable for stress defence in C3 plants. EMBO J, 16(16): 4806-4816.

Won E J, Kim R O, Rhee J S, et al. 2011. Response of glutathione S-transferase (GST) genes to cadmium exposure in the marine pollution indicator worm, *Perinereis nuntia*. Comparative Biochemistry and Physiology Part C: Toxicology & Pharmacology, 154(2): 82.

Xu H, Park N I, Li X, et al. 2010. Molecular cloning and characterization of phenylalanine ammonia-lyase, cinnamate 4-hydroxylase and genes involved in flavone biosynthesis in *Scutellaria baicalensis*. Bioresource Technology, 101(24): 9715-9722.

Yan L, Chen G Z. 2007. Physiological adaptability of three mangrove species to salt stress. Acta Ecologica Sinica, 27(6): 2208-2214.

Ye Y, Tam N F Y. 2007. Effects of used lubricating oil on two mangroves *Aegiceras corniculatum* and *Avicennia marina*. Journal of Environmental Sciences, 19(11): 1355-1360.

Ye Z H. 1996. Expression patterns of the cinnamic acid 4-hydroxylase gene during lignification in *Zinnia elegans*. Plant Science, 121(2): 133-141.

Yu T, Li Y S, Chen X F, et al. 2003. Transgenic tobacco plants overexpressing cotton glutathione S-transferase (GST) show enhanced resistance to methyl viologen. Journal of Plant Physiology, 160(11): 1305-1311.

Zhang C G, Leung K K, Wong Y S, et al. 2007b. Germination, growth and physiological responses of mangrove plant (*Bruguiera gymnorrhiza*) to lubricating oil pollution. Environmental and Experimental Botany, 60(1): 127-136.

Zhang C S, Lu Q, Verma D P S. 1995. Removal of feedback inhibition of Δ1-pyrroline-5-carboxylate synthetase, a bifunctional enzyme catalyzing the first two steps of proline biosynthesis in plants. Journal of Biological Chemistry, 270(35): 20491-20496.

Zhang F Q, Wang Y S, Lou Z P, et al. 2007a. Effect of heavy metal stress on antioxidative enzymes and lipid peroxidation in leaves and roots of two mangrove plant seedlings (*Kandelia candel* and *Bruguiera gymnorrhiza*). Chemosphere, 67(1): 44-50.

Zhang L Z, Wei N, Wu Q X, et al. 2007c. Anti-oxidant response of *Cucumis sativus* L. to fungicide carbendazim. Pesticide Biochemistry and Physiology, 89(1): 54-59.

Zhu B, Su J, Chang M, et al. 1998. Overexpression of a [Delta]1-pyrroline-5-carboxylate synthetase gene and analysis of tolerance to water- and salt-stress in transgenic rice. Plant Science, 139(1): 41-48.

第6章　重金属胁迫下三种红树植物
几丁质酶基因的克隆与表达

随着工农业生产的发展，许多有害元素和化合物随着大气沉降、工业废水和生活污水的大量排放进入水系，造成严重的水污染，其中十分突出的是重金属污染。进入水体中的重金属不但影响水生植物的产量和质量，而且通过食物链富集进一步影响生物和人体健康，甚至造成公害。例如，炼锌工业和镉电镀工业所排放的镉导致痛痛病，由废水中的汞经生物作用变成的有机汞造成日本水俣病，血铅会破坏儿童神经系统导致血液病和脑病，引起儿童智力衰退（Goyer，1993）。

红树林生态系统作为海洋三大高生产力生态系统之一，由于特殊的生长环境，是世界上热带和亚热带近海海域重要的生态与环境保护屏障（林鹏和傅勤，1995；林鹏，1997）。近年来由于江河流域工农业的发展，沿海城市人口与经济的增长，大量排放的污染物汇集于河口、海湾区，使这些地区的重金属污染日趋严重，尤其是直接向红树林区倾污排废的地区更是如此，因此，河口区重金属污染已经成为重要的生态环境问题之一。红树林对海湾河口区域的污染具有较高的承载力和耐受性。而红树植物作为该生态系统的重要初级生产者，对维护热带和亚热带近海海域的生态平衡、保护环境起着极其重要的作用。目前，许多学者从不同生物学角度对重金属污染胁迫下的红树植物进行了研究。

6.1　国内外研究进展

6.1.1　重金属对植物的毒害及其机制

6.1.1.1　Cd、Pb 对植物的毒害

环境中的重金属数量超过某一临界值，就会对植物产生一定的毒害作用，轻则使植物体内的代谢过程紊乱，生长发育受到限制，重则导致植物死亡。研究者对此从形态、生理生化、遗传、细胞超微结构和分子水平做了大量的研究工作（Seth et al.，2012；Basile et al.，2012；Monteiro & Soares，2012；Ci et al.，2012；Baker et al.，1994；Clemens，2006）。即使耐性较强的植物，为了维持细胞正常功能，必然会消耗植物生长过程中的有效能量。如果植物生长基质中有毒重金属如 Cd、Pb、Hg、As 含量过高，会对植物生长发育产生明显的危害，叶绿素结构遭到破坏，根系生长受抑制，产量降低，甚至死亡（Seregin & Ivanov，2001；Sharma & Dubey，2005）。

在红树植物中的研究也表明过量的重金属会抑制种子的萌发，导致植株生长迟缓、植株矮小、褪绿及加快植物的衰老（陈荣华和林鹏，1989）。郑逢中和林鹏（1994）用

不同浓度的 Cd 砂培秋茄种苗的研究表明，Cd 浓度超过 100 mg/L 时对秋茄种苗的萌芽和展叶具有明显的抑制作用。陈荣华和林鹏（1989）的研究表明 10 mg/L Hg 对秋茄幼苗萌芽有延缓作用，桐花树种苗萌芽受到抑制，而白骨壤种苗萌芽和展叶均不受影响。不同浓度和不同处理时间的 Cr（III）胁迫对成熟胚轴萌发及幼苗生长的影响研究表明（方煜等，2008），胁迫 45 d 时，随着 Cr（III）浓度的提高，白骨壤幼苗苗高、根系生长及各组分生物量和总生物量均表现出逐渐下降的趋势，但下降幅度不大；当胁迫时间延长至 150 d 时，Cr（III）浓度在 100 mg/L 时对幼苗的生长影响不明显，但是高于 100 mg/L 的处理，对幼苗根系生长、苗高、叶片大小及生物量均具有明显抑制作用，并随着胁迫时间的增加而加剧。

6.1.1.2 对叶绿素和光合系统的影响

重金属对植物光合作用的影响是通过影响光合过程中的电子传递、破坏叶绿素及光合系统完整性来实现的（杨世勇等，2004）。众多研究证明重金属胁迫对植物光合作用有抑制作用，并且与抑制时间的延长和处理浓度的加大呈正相关。彭鸣等（1989）用 Cd、Pb 处理玉米，发现叶绿体结构发生明显变化，叶绿体内膜系统受到破坏，低浓度处理下，叶绿体基粒片层稀疏，层次减少，分布不均；高浓度处理下，膜系统开始崩溃，叶绿体球形皱缩，出现大的脂类小球。Cd 胁迫还会降低植物叶绿素含量，损伤光合系统，降低叶片中的电导率，减少 CO_2 吸收，干扰气孔的开放（张金彪和黄维南，2007）。MacFarlane 和 Burchett（2001）研究 Cu、Zn、Pb 对桐花树幼苗影响的结果显示：不同重金属对桐花树幼苗叶片叶绿素含量的影响不同，在 Cu 和 Zn 浓度分别高于 100 μg/L 和 500 μg/L 时，Cu 和 Zn 对桐花树幼苗叶片的叶绿素合成有重要的抑制作用，而且 Cu 和 Zn 对叶绿素 b 的抑制作用强于对叶绿素 a 的作用，而 Pb 在所应用的浓度范围内对桐花树幼苗叶片的叶绿素合成没有显著的影响。缪绅裕和陈桂珠（1997）报道秋茄幼苗可通过扩大其叶面积来弥补可能因污水污染所导致的叶绿素含量降低而给光合作用带来的损失。从现有的报道来看，重金属抑制光合作用的机制相当复杂。

6.1.1.3 对水分代谢和矿质元素吸收的影响

高浓度的重金属可引起植物严重的水分亏缺，蒸腾速度降低，细胞液渗透压、木质部水分及相对含水量减少。此外，还导致气孔阻力增大或者气孔直接关闭。重金属离子干扰根系对矿质养分的吸收和运输，造成植物营养缺乏。例如，Cd^{2+} 胁迫可使植物根尖细胞退化，水分吸收和运输机制受到破坏，水势降低，细胞分裂素由根尖外运，脱落酸（ABA）水平提高，气孔关闭，从而干扰对养分的吸收（Demidchik et al.，1997；Migocka & Klobus，2007）。

6.1.1.4 对抗氧化胁迫系统的影响

重金属离子能诱导植物体内形成氧化胁迫。正常情况下，植物代谢过程会产生 O_2、H_2O_2、·OH、O_2 等活性氧，植物体内的氧化胁迫系统处于动态平衡状态。当植物遭遇重金属胁迫时，细胞内自由基产生和消除的平衡遭到破坏，出现活性氧的积累，导致膜脂质过氧化，膜差别透性丧失，引起一系列生理生化变化，从而使植物代谢系统受到伤害（Nehnevajova et al.，2012；Schutzendubel & Polle，2002）。氧化胁迫主要毒害和抑制几种重要的抗氧化酶活性，如超氧化物歧化酶（SOD）、过氧化氢酶（CAT）、抗坏血酸酶（AsA）、谷胱甘肽还原酶（GR）等，促进活性氧的释放，导致植物生长受到严重抑制，植物对重金属诱导的氧化胁迫的反应程度和形式有所不同，可能与重金属浓度水平及所诱导的巯基多少有关（Sandalio et al.，2001；Romero-Puertas et al.，2007）。而活性氧的损伤作用主要体现在使核酸链断裂，多糖降解，不饱和脂肪酸过氧化，造成膜损伤（Fridovich，1978）。另外，活性氧自由基的积累可引发膜脂质过氧化作用，膜脂质过氧化的最终产物是丙二醛（MDA），膜脂质过氧化作用一方面可引起 DNA 损伤，改变 RNA 从细胞核向细胞质的运输；另一方面也可影响细胞膜结构和功能（黄玉山等，1997）。Cd^{2+} 结合酶活性中心或蛋白巯基，取代蛋白反应中心的必需金属 Ca、Fe、Zn，释放出自由离子，诱发氧化胁迫，引起膜脂质过氧化，导致膜损伤（Stohs & Bagchi，1995；Bagchi et al.，2002）。

6.1.2　植物对重金属的抗性及其解毒机制

6.1.2.1　植物对重金属的抗性

许多人工室内模拟重金属污染对红树植物幼苗的生长、生理生态、形态及解剖学的研究表明，红树植物萌芽和幼苗生长能耐受一定的重金属浓度范围，对重金属的耐受性因重金属种类、植物种类、组织不同而存在差异。当 Cd 浓度不高于 50 mg/L 时，砂培和土培对秋茄种苗的萌芽及展叶不产生影响（郑逢中和林鹏，1994）；白骨壤、秋茄和桐花树幼苗在 Hg 浓度达 1 ppm[①]时也未见受害症状（陈荣华和林鹏，1998）。杨盛昌和吴琦（2003）的研究表明桐花树能耐受 500 mg/kg Cd。可见红树植物幼苗对 Hg、Pb、Cd 等的耐性是比较高的。

6.1.2.2　植物对重金属的抗性机制

红树植物具有吸收重金属的特性，但是不同植物、相同植物不同组织对重金属的吸收能力不一样。造成这种耐性和吸收能力的差异与红树植物本身的抗性机制有关。红树植物对重金属的适应机制包括对重金属的吸收和外排（MacFarlane & Burchett，1999）、细胞壁沉淀和细胞器区室化（MacFarlane & Burchett，2000）、有机化合物的螯合作用（覃光球，2007）、通过各种抗氧化防卫系统清除由重金属胁迫产生的自由基（Huang & Wang，2010a；Sharma & Irudayaraj，2010），以及诱导一些抗性基因的表达（张玉秀和柴团耀，2000；Rivera-Becerril et al.，2005a；Hall，2002）等。

1）红树植物对重金属的吸收和外排作用

植物可通过限制对重金属的吸收，降低体内的重金属浓度。例如，小麦和玉米对重

---

① 1 ppm=1×10^{-6}

金属具有较强耐性，体内积累的重金属少，而耐性较差的菜豆积累的重金属量较多（Prasad，1995；杨居荣等，1995）。红树植物能吸收环境中的重金属，将其富集在根部，几乎不运输到地上部分（MacFarlane & Burchett，2000，2002；MacFarlane et al.，2003），或者将其重新排出体外。红树植物中的相关研究表明白骨壤种苗在 500 mg/kg Zn 处理的土壤中培养 7 个月，叶片中过剩的 Zn^{2+} 通过叶表面盐生腺体等及具有腺体功能的表皮毛排出体外（MacFarlane & Burchett，1999）。

2）细胞壁沉淀和细胞器区室化

植物可通过转运和区域化作用，将进入细胞内的重金属贮存在植物体内的特定部位，避免其进入细胞质，从而减轻重金属对细胞中具有重要生物学功能的生物大分子的直接伤害（杨世勇等，2004；Baker，1981）。通常，重金属大多积累在细胞壁、表皮细胞、亚表皮细胞和表皮毛中。植物可通过排斥作用或在局部富集重金属，使重金属在根部细胞壁沉淀而"束缚"其跨膜吸收，进而提高对重金属的忍耐度。一些重金属富集植物可将重金属（如 Zn^{2+}）贮存在叶片的表皮细胞中，避免其对细胞的直接伤害，且 60% 以上的 Zn^{2+} 累积于表皮细胞的液泡中，由此认为表皮细胞的液泡大小对于 Zn^{2+} 的定位贮藏十分重要（Küpper et al.，2000）。MacFarlane 和 Burchett（1999）发现红树植物白骨壤的细胞壁积累了大量的重金属 Zn^{2+}，这可能是因为重金属 Zn^{2+} 与细胞壁上的多聚半乳糖醛酸和碳水化合物形成沉淀，达到降低细胞中自由金属离子浓度、阻止金属离子对植物正常代谢干扰的作用。对其他植物的研究也表明植物细胞壁、表皮具有富集重金属的现象，研究人员发现禾秆蹄盖蕨（*Athyrium yokoscense*）细胞壁中积累了大量的 Cu、Zn 和 Cd，以至于占整个细胞总量的 70%~90%，芥菜（*Brassica juncea*）则把吸收的 Cd 贮存在叶片的表皮毛中，其叶片表皮毛中的 Cd 比叶片组织高 43 倍（Salt et al.，1995）。在细胞内，还有一些植物可以把重金属离子 Cd、Zn 运输到液泡或其他细胞器中进行区域化隔离，减少重金属对细胞质和细胞器中各种生理代谢活动的伤害。Küpper 等（1999）研究表明遏蓝菜（*Thlaspi caerulescens*）表皮细胞中 Zn 的相对含量与细胞长度呈线性正相关，表明表皮细胞的液泡化促进了 Zn 的积累等。

3）有机化合物的螯合作用

植物通过螯合作用解除重金属毒害，目前在这方面的研究工作开展得最多。重金属离子通过根系运转器及其他途径进入植物细胞后，通过络合作用固定金属离子以降低其生物毒性是植物对细胞内重金属解毒的主要方式。植物中已经发现的络合物质主要有金属硫蛋白（metallothionein，MT）、植物螯合素（phytochelatin，PC）、有机酸（organic acid）、氨基酸（amino acid）及单宁、多酚化合物等次生代谢产物等。

4）活性氧清除系统对重金属胁迫的响应

重金属胁迫能导致大量活性氧自由基的产生，过多的活性氧直接或间接地启动膜脂质过氧化，引起生物膜的过氧化损伤。在长期进化中，需氧生物发展了防御过氧化损害的系统，主要包括超氧化物歧化酶（SOD）、过氧化氢酶（CAT）、过氧化物酶（POD）、谷胱甘肽还原酶（GR）、谷胱甘肽过氧化物酶（GPX）、谷胱甘肽-*S*-转移酶（GST）等抗氧化酶，以及抗坏血酸（AsA）、α-生育酚及一些含巯基的低分子化合物（如还原型谷胱甘肽 GSH）等非酶促系统，它们通过多条途径直接或间接地猝灭活性氧，避免氧化胁迫。

5）一些重金属抗性基因的表达

植物解除重金属毒性或对重金属的耐受性的分子机制涉及一些抗性基因的表达（Hall，2002）。重金属胁迫能诱导泛素（ubiquitin）、热休克蛋白（HSP）、几丁质酶、β-1,3-葡聚糖酶、富含脯氨酸细胞壁蛋白（PRP）、富含甘氨酸细胞壁蛋白（GRP）和病程相关蛋白（PR）等的基因表达（张玉秀和柴团耀，2000；Rivera-Becerril et al.，2005；张玉秀等，1999；柴团耀等，1998）。长期生活在重金属胁迫条件下的红树植物，肯定有其相应蛋白基因的表达，这方面在植物螯合素合酶（PCS）和金属硫蛋白（MT）的基因研究上取得了进展（Gonzalez-Mendoza et al.，2007；Huang & Wang，2010a）。关于重金属胁迫下几丁质酶等 PR 蛋白基因的表达研究近几年有不少报道。培养三周的三种生态型豌豆在 3 mg/kg Cd 的砂基中处理一周时间后，提取 RNA 进行胁迫相关基因的克隆，结果表明，几丁质酶、热休克蛋白（HSP70）等基因表达水平高于对照（Rivera-Becerril et al.，2005）。菌根豌豆和非菌根豌豆在 100 mg/kg Cd 的砂基上培养三周后，进行基因表达分析，发现几丁质酶、热休克蛋白、金属硫蛋白和谷胱甘肽合成酶等均明显高于未经 Cd 处理的对照组（Rivera-Becerril et al.，2005）。

6.1.3　植物几丁质酶的研究进展

几丁质酶是一种能催化降解几丁质的糖苷酶，主要水解几丁质中的 β-1,4-糖苷键，产生几丁质单糖-N-乙酰氨基葡萄糖（NAG），广泛存在于植物和微生物体内，是植物体内与防御有关的次生水解酶。植物体内并不存在几丁质，但是大多数植物体内都能产生几丁质酶，几丁质酶主要分布在植物的茎、叶、种子和愈伤组织中。在正常情况下，植物中几丁质酶的水平一般很低，当经过诱导因子诱导之后，几丁质酶在基因水平或蛋白质水平的表达量可迅速增加。1970 年，Abeles 等首先报道乙烯对蚕豆几丁质酶的诱导，之后的众多研究表明，病原真菌、细菌、病毒的侵染（Rasmussen et al.，1992；Park et al.，2005），激发子（多糖如几丁质、UV）（Bol et al.，1990；El Ghaouth et al.，2003），以及乙烯、水杨酸（Pieterse et al.，1999；Davis et al.，2002）、茉莉酸、重金属（Alkorta et al.，2004）等一些因素均可诱导植物几丁质酶的表达。自 Broglie 等（1986）首次在菜豆中克隆出几丁质酶基因之后，Nishizawa 和 Hibi（1991）采用胁迫诱导成功地从水稻 cDNA 中扩增出编码几丁质酶的基因。迄今为止，科研工作者已对烟草、马铃薯、油菜、甜菜、番茄、胡萝卜、豌豆、菜豆、黄瓜、拟南芥、花生、水稻、香蕉、大麦、杨树等植物的几丁质酶基因进行了 cDNA 克隆和序列分析。研究普遍认为几丁质酶与植物体内的防御系统有关，其在植物体中诱导与积累对于增强植物的抗病能力有重要作用。

目前对几丁质酶的特性、基因结构、分类、分子进化、表达调控、生物学作用及应用的研究越来越深入，近年来，几丁质酶已成为抗真菌病害研究的热点之一，作为一种 PR 蛋白，其是植物防御系统的重要组成部分，在植物体内的诱导和变化与植物抵抗胁迫压力能力的关系已引起越来越多的关注。

6.1.3.1 植物几丁质酶的分类及结构特征

几丁质酶可按照不同标准分类。按照酶反应初级产物类型划分可分为内切几丁质酶和外切几丁质酶；按照等电点范围划分可分为酸性酶和碱性酶；按照蛋白质结构特征划分可分为 6 类（Collinge et al.，1993；Beintema，1994），即 Class I ~Class VI。

Class I：由三个区域组成，N 端是富含半胱氨酸的几丁质结合区（也叫 Hevein 区），C 端是催化区（Catalysis 区），中间由交联区连接而成（Hinge 区或 Spacer 区）。几丁质结合区和催化区是两个高度保守区，交联区则是可变区。Class I 又可分为两个亚类：Class I a 和 Class I b。

Class I a：有 C 端扩展区，而 C 端扩展区与几丁质酶定位于液泡有关，如菜豆、烟草、番茄、水稻、拟南芥、马铃薯等植物的碱性同工酶定位于液泡中。

Class I b：无 C 端扩展区，如杨树 Win6、Win8 等植物酸性几丁质酶，分泌于胞外。

Class II：与 Class I 的结构类似，氨基酸序列同源性高达 65% 以上，在血清学上也有密切相关性，位于细胞间隙中，具有催化区，但是没有几丁质结合区和交联区（有些保留部分交联区），包括烟草酸性同工酶（PR-P 和 PR-Q）、大麦几丁质酶及矮牵牛几丁质酶。

Class III：与 Class I 及 Class II 无同源性，也没有富含半胱氨酸的几丁质结合区，特别是具有一个含 4 个天冬氨酸和谷氨酸残基的活性部位，一般位于细胞间隙，如三叶橡胶、番木瓜、硬毛黑莓的溶菌酶、几丁质酶的双功能酶及黄瓜、拟南芥的酸性几丁质酶，它们之间的同源性高。

Class IV：包括一个富含半胱氨酸的结构区域和一个与 Class I 相似的高度保守序列，但由于有 4 个部位缺失，这类几丁质酶的成熟结构中只含有 241~255 个氨基酸，而 Class I 几丁质酶通常含有 300 个氨基酸。各种植物中 Class IV 之间的同源性为 59%~63%，而 Class IV 与 Class I 之间的同源性只有 41%~47%，如甜菜碱性几丁质酶、菜豆酸性 PR-4 几丁质酶、玉米种子几丁质酶 chi A 和 chi B、油菜几丁质酶等。

Class V：与 Class I、Class II 和 Class IV 的同源性较高，但与 Class III 的同源性不高。

Class VI：包括烟草几丁质酶，这类酶在氨基酸序列上与微生物环状芽孢杆菌、黏质沙雷氏菌及褶皱链霉菌的几丁质酶类似，但与 Class I ~ Class V 在氨基酸序列上无相似性。

6.1.3.2 植物几丁质酶的基因结构

迄今为止，科研工作者已对烟草、马铃薯、油菜、甜菜、番茄、胡萝卜、豌豆、菜豆、黄瓜、拟南芥、花生、水稻、大麦、胡杨等植物的几丁质酶基因进行了 cDNA 克隆和序列分析。研究结果表明，编码几丁质酶的基因相对较小，其可读框<3 kb。许多植物的 Class I 几丁质酶普遍由多个紧密相连的小基因家族组成，在一组染色体中，含有一到多个几丁质酶基因。例如，杨树的 *win6* 基因家族的三个基因 *win6.2a~c* 即紧密连锁，而且按同一方向进行转录，烟草基因组克隆中至少已发现 7 个不同的 Class I 几丁质酶

基因（Fukuda et al.，1991；Neale et al.，1990）。而从被一种病毒侵染的黄瓜叶片中分离到的一个分泌到胞外的 Class Ⅲ几丁质酶则为单个基因所编码（Metraux et al.，1989）。从菜豆中分离到的 N 端富含半胱氨酸区域的酸性几丁质酶亦为单个基因所编码（Margis-Pinheiro et al.，1991）。

其起始密码与其他生物一样为 ATG，5′端有"TATA"盒和"CAT"盒的调控序列，3′端是 AATAAA 序列，是在已转录的 mRNA 的 3′端加上 poly（A）尾的信号。几丁质酶基因有或者无内含子，如拟南芥 Class Ⅰ几丁质酶基因有一个内含子（Samac et al.，1990），菜豆 *CHN14*、*CHN18*、*CHN50* 及杨树的 *win6* 基因有两个内含子（Davis et al.，1991），菜豆几丁质酶 *CH5B*（Broglie et al.，1986）和水稻 *RCH10*（Zhu & Lamb，1991）基因无内含子。

6.1.3.3　植物几丁质酶的特性

植物几丁质酶都是小分子蛋白质，分子质量为 25~40 kDa，为单个基因所编码。植物体内通常含有一种或几种几丁质酶，有些植物既含有酸性几丁质酶又含有碱性几丁质酶。以几丁质为底物时，其最适 pH 一般小于 7，等电点为 3~10，对热稳定，多数能在55℃以下长时间保持酶活性，如抗蛋白酶。特殊的几丁质酶不仅具有几丁质酶活性，还具有其他酶活性，如溶菌酶活性、催化转糖基反应（欧阳石文等，2001）。

6.1.3.4　植物几丁质酶的生物学作用

几丁质酶（EC3.2.1.14）是降解几丁质的糖苷酶。几丁质酶能抑制 10 多种病原和非病原真菌的菌丝生长及孢子萌发，使真菌丝顶端细胞壁变薄，进而产生球状突起，最后造成原生质膜破裂，通过降解菌丝生长末端新生成的几丁质，破坏菌丝顶端生长（Freeman et al.，2004）。由于几丁质酶在植物抗真菌病害中起着重要的作用，因此成为近年来抗真菌病害研究的热点之一。随着对几丁质酶研究的深入，发现该酶不仅与抗真菌病害有关，而且在植物发育、共生固氮及抗胁迫等方面均发挥着重要的作用。

（1）抑制真菌生长：几丁质酶可抑制真菌菌丝生长和孢子萌发。主要原理是通过降解菌丝生长端部新合成的几丁质，破坏菌丝顶端生长，使其顶端细胞壁变薄，原生质膜破裂。

（2）抑制细菌生长：Class Ⅲ几丁质酶大多兼有几丁质酶、溶菌酶的双功能酶，可分解细菌细胞壁的肽聚糖，甚至还可能催化转糖基反应，因而可对细菌产生毒害作用。

（3）抗虫作用：昆虫围食膜中含有几丁质，几丁质酶可作用于围食膜而影响昆虫的消化。昆虫取食植物后，可诱导植物产生几丁质酶，几丁质酶可进一步发挥其抗虫作用。

（4）抗线虫、螨：线虫的卵壳中含有几丁质，螨类也含有几丁质，有人认为几丁质酶也能对这两种病原物起作用。

（5）参与植物发育调控：植物几丁质酶在同种植物的不同发育阶段、不同器官中的基因表达可能不同，不同组织器官中酶活性及同工酶种类、含量有所不同，这说明几丁质酶参与了对植物生长发育的调控。一些几丁质酶同工酶只在特定的器官、特定的发育时期存在（Schneider & Ullrich，1994；Chang et al.，1995；Petruzzelli et al.，1999；Robinson et al.，1997）。在正常的烟草花中至少存在 5 种酸性几丁质酶，其中 2 种主要存在于萼片、花瓣中，而另外的几种存在于除雄蕊、雌蕊以外的其他部位中；黄瓜中一个 Class III 几丁质酶，mRNA 表达量仅在萼片、花瓣、雄蕊中积累，其 mRNA 水平变化与花期有关，从开花到衰老期 mRNA 表达水平最高；在葡萄中，Class IV 几丁质酶仅存在于果实中，而在叶、根、种子中均不存在，且此同工酶形式 cDNA 水平在开花后 2~8 周时很低，12~16 周时持续升高，升高过程与糖分积累过程相对应；豌豆豆荚中存在两个几丁质酶同工酶形式 CH1 和 CH2，豆荚未成熟时，CH1 和 CH2 活性都较低，当受到真菌侵染时，CH1 被诱导使其活性上升，而 CH2 几乎不变；在豆荚成熟以后，则是 CH2 占主导地位。

（6）参与共生固氮：在植物共生固氮作用中，根瘤菌通过侵入植物体内形成根瘤而固定气态氮以供给宿主氮素营养。但是，如果根瘤过量存在，会打破宿主与根瘤菌的共生平衡，造成植物本身发育不良，根瘤产生结瘤因子（一般为寡聚糖），促进植物凝血素分泌，它和细菌表面受体结合，相互识别从而决定根瘤菌是否侵入。结瘤因子过量存在，就会导致根瘤菌形成过量的根瘤。而几丁质酶可以降解固氮菌产生的结瘤因子，参与共生固氮的调控作用（Minic et al.，1998；Meuriot et al.，2004），如苜蓿中几丁质酶 chi24 和 chi36 对有些结瘤因子具有降解作用，有的几丁质酶可使结瘤因子失活，从而调控共生固氮作用。

（7）抵抗非生物环境胁迫：目前已证实几丁质酶是主要的植物病程相关蛋白（PR 蛋白）之一；大多数几丁质酶还可受某些非生物因素，如机械损伤、几丁质、乙烯、水杨酸、重金属、紫外线、渗透压、低温和干旱等胁迫诱导（欧阳石文等，2001；Kasprzewska，2003），说明几丁质酶基因的诱导表达是对逆境的一般反应。低温、脱水能诱导狗牙草 Class II 几丁质酶基因的表达（de Los Reyes et al.，2001）。重金属对植物几丁质酶基因的诱导研究近年来引起关注，目前报道的与重金属胁迫相关的几丁质酶研究总结于表 6.1。

表 6.1　与重金属胁迫相关的几丁质酶的报道

重金属	植物	实验水平	文献
Pb^{2+}	向日葵	蛋白质和反转录水平（+）	Walliwalagedara et al.，2010
As^{5+}	向日葵	蛋白质和反转录水平（+）	van Keulen et al.，2008
Cd^{2+}	白杨	蛋白质积累（+）	Kieffer et al.，2009
Cd^{2+}	大麦	酶活性（+）	Metwally et al.，2005
Cd^{2+}	豌豆	反转录水平（+）	Rivera-Becerril et al.，2005a，2005b
Hg^{2+}	玉米	反转录水平（+）	Wu et al.，1994
Hg^{2+}	玉米	蛋白质积累（+）	Nasser et al.，1988

注："+" 表示增加

6.1.3.5　植物几丁质酶的基因表达与调控特征

几丁质酶广泛存在于植物中，正常情况下，健康高等植物中几丁质酶的表达水平一般很低或者不表达，但经诱导因子诱导，其表达量可迅速增加。诱导可以发生在很多组织器官中，如种子、子叶、根、茎、叶、花、愈伤组织、悬浮细胞和原生质体（崔欣和杨庆凯，2002）。目前普遍认为植物体内不同类型几丁质酶的诱导存在极其复杂的机制，植物几丁质酶的研究工作集中在几丁质酶的基因诱导表达、基因克隆，以及几丁质酶在抗病基因工程中的应用等。近几年，几丁质酶已成为植物抗病性研究的热点之一，因此研究植物几丁质酶基因的表达调控对于更深入地了解几丁质酶的抗病性具有重要意义。

几丁质酶的诱导表达受到几丁质酶类型，植物种类，植物内组织器官，外部诱导因子的制约。同一类型的几丁质酶在不同植物间、同一植物的不同部位间活性水平不同；不同类型的几丁质酶在同一植物内、不同植物间活性水平不同；不同类型和相同类型几丁质酶因诱导方式的不同而表达具有差异；相同诱导方式下不同植物的几丁质酶诱导表达结果也有差异。

几丁质酶在同一植物不同部位的诱导表达水平不同。黄瓜苗根中存在 6 种酸性几丁质酶，其中 2 种为根中特有，其余 4 种在子叶和茎中发现过，不过根中含量最高；碱性几丁质酶在根中未发现（Majeau et al.，1990）。番茄中一种 Class II 几丁质酶在花柱输导组织中高水平表达，而在叶中表达水平很低（Leah et al.，1994）。黄瓜幼苗第一片叶感染炭疽病菌后，感染区几丁质酶活性提高了 600 倍，而同一片叶上非感染区只提高了 60 倍，第二片叶的诱导活性更低，不过都显著高于对照（Kastner et al.，1998）。

在同一植物内不同类型几丁质酶的可诱导性也不相同：烟草接种蛙眼病菌后，Class I 和 Class II 几丁质酶分别增加了 6.4 倍和 3.1 倍（Neuhaus et al.，1991）。

不同植物种类和品种，诱导水平存在差异。同一植物内不同诱导物对几丁质酶的诱导情况不同。番茄叶片中不同诱导物可在不同胁迫反应中诱导产生 Class I 、Class II 和 Class III 几丁质酶（Lawrence et al.，1996）。玉米几丁质酶活性能由氯化汞诱导产生，而乙烯、水杨酸诱导却不能产生活性。向日葵叶片中几丁质酶可以被 Pb 诱导，但是不能被 Ni、Cd、Cr 或者 Ni、Cd、Cr 混合诱导（Walliwalagedara et al.，2010）。

几丁质酶被诱导的内部机制目前尚不清楚，但许多研究发现，某种胁迫压力下，活性氧中间体（ROI）的产生一方面对细胞造成氧化压力；另一方面在激活抗逆响应和防卫反应中起到信号子的作用，可作为胞内信使起到激活依赖于氧化还原的转录因子和促进细胞外信号对基因表达的作用，通过研究 H_2O_2 和植物过敏反应的关系，表明植物受病原菌侵染后会导致 H_2O_2 的积累，而 H_2O_2 的积累发生扩散，并诱导相关抗性基因的转录及与之相对应的 mRNA 的积累及相应酶活性的增加，使植物获得抗性（Lamb & Dixon，1997；Alvarez et al.，1998）。

6.1.4　研究内容、目的意义和技术路线

6.1.4.1　研究内容

以桐花树（*Aegiceras corniculatum*）、白骨壤（*Avicennia marina*）、秋茄（*Kandelia obovata*）等常见红树植物为供试植物，用红树林湿地常见且毒性大的重金属污染物 Cd、Pb 处理，采用常规克隆、RACE 技术及实时荧光定量 PCR 技术，克隆三种植物体内的几丁质酶基因，运用生物信息学分析软件分析、预测基因结构和功能，并通过实时荧光

定量 PCR 分析其在重金属胁迫下植物体内的 mRNA 表达水平。

6.1.4.2 目的意义

红树林具有重要的污染净化作用，是海岸带污染修复的重要树种。从 20 世纪 80 年代以来，研究学者广泛开展了红树林净化污水研究，并在生态工程净化污染物等方面得到了应用，对于红树植物抵抗重金属的研究大多集中在生理生化层面。随着分子生物学的发展，从分子水平研究植物对重金属的抗性机制已经越来越受到重视，对基因调控的研究越来越深入。几丁质酶是病程相关蛋白，具有抗病虫、病原微生物，参与植物发育调控及抗逆等多种生物学功能，陆生植物的研究已表明几丁质酶参与了植物抵抗重金属的防御反应。因此，开展重金属胁迫下红树植物体内几丁质酶基因的克隆和表达研究，对于探究红树植物抵抗重金属的机制研究有重要的科学意义，对于可持续利用红树林资源、开展红树植物防污工程、优化红树林生态系统具有现实意义。

6.1.4.3 技术路线

技术路线如下。

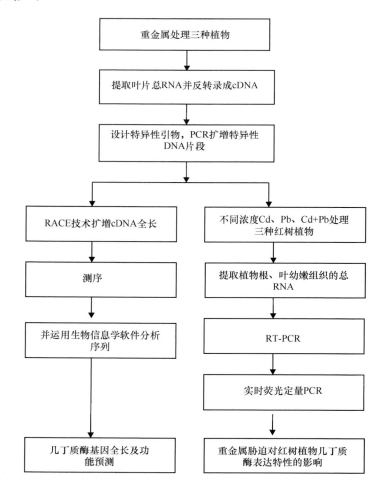

6.2　白骨壤 Class III几丁质酶基因的克隆与表达

6.2.1　实验材料

6.2.1.1　植物材料与重金属处理

（1）成熟的白骨壤胚轴采自广东省深圳市福田红树林自然保护区，在洗干净的海沙基质中培养，待第三对叶子萌发之后移植到重金属 Cd+Pb 处理过的基质中培养。10 d 后，取植物叶片的幼嫩组织用于红树植物总 RNA 的提取。

（2）分别用含不同浓度的 Cd（20 mg/L、10 mg/L、5 mg/L、2 mg/L）、Pb（60 mg/L、30 mg/L、15 mg/L、5 mg/L）的 1/2 Hogland 营养液进行培养。每 4 d 换一次培养液，于第 3 天、第 7 天、第 14 天、第 28 天取样，提取叶、根组织的总 RNA，用于实时荧光定量分析。

6.2.1.2　主要实验试剂

（1）Concert^{TM} Plant RNA Reagent（Invitrogen）
（2）PrimeScript^{TM} Reverse Transcriptase（TaKaRa）
（3）GeneRacer^{TM} RACE Ready cDNA Kit（TaKaRa）
（4）Agarose Gel DNA Perification Kit（TaKaRa）
（5）PrimeScript RT Reagent Kit with gDNA Eraser（TaKaRa）
（6）SYBR Premix Ex *Taq*^{TM}（TaKaRa）

6.2.2　实验方法

6.2.2.1　红树植物总 RNA 提取和第一链 cDNA 的合成

1）红树植物总 RNA 提取
（1）取 100 mg 新鲜植物组织，于液氮中研磨至粉末，移入预先制冷的 1.5 mL 离心管中，加入 0.5 mL 预冷的 Concert^{TM} Plant RNA Reagent（Invitrogen），上下颠倒数次，将植物组织完全悬浮。
（2）将离心管在室温条件下平放 5 min。
（3）12 000 r/min 离心 5 min，弃沉淀，取上清于另一离心管中。
（4）加入 0.1 mL 5 mol/L NaCl，混匀。
（5）加入 0.3 mL 氯仿，混匀。
（6）12 000 r/min 离心 10 min，弃沉淀，取上清于另一干净的离心管中。
（7）加入一体积异丙醇，混匀，室温沉淀 30 min。
（8）12 000 r/min 于 4℃离心 10 min，取上清。
（9）加入 1 mL 75%乙醇。
（10）12 000 r/min 于 4℃离心 1 min，取上清。

（11）室温干燥 5 min。

（12）沉淀溶于 30 μL RNase Free ddH$_2$O。

（13）紫外分光光度计检测 260 nm、280 nm、230 nm、320 nm 处吸光值及 A_{260}/A_{280} 值。

2）第一链 cDNA 的合成

（1）反应液成分如下。

Oligo dT Primer	50 pmol
or Random Primer	50 pmol
or Gene Specific Primer	2 pmol
dNTP Mix（每管 10 mmol/L）	1 μL
模板 RNA	总 RNA≤5 μg，mRNA≤1 μg
DEPC 水	至 10 μL

（2）65℃反应 5 min，立即在冰上冷却。

（3）配制反应混合液并与（1）中的液体混合至总体积为 20 μL。

Template RNA/Primer Mixture	10 μL
5 × PrimeScript^{TM} Buffer	4 μL
RNase Inhibitor	20 units
PrimeScript^{TM} Reverse Tanscriptase	100~200 units
DEPC 水	至 20 μL

（4）轻轻地混匀。

（5）按以下条件进行反转录。

30℃	10 min
42（~50℃）	30~60 min
95℃	5 min

反应结束后在冰上冷却。

（6）–20℃保存。

6.2.2.2　白骨壤 Class Ⅲ几丁质酶基因片段简并引物序列设计

分别从 GenBank 中搜索出 10 种和白骨壤同源性比较高的植物 Class Ⅲ几丁质酶基因，10 种和桐花树同源性比较高的植物 Class Ⅲ几丁质酶基因，10 种和桐花树同源性比较高的植物 Class Ⅰ几丁质酶基因的氨基酸序列，通过 Clustal W2 在线分析软件进行同源性比较，找出各自的保守区域，根据此保守区域对应的核苷酸序列设计简并引物（表 6.2）。

表 6.2　白骨壤 PCR、RACE、实时定量 PCR 实验中所用到的引物

名称	引物序列（5′→3′）	备注
Fam3	TAYTGGGGNCARAAYGG	
Ram3	GGRTTRTTRTARAAYTGVACC	
GSP1（Am3）	CGTCCCAGTACCGCCCCGAACCT	5′RACE 第一轮 PCR

续表

名称	引物序列（5′→3′）	备注
GSP2（Am3）	GGGGTCAAAATGGCAACGAAGGGA	3′RACE 第一轮 PCR
NGSP1（Am3）	TCGTCGGCGGAGGAGAGGGAGTAG	5′RACE 巢式 PCR
NGSP2（Am3）	GGACCTGCACTGGCATAAAGCAA	3′RACE 巢式 PCR
qF	GCGGTTTTGGACGGTATAG	
qR	TACACCTTTCTCTGCGAGC	
18S（F）	CCCGTTGCTGCGATGAT	
18S（R）	GCTGCCTTCCTTGGATGTG	

6.2.2.3　白骨壤 Class Ⅲ 几丁质酶基因中间片段的克隆

（1）所用反应体系如下。

经 RT-PCR 扩增，以 cDNA 为模板，进行 PCR。

模板 DNA	1.0 μL（10 ng）
10×Buffer	2.0 μL
dNTP Mix	2.0 μL
Fam3	1.0 μL
Ram3	1.0 μL
DEPC 水	0.5 μL
Taq 酶（5 U/μL）	至 20.0 μL

（2）PCR 反应条件如下。

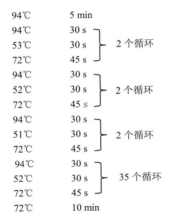

PCR 反应结束后，将 1 μL 6×Loading Buffer 和 5 μL 产物混合，在 1%琼脂糖凝胶上电泳检测。切胶回收，纯化后送去测序，测序由广州英韦创津生物科技有限公司完成。

6.2.2.4　白骨壤 Class Ⅲ 几丁质酶 cDNA 全长扩增

1）构建 3′RACE 和 5′RACE 文库

按 GeneRacer™ RACE Ready cDNA Kit 试剂盒，分别构建白骨壤、桐花树 3′RACE 和 5′RACE 文库。原理如图 6.1 所示。

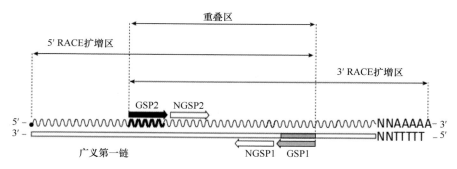

图 6.1　从 3′RACE 和 5′RACE 文库中扩增 3′端和 5′端序列的原理图

2）设计扩增白骨壤 Class Ⅲ几丁质酶 cDNA 3′端/5′端的特异性引物

在已克隆白骨壤 Class Ⅲ几丁质酶基因中间片段的基础上，用 Primer Premier 5.0 设计第一轮 PCR 引物［GSP1（Am3）、GSP2（Am3）］和巢式 PCR 引物［NGSP1（Am3）、NGSP2（Am3）］，连同试剂盒中的通用引物，具体见表 6.2。

3）白骨壤 Class Ⅲ几丁质酶基因的 3′RACE、5′RACE 扩增

（1）第一轮 PCR 反应体系和程序如下。

第一轮 PCR 反应体系：

5×Primer STAR Buffer	10 μL
dNTP Mix	4 μL
UPM/H$_2$O	5 μL
GSP1/GSP2	1 μL
5×Primer STAR *Taq*	0.5 μL
DEPC 水	至 50 μL

第一轮 PCR 反应程序：

98℃	10 s	10 个循环
72℃	2 min	
98℃	10 s	25 个循环
68℃	15 s	
72℃	2 min	
72℃	7 min	

（2）巢式 PCR 反应体系和程序如下。

巢式 PCR 反应体系：

10×LA Buffer	5 μL
dNTP Mix	8 μL
cDNA	2.5 μL
NGSP1/NGSP2（20 μmol/L）	1 μL
NUP（20 μmol/L）	1 μL
LA *Taq*	0.5 μL
DEPC 水	至 50 μL

巢式 PCR 反应程序：

$$
\left.\begin{array}{lll}
94\text{℃} & 30\text{ s} \\
68\text{℃} & 30\text{ s} \\
72\text{℃} & 1.5\text{ min}
\end{array}\right\} 25 \text{ 个循环}
$$

72℃　　　　7 min

PCR 反应结束后，将 1 μL 6×Loading Buffer 和 5 μL 产物混合，在 1%琼脂糖凝胶上电泳检测。切胶回收，纯化后送去测序。

6.2.2.5　生物信息学分析

本研究所用到的生物信息学软件列于表 6.3。

表 6.3　*AmchiⅢ* 基因的结构及功能预测

核酸或蛋白质性质	所用分析软件或方法	网址
同源性比对	Blast	http://www.ncbi.nlm.nih.gov/BLAST
功能区结构域	SMART	http://smart.embl-heidelberg.de/
活性位点	PROSITE	http://www.expasy.ch/prosite/
信号肽预测	SingalP	http://bmbpcu36.leeds.ac.uk/prot_analysis/Signal.html
跨膜信号	TMHMM2.0	http://www.bs.tu.k/services/Signal P
二级结构	SPOMA	http://npsa-pbil.ibcp.fr/cgi-bin/npsa_automat，PI
三级结构	SWISS-MODEL	http://swissmodel.expasy.org/
亚细胞定位	PSORT	http://wolfpsort.org/
二硫键	Scratch Protein Predictor	http://www.ics.uci.edu/-baldig/scratch/idex.html

6.2.2.6　实时定量检测 PCR 样品表达量

1）cDNA 合成

（1）总 RNA 中总 DNA 的去除。

去除基因组 DNA 的反应液成分：

5×gDNA Eraser Buffer	2.0 μL
gDNA Eraser	1.0 μL
总 RNA	1 μg
DEPC 水	至 10 μL

然后置于 42℃放置 2 min，之后放于 4℃，用于后续的反转录反应。

（2）反转录反应体系如下。

5×PrimeScript® Buffer	4.0 μL
PrimeScript® RT Enzyme Mix Ⅰ	1.0 μL
RT Primer Mix	1.0 μL
上述（1）中的反应液	10.0 μL
DEPC 水	至 20 μL

（3）反转录反应条件：37℃　15 min；85℃　5 s。

（4）将反应液稀释 5 倍，−20℃保存。

2）实时荧光定量 PCR 分析几丁质酶基因的表达

（1）红树植物白骨壤 Class Ⅲ和 *18S rRNA* 实时定量 PCR 扩增的引物见表 6.2。

（2）反应液体系如下。

Real-time PCR Master Mix	7.5 μL
上游引物（10 mol/L）	0.45 μL
下游引物（10 mol/L）	0.45 μL
第一链 cDNA	2 μL
DEPC 水	至 15 μL

（3）反应程序如下。

95℃	3 min	
95℃	10 s	
60℃	20 s	40 个循环
72℃	20 s	
72℃	7 min	

（4）熔解曲线的分析。

扩增反应结束后，进行熔解曲线的分析。随着反应温度的升高，扩增的产物解链变性，逐渐释放变为游离状态，荧光值随之减少，由此可以观察产物的熔解情况，以判断反应的特异性，熔解曲线若为单一峰，则表示扩增产物单一，多峰则表示扩增有杂带。熔解曲线的测定是从 60℃或 65℃到 95℃，每隔 0.5℃测定吸光值。

（5）几丁质酶表达量的分析。

本研究以 *18S rRNA* 作为内参基因，对加入到反转录反应中的 RNA 进行均一化的处理。几丁质酶基因相对于参照因子（未经重金属处理的样品）的相对表达量按照 $2^{-\Delta\Delta C_t}$ 的方法。$\Delta\Delta C_t$ 定义为

$$\Delta C_{t\ treatment}（重金属处理样品的 C_t 值）=C_{t\ 目的基因\ treatment}-C_t 18S\ rRNA_{\ treatment}$$

$$\Delta C_{t\ control}（未经重金属处理的对照组的 C_t 值）= C_{t\ 目的基因\ control}-C_t 18S\ rRNA_{\ treatment}$$

$$\Delta\Delta C_t=\Delta C_{t\ treatment}-\Delta C_{t\ control}$$

6.2.2.7　统计学分析

结果为三次实验的平均值±标准差。实验原始数据的处理和制图采用 Excel，制图采用 Origin 软件，处理组与对照组之间的差异显著性分析、时间序列的差异显著性分析由 SPSS 统计软件完成，其中 $p<0.05$ 表示具有显著差异。

6.2.3　实验结果与分析

6.2.3.1　白骨壤 Class Ⅲ几丁质酶基因中间片段的扩增

1）电泳结果

用 RT-Kit 试剂盒，将 RNA 直接反转录为 cDNA，并以 cDNA 为模板利用简并引物

进行 RT-PCR 反应，得到大约 540 bp 的 DNA 片段，与预测的白骨壤 Class Ⅲ几丁质酶基因目的片段大小基本一致，如图 6.2 所示。

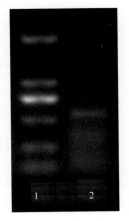

图 6.2　克隆白骨壤 Class Ⅲ几丁质酶基因 RT-PCR 琼脂糖凝胶电泳结果

1. Marker；2. 白骨壤叶

2）测序结果

目的片段的测序工作由上海美吉测序公司完成，测序结果长度为 540 bp，序列如下，下划线为引物位置（图 6.3）。

<u>TACTGGGGCCAAAACGG</u>CAACGAAGGGAGCCTCGCCGATGCATGCAAGACCGGCAACTACCAGTTCATA
AACATTGGATTTTTAACTACCTTTGGGAACGGCCAAAGCCCTGTCTTGAATTTGGCAGGCCACTGCAATC
CTGCCGCAGGGACCTGCACTGGCATAAGCAACGACATCCGTGCCTGCCAGGGTCGAGGCATCAAAGTGC
TGCTGTCTCTTGGCGGCGCTACCGGGAGCTACTCCCTCTCCTCCGCCGATGACGCGAAGCAAGTGGCCAA
TTACCTGTGGAACAATTACTTGGGGGGCAGTTCGGGCTCCAGGCCCTTGGGAGACGCGGTTTTGGACGG
TATAGACTTTGACATCGAAGCAGGTTCGGGGCAGCATTGGGACGAGCTCGCCAAGGCCCTGTCGGGGTT
CAGCTCGCAGAGAAAGGTGTACCTGTCGGCAGCGCCGCAGTGTCCCATCCCGGATGCTCACCTGGACGC
CGCCATCCAAACCGGGCTTTTCGACTACATTTG<u>GATCCAATTTTACAACAACCC</u>

图 6.3　白骨壤 Class Ⅲ几丁质酶基因序列

6.2.3.2　白骨壤 Class Ⅲ几丁质酶基因 3′/ 5′ RACE 扩增

利用第一轮降落 PCR 和巢式 PCR 扩增，结果如图 6.4 所示，电泳检测得到 5′ 端一条约 350 bp、3′端一条约 900 bp 的条带。测序结果如图 6.5 所示，下划线是引物位置。

6.2.3.3　白骨壤 Class Ⅲ几丁质酶 cDNA 全长序列及其特征分析

结合 3′RACE、5′RACE 结果，拼接后可得：白骨壤 Class Ⅲ几丁质酶全长 cDNA 为 1121 bp，去除 poly(A)后该序列长 1100 bp。用 ORF finder 分析发现该基因包含一个以 ATG 为起始密码子和以 TAA 为终止密码子的完整的可读框 909 bp（3~911 bp），编码一个含有 302 个氨基酸的蛋白质(图 6.6)。在 3′UTR 中含有一个暗示 poly(A)的 AATAAA 元件，命名为 *Amchi* Ⅲ，在 GenBank 中的登录号是 JQ655770。

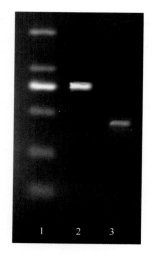

图 6.4　白骨壤 Class Ⅲ几丁质酶基因巢式 PCR 电泳结果
1. Marker；2. 3′RACE 产物；3. 5′RACE 产物

a

```
  1 TACTTGGGGG GCAGTTCGGG CTCCAGGCCC TTGGGAGACG CGGTTTTGGA
 51 CGGTATAGAC TTTGACATCG AAGCAGGTTC GGGGCAGCAC TGGGACGAGC
101 TCGCCAAGGC CCTGTCGGGG TTCAGCTCGC AGAGAAAGGT GTACCTGTCG
151 GCAGCGCCGC AGTGTCCCAT CCCGGATGCT CACCTGGACG CCGCCATCCG
201 AACCGGGCTT TTCGACTACA TTTGGATCCA ATTTTACAAC AACCCGCAGT
251 GTGATTTCAG GGCGGGTGTC GACGCACTTG TAGCCAGATG GAACCAGTGG
301 GCTGCAGTCC CGGGCGGTCA GGTTTTCTTG GGCTTGCCGG CGGCTGAAGC
351 TGCGGCGGGT GGGGGTTACA TGCCGCCTGA TGTGCTGACT TCTCAGGTTC
401 TGCCGAGGAT CAAGTCTTCC CAGAAGTACG GAGGGGTGAT GCTGTGGAAC
451 AGATTCTACG ACCAAAGTTA CAGTTCAGCT ATTAAGGGCA GTGTCTAAGT
501 TCTGAAAGCC TCCAGTCCAG GCAGAATGAA GAATGAATAA TCTCAGCAGA
551 ATCTTGAATA ACATTTTTCA GATGGAATGT TTGTTTTTTC TCCTTGGATT
601 TGGCATTATC TTAAATAAAC CTGGCTTTGT AATGTCAGAG TGCTATCATT
651 AAATCTCAAT GAAGAGCGTG TGTTGGTTCT TCGTTTCAAA AAAAAAAAA
701 AAAAAAAAGT ACTCTGCGTT GATACCACTG CTT
```

b

```
  1 AAGCAGT GGTATCAACG CAGAGTACAT GGGTACTACA TATCTTCAGA
 51 AAATGGCAGC CCACTCTCAA ACATCCCATC TGATCCTCTC AATCCTGATT
101 GCTCTCGCAT TATTCAGGTC CTCTCAAGCC GCCGGAATCG CCACCTACTG
151 GGGCCAAAAC GGCAACGAAG GGAGCCTCGC CGATGCATGC AAGACCGGCA
201 ACTACCAGTT CATAAACATT GGATTTTTAA CTACCTTTGG GAACGGCCAA
251 AGCCCTGTCT TGAATTTGGC AGGCCACTGC AATCCTGCCG CAGGGACCTG
301 CACTGGCATA AGCAACGACA TCCGTGCCTG CCAGGGTCAA GGCATCAAAG
351 TGCTGCTGTC TCTTGGCGGC GCTACCGGGA GCTACTCCCT CTCCTCCGCC
401 G
```

图 6.5　白骨壤 Class Ⅲ几丁质酶基因 3′/5′ RACE 结果序列
a. 3′RACE 序列；b. 5′RACE 序列

1）白骨壤 Class Ⅲ几丁质酶同源性分析

将 *Amchi* Ⅲ 相应的氨基酸序列在 NCBI 上应用 Blastp 搜索分析，结果如图 6.7 所示，共找到 100 个相似序列，其中相似度最高的序列来自于胡杨、苜蓿、大豆等：和胡杨的拟定蛋白质序列的同源性为 71%，与苜蓿属的几丁质酶序列的同源性为 70%，与大豆酸性内切几丁质酶序列的同源性为 73%，与沙梨几丁质酶序列的同源性为 68%，与西瓜酸性几丁质酶序列的同源性为 65%。

```
   1 AC
   3 ATGGGTACTACATATCTTCAGAAAATGGCAGCCCACTCTCAAACA
     M  G  T  T  Y  L  Q  K  M  A  A  H  S  Q  T
  48 TCCCATCTGATCCTCTCAATCCTGATTGCTCTCGCATTATTCAGG
     S  H  L  I  L  S  I  L  I  A  L  F  R
  93 TCCTCTCAAGCCGCCGGAATCGCCACCTACTGGGGCCAAAACGGC
     S  S  Q  A  A  G  I  A  T  Y  W  G  Q  N  G
 138 AACGAAGGGAGCCTCGCCGATGCATGCAAGACCGGCAACTACCAG
     N  E  G  S  L  A  D  A  C  K  T  G  N  Y  Q
 183 TTCATAAACATTGGATTTTTAACTACCTTTGGGAACGGCCAAAGC
     F  I  N  I  G  F  L  T  T  F  G  N  G  Q  S
 228 CCTGTCTTGAATTTGGCAGGCCACTGCAATCCTGCCGCAGGGACC
     P  V  L  N  L  A  G  H  C  N  P  A  A  G  T
 273 TGCACTGGCATAAGCAACGACATCCGTGCCTGCCAGGGTCAAGGC
     C  T  G  I  S  N  D  I  R  A  C  Q  G  Q  G
 318 ATCAAAGTGCTGCTGTCTCTTGGCGGCGCTACCGGGAGCTACTCC
     I  K  V  L  L  S  L  G  G  A  T  G  S  Y  S
 363 CTCTCCTCCGCCGATGACGCGAAGCAAGTGGCCAATTACCTGTGG
     L  S  S  A  D  D  A  K  Q  V  A  N  Y  L  W
 408 AACAATTACTTGGGGGGCAGTTCGGGCTCCAGGCCCTTGGGAGAC
     N  N  Y  L  G  G  S  S  G  S  R  P  L  G  D
 453 GCGGTTTTGGACGGTATAGACTTTGACATCGAAGCAGGTCGGGGG
     A  V  L  D  G  I  D  F  D  I  E  A  G  S  G
 498 CAGCACTGGGACGAGCTCGCCAAGGCCCTGTCGGGGTTCAGCTCG
     Q  H  W  D  E  L  A  K  A  L  S  G  F  S  S
 543 CAGAGAAAGGGTGTACCTGTCGGCAGCGCCGCAGTGTCCCATCCCG
     Q  R  K  V  Y  L  S  A  A  P  Q  C  P  I  P
 588 GATGCTCACCTGGACGCCGCCATCCGAACCGGGCTTTTCGACTAC
     D  A  H  L  D  A  A  I  R  T  G  L  F  D  Y
 633 ATTTGGATCCAATTTTACAACAACCCGCAGTGTGATTTCAGGGCG
     I  W  I  Q  F  Y  N  N  P  Q  C  D  F  R  A
 678 GGTGTCGACGCACTTGTAGCCAGATGGAACCAGTGGGCTGCAGTC
     G  V  D  A  L  V  A  R  W  N  Q  W  A  A  V
 723 CCGGGCGGTCAGGTTTTCTTGGGCTTGCCGGCGGCTGAAGCTGCG
     P  G  G  Q  V  F  L  G  L  P  A  A  E  A  A
 768 GCGGGTGGGGGTTACATGCCGCCTGATGTGCTGACTTCTCAGGTT
     A  G  G  G  Y  M  P  P  D  V  L  T  S  Q  V
 813 CTGCCGAGGATCAAGTCTTCCCAGAAGTACGGAGGGGTGATGCTG
     L  P  R  I  K  S  S  Q  K  Y  G  G  V  M  L
 858 TGGAACAGATTCTACGACCAAAGTTACAGTTCAGCTATTAAGGGC
     W  N  R  F  Y  D  Q  S  Y  S  S  A  I  K  G
 903 AGTGTGTCTAA 911      GTTCTG AAAGCCTCCA
     S  V  *
 928 GTCCAGGCAGAATGAAGAATGAATAATCTCAGCAGAATCTTGAAT
 973 AACATTTTTCAGATGGAATGTTTGTTTTTTCTCCTTGGATTTGGC
1018 ATTATCTTAAATAAACCTGGCTTTGTAATGTCAGAGTGCTATCAT
1063 TAAATCTCAATGAAGAGCGTGTGTTGGTTCTTCGTTTCAAAAAAA
1108 AAAAAAAAAAAAAA
```

图 6.6　*Amchi III* 基因的核苷酸序列及推导的氨基酸序列

氨基酸序列以单个字母表示；方框内为起始密码子 ATG；终止密码子用星号表示，AATAAA 元件和 poly(A) 用不同形式在图中标出；单下划线表示信号肽

　　将 *Amchi III* 核苷酸序列运用 Blasn 搜索分析，如图 6.8 所示，其他植物的 Class III 几丁质酶基因的同源性较高，如与大豆的内切几丁质酶的同源性为 70%，与苹果属培养变种的病程相关蛋白 8 的同源性为 69%，与沙梨、西瓜的几丁质酶的同源性为 69%，与虹豆内切几丁质酶的同源性为 69%，与栝楼几丁质酶的同源性为 68%，与绿竹几丁质酶的同源性为 68%。

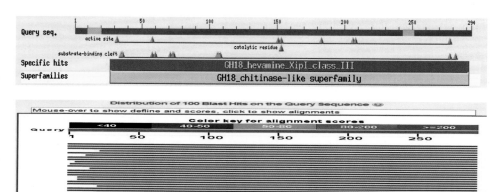

图 6.7　白骨壤 Class Ⅲ几丁质酶基因氨基酸序列的 Blastp 搜索结果

2）白骨壤 Class Ⅲ几丁质酶基因一级结构分析

该基因包含一个完整的可读框 909 bp（3~911 bp），编码一个含有 302 个氨基酸的蛋白质。用软件预测其氨基酸组成，该蛋白质的分子质量为 31.966 kDa，等电点为 6.18。编码的 302 个氨基酸中，非极性（疏水）氨基酸（A，I，L，F，W，V）所占比例为 37.7%，极性氨基酸（N，C，Q，S，T，Y）所占比例为 31.2%，碱性氨基酸（K，R）比例为 6.0%，酸性氨基酸（D，E）比例为 6.6%。带负电残基的氨基酸（D+E）有 20 个，带正电残基的氨基酸（R+K）有 17 个。

3）白骨壤 Class Ⅲ几丁质酶蛋白的功能区分析

用 SMART 在线软件（http://smart.embl-heidelberg.de/）进行氨基酸序列分析。得到的白骨壤 Class Ⅲ几丁质酶基因共 302 个氨基酸，根据数据库搜索，具体分析结果如图 6.9 所示。35~291 位为一个糖苷水解酶 18 家族的结构域。由 Scanprosite 软件进行蛋白质功能位点分析，通过搜索全长 302 个氨基酸序列找到一个功能位点，如图 6.10 所示。白骨壤 Class Ⅲ几丁质酶基因属于 18 家族几丁质酶基因，判别的特征序列为 145~153 位，即 LDGIDFDIE，此序列中包含活性位点 E（Glu）。

4）*AmchiⅢ* 基因的跨膜螺旋信号预测分析

利用 TMHMM 在线软件（http://www.cbs.dtu.dk/services/TMHMM/）对蛋白质进行跨膜预测。TMHMM 综合了跨膜区疏水性、电荷偏倚、螺旋长度和膜蛋白拓扑学限制等

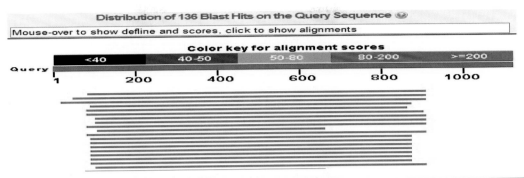

Accession	Description	Max score	Total score	Query coverage	E value	Max ident
XM_003540067.1	PREDICTED: Glycine max acidic endochitinase-like (LOC100783329)	340	340	73%	2e-89	70%
DQ318214.1	Malus x domestica cultivar Gala pathogenesis related protein 8 mRNA	340	340	76%	2e-89	69%
FJ589785.1	Pyrus pynifolia class III chitinase mRNA, complete cds	338	338	79%	5e-89	69%
D11355.1	Vigna angularis mRNA for endo-chitinase (monomer), complete cds	313	313	69%	2e-81	69%
DQ180495.1	Citrullus lanatus class III chitinase mRNA, complete cds	280	280	69%	1e-71	69%
AF404590.1	Trichosanthes kirilowii chitinase 3-like protein precursor	279	279	73%	4e-71	68%
XM_002331793.1	Populus trichocarpa predicted protein, mRNA	264	264	72%	1e-66	68%
XM_002331792.1	Populus trichocarpa predicted protein, mRNA	264	264	72%	1e-66	68%
XM_00548082.1	PREDICTED: Glycine max acidic endochitinase-like (LOC100815291)	259	259	73%	4e-65	68%
EU047799.1	Bambusa oldhamii class III chitinase (chi3-2) mRNA, complete cds	259	259	49%	4e-65	71%

图 6.8　白骨壤 Class Ⅲ几丁质酶基因核苷酸序列的 Blastn 搜索结果

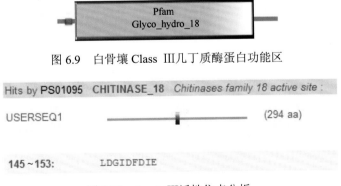

图 6.9　白骨壤 Class Ⅲ几丁质酶蛋白功能区

图 6.10　AmchiⅢ活性位点分析

性质，采用隐马氏模型（hidden Markov model），对跨膜区及膜内外区进行整体的预测。通过软件分析跨膜螺旋（transmembrane helix，HMH）信号及其个数，再通过跨膜螺旋信号个数来判断是否为跨膜蛋白。跨膜螺旋信号大于 18 个就有可能是一种膜蛋白，但也可能只是信号肽的螺旋信号；跨膜螺旋信号大部分在前 60 个氨基酸内时极有可能是信号肽而非膜蛋白。蛋白质如果是在跨膜区，可能作为一种膜受体起作用，也可能是定位于膜的锚定蛋白或离子通道蛋白；含有跨膜区的蛋白往往与细胞的功能状态密切相关。

软件是从对每个氨基酸残基的跨膜螺旋信号进行分析和最后的可能性结论进行预测两方面进行的。用图表示每个氨基酸残基的跨膜螺旋信号分析结果，用表格表示对最后可能性结论的预测结果。

结果如图 6.11 所示，该跨膜螺旋结构中的氨基酸数为 6.2，而参与跨膜结构的 6.0 个氨基酸分布在前 60 个氨基酸中。预测结果表明，所检测到的螺旋信号非跨膜螺旋信号，*Amchi III* 无明显的跨膜区，不可能定位在膜上或者膜上的受体，所以该蛋白为非跨膜蛋白。

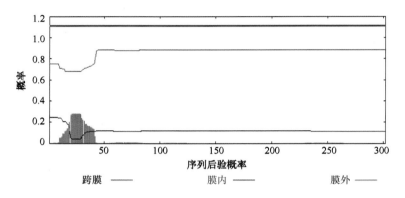

图 6.11　*Amchi III* 几丁质酶基因跨膜螺旋信号分析结果

5）*Amchi III* 基因的信号肽预测分析

信号肽可以控制蛋白质的分泌路径、定位蛋白质位置，信号肽一般位于分泌蛋白的 N 端，当蛋白跨膜转移时被切割掉（Liu et al., 2008）。用 SignalP 3.0 Sever（http://www.cbs. dtu.dk/services/SignalP/）在线软件分析氨基酸序列表明，白骨壤 ClassIII几丁质酶序列中有一个信号肽，蛋白的成熟位点在第 34~35 位 A 与 Q 之间，1~34 个氨基酸为信号肽部分，从第 35 个氨基酸开始为成熟蛋白部分（图 6.12）。

6）白骨壤 Class III几丁质酶蛋白二级结构的预测

将白骨壤 Class III几丁质酶基因的氨基酸序列用 SPOMA 程序进行蛋白质二级结构的预测，如图 6.13 所示。从图中可看出各位置的 α 螺旋（h）、伸展链（e）、β 折叠（t）和随机线圈螺旋（c）的组成情况。二级结构中随机线圈螺旋、α 螺旋、伸展链和 β 折叠所占比例依次递减，分别为 40.73%、35.10%、18.21%、5.96%。

7）白骨壤 Class III几丁质酶蛋白的三级结构预测

用 SWISS-MODEL 同源建模方法对 AmchiIII蛋白的三级结构进行分析，其中图 6.14 是蛋白质的三维模型。该模型的构建是依据 2 hvmA（1.80 Å）的同源建模法，从第 35 个氨基酸（Gly）到 302 个氨基酸（Val），共模拟 268 个氨基酸，序列同源性为 62.55%，E 值为 2.53×10^{-93}。

8）桐花树 AmchiIII的二硫键分析

运用生物软件 Scratch Protein Predictir 预测 AmchiIII的二硫键，由分析结果可知：该基因中含有 6 个 Cys，共形成了三个二硫键，分别连着第 91 位和 101 位、第 192 和第 221 位、第 54 位和第 84 位的 Cys。

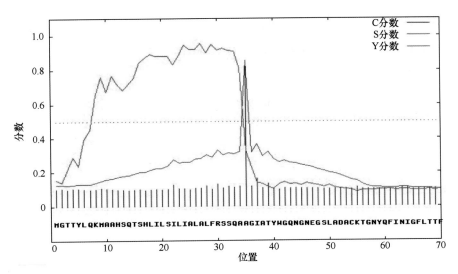

图 6.12　AmchiⅢ几丁质酶蛋白的 SignalP-NN 分析图示结果

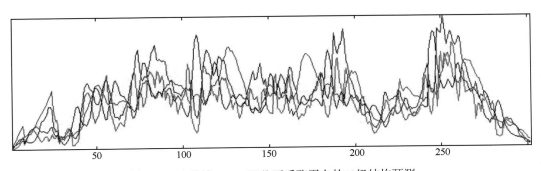

图 6.13　白骨壤 Class Ⅲ几丁质酶蛋白的二级结构预测

蓝色线为α螺旋；红色线为伸展链；绿色线为β折叠；紫色线为随机线圈螺旋

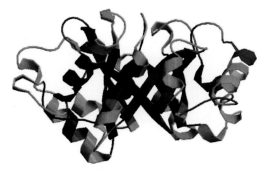

图 6.14　白骨壤 Class Ⅲ几丁质酶蛋白的三维模型

6.2.3.4　白骨壤中 *AmchiⅢ* 基因 mRNA 表达模式分析

1）白骨壤 *AmchiⅢ* 和 *18S rRNA* 基因的实时定量扩增结果

分别利用实时定量 PCR 扩增 *AmchiⅢ* 和桐花树 *18S rRNA*，以反转录成的第一链 cDNA 为模板，监测桐花树 *AmchiⅢ* 基因和 *18S rRNA* 的 PCR 反应过程（图 6.15）。从

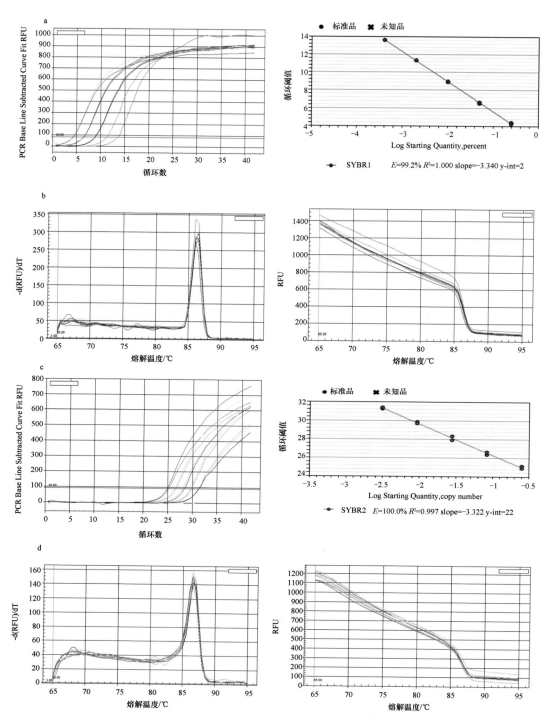

图 6.15　白骨壤 *AmchiⅢ* 和 *18S rRNA* 基因实时荧光定量标准曲线及熔解曲线

a. 白骨壤 *18S rRNA* 实时定量扩增标准曲线；b. 白骨壤 *18S rRNA* 实时定量熔解曲线；c. 白骨壤 *AmchiⅢ* 实时定量扩增标准曲线；d. 白骨壤 *AmchiⅢ* 实时定量熔解曲线

桐花树 *Amchi III* 和 *18S rRNA* 基因的扩增曲线和熔解曲线可以判断它们进行了有效的扩增，从扩增标准曲线可以得出，两者的扩增效率分别为 100%、99.2%，*Amchi III* 的截距为 −3.322，与 *18S rRNA* 的 −3.340 差值不大于 0.1，可以认为前者和 *18S rRNA* 的扩增效率相同，可以用 $2^{-\Delta\Delta C_t}$ 的方法分析 *Amchi III* 基因的表达。在熔解曲线中，桐花树 *Amchi III* 和 *18S rRNA* 基因的熔点分别为 86.5℃、86.0℃，与桐花树 *Amchi III* 和 *18S rRNA* 基因的理论熔点值 86.6℃、86.0℃ 近乎一致，可得出 *Amchi III* 和 *18S rRNA* 基因进行了有效的扩增。

2）白骨壤 *Amchi III* 在不同组织中的表达差异

实时定量 PCR 的结果表明，*Amchi III* 在叶、茎中均能表达，但是存在组织差异，*Amchi III* 的表达量：茎 > 叶，茎的相对表达量的是叶的 3 倍（图 6.16）。

3）重金属对 *Amchi III* 基因表达的影响

在 Cd 处理下，低浓度到高浓度处理组中白骨壤叶内 *Amchi III* 均在第 3 天被诱导，当低浓度处理桐花树时，其叶中 *Amchi III* 的表达量随着时间的增加呈先升高后降低趋势，且在所有处理组均表现为：叶中 *Amchi III* 的表达量在第 7 天时达到峰值，从低浓度到高浓度处理组的峰值依次为对照组的 135.1 倍、37.6 倍、6.9 倍、28.4 倍；在 Cd 处理组，除去低浓度处理 14 d 外，白骨壤叶片内 *Amchi III* 的相对表达水平均高于对照组。由相关关系分析可知（表 6.4，表 6.5），白骨壤叶片 *Amchi III* 相对表达量和重金属处理浓度之间的相关性在 $p=0.01$ 水平上显著相关，r 为 0.566。茎中 *Amchi III* 的表达量在各 Cd 浓度处理下，在第 7 天达到峰值，从低浓度到高浓度处理组的峰值依次为对照组的 12.6 倍、23.76 倍、27.0 倍、135.8 倍；重金属处理之后根中 *Amchi III* 的表达量，除去最高浓度处理 28 d 后略低于对照外，其余测定值均高于对照。在时间尺度上，在处理前期 3 d、7 d 时 *Amchi III* 的表达量峰值位于最高处理组。

表 6.4　重金属处理浓度和基因表达水平的相关关系分析

重金属处理浓度	白骨壤叶组织		白骨壤根组织	
	相关系数 r	显著性水平 p	相关系数 r	显著性水平 p
Cd 浓度	0.566**	0.005	−0.382*	0.036
Pb 浓度	0.597**	0.003	−0.631**	0.002
混合浓度	0.431*	0.026	0.572**	0.004

*$p<0.05$；**$p<0.01$；下同

表 6.5　重金属胁迫时间和基因表达水平的相关关系分析

重金属胁迫时间	白骨壤叶组织		白骨壤根组织	
	相关系数 r	显著性水平 p	相关系数 r	显著性水平 p
Cd 处理	−0.07	0.385	−0.381*	0.038
Pb 处理	−0.288	0.109	−0.436*	0.024
混合处理	−0.514*	0.010	−0.514*	0.010

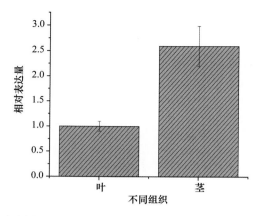

图 6.16　实时定量 PCR 分析白骨壤 *AmchiⅢ* 基因在叶、茎中的表达模式

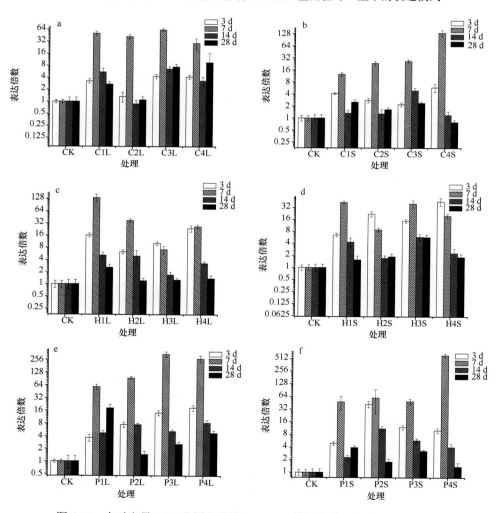

图 6.17　实时定量 PCR 分析白骨壤 *AmchiⅢ* 基因在叶、根中的表达模式

a. Pb 处理的白骨壤叶；b. Pb 处理的白骨壤根；c. Cd 处理的白骨壤叶；d. Cd 处理的白骨壤根；e. Cd-Pb 复合处理的白骨壤叶；f. Cd-Pb 复合处理的白骨壤根

在 Pb 处理下，白骨壤叶、茎中 *Amchi III* 均在第 3 天即显著被诱导，所有处理组表达量均高于对照组；且从低浓度到高浓度处理组，均在第 7 天达到峰值，从低浓度到高浓度，叶片中表达量峰值分别为对照组的 58.5 倍、94.5 倍、347.9 倍、274.0 倍；根中的表达量峰值分别为 47.9 倍、59.7 倍、49.5 倍、623.8 倍。在时间尺度上（图 6.17f），叶中较高浓度 P2、P3、P4 处理组随着时间的增加呈现出先升高后降低的趋势；在处理的较前期 3 d、7 d、14 d，叶中 *Amchi III* 表达量在高浓度组达到峰值，在处理后期，*Amchi III* 表达量在低浓度组 P1 达到峰值。

在 Cd-Pb 复合处理下，白骨壤叶、根中 *Amchi III* 均在第 3 天即显著被诱导，所有处理组表达量均高于对照组。白骨壤叶中，H3 处理组在第 3 天即达到表达量峰值，为对照的 10.1 倍，其余处理浓度下的表达量峰值均于第 7 天达到峰值，最高表达量为对照的 134.8 倍；在时间范围内，各浓度处理组的表达量在达到峰值之后，随着处理时间的增加，白骨壤叶中表达量降低，且在 3 d、7 d、14 d、28 d 测得的表达量峰值均位于低浓度处理组。白骨壤叶中，H2 处理组在第 3 天即达到表达量峰值，为对照组的 22.3 倍，其余处理浓度下的表达量均于第 7 天达到峰值，H1、H3、H4 处理表达量分别为对照组的 42.7 倍、40.1 倍、20.1 倍，在达到峰值之后，随着处理时间的增加，表达量逐渐降低。

6.2.4　讨论

6.2.4.1　白骨壤 Class Ⅲ 的基因克隆与序列分析

目的基因是一种诱导型基因，这种基因在正常状态下表达水平一般较低，在诱导因子诱导的情况下表达量才能迅速增加。适当的处理材料诱导目的基因的表达对于基因克隆工作显得非常重要。本实验中采用重金属 Cd-Pb 复合处理白骨壤幼苗一周以后，以新鲜叶片为材料提取总 RNA，进行后续的基因克隆工作。本研究首次从红树植物中克隆几丁质酶基因，简并引物的设计对于特异性片段的成功克隆至关重要。本实验通过比较和白骨壤亲缘关系较近的多种植物的 Class Ⅲ 几丁质酶基因的氨基酸序列和核苷酸序列后设计简并引物，而简并引物的设计存在一定的风险性，因此设计时应尽可能和多种植物的相关几丁质酶基因序列进行同源性比较，为了提高特异性，还需充分考虑密码子的偏好性。

采用蛋白质序列的后续分析十分重要，这主要是由于 DNA 编码的冗余性。显然，使用蛋白质序列进行后续分析更能够发现生物学意义，因为蛋白质水平之间 25% 的同源性就可提示其功能的相似性，但是在 DNA 水平则需要 40% 的一致性（张成岗和贺福初，2002）。一般来说，对于蛋白质功能的预测分析，最为重要的莫过于分析目的蛋白是否和具有功能信息的已知蛋白相似，主要通过同源序列分析和功能区相关的保守序列分析。显然，相似的序列很可能具有相似的功能。但是值得强调的是，在进行数据库相似性检索时，至少 80 个氨基酸长度范围内 25% 以上的序列具有一致性才提示具有意义（张成岗和贺福初，2002）。

　　本实验通过 RT-PCR 和 RACE 首次从白骨壤中克隆出 Class III几丁质酶基因的 cDNA 全长，*AmchiIII* 为 1121 bp，包含一个 909 bp 的完整的可读框，编码一个含有 302 个氨基酸的蛋白质，分子质量为 31.966 kDa。通过 NCBI 网站及生物信息学软件的分析表明，*AmchiIII* 和其他植物的 Class III几丁质酶基因具有很高的同源性，该基因属于 Class III几丁质酶基因。通过蛋白质序列相似性分析表明，由 *AmchiIII* 核苷酸序列推导的相应氨基酸序列结构包括两个功能区，即 N 端的信号肽和糖基水解酶 18 家族的催化区。该基因的功能结构与其他植物，如蒺藜苜蓿（*Medicago truncatula*）（Elfstrand et al.，2005）、葡萄（*Vitis vinifera*）（Ano et al.，2003）、人参（*Panax ginseng*）（孙炳欣，2006）、拟南芥（*Arabidopsis thaliana*）（Kawabe et al.，1997）的 Class III几丁质酶基因相似。

　　几丁质酶的催化区序列有两个基序保守，即 S-GG 和 DG-D-DWE，有报道称这两个保守序列为糖基水解酶 18 家族活性位点基序（Henrissat & Bairoch，1993），并且位置不变的 Asp-125 和 Glu-127 与几丁质酶的催化机制有关（van Scheltinga et al.，1996）。通过在线的 Prosite 软件进行蛋白质功能位点分析，表明在白骨壤几丁质酶催化区内 145~153 位为 LDGIDFDIE，此序列包含几丁质酶 18 家族的活性位点 E（Glu），并且在固定的位点存在 Asp 和 Glu。蛋白质 α 螺旋相互缠绕在一起形成一个十分稳定的结构，根据 α 螺旋数的多少决定其二级结构的稳定性。对白骨壤 Class III几丁质酶蛋白质二级结构的预测结果表明其 α 螺旋含量高，说明该蛋白质二级结构稳定。通过使用 SWISS-MODEL 同源建模方法，成功得到了该蛋白质的三维结构，并且其结构特征与 18 家族催化区典型的丙糖磷酸异构酶结构相似。

6.2.4.2　重金属胁迫下白骨壤 *AmchiIII* 基因表达分析

　　白骨壤 *AmchiIII* 基因在叶、茎中都有表达，但是组织间表达水平有差异，在正常情况即对照组中，叶中表达水平高于茎。对植物几丁质酶的研究表明，几丁质酶基因的表达具有组织特异性，且这种组织差异在不同的物种间是不一样的，黄瓜苗根中有 4 种几丁质酶在子叶、茎、根中均被发现过，不过根中含量最高（Majeau et al.，1990）。番茄中一种 Class II几丁质酶在花柱输导组织中高水平表达，而在叶中表达水平却很低（Leah et al.，1994）。

　　Cd 是非营养元素，大量积累可扰乱植物体内大量元素和微量元素的吸收及分配，并引起植物死亡。由于长期的环境选择和适应进化，植物发展出了耐受机制，可减轻或避免 Cd 的毒害（张军和束文圣，2006）。Cd 处理可诱导几丁质酶、热休克蛋白（HSP70）等基因的表达上调（Rivera-Becerril et al.，2005）。菌根豌豆和非菌根豌豆在 100 mg/kg Cd 的砂基上培养 3 周后，进行基因表达分析，发现几丁质酶、热休克蛋白、金属硫蛋白和谷胱甘肽合成酶等均明显高于未经 Cd 处理的对照组（Rivera-Becerril et al.，2005）。研究结果显示，Cd 对白骨壤叶和根中 *AmchiIII* 基因的表达具有诱导作用，处理 14 d 时、最高浓度处理 28 d 时，白骨壤根内 *AmchiIII* 的相对表达量低于对照，从低浓度到高浓度处理 3 d、7 d、14 d、28 d 时其表达量均高于对照；并且在各个 Cd 浓度处理下，白骨壤叶、根组织中 *AmchiIII* 基因的表达量均在 7 d 时达到峰值，叶、根中最大表达量可分别高达对照的 62.0 倍、135.8 倍。叶、根组织中 *AmchiIII* 基因的表达上调表明了 *AmchiIII*

基因参与了白骨壤抵抗重金属的防御反应，且在不同的胁迫程度下响应程度有差异，其中在 7 d 时响应最强烈。我们的研究结果还显示除去个别处理，整体上来说，叶的表达量要高于根，表明 *AmchiⅢ* 在参与白骨壤的 Cd^{2+} 解毒过程中发挥了作用，且可能在叶中起着更重要的作用，同时也暗示了白骨壤还存在其他的耐受机制来减轻 Cd^{2+} 的毒害。

　　Pb 也不是植物生长发育的必需元素，它在环境中的量达到一定水平时会抑制植物种子萌发，对植物的生长、代谢产生多方面影响（Sharma & Dubey，2005；陈振华等，2005；Moustakas et al.，1994；Verma & Dubey，2003）。300 mg/L、500 mg/L Pb^{2+} 能诱导几种植物的几丁质酶同工酶表达（Békésiová et al.，2008）。在本研究中的各个浓度 Pb 处理的所有时间（3 d、7 d、14 d、28 d）中，白骨壤叶、根的 *AmchiⅢ* 显著被诱导，白骨壤叶、根的 *AmchiⅢ* 表达在各个处理浓度诱导后第 7 天达到高峰，叶、根最高表达量均出现在高浓度处理 7 d 时，分别为对照的 274 倍、623 倍。从整体上来说，在重金属处理的 3 d、7 d、14 d 中，叶中表达量随着重金属处理浓度的增加而增加，相关性分析结果也显示了叶中 *AmchiⅢ* 表达量和重金属处理浓度之间在 $p<0.01$ 水平上具有中度相关性。

　　重金属 Cd、Pb 是环境中重要的污染物，而且在自然界中常常伴随存在，构成复合污染（顾继光等，2003）。Cd-P 复合污染下，植物的耐受机制更为复杂，而复合污染对植物的影响及植物对复合污染的响应研究显得更有必要。本研究的结果表明，和 Cd、Pb 单独胁迫相类似的各个处理浓度中，白骨壤叶、根中 *AmchiⅢ* 表达显著被诱导，并且在 7 d 时达到各个处理浓度的峰值，叶、根中的最大表达量分别为对照的 134.8 倍、45.2 倍。在 3 d 时，根中 *AmchiⅢ* 表达量增幅大于叶中的，说明复合诱导的早期根的响应更为敏感，而这个和早期根、叶在重金属胁迫后的内部变化有关。例如，烟草 Class Ⅲ 及酸性 Class Ⅲ几丁质酶在烟草花叶病毒（TMV）感染叶片 1 d 时就开始升高，而在非直接感染 TMV 的叶片中则在 6 d 之后才开始上升（Lawton et al.，1992）。

　　在 Cd、Pb、Cd-Pb 复合处理 3 d、7 d、14 d、28 d 时均诱导白骨壤叶、根 *AmchiⅢ* 的表达，但是三种重金属的诱导强度中，Cd 的诱导作用是最弱的，Pb 和 Pb-Cd 复合都比 Cd 更强，整体上 Pb 单独处理时比 Pb-Cd 复合的诱导作用更强一些。这表明白骨壤叶、根中 *AmchiⅢ* mRNA 水平的表达对 Pb 的敏感性比 Cd 强，在 Pb 处理中加入 Cd 混合之后反而使敏感性有所降低。植物几丁质酶基因的表达对诱导物是有要求的，且不同诱导因子的诱导程度不同，向日葵叶片中几丁质酶可以被 Pb 诱导，但是不能被 Ni、Cd、Cr 或者 Ni、Cd、Cr 混合诱导（Walliwalagedara et al.，2010）；就诱导时间来说，不同重金属浓度处理组中，叶、根组织的 *AmchiⅢ* 都在 3 d 时即显著被诱导，7 d 时就达到各自的表达量峰值。这种诱导作用的时间效应在以往的研究中也有提到，只是几丁质酶被诱导的时间因物种、诱导因子、组织部位不同而异。对于这种诱导时间的研究，在其他植物上也有相关报道，从短期（3~21 d）和长期（28~56 d）时间尺度上，用 Cd^{2+} 胁迫欧洲山杨（*Populus tremula*），叶片内几丁质酶只在 7 d、14 d 时，根部几丁质酶只在 14 d 时在蛋白质水平上显著被诱导（Kieffer et al.，2009）。大麦幼苗经过 25 μmol/L Cd^{2+} 水培 12 d 后，根部几丁质酶活性开始被诱导（Metwally et al.，2005）。用 30 mg/L 的 As^{5+} 胁迫向日葵，在 17 d 后检测到 Class Ⅲ几丁质酶的上调表达（van Keulen et al.，2008）。乙烯、水杨酸、激发子等小分子物质对几丁质酶的诱导作用很快，一般在处理后 12~48 h

即出现几丁质酶的活力高峰（Metraux & Boller，1986）。

关于金属离子影响几丁质酶基因表达的机制目前还不清楚，以往的研究表明，几丁质酶基因的启动子部分含有一个或多个对逆境应答的调控元件，在许多植物几丁质酶基因的启动子中存在的逆境或胁迫调控元件是几丁质酶基因高效表达和受多因素诱导的基础。在环境胁迫时，一些压力反应元件在几丁质酶基因的调控中起着重要的作用（Sugimoto et al.，2011）。

植物 Class Ⅲ几丁质酶基因通常含有溶菌酶、几丁质酶的双重功能，而大多数植物几丁质酶具有多种作用。提取来自海南海洋细菌（*Pseudomona* sp.）的 chiA 转化番茄，番茄除抗病、抗虫性增强外，结出的果实更甜、更耐贮藏（Kitamura & Kamei，2003）。过表达真菌 Class Ⅲ内切几丁质酶基因 *CHIT33*、*CHIT42* 的烟草在生长过程中，不仅表现出抗真菌、细菌的能力，还对非生物压力如盐和重金属表现出了抵抗能力（de Las Mercedes et al.，2006）；植物几丁质酶的诱导还可由盐胁迫（Dani et al.，2005）、冷胁迫（de Los Reyes et al.，2001）、水分胁迫（Chen et al.，1994）引起，故几丁质酶基因可能具有抵抗多种非生物压力的功能。红树植物的生长环境面临各种压力，如盐胁迫、水分胁迫、重金属、有机污染物、病虫害、N 和 P 营养元素胁迫及全球气候变化下的冷胁迫、CO_2 升高胁迫等，故白骨壤 *AmchiⅢ* 是否参与红树植物生长过程中遇到的其他生物和非生物胁迫的防御反应也是非常有趣且有待进一步研究的方面。

6.2.5　小结

（1）利用同源克隆和 RACE 技术从白骨壤幼苗中克隆到了 Class Ⅲ几丁质酶基因 cDNA 全长，提交 GenBank，获得登录号 JQ655770，命名为 *AmchiⅢ*。*AmchiⅢ*全长 1121 bp，包含一个完整的 909 bp 的可读框，编码一个含有 302 个氨基酸、分子质量为 31.966 Da 的酸性蛋白。它和其他植物如胡杨、苜蓿、大豆的 Class Ⅲ几丁质酶的同源性为 70% 左右，利用生物信息学软件分析预测结果表明，该蛋白质还有一个信号肽和催化区，属于糖苷水解酶 18 家族的 Class Ⅲ几丁质酶。

（2）利用荧光实时定量技术分析白骨壤叶、茎组织中 *AmchiⅢ* mRNA 的表达水平：*AmchiⅢ* 在白骨壤叶、茎中均能够表达，但是表达量存在组织差异，表现为茎>叶。

（3）实验中 Cd、Pb、Cd-Pb 复合处理白骨壤幼苗 3 d、7 d、14 d、28 d，白骨壤叶、根中 *AmchiⅢ* mRNA 表达显著被诱导，并均在 7 d 时达到各重金属处理浓度的峰值，相对表达量比对照增加了数十甚至上百倍。白骨壤 *AmchiⅢ* 与 Cd、Pb、Cd-Pb 污染有一定的应答关系。

（4）三种重金属的处理对白骨壤幼苗叶、根的诱导强度，整体表现为 Pb>Cd>Pb-Cd 复合。说明白骨壤叶、根中 *AmchiⅢ* 的表达对 Pb 的敏感性更高，白骨壤 AmchiⅢ在参与 Pb^{2+} 解毒中发挥了更重要的作用。

（5）三种重金属处理胁迫下，白骨壤叶、根中 *AmchiⅢ* 的表达有一定的差异：3 d 时，根中 *AmchiⅢ* 表达量增幅大于叶，7 d、14 d、28 d 时（7 d 尤为显著）则相反，表明胁迫早期根比较敏感，而随着胁迫时间的增加，叶为更敏感的器官。

6.3　桐花树 Class Ⅲ 几丁质酶基因的克隆与表达

6.3.1　实验材料

6.3.1.1　植物材料与重金属处理

（1）成熟的桐花树胚轴采自深圳东涌河口，在洗干净的海沙基质中培养，待第三对叶子萌发之后移植到重金属 Cd+Pb 处理过的基质中培养。10 d 后，取植物叶片的幼嫩组织用于红树植物总 RNA 的提取。

（2）分别用含不同浓度的 Cd（20 mg/L、10 mg/L、5 mg/L、2 mg/L）、Pb（60 mg/L、30 mg/L、15 mg/L、5 mg/L）的 1/2 Hogland 营养液进行培养。每 4 d 换一次培养液，于第 3 天、第 7 天、第 14 天、第 28 天取样，提取叶、根组织的总 RNA，用于实时荧光定量分析。

6.3.1.2　主要实验试剂

同 6.2.1.2。

6.3.2　实验方法

6.3.2.1　红树植物总 RNA 提取和第一链 cDNA 的合成

同 6.2.2.1。

6.3.2.2　桐花树 Class Ⅲ 几丁质酶基因片段简并引物序列设计

从 GenBank 中搜索出 10 种和桐花树同源性比较高的植物 Class Ⅲ 几丁质酶基因，通过 Clustal W2 在线分析软件进行同源性比较，找出保守区域，根据此保守区域对应的核苷酸序列设计简并引物，列于表 6.6。

表 6.6　桐花树 PCR、RACE、实时定量 PCR 实验中所用到的引物

名称	引物序列（5′→3′）	备注
Rac3	TNTAYTGGGGHCARAAYG	
Fac3	GGRTTRTTRTARAAYTGDATC	
MT2-F	AGACCGCTACTACTGGGACA	
MT2-R	GGAGGCTAAGACGGGAAT	
Ac1-qF	GACTGCTATTTGGTTCTGGATG	
Ac1-qR	ATGATGTTGGTGATGACTCCG	
18S-qF	ACCATAAACGATGCCGACCAG	
18S-qR	TTCAGCCTTGCGACCATACTC	
GSP1（Ac3）	AACTGCCCCCCAAGTAATTGTTCC	5′RACE 第一轮 PCR
GSP2（Ac3）	GGACCTGCACTGGCATAAGCAAC	3′RACE 第一轮 PCR
NGSP1（Ac3）	CGGCGGAGGAGAGGGAGTAGCTC	5′RACE 巢式 PCR
NGSP2（Ac3）	TACTTGGGGGGCAGTTCGGGCTC	3′RACE 巢式 PCR

6.3.2.3 桐花树 Class Ⅲ几丁质酶基因中间片段的克隆

同 6.2.2.3。

6.3.2.4 桐花树 Class Ⅲ几丁质酶 cDNA 全长扩增

1）构建 3′RACE 和 5′RACE 文库

同 6.2.2.4 1）。

2）设计扩增桐花树 Class Ⅲ几丁质酶 cDNA 3′/5′端的特异性引物

在已克隆桐花树 Class Ⅲ几丁质酶基因中间片段的基础上，设计第一轮 PCR[GSP1（Ac3）、GSP2（Ac3）]和巢式 PCR 引物[NGSP1（Ac3）、NGSP2（Ac3）]，具体见表 6.6。

6.3.2.5 生物信息学分析

同 6.2.2.5。

6.3.2.6 实时定量检测 PCR 样品表达量

1）cDNA 合成

同 6.2.2.6 1）。

2）实时荧光定量 PCR 分析几丁质酶基因的表达

（1）红树植物桐花树 Class Ⅲ、AcMT Ⅱ和 18S rRNA 实时定量 PCR 扩增的引物见表 6.6。

（2）反应液体系如下。

Real-time PCR Master Mix	7.5 μL
上游引物（10 mol/L）	0.45 μL
下游引物（10 mol/L）	0.45 μL
第一链 cDNA	2 μL
DEPC 水	至 15 μL

（3）反应程序如下。

95℃	3 min	
95℃	10 s	
60℃	20 s	40 个循环
72℃	20 s	
72℃	7 min	

其中 60℃为桐花树 Class Ⅲ几丁质酶的复性温度，56℃为 AcMT Ⅱ的复性温度，其余同 6.2.2.6 2）。

6.3.2.7 统计学分析

同 6.2.2.7。

6.3.3　实验结果与分析

6.3.3.1　桐花树 ClassⅢ几丁质酶基因中间片段的扩增

1）电泳结果

用试剂盒直接反转录为 cDNA，并以之为模板，利用简并引物进行 RT-PCR 反应，得到大约 540 bp 的 DNA 片段，与预测的桐花树 Class Ⅲ几丁质酶基因目的片段大小基本一致，如图 6.18 所示。

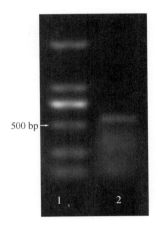

500 bp →

图 6.18　克隆桐花树 Class Ⅲ几丁质酶基因 RT-PCR 琼脂糖凝胶电泳结果
1. Marker；2. 桐花树叶

2）测序结果

目的片段的测序工作由上海美吉测序公司完成，测序结果长度为 540 bp，序列如图 6.19 所示，下划线为引物位置。

<u>TATTGGGGTCAAAATGG</u>CAACGAAGGGAGCCTCGCCGATACATGCAACACCGGCAACTACCAATT
CGTAAACATTGCATTTTTAACAACCTTCGGCAATGGCCAAAAGCCTGGACTGAACTTGGCAGGAC
ACTGCGATCCTGCTGCAGGGACCTGCACCGCCCTAAGCGACGACATCCAGGCCTGCCAAGGTCGA
GGCATCAAAGTGTTGCTGTCTCTCGGCGGCGATAGCGAGAGCTACTCCCTCTCCTCCGCCGACGAC
GTGAGGCAAGTGGCTAATTACCTGTGGAACAATTACTTGGGGGGCAGTTCGGGCTCCGGGCCCCT
GGGTGACGCGGTCTTGGATGGCATAGACTTTGACATCCTCGCAGGTTCGGGGCGGTACTGGGACG
AGCTCGCCAGGGCCCTGTCCGGGTTTAGATCACAGAAAAAGGTATACCTGTCTGCAGCACCACAG
TGTCCCATCCCGGATGCTCAGCTAGATGCCGCTATCAGAACCGAGCTTTTCGACTACATTTGG<u>GTTC
AGTTCTATAACAACCCA</u>

图 6.19　桐花树 Class Ⅲ几丁质酶基因序列

6.3.3.2　桐花树 ClassⅢ几丁质酶基因 3′/5′ RACE 扩增

利用第一轮降落 PCR 和巢式 PCR 扩增，结果如图 6.20 所示，电泳检测得到 5′端一条约 350 bp、3′端一条约 900 bp 的条带。测序结果如图 6.21 所示，下划线是引物位置。

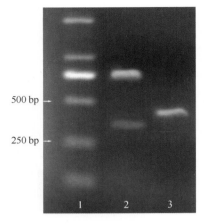

图 6.20　桐花树 Class Ⅲ几丁质酶基因巢式 PCR 产物电泳结果图

1. Marker；2. 3′RACE；3. 5′RACE

a

```
  1 GGACCTGCAC TGGCATAAGC AACGACATCC GTGCCTGCCA GGGTCAAGGC
 51 ATCAAAGTGC TGCTGTCTCT TGGCGGCGCT ACCGGGAGCT ACTCCCTCTC
101 CTCCGCCGAC GACGCGAAGC AAGTGGCCAA TTACCTGTGG AACAATTACT
151 TGGGGGGCAG TTCGGGCTCC AGGCCCTTGG GAGACGCGGT TTTGGACGGT
201 ATAGACTTTG ACATCGAAGC AGGTTCGGGG CAGCACTGGG ACGAGCTCGC
251 CAAGGCCCTG TCGGGGTTCA GCTCGCAGAG AAAGGTGTAC CTGTCGGCAG
301 CGCCACAGTG TCCCATCCCG GATGCTCACC TGGACGCTGC CATCCGAACC
351 GGGCTTTTCG ACTACATTTG GGTACAGTTT TACAACAATC AGCAGTGTGA
401 TTTCAGGGCG GGTGTCGACG CACTTGTAGC CAGATGGAAC CAGTGGGCTG
451 CAGTCCCTGG CGGTCAGGTT TTCTTGGGCT TGCCGGCGGC TGAAGCTGCG
501 GCGGGTGGGG GTTACATGCC GCCTGATGTG CTGACTTCTC AGGTTCTGCC
551 GAGGATCAAG TCTTCCCAGA AGTACGGAGG GGTGATGCTG TGGAACAGAT
601 TTTACGACCA AAGTTACAGT TCAGCCATTA AGGGCAGTGT TTAAGTTTTG
651 AAAGCCTCCA ATCCAGGCAG AATGAAGAAT GAATAATCTC AGCAGAATCT
701 TGAATAACAT TTTTCAGAGG GAATGTTTGT TTTTTTTTCT CCTTGGATTT
751 GGCATTGTCT TAAATAAACC TGGCTTTGTA ATGTCAGAGT GCTATCAATA
801 AATCTCAATA AAGAGCGCGT ATTGGTTCTT CTAAAAAAAA AAAAAAAAAA
851 AAAAAAAGTA CTCTGCGTTG ATACCACTGC TT
```

b

```
  1 AAGCAGTGGT ATCAACGCAG AGTACATGGG TACTACATAT CTTCGAAAAT
 51 GGCAGCCCAC TCTCAAACAT CCCATCTGAT CCTCTCAATC CTGATTGCTC
101 TCGCATTATT CAGGTCCTCT CAAGCCGCCG GAATCGCCAC CTACTGGGGC
151 CAAAACGGCA ACGAAGGGAG CCTCGCCGAT GCATGCAAGA CCGGCAACTA
201 CCAGTTCATA AACATTGGAT TTTTAACTAC CTTTGGGAAC GGCCAAAGCC
251 CTGTCTTGAA TTTGGCAGGC CACTGCAATC CTGCCGCAGG GACCTGCACT
301 GGCATAAGCA ACGACATCCG TGCCTGCCAG GGTCAAGGCA TCAAAGTGCT
351 GCTGTCTCTT GGCGGCGCTA CCGGGAGCTA CTCCCTCTCC TCCGCCGACG
401 A
```

图 6.21　桐花树 Class Ⅲ几丁质酶基因 3′/5′ RACE 结果序列

a. 3′RACE 序列；b. 5′RACE 序列

6.3.3.3　桐花树 Class Ⅲ 几丁质酶 cDNA 全长序列及其特征分析

结合 3′RACE、5′RACE 结果，拼接后可得：桐花树 Class Ⅲ 几丁质酶全长 cDNA 为 1123 bp，去除 poly(A)后该序列长 1100 bp。用 ORF finder 分析发现该基因包含一个以 ATG 为起始密码子和以 TAA 为终止密码子的完整的可读框 885 bp（26~910 bp），编码一个含有 294 个氨基酸的蛋白质（图 6.22）。在 3′UTR 中含有一个暗示 poly(A)的 AATAAA 元件，命名为 *Acchi III*，该核苷酸序列已经在 GenBank 中登记，登录号为 JQ655771。

```
   1 ACATGGGTACTACATATCTTCGAAA
  26 ATGGCAGCCCACTCTCAAACATCCCATCTTATCCTCTCAATCCTG
      M  A  A  H  S  Q  T  S  H  L  I  L  S  I  L
  71 ATTGCTCGCATTATTCAGGTCCTCTCAAGCCGCCGGAATCGCC
      I  A  L  A  L  F  R  S  S  Q  A  A  G  I  A
 116 ACCTACTGGGGCCAAAACGGCAACGAAGGGAGCCTCGCCGATGCA
      T  Y  W  G  Q  N  G  N  E  G  S  L  A  D  A
 161 TGCAAGACCGGCAACTACCAGTTCATAAACATTGGATTTTTAACT
      C  K  T  G  N  Y  Q  F  I  N  I  G  F  L  T
 206 ACCTTTGGGAACGGCCAAAGCCCTGTCTTGAATTTGGCAGGCCAC
      T  F  G  N  G  Q  S  P  V  L  N  L  A  G  H
 251 TGCAATCCTGCCGCAGGGACCTGCACTGGCATAAGCAACGACATC
      C  N  P  A  A  G  T  C  T  G  I  S  N  D  I
 296 CGTGCCTGCCAGGGTCAAGGCATCAAAGTGCTGCTGTCTCTTGGC
      R  A  C  Q  G  Q  G  I  K  V  L  L  S  L  G
 341 GGCGCTACCGGGAGCTACTCCCTCTCCTCCGCCGACGACGCGAAG
      G  A  T  G  S  Y  S  L  S  S  A  D  D  A  K
 386 CAAGTGGCCAATTACCTGTGGAACAATTACTTGGGGGGCAGTTCG
      Q  V  A  N  Y  L  W  N  N  Y  L  G  G  S  S
 431 GGCTCCAGGCCCTTGGGAGACGCGGTTTTGGACGGTATAGACTTT
      G  S  R  P  L  G  D  A  V  L  D  G  I  D  F
 476 GACATCGAAGCAGGTTCGGGGCAGCACTGGGACGAGCTCGCCAAG
      D  I  E  A  G  S  G  Q  H  W  D  E  L  A  K
 521 GCCCTGTCGGGGTTCAGCTCGCAGAGAAAGGTGTACCTGTCGGCA
      A  L  S  G  F  S  S  Q  R  K  V  Y  L  S  A
 566 GCACCACAGTGTCCCATCCCGGATGCTCACTTGGATGCTGCCATC
      A  P  Q  C  P  I  P  D  A  H  L  D  A  A  I
 611 CGAACCGGGCTTTTCGACTACATTTGGGTACAGTTTACAACAAT
      R  T  G  L  F  D  Y  I  W  V  Q  F  Y  N  N
 656 CAGCAGTGTGATTTCAGGGCGGGTGTCGACGCACTTGTAGCCAGA
      Q  Q  C  D  F  R  A  G  V  D  A  L  V  A  R
 701 TGGAACCAGTGGGCTGCAGTCCCTGGCGGTCAGGTTTTCTTGGGC
      W  N  Q  W  A  A  V  P  G  G  Q  V  F  L  G
 746 TTGCCGGCGGCTGAAGCTGCGGCGGGTGGGGGTTACATGCCGCCT
      L  P  A  A  E  A  A  A  G  G  Y  M  P  P
 791 GATGTGCTGACTTCTCAGGTTCTGCCGAGGATCAAGTCTTCCCAG
      D  V  L  T  S  Q  V  L  P  R  I  K  S  S  Q
 836 AAGTACGGAGGGGTGATGCTGTGGAACAGATTTTACGACCAAGT
      K  Y  G  G  V  M  L  W  N  R  F  Y  D  Q  S
 881 TACAGTTCAGCCATTAAGGGCAGTGTTTAA 910
      Y  S  S  A  I  K  G  S  V  *
 911 GTTTTGAAAGCCTCCAATCCAGGCAGAATGAAGAATGAATAATCT
 956 CAGCAGAATCTTGAATAACATTTTTCAGAGGGAATGTTTGTTTTT
1001 TTTTCTCCTTGGATTTGGCATTGTCTTAAATAAACCTGGCTTTGT
1046 AATGTCAGAGTGCTATCAATAAATCTCAGAAGAGCGCGTATTG
1091 GTTCTTCTAAAAAAAAAAAAAAAAAAAAAAA
```

图 6.22　*Acchi III* 基因的核苷酸序列及推导的氨基酸序列

氨基酸序列以单个字母表示；方框内为起始密码子 ATG；终止密码子用星号表示，AATAAA 元件和 poly(A)用不同形式在图中标出；单下划线表示信号肽

1）桐花树 Class Ⅲ几丁质酶的同源性分析

在 NCBI 上应用 Blast 软件分析表明桐花树 Class Ⅲ几丁质酶与其他植物的 Class Ⅲ 几丁质酶有着很高的相似性。在 GenBank 中搜索该序列的同源序列，运用 Blastp 搜索，如图 6.23 所示共找到 100 个相似序列，其中同源性最高的序列来自于胡杨、苜蓿、大豆。与胡杨的拟定蛋白的同源性为 71%，与苜蓿属的几丁质酶为 70%，与大豆酸性内切几丁质酶为 73%，与沙梨 Class Ⅲ几丁质酶为 68%，与棉属酸性几丁质酶为 64%，与苹果属培养变种的病程相关蛋白 8 为 68%，与葡萄酸性几丁质酶为 67%，与西瓜为 65%。

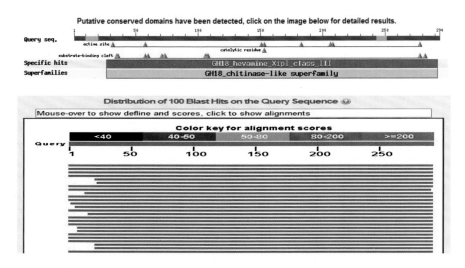

Accession	Description	Max score	Total score	Query coverage	E value	Max ident
XP_002331029.1	Predicted protein (Populus trichocarpa) >qb EEF12198.1	434	434	100%	3e-152	71%
XP_002331028.1	Predicted protein (Populus trichocarpa) >qb EEF12197.1	429	429	100%	2e-150	70%
XP_002331027.1	Predicted protein (Populus trichocarpa) >qb EEF12196.1	426	426	100%	2e-149	70%
XP_003592154.1	Chitinase (Medicago truncatula) >qb AES62405.1	422	422	100%	2e-147	70%
XP_003540115.1	PREDICTED: acidic endochitinase-like (Glycine max)	421	421	92%	3e-147	73%
XP_002316626.1	Predicted protein (Populus trichocarpa) >qb EEE97238.1	417	417	92%	3e-146	71%
ACM45715.1	class III chitinase (Pyrus pynifolia)	409	409	100%	2e-142	68%
XP_003592152.1	chitinase (Medicago truncatula) >qb AES62403.1	420	420	99%	4e-142	69%
P29060.1	RecName: Full-Acidic endochitinase; Flags: Precursor >emb	408	408	95%	5e-142	69%
ABC47924.1	Pathogenesis-related protein 8 (Malus x domestica)	402	402	100%	8e-140	68%
ABN03967.1	Acidic chitinase (Gossypium hirsutum)	401	401	100%	3e-139	64%
XP_002279661.1	PREDICTED: acidic endochitinase (Vitis vinifera)	400	400	99%	5e-139	67%
BAA08708.1	Chitinase (Psophocarpus tetraponolobus)	400	400	98%	5e-139	66%
ABA26457.1	Acidic class III chitinase (Citrullus lanatus)	400	400	100%	6e-139	65%

图 6.23　桐花树 Class Ⅲ几丁质酶基因氨基酸序列 Blastp 搜索结果

运用 Blasn 搜索，找到 126 个相似序列，如图 6.24 所示，其中同源性最高的序列来自胡杨、沙梨。与大豆类内切几丁质酶的同源性为 73%，与沙梨 Class Ⅲ几丁质酶为 70%，与苹果培育变种的病程相关蛋白 8 为 71%，与豇豆内切几丁质酶为 69%，与西瓜酸性 Class Ⅲ几丁质酶为 69%，与瓜蒌类 Class Ⅲ几丁质酶为 68%，与苜蓿属几丁质酶为 69%。

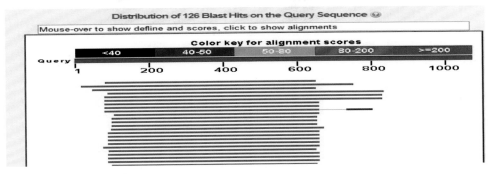

Accession	Description	Max score	Total score	Query coverage	E value	Max ident
XM_003540067.1	PREDICTED: Glycine max acidic endochitinase-like (LOC100783329),	322	322	53%	4e-84	73%
FJ589785.1	Pyrus pyrifolia class III chitinase mRNA, complete cds	302	302	68%	4e-78	70%
DQ318214.1	Malus x domestica cultivar Gala pathogenesis-related protein 8 mRNA	275	275	56%	5e-70	71%
D11335.1	Vigna angularis mRNA for endo-chitinase (monomer), complete cds	269	269	69%	2e-68	69%
DQ180495.1	Citrullus lanatus acidic class III chitinase mRNA, complete cds	259	259	69%	4e-65	69%
AF404590.1	Trichosanthes kirilowii chitinase 3-like protein precursor, gene, comp	255	255	69%	5e-64	68%
XM_003592106.1	Medicago truncatula Chitinase (MTR_1g099310) mRNA, complete cds	246	246	54%	2e-61	69%
AC147775.7	Medicago truncatula clone mth2-13d20, complete sequence	246	541	54%	2e-61	69%
AC150980.20	Medicago truncatula clone mth2-165j9, complete sequence	246	584	60%	2e-61	73%
EU047799.1	Bambusa oldhamii class III chitinase (CHI3-2) mRNA, complete cds	241	241	51%	1e-59	70%

图 6.24　桐花树 Class Ⅲ几丁质酶基因核苷酸序列 Blastn 搜索结果

2）桐花树 Class Ⅲ几丁质酶基因一级结构分析

该基因编码一个含有 294 个氨基酸的蛋白质，用于预测其氨基酸组成，该蛋白质的分子质量为 31.042 kDa，等电点为 5.90。编码的 294 个氨基酸中，非极性（疏水）氨基酸（A，I，L，F，W，V）所占比例为 38.4%，极性氨基酸（N，C，Q，S，T，Y）所占比例为 30.4%，碱性氨基酸（K，R）比例为 5.8%，酸性氨基酸（D，E）比例为 6.8%。带负电残基的氨基酸（D+E）有 20 个，带正电残基的氨基酸（R+K）有 17 个。

3）桐花树 Class Ⅲ几丁质酶蛋白的功能区分析

用 SMART 在线软件（http://smart.embl-heidelberg.de/）进行氨基酸序列分析。得到的桐花树 Class Ⅲ几丁质酶基因共有 294 个氨基酸，根据数据库搜索，具体分析的结果如图 6.25 所示。1~26 位有一个信号肽结构（MAAHSQTSHLILSILIALALFRSSQA），27~274 位为一个糖苷水解酶 18 家族的结构域。由 Scanprosite 软件进行蛋白质功能位点分析，搜索全长 294 个氨基酸序列，找到一个功能位点，如图 6.26 所示。桐花树 ClassⅢ几丁质酶基因属于 18 家族几丁质酶基因，判别的特征序列为 145~153 位，即 LDGIDFDIE，此序列中包含活性位点 E（Glu）。

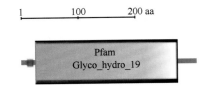

图 6.25　桐花树 Class Ⅲ几丁质酶蛋白功能区

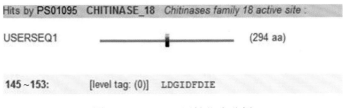

图 6.26　AcchiⅢ活性位点分析

4）桐花树 Class Ⅲ基因的跨膜螺旋信号预测分析

利用 TMHMM 在线软件（http://www.cbs.dtu.dk/services/TMHMM/）对蛋白质进行跨膜预测。结果如图 6.27 所示，该跨膜螺旋结构中的氨基酸数为 7.7，而参与跨膜结构的 7.5 个氨基酸分布在前 60 个氨基酸中。预测结果表明，所检测到的螺旋信号非跨膜螺旋信号，AcchiⅢ无明显的跨膜区，不可能定位在膜上或者膜上的受体，所以该蛋白质为非跨膜蛋白。

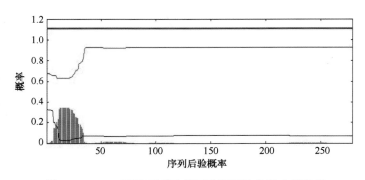

图 6.27　AcchiⅢ几丁质酶基因跨膜螺旋信号分析结果

5）桐花树 Class Ⅲ基因的信号肽预测分析

用 SignalP 3.0 Sever（http://www.cbs.dtu.dk/services/SignalP/）在线软件分析氨基酸序列表明，桐花树 Class Ⅲ几丁质酶序列中有一个信号肽，蛋白质的成熟位点在第 26~27 位的 A 与 A 之间，1~26 个氨基酸为信号肽部分，从 27 个开始为成熟蛋白部分，如图 6.28 所示。

6）桐花树 Class Ⅲ几丁质酶蛋白二级结构的预测

将桐花树 Class Ⅲ几丁质酶基因的氨基酸序列用 SPOMA 程序进行蛋白质二级结构的预测（图 6.29）。从图中可看出各位置的 α 螺旋（h）、伸展链（e）、β 折叠（t）和随机线圈螺旋（c）的组成情况。二级结构中随机线圈螺旋、α 螺旋、伸展链和 β 折叠所占比例依次递减，分别为 44.44%、31.18%、18.21%、6.09%。

7）桐花树 Class Ⅲ几丁质酶蛋白的三级结构预测

用 SWISS-MODEL 同源建模方法，分析蛋白质的三级结构。其中图 6.30 是蛋白质的三维模型，该模型的构建是依据 2 gsjA（1.73 Å）的同源建模法，从第 27 个氨基酸（Gly）到 301 个氨基酸（Val），共模拟 275 个氨基酸。

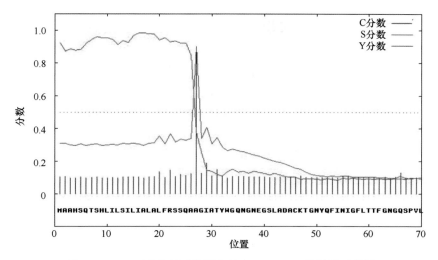

图 6.28　AcchiⅢ几丁质酶蛋白的 SignalP-NN 分析图示结果

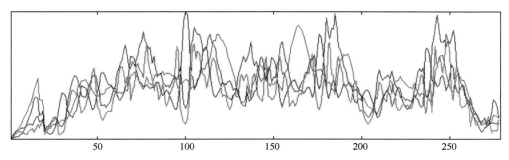

图 6.29　桐花树 Class Ⅲ几丁质酶蛋白的二级结构分析数据结果

蓝色线为α螺旋；红色线为伸展链；绿色线为β折叠；紫色线为随机线圈螺旋

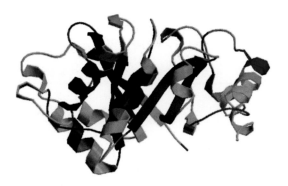

图 6.30　桐花树 Class Ⅲ几丁质酶蛋白的三维模型

8）桐花树 Acchi Ⅲ的二硫键分析

运用生物软件 Scratch Protein Predictir 预测 Acchi Ⅲ的二硫键，由分析结果可知：该基因中含有 6 个 Cys，共形成了三个二硫键，分别连着第 83 位和 93 位、第 184 和第 213 位、第 46 位和第 76 位的 Cys。

9）桐花树 Class Ⅲ几丁质酶基因系统进化树的构建

通过 MEGA4 软件进行的桐花树 Class Ⅲ几丁质酶基因与其他 10 种植物的 Class Ⅰ几丁质酶基因氨基酸序列的同源性对比结果，如图 6.31 所示。其与白车轴草（*Trifolium repens*）亲缘关系最近，其次与大豆（*Glycine max*）亲缘关系较近。

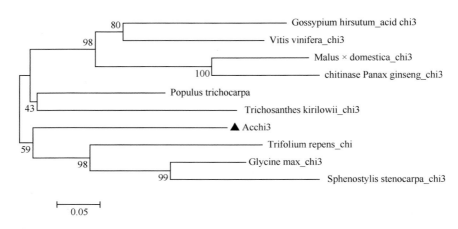

图 6.31　桐花树 Class Ⅲ氨基酸序列同源性比对结果

6.3.3.4　重金属对桐花树各生理生化指标含量和几丁质酶基因表达的影响

1）重金属 Cd 对桐花树叶绿素含量的影响

不同浓度 Cd 处理之后，桐花树叶绿素的含量变化如表 6.7 所示，重金属 Cd 处理后，和对照相比，桐花树叶绿素 *a*、叶绿素 *b* 和叶绿素 *a+b* 的含量均下降，但在统计学意义上，T1 处理浓度下，没有显著的变化，在 T2 及高于 T2 浓度之后，除了 T3 处理的叶绿素 *a* 之外，叶绿素 *a*、叶绿素 *b* 和叶绿素 *a+b* 含量均显著下降，在最高浓度 T4 处理时，叶绿素 *a*、叶绿素 *b* 和叶绿素 *a+b* 分别为对照的 67.59%、59.28%和 64.45%。叶绿素 *a/b* 值在高于 T1 浓度处理之后均有所增加，但增加不显著。

表 6.7　重金属污染对桐花树叶绿素含量的影响

处理	叶绿素 *a*/（mg/g FW）	叶绿素 *b*/（mg/g FW）	叶绿素 *a+b*/（mg/g FW）	类胡萝卜素/（mg/g FW）	叶绿素 *a*/叶绿素 *b*
T0	0.995±0.061a	0.700±0.042a	1.688±0.101a	0.143±0.006a	1.428±0.011ab
T1	0.790±0.083ab	0.603±0.046ab	1.398±0.122ab	0.130±0.015ab	1.310±0.092b
T2	0.690±0.033b	0.423±0.039c	1.115±0.065b	0.108±0.006ab	1.668±0.139a
T3	0.783±0.022ab	0.518±0.017bc	1.300±0.037b	0.143±0.017a	1.500±0.020ab
T4	0.6725±0.023b	0.415±0.013c	1.088±0.017b	0.105±0.01b	1.630±0.095a

2）重金属 Cd 对过氧化氢含量的影响

桐花树叶、根组织过氧化氢（H_2O_2）含量变化如图 6.32 所示，叶、根组织中 H_2O_2 的含量：Cd 处理组和对照相比均出现了统计学水平的差异，处理组均显著高于对照组

（无 Cd 处理）；且随着处理浓度的升高，其数值呈现出先升高后降低的趋势。叶、根中含量相比较，低浓度和高浓度处理下，根中 H_2O_2 含量高于叶，且随着浓度的升高，含量下降。

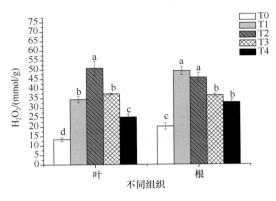

图 6.32　不同浓度 Cd 对桐花树幼苗叶、根过氧化氢含量的影响

3）重金属 Cd 对几丁质酶活性的影响

在重金属 Cd 处理下，桐花树叶组织内几丁质酶活性随浓度的变化如图 6.33 所示，在低浓度处理时便显著被诱导，升高 1.90 倍，随着浓度的升高，呈现先升高后降低的趋势，在 T2、T3、T4 浓度下，分别为对照的 3.7 倍、3.2 倍、2.9 倍。在根组织中，对照组的几丁质酶活性水平要比叶片的高，经重金属胁迫处理后，几丁质酶活性水平相比对照显著升高，但是在统计学水平上，各 Cd 处理组之间差异不显著。

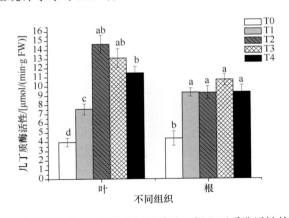

图 6.33　不同浓度 Cd 对桐花树幼苗叶、根几丁质酶活性的影响

4）重金属 Cd 对 MDA 含量的影响

在重金属 Cd 处理之后，桐花树叶片中 MDA 含量从低浓度到高浓度表现出不同程度的升高，除去 T2 浓度处理组，其余和对照相比，在统计学意义上表现出显著差异，最高增幅达到 53.23%。根组织内的 MDA 含量，除去 T3 浓度处理组相对比照略有降低外，其余均有所增加，但是在统计学意义上和对照相比差异不显著（图 6.34）。

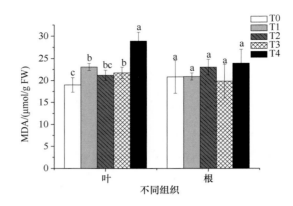

图 6.34　不同浓度 Cd 对桐花树幼苗叶、根 MDA 含量的影响

5）重金属 Cd 对可溶性糖含量的影响

糖是调节渗透胁迫的物质，也是植物代谢的基础物质，实验结果表明（图 6.35），桐花树叶、根组织内的可溶性糖（soluble sugar）含量对重金属 Cd 胁迫比较敏感。实验中叶片可溶性糖含量为 99.48~175.76 mg/g，在 T2 时与对照相比有所下降，在其他 Cd 浓度处理下桐花树叶片可溶性糖含量增加，且较高浓度（T3、T4）和对照相比差异显著。根部的敏感程度要高于叶，在低浓度处理下可溶性糖含量就显著升高，从低浓度到高浓度分别增加了 51.38%、22.65%、6.51%、156.23%。在最高土壤 Cd 浓度 20 mg/kg 时，叶、根可溶性糖含量达到最高值，分别为对照的 143.3%、256.23%。

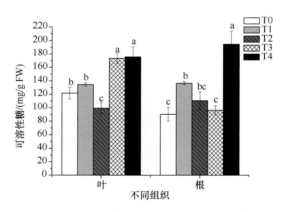

图 6.35　不同浓度 Cd 对桐花树幼苗叶、根可溶性糖含量的影响

6）桐花树 *AcchiⅢ*、*AcchiⅠ*、*AcMTⅡ* 基因的 mRNA 表达模式分析

A. 桐花树 *AcchiⅢ*、*AcchiⅠ*、*AcMTⅡ* 基因在不同组织中的表达差异

实时定量 PCR 的结果表明，*AcchiⅢ*、*AcchiⅠ*、*AcMTⅡ* 在叶、根中均能表达，但是存在组织差异（图 6.36），且不同基因的组织差异表达形式不一样，*AcchiⅢ* 的表达量：叶>根，叶的相对表达量是根的 2.2 倍；*AcchiⅠ* 的表达量：根>叶，根的相对表达量是叶的 4.3 倍；*AcMTⅡ* 的表达量：根<叶，叶的相对表达量是根的 3.8 倍。

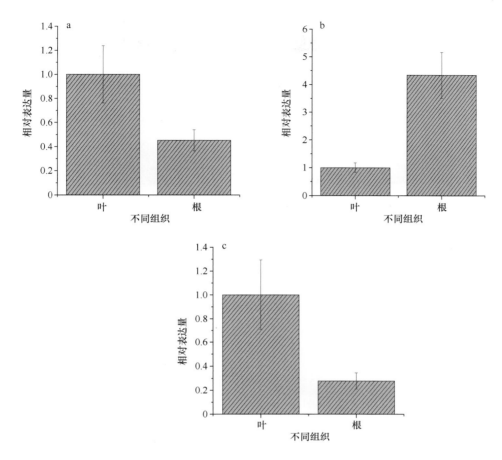

图 6.36　实时定量 PCR 分析桐花树 *AcchiⅢ*（a）、*Acchi Ⅰ*（b）、*AcMT Ⅱ*（c）基因在叶、根中的表达模式

B. 重金属 Cd 对桐花树 *AcchiⅢ*、*Acchi Ⅰ*、*AcMT Ⅱ* 基因表达的影响

　　为了研究 *AcchiⅢ*、*Acchi Ⅰ*、*AcMT Ⅱ* 基因在桐花树重金属抗性中的分子机制，我们对不同浓度重金属胁迫 7 d 后基因的表达模式进行了研究。图 6.37 显示的均是叶、根组织中的相对表达量，以 CK 为参照组，叶、根的相对表达量均为 1。从 T2 处理组开始，*AcchiⅢ* 在叶中的表达量有不同幅度的增加，在 5 mg/kg、10 mg/kg、20 mg/kg Cd 处理时，相对表达量分别为对照的 1.8 倍、25.2 倍、28.9 倍。*AcchiⅢ* 基因在根中的表达模式有所不同，在低浓度 T1 和 T3、T4 较高浓度处理组，相对表达量和对照组相比均显著下降，分别为原来的 26%、29%、46%，但是在中间浓度处理组 T2（5 mg/kg）条件下则显著增高，为对照的 5.6 倍。

　　Cd 胁迫 7 d 后，桐花树 *Acchi Ⅰ* 基因在叶、根中的表达出现明显的受抑制趋势。除了 T3（10 mg/kg）浓度处理的叶中 *Acchi Ⅰ* 基因的表达显著增加了 27 倍外，其余各处理组的表达量显著下降；在实验中的所有处理组胁迫下，根中 *Acchi Ⅰ* 的表达显著被抑制。

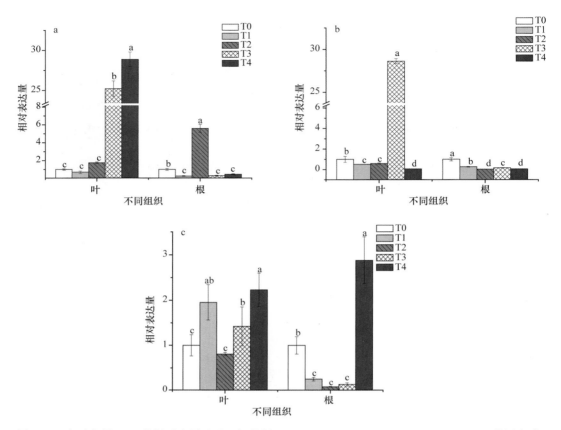

图 6.37　实时定量 PCR 分析重金属胁迫下桐花树 *AcchiⅢ*（a）、*AcchiⅠ*（b）、*AcMTⅡ*（c）基因在叶、根中的表达模式

　　AcMTⅡ 的表达在叶、根组织中表现出了不同的变化趋势。在叶组织中，除了 T2 浓度处理下略有下降，其余均受到不同程度的诱导，显著升高。根组织中，只在最高 Cd 浓度处理下受到诱导，显著升高，为对照组的 2.88 倍，其余处理组均显著下降，受到明显的抑制。

　　7）相关关系分析

　　对生理生化指标、基因表达指标和 Cd 处理水平进行了相关分析，结果如表 6.8 所示，叶中叶绿素 a、叶绿素 b 和叶绿素 a+b 和 Cd 处理水平显示出明显的中度相关关系，r 分别为 –0.64、–0.748、–0.713。*AcchiⅢ*、MDA、几丁质酶活性、可溶性糖与处理浓度之间表现出了明显的中度相关，r 分别为 0.890、0.747、0.714、0.665，*AcMTⅡ* 也表现出了 r 值为 0.45 的低度相关。

　　对各个指标之间的相互关系也进行了偏相关分析，结果如表 6.9 所示。在叶中 *AcchiⅠ* 与 *AcchiⅢ* 之间表现出极显著的正相关，r 达到 0.999；叶绿素与可溶性糖、叶绿素与 *AcchiⅢ*、叶绿素与 *AcchiⅠ*、可溶性糖与 *AcchiⅢ*、可溶性糖与 *AcchiⅠ* 之间表现出中度正相关；H_2O_2 与 *AcchiⅢ*、H_2O_2 与 *AcchiⅠ* 显示出极显著负相关，r 分别为 –0.909、–0.903；叶绿素与几丁质酶活性、H_2O_2 与可溶性糖、几丁质酶活性与可溶性糖、几丁质

酶活性与 $Acchi III$、几丁质酶活性与 $Acchi I$、MDA 与 $AcMT II$ 表现出中度负相关。在根中的偏相关性有：H_2O_2 与几丁质酶活性之间呈现 r 值为 0.820 的中度正相关，$Acchi I$ 与 $AcMT II$、可溶性糖与 $AcMT II$、MDA 与 $Acchi III$ 也表现为中度正相关；H_2O_2 与 $Acchi I$ 极显著负相关（$r=-0.938$）、H_2O_2 与 $AcMT II$、几丁质酶活性与 $Acchi I$、几丁质酶活性与 $AcMT II$ 之间中度负相关。正相关暗示着两者间变化趋势趋同，可能具有协同抑制或协同促进作用，负相关暗示着两者变化趋势趋异，可能具有拮抗或者屏蔽作用。

表 6.8　重金属处理浓度和指标含量、基因表达水平的相关关系分析

指标	桐花树叶组织		桐花树根组织	
	相关系数 r	显著性水平 p	相关系数 r	显著性水平 p
叶绿素 a	-0.640^{**}	0.005		
叶绿素 b	-0.748^{**}	0.000		
叶绿素 $a+b$	-0.713^{**}	0.000		
叶绿素 a/叶绿素 b	0.423^{*}	0.032		
Car	-0.338	0.073		
H_2O_2	0.286	0.110	0.162	0.248
MDA	0.747^{**}	0.000	0.249	0.290
几丁质酶活性	0.714^{**}	0.000	0.703^{**}	0.000
可溶性糖	0.665^{**}	0.001	0.600^{**}	0.003
$Acchi III$	0.890^{**}	0.000	0.300	0.099
$Acchi I$	0.330	0.078	-0.782^{**}	0.000
$AcMT II$	0.450^{*}	0.023	0.477^{*}	0.017

$**$ 在 0.01 水平极显著相关，$*$ 在 0.05 水平显著相关

表 6.9　重金属胁迫时间和基因表达水平的相关分析

指标（叶中）	叶绿素 $a+b$	H_2O_2	MDA	几丁质酶活性	可溶性糖	$Acchi III$	$Acchi I$	$AcMT II$
叶绿素 $a+b$	1.000							
H_2O_2	-0.444	1.000						
MDA	0.089	0.301	1.000					
几丁质酶活性	-0.523^{*}	0.392	-0.170	1.000				
可溶性糖	0.687^{**}	-0.658^{**}	0.306	-0.841^{**}	1.000			
$Acchi III$	0.642^{**}	-0.909^{**}	-0.260	-0.682^{**}	0.812^{**}	1.000		
$Acchi I$	0.648^{**}	-0.903^{**}	-0.232	-0.700^{**}	0.832^{**}	0.999^{**}	1.000	
$AcMT II$	-0.187	-0.425	-0.747^{**}	0.206	-0.192	0.246	0.236	1.000

指标（根中）	H_2O_2	MDA	几丁质酶活性	可溶性糖	$Acchi III$	$Acchi I$	$AcMT II$
H_2O_2	1.000						
MDA	-0.067	1.000					
几丁质酶活性	0.820^{**}	-0.156	1.000				
可溶性糖	0.073	0.156	-0.135	1.000			
$Acchi III$	-0.002	0.627^{**}	-0.001	0.158	1.000		
$Acchi I$	-0.938^{**}	-0.005	-0.776^{**}	-0.006	-0.002	1.000	
$AcMT II$	-0.576^{**}	0.346	-0.692^{**}	0.653^{**}	0.393^{*}	0.633^{**}	1.000

$**$ 在 0.01 水平极显著相关，$*$ 在 0.05 水平显著相关

6.3.4 讨论

6.3.4.1 桐花树 Class Ⅲ 几丁质酶基因的克隆与序列分析

本实验通过 RT-PCR 和 RACE 首次从桐花树中成功克隆出 Class Ⅲ 几丁质酶全长的 cDNA 序列，命名为 *AcchiⅢ*，全长 1123 bp，包含 885 bp 完整的可读框，编码了一个含 294 个氨基酸的蛋白质。通过 NCBI 网站及生物信息学软件的分析表明 *AcchiⅢ* 和其他植物的 Class Ⅲ 几丁质酶基因具有很高的同源性，该基因属于 Class Ⅲ 几丁质酶基因。由该氨基酸序列推导的相应氨基酸序列结构包括 N 端的信号肽序列（1~26 位）和糖基水解酶 18 家族的催化区（27~274 位），分子质量为 31.042 kDa。该蛋白质的功能结构与其他植物的 Class Ⅲ 几丁质酶基因相似，如胡杨（Tuskan et al.，2006）、蒺藜苜蓿（*Medicago truncatula*）（Young et al.，2005）、大豆（*Glycine max*）（Yeboah et al.，1998）、甜菜（*Beta vulgaris*）（Nielsen et al.，1993）、棉花（*Gossypium hirsutum*）（Hudspeth et al.，1996）、赤豆（*Vigna angularis*）（Ishige et al.，1993）。

几丁质酶的催化区序列有两个基序保守，即 S-GG 和 DG-D-DWE，这两个保守序列为糖基水解酶 18 家族活性位点基序（Henrissat & Bairoch，1993）。桐花树 Class Ⅲ 几丁质酶催化区包含糖基水解酶 18 家族的判别序列 LDGIDFDIE，E（Glu）为几丁质酶 18 家族的活性位点，并且在固定的位点存在 Asp 和 Glu，有报道称 Asp 和 Glu 与几丁质酶的催化机制有关（van Scheltinga et al.，1996）。蛋白质 α 螺旋相互缠绕在一起形成一个十分稳定的结构，α 螺旋数的多少决定其二级结构的稳定性。对白骨壤 Class Ⅲ 几丁质酶蛋白质二级结构的预测结果表明其 α 螺旋含量高，说明该蛋白质二级结构稳定。通过使用 SWISS-MODEL 同源建模方法，成功得到了该蛋白质的三维结构，并且其结构特征与 18 家族催化区典型的丙糖磷酸异构酶结构相似。

6.3.4.2 重金属胁迫对生理生化指标和桐花树几丁质酶基因表达的影响

叶绿素的含量是指示光合作用的很重要的指标，是植物对重金属等非生物胁迫很敏感的生物学参数。Liu 等（2009）的研究表明，植物在重金属胁迫、营养缺乏和盐胁迫等不利外界环境条件下，光合作用通常会被抑制，进而阻碍叶绿素的生物合成，使得叶绿素的含量减少。本研究中，重金属 Cd 胁迫 7 d 后，桐花树幼苗叶绿素 *a*、叶绿素 *b*、叶绿素 *a+b* 含量均下降，这可能是由于重金属被植物吸收后，细胞内的重金属离子与原叶绿素还原酶、5-氨基乙酰丙酸脱水酶等的肽链富含—SH 的部分结合，改变正常构型，从而抑制酶的活性，阻碍叶绿素的合成（Somashekaraiah et al.，1992）；同时，重金属胁迫形成的大量活性氧自由基可直接把叶绿素当成靶标，破坏叶绿素（何翠屏和王慧忠，2003）。叶绿素 *a*、叶绿素 *b*、叶绿素 *a+b* 和重金属浓度处理水平之间在 $p < 0.01$ 上表现出了中度负相关，也说明了处理浓度的升高会使它们的含量下降。另外，叶绿素 *a/b* 值在高于 T1 浓度处理时有所增加，这说明超过一定浓度重金属处理桐花树幼苗时，植株叶绿素 *b* 比叶绿素 *a* 含量下降的幅度更大，这也说明桐花树幼苗叶绿素 *b* 比叶绿素 *a* 对 Cd 胁迫更为敏感，这与红树植物中的其他研究结果一致，即重

金属胁迫下,叶绿素 b 损耗更大(MacFarlane & Burchett,2001;Huang & Wang,2010a)。叶绿素和 Cd 处理浓度表现出了中度相关,说明叶绿素是 Cd 对桐花树胁迫的良好检测指标。

在重金属胁迫下,能引起植物的氧化胁迫,并导致大量的活性氧(ROS)产生,ROS 有可能作为第二信使参与植物的各种代谢过程(Neuenschwander et al.,1995)。ROS 主要是 H_2O_2,H_2O_2 存在的寿命较长,H_2O_2 具有较高的跨膜通透性和能在植物细胞间保持等特性,也因此成为人们较为关注的氧化信号分子。另外,植物抵抗重金属的信号转导路径和 H_2O_2、茉莉酸、乙烯的产生有关(Maksymiec,2007)。本实验中,不同浓度 Cd 处理后,叶、根中 H_2O_2 含量相比对照有不同程度的积累,这与大部分胁迫研究一致。表明实验中 Cd 处理 7 d 时桐花树幼苗体内已经形成了一定的氧化胁迫环境。

MDA 是指示植物过氧化反应的敏感指标,通常作为表征外界胁迫的良好生物指标(Dotan et al.,2004)。本实验中,不同浓度 Cd 处理之后,桐花树幼苗叶组织中 MDA 的含量均增加,根组织中除了 T3 浓度处理组相比对照略有降低外,其余均高于对照,并且叶中 MDA 增加的幅度要大于根,相关分析也显示叶中 MDA 和 Cd 处理水平之间存在着中度相关关系,而根中却无相关性,这表明实验中的 Cd 处理均会导致叶、根中 MDA 的积累,同时很可能叶的膜脂质过氧化程度要比根的高。叶中 MDA 和重金属浓度呈现中度正相关,表明 MDA 可作为 Cd 对桐花树污染的检测指标。

可溶性糖是植物体内一种重要的渗透调节物质,水分胁迫、盐胁迫、冷胁迫等不良环境都会使植物体内可溶性糖发生变化(Yu et al.,2004;Liu et al.,2004;Yang et al.,2003),植物在逆境中通过合成积累可溶性糖和脯氨酸等有机物质来调节细胞内的渗透压,稳定细胞中酶分子的活性构象,保护酶免受直接伤害,增强对环境的适应能力(Xu et al.,2000)。虽然大部分研究认为 Cd 对植物可溶性糖含量有影响,但是其影响程度尚无一致结论。对蚕豆种子和烟草的研究表明,低浓度 Cd 胁迫使其可溶性糖含量增加,而高浓度则表现为含量下降;对高等水生植物的研究表明,耐性较强的凤眼莲和较敏感的紫背萍叶片可溶性糖含量均随着水中 Cd 浓度的升高而增加(Yang et al.,1995),在 Zn-Cd 复合污染下,随着 Cd、Zn 浓度的增加,根系的可溶性糖含量呈现增加趋势(冷天利等,2007)。但是,也有 Cd 处理之后使可溶性糖含量下降的结论,如张义贤和张丽萍(2006)研究重金属对大麦可溶性糖的影响显示,Cd^{2+} 处理下,大麦叶片可溶性糖含量大幅度下降。本实验中,桐花树叶、根组织内的可溶性糖含量对重金属 Cd 胁迫比较敏感。实验中叶片可溶性糖含量在较高 Cd 浓度(10 mg/kg、20 mg/kg)处理时显著增加,根部的敏感程度要高于叶,在各个 Cd 浓度处理下都表现出增加趋势。这和在红树植物秋茄中的研究一致,Cd 处理使秋茄幼苗叶片可溶性糖含量增加,且在 Cd 的土壤浓度为 20 mg/kg 时秋茄叶片的可溶性糖含量达到最高值(覃光球等,2006)。可溶性糖的积累说明了 Cd 胁迫下,桐花树幼苗通过积累渗透调节物质可溶性糖来提高自身对逆境的生态适应能力。叶、根中可溶性糖和重金属浓度存在中度正相关,表明可溶性糖可作为 Cd 对桐花树污染的检测指标。

Cd 处理下,桐花树幼苗叶、根组织中几丁质酶活性和对照相比都数倍增加,同时,叶、根中的几丁质酶活性和 Cd 处理水平之间存在着中度相关关系,说明桐花树幼苗通过提高几丁质酶活性来响应 Cd 的胁迫反应，几丁质酶活性可作为 Cd 对桐花树污染检测的一个指标。在正常环境中植物体内的几丁质酶活性很低，但是在逆境中，几丁质酶活性可被诱导。例如，黄瓜幼苗第一片叶感染炭疽病菌后，感染区几丁质酶活性提高了600 倍，而同一片叶上非感染区只提高了 60 倍，第二片叶的诱导活性更低，但都显著高于对照（Kastner et al.，1998）。

本研究中，Cd 胁迫对桐花树几丁质酶基因 *AcchiIII* 和 *Acchi I* 的表达有不同的调控模式，导致 *AcchiIII* 和 *Acchi I* mRNA 水平的可诱导性不同。经不同浓度 Cd 胁迫 7 d，结果表明，*AcchiIII* 在叶中诱导较为普遍，如 5 mg/kg、10 mg/kg、20 mg/kg 时，相对表达量分别为对照的 1.8 倍、25.2 倍、28.9 倍，而 *Acchi I* 只在 20 mg/kg Cd 处理时显著升高；在根中仅在 5 mg/kg Cd 处理时 *AcchiIII* 被显著诱导，根中的 *Acchi I* 全部被显著抑制。*AcchiIII* 的可诱导性强于 *Acchi I*，同一植物内不同类型几丁质酶的可诱导性是不相同的，烟草接种蛙眼病菌后，几丁质酶 Class I 和几丁质酶 Class II 活性分别增加了 6.4 倍和 3.1 倍（Neuhaus et al.，1991），这种差异与这两个基因对诱导因子 Cd 的敏感性和应答关系有关，具体还与在基因的启动子区是否有和 Cd 压力胁迫相对应的应答元件等结构有关。研究表明一些压力反应元件在环境胁迫时对几丁质酶基因的调控起着重要的作用（Sugimoto et al.，2011）。大麦 Class I 几丁质酶基因启动子区域并没有激发子反应的相关元件，所以不能在激发子处理花生叶片时被诱导（Kirubakaran & Sakthivel，2007）。*AcchiIII* 在桐花树叶中的诱导性大于根，这说明 Cd 胁迫 7 d 时 *AcchiIII* 在桐花树叶解毒 Cd^{2+} 毒性中发挥了更重要的作用，也暗示着叶、根在抵抗重金属胁迫反应中有不同的机制。

MT 是一类广泛存在于生物体内的低分子质量、高 Cys 含量、具有金属结合能力的金属结合蛋白（Hamer，1986）。多数 MT 在 C 端和 N 端有两个富含 Cys 的结构域，其中巯基既可以与重金属离子络合形成无毒或低毒的络合物，也可以与由重金属等胁迫条件诱发产生的 OH^- 发生氧化还原反应，从而降低氧化损伤（全先庆等，2006）。Cd 对木榄叶中 *BgMT II* 基因的表达具有诱导作用，尤其是 40 μmol/L Cd 处理 7 d 时基因表达量最高，Cd 对秋茄叶中 *KcMT II* 也表现出了一定的诱导作用（Huang & Wang，2009）；*AmMT II* 增强了大肠杆菌对 Zn^{2+}、Pb^{2+}、Cu^{2+}、Cd^{2+} 的耐受性（Huang & Wang，2010b）。我们的研究结果表明，*AcMT II* 的表达在叶、根组织中表现出了不同的变化趋势。在叶组织中，除了 5 mg/kg Cd 处理时基因表达量略有下降外，其余浓度均显著诱导了 *AcMT II* 的表达，表达量显著升高。根组织中 *AcMT II* 的表达只在最高 Cd 浓度 20 mg/kg 处理下受到诱导，显著升高，其余处理组均显著下降，受到明显的抑制。

AcchiIII、*Acchi I* 在 Cd 胁迫下的 mRNA 表达可能和桐花树幼苗体内 H_2O_2 的积累、可溶性糖含量的堆积、叶绿素含量的下降有一定的相互关系。叶中 *AcchiIII* 和 *Acchi I* 的表达具有协同作用，*Acchi I* 与 *AcchiIII*、可溶性糖与 *AcchiIII*、可溶性糖与 *Acchi I*、叶绿素与 *AcchiIII*、叶绿素与 *Acchi I* 显示出正相关，表明可溶性糖和叶绿素对 *Acchi I*、*AcchiIII* 基因的表达具有协同促进的作用，叶绿素的正常合成是植物体正常生长、代谢产生可溶性糖的重要保证；几丁质酶是一类糖苷水解酶，而细胞内的某些糖分子可能成为几丁质酶基因表达的诱导物，木霉属的 18 家族 Class III 几丁质酶基因的过表达显示

Ech30 基因有 7 个糖结合亚位点（Hoell et al.，2005），葡萄中 Class IV几丁质酶的同工酶 cDNA 水平在开花后 12~16 周时持续升高，且升高过程与糖分积累过程相对应（Robinson et al.，1997）。几丁质酶活性与 *Acchi III*、几丁质酶活性与 *Acchi I*、几丁质酶活性与可溶性糖、H_2O_2 与 *Acchi III*、H_2O_2 与 *Acchi I*、H_2O_2 与可溶性糖呈现出负相关，表明 H_2O_2 和几丁质酶活性对可溶性糖含量及 *Acchi III*、*Acchi I* 的 mRNA 表达有协同抑制作用。目前，普遍认为植物具有一种先天的"免疫系统"——活性氧爆发（oxidative burst，OXB），即植物在胁迫条件下能迅速产生一些活性氧分子（ROS），进而启动体内信号级联过程。本研究中几丁质酶是病程相关蛋白，也是植物系统获得抗性的重要抗性基因。在这里研究 H_2O_2 和几丁质酶之间的相互关系，对于揭示红树植物抵抗重金属机制有重要的意义。我们的研究结果显示叶中 H_2O_2、几丁质酶活性均和可溶性糖表现出中度的负相关关系，这可能是因为 ROS 具有广泛的生理生化效应，它还可以直接作用于蛋白质、脂类、多糖，参与和影响多种生物代谢体系（张骁，2000），而几丁质酶则是一类糖苷水解酶，以一些糖为水解底物。已有研究表明，H_2O_2 和抗性基因包括几丁质酶基因的表达之间有一定的相互关系。H_2O_2 和植物过敏反应的关系研究发现，植物受病原菌侵染后会导致 H_2O_2 的积累，而 H_2O_2 的积累发生扩散，并诱导相关抗性基因的转录及与之相应的 mRNA 的积累及相应酶活性的增加，使植物发生系统获得抗性（Lamb & Dixon，1997；Alvarez et al.，1998）。H_2O_2 作为植物对病原反应的调节分子，可作为胞内信使激活转录因子和促进细胞外信号对基因表达的作用，选择性诱导一些防御基因的表达，目前已发现的有谷胱甘肽-*S*-转移酶（GST）和谷胱甘肽氧化酶（Levine et al.，1994；Marrs，1996）。有研究显示胡椒第 1 类病程相关蛋白导入转基因烟草中后，植物抵抗重金属和病原菌的能力增强，同时 CABPR1 在烟草细胞中的过表达改变了原有的氧化还原系统，导致 H_2O_2 积累，促发烟草对生物和非生物胁迫的耐受反应（Nasser et al.，1988）。本研究的结果则是叶中 H_2O_2、几丁质酶活性对 *Acchi III*、*Acchi I* 的 mRNA 表达有协同抑制作用，这可能和特定的物种、基因、体内氧化环境有关。

根中 *AcMT II* 和其他指标之间的相关性明显，和 H_2O_2、几丁质酶活性表现出了负相关，说明根中 H_2O_2 的积累和几丁质酶活性的增强不利于 *AcMT II* 的表达，相反，可溶性糖的增加，*Acchi I*、*Acchi III* 的诱导表达可能间接促进了 *AcMT II* 的表达。叶、根中的各指标偏相关分析的差异也说明桐花树叶、根中抵抗 Cd 的机制有差异。

6.3.5　小结

（1）本研究通过 RT-PCR、同源克隆和 RACE 从红树植物桐花树中成功克隆出 Class III 几丁质酶 cDNA 全长序列，登录 NCBI（GenBank：JQJQ655771）并命名为 *Acchi III*。*Acchi III* 全长 1100 bp，编码了一个含 294 个氨基酸的酸性蛋白，分子质量为 31.042 kDa。*Acchi III* 和其他植物如胡杨、蒺藜苜蓿、大豆的 Class III几丁质酶同源性较高，达到 70%以上。生物信息学软件分析预测结果显示该类蛋白含有一个信号肽，一个催化区，属于几丁质酶第 18 家族成员。

（2）研究表明，红树植物桐花树在不同浓度 Cd 胁迫下会破坏叶绿素，使可溶性糖含量增加，造成植物体内的氧化胁迫环境，造成膜脂质过氧化，桐花树幼苗也表现出了防御反应。*Acchi III*、*Acchi I*、*AcMT II* 基因在转录水平上的表达受到 Cd 的调控。

（3）MDA、几丁质酶活性、可溶性糖、*Acchi III* 在叶中的含量和 Cd 处理浓度呈明显的相关关系，可作为桐花树抵抗 Cd 胁迫时良好的叶组织监测指标；几丁质酶活性和可溶性糖、*Acchi I* 可作为桐花树抵抗 Cd 胁迫时良好的根组织监测指标。

（4）*Acchi III*、*Acchi I* 在 Cd 胁迫下的 mRNA 表达可能和桐花树幼苗体内 H_2O_2 的积累、可溶性糖含量的堆积、叶绿素含量的下降有一定的相互关系。叶中 *Acchi III* 和 *Acchi I* 的表达具有协同作用；H_2O_2 和几丁质酶活性对可溶性糖含量及 *Acchi III*、*Acchi I* 的 mRNA 表达有协同抑制作用；叶绿素和可溶性糖对 *Acchi III*、*Acchi I* 的 mRNA 表达具有协同促进作用。根中 *AcMT II* 和其他指标的相关性明显，H_2O_2 和几丁质酶活性对 *Acchi I*、*AcMT II* 的表达具有协同抑制效应，而膜脂质过氧化可在一定程度上促进 *Acchi III* 的 mRNA 表达。叶、根中抵抗 Cd 的机制有差异。

6.4　桐花树 Class I 几丁质酶基因的克隆与表达

6.4.1　实验材料

6.4.1.1　植物材料与重金属处理

（1）成熟的桐花树胚轴采自深圳东涌河口，在洗干净的海沙基质中培养，待第三对叶子萌发之后移植到重金属 Cd+Pb 处理过的基质中培养。10 d 后，取植物叶片的幼嫩组织用于红树植物总 RNA 的提取。

（2）分别用含不同浓度的 Cd（20 mg/L、10 mg/L、5 mg/L、2 mg/L）、Pb（60 mg/L、30 mg/L、15 mg/L、5 mg/L）的 1/2 Hogland 营养液进行培养。每 4 d 换一次培养液，于第 3 天、第 7 天、第 14 天、第 28 天取样，提取叶、根组织的总 RNA，用于实时荧光定量分析。

6.4.1.2　主要实验试剂

同 6.2.1.2。

6.4.2　实验方法

6.4.2.1　红树植物总 RNA 提取和第一链 cDNA 的合成

同 6.2.2.1。

6.4.2.2　桐花树 Class I 几丁质酶基因片段简并引物设计

从 GenBank 中搜索出 10 种和桐花树同源性比较高的植物 Class I 几丁质酶基因，通过 Clustal W2 在线分析软件进行同源性比较，找出保守区域，根据此保守区域对应的核苷酸序列设计简并引物，列于表 6.10。

表 6.10　桐花树 PCR、RACE、实时定量 PCR 实验中用到的引物

序号	引物名称	引物序列 （5′→3′）
P1	Forward	CARACNWSNCAYGARACNACNG
	Reverse	CCDCCRTTGATGATRTTKGTRA
P2	GSP1（Ac1）	CCAGAACCAAATAGCAGTCTTGAATG
	GSP2（Ac1）	CCGATCCAAATCTCCTACAACTACAAC
P3	NGSP1（Ac1）	GCCATTGAGAACTCTGAACGCAG
	NGSP2（Ac1）	TGCTATTTGGTTCTGGATGACTCCC
P4	Forward	GACTGCTATTTGGTTCTGGATG
	Reverse	ATGATGTTGGTGATGACTCCG
P5	Forward	ACCATAAACGATGCCGACCAG
	Reverse	TTCAGCCTTGCGACCATACTC

6.4.2.3　桐花树 Class Ⅰ 几丁质酶基因中间片段的克隆

同 6.2.2.3。

6.4.2.4　桐花树 Class Ⅰ 几丁质酶 cDNA 全长扩增

1）构建 3′RACE 和 5′RACE 文库

同 6.2.2.4 1）。

2）设计扩增桐花树 Class Ⅰ 几丁质酶 cDNA 3′/5′端的特异性引物

在已克隆桐花树 Class Ⅰ 几丁质酶基因中间片段的基础上，设计第一轮 PCR ［GSP1（Ac1）、GSP2（Ac1）］和巢式 PCR 引物 ［NGSP1（Ac1）、NGSP2（Ac1）］，具体见表 6.10。

6.4.2.5　生物信息学分析

同 6.2.2.5。

6.4.2.6　实时定量检测 PCR 样品表达量

1）cDNA 合成

同 6.2.2.6 1）。

2）实时荧光定量 PCR 分析几丁质酶基因的表达

（1）红树植物桐花树 Class Ⅰ 和 18S rRNA 实时定量 PCR 扩增的引物分别见表 6.10 的 P4、P5。

（2）反应液体系如下。

Real-time PCR Master Mix	7.5 μL
上游引物（10 mol/L）	0.45 μL
下游引物（10 mol/L）	0.45 μL
第一链 cDNA	2 μL
DEPC 水	至 15 μL

（3）反应程序如下。

$$
\begin{array}{ll}
95℃ & 3\ min \\
95℃ & 10\ s \\
60℃ & 20\ s \\
72℃ & 20\ s
\end{array} \Bigg\} 40\ 个循环
$$

72℃　　　　7 min

其余同 6.2.2.6 2）。

6.4.2.7　统计学分析

同 6.2.2.7。

6.4.3　实验结果

6.4.3.1　桐花树 Class Ⅰ 几丁质酶基因中间片段的扩增

1）电泳结果

用 RT-Kit 试剂盒，直接反转录为 cDNA，并以之为模板，利用简并引物进行 RT-PCR 反应。得到大约 360 bp 的 DNA 片段，与预测的桐花树 Class Ⅰ 几丁质酶基因的目的片段大小基本一致，如图 6.38 所示。

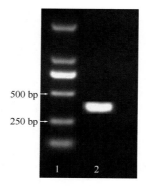

图 6.38　克隆桐花树 Class Ⅰ 几丁质酶基因 RT-PCR 琼脂糖电泳结果
1. Marker；2. 桐花树叶

2）测序结果

目的片段的测序工作由上海美吉测序公司完成，长度为 367 bp，序列如下，下划线为引物位置（图 6.39）。

CATACGCGTGGGGCTACTGCTACAAGAAGGAGCTAGATAACCCTCCCGATTACTGCGTTCAGAGTT
CTCAATGGCCTTGTGCAGCTGGCAAGAAATATTACGGCCGTGGACCGATCCAAATCCTACAACT
ACAACTATGGACCGGCAGGAAAATCAATAGGTAGTGACCTCCTGGGCAACCCCGATCTTGTGGAA
AATGACGCAATTATTTCATTCAAGACTGCTATTTGGTTCTGGATGACTCCCCAATCACCAAAACCTT
CATCTCACGATGTTATTACTGGACCCCATCTGCTGCAGATACGGCAGCAGGAAGGGTTC
CGGGGTACGGAGTCATCACCAACATCATCAACGGCGG

图 6.39　桐花树 Class Ⅰ 几丁质酶基因序列

6.4.3.2　桐花树 Class I 几丁质酶基因 3′/ 5′RACE 扩增

3′/5′RACE 结果：利用第一轮降落 PCR 和巢式 PCR 扩增，结果如图 6.40 所示，电泳检测得到 5′端一条约 350 bp、3′端一条约 900 bp 的条带。测序结果如图 6.41 所示，下划线是引物位置。

图 6.40　桐花树 Class I 几丁质酶基因巢式 PCR 电泳结果

1. 5′RACE 产物；2. 3′RACE 产物；3. Marker

a
```
  1 TGCTATTTGG TTCTGGATGA CTCCCCAATC GCCAAAGCCT TCATCTCACG
 51 ATGTTATTAC TGGAAGGTGG ACCCCATCTG CTGCCGATAC TGGGGCAGGA
101 AGGGTTCCCG GGTACGGAGT CATCACAAAC ATTATAAATG GCGGAGTTGA
151 ATGTGGTCAC GGCACAGACT CAAGGGTCCA GAATCGTATT GGATTCTACA
201 AGAGATATTG TCAAATAATG GGAGTTAACC CAGGGGACAA CCTTGATTGC
251 GCAAACCAAA GGCCATTTGG GTCTTAGAAC ATGGTGTTAA CTCTATCACA
301 TAAGTGCACAC AACTCGTGTT GTGCACAAAA AGCGTACACT ACCTTTCTAT
351 TAAATAAATG TGGGAGAAAA TAATCATTCT TCTGAAATAA CTAGAGGTGG
401 ATCACTTGTG CCAAAAAAAA AAAAAAAAAA AAGTACTCTG CGTTGATACC
451 ACTGCTT
```

b
```
  1 AAGCAGTGGT ATCAACGCAG AGTACATGGG GACTCAACCG TCAATTACTC
 51 TTCTTCAAAT TTGTATAACA AATAATGAGT TATCATATTC TAAAACTAGT
101 TTGCGCTCTA ACCTTAGCAC TCATCACATC TGCACAGCAA TGCGGTAAGG
151 ATGTGGGAGG CAAGTTATGC GATGGCGGAT TGTGCTGTAG CCAATACGGA
201 TACTGCGGCA GTACAAAAGA ATATTGTGGC ACCAACTGCC AGAGTCAGTG
251 TGGTGGCGGG GGGAGCACCC CCACCCCGAC CCCTGGTGGC GGAATTAGCA
301 GTCTCATTTC TAGAGATACG TTCAATCAAC TGCTCCTTCA TCGTAATGAC
351 AATGCTTGTC CTGCAAGAAA TTTTTACACC TATGACGCTT TTGTAGCAGT
401 GGCTACTTCA TTTAAAGGAT TTGCGACTAC AGGAGACACC AACACAAGGA
451 AGAAGGAGAT TGCAGCTTTC TTGGCCCAAA CATCTCATGA AACCACTGGC
501 GGGTGGCCTT CGGCACCAGA TGGACCTAC GCTTGGGGAT ATTGCTTCAA
551 GAAGGAGCAA GGTAACCCTC CTGATTACTG CGTTCAGAGT TCTCAATGGC
```

图 6.41　桐花树 Class III几丁质酶基因 3′/5′RACE 结果序列

a. 3′RACE 序列；b. 5′RACE 序列

6.4.3.3　桐花树 Class I 几丁质酶 cDNA 全长序列及其特征分析

结合 3′RACE、5′RACE 结果，拼接后可得图 6.42：桐花树 Class I 几丁质酶 cDNA

全长为 1162 bp，去除 poly(A) 后该序列长 1140 bp。用 ORF finder 分析发现该基因包含一个以 ATG 为起始密码子和以 TAG 为终止密码子的完整的可读框 950 bp（55~1005 bp），编码一个含有 316 个氨基酸的蛋白质。在 3′UTR 中含有一个暗示 poly(A) 的 AATAAA 元件，命名为 *Acchi I*，核苷酸序列在 GenBank 中登记，登录号为 JQ029764。

```
   1  ATGGGGATCTACTCAACCGTCAATTACTCTTCTTCAAATTTGTAT
  46  AACAAATAA
  55  ATG AGTTATCATATTCTAAAACTAGTTTGCGCTCTAACCTTAGCA
      M S Y H I L K L V C A L T L A
 100  CTCACCACATCTGCACAGCAATGCGGTAAGGATGTGGGAGGCAAG
      L T T S A Q Q C G K D V G G K
 145  TTATGCGATGGCGGATTGTGCTGTAGCCAATACGGATACTGCGGC
      L C D G G L C C S Q Y G Y C G
 190  AGTACAAAAGAATATTGTGGCACCAACTGCCAGAGTCAGTGTGGT
      S T K E Y C G T N C Q S Q C G
 235  GGCGGGGGGAGCACCCCCACCCCGACCCCTGGTGGCGGAATTAGC
      G G G S T P T P G G G I S
 280  AGTCTCATTTCTAGAGATACGTTCAATCAACTGCTCCTTCATCGT
      S L I S R D T F N Q L L H R
 325  AATGACAATGCTTGTCCTGCAAGAAATTTTTACACCTATGACGCT
      N D N A C P A R N F Y T Y D A
 370  TTTGTAGCAGCGGCTACTTCATTTAAAGGATTTGCGACTACCGGA
      F V A A A T S F K G F A T T G
 415  GACACCAACACAAGGAAGAAGGAGATTGCAGCTTTCTTGGCCCAA
      D T N T R K K E I A A F L A Q
 460  ACATCTCATGAAACCACTGGCGGGTGGGCTACGGCACCAGATGGA
      T S H E T T G G W A T A P D G
 505  CCATACGCTTGGGGATATTGCTTCAAGAAGGAGCAAGGTAACCCT
      P Y A W G Y C F K K E Q G N P
 550  CCTGATTACTGCGTTCAGAGTTCTCAATGGCCTTGTGCAGCTGGC
      P D Y C V Q S S Q W P C A A G
 595  AAGAAATATTACGGCCGTGGACCGATCCAAATCTCCTACAACTAC
      K K Y Y G R G P I Q I S Y N Y
 640  AACTATGGACCGGCAGGAAAATCAATAGGTAGTGACCTCCTGGGC
      N Y G P A G K S I G S D L L G
 685  AACCCCGATCTTGTGGAAAATGACGCAATTATTTCATTCAAGACT
      N P D L V E N D A I I S F K T
 730  GCTATTTGGTTCTGGATGACTCCCCAATCGCCCAAAGCCTTCATCT
      A I W F W M T P Q S P K P S S
 775  CACGATGTTATTACTGGAAGGTGGACCCCATCTGCTGCCGATACT
      H D V I T G R W T P S A A D T
 820  GGGGCAGGAAGGGTTCCCGGGTACGGAGTCATCACAAACATTATA
      G A G R V P G Y G V I T N I I
 865  AATGGCGGAGTTGAATGTGGTCACGGCACAGACTCAAGGGTCCAG
      N G G V E C G H G T D S R V Q
 910  AATCGTATTGGATTCTACAAGAGATATTGTCAAATAATGGGAGTT
      N R I G F Y K R Y C Q I M G V
 955  AACCCAGGGGACAACCTTGATTGCGCAAACCAAAGGCCATTTGGG
      N P G D N L D C A N Q R P F G
1000  TCTTAGAACATGGTGTTAACTCTATCACATAAGTGACACAACTCG
      S *
1045  TGTTGTGCACAAAAAGCGTACACTACCTTTCTATTA AATAAA TGT
1090  GGGAGAAAATAATCATTCTTCTGAAATAACTAGAGGTGGATCACT
1135  TGTGCCAAAAAAAAAAAAAAAAAAAAAAAAA
```

图 6.42 *Acchi I* 基因的核苷酸序列及推导的氨基酸序列

氨基酸序列以单个字母表示；方框内为起始密码子 ATG；终止密码子用星号表示，AATAAA 元件和 poly(A) 用不同形式在图中标出；单下划线表示信号肽；双下划线为几丁质结合区；加粗下划线为几丁质酶第 19 家族信号区

1）桐花树 Class I 几丁质酶的同源性分析

将获得的 *Acchi I* 相应的氨基酸序列，在 NCBI 上进行 Blastp 分析，结果显示（图 6.43），桐花树 Class I 几丁质酶 *Acchi I* 与其他物种的 Class I 几丁质酶的同源性很高，其中和番茄、葡萄和蜡梅的相似性分别达到 74%、74%、73%。将 *Acchi I* 的核苷酸序列在 NCBI 上进行 Blastn 分析，结果显示，同源性较高的序列来自于高羊茅、蜡梅和鳄梨（图 6.44）。

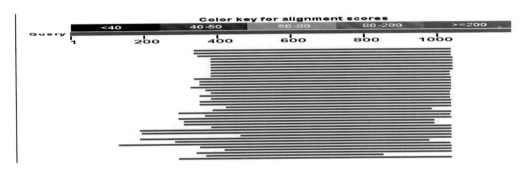

Accession	Description	Max score	Total score	Query coverage	E value	Max ident
AK322999.1	Solanum lycopersicum cDNA, clone: LEFL1047AB08, HTC in leaf	434	434	58%	9e-118	74%
Z15140.1	L.esculentum mRNA for chitinase	434	434	58%	9e-118	74%
X67693.1	S.tuberosum mRNA for endochitinase	425	425	57%	5e-115	73%
DQ406689.1	Vitis vinifera cultivar Riesling chitinase class I basic mRNA, complete	416	416	54%	2e-112	74%
XM_002281734.1	PREDICTED: Vitis vinifera chitinase class I (LOC100232985), mRNA	410	410	54%	1e-110	74%
DQ267094.1	Vitis vinifera chitinase class I mRNA, complete cds	410	410	54%	1e-110	74%
Z54234.1	V.vinifera mRNA for chitinase	407	407	54%	1e-109	73%
DQ406690.1	Vitis vinifera cultivar Regent chitinase class I basic mRNA, complete	401	401	54%	5e-108	73%
FJ749130.1	Chimonanthus praecox chitinase Ib mRNA, complete cds	399	399	54%	2e-107	73%

图 6.43　桐花树 Class I 几丁质酶基因核苷酸序列 Blastn 搜索结果

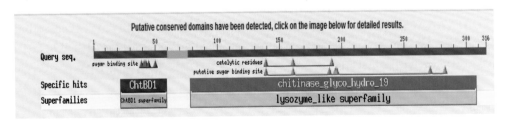

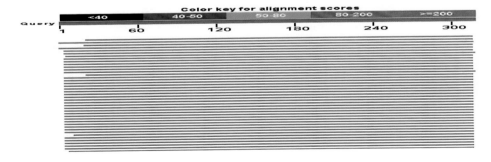

Accession	Description	Max score	Total score	Query coverage	E value
ACJ23248.4	class I chitinase [Festuca arundinacea]	486	486	93%	1e-35
ACN55075.1	chitinae Ib [Chimonanthus praecox]	483	483	99%	2e-134
CAB01591.1	endochitinase [Persea americana]	476	476	93%	2e-132
ACL81177.1	chitinase [Chimonanthus praecox]	474	474	99%	5e-132
AAT40030.1	chitinase [Zea diploperennis]>qb|AAT40031.1| chitinase [Zea diplop]	471	471	98%	8e-131
AAT40017.1	chitinase [Zea mays subsp. parviqlumis]	470	470	98%	1e-130
AAT40738.1	basic chitinase 2-2 [Nepenthes khasiana]>qb [AAT40739.1| basic c]	470	470	98%	1e-130
AAT40029.1	Chitinase [Zea diploperennis]]	470	470	98%	1e-130

图 6.44　桐花树 Class I 几丁质酶基因氨基酸序列 Blastp 搜索结果

2）桐花树 Class I 几丁质酶氨基酸序列组成分析

该基因包含一个完整的可读框 951 bp（55~1005 bp），编码一个含有 316 个氨基酸的蛋白质。用 ProtParam tool 预测其氨基酸组成，该蛋白质的分子质量为 33.737 kDa，等电点为 8.27。编码的 316 个氨基酸中，非极性（疏水）氨基酸（A，I，L，F，W，V）所占比例为 27.0%，极性氨基酸（N，C，Q，S，T，Y）所占比例为 36.1%，碱性氨基酸（K，R）比例为 8.2%,酸性氨基酸（D，E）比例为 7.0%。带负电残基的氨基酸（D+E）有 22 个，带正电残基的氨基酸（R+K）有 26 个。

3）桐花树 Class I 几丁质酶蛋白的功能区分析

用 SMART 在线软件（http://smart.embl-heidelberg.de/）进行氨基酸序列分析。得到的桐花树 Class I 几丁质酶基因共有 316 个氨基酸，根据数据库搜索，具体分析的结果如图6.45 所示。1~20 位有一个信号肽结构，22~59 位为几丁质结合区，77~308 位为一个糖苷水解酶 19 家族的结构域。由在线 Scanprosite 软件进行蛋白质功能位点分析，搜索全长 316个氨基酸序列，找到其全部功能位点，如图 6.46 所示。桐花树 Class I 几丁质酶基因属于几丁质结合蛋白，属于 19 家族几丁质酶基因，几丁质结合蛋白判别的特征序列为AQQCGKDVGGKLCDGGLCCSQYGYCGSTKEYCGTNCQSQCGG。属于 19 家族几丁质酶基因的判别序列有三个，分别是 32~51 位：CCSQYGYCGSTKEYC；95~117 位：FYTYDAFVAAATSFKGFA；221~231 位：ISFKTAIWFWM。几丁质结合蛋白（chitin-binding protein，CBP）是一类与几丁质结合起到抗病害目的的功能区域，这种蛋白可与几丁质可逆结合，对病虫害抑制起作用。但在植物体内没有几丁质，所以通常 CBP 被认为是植物防御体系中的一部分。一般，几丁质结合蛋白通常包括 30~43 个氨基酸，其中 8 个位置基本固定为半胱氨酸，保守性很强，如图 6.47 所示，它们之间由 4 个二硫键保护，即

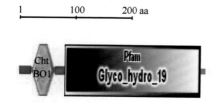

Confidently predicted domains, repeats, motifs and features:

Name	Begin	End	E-value
signal peptide	1	20	-
ChtBD1	22	59	2.53e-15
low complexity	60	76	-
Pfam:Glyco_hydro_19	77	308	9.10e-178

图 6.45　桐花树 Class I 几丁质酶蛋白功能区分布图

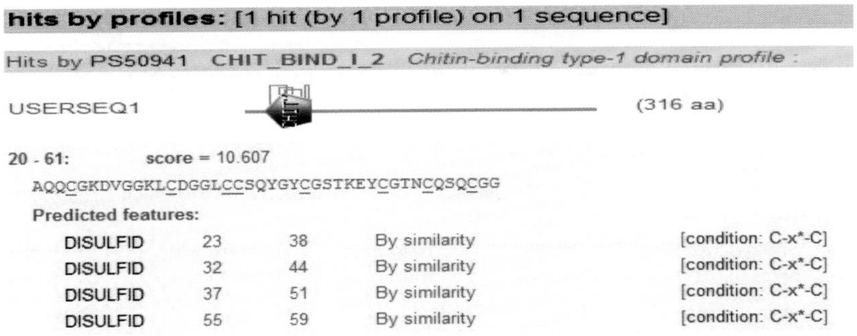

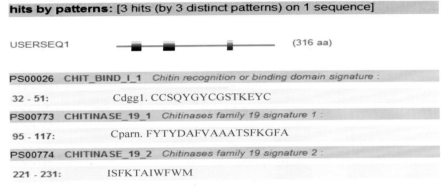

图 6.46　桐花树 Class I 几丁质酶基因 CBD 结构分析

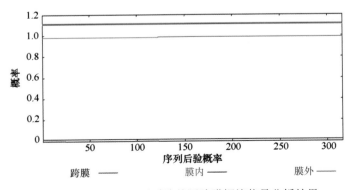

图 6.47　Acchi I 活性位点分析

Cys3-Cys18（用 CBD 内的氨基酸序号，下同）、Cys12-Cys24、Cys17-Cys31、Cys35-Cys39，其中前三个二硫键相互重叠，在第 3 个到第 31 个氨基酸残基间形成 CBD 的保守内核区。

4）桐花树 Class I 基因的跨膜螺旋信号预测分析

结果如图 6.48 所示，结果表明桐花树 Class I 几丁质酶基因氨基酸序列中氨基酸数为 0.072，而参与跨膜结构的 0.046 个氨基酸分布在前 60 个氨基酸中。预测结果表明，所检测到的螺旋信号非跨膜螺旋信号，*Acchi I* 无明显的跨膜区，不可能定位在膜上或者膜上的受体，所以该蛋白为非跨膜蛋白。

图 6.48　Acchi I 几丁质酶基因跨膜螺旋信号分析结果

5）桐花树 Class I 基因的信号肽预测分析

用 SignalP 3.0 Sever（http://www.cbs.dtu.dk/services/SignalP/）在线软件分析氨基酸序列表明，桐花树 Class I 几丁质酶序列中有一个信号肽，蛋白质的成熟位点在第 20~21 位的 A 与 Q 之间，1~20 个氨基酸为信号肽部分，从第 21 个氨基酸开始为成熟蛋白部分，如图 6.49 所示。

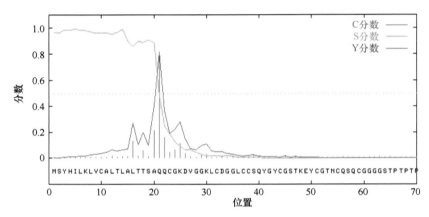

图 6.49　Acchi I 几丁质酶蛋白的 SignalP-NN 分析图示结果

6）桐花树 Class I 几丁质酶蛋白二级结构的预测

将桐花树 Class I 几丁质酶基因的氨基酸序列用 SPOMA 程序进行蛋白质二级结构的预测，如图 6.50 所示。从图中可看出各位置的 α 螺旋（h）、伸展链（e）、β 折叠（t）和随机线圈螺旋（c）的组成情况。二级结构中随机线圈螺旋、螺旋、伸展链和 β 折叠所占比例依次递减，分别为 59.81%、23.73%、11.08%、5.38%。

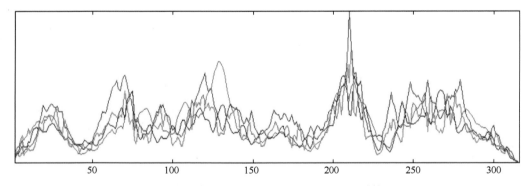

图 6.50　桐花树 Class I 几丁质酶蛋白的二级结构预测

蓝色线为α螺旋；红色线为伸展链；绿色线为β折叠；紫色线为随机线圈螺旋

7）桐花树 Class I 几丁质酶蛋白的三级结构预测

用 SWISS-MODEL 同源建模方法，分析蛋白质的三级结构。其中图 6.51 是蛋白质的三维模型。该模型的构建是依据 2 gsjA（1.73 Å）的同源建模法，从第 27 个氨基酸（Gly）到 301 个氨基酸（Val），共模拟 275 个氨基酸。

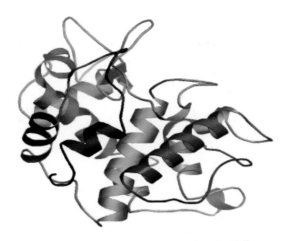

图 6.51　桐花树 Acchi I 蛋白的三级结构

8）桐花树 Acchi I 的二硫键分析

运用生物软件 Scratch Protein Predictir 预测 Acchi I 的二硫键，由分析结果可知：该基因中含有 16 个 Cys，共形成了 7 个二硫键。

9）桐花树 Class I 基因系统进化树的构建

通过 MEGA4 软件进行桐花树 Class I 几丁质酶基因与其他 10 种植物的 Class I 几丁质酶基因的氨基酸序列同源性对比，结果如图 6.52 所示。其与猪笼草的亲缘关系最近。

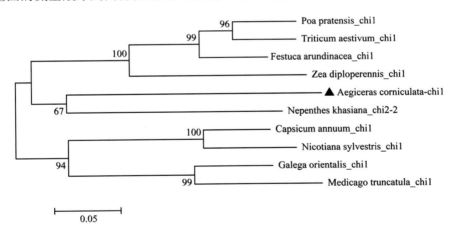

图 6.52　桐花树 Class I 几丁质酶基因系统进化树

10）白骨壤 Class III、桐花树 Class III、桐花树 Cass I 几丁质酶基因系统进化树的构建

研究红树植物桐花树和白骨壤几丁质酶基因与其他植物的几丁质酶基因的进化关系，用桐花树的 Class III 和 Class I 几丁质酶基因、白骨壤的 Class III 几丁质酶基因与其他植物的 Class III 和 Class I 几丁质酶基因构建系统发育树，如图 6.53 所示。从图中可以看出，Class III 来源于同一个祖先，Class I 来源于另外一个祖先。桐花树的 *AcchiIII* 和白骨壤 *AmchiIII* 的同源性高，而桐花树 *Acchi I* 和 *AcchiIII*、*AmchiIII* 几乎没有同源性。

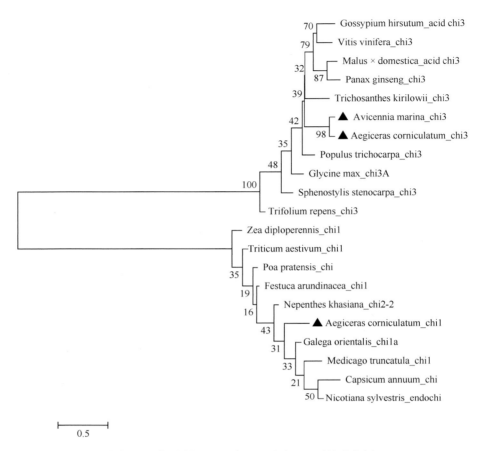

图 6.53   桐花树、白骨壤几丁质酶基因系统进化树

6.4.3.4   桐花树 Class Ⅰ 基因 mRNA 表达模式分析

1）桐花树 *Acchi I* 在不同组织中的表达差异

在无重金属胁迫条件下，即 CK 组中，桐花树 *Acchi I* 在根、叶组织中均有表达，且表达量呈现出叶>根的差异（图 6.54），且根的相对表达量是叶的 27.8%。但是桐花树幼苗暴露在重金属污染之后，不同组织中的表达量发生了变化（表 6.11）。在 Cd、Pb、Cd+Pb 处理之后，以每个处理的叶片为组织差异表达分析的参比，即表中的叶片 *Acchi I* 相对表达量为 1.00，从表中 3 d（短期）和 28 d（长期）的数据可以看出，桐花树 *Acchi I* 基因的组织表达差异随时间进程呈现一定的变化趋势：在重金属处理早期（3 d），mRNA 表达量大于 1，即表现为根>叶，而在重金属处理后期（28 d）普遍小于 1，表现为叶>根。

2）重金属对桐花树 *Acchi I* 基因表达的影响

为了研究 *Acchi I* 基因在 Cd、Pb、Cd+Pb 胁迫下的表达特性，用不同浓度的 Cd、Pb、Cd+Pb 处理桐花树幼苗，于 3 d、7 d、14 d、28 d 取样，提取 RNA，反转录，用实时荧光定量 PCR 测定其 mRNA 水平表达量。结果如下。

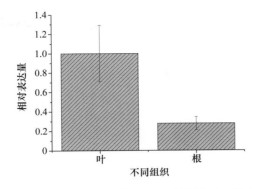

图 6.54　实时定量 PCR 分析桐花树 *Acchi I* 基因在叶、根中的表达模式

表 6.11　重金属处理 3 d、28 d 时，实时定量 PCR 分析 *Acchi I* 基因在桐花树叶、根中的表达模式

组织	3 d				28 d			
	C1	C2	C3	C4	C1	C2	C3	C4
叶	1.00±0.203	1.00±0.140	1.00±0.153	1.000±0.188	1.00±0.172	1.00±0.177	1.00±0.071	1.00±0.088
根	158.6±20.470	2.627±0.258	28.210±2.940	18.10±3.373	0.653±0.050	1.252±0.118	0.069±0.014	0.780±0.087

组织	3 d				28 d			
	P1	P2	P3	P4	P1	P2	P3	P4
叶	1.00±0.206	1.00±0.213	1.00±0.183	1.00±0.295	1.00±0.125	1.00±0.182	1.00±0.180	1.00±0.287
根	10.320±1.066	0.140±0.019	84.23±13.360	158.1±19.740	0.275±0.032	1.001±0.232	0.497±0.122	4.136±1.273

组织	3 d				28 d			
	H1	H2	H3	H4	H1	H2	H3	H4
叶	1.00±0.133	1.00±0.121	1.00±0.213	1.00±0.127	1.00±0.124	1.00±0.179	1.00±0.118	1.00±0.223
根	50.81±5.516	590.1±58.130	21.230±5.022	3.293±0.519	0.311±0.048	0.377±0.107	0.201±0.024	2.301±0.223

当用低浓度 C1 处理桐花树幼苗 3 d、7 d、14 d、28 d 时，叶中 *Acchi I* 的表达量低于对照水平；当用 C2 浓度处理桐花树时，叶中 *Acchi I* 的表达量在第 3 天显著增加，为对照的 2.7 倍，但是 7 d 之后便低于对照水平；而用较高浓度 C3 处理时，叶中 *Acchi I* 的表达量在 7 d、14 d、28 d 时都显著高于对照，分别为对照的 28.6 倍、10.0 倍、9.8 倍；在最高浓度处理下，相比对照均没有显著增加。从低浓度处理组到高浓度处理组，桐花树幼苗根中 *Acchi I* 的表达量均在第 3 天时被诱导且达到表达量峰值，诱导程度随着浓度的升高而下降，表达量分别为对照的 17.8 倍、6.5 倍、3.6 倍、1.1 倍，之后随着时间的增加，表达量均显著低于对照（图 6.55）。

当用 P1、P2 处理桐花树幼苗时，叶中 *Acchi I* 的表达量在 3 d 时均有增加，分别是对照的 1.5 倍、20.9 倍，之后随着时间的增加，表达水平下降且低于对照组（除去 P1 处理 28 d 时还略高于对照外）；P3 浓度的处理，叶中表达量均低于对照；当用高浓度 P4 处理 3 d、7 d 时，叶中 *Acchi I* 的表达量高于对照，处理 14 d、28 d 时，表达量低于对照。在处理 3 d 时，从低浓度到高浓度，桐花树根中 *Acchi I* 的表达量高于对照，且均出现不同程度的增加，分别为 4.3 倍、0.8 倍、5.9 倍、11.1 倍，而在 7 d 时，P1、P2、P4 处理下，根中 *Acchi I* 的表达量高于对照，分别为对照的 2.1 倍、1.2 倍、3.8 倍；在胁迫 14 d、28 d 时，各浓度处理组的桐花树幼苗根 *Acchi I* 的表达量均显著低于对照组。

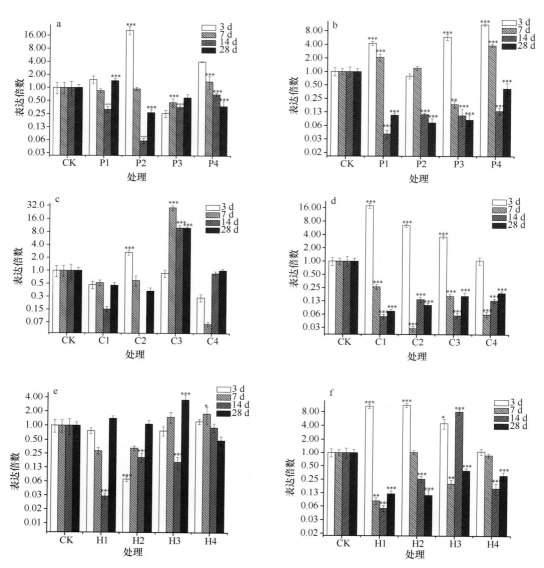

图 6.55　定量 PCR 检测重金属胁迫下 *Acchi I* mRNA 在叶、根中的相对表达量。给出的值用平均值±标准误差表示，实验样品为三个，每个设两个重复。一个星号表示差异在 $p<0.05$ 水平上，两个星号表示差异在 $p<0.01$ 水平上，三个星号表示差异在 $p<0.001$ 水平上

a. Pb 处理的桐花树叶；b. Pb 处理的桐花树根；c. Cd 处理的桐花树叶；d. Cd 处理的桐花树根；e. Cd-Pb 复合处理的桐花树叶；f. Cd-Pb 复合处理的桐花树根

　　用 Cd+Pb 的混合浓度处理桐花树幼苗，当用较低浓度 H1、H2 处理时，叶中 *Acchi I* 表达量只在 28 d 时增加，高于对照，而用 H3 处理 7 d 和 28 d 时，叶中 *Acchi I* 表达量均高于对照，高浓度 H4 处理时则在 3 d、7 d 时，叶中 *Acchi I* 表达量高于对照，之后随着时间的增加表达量下降至低于对照。根中 *Acchi I* 表达量在胁迫第 3 天时即显著增强，且增幅最高达到 10.7 倍；当胁迫 14 d 时，H3 浓度处理下根中 *Acchi I* 表达量显著高于对照，其余处理下表现出和对照相比变化不显著，或显著低于对照水平。

Acchi I 基因表达水平与重金属处理浓度和胁迫时间之间的相关关系分析表明，仅在 Pb 处理下，根中 *Acchi I* 基因表达水平和 Pb 处理浓度表现出低度相关（表 6.12）；而和胁迫时间的相关性，在 Cd、Pb、Cd-Pb 复合污染下，根中 *Acchi I* 基因表达水平和胁迫时间表现出了中度相关（表 6.13）。

表 6.12　重金属处理浓度和基因表达水平的相关关系分析

重金属处理浓度	桐花树叶组织		桐花树根组织	
	相关系数 r	显著性水平 p	相关系数 r	显著性水平 p
Cd 浓度	0.24	0.154	−0.228	0.167
Pb 浓度	−0.018	0.469	0.397*	0.009
混合浓度	0.221	0.175	0.111	0.321

*在 0.05 水平显著相关

表 6.13　重金属胁迫时间和基因表达水平的相关关系分析

重金属胁迫时间	桐花树叶组织		桐花树根组织	
	相关系数 r	显著性水平 p	相关系数 r	显著性水平 p
Cd 处理	0.012	0.481	−0.514*	0.010
Pb 处理	−0.21	0.187	−0.607*	0.002
混合处理	0.254	0.140	−0.561*	0.005

*在 0.05 水平显著相关

6.4.4　讨论

6.4.4.1　桐花树 Class I 几丁质酶基因的克隆与序列分析

本实验通过 RT-PCR、同源克隆和 RACE 首次从桐花树中成功克隆出 Class I 几丁质酶全长的 cDNA 序列，登录 NCBI（GenBank：JQ）并命名为 *Acchi I*。该基因经生物信息学软件分析后得知：1~20 位为信号肽，22~59 位为几丁质结合区，77~308 位为一个糖苷水解酶，属于几丁质酶第 19 家族，其中包含三个几丁质酶第 19 家族的判别序列 32~51 位、95~117 位、221~231 位，还含有几丁质结合蛋白的判别序列 20~61 位。推测 *Acchi I* 可能是具有几丁质酶、溶菌酶的双功能酶，可分解细菌细胞壁和肽聚糖，对真菌和细菌产生影响，在红树植物的抗病反应中起着重要作用，但是需要进一步研究分析确认。Scratch Protein Predictir 软件分析该基因编码的蛋白质包含 7 个二硫键，说明它具有稳定的空间结构，此外，该蛋白质为亲水蛋白，且很有可能分泌到胞外，这对于深入了解蛋白质、核酸等生物大分子的结构和功能具有重要意义。同源聚类分析显示，Class I 和 Class III 几丁质酶的同源性很低，分属两大分支，但是红树林内两个物种——桐花树的 Class III 几丁质酶和白骨壤的 Class III 几丁质酶的同源性很高，同一物种桐花树的 Class I 和 Class III 几丁质酶同源性却不高。从结构上讲，Class I 几丁质酶包含三个区域：N 端几丁质结合区、中间铰链区和 C 端催化区；Class III 几丁质酶为酸性几丁质酶，缺少几丁质结合区，和 Class I 无序列同源性，一般位于细胞间隙中（Sarowar et al.，2005）。现在已对许多植物的几丁质酶进行了克隆和测序，本实验室成功克隆出了几种红树植物的 Class I 和 Class III 几丁质酶基因，并探索了它们在红树植物抗重金属胁迫中可能发挥的作用。

烟草 Class I 几丁质酶基因 N 端富含半胱氨酸，为了研究这个区域对几丁质酶生化特性和功能的重要性，将原来含有和切除了这个区域的几丁质酶基因分别导入转基因烟草中进行表达。实验结果表明，这个区域是一个几丁质结合区（CBD），是几丁质酶发挥几丁质结合功能必不可少的核心部分，而 CBD 对于几丁质酶的催化作用和抗菌功能并非必不可少，但是含有CBD的几丁质酶抑菌效率是无CBD的3倍（Hamel et al., 1997）。

6.4.4.2 重金属胁迫下桐花树 *Acchi I* 基因的表达

桐花树 *Acchi I* 在叶、根的所有样品中均有表达，并不属于组织特异性表达的基因。有报道表明一些植物的几丁质酶基因是组织特异性表达的，仅出现在某些组织器官中，大豆的两种酸性几丁质酶基因 mRNA 能在 $HgCl_2$ 处理的叶片中积累，却不能在没有处理的叶片中检测到（Iseli et al., 1993）；水稻 *RC24* 基因在正常的发育中只在茎和根中表达，而在叶组织中却很难检测到（Margis-Pinheiro et al., 1993）；葡萄中 Class IV 几丁质酶仅存在于果实中，而在叶、根、种子中均不存在（Robinson et al., 1997）；花生暴露在 Cd、Pb、As 中 4 d 后，两种几丁质酶只在重金属处理过的根组织中被诱导（Békésiová et al., 2008）。我们的研究结果虽然显示 *Acchi I* 基因在叶、根组织中都表达，但是叶、根中的表达水平不一样，且在重金属处理前后、重金属处理的短期和长期，这种组织差异表达是不同的。在无重金属处理的对照组是叶>根，而重金属 Cd、Pb、Cd-Pb 复合处理之后的 3 d 表现为根>叶，28 d 时则表现为叶>根。这说明在重金属胁迫的早期，根中 *Acchi I* 对重金属比叶要敏感，而随着胁迫时间的增加，叶成为 *Acchi I* 对重金属敏感的组织器官。这可能是由于植物暴露于重金属中，根部是最直接也是最开始接触的部位，最先受到重金属的压力胁迫，重金属由根部吸收后部分迁移到地上部分引起叶组织的压力损伤（Xu et al., 1996），Metwally 等（2005）的研究表明 Cd 引起的压力水平使得敏感基因型植株有更高的几丁质酶活性。故在早期，根部可能是对重金属较为敏感的器官，而对于较长时间的胁迫而言，叶的敏感性会增强，这就导致了根中 *Acchi I* 的诱导作用要早于叶组织。

几丁质酶基因受重金属调控的研究在其他陆地植物中已开展，豌豆经含 Cd 的砂基培养一定时间后，体内几丁质酶基因的表达显著高于对照（Rivera-Becerril et al., 2005a, 2005b）；向日葵叶片中几丁质酶可以被 Pb 诱导，但不能被 Ni、Cd、Cr 或者 Ni、Cd、Cr 混合诱导（Walliwalagedara et al., 2010）；玉米经 $HgCl_2$ 处理 2 d，诱导了 pCh2、pCh11 两个富含半胱氨酸域的 Class I 几丁质酶（Liu et al., 2010）；白杨在 Cd 诱导 14 d 后，叶、根组织中均有 Class I 几丁质酶基因的明显诱导表达（Kieffer et al., 2009）。研究表明，Class I 几丁质酶基因可被重金属离子 Pb、Cd 所诱导。但是目前还没有几丁质酶基因表达和重金属浓度及胁迫时间的关系的报道。本研究探究了不同重金属浓度、不同胁迫时间，单个重金属和混合重金属处理下，目的基因 mRNA 的表达情况。

Acchi I 的表达受到 Cd、Pb、Cd+Pb 的调节，但是它们的调节模式各有不同。当 Cd、Pb 单独胁迫时，*Acchi I* 基因表达水平的差异没有很明显的规律可循，两种重金属的混合处理，也不是简单的单个重金属的协同和抑制效应，其内部机制涉及植物抗重金属胁迫的多个路径，有待进一步研究。

　　实验中的一些处理使 *Acchi I* 的表达受到显著诱导，同时在一些处理中出现了被抑制的效应，这表明桐花树 *Acchi I* 的表达与重金属胁迫这种逆境存在着一定的应答关系。根组织中 *Acchi I* 基因表达水平和重金属胁迫时间的相关性明显，Cd、Pb、混合处理均表现出中度的负相关，r 分别为–0.514、–0.607、–0.561。这种表达水平和胁迫时间的负相关性也表明了在胁迫的早期，根部就变得很敏感，在一定时间范围内，根在早期的敏感性最强。*Acchi I* 基因表达水平和重金属处理水平之间的相关性不明显，只在 Pb 处理时，根组织中表现出 0.397 的低度相关。但是重金属对 *Acchi I* 基因 mRNA 表达的诱导作用还是很明显的，在叶组织中，在 C2 处理 3 d 时显著升高，C3 处理 7 d、14 d、28 d 时分别增加了 17.6 倍、9.0 倍、8.8 倍，Pb 处理时在 P1、P2、P4 浓度处理组及混合处理时在 H1、H3、H4 浓度处理组处理一定时间后均有被诱导的现象；同样，根部 *Acchi I* 基因 mRNA 表达水平在 P1、P3、P4，C1、C2、C3，H1、H2、H3 浓度处理前期（主要是 3 d 时）有显著被诱导的现象。这种诱导作用的时间效应在以往的研究中也有提到，只是几丁质酶被诱导的时间因物种、诱导因子、组织部位的不同而异。乙烯、水杨酸、激发子等小分子物质对几丁质酶的诱导作用很快，一般在处理后 12~48 h 即出现几丁质酶的活力高峰（Metraux & Boller，1986）；虹豆的几丁质酶活性在病菌混合液浓度为 0.25 mg/mL 诱导 4 d 时达到最高峰（虹豆几丁质酶的纯化、N 端序列及抗真菌活性的研究）；大麦幼苗经过 25 μmol/L Cd^{2+} 水培 12 d 后，根部几丁质酶活性和对照相比明显提高（Metwally et al.，2005）。豌豆经过含 Cd 的砂基培养一定时间后，体内几丁质酶基因的表达显著高于对照（Rivera-Becerril et al.，2005a，2005b）；白杨叶内的 Class I 几丁质酶蛋白水平的诱导发生在 Cd 诱导 7 d、14 d 时，根中则在 14 d 时（Kieffer et al.，2009）。

　　金属离子影响几丁质酶基因表达的机制目前还不清楚，以往的研究表明，几丁质酶基因的启动子部分含有一个或多个对逆境应答的调控元件，在许多植物几丁质酶基因的启动子中存在的逆境或胁迫调控元件是几丁质酶基因高效表达和受多因素诱导的基础。例如，水稻 Class I 几丁质酶基因 *RC24* 的 5'端含有几个推测的压力（UV、激发子）反应元件：CCTAGTACGCC 序列、CAAGCTAACTCC 序列（Margis-Pinheiro et al.，1993）。烟草 Class I 几丁质酶基因 *Chn48* 的启动子区含有参与几丁质酶基因表达的顺式元件和转录因子，在连接转录起始位点的–503~–358bp 处有一个正向乙烯反应元件（Wu et al.，1994）。在 DNA 序列的–788~–345 bp 处有一个 motif，暗示这是一个参与烟草 Class I 几丁质酶基因的转录过程的真菌激发子反应元件（EIER）（Shinshi et al.，1995）。一些压力反应元件在环境胁迫时对几丁质酶基因的调控中起着重要的作用（Sugimoto et al.，2011）。大麦 Class I 几丁质酶基因的启动子区域并没有激发子反应的相关元件，所以不能在激发子处理花生叶片时被诱导（Kirubakaran & Sakthivel，2007）。本研究中，*Acchi I* 的表达受到重金属的影响，暗示着其基因上游可能存在重金属反应元件等相关调控序列来调节其表达。

　　Cd、Pb 都不是植物生长发育所必需的元素，当在植物体内累积到一定程度时，会影响植物的生长发育，由于长期的环境选择和适应进化，植物发展出了耐受机制，可减轻或解除 Cd、Pb 重金属的毒害。我们的研究结果表明，*Acchi I* 可能在桐花树幼苗对 Cd、Pb 的代谢或解毒过程中发挥了作用，且在胁迫早期，在根中发挥了更重要的作用。

而 *Acchi I* 表现出的被抑制效应及这种组织间和重金属间、时间范围内的差异也说明了桐花树幼苗对重金属胁迫的防御反应是多种抗重金属机制在起作用。

在细菌中过表达大麦 Class I 几丁质酶基因，表现出了对 6 种真菌的抑菌活性（Kirubakaran & Sakthivel，2007）。过表达真菌内切几丁质酶基因 *CHIT33*、*CHIT42* 的烟草在生长过程中，不仅表现出抗真菌、细菌的能力，还对非生物压力如盐和重金属表现出了抵抗能力（de Las Mercedes et al.，2006）；植物几丁质酶的诱导还可由盐分（Dani et al.，2005）、冷胁迫（de Los Reyes et al.，2001）和渗透胁迫（Chen et al.，1994；Fukuda & Shinshi，1994）引起，故几丁质酶基因可能具有抵抗多种非生物压力的功能。红树植物的生长环境面临各种压力，如盐胁迫、水分胁迫、重金属、有机污染物、N 和 P 营养元素胁迫及全球气候变化下的冷胁迫等，故桐花树 *Acchi I* 是否参与了抵抗红树植物生长过程中遇到的其他生物和非生物胁迫的防御反应，也是非常有趣且有待进一步研究的方面。

6.4.5 小结

（1）本研究通过 RT-PCR、同源克隆和 RACE 首次从红树植物桐花树中成功克隆出 Class I 几丁质酶 cDNA 全长序列，登录 NCBI（GenBank：JQ029764）并命名为 *Acchi I*。*Acchi I* 全长 1162 bp，编码了一个含 316 个氨基酸的碱性蛋白，分子质量为 33.737 kDa。*Acchi I* 和其他植物如番茄、葡萄和蜡梅的 Class I 几丁质酶有较高的同源性，达 70% 以上。生物信息学软件分析预测结果显示该类蛋白含有一个信号肽，富含半胱氨酸的几丁质结合区、催化区，属于几丁质酶第 19 家族成员。

（2）桐花树 *Acchi I* 在叶、根组织中都表达，但是 *Acchi I* 存在组织表达差异，在对照组是叶>根，而重金属 Cd、Pb、Cd-Pb 复合处理之后的 3 d 表现为根>叶，28 d 时则表现为叶>根。这说明在重金属胁迫早期，根是 *Acchi I* 基因对重金属胁迫更为敏感的器官，而随着胁迫时间的增加，叶的敏感性更强。这也暗示了不同组织对抗重金属胁迫的机制是不一样的。

（3）桐花树 *Acchi I* 基因在桐花树叶、根中的表达受到重金属 Cd、Pb、Cd-Pb 复合的调控，不同实验条件下表现出了被诱导和被抑制的效应。根中 *Acchi I* 的表达和重金属胁迫时间呈现出了负相关关系，根中发生的诱导作用主要在处理 3 d 时比较明显，随着时间增加则表现为抑制效应。叶中的诱导规律不明显，只是在处理后期 28 d 时仍表现出诱导作用。这也说明诱导早期，*Acchi I* 在桐花树根抵抗重金属的反应中起着较大作用，在诱导更长时间（28 d）时，则在叶中的作用更明显。

6.5 秋茄几丁质酶基因的克隆与表达

6.5.1 实验材料

6.5.1.1 植物材料与重金属处理

（1）成熟的秋茄胚轴采自深圳东涌河口，在洗干净的海沙基质中培养，待第三对叶子萌发之后移植到重金属 Cd+Pb 处理过的基质中培养。10 d 后，取植物叶片的幼嫩组织用于红树植物总 RNA 的提取。

（2）分别用含不同浓度的 Cd（20 mg/L、10 mg/L、5 mg/L、2 mg/L）、Pb（60 mg/L、30 mg/L、15 mg/L、5 mg/L）的 1/2 Hogland 营养液进行培养。每 4 d 换一次培养液，于第 3 天、第 7 天、第 14 天、第 28 天取样，提取叶、根组织的总 RNA，用于实时荧光定量分析。

6.5.1.2　主要实验试剂

同 6.2.1.2。

6.5.2　实验方法

6.5.2.1　红树植物总 RNA 提取和第一链 cDNA 的合成

同 6.2.2.1。

6.5.2.2　秋茄 ClassⅢ、ClassⅡ、ClassⅠ几丁质酶基因片段简并引物序列设计

从 GenBank 中搜索出 10 种和秋茄同源性比较高的植物 Class Ⅲ、ClassⅡ、ClassⅠ几丁质酶基因，通过 Clustal W2 在线分析软件进行同源性比较，找出保守区域，根据此保守区域对应的核苷酸序列设计简并引物，列于表 6.14，F1/R1、F2/R2、F3/R3 分别为秋茄 ClassⅠ、ClassⅡ、Class Ⅲ简并引物。

表 6.14　秋茄 PCR 实验中用到的引物

名称	序列
F1	CARACNWSNCAYGARACNACNG
R1	CCDCCRTTGATGATRTTKGTRA
F3	TAYTGGGGNCARAAYGG
R3	GGRTTRTTRTARAAYTGVACC
F2	GSTCRRACYTCYCAYGARA
R2	TBCCRCCRTTRATDATRTT

6.5.2.3　秋茄 ClassⅢ、ClassⅡ、ClassⅠ几丁质酶基因中间片段的克隆

同 6.2.2.3。

6.5.2.4　生物信息学分析

同 6.2.2.5。

6.5.2.5　实时定量检测 PCR 样品表达量

1）cDNA 合成
同 6.2.2.6 1）。

2）实时荧光定量 PCR 分析几丁质酶基因表达

（1）红树植物秋茄 Class Ⅲ、Class Ⅱ、Class Ⅰ 和 18S rRNA 实时定量 PCR 扩增的引物见表 6.15。

表 6.15　秋茄实时定量 PCR 实验中用到的引物

基因	引物序列（5'→3'）
Kochi Ⅰ	F：TGTCTTGAAGGAAATGACTGG R：TTCTGGCAAGCAATACTACG
Kochi Ⅱ	F：TGGGTGAGTTGAATTGGTC R：GGGGATATTGCTTCGTAAGA
Kochi Ⅲ	F：ATGCTGTGTTGGATGGTAT R：CAGACAAGAAAACCTTCCT
18S rRNA	F：CCTGAGAAACGGCTACCACATC R：ACCCATCCCAAGGTCCAACTAC

（2）反应液体系如下。

Real-time PCR Master Mix	7.5 μL
上游引物（10 mol/L）	0.45 μL
下游引物（10 mol/L）	0.45 μL
第一链 cDNA	2 μL
DEPC 水	至 15 μL

（3）反应程序如下。

95℃	3 min	
95℃	10 s	
60℃/61℃	20 s	40 个循环
72℃	20 s	
72℃	7 min	

其余同 6.2.2.6 2）。

6.5.2.6　统计学分析

同 6.2.2.7。

6.5.3　实验结果

6.5.3.1　秋茄 Class Ⅲ、Class Ⅱ、Class Ⅰ 几丁质酶基因中间片段的扩增

用 RT-Kit 试剂盒，直接反转录为 cDNA，并以之为模板，用简并引物进行 RT-PCR 反应。得到大约 360 bp 的 DNA 片段，与预测的秋茄 Class Ⅰ 几丁质酶基因目的片段的大小基本一致，如图 6.56 所示。

6.5.3.2　秋茄 Class Ⅲ、Class Ⅱ、Class Ⅰ 几丁质酶中间片段序列及分析

三个目的片段的测序工作由上海美吉测序公司完成，分别得到三个序列，长度分别为 416 bp（图 6.57）、415 bp（图 6.58）、541 bp（图 6.59），下划线为各自的引物位置。Class Ⅲ、Class Ⅱ、Class Ⅰ 分别命名为 *Kochi Ⅲ*、*Kochi Ⅱ*、*Kochi Ⅰ*。

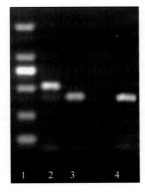

图 6.56　克隆秋茄 Class Ⅰ几丁质酶基因 RT-PCR 琼脂糖凝胶电泳结果

1. Marker；2. ClassⅢ几丁质酶；3. Class Ⅱ几丁质酶；4. Class Ⅰ几丁质酶

　　将核苷酸序列在 NCBI 上进行 Blast，结果如下（图 6.57），Class Ⅰ几丁质酶基因序列与其他植物的Ⅰ类几丁质酶的同源性很高，其中和毛果杨（*Populus trichocarpa*）、蓖麻（*Ricinus communis*）Class Ⅰ几丁质酶的同源性为 79%，与榆树（*Ulmus pumila*）为 76%，与木麻黄（*Casuarina glauca*）为 76%，命名为 *Kochi I*。Class Ⅱ几丁质酶基因序列与其他植物的 Class Ⅱ几丁质酶的同源性很高（图 6.58），分别和以下物种达到较高的同源性：蓖麻 86%、龙眼（*Dimocarpus longan*）80%、箭筈豌豆（*C. sativa*）77%、豌豆（*Pisum sativum*）76%、黄花梨（*Pyrus pyrifolia*）76%、湖北海棠（*Malus hupehensis*）75%。Class Ⅲ几丁质酶基因序列与其他植物的 ClassⅢ几丁质酶的同源性很高（图 6.59），分别和以下物种达到较高的同源性：桦木（*Betula pendula*）75%、胡杨 71%、烟草（*Nicotiana tabacum*）70%、葡萄（*Vitis vinifera*）71%。

<u>CCGCCGTTAATGATGTTGGTGA</u>CCGCGCCGTAACCGGGTTTCCTGCCAGCAGCCGAATCGGCTCCCGA
TGGCGACCACCTTCCGGTGATGACATCGTGGCAGGATGGGTTCGGCGATTGTGTTGGTCATCCAGAACC
ATATTGCTGTCTTGAAGGAAATGACTGGGTCGGTGGCTACGAGATCTGGGTTATTGAGCAGATCCACT
CTTATGGCTGTTCCGCACTGCCCATAGTTGTAGTTCCAAGAGAGCTGGATAGGACCACGGCCGTAGTA
TTGCTTGCCAGAAGCACATGGATAAGTAGAACTGGGAGAACAGTAGGCAGAACCAGGGCTTTGTTCC
CTCAAGTAGCAGTATCCCCAAGCATATGGACCATCAGGTGCTGTTGCCCACCCTC<u>CTGTAGTCTCATGG</u>
<u>GAGGTCTG</u>

Accession	Description	Max score	Total score	Query coverage	E value	Max ident
XM_002525697.1	Ricinus communis class I chitinase, putative, mRNA	318	318	98%	1e-83	79%
XM_002306184.1	Populus trichocarpa predicted protein, mRNA	315	315	98%	2e-82	79%
CT029716.1	Poplar cDNA sequences	315	315	98%	2e-82	79%
CT029886.1	Poplar cDNA sequences	313	313	97%	6e-82	79%
CT029710.1	Poplar cDNA sequences	309	309	98%	7e-81	78%
CT028629.1	Poplar cDNA sequences	309	309	98%	7e-81	78%
CT029831.1	Poplar cDNA sequences	306	306	98%	9e-80	78%
CT028198.1	Poplar cDNA sequences	306	306	98%	9e-80	78%
XM_002312887.1	Populus trichocarpa predicted protein, mRNA	291	291	98%	2e-75	77%
XM_002312883.1	Populus trichocarpa predicted protein, mRNA	288	288	98%	2e-74	77%
XM_002312882.1	Populus trichocarpa predicted protein, mRNA	288	288	98%	2e-74	77%
CT028669.1	Poplar cDNA sequences	288	288	98%	2e-74	77%
CT028668.1	Poplar cDNA sequences	288	288	98%	2e-74	77%
EF148667.1	Populus trichocarpa x Populus deltoides clone WS0135_O22 unknown	282	282	98%	1e-72	77%
CT028584.1	Poplar cDNA sequences	282	282	98%	1e-72	77%
DQ078282.1	Ulmus pumila chitinase (CHT) mRNA, complete cds	280	280	98%	4e-72	76%
EU346696.1	Casuarina glauca chitinase class I mRNA, complete cds	264	264	98%	3e-67	76%
HQ414236.1	Casuarina equisetifolia class I chitinase mRNA, complete cds	260	260	98%	3e-66	75%
CT029832.1	Poplar cDNA sequences	260	260	79%	3e-66	79%
AJ012821.1	Cicer arietinum mRNA for class I chitinase	257	257	99%	4e-65	75%

图 6.57　秋茄 Class Ⅰ几丁质酶基因序列及其 Blast 分析结果

<u>TTCCGCCGTTGATGATGTT</u>CGTGATCACACCGTACCCTGGGACCCTATTAGCTGATCTATCTGCATCAG
ACGGCGTCCATTTCCCAATTATGACATCGTGGCTGGATGGCTTGTTTGCCTGCGGGGTCATCCAGAACC
ATATTGCTGTCCGGGAATGATATCTCTGCGACCGTTGCCACCAGATCCGGATTGTTTATGAGATCTGCCCC
AATAGCTCTGCCCGCTAGCCCGTAGTTGTAATTGTGGGTGAGTTGAATTGGTCCTCGGCCATAATATTG
CCTACCAGCAGGGCACGGCCATTCATTTGACGAACAGTAAGTTTGACGATTATTTTCTCTTACGAAGC
AATATCCCCATGCGTATGGACCGTCTGGTGCACTTGGCCATCCTCCTGTGG<u>TCTCATGGGAGGTT
CGAGC</u>

Accession	Description	Max score	Total score	Query coverage	E value	Max ident
XM_002521643.1	Ricinus communis class I chitinase, putative, mRNA	495	495	100%	1e-136	86%
FJ040804.2	Dimocarpus longan clone DlChi I class I chitinase mRNA, complete cd	381	381	100%	2e-102	80%
X95610.1	C.sativa mRNA for chitinase Ib	325	325	99%	1e-85	77%
U48687.1	Castanea sativa endochitinase mRNA, complete cds	325	325	99%	1e-85	77%
GO925922.1	Castanea sativa class I chitinase isoform 2 mRNA, partial cds	322	322	99%	1e-84	77%
X63899.1	P.sativum mRNA for chitinase	309	309	100%	8e-81	76%
HQ416905.1	Malus x domestica class II chitinase (CHTMA) mRNA, complete cds	304	304	100%	4e-79	76%
FJ589783.1	Pyrus pyrifolia class I chitinase mRNA, complete cds	304	304	100%	4e-79	76%
AF420225.1	Fragaria x ananassa class II chitinase (chi2-2) mRNA, complete cds	302	302	98%	1e-78	76%
FJ790420.1	Panax ginseng class 1 chitinase (Chi-1) mRNA, complete cds	300	300	100%	4e-78	76%
AF202731.1	Glycine max chitinase class I (Chia1) mRNA, complete cds	288	288	99%	3e-74	75%
FJ422811.1	Malus hupehensis chitinase mRNA, complete cds	279	279	98%	1e-71	75%
AF494397.1	Malus x domestica class II chitinase (CHT-3) mRNA, partial cds	279	279	98%	1e-71	75%

图 6.58　秋茄 Class II 几丁质酶基因序列及其 Blast 分析结果

<u>TACTGGGGCCAAAACGG</u>CAACGAAGGGAGCCTCGCCGATGCATGCAAGACCGGCAACTACCAGTTCATA
AACATTGGATTTTTAACTACCTTTGGGAACGGCCAAAGCCCTGTCTTGAATTTGGCAGGCCACTGCAATC
CTGCCGCAGGGACCTGCACTGGCATAAGCAACGACATCCGTGCCTGCCAGGGTCAAGGCATCAAAGTGC
TGCTGTCTCTTGGCGGCGCTACCGGGAGCTACTCCCTCTCCTCCGCCGATGACGCGAAGCAAGTGGCCAA
TTACCTGTGGAACAATTACTTGGGGGGGCAGTTCGGGCTCCAGGCCCTTGGGAGACGCGGTTTTGGACGG
TATAGACTTTGACATCGAAGCAGGTTCGGGGCAGCACTGGGACGAGCTCGCCAAGGCCCTGTCGGGGTT
CAGCTCGCAGAGAAAGGTGTACCTGTCGGCAGCGCGCCAGTGTCCCATCCCGGATGCTCACCTGGACGC
CGCCATCCAAACCGGGCTTTTCGACTACATTT<u>GGGTACAATTTTACAACAATCA</u>

Accession	Description	Max score	Total score	Query coverage	E value	Max ident
AJ279692.1	Betula pendula partial mRNA for acidic endochitinase (pr3a gene)	351	351	92%	4e-93	75%
XM_002331793.1	Populus trichocarpa predicted protein, mRNA	280	280	100%	5e-72	71%
AM463318.1	Vitis vinifera, whole genome shotgun sequence, contig VV78X175817	273	1401	100%	8e-70	71%
XM_002279146.1	PREDICTED: Vitis vinifera hypothetical protein LOC100248205 (LOC10	268	268	100%	3e-68	71%
XM_002279111.1	PREDICTED: Vitis vinifera hypothetical protein LOC100253340 (LOC10	268	268	100%	3e-68	71%
XM_002276329.1	PREDICTED: Vitis vinifera hypothetical protein LOC100246456 (LOC10	264	264	83%	4e-67	73%
AK325120.1	Solanum lycopersicum cDNA, clone: LEFL1091DE07, HTC in leaf	264	264	100%	4e-67	70%
Z11563.1	N.tabacum mRNA for acidic chitinase III	264	264	100%	4e-67	70%
XM_002339221.1	Populus trichocarpa predicted protein, mRNA	262	262	100%	1e-66	70%

图 6.59　秋茄 Class III 几丁质酶基因序列及其 Blast 分析结果

6.5.3.3　秋茄 Class III、Class II、Class I 几丁质酶基因实时定量扩增结果

分别利用实时定量 PCR 扩增秋茄 *Kochi I*、*Kochi II*、*Kochi III* 和 *18S rRNA* 的引物，以反转录成的第一链 cDNA 为模板，用 BIO-RAD IQ5 监测秋茄各基因的 PCR 反应过程（图 6.60）。从秋茄 *Kochi I*、*Kochi II*、*Kochi III*、*18S rRNA* 基因的扩增曲线和熔解曲线可以判断它们进行了有效而准确的扩增，从扩增标准曲线可以得出，4 个基因均进行了有效扩增，且可以用 $2^{-\Delta\Delta C_t}$ 的方法分析 *Kochi I*、*Kochi II*、*Kochi III* 基因的相对标量。

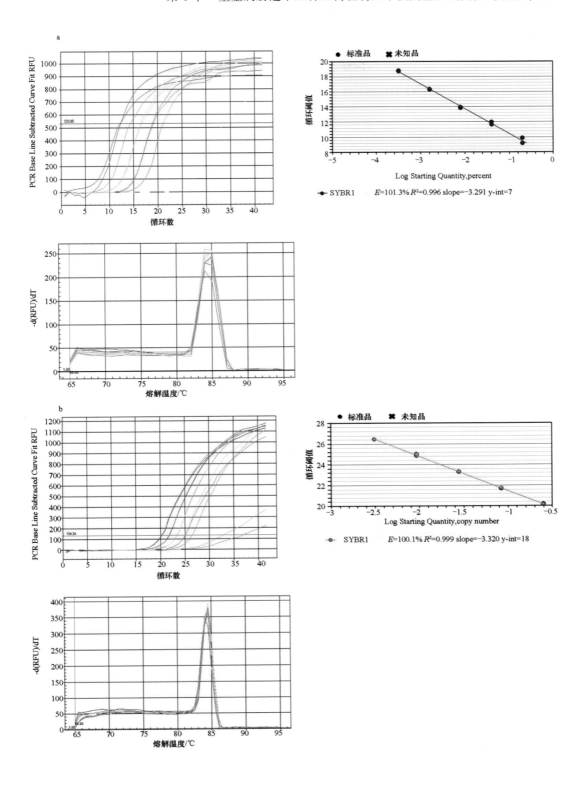

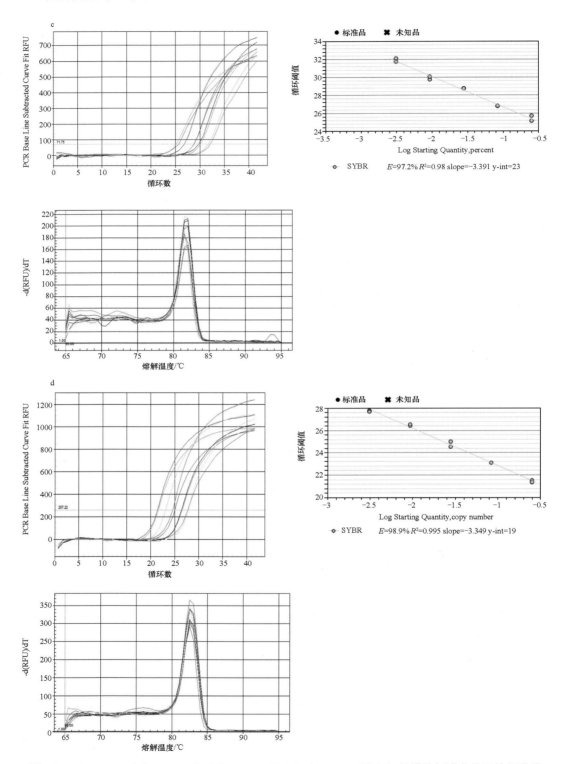

图 6.60　*18S rRNA*（a）、*Kochi I*（b）、*Kochi II*（c）和 *Kochi III*（d）扩增的标准曲线及熔解曲线

6.5.3.4　秋茄三种几丁质酶基因在不同组织中的表达

实时定量结果表明，秋茄三种几丁质酶基因在叶、茎、根中均有表达，但是在不同组织间的表达水平有差异，且这种组织差异在不同的基因亦有不同，具体见图 6.61。Class Ⅰ几丁质酶基因 *Kochi I* 在不同组织中的表达情况为茎>根>叶，其相对表达量，茎、根分别是叶的 2.9 倍、2.4 倍。Class Ⅱ几丁质酶基因 *Kochi II* 的表达水平为茎>根>叶，茎、根的相对表达量分别是叶的 38.0 倍、3.5 倍；Class Ⅲ几丁质酶基因 *Kochi III* 表达的情况是根>茎>叶，根、茎的相对表达量分别是叶的 12.8 倍、4.7 倍。

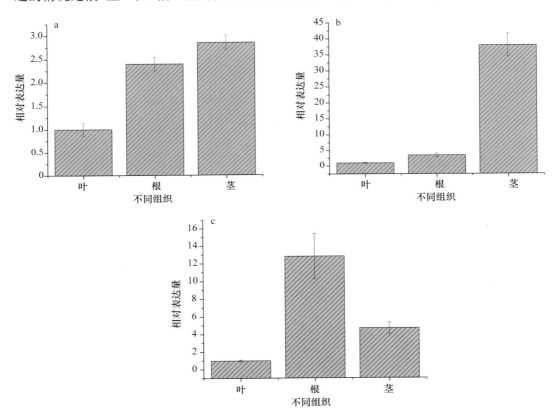

图 6.61　实时定量 PCR 分析秋茄 *Kochi I*（a）、*Kochi II*（b）、*Kochi III* 基因（c）在叶、茎、根中的表达模式

6.5.3.5　重金属 Cd、Pb 对秋茄三种几丁质酶基因表达的影响

1）重金属对 *Kcchi I* 基因表达的影响

在 Cd 处理下，秋茄叶中 *Kochi I* 的表达量普遍低于对照，除了用 C3 处理 28 d 时，秋茄叶中 *Kochi I* 的表达量相比对照增加了 27.8%，其余的处理叶中 *Kochi I* 表达量均下降；在时间范围内，除最高浓度之外，各处理浓度均在第 28 天时表达量达到峰值。秋茄根中 *Kochi I* 表达量则在 C3 浓度处理 3 d 时就显著升高，当用不同浓度处理 14 d 和 28 d 时，秋茄根中 *Kochi I* 表达量均高于对照；低浓度 C1 处理 14 d，根中 *Kochi I* 达到

该处理组的表达量峰值，为对照的 1.9 倍，其余浓度处理组均在 28 d 时达到各自处理组的峰值，并且在 14 d、28 d 时，表达量随着重金属浓度的增加呈现出先升高后降低的趋势。Cd 处理时的表达量在 C3 处理 28 d 时达到最大，为对照的 3.2 倍（图 6.62）。

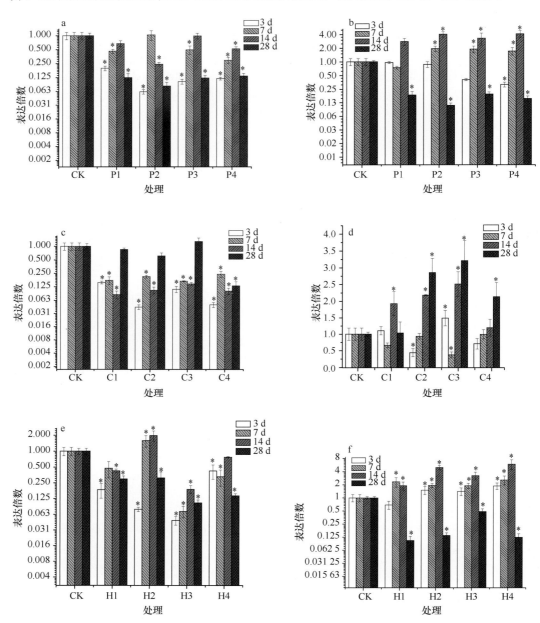

图 6.62　实时定量 PCR 分析秋茄 *Kochi I* 基因在叶、根中的表达模式

a. Pb 处理的秋茄叶；b. Pb 处理的秋茄根；c. Cd 处理的秋茄叶；d. Cd 处理的秋茄根；e. Cd-Pb 复合处理的秋茄叶；f. Cd-Pb 复合处理的秋茄根

　　在不同浓度 Pb 处理下，秋茄叶中 *Kochi I* 的表达量在各个处理时间都呈变化不显著或显著降低的趋势。而根中 *Kochi I* 的表达量随着时间的延长呈先升高后降低的趋势，

在第 7 天、第 14 天时均高于对照，且达到各个处理组的表达量峰值，表达量在 P4 处理 14 d 时达到最大，为对照的 4.1 倍。28 d 时均显著低于对照。

当 Cd-Pb 复合处理时，在 H2 浓度处理 7 d 和 14 d 时，叶中 *Kochi I* 基因表达水平显著高于对照，分别为对照的 1.6 倍、1.9 倍；而在其余的处理中表达水平均下降。秋茄根中 *Kochi I* 基因的表达在低浓度 H1 处理 7 d 时便开始显著增强，随着处理浓度的升高（H2、H3、H4），根中 *Kochi I* 的表达量在 3 d 时即显著高于对照；在各个处理浓度下，根中 *Kochi I* 基因表达量随着时间的增加呈现出先升高后降低的趋势，另外，低浓度处理 7 d 达到表达量峰值，而其余浓度处理均在 14 d 时达到表达量峰值，最大的峰值是 H4 处理 14 d 时，为对照的 6.0 倍；而在 28 d 时，各个处理浓度下，根中 *Kochi I* 基因的表达量均显著低于对照。

Kochi I 基因表达水平与重金属处理浓度和胁迫时间之间的相关关系分析表明，仅在 Cd、Pb 处理下，叶中 *Kochi I* 基因表达水平和 Cd、Pb 处理浓度分别表现出了中度相关和低度相关（表 6.16）；而和胁迫时间的相关性，只是在 Cd 处理下，叶、根中表达水平和胁迫时间表现出了低度相关（表 6.17）。

表 6.16　重金属处理浓度和基因表达水平的相关关系分析

重金属	秋茄叶组织		秋茄根组织	
	相关系数 r	显著性水平 p	相关系数 r	显著性水平 p
Cd 浓度	−0.505[*]	0.012	0.135	0.285
Pb 浓度	−0.468[*]	0.018	0.234	0.160
混合浓度	−0.465	0.019	0.314	0.089

*在 0.05 水平显著相关

表 6.17　重金属胁迫时间和基因表达水平的相关关系分析

胁迫时间	秋茄叶组织		秋茄根组织	
	相关系数 r	显著性水平 p	相关系数 r	显著性水平 p
Cd 处理	0.402[*]	0.039	0.475[*]	0.037
Pb 处理	−0.048	0.420	−0.156	0.256
混合处理	0.015	0.474	−0.146	0.270

*在 0.05 水平显著相关

2）重金属对秋茄 *Kochi II* 基因表达的影响

当用 C1、C2、C3 处理秋茄幼苗 3 d、7 d、14 d 时叶中 *Kochi II* 的表达量升高不明显或者低于对照，当处理 28 d 时，叶中 *Kochi II* 的表达量显著高于对照，达到各处理浓度下的峰值，所有处理的峰值是 C3 浓度处理 28 d；在最高浓度处理组，叶中 *Kochi II* 的表达在 7 d 显著高于对照，之后随着时间的增加而降低，低于对照水平。秋茄根中 *Kochi II* 的表达普遍升高，在低浓度重金属 C1 处理下，7 d 开始显著高于对照，14 d 达到峰值；随着处理浓度的升高，在 3 d 时根中 *Kochi II* 的表达量即显著升高，C2 处理下 28 d 达到其表达最高值，在较高浓度 C3、C4 处理下，均在 3 d 时达到表达最高值，分别为对照的 7.7 倍和 4.8 倍，之后表达量随着时间的增加先下降后升高，除去 C4 处理 14 d 之外其余仍高于对照，在 28 d 又出现高表达量。相关分析表明（表 6.18），根中 *Kochi II* 表达量和 Cd 浓度和胁迫时间均在 *p*=0.05 水平上有低度相关性（图 6.63）。

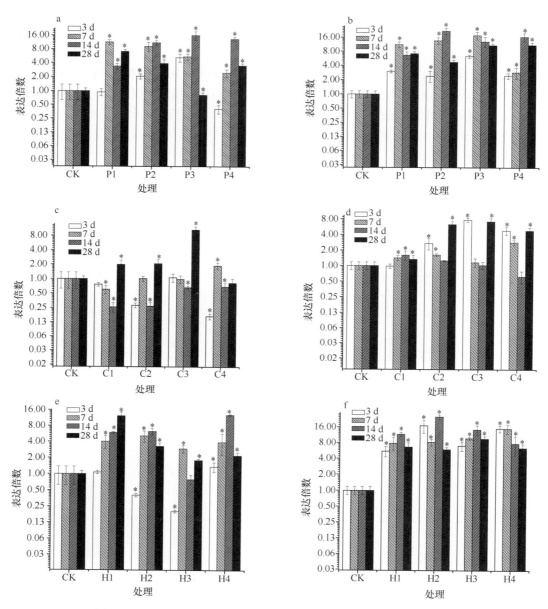

图 6.63 实时定量 PCR 分析秋茄 *Kochi II* 基因在叶、根中的表达模式

a. Pb 处理的秋茄叶；b. Pb 处理的秋茄根；c. Cd 处理的秋茄叶；d. Cd 处理的秋茄根；e. Cd-Pb 复合处理的秋茄叶；f. Cd-Pb 复合处理的秋茄根

在不同浓度 Pb 处理下，秋茄叶中 *Kochi II* 的表达普遍高于对照，且随着时间的增加呈现出先升高后降低的趋势。在低浓度和高浓度 P1、P4 处理下，7 d 时秋茄叶中 *Kochi II* 表达量显著高于对照，而 P2、P3 浓度处理组在 3 d 时叶中 *Kochi II* 的表达量显著高于对照；

P1 处理组 7 d 时达到表达量峰值，其余处理组均在 14 d 时达到表达量峰值。根中 *Kochi II* 的表达量在各处理浓度下，3 d 即开始显著升高，各组在不同处理时间下均显著高于对照，随着时间的增加呈现先升高后降低的趋势；低浓度处理组 P1 的表达量峰值在 7 d 时获得，而其余处理组均在 14 d 时获得表达峰值。相关分析表明（表 6.19），根中 *Kochi II* 表达量和 Pb 浓度在 $p=0.05$ 水平上显著相关，相关系数为 0.505。

低浓度 H1 处理下，3 d 时叶中 *Kochi II* 表达量略高于对照，随着时间的增加逐渐升高，在 28 d 达到该处理组的峰值，为对照的 12.3 倍。在最高浓度 H4 处理 3 d 时，叶中 *Kochi II* 表达量显著高于对照，随着时间的增加呈现先升高后降低的趋势，但一直显著高于对照，14 d 时表达量达到最高值，为对照的 13.0 倍；当 H2 和 H3 处理处理 7 d 时，叶中表达量开始显著高于对照，且分别在 14 d、7 d 达到各自处理组的表达高峰。根中 *Kochi II* 表达量在各种处理条件下均显著高于对照，最高浓度处理组的表达量峰值在 3 d 时获得，而其他浓度处理组均在 14 d 时达到表达量的最高值。7 d 时，根中 *Kochi II* 表达量随着浓度的增加而升高，其余处理时间均随着浓度的增加呈现先升高后降低的趋势。相关分析表明，根中 *Kochi II* 表达量和混合重金属浓度在 $p=0.01$ 水平上显著相关，相关系数为 0.597。

表 6.18　重金属处理浓度和基因表达水平的相关关系分析

重金属处理浓度	秋茄叶组织		秋茄根组织	
	相关系数 r	显著性水平 p	相关系数 r	显著性水平 p
Cd 浓度	−0.08	0.369	0.499[*]	0.013
Pb 浓度	0.240	0.154	0.505[*]	0.012
混合浓度	0.191	0.210	0.597[**]	0.003

*在 0.05 水平显著相关；**在 0.01 水平极显著相关

表 6.19　重金属胁迫时间和基因表达水平的相关关系分析

重金属胁迫时间	秋茄叶组织		秋茄根组织	
	相关系数 r	显著性水平 p	相关系数 r	显著性水平 p
Cd 处理	0.396*	0.040	0.132	0.289
Pb 处理	0.122	0.304	0.210	0.187
混合处理	0.346	0.068	−0.121	0.306

*在 0.05 水平显著相关

3）重金属对秋茄 *Kochi III* 基因表达的影响

秋茄在低浓度 Cd 处理下，14 d 时叶中 *Kochi III* 表达量显著高于对照，28 d 时达到峰值，为对照的 5.7 倍；在其他浓度 Cd（C2、C3、C4）处理下，都在 28 d 时 *Kochi III* 表达量才显著高于对照，分别为 7.2 倍、26.5 倍、3.2 倍；整体上叶中 *Kochi III* 表达量随着时间的增加而升高（图 6.64）。相关关系分析显示（表 6.20），秋茄叶中 *Kochi III* 表达量和胁迫时间在 $p=0.05$ 水平上显著相关，相关系数为 0.693。秋茄根在不同浓度 Cd 胁迫下，*Kochi III* 表达量除最低浓度胁迫 3 d 的变化不显著之外，其余各处理均高于对照，且在各处理时间点上，根中 *Kochi III* 表达量随 Cd 处理浓度的增加呈现先升高后降低的趋势，根中 *Kochi III* 表达量和重金属处理浓度之间的相关关系分析结果表明，它们

在 $p=0.01$ 水平上显著相关，相关系数为 0.622。各个浓度处理组，根中 *Kochi III* 表达量均在 28 d 时达到峰值。相关关系分析表明，秋茄根中 *Kochi III* 表达量和胁迫时间在 $p=0.01$ 水平上显著相关，相关系数为 0.586（表 6.21）。

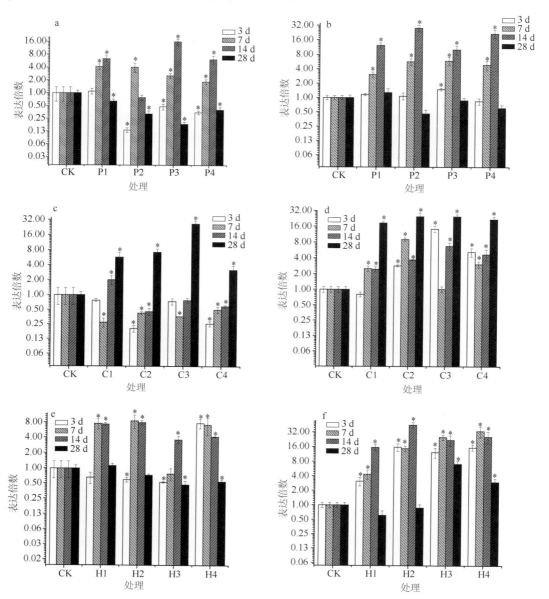

图 6.64　实时定量 PCR 分析秋茄 *Kochi III* 基因在叶、根中的表达模式

a. Pb 处理的秋茄叶；b. Pb 处理的秋茄根；c. Cd 处理的秋茄叶；d. Cd 处理的秋茄根；e. Cd-Pb 复合处理的秋茄叶；f. Cd-Pb 复合处理的秋茄根

秋茄在不同浓度 Pb 处理时，叶中 *Kochi III* 表达量在胁迫 7 d 开始显著升高，从低浓度到高浓度处理组，分别为对照的 4.2 倍、4.0 倍、2.6 倍、1.8 倍；P2 处理组在 14 d 之后叶中的 *Kochi III* 表达量下降至低于对照，P1、P3、P4 处理组在 14 d 时达到表达量

峰值,相比对照分别增加了 5.3 倍、14.9 倍、5.2 倍;处理 28 d 时,所有处理组均下降至低于对照。秋茄根中 *KochiIII* 表达量在 3 d 时即略高于对照组,各浓度处理组在 7 d、14 d 时秋茄根中 *KochiIII* 表达量显著高于对照组,各处理浓度组在 14 d 时达到表达量峰值,随着时间的增加,到 28 d 时,表达量均下降,在较高浓度(P2、P3、P4)处理组下降至低于对照组。

当用 Cd-Pb 复合处理秋茄幼苗时,较低浓度 H1、H2 处理组在 7 d、14 d 时,叶中 *KochiIII* 表达量显著高于对照,之后在 28 d 时下降至和对照相比差异不显著的水平。当高浓度 H4 处理 3 d 时,叶中 *KochiIII* 表达量即显著升高,之后随着时间的增加而逐渐降低,至 28 d 时已低于对照水平。各个浓度处理水平下,根中 *KochiIII* 表达量均在 3 d 时显著升高,并于 7 d 或 14 d 达到各自的表达量峰值,从低浓度到高浓度处理组分别为对照的 15.6 倍、45.4 倍、25.2 倍、33.7 倍,28 d 时,较低浓度处理组 H1、H2 表达量下降至低于对照水平,较高浓度处理组仍然显著高于对照。

表 6.20　重金属处理浓度和基因表达水平的相关关系分析

重金属处理浓度	秋茄叶组织		秋茄根组织	
	相关系数 *r*	显著性水平 *p*	相关系数 *r*	显著性水平 *p*
Cd 浓度	−2.65	0.130	0.622**	0.002
Pb 浓度	0.068	0.388	0.098	0.340
混合浓度	−0.018	0.460	0.615**	0.001

**在 0.01 水平极显著相关

表 6.21　重金属胁迫时间和基因表达水平的相关关系分析

重金属胁迫时间	秋茄叶组织		秋茄根组织	
	相关系数 *r*	显著性水平 *p*	相关系数 *r*	显著性水平 *p*
Cd 处理	0.693*	0.010	0.586**	0.003
Pb 处理	0.107	0.327	0.111	0.320
混合处理	−0.207	0.190	−0.192	0.208

*在 0.05 水平显著相关;**在 0.01 水平极显著相关

6.5.3.6　重金属胁迫下,秋茄三种几丁质酶基因的相互关系

植物在响应外界环境胁迫时,其体内不同种几丁质酶基因之间可能存在某种协同或拮抗机制,我们对不同重金属处理下,秋茄不同根、叶组织的三种几丁质酶基因之间进行了偏相关分析,结果详见表 6.22。在 Cd 胁迫下,在 $p<0.01$ 水平上,秋茄叶中 *KochiIII* 与 *KochiII* 的 *r* 为 0.965,表现出显著的正相关;秋茄根部 *KochiIII* 与 *KochiII* 表现出高度相关,*r* 为 0.814,*KochiII* 与 *KochiI*、*KochiIII* 与 *KochiI* 表现为中度正相关,相关关系 *r* 分别为 0.736、0.593。在 Pb 胁迫下,在 $p<0.01$ 水平上,秋茄叶中 *KochiIII* 与 *KochiII*、*KochiIII* 与 *KochiI* 的相关系数分别为 0.651、0.540,表现出中度正相关;秋茄根部 *KochiI* 与 *KochiII* 表现出显著正相关,*r* 为 0.928,*KochiIII* 与 *KochiI*、*KochiIII* 与 *KochiII* 表现为中度正相关,相关关系 *r* 分别为 0.832、0.707。在 Cd-Pb 复合处理胁迫下,秋茄叶中 *KochiIII* 与 *KochiI* 的 *r* 为 0.566,表现出中度正相关,*KochiIII* 与 *KochiII* 的 *r*

为 0.420，表现为低度正相关；秋茄根中 *KochiⅢ* 与 *KochiⅡ*、*KochiⅢ* 与 *KochiⅠ* 表现出中度正相关，相关系数分别为 0.799、0.767，*KochiⅠ* 与 *KochiⅡ* 表现出低度正相关，相关系数为 0.475。

表 6.22　秋茄叶组织三个几丁质酶基因表达水平之间的偏相关分析

秋茄叶 （Cd）	*KochiⅠ*		*KochiⅡ*		*KochiⅢ*	
	r	p	r	p	r	p
KochiⅠ	1.000	0.000	0.392	0.052	0.237	0.172
KochiⅡ	0.395	0.052	1.000	0.000	0.965	0.000
KochiⅢ	0.237	0.172	0.965	0.000	1.000	0.000
秋茄根 （Cd）	*KochiⅠ*		*KochiⅡ*		*KochiⅢ*	
	r	p	r	p	r	p
KochiⅠ	1.000	0.000	0.736	0.000	0.593	0.005
KochiⅡ	0.736	0.000	1.000	0.000	0.814	0.000
KochiⅢ	0.593	0.005	0.814	0.000	1.000	0.000
秋茄叶 （Pb）	*KochiⅠ*		*KochiⅡ*		*KochiⅢ*	
	r	p	r	p	r	p
KochiⅠ	1.000	0.000	0.212	0.199	0.540	0.010
KochiⅡ	0.212	0.199	1.000	0.000	0.651	0.002
KochiⅢ	0.540	0.010	0.651	0.002	1.000	0.000
秋茄根 （Pb）	*KochiⅠ*		*KochiⅡ*		*KochiⅢ*	
	r	p	r	p	r	p
KochiⅠ	1.000	0.000	0.928	0.000	0.832	0.000
KochiⅡ	0.928	0.000	1.000	0.000	0.707	0.001
KochiⅢ	0.832	0.000	0.707	0.000	1.000	0.000
秋茄叶 （Cd+Pb）	*KochiⅠ*		*KochiⅡ*		*KochiⅢ*	
	r	p	r	p	r	p
KochiⅠ	1.000	0.000	0.286	0.125	0.566	0.007
KochiⅡ	0.284	0.127	1.000	0.000	0.420	0.042
KochiⅢ	0.566	0.007	0.420	0.042	1.000	0
秋茄根 （Cd+Pb）	*KochiⅠ*		*KochiⅡ*		*KochiⅢ*	
	r	p	r	p	r	p
KochiⅠ	1.000	0.000	0.475	0.023	0.767	0.000
KochiⅡ	0.475	0.023	1.000	0.000	0.799	0.000
KochiⅢ	0.767	0.000	0.799	0.000	1.000	0.000

6.5.4　讨论

设计简并引物，以重金属 Cd+Pb 胁迫一周之后的秋茄幼苗植株为材料，克隆到三种类型的几丁质酶基因的中间特异性片段，同源性比较结果表明分别和其他物种的 ClassⅠ、ClassⅡ、ClassⅢ几丁质酶基因有 70% 以上的同源性，可以初步断定这三个序列属于秋茄的 Class Ⅰ、Class Ⅱ、Class Ⅲ几丁质酶基因，分别命名为 *Kochi Ⅰ*、*Kochi Ⅱ*、*Kochi Ⅲ*。

　　秋茄叶、茎、根中均有三种几丁质酶基因的表达，但是在不同组织中的表达有差异，不同类型几丁质酶基因之间的组织差异模式也不一样。*Kochi Ⅰ*、*Kochi Ⅱ*：茎>根>叶；*Kochi Ⅲ*：根>茎>叶；三个基因组织差异的程度从大到小是 *Kochi Ⅱ* 强于 *Kochi Ⅲ*，*Kochi Ⅰ* 是三者中最弱的。通常植物体内有几种几丁质酶基因，且基因的表达有组织差异，如黄瓜苗根中有 4 种几丁质酶，在子叶、茎、根中均被发现过，不过根中含量最高（Majeau et al.，1990）。番茄中一种 Class Ⅱ几丁质酶在花柱输导组织中高水平表达，而在叶中表达水平却很低（Leah et al.，1994）。

　　重金属 Cd、Pb、Cd-Pb 复合处理对秋茄叶、根中 *Kochi Ⅰ*、*Kochi Ⅱ*、*Kochi Ⅲ* 表现出了诱导作用，对根的诱导作用要强于叶，这说明这三类几丁质酶基因对重金属 Cd、Pb、Cd-Pb 复合胁迫的响应中，根是较为敏感的器官，这可能由于根系是植物与土壤环境直接接触的重要界面，对土壤环境更为敏感，更易对土壤环境中的重金属胁迫作出反应。这也暗示了叶、根组织应对重金属胁迫有各自不同的防御机制，而几丁质酶对重金属胁迫的防御作用可能在根组织中发挥了更大的作用。

　　Cd 是非营养元素，大量积累可扰乱植物体内的大量元素和微量元素的吸收及分配并引起植物死亡（Tateishi et al.，2001）。由于长期的环境选择和适应进化，植物发展出了耐受机制，可减轻或避免 Cd 的毒害（张军和束文圣，2006；Seregin & Ivanov，2001）。研究表明芥菜在 Cd 胁迫下在叶、根中分别有 15 种、13 种基因在 mRNA 水平上调表达，这几种响应重金属上调表达的基因在植物对抗重金属的机制中是重要的组成部分（Chen et al.，2003）。胡杨经过短期和长期的 Cd 处理后，在叶、根中检测到一系列和植物生理、代谢、病程相关蛋白的表达，其中分别在叶、根中检测到几种几丁质酶蛋白表达。我们的研究结果显示，在低浓度到高浓度的 Cd^{2+} 处理秋茄幼苗的所有暴露时间里，叶中 *Kochi Ⅰ* 表达量变化不大或显著下降，但是在胁迫后期即 28 d 时 *Kochi Ⅱ*、*Kochi Ⅲ* 的表达量显著升高，这说明秋茄体内有多种类型几丁质酶在抵抗重金属，同时在胁迫 3 d、7 d、14 d 时对秋茄叶中 *Kochi Ⅰ*、*Kochi Ⅱ*、*Kochi Ⅲ* 基因表达的抑制作用可能是由于在 14 d 前秋茄幼苗还没有解除 Cd 对叶片的某种损伤，而这种损伤对于调控这三类基因的表达至关重要。而 Cd 对秋茄根中 *Kochi Ⅰ* 的显著诱导主要发生在 14 d、28 d，在 28 d 时达到各个处理组的表达量峰值（C1 在 14 d）。根中 *Kochi Ⅱ*、*Kochi Ⅲ* 除了低浓度 C2 的诱导作用是自 7 d 之后开始的，在其余浓度处理组的所有暴露时间里均被诱导，且根中 *Kochi Ⅲ* 被诱导表达的强度最大，这说明根中 *Kochi Ⅲ* 对 Cd 的响应最为敏感。

　　Pb 不是植物生长发育所必需的元素，它在环境中的量达到一定水平时会抑制植物种子萌发，对植物的生长、代谢产生多方面影响（Sharma & Dubey，2005；陈振华等，2005；Moustakas et al.，1994；Verma & Dubey，2003）。300 mg/L、500 mg/L 的 Pb 能诱导几种植物的几丁质酶同工酶表达（Békésiová et al.，2008）。秋茄叶中 *Kochi Ⅰ* 对 Pb 胁迫的响应是类似的，即在所有处理中均变化不明显或显著被抑制。但是秋茄叶中 *Kochi Ⅱ* 的表达普遍（P1、P4 处理 3 d，P2 处理 28 d）受到诱导，*Kochi Ⅲ* 的表达在 7 d、14 d 时显著被诱导。根中 *Kochi Ⅱ* 在所有处理中均显著被诱导，在 7 d、14 d 时，秋茄根中 *Kochi Ⅰ*、

Kochi III 表达量也显著增加。*Kochi II* 被 Pb 诱导的强度和幅度都比其他两个类型大，这暗示了 *Kochi II* 基因在 Pb 胁迫下秋茄的防御反应中发挥了相对更大的作用，并且 Pb 对秋茄根中三种几丁质酶基因的诱导强度和幅度都要比叶中的大，也说明了这三个几丁质酶基因在根抵抗 Pb 的防御反应中发挥了更重要的作用。

重金属 Cd、Pb 是环境中重要的污染物，而且在自然界中常常伴随存在，构成复合污染（顾继光等，2003）。Cd-Pb 复合污染下，植物的耐受机制更为复杂，而复合污染对植物的影响及植物对复合污染的响应研究显得更有必要。本研究的结果显示：Cd-Pb 复合处理下，秋茄叶中 *Kochi I* 表现出普遍的抑制效应，但在 H2 处理 7 d、14 d 时表达量升高；另外，*Kochi II* 在 7 d、14 d、28 d 时显著被诱导，表达量显著升高；同时 *Kochi III* 在 7 d、14 d 时也显著被诱导，高浓度处理下，*Kochi III* 表达量在 3 d、7 d、14 d 时显著升高。秋茄根中 *Kochi I* 在 3 d、7 d、14 d，*Kochi II* 在全部暴露时间中均较大幅度地升高，*Kochi III* 表达量几乎在全部暴露时间（除去 H1、H2 在 28 d 时有所下降）较大幅度地增加。同样的，和 Cd、Pb 单独处理时一样，Cd-Pb 复合处理对秋茄根中三种几丁质酶基因的诱导作用强于对叶的；另外，在 Cd-Pb 复合污染时，*Kochi II*、*Kochi III* 被诱导的程度和幅度都比 *Kochi I* 高，暗示着秋茄在抵抗 Cd-Pb 复合胁迫的防御反应中 *Kochi II*、*Kochi III* 比 *Kochi I* 发挥了更大作用。

另外，从胁迫时间上看，本研究的结果显示，Cd、Pb 单独及 Cd-Pb 复合污染的各个处理浓度胁迫下，*Kochi I*、*Kochi II*、*Kochi III* 基因的表达高峰发生的时间有一定的规律性：Cd 胁迫下，根中 *Kochi I*、叶中 *Kochi III* 在 28 d 时达到表达峰值，其余处理普遍在 7 d、14 d 时达到表达量峰值。这和 Cd^{2+} 处理的欧洲山杨（*Populus tremula*）的研究结果既有相类似的地方也有差异，胡杨在处理后的 7 d、14 d 时，叶片内 Class I 几丁质酶显著被诱导，根部几丁质酶在 14 d 时显著被诱导（Kieffer et al.，2009），而在更短期 3 d 和更长期超过 28 d 的时间里检测不到几丁质酶的表达。Cd 胁迫下，根中 *Kochi I*、叶中 *Kochi III* 在 28 d 时达到表达量峰值的同时，Pb 单独处理及 Pb+Cd 混合处理 28 d 时均表现出了抑制效应，即胁迫时间达 28 d 时，只要含有 Pb 的处理即不能被诱导，这说明 *Kochi I* 的诱导具有一定的金属离子特异性，这和在向日葵叶片中几丁质酶的诱导对 Pb 的特异性有类似之处，不过结果却相反，向日葵中几丁质酶可以被 Pb 诱导（单独或者混合），但是不能被 Ni、Cd、Cr 或者 Ni、Cd、Cr 混合诱导（Walliwalagedara et al.，2010）。

本研究还首次对这三种类型的几丁质酶基因的表达进行了偏相关分析，探讨在秋茄应对 Cd、Pb 单独污染和 Cd-Pb 复合污染中，它们三者之间的相互作用关系。研究结果显示，不同重金属处理下，秋茄叶中 *Kochi III* 与 *Kochi II* 均表现出一定的正相关性，这一方面说明了 *Kochi III* 与 *Kochi II* 在应对 Cd、Pb 单独或 Cd-Pb 复合胁迫中起着协同效应或某种相互关系；另一方面可能暗示了重金属 Cd、Pb 对 *Kochi III* 和 *Kochi II* 调控的机制相类似。*Kochi III* 与 *Kochi I* 仅在有 Pb 处理时（Pb 单独处理、Pb+Cd 混合）表现为中度正相关，而在 Cd 单独处理时不相关，这可能暗示着 *Kochi III* 和 *Kochi I* 基因在重金属 Pb 胁迫的应答中有相类似的机制。在不同重金属处理下，秋茄根组织中三种几丁质酶之间即 *Kochi III* 与 *Kochi II*、*Kochi III* 与 *Kochi I*、*Kochi II* 与 *Kochi I* 均表现出了相关系数为 0.475~0.928 的正相关关系，但是 Cd-Pb 复合处理后的相关系数相比在单独处理时都下降了：秋茄根部 *Kochi III* 与 *Kochi II*、*Kochi III* 与 *Kochi I* 在不同重金属处理下均表现出中度及以上相关，由单独重金属处理时的高度、中度相关变为混合处理时的中度相关；单独重金属 Cd、Pb 处理时 *Kochi II* 与 *Kochi I* 分别表现为中度正相关、显著正相关，混合重金属 Cd+Pb 处理下变为低度正相关，这说明 Cd、Pb 单独处理时根中三种几丁质酶基因对重金属胁迫的应答途径相对简单，且 *Kochi III* 与 *Kochi II*、*Kochi III* 与 *Kochi I*、*Kochi II* 与 *Kochi I* 之间存在协同效应或一定的相互关系；而当 Cd-Pb 复合处理后，植物本身应对基因损伤、毒害的机制就变得复杂起来，故三个几丁质酶基因对复合重金属的应答相应变得复杂起来，原本的协同效应在这里可能会受到一些干扰而减弱。另外，结果还表明实验中不同重金属处理下，*Kochi III* 与 *Kochi II* 在叶和根中均表现出一定的正相关关系，说明秋茄叶、根中 *Kochi III* 与 *Kochi II* 应对 Cd、Pb 单独或 Cd-Pb 复合处理时均表现出了协同效应或正向关联性。而 *Kochi II* 与 *Kochi I* 在叶、根中的相关程度有所不同；*Kochi II* 与 *Kochi I* 只在根中表现出相关关系，在叶中无相关性。这种差异与不同组织应对不同重金属胁迫的防御机制存在差别有关。

6.5.5　小结

（1）以重金属 Cd+Pb 胁迫一周之后的秋茄幼苗植株扩增到三种类型几丁质酶基因的中间特异性片段，进行同源性比较后，可以初步断定这三个序列属于秋茄的 Class I、Class II、Class III 几丁质酶基因，分别命名为 *Kochi I*、*Kochi II*、*Kochi III*。

（2）在秋茄的根、茎、叶不同组织中 *Kochi I*、*Kochi II*、*Kochi III* 均有表达，但是不同类型几丁质酶基因在不同组织中的表达模式有差异。*Kochi I*、*Kochi II*：茎>根>叶；*Kochi III*：根>茎>叶；三个基因组织差异的程度从大到小是 *Kochi II* 强于 *Kochi III*，*Kochi I* 是三者中最弱的。

（3）三种类型几丁质酶基因的表达受到重金属的调控，但是不同类型几丁质酶基因、不同重金属、不同组织之间的诱导调控模式存在差异。

（4）*Kochi I* 在 Cd、Pb、Cd+Pb 胁迫的秋茄叶中的表达普遍受到抑制，在秋茄根中则整体表现出显著的诱导趋势，Pb 单独处理及 Pb 和 Cd 混合处理较长时间（28 d）时表现出了抑制效应，这说明长期处理时，*Kochi I* 长期诱导具有金属离子特异性。

（5）Cd 对秋茄叶中 *Kochi II*、*Kochi III* 的诱导发生在 28 d 时；各种浓度 Cd 胁迫 3 d、7 d、14 d、28 d 时，秋茄根中 *Kochi I*、*Kochi II*、*Kochi III* 的 mRNA 表达水平普遍升高，诱导作用显著。

（6）实验中各种浓度 Pb 胁迫 3 d、7 d、14 d、28 d 时，显著诱导秋茄叶、根中 *Kochi II* 的表达，而秋茄叶、根中 *Kochi III* 的 mRNA 表达水平在 7 d、14 d 时显著被诱导。

（7）Cd+Pb 的混合胁迫，7 d、14 d、28 d 时显著诱导秋茄叶中 *Kochi II* 表达，7 d、14 d 时叶中 *Kochi III* 也被显著诱导，根中 *Kochi II*、*Kochi III* 的表达在所有混合处理中显著被诱导。

（8）重金属 Cd、Pb、Cd+Pb 的混合处理对秋茄叶、根中 *Kochi I*、*Kochi II*、*Kochi III*

表现出了诱导作用，但是对根的诱导作用要强于叶。说明这三类几丁质酶基因对重金属 Cd、Pb、Cd+Pb 胁迫的响应中，根是较为敏感的器官，同时几丁质酶对重金属胁迫的防御作用在根组织中发挥了更大的作用。

（9）*Kochi I*、*Kochi II*、*Kochi III* 的诱导表达在时间上有一定的规律，即各个处理浓度胁迫下，三个基因的表达高峰发生的时间：Cd 胁迫下，根中 *Kochi I*、叶中 *Kochi III* 在 28 d 时达到高峰，其余处理导致的诱导效果普遍在 7 d、14 d 时达到高峰。

（10）不同重金属处理下，秋茄叶中 *Kochi III* 与 *Kochi II* 均表现出一定的正相关性，一方面表明 *Kochi III*、*Kochi II* 在应对 Cd、Pb 单独或 Cd-Pb 复合胁迫中起着协同效应或某种相互关系；另一方面可能暗示了重金属 Cd、Pb 对 *Kochi III* 和 *Kochi II* 调控的机制相类似。叶中 *Kochi III* 与 *Kochi I* 仅在有 Pb 处理时（Pb 单独处理、Pb+Cd 混合）表现为中度正相关；Cd、Pb、Cd-Pb 复合胁迫下，秋茄根中 *Kochi III* 与 *Kochi II*、*Kochi III* 与 *Kochi I*、*Kochi II* 与 *Kochi I* 之间表现出了一定程度的正向相互作用关系，这种相关暗示着它们之间的协同作用，且这种协同作用在单独胁迫时大于复合胁迫。

6.6　结论与展望

6.6.1　主要结论

（1）从红树植物桐花树、白骨壤中克隆出三个几丁质酶基因 cDNA 全长序列，提交 GenBank，并命名为 *Acchi I*（GenBank：JQ029764）、*Acchi III*（GenBank：JQ655771）、*Amchi III*（GenBank：JQ655770），它们分别和其他植物的 Class I、Class III 几丁质酶基因具有 70%左右的同源性，桐花树 *Acchi III* 和白骨壤 *Amchi III* 的同源性高，而桐花树 *Acchi I* 和 *Acchi III*、*Amchi III* 几乎没有同源性。利用生物信息学软件分析和预测了它们的结构、功能。另外克隆出秋茄 Class I、Class II、Class III 三个基因的中间特异性片段 *Kochi I*、*Kochi II*、*Kochi III*。

（2）研究桐花树、白骨壤、秋茄几丁质酶基因在组织中的表达情况，各个基因在各研究组织中均有表达，但是存在组织差异，且组织差异表达特性在三个物种、不同基因中有所不同。

（3）分析了 *Acchi I*、*Amchi III*、*Kochi I*、*Kochi II*、*Kochi III* 基因在不同浓度重金属 Cd、Pb、Cd-Pb 复合污染胁迫 3 d、7 d、14 d、28 d 时 mRNA 的表达情况，结果表明，本研究中的几丁质酶基因在红树植物中的表达受到重金属 Cd、Pb 的调控，但是不同类型几丁质酶基因、不同重金属、不同组织之间的诱导调控模式有差异。

（4）另外，重金属 Cd、Pb、Cd-Pb 复合胁迫下桐花树、白骨壤、秋茄几丁质酶基因的最大诱导作用大多发生在 7 d 或 14 d（但是 Cd 对秋茄叶中的 *Kochi II*、*Kochi III* 的最大诱导作用是在 28 d）。

（5）分析了红树植物桐花树幼苗在不同 Cd 浓度胁迫 7 d 时叶、根中 H_2O_2，可溶性糖，MDA，叶绿素含量，几丁质酶活性，*Acchi III*、*Acchi I*、*AcMT II* 基因的表达情况。研究表明几丁质酶活性、可溶性糖可作为 Cd 对桐花树胁迫的良好监测指标；*Acchi III*、

Acchi I 在 Cd 胁迫下的 mRNA 表达可能和桐花树幼苗体内 H_2O_2 的积累、可溶性糖含量的堆积、叶绿素含量的下降有一定的相互关系，揭示了桐花树几丁质酶在抵抗 Cd 胁迫时的可能影响机制，且在叶、根组织中的相互关系有差异，表明叶、根中抵抗 Cd 的机制有差异。

6.6.2　创新之处与科学意义

（1）以重金属为诱导因子，首次在红树植物中克隆出几丁质酶基因，包括桐花树 Class I、Class III 几丁质酶基因 *Acchi I*、*Acchi III*，白骨壤 Class III 几丁质酶基因 *Amchi III* 三个 cDNA 全长序列，并用生物信息学软件分析和预测了它们的结构、功能。克隆出秋茄 Class I、Class II、Class III 三个基因的中间特异性片段。

（2）首次分析了不同重金属浓度、不同胁迫时间，单个重金属和混合重金属处理下，不同组织中植物几丁质酶基因 mRNA 的表达情况，意图找出所克隆的目的基因受重金属调控的表达模式，为深入研究红树植物几丁质酶基因的抗重金属功能提供基础数据。

（3）首次研究了重金属 Cd 胁迫下植物几丁质酶基因表达、几丁质酶活性、H_2O_2、可溶性糖、叶绿素之间的相互关系，为植物几丁质酶基因的重金属诱导表达机制研究提供了科学参考依据。

6.6.3　研究展望

重金属胁迫下，桐花树、白骨壤、秋茄几丁质酶基因的克隆和 mRNA 表达的研究表明，红树植物中几丁质酶基因参与了红树植物抵抗重金属的防御反应。但是，红树植物几丁质酶基因抵抗重金属胁迫的内部机制仍不明确，同时鉴于植物几丁质酶的多种生物学功能，以及红树植物重要的生态效应，可以从以下几方面进行深入研究。

（1）进行多种红树植物多种类型几丁质酶基因的克隆。

（2）对已获得基因序列的红树植物几丁质酶基因进行基因结构、功能分析的实验性研究，揭示红树植物几丁质酶基因的生物化学功能，包括构建原核或真核表达载体、启动子的扩增等。

（3）进一步研究植物体内几丁质酶基因诱导表达的机制、路径，包括诱导作用开始后的信号转导途径研究。

参 考 文 献

柴团耀, 张玉秀, Grard Burkard. 1998. 菜豆重金属胁迫响应基因: cDNA 克隆及其表达分析. 植物生理学报, 24(4): 399-404.

陈荣华, 林鹏. 1988. 汞和盐度对三种红树种苗生长影响初探. 厦门大学学报(自然科学版), 27(1): 111-115.

陈荣华, 林鹏. 1989. 红树幼苗对汞的吸收和净化. 环境科学学报, 9(2): 218-224.

陈振华, 张胜, 胡晋, 等. 2005. 铅污染对 3 个水稻品种种子活力的影响. 中国水稻科学, 19(3): 269-272.

崔欣, 杨庆凯. 2002. 植物几丁质酶在抗真菌病害基因工程中的应用. 植物保护, 28(1): 39-42.

方煜, 郑文教, 万永吉, 等. 2008. 重金属铬 (III) 对红树植物白骨壤幼苗生长的影响. 生态学杂志, 27(3): 429-433.

顾继光, 周启星, 王新. 2003. 土壤重金属污染的治理途径及其研究进展. 应用基础与工程科学学报, 11(2): 143-151.

何翠屏, 王慧忠. 2003. 重金属镉、铅对草坪植物根系代谢和叶绿素水平的影响. 湖北农业科学, (5): 60-63.

黄玉山, 罗广华, 关文. 1997. 镉诱导植物的自由基过氧化损伤. 植物学报, 39(6): 522-526.

冷天利, 蒋小军, 杨远祥, 等. 2007. 锌铬复合污染对水稻根系可溶性糖代谢的影响. 生态环境, 16(4): 1088-1091.

林鹏. 1997. 中国红树林生态系. 北京: 科学出版社.

林鹏, 傅勤. 1995. 中国红树林环境生态及经济利用. 北京: 高等教育出版社.

缪绅裕, 陈桂珠. 1997. 人工污水对温室中秋茄苗光合速率的影响. 环境科学研究, 10(3): 41-45.

欧阳石文, 赵开军, 冯兰香, 等. 2001. 植物几丁质酶的研究进展. 生物工程进展, 21(4): 30-34.

彭鸣, 王焕校, 吴玉树. 1989. 镉、铅在玉米幼苗中的积累和迁移——X 射线显微分析. 环境科学学报, 9(1): 61-67.

全先庆, 张洪涛, 单雷, 等. 2006. 植物金属硫蛋白及其重金属解毒机制研究进展. 遗传, 28(3): 375-382.

孙炳欣. 2006. 人参 CLASS III 几丁质酶基因克隆、序列分析及原核表达. 长春: 吉林农业大学硕士学位论文.

覃光球. 2007. 桐花树幼苗植物络合素和植物多酚对重金属的响应. 厦门: 厦门大学硕士学位论文.

覃光球, 严重玲, 韦莉莉. 2006. 秋茄幼苗叶片单宁、可溶性糖和脯氨酸含量对 Cd 胁迫的响应. 生态学报, 26(10): 3366-3371.

杨居荣, 贺建群, 张国祥, 等. 1995. 农作物对 Cd 毒害的耐性机理探讨. 应用生态学报, 6(1): 87-91.

杨盛昌, 吴琦. 2003. Cd 对桐花树幼苗生长及某些生理特性的影响. 海洋环境科学, 22(1): 38-42.

杨世勇, 王方, 谢建春. 2004. 重金属对植物的毒害及植物的耐性机制. 安徽师范大学学报(自然科学版), 27(1): 71-74.

张成岗, 贺福初. 2002. 生物信息学方法与实践. 北京: 科学出版社.

张金彪, 黄维南. 2007. 镉胁迫对草莓光合的影响. 应用生态学报, 18(7): 1673-1676.

张军, 束文圣. 2006. 植物对重金属镉的耐受机制. 植物生理与分子生物学学报, 32(1): 1-8.

张骁. 2000. 植物细胞的氧化猝发和 H_2O_2 的信号转导. 植物生理学通讯, 36(04): 376-383.

张义贤, 张丽萍. 2006. 重金属对大麦幼苗膜脂过氧化及脯氨酸和可溶性糖含量的影响. 农业环境科学学报, 25(4): 857-860.

张玉秀, 柴团耀. 2000. 菜豆病程相关蛋白基因在重金属胁迫下的表达分析. 中国生物化学与分子生物学报, 16(1): 46-50.

张玉秀, 柴团耀, Burkard G. 1999. 植物耐重金属机理研究进展. 植物学报, 41(5): 453-457.

郑逢中, 林鹏. 1994. 红树植物秋茄幼苗对镉耐性的研究. 生态学报, 14(4): 408-414.

Alkorta I, Hernnández-Allica J, Becerril J, et al. 2004. Recent findings on the phytoremediation of soils contaminated with environmentally toxic heavy metals and metalloids such as zinc, cadmium, lead, and arsenic. Reviews in Environmental Science and Biotechnology, 3(1): 71-90.

Alvarez M E, Pennell R I, Meijer P J, et al. 1998. Reactive oxygen intermediates mediate a systemic signal network in the establishment of plant immunity. Cell, 92(6): 773-784.

Ano A, Takayanagi T, Uchibori T, et al. 2003. Characterization of a class III chitinase from *Vitis vinifera* cv. Koshu. Journal of Bioscience and Bioengineering, 95(6): 645-647.

Bagchi D, Stohs S J, Downs B W, et al. 2002. Cytotoxicity and oxidative mechanisms of different forms of chromium. Toxicology, 180(1): 5-22.

Baker A J M. 1981.Accumulators and excluders-strategies in the response of plants to heavy metals. Journal of Plant Nutrition, 3(1-4): 643-654.

Baker A J M, Reeves R D, Hajar A S M. 1994. Heavy metal accumulation and tolerance in British populations of the metallophyte *Thlaspi caerulescens* J. & C. Presl (Brassicaceae). New Phytologist, 127(1): 61-68.

Basile A, Sorbo S, Conte B, et al. 2012. Toxicity, accumulation, and removal of heavy metals by three aquatic macrophytes. International Journal of Phytoremediation, 14(4): 374-387.

Beintema J J. 1994. Structural features of plant chitinases and chitin-binding proteins. FEBS Letters, 350(2): 159-163.

Békésiová B, Hraška Š, Libantov J, et al. 2008. Heavy metal stress induced accumulation of chitinase isoforms in plants. Molecular Biology Reports, 35(4): 579-588.

Bol J, Linthorst H, Cornelissen B. 1990. Plant pathogenesis-related proteins induced by virus infection. Annual Review of Phytopathology, 28(1): 113-138.

Broglie K E, Gaynor J J, Broglie R M. 1986. Ethylene-regulated gene expression: molecular cloning of the genes encoding an endochitinase from *Phaseolus vulgaris*. Proceedings of the National Academy of Sciences, 83(18): 6820-6824.

Chang M M, Horovitz D, Culley D, et al. 1995. Molecular cloning and characterization of a pea chitinase gene expressed in response to wounding, fungal infection and the elicitor chitosan. Plant Molecular Biology, 28(1): 105-111.

Chen R D, Yu L X, Greer A F, et al. 1994. Isolation of an osmotic stress-induced and abscisic-acid-induced gene encoding an acidic endochitinase from *Lycopersicon chilense*. Molecular & General Genetics, 245(2): 195-202.

Chen Y, He Y, Luo Y, et al. 2003. Physiological mechanism of plant roots exposed to cadmium. Chemosphere, 50(6): 789-793.

Ci D W, Jiang D, Li S S, et al. 2012. Identification of quantitative trait loci for cadmium tolerance and accumulation in wheat. Acta Physiologiae Plantarum, 34(1): 191-202.

Clemens S. 2006. Toxic metal accumulation, responses to exposure and mechanisms of tolerance in plants. Biochimie, 88(11): 1707-1719.

Collinge D B, Kragh K M, Mikkelsen J D, et al. 1993. Plant chitinases. The Plant Journal, 3(1): 31-40.

Dani V, Simon W J, Duranti M, et al. 2005. Changes in the tobacco leaf apoplast proteome in response to salt stress. Proteomics, 5(3): 737-745.

Davis J M, Clarke H R G, Bradshaw H D, et al. 1991. Populus chitinase genes: structure, organization, and similarity of translated sequences to herbaceous plant chitinases. Plant Molecular Biology, 17(4): 631-639.

Davis J M, Wu H, Cooke J E K, et al. 2002. Pathogen challenge, salicylic acid, and jasmonic acid regulate expression of chitinase gene homologs in pine. Molecular Plant-Microbe Interactions, 15(4): 380-387.

de Las Mercedes Dana M, Pintor-Toro J A, et al. 2006. Transgenic tobacco plants overexpressing chitinases of fungal origin show enhanced resistance to biotic and abiotic stress agents. Plant Physiol, 142(2): 722-730.

de Los Reyes B, Taliaferro C, Anderson M, et al. 2001. Induced expression of the class II chitinase gene during cold acclimation and dehydration of bermudagrass (*Cynodon* sp.). TAG Theoretical and Applied Genetics, 103(2): 297-306.

Demidchik V, Sokolik A, Yurin V. 1997. The effect of Cu^{2+} on ion transport systems of the plant cell plasmalemma. Plant Physiol, 114(4): 1313-1325.

Dotan Y, Lichtenberg D, Pinchuk I. 2004. Lipid peroxidation cannot be used as a universal criterion of oxidative stress. Progress in Lipid Research, 43(3): 200-227.

El Ghaouth A, Wilson C L, Callahan A M. 2003. Induction of chitinase, β-1,3-glucanase, and phenylalanine ammonia lyase in peach fruit by UV-C treatment. Phytopathology, 93(3): 349-355.

Elfstrand M, Feddermann N, Ineichen K, et al. 2005. Ectopic expression of the mycorrhiza-specific chitinase gene Mtchit 3-3 in Medicago truncatula root-organ cultures stimulates spore germination of glomalean fungi. New Phytologist, 167(2): 557-570.

Freeman S, Minz D, Kolesnik I, et al. 2004. Trichoderma biocontrol of *Colletotrichum acutatum* and *Botrytis cinerea* and survival in strawberry. European Journal of Plant Pathology, 110(4): 361-370.

Fridovich I. 1978. The biology of oxygen radicals. Science, 201(4359): 875.

Fukuda Y, Ohme M, Shinshi H. 1991. Gene structure and expression of a tobacco endochitinase gene in suspension-cultured tobacco cells. Plant Molecular Biology, 16(1): 1-10.

Fukuda Y, Shinshi H. 1994. Characterization of a novel *cis*-acting element that is responsive to a fungal elicitor in the promoter of a tobacco class I chitinase gene. Plant Molecular Biology, 24(3): 485-493.

Gonzalez-Mendoza D, Moreno A Q, Zapata-Perez O. 2007. Coordinated responses of phytochelatin synthase and metallothionein genes in black mangrove, *Avicennia germinans*, exposed to cadmium and copper. Aquatic Toxicology, 83(4): 306-314.

Goyer R A. 1993. Lead toxicity: current concerns. Environmental Health Perspectives, 100: 177.

Hall J. 2002. Cellular mechanisms for heavy metal detoxification and tolerance. Journal of Experimental Botany, 53(366): 1-11.

Hamel F, Boivin R, Tremblay C, et al. 1997. Structural and evolutionary relationships among chitinases of flowering plants. Journal of Molecular Evolution, 44(6): 614-624.

Hamer D H. 1986. Metallothionein1, 2. Annual Review of Biochemistry, 55(1): 913-951.

Henrissat B, Bairoch A. 1993. New families in the classification of glycosyl hydrolases based on amino acid sequence similarities. Biochemical Journal, 293(Pt 3): 781-788.

Hoell I A, Klemsdal S S, Vaaje-Kolstad G, et al. 2005. Overexpression and characterization of a novel chitinase from *Trichoderma atroviride* strain P1. Biochimica et Biophysica Acta (BBA)-Proteins & Proteomics, 1748(2): 180-190.

Huang G Y, Wang Y S. 2009. Expression analysis of type 2 metallothionein gene in mangrove species (*Bruguiera gymnorrhiza*) under heavy metal stress. Chemosphere, 77(7): 1026-1029.

Huang G Y, Wang Y S. 2010a. Physiological and biochemical responses in the leaves of two mangrove plant seedlings (*Kandelia candel* and *Bruguiera gymnorrhiza*) exposed to multiple heavy metals. Journal of Hazardous Materials, 182(1-3): 848-854.

Huang G Y, Wang Y S. 2010b. Expression and characterization analysis of type 2 metallothionein from grey mangrove species (*Avicennia marina*) in response to metal stress. Aquatic Toxicology, 99(1): 86-92.

Hudspeth R L, Hobbs S L, Anderson D M, et al. 1996. Characterization and expression of chitinase and 1, 3-β-glucanase genes in cotton. Plant Molecular Biology, 31(4): 911-916.

Iseli B, Boller T, Neuhaus J M. 1993. The N-terminal cysteine-rich domain of tobacco class I chitinase is essential for chitin binding but not for catalytic or antifungal activity. Plant Physiol, 103(1): 221-226.

Ishige F, Mori H, Yamazaki K, et al. 1993. Cloning of a complementary DNA that encodes an acidic chitinase which is induced by ethylene and expression of the corresponding gene. Plant and Cell Physiology, 34(1): 103-111.

Kasprzewska A. 2003. Plant chitinases-regulation and function. Cellular and Molecular Biology Letters, 8(3): 809-824.

Kastner B, Tenhaken R, Kauss H. 1998. Chitinase in cucumber hypocotyls is induced by germinating fungal spores and by fungal elicitor in synergism with inducers of acquired resistance. The Plant Journal, 13(4): 447-454.

Kawabe A, Innan H, Terauchi R, et al. 1997. Nucleotide polymorphism in the acidic chitinase locus (ChiA) region of the wild plant *Arabidopsis thaliana*. Molecular Biology and Evolution, 14(12): 1303-1315.

Kieffer P, Schrö Der P, Dommes J, et al. 2009. Proteomic and enzymatic response of poplar to cadmium stress. Journal of proteomics, 72(3): 379-396.

Kirubakaran S I, Sakthivel N. 2007. Cloning and overexpression of antifungal barley chitinase gene in *Escherichia coli*. Protein Expression and Purification, 52(1): 159-166.

Kitamura E, Kamei Y. 2003. Molecular cloning, sequencing and expression of the gene encoding a novel chitinase A from a marine bacterium, *Pseudomonas* sp. PE2, and its domain structure. Applied Microbiology and Biotechnology, 61(2): 140-149.

Küpper H, Lombi E, Zhao F J, et al. 2000. Cellular compartmentation of cadmium and zinc in relation to other elements in the hyperaccumulator *Arabidopsis halleri*. Planta, 212(1): 75-84.

Küpper H, Zhao F J, Mcgrath S P. 1999. Cellular compartmentation of zinc in leaves of the hyperaccumulator *Thlaspi caerulescens*. Plant Physiol, 119(1): 305-312.

Lamb C, Dixon R A. 1997. The oxidative burst in plant disease resistance. Annual Review of Plant Biology, 48(1): 251-275.

Lang M L, Zhang Y X, Chai T Y. 2005. Identification of genes up-regulated in response to Cd exposure in *Brassica juncea* L. Gene, 363: 151-158.

Lawrence C, Joosten M, Tuzun S. 1996. Differential induction of pathogenesis-related proteins in tomato by *Alternaria solani* and the association of a basic chitinase isozyme with resistance. Physiological and Molecular Plant Pathology, 48(6): 361-377.

Lawton K, Ward E, Payne G, et al. 1992. Acidic and basic class III chitinase mRNA accumulation in response to TMV infection of tobacco. Plant Molecular Biology, 19(5): 735-743.

Leah R, Skriver K, Knudsen S, et al. 1994. Identification of an enhancer/silencer sequence directing the aleurone-specific expression of a barley chitinase gene. The Plant Journal, 6(4): 579-589.

Levine A, Tenhaken R, Dixon R, et al. 1994. H_2O_2 from the oxidative burst orchestrates the plant hypersensitive disease resistance response. Cell, 79(4): 583-593.

Liu F J, Tang Y T, Du R J, et al. 2010. Root foraging for zinc and cadmium requirement in the Zn/Cd hyperaccumulator plant *Sedum alfredii*. Plant and Soil, 327(1-2): 365-375.

Liu F R, Chen H Y, Liu Y, et al. 2004. Changes in solute content of different tomato genotypes under salt stress. Journal of Plant Physiology and Molecular Biology, 30(1): 99-104.

Liu H, Weisman D, Ye Y, et al. 2009. An oxidative stress response to polycyclic aromatic hydrocarbon exposure is rapid and complex in *Arabidopsis thaliana*. Plant Science, 176(3): 375-382.

Liu H, Yang J, Chen J, et al. 2008. Prediction for signal peptides based on the similarity of global alignment. Journal of Shanghai Jiaotong University, 42(1): 11-15.

MacFarlane G, Burchett M. 1999. Zinc distribution and excretion in the leaves of the grey mangrove, *Avicennia marina* (Forsk.) Vierh. Environmental and Experimental Botany, 41(2): 167-175.

Macfarlane G, Burchett M. 2000. Cellular distribution of copper, lead and zinc in the grey mangrove, *Avicennia marina* (Forsk.) Vierh. Aquatic Botany, 68(1): 45-59.

MacFarlane G, Burchett M. 2001. Photosynthetic pigments and peroxidase activity as indicators of heavy metal stress in the grey mangrove, *Avicennia marina* (Forsk.) Vierh. Marine Pollution Bulletin, 42(3): 233-240.

MacFarlane G, Burchett M. 2002. Toxicity, growth and accumulation relationships of copper, lead and zinc in the grey mangrove *Avicennia marina* (Forsk.) Vierh. Marine Environmental Research, 54(1): 65-84.

MacFarlane G, Pulkownik A, Burchett M. 2003. Accumulation and distribution of heavy metals in the grey mangrove, *Avicennia marina* (Forsk.) Vierh.: biological indication potential. Environmental Pollution, 123(1): 139-151.

Majeau N, Trudel J, Asselin A. 1990. Diversity of cucumber chitinase isoforms and characterization of one seed basic chitinase with lysozyme activity. Plant Science, 68(1): 9-16.

Maksymiec W. 2007. Signaling responses in plants to heavy metal stress. Acta Physiologiae Plantarum, 29(3): 177-187.

Margis-Pinheiro M, Martin C, Didierjean L, et al. 1993. Differential expression of bean chitinase genes by virus infection, chemical treatment and UV irradiation. Plant Molecular Biology, 22(4): 659-668.

Margis-Pinheiro M, Metz-Boutigue M H, Awade A, et al. 1991. Isolation of a complementary DNA encoding the bean PR4 chitinase: an acidic enzyme with an amino-terminus cysteine-rich domain. Plant Molecular Biology, 17(2): 243-253.

Marrs K A. 1996. The functions and regulation of glutathione *S*-transferases in plants. Annual Review of Plant Biology, 47(1): 127-158.

Metraux J, Boller T. 1986. Local and systemic induction of chitinase in cucumber plants in response to viral, bacterial and fungal infections. Physiological and Molecular Plant Pathology, 28(2): 161-169.

Metraux J, Burkhart W, Moyer M, et al. 1989. Isolation of a complementary DNA encoding a chitinase with structural homology to a bifunctional lysozyme/chitinase. Proceedings of the National Academy of Sciences, 86(3): 896-900.

Metwally A, Safronova V I, Belimov A A, et al. 2005. Genotypic variation of the response to cadmium toxicity in *Pisum sativum* L. Journal of Experimental Botany, 56(409): 167-178.

Meuriot F, Noquet C, Avice J C, et al. 2004. Methyl jasmonate alters N partitioning, N reserves accumulation and induces gene expression of a 32-kDa vegetative storage protein that possesses chitinase activity in *Medicago sativa* taproots. Physiol Plant, 120(1): 113-123.

Migocka M, Klobus G. 2007. The properties of the Mn, Ni and Pb transport operating at plasma membranes of cucumber roots. Physiol Plant, 129(3): 578-587.

Minic Z, Brown S, de Kouchkovsky Y, et al. 1998. Purification and characterization of a novel chitinase-lysozyme, of another chitinase, both hydrolysing *Rhizobium meliloti* Nod factors, and of a pathogenesis-related protein from *Medicago sativa* roots. Biochemical Journal, 332(Pt 2): 329-335.

Monteiro M S, Soares A. 2012. Cd accumulation and subcellular distribution in plants and their relevance to the trophic transfer of Cd. *In*: Ahmad P, Prasad M. Abiotic Stress Responses in Plants. New York: Springer: 387-401.

Moustakas M, Lanaras T, Symeonidis L, et al. 1994. Growth and some photosynthetic characteristics of field grown *Avena sativa* under copper and lead stress. Photosynthetica, 30(3): 389-396.

Nasser W, de Tapia M, Kauffman S, et al. 1988. Identification and characterization of maize pathogenesis-related proteins. Four maize proteins are chitinases. Plant Molecular Biology, 11: 529-538.

Neale A D, Wahleithner J A, Lund M, et al. 1990. Chitinase, beta-1,3-glucanase osmotin, and extensin are expressed in tobacco explants during flower formation. Plant Cell, 2(7): 673-684.

Nehnevajova E, Lyubenova L, Herzig R, et al. 2012. Metal accumulation and response of antioxidant enzymes in seedlings and adult sunflower mutants with improved metal removal traits on a metal-contaminated soil. Environmental and Experimental Botany, 76: 39-48.

Neuenschwander U, Vernooij B, Friedrich L, et al. 1995. Is hydrogen peroxide a second messenger of salicylic acid in systemic acquired resistance? The Plant Journal, 8(2): 227-233.

Neuhaus J M, Sticher L, Meins F, et al. 1991. A short C-terminal sequence is necessary and sufficient for the targeting of chitinases to the plant vacuole. Proceedings of the National Academy of Sciences, 88(22): 10362-10366.

Nielsen K, Mikkelsen J, Kragh K, et al. 1993. An acidic class III chitinase in sugar beet: induction by *Cercospora beticola*, characterization, and expression in transgenic tobacco plants. Molecular Plant Microbe Interactions, 6(4): 495-506.

Nishizawa Y, Hibi T. 1991. Rice chitinase gene: cDNA cloning and stress-induced expression. Plant Science, 76(2): 211-218.

Park Y, Jeon M H, Lee S, et al. 2005. Activation of defense responses in chinese cabbage by a nonhost pathogen, *Pseudomonas syringae* pv. *tomato*. Journal of Biochemistry and Molecular Biology, 38(6): 748-754.

Petruzzelli L, Kunz C, Waldvogel R, et al. 1999. Distinct ethylene-and tissue-specific regulation of beta-1, 3-glucanases and chitinases during pea seed germination. Planta, 209(2): 195-201.

Pieterse C M J, van Loon L C. 1999. Salicylic acid-independent plant defence pathways. Trends in Plant Science, 4(2): 52-58.

Prasad M N V. 1995.Cadmium toxicity and tolerance in vascular plants. Environmental and Experimental Botany, 35(4): 525-545.

Rasmussen U, Bojsen K, Collinge D B. 1992. Cloning and characterization of a pathogen-induced chitinase in *Brassica napus*. Plant Molecular Biology, 20(2): 277-287.

Rivera-Becerril F, Metwally A, Martin-Laurent F, et al. 2005. Molecular responses to cadmium in roots of *Pisum sativum* L. Water, Air, & Soil Pollution, 168(1): 171-186.

Rivera-Becerril F, van Tuinen D, Martin-Laurent F, et al. 2005. Molecular changes in *Pisum sativum* L. roots during arbuscular mycorrhiza buffering of cadmium stress. Mycorrhiza, 16(1): 51-60.

Robinson S P, Jacobs A K, Dry I B. 1997. A class Ⅳ chitinase is highly expressed in grape berries during ripening. Plant Physiol, 114(3): 771-778.

Romero-Puertas M C, Corpas F J, Rodríguez-Serrano M, et al. 2007. Differential expression and regulation of antioxidative enzymes by cadmium in pea plants. Journal of Plant Physiology, 164(10): 1346-1357.

Salt D E, Prince R C, Pickering I J, et al. 1995. Mechanisms of cadmium mobility and accumulation in Indian mustard. Plant Physiol, 109(4): 1427-1433.

Samac D A, Hironaka C M, Yallaly P E, et al. 1990. Isolation and characterization of the genes encoding basic and acidic chitinase in *Arabidopsis thaliana*. Plant Physiol, 93(3): 907-914.

Sandalio L, Dalurzo H, Gomez M, et al. 2001. Cadmium-induced changes in the growth and oxidative metabolism of pea plants. Journal of Experimental Botany, 52(364): 2115-2126.

Sarowar S, Kim Y J, Kim E N, et al. 2005. Overexpression of a pepper basic pathogenesis-related protein 1 gene in tobacco plants enhances resistance to heavy metal and pathogen stresses. Plant Cell Reports, 24(4): 216-224.

Schneider S, Ullrich W. 1994. Differential induction of resistance and enhanced enzyme activities in cucumber and tobacco caused by treatment with various abiotic and biotic inducers. Physiological and Molecular Plant Pathology, 45(4): 291-304.

Schutzendubel A, Polle A. 2002. Plant responses to abiotic stresses: heavy metal-induced oxidative stress and protection by mycorrhization. Journal of Experimental Botany, 53(372): 1351-1365.

Seregin I V, Ivanov V B. 2001. Physiological aspects of cadmium and lead toxic effects on higher plants. Russian Journal of Plant Physiology, 48(4): 523-544.

Seth C S, Misra V, Chauhan L K S. 2012. Accumulation, detoxification, and genotoxicity of heavy metals in Indian mustard (*Brassica juncea* L.). International Journal of Phytoremediation, 14(1): 1-13.

Sharma C, Irudayaraj V. 2010. Studies on heavy metal (arsenic) tolerance in a mangrove fern *Acrostichum aureum* L.(Pteridaceae). Journal of Basic and Applied Biology, 4(3): 143-152.

Sharma P, Dubey R S. 2005. Lead toxicity in plants. Brazilian Journal of Plant Physiology, 17(1): 35-52.

Shinshi H, Usami S, Ohme-Takagi M. 1995. Identification of an ethylene-responsive region in the promoter of a tobacco class Ⅰ chitinase gene. Plant Molecular Biology, 27(5): 923-932.

Somashekaraiah B, Padmaja K, Prasad A. 1992. Phytotoxicity of cadmium ions on germinating seedlings of mung bean (*Phaseolus vulgaris*): involvement of lipid peroxides in chlorophyll degradation. Physiol Plant, 85(1): 85-89.

Stohs S, Bagchi D. 1995. Mechanisms in the toxicity of metal ions. Free Radical Biology & Medicine, 18(2): 321-336.

Sugimoto K, Matsui K, Ozawa R, et al. 2011. Characterization of the promoter sequence of chitinase gene from lima bean plant. Journal of Plant Interactions, 6(2-3): 163-164.

Tateishi Y, Umemura Y, Esaka M. 2001. A basic class Ⅰ chitinase expression in winged bean is up-regulated by osmotic stress. Bioscience, Biotechnology, and Biochemistry, 65(7): 1663-1668.

Tuskan G A, Difazio S, Jansson S, et al. 2006. The genome of black cottonwood, *Populus trichocarpa* (Torr. & Gray). Science, 313(5793): 1596-1604.

van Keulen H, Wei R, Cutright T J. 2008. Arsenate-induced expression of a class Ⅲ chitinase in the dwarf sunflower *Helianthus annuus*. Environmental and Experimental Botany, 63(1-3): 281-288.

van Scheltinga A C T, Hennig M, Dijkstra B W. 1996. The 1.8 Å resolution structure of hevamine, a plant chitinase/lysozyme, and analysis of the conserved sequence and structure motifs of glycosyl hydrolase family 18. J Mol Biol, 262: 243-257.

Verma S, Dubey R. 2003. Lead toxicity induces lipid peroxidation and alters the activities of antioxidant enzymes in growing rice plants. Plant Science, 164(4): 645-655.

Walliwalagedara C, Atkinson I, van Keulen H, et al. 2010. Differential expression of proteins induced by lead in the dwarf sunflower *Helianthus annuus*. Phytochemistry, 71(13): 1460-1465.

Wu S, Kriz A L, Widholm J M. 1994. Molecular analysis of two cDNA clones encoding acidic class Ⅰ chitinase in maize. Plant Physiol, 105(4): 1097-1105.

Xu X M, Yu H C, Li G F. 2000. Progress in research of plant tolerance to saline stress. Chinese Journal of Applied and Environmental Biology, 6(4): 379-387.

Xu Y, Zhu Q, Panbangred W, et al. 1996. Regulation, expression and function of a new basic chitinase gene in rice (*Oryza sativa* L.). Plant Molecular Biology, 30(3): 387-401.

Yang J, He J, Jiang W. 1995. Effect of Cd pollution on the physiology and biochemistry of plant. Agr-environmental Protection, 14(5): 193-197.

Yang S, Li Y, Lin P. 2003. Change of leaf caloric value from *Avicennia marina* and *Aegiceras corniculatum* mangrove plants under cold stress. Journal of Oceanography in Taiwan Strait, 22(1): 46-52.

Yeboah N A, Arahira M, Nong V H, et al. 1998. A class III acidic endochitinase is specifically expressed in the developing seeds of soybean [*Glycine max* (L.) Merr.]. Plant Molecular Biology, 36(3): 407-415.

Young N D, Cannon S B, Sato S, et al. 2005. Sequencing the genespaces of *Medicago truncatula* and *Lotus japonicus*. Plant Physiol, 137(4): 1174-1181.

Yu N, Guo Y J, Lv J, et al. 2004. Physiological—biological changes of legumes under drought stress. Chinese Journal of Soil Science, 3(3): 275-278.

Zhu Q, Lamb C J. 1991. Isolation and characterization of a rice gene encoding a basic chitinase. Molecular and General Genetics, 226(1): 289-296.

第7章 红树植物对低温胁迫响应的生理生化
特征及其分子生态学机制

红树林是生长于热带、亚热带海湾河口潮间带的木本植物群落（林鹏，2001），主要分布在南北纬 25°之间，由于受暖流的影响，部分地区可达南北纬 33°左右（林鹏等，1994）。红树植物是非常重要的海洋生物资源，具有巨大的经济价值，可以作为工业原料，食用或药用（林鹏，2001；阮志平，2006）。此外，由于红树林生态系统还具有极其重要的生态功能，被誉为"海上森林""地球之肾"和"天然养殖场"（王亚楠等，2009）。但红树林生态系统的生存与发展日益受到包括气温升高、海平面上升、紫外线增强、极端气候灾害等在内的全球气候变化问题所带来的巨大影响（刘小伟等，2006）。气温升高是红树植物北移的契机，但海平面上升和极端气候事件频繁发生也使红树林面临巨大的威胁（Gilman et al.，2008；Guan et al.，2015）。大多数红树植物种类对低温敏感，不定期的寒冷或霜冻事件对其生存、生长和分布有着重要影响。2008 年，我国南方的低温雨雪天气造成了华南沿岸各省红树林的严重损害，大面积红树林枯黄落叶，大批红树植物幼苗萎蔫死亡（池伟等，2008）。Ross 等（2009）在佛罗里达开展的研究也表明冷冻事件将严重影响亚热带海岸带生态系统的结构和群落组成。因此，研究红树植物对低温胁迫的适应与响应机制具有非常重要的意义。但目前有关红树植物对低温胁迫的响应与适应机制的研究非常少（Gilman et al.，2008；Ross et al.，2009；Peng et al.，2013，2015a，2015b，2015c；Fei et al.，2015a，2015b），尤其是从分子角度进行的研究鲜有报道（Peng et al.，2013，2015a）。

国内外已在拟南芥等模式植物中开展了大量关于植物抗寒机制的研究。结果表明低温胁迫下植物细胞的抗氧化能力和渗透势的增加与植物的抗寒能力息息相关。冷诱导转录因子 CBF/DREB1（C-repeat binding factor/drought response element binding protein 1）及其调控的下游基因在植物响应低温胁迫的过程中起着重要作用（Qin et al.，2011）。对生长在不同纬度拟南芥的 *CBF* 基因表达量进行比较，发现低温胁迫下某些 *CBF* 基因的表达水平与拟南芥的抗寒能力呈正相关（Hannah et al.，2005；McKhann et al.，2008）。Navarro 等（2009）的研究同样发现耐寒的桉树属植物 *Eucalyptus gunnii* 的 *CBF* 基因在低温胁迫下的表达量远远大于不耐寒的桉树植物 *E. globules* 的 *CBF* 基因。本研究以三种红树植物（秋茄、桐花树和白骨壤）为研究对象，一方面从生理生化水平比较低温胁迫下这三种植物氧化压力状态和抗氧化系统的差异；另一方面通过克隆这三种植物的 *CBF* 转录因子基因，比较其序列结构差异和低温胁迫下的表达水平差异，从分子水平探索红树植物抗寒能力存在差异的原因。

本章研究是对红树植物响应与适应低温胁迫机制理论体系的重要补充和完善（Peng et al.，2013，2015a，2015b，2015c），将为今后我国红树林资源的保护、开发与可持续发展，以及华南沿海防护林体系建设提供重要的理论依据和技术支持，也将为红树植物抗寒基因工程改良提供理论依据和对策。此外，多种物种中的 *CBF* 转录因子已被证明在多种压力胁迫的响应过程中起着重要作用，红树植物生境特殊，对高渗透压、高盐、高温、强光等有很强的耐受性，克隆并研究红树植物的 *CBF* 基因有助于揭示红树植物抵抗多种压力胁迫的交叉响应机制（Peng et al.，2013，2015a）。

7.1 国内外研究进展

低温是影响植物生长、发育及分布的重要环境因子，常造成植物的损害。冷敏感和耐寒植物在低温胁迫下都能增加耐寒能力，这个过程被称为低温驯化或冷驯化（cold acclimation，CA），是植物积极响应低温胁迫的应激过程。这个过程依赖于植物体基因表达结构的调整及由此导致的代谢产物的改变。长期的研究发现，植物抗寒性状是受多基因微效调控并受外界环境因子影响的体内一系列生理生化过程的综合结果（Knight M R & Knight H，2012）。随着分子生物学技术的发展，人们已从植物对低温信号的识别、传递、信号级联放大及转导和冷诱导效应等多方面对植物响应低温胁迫的分子生物学机制进行了深入探索，提出了多条低温感受途径，鉴定和分离了大量冷诱导相关基因，并对植物低温信号传递网络有了较深入的理解。此外，随着基因工程手段的进步，采用重组 DNA 和转基因技术将外源抗寒相关基因导入植株，已成为改良植物抗逆性的新途径。

7.1.1 植物感受低温刺激的途径

当环境温度降低时，植物可以通过某些感知温度变化的器官感受到冷刺激从而做出积极的响应（Zeller et al.，2009）。虽然目前在植物中还没有鉴定出明确的感知温度变化的器官（Ruelland & Zachowski，2010），但是已经发现多种途径可能参与了植物对温度刺激的感受，这些途径包括温度介导的细胞膜流动性的改变（Los & Murata，2004）、活性氧（ROS）分子产生速率的改变（Suzuki & Mittler，2006）、细胞骨架（Orvar et al.，2000）和蛋白质构象的改变等，并且研究还发现冷信号与光信号的感受与传递存在复杂的相互作用，如图 7.1 所示。

低温胁迫时，细胞膜最先受到伤害。由低温引起的脱水压力或蛋白质分子破坏都会导致细胞膜僵化甚至受损（Yamazaki et al.，2009）。"细胞膜流动性的改变是植物感知温度变化的一种途径"这一假设陆续被许多研究所证实。例如，Orvar 等（2000）用增加细胞膜流动性的药物苯甲基乙醇处理苜蓿，抑制了其低温诱导基因 *CAS30*（cold-acclimation specific 30）的表达；相反，Sangwan 等（2001）用减少细胞膜流动性的药物二甲基亚砜处理芸苔，使其冷诱导基因 *BN115* 在非低温胁迫下也上调表达。而 Vaultier 等（2006）构建了脂肪酸去饱和酶基因缺失的拟南芥突变植株，该植物由于不能合成不饱和脂肪酸，使细胞膜流动性降低，低温胁迫时该突变植株低温诱导基因的表达量远大于对照植株。细胞骨架与细胞膜紧密相连，低温胁迫下磷脂酶 D（phospholipase D，PLD）可促使周质微管从质膜上脱离而引起细胞骨架的重组（Orvar et al.，2000）。Li 等（2004）

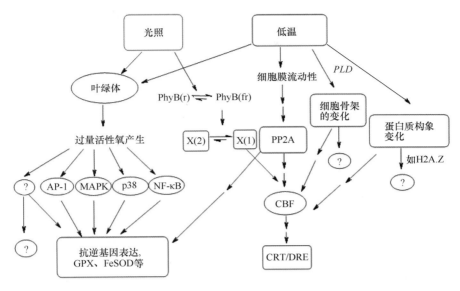

图 7.1　光照下植物对冷信号的感知途径［根据 Kim 等（2002）绘制］

发现过量表达 *PLD* 基因的拟南芥植株在冷驯化后抗冻性明显提高。这一研究证实组成细胞骨架的微管和微丝在冷信号感受及传导中起着重要作用，但其具体作用机制还不清楚。

除质膜外，细胞光合系统对温度变化也极为敏感。低温胁迫下，光反应阶段水分解和电子传递速度增加，导致各种活性氧分子（ROS，包括 $O_2^{\cdot-}$、H_2O_2、O_2 和 $\cdot OH$ 等）的产生速率加快。过剩的 ROS 不仅会导致 DNA、蛋白质和脂类的损害，同时在介导压力响应的信号转导过程中也起着重要作用（Droge，2002），如诱导细胞质 Ca^{2+} 浓度的增加，活化蛋白酪氨酸激酶，激活 AP-1、MAPK、p38 和 NF-κB 等转录因子等。Svensson 等（2006）构建的大麦 *albina* 基因缺失突变植株不能形成正确的叶绿体，在冷胁迫下其植株多种冷胁迫相关基因的表达量下调。该研究进一步证实 ROS 产生速率的改变参与了植物对温度变化的感知。此外，近年来许多研究表明光照条件下植物启动的冷胁迫相关基因比黑暗条件下多（Franklin，2009），说明光信号在低温刺激的感知中也起着重要作用。Kim 等（2002）发现光敏色素 B（phytochrome B，PhyB）可能是光信号转导激活冷诱导基因表达的光感受器。在光照下光敏色素 B 从红外光吸收形式 PhyB（r）转变成远红外光吸收形式 PhyB（fr），PhyB（fr）能激活下游冷信号转导途径，增加 *CBF* 及其调控的下游基因的表达。此外，Kim 等（2002）还证实了蛋白磷酸酯酶 2A（PP2A）参与冷信号的级联传导过程（图 7.1）。

Kumar 和 Wigge（2010）的一项研究表明拟南芥的组蛋白变型（H2A.Z）构象的改变在温度感受中起着重要作用。研究发现，温度升高时 H2A.Z 的构象发生改变，使其从结合位点脱落，从而激活了相关基因的表达。而低温下，H2A.Z 与 DNA 的结合可能阻止了阻遏蛋白的结合，因此启动了低温诱导基因的表达。而 Hu 等（2011）的研究进一步证实组蛋白构象的改变参与了冷刺激的感知与传导。该研究发现用组蛋白去乙酰化酶（HDAC）的抑制剂曲古菌素 A（TSA）处理玉米可选择性抑制其低温诱导基因

ZmDREB1 和 *ZmCOR413* 在低温胁迫下的上调表达。组蛋白构象可受磷酸化/去磷酸化、乙酰化/去乙酰化等多种修饰方式的影响，越来越多的研究证实其构象的改变对基因的表达起着粗调的作用。但低温胁迫下冷信号如何传递给组蛋白或有哪些组蛋白参与了低温感知，以及它们如何调节基因的表达等问题还有待进一步探索。

7.1.2 Ca^{2+}介导的信号级联传导网络

钙离子流涌入细胞质是植物细胞监测到温度变化后产生的重要响应（Kaplan et al., 2006；Chinnusamy et al., 2006；Monroy et al., 2007）。添加钙螯合剂和阻塞钙离子通道都能阻止植物的冷驯化（Monroy et al., 2007），说明 Ca^{2+} 浓度的增加是冷信号转导中不可缺失的重要环节。细胞质内 Ca^{2+} 浓度增加可能是由于细胞膜僵化或活性氧分子的过剩产生激活了位于细胞质膜的钙离子通道（Kaplan et al., 2006；Chinnusamy et al., 2006）。McAinsh 和 Pittman（2009）综述了目前鉴定出的三种主要 Ca^{2+} 渗透通道：压力敏感型钙离子通道（mechanosensitive Ca^{2+} channel，MCC），去极化激活的钙离子通道（depolarization-activated Ca^{2+} channel，DACC）和超极化激活的钙离子通道（hyperpolarization-activated Ca^{2+} channel，HACC）。Ca^{2+}携带着冷刺激信号进入细胞之后可被钙离子结合蛋白（Ca^{2+} binding protein，CBP）捕获。植物中的 CBP 主要有：钙调素（calmodulin，CaM）和钙调素类似蛋白（calmodulin-like protein，CML）、Ca^{2+}依赖蛋白激酶（calcium-dependent protein kinase，CDPK）（Ray et al., 2007）和钙依赖磷酸酶或称类钙调节神经素 B 亚基蛋白（calcineurin B-like protein，CBL）（Yang et al., 2004）。这些蛋白都包含一个可以结合 Ca^{2+} 的相似的 EF-hand 元件，它们结合 Ca^{2+} 后构象发生改变从而激活或失活目标蛋白，将破译的冷信号放大并传递下去（DeFalco et al., 2010）。

目前已从土豆（Massarelli et al., 2009）、水稻（Ray et al., 2007）等多种植物中鉴定出与冷信号传递相关的 *CBP* 基因，它们的表达都受冷胁迫诱导。CBL 仅在植物中被发现，可调控 CIPK（CBL interacting protein kinase）的活性，在 Ca^{2+}信号解码过程中发挥重要作用（Yang et al., 2004），研究已从拟南芥中鉴定出 10 种 *CBL* 基因（Batistic & Kudla, 2004）。Cheong 等（2010）研究发现 CBL5 能激活 *RD29A*、*RD29B* 和 *KIN* 等基因的表达，在植物对非生物压力的响应中起重要作用。CDPK 是另一个重要的 CBP 蛋白，在冷信号转导中起着重要作用。CDPK 的活化可诱导脱落酸（abscisic acid，ABA）合成相关基因 *NCED*（*mine-cis* epoxycarotenoid dioxygenase）的表达（Xiong & Zhu, 2003），ABA 的累积能激活多种下游压力响应基因。另外，Chinnusamy 等（2003）推测 *CBF/DREB1* 上游调控子 ICE1 也可被 CDPK 激活。

低温胁迫下细胞质中 Ca^{2+}浓度的增加可诱导 Ca^{2+}/H$^+$反向运输体编码基因 *CAX1*（*calcium exchanger 1*）的表达（Hirschi, 1999）。*CAX1* 是植物冷驯化过程中的负调节基因，植物通过 Ca^{2+}/H$^+$反向运输体将细胞内 Ca^{2+}运输到细胞膜外，可维持细胞质中 Ca^{2+}浓度的平衡，缺失 *CAX1* 基因的拟南芥突变植株在冷胁迫下 *CBF/DREB1* 的表达量明显增加（Hirschi, 1999）。

7.1.3 低温胁迫下植物启动的转录调控途径

低温胁迫下，植物合成了多种响应蛋白，根据其功能可分为两类：一类是保护蛋白；

另一类是参与信号传递及转导的激酶和转录因子。植物细胞感受到低温刺激后细胞内 Ca^{2+} 浓度迅速增加，再经一系列信号传递途径激活多种转录因子，从而调控下游冷胁迫响应基因的表达（图 7.2）。目前已从植物中鉴定出多条参与冷胁迫响应的转录调控途径（Winfield et al.，2010；Kurbidaeva & Novokreshchenova，2011），主要包括 CBF/DREB1、WRKY、NAC（NAM、ATAF、CUC）ZF-HD、AREB/ABF 和 MYB/MYC 等调控子，根据其是否受 ABA 诱导又可划分为两类，即 ABA 依赖型和非 ABA 依赖型，前三种调控子都属于非 ABA 依赖型信号转导途径，后两种属于 ABA 依赖型信号转导途径。

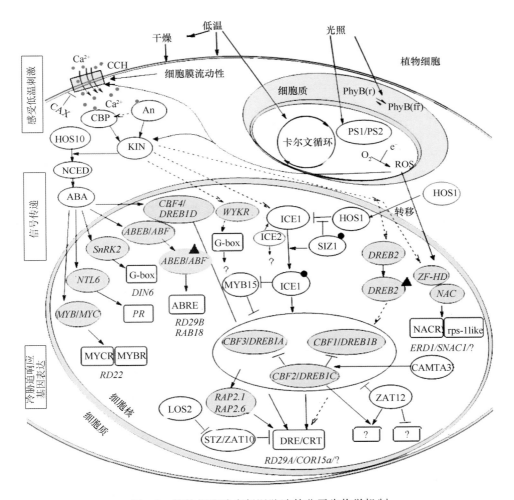

图 7.2　植物细胞响应低温胁迫的分子生物学机制

灰色椭圆形框内显示的是编码转录因子的基因，框上的黑色圆圈代表 SUMO 修饰，黑色三角形代表其他修饰。白色矩形框内显示的是转录因子作用的顺式作用元件，其下方显示的是被诱导启动的冷胁迫响应基因 [根据 Winfield 等（2010）、Kurbidaeva 和 Novokreshchenova（2011）绘制]。CCH. Ca^{2+} 通道；An. 膜联蛋白；KIN. 激酶和磷酸酶

7.1.3.1　ABA 依赖型转录调控途径

脱落酸（ABA）是植物生长发育过程中非常重要的植物激素，也是植物响应逆境胁迫的重要信号分子，参与干旱、盐碱和低温等多种逆境的响应。低温下，植物 ABA 含

量积累，诱导一系列抗冻相关基因表达（Xiong & Zhu，2003）。常温下添加外源的 ABA 也可以使植物的抗寒性提高（Gilmour et al.，2000）。ABA 诱导基因启动子区都含有 ABA 响应元件（ABRE）（C/TACGTGGC）。ABRE 结合蛋白（AREB 或 ABF）是一种 bZIP 转录因子，可结合 ABRE 元件启动相关基因的表达（Choi et al.，2000）。编码 ABF（ABF1～ABF4）的基因自身也可以被 ABA 所诱导，并且在不同的环境压力条件下表现出不同的诱导活性，使得 *ABF* 基因可以通过共同的 ABRE 元件在不同的信号转导途径中起作用。*ABF1* 可以被冷诱导，*ABF2* 和 *ABF3* 可以被高盐诱导，*ABF4* 可以被冷、高盐及干旱诱导（Choi et al.，2000）。拟南芥 ABA 缺陷型植株 los5/aba3 的遗传分析显示，ABA 在脱水相关基因的表达中起着重要的作用；这些重组植株对冷胁迫也极为敏感，低温下植株的冷诱导基因的表达量显著减少（缪绅裕和陈桂珠，1997）。*HOS9* 突变的转基因植物 NCED 的合成量减少，不能诱导 ABA 积累，同样对冷胁迫敏感（van Buskirk & Thomashow，2006）。

MYC/MYB 转录因子也受 ABA 诱导，它们的作用元件分别为 CANNTG 和 C/TAACNA/G 序列。在 ABA 处理下，它们的联合作用可启动 *RD22* 脱水响应基因。MYC 和 MYB 还参与了生物和非生物胁迫间的交互作用（cross-talking），添加茉莉酸也可诱导其表达（Abe et al.，2003）。SnRK1 家族的 Snfl-like 蛋白激酶（KIN10 和 KIN11）也参与了脱水压力的响应过程。KIN10 和 KIN11 可通过激活启动子区含有 G 盒（CACGTG）的 *DIN6*（*dark induced 6*）基因的表达，参与植物对多种压力的响应（Baena-González et al.，2007）。

7.1.3.2 非 ABA 依赖型转录调控途径

CBF/DREB1 调控子是植物冷驯化过程中一条很保守的非 ABA 依赖型转录调控途径（Bradford，1976；Borovskii et al.，2005）。CBF 转录因子属于 DNA 结合蛋白 AP2/EREBP 家族（Gilmour et al.，1998），其一级结构都含有 AP2 DNA 结合域、两个 CBF 特征序列"PKKP/R motif 和 DSAWR"和 C 端酸性转录激活域，能特异性识别并结合在冷响应或脱水响应元件 CRT/DRE（CCGAC）上，诱导冷胁迫响应基因的表达（Qin et al.，2011）。Thomashow 等（2001）和 Gilmour 等（2000）将 CBF 转录因子比喻为植物抗寒性的"总开关"。拟南芥在低温胁迫下 15 min 内即可诱导 *CBF* 基因的表达，大约 2 h 后 CBF 转录因子可激活 LEA 蛋白、抗冻蛋白、亲水性蛋白、RNA 结合蛋白等抗冻功能蛋白和重要代谢所需酶的基因表达，使植物的生理生化发生一系列改变，如脯氨酸合成增加、可溶性糖积累等，以抵御冷胁迫的危害（Gilmour et al.，2000；Qin et al.，2011）。在转基因拟南芥中过量表达 *CBF* 可诱导 *COR* 基因的表达，并使植物在非低温胁迫下增强抗寒力（Gilmour et al.，2000）。Hannah 等（2005）和 Badawi 等（2007）的研究都表明 *CBF* 基因表达量的多少与取自不同纬度的拟南芥植株的抗寒能力有关。目前，CBF 转录因子在植物抗寒中的重要作用已在许多其他物种中得到了证实，如小麦（Badawi et al.，2007）、玉米（Qin et al.，2004）和桉树（Navarro et al.，2009）等。Winfield 等（2010）研究发现不同小麦品种的抗寒能力与其某些 *CBF* 基因（*CBF IIId*、*CBF IVa*、*CBF IVb*、*CBF IVc*、*CBF IVd*）的组成型（正常条件下的）表达量和冷诱导下表达量的增加幅度及持续时间密切相关。

WRKY 是植物所特有的转录因子，具有一个或两个高度保守的 WRKY 功能域（de Pater et al.，1996），调控含有 W 盒（T）TGACC（A/T）序列的下游基因的转录与表达。*WRKY* 基因自身的启动子中也有 W 盒，故在某种程度上也可以自我调节（de Pater et al.，1996）。WRKY 类转录因子参与了植物生长、发育和衰老的若干生理过程，也参与病害和非生物压力胁迫的响应（Rushton et al.，2010）。Marè 等（2004）的研究表明小麦 *WRKY38* 参与了冷胁迫和干旱胁迫的响应。Talanova 等（2009）从小麦中鉴定出一种可被低温诱导表达的 WRKY 转录因子，在植物转移至 4℃ 后 15 min 内其表达量可迅速增加到原来的几十倍，但几天后其表达量又恢复到原始水平。Zhou 等（2008）在拟南芥中过量表达大豆 *GmWRKY21* 基因使其抗寒性增强。Winfield 等（2010）的研究发现一些冷胁迫响应基因与 WRKY 转录因子在冷胁迫下具有相同的上调表达模式，如一些葡萄糖酶、几丁质酶，这些效应分子可能与 WRKY 转录因子是协同调控的。

NAC/ZF-HD 调控子是植物在冷胁迫下启动的另一条非 ABA 依赖型转录调控途径。NAC 家族的转录因子（NAM、ATAF、CUC）和 ZFHD（zinc finger homeodomain）转录因子的联合作用可诱导编码 Clp 蛋白酶调控亚基的 *ERD1* 基因的表达（Tran et al.，2007）。Clp 蛋白酶可调节代谢途径中限速酶的水平从而控制代谢过程，并协助清除细胞内一些具有潜在毒性的不可逆损伤的蛋白质，以保证细胞正常的生理功能。而编码脱水诱导的转录激活因子的 *SNAC1*（stress-responsive NAC1），可诱导多种调控渗透压的基因表达，如山梨醇转运载体（sorbitol transporter）、外切葡聚糖酶（exoglucanase）编码基因，以及一些有助于细胞膜稳定性的基因。*SNAC1* 在植物气孔保卫细胞中表达，可增加气孔的关闭频率，减少蒸腾作用。有研究表明过量表达 *SNAC1* 的水稻具有更强的耐旱和耐盐能力（Hu et al.，2006）。

7.1.4　冷诱导效应分子

冷胁迫下细胞膜是受害的主要位点（Kurbidaeva & Novokreshchenova，2011）。冷胁迫主要导致脱水和渗透压力，低温胁迫时由于冰晶形成还会给细胞造成巨大的物理伤害，冰冻脱水是导致原生质膜受损的主要因素（Yamazaki et al.，2009）。因此，植物抗冻性与避免细胞膜伤害密切相关。植物冷驯化的关键就是稳定细胞膜以抵御可能的冷冻伤害，这个过程包括阻止冰晶形成或限制其生长的抗冻蛋白、保护细胞膜和蛋白质脱水的渗透保护剂的产生及清除活性氧自由基的解毒酶表达量的增加等（Winfield et al.，2010）。

7.1.4.1　抗冻蛋白

零下低温胁迫时，冰晶及冰晶重结晶对植物细胞特别是细胞膜造成巨大的物理伤害。植物的抗冻性主要依赖于细胞抵御冰晶细胞外重结晶的能力，以及冰在细胞内形成的能力。低温下可越冬存活的单子叶植物能合成一系列具有抗冻活性、能阻止冰晶形成和生长的病程相关蛋白（pathogenesis related protein，PR 蛋白），如 β-1,3-葡聚糖酶（Pihakaski-Maunsbach et al.，1996）、内切几丁质酶（Yeh et al.，2000）、甜蛋白类似蛋白（Antikainen et al.，1996）等。Winfield 等（2010）发现某些几丁质酶和葡聚糖酶仅在低温胁迫的冬小麦中表达，而在春小麦中却不能被诱导，这些蛋白可能与小麦的抗寒性密切相关。

7.1.4.2 冷胁迫响应基因及其效应分子

冷胁迫响应基因 *COR*（cold-regulated gene or cold-responsive gene）又称冷诱导基因 *CI*（cold-induced gene），属于 LEA 家族，是编码高度亲水性蛋白的一系列低温诱导表达基因的总称（Winfield et al.，2010）。目前已从拟南芥、油菜、苜蓿、菠菜、小麦等植物中克隆和鉴定出大量的 *COR* 基因，这些基因也被称为 LTI（low temperature induced）、KIN（cold induced）、RD（response to dehydration）或 ERD（early dehydration-induced），如拟南芥中的 *KIN1*、*COR6.6/KIN2*、*COR15a*、*COR47/RD17*，油菜中的 *BN28* 和 *BN115* 等。而某些 *COR* 基因编码的是具有热稳定性和高度亲水性的植物脱水素（dehydrin，DHN），又称 RAB 蛋白（Kosová et al.，2007），在植物发育后期及干旱、低温、盐碱等逆境条件下可大量积累。多种 *COR* 基因都受到 *CBF* 基因的调控。Gilmour 等（2000）在拟南芥中过量表达 *AtCBF3* 基因可以诱导多种 *COR* 基因，如 *COR6.6*、*COR47* 和 *COR78* 的表达。脱水素和其他许多 *COR* 基因产物一样可作为乳化剂或分子伴侣，保护蛋白质和细胞膜抵御脱水引起的不利结构改变（Winfield et al.，2010）；还可协助清除羟自由基以减少膜脂质过氧化（Borovskii et al.，2005）。许多研究表明植物 *COR* 基因的表达量与植物抗寒力呈正相关关系（Grossi et al.，1998；Baldi et al.，1999；Ohno et al.，2001）。例如，Vítámvás 等（2007）发现小麦特有的 *COR* 基因 *WCS66*（属于 WCS120 家族）在低温胁迫下的冬小麦叶片中的上调表达量远大于春小麦。Winfield 等（2010）还发现冷驯化实验中冬小麦叶片中脱水素的累积量明显高于春小麦。而 NDong 等（2002）构建了过量表达小麦 *WCS19* 基因的拟南芥转基因植株，该植株经冷驯化后抗寒力大大增加。

7.1.4.3 渗透调节剂及其合成相关基因

低分子质量渗透调节物质（脯氨酸、甜菜碱、可溶性糖等）的积累被认为是增强植物对渗透胁迫适应和耐受的主要机制（Winfield et al.，2010）。因此，参与渗透调节剂合成的基因在冷胁迫响应中起着重要作用。拟南芥中，参与脯氨酸合成的关键酶编码基因 *P5CSb*（Δ1-pyrroline-5-carboxylate synthetase b）的启动子区含有 CRT/DRE 元件，低温胁迫下可被 CBF 转录因子激活。另外，参与脯氨酸降解的关键酶编码基因 *proDH* 的表达可被低温抑制。*P5CS* 的上调表达和 *proDH* 的下调表达使得脯氨酸在细胞中积累，从而增强了细胞吸收水分的能力（Vergnolle et al.，2005）。此外，脯氨酸还可作为信号分子，诱导启动子区含有 PRE（proline responsive element）元件 ACTCAT 的下游基因的表达（Satoh et al.，2002）。Nanjo 等（1999）构建的过量表达 *AtproDH* 的转基因拟南芥能在细胞内大量积累脯氨酸，其耐低温和耐盐能力远高于对照植株。

7.1.4.4　抗氧化剂与抗氧化酶

　　低温胁迫会导致氧自由基过剩产生，而活性氧的积累可使膜脂质发生过氧化和脱脂现象从而被破坏。植物通过积累抗氧化剂和过量表达抗氧化酶合成基因来清除多余的氧自由基（Suzuki et al.，2006；Droge，2002），从而维持膜脂质的稳定性。植物体的抗氧化剂主要有抗坏血酸、谷胱甘肽、类胡萝卜素等；抗氧化酶包括超氧化物歧化酶（SOD）、抗坏血酸过氧化物酶（APX）、过氧化氢酶（CAT）、谷胱甘肽过氧化物酶（GPX）、谷胱甘肽-S-转移酶（GST）等（Peng et al.，2015b）。大量研究表明，植物的抗寒力与植物抗氧化保护酶和抗氧化剂的活性氧清除能力关系密切。Foyer 等（1994）发现低温下植物 *SOD* 等抗氧化酶基因的大量表达可增加植物抵抗低温引发的光抑制的能力。而 McKersie 等（1993）发现过量表达烟草 *MnSOD* 的转基因苜蓿的越冬存活率明显高于野生种，同时也具有更强的耐受除草剂二苯乙醚的能力。

7.1.5　红树植物抗寒机制研究进展

　　全球气候变化和极端低温灾害频繁发生将严重影响亚热带海岸带生态系统的结构和群落组成（Ross，2009）。红树植物对低温胁迫的响应与适应机制越来越受到关注。林鹏等（1994）比较了 6 种红树植物（秋茄、桐花树、木榄、海莲、尖瓣海莲和白骨壤）的抗寒性，研究表明秋茄、桐花树、木榄的抗寒性较高，而白骨壤的耐寒能力最差。杨盛昌和林鹏（1998）比较了秋茄和桐花树抗寒力的越冬变化，研究表明红树植物的抗寒能力具有诱导性，说明秋茄和桐花树等红树植物的抗寒能力可以通过冷驯化过程获得。因此，我们推测红树植物中的 *CBF* 基因在其低温胁迫响应过程中起着重要作用。池伟等（2008）研究了红树林在低温胁迫下的生态适应性，结果表明低温胁迫下不同红树植物的生态适应性发生分化，其中秋茄和桐花树具有较强的低温适应性，其余树种的适应性较差。雍石泉等（2012）对三种红树植物秋茄、拉关木和无瓣海桑抗寒能力的比较也发现秋茄具有较强的抗寒能力。尽管目前已开展了许多关于红树植物低温胁迫响应的生理生化研究，揭示了不同红树植物具有不同的抗寒能力，但目前对于它们抗寒能力存在差异的内在机制还不清楚，尤其是关于红树植物低温胁迫响应的信号转导过程鲜有报道（Peng et al.，2013，2015a）。

7.1.6　研究的目的意义、研究内容和技术路线

7.1.6.1　目的意义

　　红树林作为海岸河口的特殊生态系统，有着重要的生态功能和经济价值。但在全球气候变化的背景下，极端低温事件的频繁发生对红树林的生存和发展造成了严重威胁。开展红树植物响应与适应低温胁迫的机制研究，将为今后我国红树林资源的保护、开发与可持续发展，以及华南沿海防护林体系建设提供重要的理论依据和技术支持，并有助于揭示在全球气候变化背景下红树林生态系统群落组成的演化趋势。

7.1.6.2　研究内容

　　本章主要选择了三种抗寒能力存在明显差异的红树植物——桐花树、秋茄和白骨壤为研究对象，比较了它们在低温胁迫下的氧化压力状态、抗氧化系统的变化及渗透保护剂的积累状况，并克隆了这三种红树植物的多种 *CBF* 基因，比较这些 *CBF* 基因在低温胁迫下的表达模式，并分析了 *CBF* 基因的常温表达量与冷诱导表达量与红树植物抗寒能力可能存在的关系（Peng et al.，2013，2015a，2015b，2015c）。

　　1）红树植物低温胁迫下生理生化特征的变化

　　以几种抗寒能力存在明显差异的红树植物桐花树、秋茄和白骨壤为研究对象，比较它们在低温胁迫下的冷害情况（形态特征变化、叶绿素含量变化）、氧化压力状态（ROS 水平和膜脂质过氧化产物丙二醛的水平）、渗透保护剂（游离脯氨酸）的积累状况和抗氧化系统（抗氧化剂抗坏血酸和类胡萝卜素；抗氧化酶 SOD、POD、CAT 和 APX）的变化。借助主成分分析法（PCA）分析了各指标与红树植物抗寒能力的关系，从生理水平揭示不同红树植物抗寒能力存在差异的原因（Peng et al.，2015b）。

　　2）红树植物桐花树冷诱导转录因子 *CBF* 基因的克隆与表达分析

　　利用同源克隆和 RACE 技术克隆了红树植物的 *CBF* 基因全长，运用生物信息学分析软件对其基因结构进行分析和预测。利用 geNorm 和 Normfinder 软件对桐花树常用内参基因进行筛选（Peng et al.，2015c）。选择适合的内参基因，利用荧光定量 PCR 技术对桐花树 *CBF* 基因在低温胁迫下的表达模式进行分析，揭示桐花树 *CBF* 基因对各种压力响应的特异性（Peng et al.，2015a）。

　　3）红树植物白骨壤冷诱导转录因子 *CBF* 基因的克隆与表达分析

　　利用同源克隆和 RACE 技术克隆了白骨壤中的 *CBF* 基因全长，运用生物信息学分析软件对其基因结构进行分析和预测。利用荧光定量 PCR 技术对白骨壤 *CBF* 基因在低温胁迫下的表达模式进行分析，揭示其对各种压力响应的特异性（Peng et al.，2013）。

　　4）红树植物秋茄冷诱导转录因子 *CBF* 基因的克隆与表达分析

　　利用同源克隆和 RACE 技术克隆了秋茄中的 *CBF* 基因全长，运用生物信息学分析软件对其基因结构进行分析和预测。利用荧光定量 PCR 技术对秋茄 *CBF* 基因在低温胁迫下的表达模式进行分析，揭示其对各种压力响应的特异性。

　　5）比较了低温胁迫下红树植物木榄与桐花树的形态学变化、萎蔫率和脯氨酸含量变化，并克隆了木榄的 *CBF1* 基因全长，利用荧光定量 PCR 技术分析了木榄 *BgCBF1* 基因的表达水平在低温胁迫下的变化模式。分析了 *CBF1* 基因表达水平与红树植物抗寒能力的关系。

7.1.6.3　技术路线

　　技术路线如下所示。

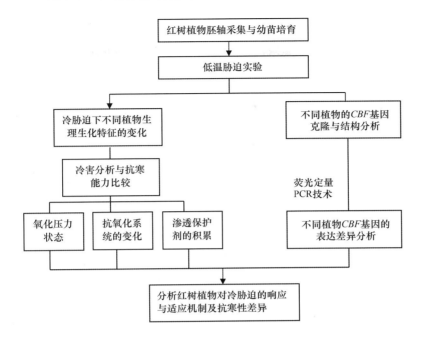

7.2　红树植物响应低温胁迫的生理生化特征

低温是影响植物生长和发育的重要环境因子之一。大部分热带植物，如玉米、水稻、咖啡等都不具有抗冻能力，这些植物甚至在零上低温（0~12℃，chilling）胁迫下也会受到伤害。低温对植物造成的伤害主要包括抑制光合作用、导致代谢失调、影响酶活、抑制电子传递，最终造成对冷敏感的植物细胞死亡（Kurbidaeva & Novokreshchenova，2011）。低温造成的细胞伤害主要是由于加速了活性氧（ROS）的生成。细胞内活性氧主要有超氧阴离子（O_2^-）、过氧化氢（H_2O_2）、氢根离子（·OH）和单线态氧（$^1O_2$）等。这些活性氧可以快速与核酸、膜质、叶绿素，以及多种酶发生反应，造成核酸和叶绿素的损坏、膜脂质的过氧化及各种酶的失活，最终导致细胞的死亡（Foyer & Noctor，2005）。

为了抵御低温对细胞造成的伤害，植物在长期的进化过程中形成了多种防御机制，包括抗氧化能力的增加、多种渗透保护剂的积累（如脯氨酸和可溶性糖）及抗冻蛋白的合成（Kurbidaeva & Novokreshchenova，2011）。植物的抗氧化系统主要包括多种抗氧化物，如抗坏血酸、谷胱甘肽和类胡萝卜素，以及多种抗氧化酶，如超氧化物歧化酶（SOD）、过氧化氢酶（CAT）、过氧化物酶（POD）及抗坏血酸过氧化氢酶（APX）等（Jaleel et al.，2009）。SOD 是植物抵抗 ROS 的第一道防线。SOD 可以催化 O_2^- 的歧化反应，生成 H_2O_2 和 O_2，使植物避免 O_2^- 所造成的伤害（Alscher et al.，2002）。CAT、APX 和 POD 是重要的 H_2O_2 清除酶。CAT 可以直接催化 H_2O_2 生成 H_2O 和 O_2。POD 可通过氧化酚类物质催化 H_2O_2 的还原。APX 可以通过氧化抗坏血酸来还原 H_2O_2，被氧化的抗坏血酸又能通过抗坏血酸-谷胱甘肽循环过程被重新还原。许多研究表明，植物抗氧化系统对其抗寒能力具有重要作用。

红树植物生长在热带、亚热带的河口海岸潮间带，大多对低温敏感。低温是影响其生长、发育和分布的主要环境因子之一。近年来，随着全球气候变化加剧，极端气候事件频发，红树植物的生存和生长受到了严重威胁。例如，2008年中国南方的冻灾导致了大量红树植物幼苗的死亡（Chen et al.，2010）。关于红树植物抗寒能力的研究表明，不同种类的红树植物对低温的适应能力存在明显差异（Marekley et al.，1982；Quisthoudt et al.，2012），但至今对于红树植物抗寒能力存在差异的原因和生理生化机制仍不十分清楚。本节以常见的三种红树植物（秋茄、桐花树和白骨壤）为实验材料，研究了在低温胁迫下这几种红树植物氧化伤害指标的变化及其抗氧化系统的响应情况。在此基础上，运用单因素方差分析和主成分分析法（PCA）分析了各个生理生化指标与植物抗寒能力之间的关系；本研究从生理生化水平揭示了多种红树植物响应低温胁迫的差异（Peng et al.，2015b），为进一步的分子生物学研究提供了线索。

7.2.1　材料与方法

7.2.1.1　植物材料

实验所用植物材料桐花树、白骨壤和秋茄的胎生或隐胎生果实采自深圳东涌红树林自然保护区。选择这三种红树植物无病虫害及机械损伤的胚胎经1%高锰酸钾消毒处理后用洗净的海沙进行育苗。培养所用海沙在使用前用自来水反复冲洗，晾干，直至其含盐度<0.4时视为冲洗干净，可用于栽培实验。所采胚轴插于沙培基质中，每周用1/2 Hoagland营养液浇灌两次，每天用自来水浇灌以补充水分。栽培1个月，当幼苗长出4片幼叶后，选择生长状况一致、没有病虫害和机械损伤的幼苗移植到实验室人工气候培养箱中进行培养，培养条件为：温度(25±1)℃，湿度70%，光/暗周期16 h/8 h，光照强度200 μmol/(m²·s)。

7.2.1.2　实验处理

将25℃培养的植物幼苗直接转移至5℃进行低温胁迫实验，分别在胁迫0 h、12 h、48 h和120 h后收集植物叶片、茎和根样品，除某些指标立刻测定外，其他样品存放于–80℃，需要测定时再取出。每种植物取20株进行连续的低温胁迫和复温实验。将低温胁迫5 d（即120 h）后的植株转移至25℃培养24 h，然后计算植物的冷害指数和存活率。

7.2.1.3　实验方法

1）叶片中叶绿素及类胡萝卜素含量的测定

叶绿素及类胡萝卜素含量的测定参考Lou等（2004）的方法。取自顶端向下数第二或第三对发育成熟的叶片，剪去粗大的叶脉，称取0.2 g放入研钵中，加80%丙酮5 mL、少许石英砂和$CaCO_3$，研磨至组织变白。将匀浆全量转入离心管，4000 r/min、4℃离心5 min。上清液经稀释后以80%丙酮为对照，分别测定450 nm、645 nm和663 nm处的吸光值。按下列公式计算叶绿素a（Chl$a$）、b（Chl$b$）及类胡萝卜素（Car）的含量，最后将结果换算成mg/g FW（鲜重）。

$$\text{Chl}a\ (\text{mg/L}) = 11.64 \times A_{663} - 2.16 \times A_{645}$$
$$\text{Chl}b\ (\text{mg/L}) = 20.97 \times A_{645} - 3.94 \times A_{663}$$
$$\text{Car}\ (\text{mg/L}) = 4.07 \times A_{450} - (0.0435 \times \text{Chl}a + 0.367 \times \text{Chl}b)$$

2）叶片中 H_2O_2 和·OH 含量的测定

过氧化氢（H_2O_2）的测定参照 Alexieva 等（2001）的方法。准确称取 0.5 mg 新鲜叶片在 5 mL 0.1%（w/V）的三氯乙酸（TCA）溶液中研磨至匀浆。经 12 000 r/min、4℃离心 10 min 后，取 750 μL 上清液，加入 750 μL 10 mmol/L 磷酸缓冲液（pH 7.0）和 1.5 mL 1 mol/L 碘化钾溶液。显色后以水作为参照于 390 nm 处测定溶液吸光值。H_2O_2 的浓度经标准曲线计算获得。最后将结果换算成 mmol/g FW（鲜重）。

羟自由基（·OH）含量的测定参照徐向荣等（1999）和 Fortunato 等（2010）的方法进行。称取 2 mg 新鲜叶片在液氮中研磨至粉末后，加入 3 mL 200 mmol/L 二甲基亚砜（dimethyl sulfoxide）继续研磨至匀浆。12 000 r/min、4℃离心 10 min 后，取 1 mL 上清液加入 2 mL 15 mmol/L 蓝色 BB 盐。暗室反应 10 min 后再加入 1 mL 吡啶使颜色稳定。然后加入 3 mL 甲苯∶正丁醇（3∶1）混合液，充分混匀后静置分层。上清液转移至比色皿中，于 420 nm 处测定吸光值，根据 Fortunato 等（2010）的研究假定·OH 的摩尔消光系数（extinction coefficient）为 11 000 mol^{-1} cm^{-1}。最后结果换算成 mmol/g FW。

3）膜脂质过氧化产物丙二醛（MDA）含量的测定

丙二醛（MDA）的提取及测定参照 Dipierro 和 de Leonardis（1997）提出的硫代巴比妥酸（TBA）显色法。取新鲜叶片（0.2 g）于预冷的 10%（w/V）TCA 中磨成匀浆。12 000 r/min、4℃离心 20 min 后，取上清 2 mL（对照组为 2 mL 蒸馏水）于带帽试管中，加入 2 mL 0.6% TBA 溶液。沸煮 15 min 后 12 000 r/min、4℃离心 5 min；取上清分别测定 450 nm、645 nm 和 663 nm 处的吸光值。按照以下公式计算 MDA 含量：

$$C（μmol/L）=6.452×（A_{532}-A_{600}）-0.559×A_{450}$$

4）粗酶液的提取及 SOD、CAT、APX 和 POD 酶活的测定

A. 粗酶液的提取

取新鲜叶片 0.2 g 在 5 mL 含有 1 mmol/L EDTA、0.3%（V/V）Trition X-100；1% PVP（w/V）、1 mmol/L DTT 的 50 mmol/L K-PBS（pH 7.8）中研磨成匀浆。测定 APX 的缓冲液为含有 5 mmol/L 抗坏血酸（AsA）、1 mmol/L EDTA、0.3%（V/V）Trition X-100、1% PVP（w/V）；1 mmol/L DTT 的 50 mmol/L Na-PBS（pH 7.0）。12 000 r/min、4℃离心 20 min 后，取上清液进行蛋白质含量和酶活的测定。

B. 可溶性蛋白含量的测定

参照 Bradford（1976）提出的考马斯亮蓝染色法，用小牛血清蛋白作为蛋白标准曲线。

C. 超氧化物歧化酶（SOD）活性的测定

SOD 活性的测定参照 Beauchamp 和 Fridovich（1971）的氮蓝四唑（nitroblue tetrazolium，NBT）法。将含有 0.5 mL 的粗酶提取液、0.1 mmol/L EDTA、2 mmol/L 核黄素（riboflavin）、50 mmol/L K-PPB（pH7.8）、13 mmol/L 甲硫氨酸和 75 μmol/L 氮蓝四唑的反应液 3 mL 移入透明度好、质地相同的试管中，置于 4000 lx 日光灯下进行反应。反应液中的核黄素可被光还原而产生 O_2^-，NBT 可被 O_2^- 还原为蓝色的甲臢，该物质在 560 nm 处有最大吸收。SOD 清除 O_2^- 而抑制甲臢的形成。SOD 以抑制 NBT 光还原的 50% 为一个酶活单位表示。最终将 SOD 活性换成 SOD 比活力（U/mg protein）。

D. 过氧化氢酶（CAT）活性的测定

参照 Fortunato 等（2010）所采用的紫外吸收法进行测定。将 0.1 mL 酶提取液加入 3 mL 含有 50 mmol/L PBS（pH 7.0）、0.1 mmol/L EDTA 和 10 mmol/L H_2O_2 的反应混合液中。在 240 nm 处测定吸光值的降低速率。将每分钟 OD_{240} 减少 0.01 定义为 CAT 的一个酶活单位。最终将 CAT 活性换成 CAT 比活力（U/mg protein）。

E. 愈创木酚过氧化物酶（POD）活性的测定

参照 Ryu 和 Dordick（1992）的研究采用愈创木酚法进行 POD 活性测定。100 μL 酶提取液加入 3 mL 含有 50 mmol/L PBS（pH 7.0）、20 mmol/L 愈创木酚和 10 mmol/L H_2O_2 的反应混合液中。在 470 nm 处测定吸光值的降低速率。将每分钟 OD_{470} 减少 0.01 定义为 POD 的一个酶活单位。最终将 POD 活性换成 POD 比活力（U/mg protein）。

F. 抗坏血酸过氧化物酶（APX）活性的测定

APX 活性测定参照 Nakano 和 Asada（1981）的方法进行。将 100 μL 酶提取液加入 3 mL 含 50 mmol/L PBS（pH 7.0）、0.5 mmol/L ASA、0.1 mmol/L H_2O_2 和 0.1 mmol/L EDTA 的反应体系中。在 290 nm 处测定吸光值的降低速率。将每分钟 OD_{290} 减少 0.01 定义为 APX 的一个酶活单位。最终将 APX 活性换成 APX 比活力（U/mg protein）。

7.2.2 抗坏血酸和游离脯氨酸含量的测定

抗坏血酸（AsA）含量的测定参照 Kampfenkel 等（1995）的研究。将 0.1 g 叶片在液氮中磨成粉末，加入 2 mL 6%（w/V）的 TCA 研磨至匀浆。12 000 r/min，4℃离心 15 min 后，取 0.2 mL 上清液加入 3 mL 含 200 mmol/L PPB（pH 7.4）、10%（w/V）TCA、43%（V/V）H_3PO_4、4%（w/V）2,2′-联吡啶和 3%（w/V）$FeCl_3$ 的反应液中，至于 42℃水浴锅中反应 40 min。在 525 nm 处测定吸光值，根据标准曲线计算 AsA 含量。

游离脯氨酸含量的测定参照 Bates 等（1973）的方法。取 0.5 g 叶片在 5 mL 3%（w/V）的磺基水杨酸中研磨成匀浆，12 000 r/min，4℃离心 15 min。取 2 mL 上清液与 2 mL 酸性茚三酮和 2 mL 冰醋酸混匀，沸煮 45 min。用甲苯萃取后，在 520 nm 处测定吸光值，根据标准曲线计算脯氨酸含量。

每个实验组取 4~6 个样品，每个样品重复测量 2 次。结果为平均值±标准差。组间数据差异分析采用单因素方差分析（One-Way ANOVA）、Turkey 检验用于组间数据平均值差异的比较，$p<0.05$ 为差异显著。为了分析不同生理生化指标间的关系，我们还进行了 Pearson 相关分析和主成分分析（PCA）。

7.2.3 结果与分析

7.2.3.1 低温胁迫后三种红树植物的形态特征变化及其存活率

经过低温 5℃处理 5 d 后，白骨壤的实验植株有 80% 出现叶片萎蔫、褐化等冷害症状（图 7.3b）；桐花树的实验植株有部分（35%左右）出现叶芽和茎脱水的现象，叶片没有明显的冷害症状（图 7.3a）；秋茄的实验植株全都生长良好，没有叶片发黄和萎蔫等冷害症状（图 7.3c）。经过 24 h 的复温培养后，白骨壤的存活率为 65%，而桐花树和秋茄的存活率均为 100%。

图 7.3　低温对三种红树植物形态学特征的影响

a. 桐花树；b. 白骨壤；c. 秋茄

7.2.3.2　低温胁迫对红树植物光合色素、活性氧离子和膜脂质过氧化的影响

如图 7.4a 和 7.4b 所示，三种植物的叶绿素包括 Chl$a$ 和 Chl$b$ 都呈现出随低温胁迫时间增加而逐渐降低的趋势。其中，白骨壤的叶绿素下降幅度最大。低温胁迫 5 d 后，秋茄的类胡萝卜素含量增加 24%；桐花树叶片中的类胡萝卜素含量没有显著变化；白骨壤叶片中的类胡萝卜素含量有明显的降低（40%）（图 7.4c）。

低温胁迫 12 h 后，三种植物叶片中的 H_2O_2 含量均略有降低（图 7.4d）。但经复温培养后，秋茄中的 H_2O_2 呈现持续降低的趋势，而桐花树和白骨壤中的 H_2O_2 含量都有明显的上升，与对照相比，分别上升了 80% 和 91%（图 7.4d）。秋茄中的·OH 含量在整个低温胁迫过程中都没有明显的变化，而桐花树和白骨壤的·OH 含量在胁迫 5 d 后都显著增加，分别为对照的 320% 和 580%（图 7.4e）。复温培养后，白骨壤叶片中的·OH 呈现继续增加的趋势（图 7.4e）。

如图 7.4f 所示，三种植物的 MDA 含量在常温条件下存在明显差异，其中，秋茄的 MDA 含量比桐花树叶片中的 MDA 含量约高出 2 倍，比白骨壤叶片中的 MDA 含量约高出 3 倍。低温胁迫后，三种植物中的 MDA 含量都呈现出瞬时增加然后降低的变化趋势，但增加和降低的幅度有所差异。低温胁迫 5 d 和复温培养 24 h 后，秋茄叶片中的 MDA 含量降低到对照水平以下，而桐花树和白骨壤叶片中的 MDA 含量仍显著高于对照。复温培养 24 h 后，桐花树中 MDA 含量为对照的 3.6 倍，而白骨壤中 MDA 含量为对照的 10 倍。

7.2.3.3　红树植物抗氧化系统对低温胁迫的响应

如图 7.5a 所示，低温胁迫 5 d 后，三种红树植物叶片中的可溶性蛋白含量都有所增加，但桐花树（44%）和秋茄（43%）叶片中可溶性蛋白的增加量明显高于白骨壤（31%）。

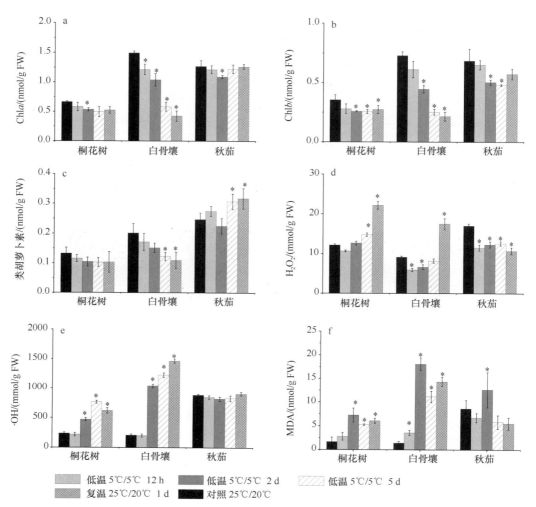

图 7.4 低温胁迫对三种红树植物叶片中叶绿素 a（a）、叶绿素 b（b）、类胡萝卜素（c）、
H_2O_2（d）、·OH（e）及 MDA（f）含量的影响
*表示与对照相比存在显著差异

如图 7.5b 所示，常温条件下，秋茄叶片中的 AsA 含量显著高于桐花树和白骨壤。低温胁迫后，秋茄和桐花树中的 AsA 有明显的增加，而白骨壤中的 AsA 含量没有明显变化。复温培养 24 h 后，桐花树中的 AsA 含量降低到对照水平，白骨壤中的 AsA 含量略低于对照，而秋茄中的 AsA 含量高于对照水平。

如图 7.5c 所示，低温胁迫下，三种红树植物叶片中的游离脯氨酸都呈现出随胁迫时间增加而显著积累的变化趋势。其中桐花树的脯氨酸增加幅度最高（5.6 倍），其次为秋茄（1.4 倍）和白骨壤（1.3 倍）。

如图 7.5d 所示，正常条件下，白骨壤和桐花树中的 SOD 活性比秋茄中的略高，低温胁迫 12 h 后桐花树和秋茄叶片中的 SOD 活性都有显著增加，分别为对照的 47% 和 37%，而白骨壤叶片中的 SOD 活性略有上升，但不显著。随胁迫时间延长，几种植物中的 SOD

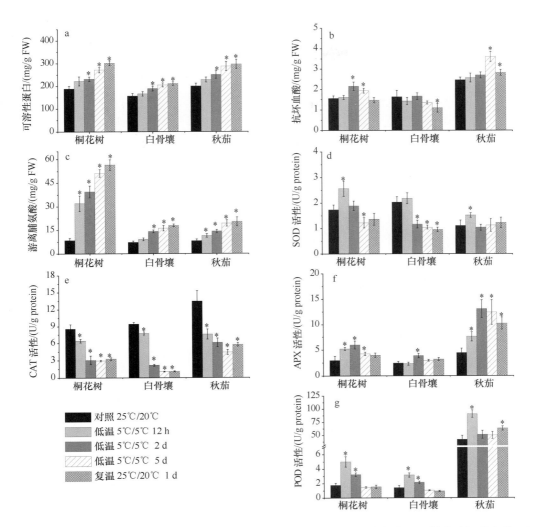

图 7.5　低温胁迫对三种红树植物叶片中可溶性蛋白含量（a）、抗坏血酸含量（b）、游离脯氨酸含量（c）、
SOD 活性（d）、CAT 活性（e）、APX 活性（f）和 POD 活性（g）的影响
*表示与对照相比存在显著差异

活性都呈现下降趋势。胁迫 5 d 后，白骨壤、桐花树和秋茄中的 SOD 活性分别为其对照的 62%、70% 和 101.5%。

如图 7.5e 所示，在常温条件下秋茄叶片中的 CAT 活性略高于桐花树和白骨壤叶片中的 CAT 活性。在低温胁迫时，三种植物叶片中的 CAT 活性都呈现出随胁迫时间延长而降低的变化趋势。相比较而言，秋茄的 CAT 活性降低的幅度较小。

如图 7.5f 所示，低温胁迫前，秋茄叶片中的 APX 活性略高于其他两种植物。低温胁迫下，三种植物叶片中的 APX 活性都显著升高，但秋茄叶片中 APX 活性的升高幅度最大。

如图 7.5g 所示，低温胁迫前，秋茄叶片中的 POD 活性显著高于其他两种植物，分别是桐花树和白骨壤叶片中 POD 活性的 22 倍和 28 倍。低温胁迫下，三种植物叶片中的 POD 活性都呈现先升高后降低的变化趋势。低温胁迫 5 d 后，三种植物的 POD 活性均下降到接近对照水平。在复温培养后，白骨壤和桐树中的 POD 活性没有明显变化，而秋茄叶片中的 POD 活性有明显增加（50%）。

7.2.3.4 生理生化指标间的相关性分析

如表 7.1 所示，Pearson 相关分析结果表明，不同的指标间存在显著的相关性。Chl$a$ 与 Chl$b$ 极显著正相关（$R^2 > 0.9$）。叶绿素含量（Chl$a$ 或 Chl$b$）与类胡萝卜素含量及 CAT 活性有显著的正相关，而与脯氨酸含量有明显的负相关。羟自由基（·OH）水平与 MDA 含量显著正相关，而与 SOD 含量显著负相关。类胡萝卜素与抗坏血酸、APX 活性及 POD 活性之间也存在显著的正相关。过氧化氢与叶绿素含量及抗氧化酶活性存在负相关性，但不显著。

表 7.1　三种植物低温胁迫下各生理指标间的相关性分析

相关因子	Chl$a$	Chl$b$	Car	H$_2$O$_2$	·OH	MDA	可溶性蛋白	SOD	CAT	APX	POD	AsA	脯氨酸
Chl$a$	1	0.966**	0.762*	−0.328	−0.227	−0.269	−0.293	0.02	0.758*	0.229	0.562	0.425	−0.647*
Chl$b$		1	0.830*	−0.412	−0.166	−0.183	−0.206	−0.027	0.630*	0.393	0.57	0.529	−0.646*
Car			1	−0.169	0.111	−0.129	0.234	−0.351	0.461	0.763*	0.866*	0.825*	−0.494
H$_2$O$_2$				1	0.223	−0.043	0.532	−0.459	−0.038	−0.027	0.015	0.023	0.552
·OH					1	0.777*	0.258	−0.741*	−0.504	0.188	0.229	0.089	−0.05
MDA						1	0.013	−0.413	−0.595	−0.029	−0.014	−0.095	−0.075
可溶性蛋白							1	−0.527	−0.35	0.66	0.38	0.53	0.650*
SOD								1	0.184	−0.413	−0.42	−0.443	−0.04
CAT									1	−0.029	0.342	0.247	−0.493
APX										1	0.657*	0.835*	−0.042
POD											1	0.796*	−0.304
AsA												1	−0.107
脯氨酸													1

** $p < 0.01$，* $p < 0.05$

如图 7.6 所示，我们对不同的生理生化指标进行了主成分分析（PCA）。原始的 13 个变量减少到两个主成分。这两个主成分可以解释 68% 的变量，主成分 1 可以解释 39.2% 的变量，主成分 2 可以解释 28.7% 的变量。主成分 1 主要与叶绿素（Chl$a$ 和 Chl$b$）水平及抗氧化系统（APX 活性、POD 活性、AsA 含量及 Car 含量）正相关，与脯氨酸含量、ROS（H$_2$O$_2$ 和 ·OH）水平及 MDA 含量负相关。主成分 2 主要与叶绿素水平和 SOD、CAT 活性正相关，与 ROS 水平和 MDA 含量负相关。从矢量图中可以看出，三种红树植物不同时间采集的样品可以划分成三组。不同处理时间采集的秋茄叶片样品聚为一簇，主要是由于其高 Car 和 AsA 含量及高 APX 和 POD 活性。未受胁迫和短时胁迫（12 h）的桐花树及白骨壤样品聚为一簇，主要是由于其较高的 SOD 活性和低 ROS 水平。经过较长时间冷胁迫的白骨壤和桐花树样品聚为一簇，主要是由于其高 ROS 水平、MDA 含量和脯氨酸含量。

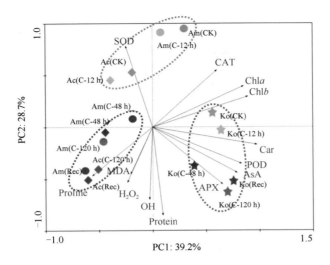

图 7.6 三种红树植物叶片生理生化指标的主成分分析（PCA）
◆代表桐花树，●代表白骨壤，★代表秋茄；不同的颜色代表不同处理时间

　　如图 7.7 所示，我们对三种红树植物低温胁迫下的生理生化指标变化做了雷达图，更为直观地反映了各个指标的变化趋势。总体来说，低温胁迫下，白骨壤 ROS 水平显著增加；桐花树脯氨酸含量大量积累，POD、APX 等活性增加，MDA 及 ROS 也有所明显增加；秋茄的 ROS 水平增加不显著，Car、APX 和 POD 增加明显。

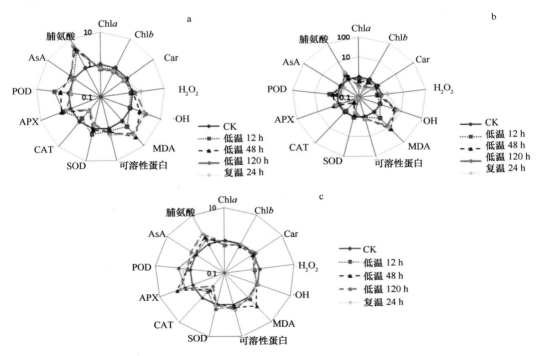

图 7.7 低温胁迫下桐花树（a）、白骨壤（b）和秋茄（c）三种红树植物中
各生理生化指标变化趋势的雷达图

7.2.4 讨论

7.2.4.1 三种红树植物抗寒能力的比较

本节比较了低温胁迫下三种常见红树植物（桐花树、白骨壤和秋茄）的形态学特征变化、存活率、氧化伤害指标（MDA、ROS 水平）及抗氧化系统（抗氧化酶与抗氧化剂）的变化情况。并利用主成分分析法分析了各生理生化指标与植物抗寒能力之间的关系。从低温（5℃）胁迫后三种红树植物的形态特征变化和存活率结果可以看出，这三种红树植物的抗寒能力具有明显的差异，其中秋茄的抗寒能力最强，其次为桐花树，白骨壤的抗寒能力最弱。我们的研究结果与林鹏等（1994）的研究结果一致。林鹏等（1994）用电导法测定了低温胁迫下多种红树植物电解质外渗率随着温度的降低细胞膜的选择性下降，胞内溶液外渗，如 K^+、糖、氨基酸和有机酸等，细胞电解质外渗率可作为细胞膜结构和功能受伤程度的指标（刘祖琪和张石诚，1994）。此外，林鹏等（1994）的研究还确定了这几种红树植物的半致死温度，即细胞质膜不可逆崩溃时的临界温度。他们的研究结果发现低温胁迫下秋茄的细胞电解质外渗率低于桐花树和白骨壤；秋茄和桐花树的半致死温度低于−2℃，而白骨壤的半致死温度为−2~0℃。我们的研究结果也与这三种红树植物的自然分布情况一致。秋茄是我国分布最北的一种红树植物，在福建有分布，而另外两种红树植物大多分布在福建以南的沿海各省。

7.2.4.2 细胞氧化压力与植物抗寒能力的关系

低温造成的细胞伤害主要是由于加速了活性氧（ROS）的生成，从而导致细胞内产生氧化压力。低温胁迫下，细胞内产生过量的活性氧离子，包括超氧阴离子（$O_2^{\cdot-}$）、过氧化氢（H_2O_2）、羟自由基（·OH）和单线态氧（$^1O_2$）等，可以快速与核酸、膜脂质、叶绿素和酶反应，造成核酸和叶绿素的损坏、膜脂质的过氧化及各种酶的失活，最终导致细胞的死亡（Foyer & Noctor，2005）。为了比较三种红树植物低温胁迫下的氧化压力状态，我们测定了低温胁迫下三种红树植物叶片中活性氧离子 H_2O_2 和·OH 含量的变化。我们的结果显示低温胁迫下秋茄的·OH 含量没有明显变化，H_2O_2 含量甚至低于对照；桐花树和白骨壤叶片中的 H_2O_2 和·OH 含量在低温胁迫下都显著增加，但白骨壤中的 ROS 水平增加幅度更大。这一结果表明秋茄可能已经进化出一套有效的 ROS 清除机制；而白骨壤细胞在低温下可能面临比桐花树和秋茄更严重的氧化压力。当细胞内产生的过多活性氧离子无法得到有效清除时，细胞的膜脂就会被活性氧离子氧化，即所谓的膜脂质过氧化作用，使得细胞膜受损而不稳定。丙二醛（MDA）是膜脂质过氧化作用的最终产物，植物叶片中 MDA 含量的变化可以间接反映 ROS 引起的植物叶片细胞膜的受损害程度（Bonnes-Taourel et al.，1992）。MDA 可进一步与细胞膜上的蛋白质、酶等结合，使之失活，从而破坏生物膜的结构与功能。我们测定了低温胁迫下三种红树植物叶片中 MDA 含量的变化。结果显示，常温条件下秋茄的 MDA 含量显著高于桐花树和白骨壤，低温胁迫后，秋茄叶片中 MDA 含量先增加但随后又降低到对照水平。相比较而言，桐花树和白骨壤叶片中的 MDA 含量在冷胁迫后快速增加，尽管略有降低，但仍显著高于对照水平。受到低温胁迫后，植物体原本的活性氧产生与清除之间的平衡被打破，使细胞膜脂质过氧化作用发生，MDA 含量增加。随着抗氧化酶体系的运作，ROS 得到控制，则 MDA 含量又逐渐降低。秋茄叶片中的 MDA 含量在低温胁迫后能很快恢复到对照水平，说明秋茄可能已经进化出一套快速有效的调控氧化压力的抗逆系统，能有效清除细胞内活性氧，使得细胞膜的过氧化作用得到缓解。而白骨壤和桐花树叶片中的 MDA 含量在低温胁迫 5 d 后仍显著高于对照水平，可能是由于植物细胞内的活性氧产生速率已经超过了抗氧化系统的负荷，而过剩的活性氧离子可能与抗氧化酶结合，降低抗氧化酶的活性，从而导致细胞清除活性氧的能力进一步减弱，故使得 MDA 含量一直维持在较高水平。

7.2.4.3 光合色素与植物抗寒能力的关系

植物细胞的叶绿体常常是最先受到低温影响的细胞器之一（Egerton et al.，2000）。叶绿素的含量是指示光合作用的重要指标，是对非生物胁迫非常敏感的生物学参数。低温胁迫下叶绿体电子传递链受阻，产生过量的 ROS（Wise，1995），这些 ROS 的释放可能导致叶绿素的破坏。近年来，许多研究表明低温胁迫下多种植物的叶绿素含量降低、光合作用受到明显抑制（乌凤章等，2008；Fortunato et al.，2010）。研究结果显示，低温胁迫下三种红树植物的叶绿素有不同程度的降低。其中秋茄的叶绿素含量在冷胁迫过程中比较稳定，说明低温未对秋茄的叶绿体造成较大伤害，这表明秋茄对低温有较强的适应能力。雍石泉等（2012）研究了冬季低温胁迫下秋茄、拉关木和无瓣海桑三种红树植物叶绿素含量的变化，其研究结果同样发现秋茄的叶绿素含量在冬季低温胁迫过程中比较稳定，而且显著高于另外两种红树植物，这表明秋茄具有较强的低温适应能力。本研究发现白骨壤的叶绿素含量下降幅度最大，从其叶片形态特征也可以明显看出低温胁迫后白骨壤的叶片出现明显的褐化和萎蔫症状，这说明白骨壤对低温的适应能力较另外两种红树植物差。植物叶绿体中除了叶绿素外，在内囊体（thylakoid）膜上存在一种被称为类胡萝卜素的色素分子。尽管类胡萝卜素不直接参与光合作用，但它是一种重要的活性氧清除剂，它可以扑灭体内单线态氧从而减轻叶绿素的光氧化及氧自由基对植物叶绿体的伤害（Niyogi et al.，1997）。研究结果显示低温胁迫下秋茄叶片中类胡萝卜素的含量有明显增加；相反，低温胁迫下白骨壤叶片中的类胡萝卜素含量明显降低，可能是低温胁迫下秋茄叶绿素含量稳定，而白骨壤叶绿素含量显著下降的原因之一。

7.2.4.4 渗透调节物质与植物抗寒能力的关系

游离脯氨酸是植物体内重要的渗透调节物质，脯氨酸含量的增加能增强细胞吸收水分的能力，稳定细胞膜（Kurbidaeva & Novokreshchenova，2011）。此外，脯氨酸还是重要的活性氧清除剂，可直接与 ROS 作用（Sharma and Dietz，2006）。也有研究表明脯氨酸还是重要的信号分子，参与低温胁迫下的信号转导途径，可诱导特异基因的表达（Szabados & Savouré，2010）。有研究表明低温胁迫下植物脯氨酸含量的积累量与其抗寒能力存在正相关关系（Kumar & Yadav，2009；Shevyakova et al.，2009）。低温下脯氨酸的积累主要受脯氨酸合成关键酶（P5CS）及脯氨酸降解关键酶（proDH）的影响。低温胁迫下，植物中 *P5CS* 基因表达量增加，而 *proDH* 基因的表达受到抑制，从而使得游离脯氨酸含量积累（Verbruggen & Hermans，2008）。本实验中，冷胁迫条件下，三种红树植物叶片中的游离脯氨酸含量都呈随胁迫时间延长逐渐增加的趋势。然而桐花树的脯氨酸增加幅度明显高于秋茄和白骨壤。低温胁迫初期，植物能通过提高叶片细胞内可溶性物质含量来维持细胞的渗透平衡，但持续低温环境导致植物叶片的损伤、细胞结构的破坏及光合作用的抑制。也有研究指出超量的脯氨酸积累会造成氮源和能量浪费，影响叶片 CO_2 的固定，减少叶片有机质的合成，导致植物在逆境中的生长能力降低。此外，压力胁迫消除后脯氨酸的降解产物可能会对植物的生长和发育造成严重的影响（Verbruggen & Hermans，2008）。因此，低温胁迫下秋茄中保持较低的脯氨酸积累可能是一种有利于其生长的保护机制。雍石泉等（2012）的研究也表明低温胁迫下秋茄的脯氨酸含量积累较少，明显低于拉关木和无瓣海桑。

　　植物受到外界压力胁迫条件下增加可溶性蛋白含量可以显著增加细胞的保水能力。可溶性蛋白的含量与植物的抗冷性之间存在密切关系，多数研究者认为：低温胁迫下，植物可溶性蛋白含量增加（张明生等，2003；Wang et al.，2011）。可溶性蛋白的亲水胶体性质强，它能明显增强细胞的持水力，可缓解低温造成的植物水分胁迫压力。此外，可溶性蛋白含量的增加，也可能是由于低温诱导了新蛋白质的合成，这些压力响应蛋白，如 COR 蛋白等对植物抗冷具有更重要的作用（Thomashow，2010）。低温胁迫下，蛋白质从膜上或结合形式中释放出来或分解速率下降也可能导致可溶性蛋白含量的增加。植物响应低温胁迫的过程是一个积极主动的应激过程，感受到低温刺激后植物细胞的基因表达开始转变，导致大量新的在抗冻中起作用的蛋白质的合成。本研究三种植物低温胁迫下蛋白质含量都有明显的增加。三种植物都启动体内防御机制，积极抵御寒害。说明可溶性蛋白在低温胁迫过程中发挥着积极的作用。

7.2.4.5　抗氧化系统与植物抗寒性的关系

　　近年来大量研究表明，植物抗寒力与其抗氧化酶的抗氧化能力关系密切（Ippolito et al.，2010；Turan & Ekme Kci，2011；Devi et al.，2012）。SOD、POD 和 CAT 等统称为抗氧化酶，是植物体内活性氧清除剂。在正常情况下，植物体内活性氧的产生与清除处于动态平衡状态，当遭遇到逆境胁迫时，活性氧积累增多，植物体内抗氧化酶系统也会有相应的应对机制，同时，过量的活性氧积累又会破坏抗氧化酶的结构和活性（Arora et al.，2002）。

　　SOD 是植物抗氧化酶系统的第一道防线，作为保护酶系统中的关键酶在细胞中的作用是清除超氧自由基 $O_2^{\cdot-}$，避免超氧自由基对膜的伤害（Arora et al.，2002）。我们的研究中，低温胁迫下，桐花树和秋茄的 SOD 活性都呈现先显著增加后降低的变化趋势，表明低温胁迫下这两种植物通过提高 SOD 活性来清除细胞内过剩产生的 ROS。随胁迫时间延长，未清除的 ROS 可能导致 SOD 活性的损害，从而导致 SOD 活性降低。从图 7.5d 中还可看出，低温胁迫下桐花树中 SOD 活性的增加幅度大于秋茄；这表明低温胁迫下桐花树叶片面临的氧化压力可能比秋茄面临的氧化压力更大。另外，尽管 SOD 可催化 $O_2^{\cdot-}$ 的歧化反应，使细胞免受超氧自由基对细胞膜的伤害，但该反应的产物 H_2O_2 也是可能导致细胞损害的重要活性氧离子。故细胞中 H_2O_2 的清除机制对植物的存活具有非常重要的意义。与桐花树和秋茄相比，白骨壤的 SOD 活性在低温胁迫起始阶段并没有显著的增加，胁迫 2 d 后其活性显著低于对照，并一直维持在较低的水平，这可能是由于白骨壤中 ROS 的产生超过了其 SOD 活性的负荷，从而导致了 SOD 的结构和活性受到损害，这一过程又进一步加剧了 ROS 的积累。

　　植物细胞中的 H_2O_2 可由 POD、APX 和 CAT 等抗氧化酶催化降解（Arora et al.，2002）。CAT 主要存在于植物的过氧化物体（或乙醛酸循环体）中，主要功能是清除光呼吸或脂肪 β-氧化过程中形成的 H_2O_2。APX 是一种可以通过氧化抗坏血酸来降解 H_2O_2 的酶。而 POD 可以通过氧化一些酚类物质来降解 H_2O_2。我们的研究结果显示，低温胁迫下三种红树植物的 CAT 活性都随胁迫时间延长而降低，其中白骨壤的 CAT 活性降低幅度最大。低温胁迫也会导致多种其他热带冷敏感植物的 CAT 活性降低，如咖啡（Fortunato et al.，2010）。而对于耐寒抗冻的植物，低温胁迫反而能增加其 CAT 活性，如黑鹰嘴豆（Nazari et al.，2012）。CAT 是一种代谢循环很快的酶。低温胁迫下冷敏感植物的 CAT 活性降低，一方面可能是由于 ROS 积累加剧了原有的 CAT 的降解；另一方面可能是由于低温抑制了 CAT 的合成（Fortunato et al.，2010）。许多研究表明 APX 活性与植物的抗寒能力具有重要的关系（Wang et al.，2006；Kumar et al.，2008）。研究结果显示，低温胁迫后桐花树和白骨壤中的 APX 活性变化不明显，而秋茄中 APX 有很大的增加，这可能正是秋茄有效清除低温胁迫下产生的 H_2O_2 的机制之一。与本研究结果类似，Zahri 等（2012）研究发现 APX 活性与玉米不同生态型的抗寒能力正相关。POD 是植物体内普遍存在的、活性较高的一种保护酶，它与呼吸作用、光合作用及生长素的氧化等都有密切关系。许多研究发现植物中 POD 介导的 H_2O_2 清除是抵抗氧化压力的重要途径（Xu et al.，2012；Huang et al.，2013）。研究结果显示，常温下秋茄的 POD 活性显著高于桐花树和白骨壤；低温胁迫后三种植物的 POD 活性都呈先增加后降低的趋势。然而，在恢复到正常温度 24 h 后，桐花树和白骨壤的 POD 活性与对照水平无显著差异，但秋茄的 POD 活性仍显著高于对照。该研究结果表明，秋茄中的高 POD 活性可能是其有效清除活性氧的重要机制。

　　AsA 是普遍存在于植物中的高丰度小分子质量的抗氧化物质，它可以直接清除各种活性氧（Pukacki & Kamińska-Rożek，2013）。此外，AsA 可以通过参与 AsA-GSH 循环来清除 H_2O_2，AsA 也可以直接与 H_2O_2 反应，该反应过程会导致副产物 MDA 的生成（Miyake & Asada，1994）。研究结果显示，常温条件下，秋茄的 AsA 含量显著高于桐花树和白骨壤。而低温胁迫后，秋茄和桐花树的 AsA 含量显著上升，而白骨壤的 AsA 含量却呈现下降趋势。这一结果表明 AsA 可能参与了秋茄和桐花树中活性氧的清除。而秋茄叶片中常温下 MDA 含量较高有可能与其常温条件下 AsA 含量较高有关。

　　为了进一步说明各生理生化指标与红树植物抗寒能力之间的关系，我们进行了 Pearson 相关分析和主成分分析（PCA）。结果发现不同的生理生化指标间存在显著的相关性。叶绿素含量与 CAT 活性间存在明显的正相关关系，而与脯氨酸含量有明显的负相关关系。羟自由基（·OH）水平与 MDA 含量有明显的正相关关系，而与 SOD 活性存在明显的负相关关系。类胡萝卜素、抗坏血酸、APX 活性及 POD 活性之间也存在显著的正相关关系。PCA 分析结果表明秋茄具有较强的抗寒能力主要是由于低温胁迫下其叶片中具有较高的抗氧化剂（Car 和 AsA）含量和较高的抗氧化酶（APX 和 POD）活性。低温下白骨壤的冷害症状最严重主要是由于其抗氧化系统不能及时清除过剩的活性氧，细胞内大量活性氧的积累最终导致了细胞的受害甚至死亡。

为了更为直观地反映各个指标的变化趋势，我们对三种红树植物低温胁迫下的生理生化指标变化做了雷达图，如图 7.7 所示。总体来说，低温胁迫下，秋茄的 ROS 水平增加不显著，Car、APX 和 POD 增加明显；桐花树脯氨酸含量大量积累，POD、APX 等活性增加，MDA 及 ROS 也明显增加；而白骨壤叶片中 ROS 水平显著增加。由此可看出，红树植物的抗寒能力与叶绿素（Chl$a$ 和 Chl$b$）含量、脯氨酸含量、抗氧化剂（AsA 和 Car）含量及抗氧化酶（APX 和 POD）的活性正相关，而与 ROS（H_2O_2 和·OH）水平及 MDA 含量负相关。

7.2.5 小结

本节比较了低温胁迫对三种红树植物形态特征、存活率、活性氧水平、膜脂质过氧化作用、光合色素含量、渗透调节物质和抗氧化系统的影响，并用 PCA 方法分析了各生理生化指标与红树植物抗寒能力的关系。研究结果如下（Peng et al.，2015b）。

（1）三种红树植物中秋茄的抗寒能力最强，白骨壤的抗寒能力最弱。

（2）红树植物的抗寒能力与叶绿素（Chl$a$ 和 Chl$b$）含量、抗氧化剂（AsA 和 Car）含量及抗氧化酶（APX 和 POD）的活性正相关，而与 ROS（H_2O_2 和·OH）水平及 MDA 含量负相关。

（3）与其他两种植物相比，秋茄具有更强的抗寒能力可能是由于其有效的 ROS 清除机制，正常条件下秋茄叶片中较高的 POD 活性及低温诱导下显著增加的类胡萝卜素含量、抗坏血酸含量及抗坏血酸氧化酶活性可能在秋茄 ROS 的清除过程中起着重要作用。

（4）桐花树抗寒能力介于秋茄和白骨壤之间可能是由于其低温胁迫下显著增加的脯氨酸含量和 POD 及 APX 活性。

7.3 桐花树中一种 *CBF/DREB1* 基因的克隆与表达

7.3.1 引言

低温胁迫下，植物能积极调整细胞内的基因表达，从而改变其生理生化特征以增强抵御低温胁迫的能力，这个过程被称为冷驯化（Kurbidaeva & Novokreshchenova，2011）。近年来关于植物抗寒机制的研究表明 CBF 转录因子及其调控的下游冷胁迫相关基因（CBF 调控子）在植物冷驯化过程中起着重要的作用（Qin et al.，2011）。Gilmour 等（2000）将 CBF 转录因子比喻为植物抗寒性的"总开关"。拟南芥中 *AtCBF1~AtCBF3* 基因在低温胁迫 15 min 内即能快速上调表达（Stockinger et al.，1997），其编码的 CBF 转录因子能特异识别并结合在冷响应或脱水响应元件 CRT/DRE 上，从而启动具有 CRT/DRE 元件的压力响应基因的表达（Gilmour et al.，1998）。这些压力响应基因包括胚胎晚期丰富蛋白（LEA）、抗冻蛋白、亲水性蛋白、RNA 结合蛋白等抗冻功能蛋白的编码基因和重要代谢所需的酶（如肌醇半乳糖苷合成酶及脯氨酸合成关键酶 P5CS2）的编码基因（Seki et al.，2002）。同时，AtCBF3 还能诱导参与进一步信号传递的转录因子编码基因（如 *RAP2.1* 和 *RAP2.6*）的表达（Gilmour et al.，2000）。过量表达 *AtCBF1~AtCBF3* 的转基因拟南芥在未经低温胁迫的条件下也能增加多种抗寒相关基因的表达。与未经冷驯化的野生型植株相比，过量表达 CBF 转录因子的拟南芥植株具有更多的脯氨酸和可溶性糖等渗透保护剂，从而具有更强的抗寒能力（Jaglo-Ottosen et al.，1998；Kitashiba et al.，2004）。CBF 调控子是植物冷驯化过程中一条非常保守的转录调控途径，目前已经从很多植物中克隆获得了 *CBF* 基因，如小麦（Badawi et al.，2007）、玉米（Qin et al.，2004）和桉树（Navarro et al.，2009）等。但目前还没有关于红树植物 *CBF* 基因的报道。

　　红树植物大多是冷敏感植物，极端低温天气和不定期降温使红树植物及其生态系统受到严重威胁和损害。利用基因组学和分子生物学技术可以克服传统生理生化研究的限制，为研究红树植物耐寒机制和抗寒育种提供新的思路及方法。从红树植物中分离 *CBF* 基因，有助于揭示红树植物的冷胁迫响应机制，为今后用基因工程手段培育能抵抗冷害的红树植物提供理论依据与技术支持。此外，很多文献报道，某些 CBF 转录因子除介导冷信号相关的压力胁迫响应外，还在干旱、高盐等多种其他压力胁迫响应调控途径中起着重要作用（Novillo et al.，2012；Qin et al.，2011）。红树植物长期生活在高盐、高温、高湿等特殊生境中，对高盐和周期性干旱、水淹等压力胁迫都有很好的抗性（Tanaka et al.，2002）。因此，研究红树植物的 CBF/DREB 转录因子还将有助于揭示红树植物复杂的抗逆交叉调控机制（Peng et al.，2013）。

7.3.2　材料与方法

7.3.2.1　植物材料与处理

　　实验所用植物材料为 2 个月左右的桐花树幼苗。桐花树种子的采集和幼苗的培育同 7.2.1.1。栽培 2 个月，当幼苗长出 4 片幼叶后，选择生长状况一致、没有病虫害和机械损伤的幼苗移植到实验室人工气候培养箱中进行培养，培养条件为：温度(25±1)℃，湿度 70%，光周期 16 h，光照强度 200 μmol/(m²·s)。本实验选用经 5℃低温处理后的桐花树幼嫩叶片作为实验材料。

7.3.2.2　载体与菌株

　　大肠杆菌 *E. coli* DH5α 和克隆载体 pMD18-T，购自 TaKaRa 公司。

7.3.2.3　主要实验试剂及实验盒

　　Consert™ Plant RNA Reagent（Invitrogen）、PrimeScript™ Reverse Transcriptase（TaKaRa）、SMARTer™ RACE Kit（Clontech）、PrimeSTAR HS Polymerase（TaKaRa）、TaKaRa LA *Taq*（TaKaRa）、普通 *Taq* 酶（TaKaRa）。

其他：琼脂糖，溴化乙锭，抗生素（Amp），IPTG，X-Gal，焦碳酸二乙酯（diethyl pyrocarbonate，DEPC）等。

文中所提及的试剂和药品均为分析纯级别。引物由英潍捷基（上海）贸易有限公司合成。

7.3.2.4 主要实验方法

1）红树植物总 RNA 的提取及质量检测

A. RNA 的提取步骤

（1）利用液氮研磨破碎植物细胞 0.1 g，转移到 1.5 mL 预冷的离心管中，加入 0.5 mL 预冷的 RNA 提取液；涡旋混匀，重悬粉末。

（2）将离心管横放以使接触面积最大，室温静置 5 min。

（3）室温 12 000 r/min 离心 2 min，转移上清至一新离心管中，管中加入 0.1 mL 5 mol/L NaCl，轻拍混匀后加入 0.3 mL 氯仿，颠倒 10 次以混匀。

（4）4℃，12 000 r/min 离心 10 min，转移上清至一新离心管中，切勿吸取中间蛋白层。

（5）在收集的上清中加入等体积的异丙醇，混匀，室温静置 10 min。

（6）4℃，12 000 r/min 离心 10 min，沉淀 RNA，弃去上清，小心勿丢掉沉淀。

（7）在离心管中加入 1 mL 预冷的 75%乙醇清洗 RNA 沉淀；此时管底的白色 RNA 沉淀变得细小，小心吸弃上清液，注意不要吸弃 RNA 沉淀。

（8）重复第 7 步一次，此步骤能有效提高纯度。

（9）短暂快速离心数秒，用移液枪小心吸弃管底残留液体，注意不要吸弃沉淀；室温干燥 5 min。

（10）加入 15~30 μL 适量 DEPC 水溶解 RNA 沉淀，−80℃保存。

B. 总 RNA 的质量检测

（1）紫外分光光度计检测：用 Nano Drop 核酸浓度测定计（Thermo）测定 RNA 的浓度与纯度，OD_{260}/OD_{280} 值为 1.8~2.0 的样品才能进行下一步反应。

（2）琼脂糖凝胶电泳：随机抽取部分 RNA 样品在 0.8%琼脂糖凝胶上电泳，检测 RNA 的完整性。上样量为 1 μg 总 RNA，电压< 6 V/cm。

（3）RNA 稳定性检测：取一部分 RNA 样品于 37℃孵育 2 h，再取出与存放于−80℃ 的 RNA 进行浓度和完整性的比较（用紫外分光光度计检测和琼脂糖凝胶电泳）。

2）用于 5′RACE 和 3′RACE 的第一链 cDNA 的合成

用于 5′RACE 和 3′RACE 的第一链 cDNA 的合成使用 SMARTer™ RACE Kit 完成，实验原理见图 7.8。

操作步骤如下。

（1）缓冲液的准备（10 μL cDNA 合成反应）。

5×First-strand Buffer	2.0 μL
DTT	1.0 μL
dNTP Mix（10 mmol/L）	1.0 μL

总计 4 μL，混匀，短暂离心，室温保存至第 5 步。

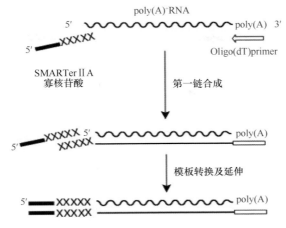

图 7.8　SMARTer^{TM} RACE cDNA 合成机制

（2）分别配制用于 3′RACE 和 5′RACE cDNA 合成的接头混合物。

5′RACE	3′RACE
1.0~2.75 μL RNA 样品	1.0~3.75 μL RNA 样品
1.0 μL 5′CDS 引物	1.0 μL 3′CDS 引物
加 DEPC 水至 3.75 μL	加 DEPC 水至 4.75 μL

总计 4.0 μL，混匀，短暂离心，室温保存至第 7 步。

（3）将（2）中所述混合液涡旋混匀，短暂离心，72℃孵育 3 min，42℃冷却 2 min，14 000 g 离心 10 s，使混合液收集在管底。

（4）在 5′RACE 反应液中加入 1 μL SMARTer ⅡA 寡核苷酸。

（5）在（1）中所述的用于 5′RACE 和 3′RACE cDNA 合成的反应液中分别添加 RNase 抑制剂和反转录酶。

步骤（1）中制备的反应缓冲液	4.0 μL
RNase Inhibitor（40 U/μL）	0.25 μL
SMART Scribe^{TM} Reverse Transcriptase（100 U）	1.0 μL

（6）将步骤（5）中制备的混合液分别加入步骤（3）中制备的变性 RNA 中，总体积为 10 μL。

（7）用枪头轻吹混匀，离心收集液体置管底。

（8）42℃孵育 90 min。

（9）70℃，10 min，终止反应。

（10）用 Tricin-EDTA Buffer 稀释合成的第一链 cDNA（起始总 RNA≥200 ng，加入 100 μL Tricin-EDTA Buffer 稀释）。

（11）–20℃存放（保质 3 个月）。

3）中间片段的扩增

A. 同源引物设计

根据杨树、橡树、桉树等植物 *CBF* 基因的同源性分析，在上下游保守区设计两个简并引物，如表 7.2 所示。

表 7.2　用于桐花树 *CBF1* 中间片段和全长扩增的引物

引物	5′→3′序列	扩增
Dg-CBF-F	CAYCCKGTGTAYMGVGGNGT	*AcCBF1* 中间片段的 PCR
Dg-CBF-R	TCNGGRAAGTTVARDATAGC	
AcCBF1-5′GSP	GACGAATCGGCCGAAATTAAGGCAAGC	*AcCBF1* 5′RACE 和 3′RACE 的第一轮 PCR
AcCBF1-3′GSP	TCCGAAAAGTGGGTGAGCGAAGTCC	
AcCBF1-5′NGSP	GTTGGGTACGTCCCGAGCCATATCC	*AcCBF1* 5′RACE 和 3′RACE 的巢式 PCR
AcCBF1-3′NGSP	GAGCGAAGTCCGTGAGCCAAACAAG	

B. 桐花树 *CBF/DREB1* 基因中间片段的扩增

以第一链 cDNA 稀释样品为模板，用简并引物 Dg-CBF-F 和 Dg-CBF-R 进行 PCR
扩增。反应体系如下。

10×Buffer	2.5 μL
dNTP Mix	2.0 μL
Dg-CBF-F（10 μmol/L）	1.0 μL
Dg-CBF-R（10 μmol/L）	1.0 μL
Taq（5 U/μL）	0.5 μL
DEPC 水	至 25 μL

反应参数为：94℃预变性 5 min；94℃变性 40 s，55℃退火 40 s，72℃延伸 40 s，循
环 35 次；最后 72℃延伸 10 min。

4）桐花树 cDNA 基因全长的扩增

A. 用于 3′RACE 和 5′RACE PCR 扩增的引物设计

根据扩增得到的 201 bp 的 *CBF* 中间片段的序列，用 Oligo7.0 分别设计了两对基因
特异性引物（GSP），用于 *CBF* 基因 5′端和 3′端的扩增。引物命名为 AcCBF1-5′GSP、
AcCBF1-5′NGSP 和 AcCBF1-3′GSP、AcCBF1-5′NGSP，引物序列如表 7.2 所示，引物
间的关系如图 7.9 所示。

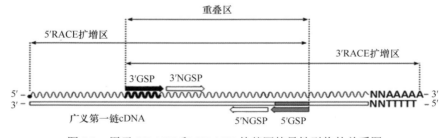

图 7.9　用于 5′RACE 和 3′RACE 的基因特异性引物的关系图

B. 第一轮 5′RACE 和 3′RACE PCR

以第一链 cDNA 的稀释液为模板，分别用基因特异性引物 AcCBF1-5′GSP 和
AcCBF1-3′GSP 与接头引物 UPM 配对进行 5′/3′RACE。为了验证扩增片段的真实性，实
验设置了单引物扩增的阴性对照组（UPM+H_2O，5′GSP/3′GSP+H_2O）和中间片段扩增
（3′GSP+5′GSP）的阳性对照组。为了提高扩增片段的保真性，我们使用了高保真酶
PrimeSTAR *Taq* 和降落 PCR 进行扩增。反应体系及参数如下所示。

（1）第一轮 PCR 反应体系如下。

5×PrimeSTAR Buffer	10.0 μL
dNTP Mix	4.0 μL
UPM/H₂O	5.0 μL
5′GSP/3′GSP/H₂O	1.0 μL
PrimeSTAR *Taq*（5 U/μL）	0.5 μL
第一链 cDNA	2.5 μL
DEPC 水	至 50 μL

（2）第一轮 PCR 反应参数（touchdown PCR）如下。

10 个循环：98℃ 10 s，70℃ 2 min。

25 个循环：98℃ 10 s，68℃ 15 s，72℃ 2 min。

C. 第二轮 5′RACE 和 3′RACE-PCR（巢式 PCR）

以 5′RACE 和 3′RACE 第一轮 PCR 产物的 20 倍稀释液为模板，分别用巢式基因特异性引物 AcCBF1-5′NGSP 和 AcCBF1-3′NGSP 与巢式接头引物 NUP 配对进行第二轮 5′RACE 或 3′RACE。为了验证扩增片段的真实性，实验设置了单引物扩增的阴性对照组（NUP+H₂O，5′NGSP/3′NGSP+H₂O）。扩增反应使用 LA *Taq* 进行。反应体系及参数如下所示。

（1）第二轮 PCR 反应体系如下。

10×TaKaRa LA *Taq* Buffer	5.0 μL
dNTP Mix	8.0 μL
NUP/H₂O	5.0 μL
5′NGSP/3′NGSP/H₂O	1.0 μL
TaKaRa LA *Taq*（5 U/μL）	0.5 μL
第一轮 PCR 产物稀释液	5.0 μL
DEPC 水	至 50 μL

（2）第一轮 PCR 反应参数（降落 PCR）如下。

5 个循环：94℃ 30 s，68℃ 30 s，72℃ 2 min。

72℃，10 min。

5）PCR 扩增产物的连接与转化

以上 PCR 反应产物经 1.2%琼脂糖凝胶电泳进行检测，阳性扩增片段切胶回收后连接到 pMD-18T 载体上，并转化到大肠杆菌中。

A. 用于大肠杆菌培养的 LB 培养基的配制

（1）不含 Amp 的 LB 液体培养基。

蛋白胨（trypton）	1%
酵母粉（yeast extract）	0.5%
NaCl	1%
NaOH	pH 调为 7.0

121℃灭菌 30 min 后备用。

（2）含 Amp、IPTG 和 X-Gal 的 LB 固体培养基。

蛋白胨（trypton）	1%
酵母粉（yeast extract）	0.5%
NaCl	1%
琼脂粉	1.5%
NaOH	pH 调为 7.0

121℃灭菌 30 min；等培养基冷却至 50~60℃时，加入 Amp、IPTG 和 X-Gal，使其终浓度分别为 100 µg/mL、24 µg/mL 和 40 µg/mL。

B. 切胶纯化

紫外光照下切胶，得到的 PCR 扩增产物用琼脂糖凝胶回收试剂盒（Omega）进行纯化。

C. DNA 与 pMD-18T 的连接

反应液配制如下。

pMD-18T	1 µL
Buffer	5 µL
纯化的 DNA	4 µL

反应条件：16℃，3 h。

D. 转化感受态大肠杆菌 DH5α（购自 TaKaRa）

（1）将–80℃保存的感受态大肠杆菌取出，于冰上融化。

（2）将连接液全量转移至 100 µL 冰上融化的大肠杆菌中，冰浴 30 min。

（3）42℃热激 45 s，冰浴 1 min。

（4）在每管中加入 900 µL 不含 Amp 的 LB 培养基中，37℃，200 r/min 振荡培养 60 min。

（5）用涂布器将上述菌液均匀涂布于含 Amp、IPTG 和 X-Gal 的琼脂糖平板上，室温下静置至液体全部被吸收，然后于 37℃倒置培养 12~16 h。

（6）4℃放置几小时，观察蓝白斑情况。

E. 菌落 PCR 对阳性克隆子进行快速检测

（1）PCR 混合液的制备（20 个反应体系）。

Taq Buffer	20 µL
dNTP（各 2.5 mmol/L）	5 µL
M13-47（50 µmol/L）	10 µL
RV-M（50 µmol/L）	10 µL
Taq（5 U/µL）	2.5 µL
DEPC 水	至 200 µL

200 µL PCR 混合液混匀后分装到 20 个 PCR 管中。

（2）常温下用灭菌牙签挑取转化子点在 PCR 管中，并在一新平板上点样接种作为拷贝，做好标记。放入 PCR 仪进行扩增，反应条件为 94℃预变性 5 min；94℃变性 40 s，

55℃退火 40 s，72℃延伸 40 s，循环 35 次；最后 72℃延伸 10 min。

（3）琼脂糖凝胶电泳检测目的片段的扩增情况。

（4）将扩增获得目的片段的菌落平板 37℃培养过夜，挑取重组子接种摇菌，送测序公司测序。

6）片段拼接与生物信息学分析

扩增获得的 3′cDNA 与 5′cDNA 片段经 Sequencher 5.0 拼接后获得桐花树 *CBF1* 基因的全长 cDNA 序列，并对该基因的生物信息学特征进行了分析，所用的软件和方法如表 7.3 所示。

表 7.3　*CBF1* 基因的结构及功能预测所用软件和网址

分析软件或方法	功能	网址或公司
Blast	同源比对	http://blast.ncbi.nlm.nih.gov/Blast.cgi
ORF-Finder	寻找可读框	http://www.ncbi.nlm.nih.gov/gorf/orfig.cgi
DNAMAN	多序列比对	Lynnon Biosoft，USA
SMART	功能结构预测	http://smart.embl-heidelberg.de/
SingalP	信号肽预测	http://bmbpcu36.leeds.ac.uk/prot_analysis/Signal.h
Prot Param	分子质量和等电点预测	http://www.expasy.ch/tools/pi_tool.html
SWISS-MODEL	三级结构预测	http://swissmodel.expasy.org
ESLPred	细胞定位预测	http://www.imtech.res.in/raghava/eslpred/

7.3.3　结果与分析

7.3.3.1　总 RNA 的质量检测

使用 Invitrogen Consert^{TM} Plant RNA Reagent 从冷处理的桐花树叶片中提取得到了高质量的总 RNA。经紫外分光检测，OD_{260}/OD_{280} 值均为 1.8~2.0。取 37℃孵育 2 h 后的 RNA 和与其对应的于–80℃保存的 RNA 进行非变性琼脂糖凝胶电泳分析发现，孵育前后的 RNA 均呈现 2 条清晰的 28S 和 18S rRNA 条带，且孵育后的 RNA 与低温保存的 RNA 的亮度相当，说明用该方法提取得到的 RNA 质量具有较强的稳定性，符合构建 5′RACE 或 3′RACE 库的实验要求（图 7.10）。

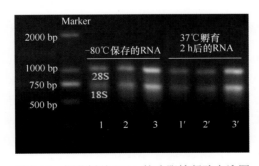

图 7.10　桐花树总 RNA 的琼脂糖凝胶电泳图

7.3.3.2　桐花树 *CBF1* 基因中间片段的扩增

通过对多种植物 *CBF* 同源基因进行序列比对，我们在其保守的 AP2 结构域上下游处设计了一对简并引物 Dg-CBF-F 和 Dg-CBF-R。利用这对引物从合成的第一链 cDNA 中克隆得到了一个长度约为 20 bp 的 DNA 片段，与预测的桐花树 *CBF* 基因目的片段的大小基本一致，如图 7.11 所示。测序后，得到一条长为 201 bp 的序列（图 7.12），通过在 NCBI 上 Blast 发现，该基因片段与其他多种植物的 *CBF/DREB1* 基因高度同源（78%~79%），如图 7.13 所示。

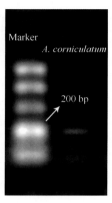

图 7.11　桐花树 *CBF* 基因中间片段 PCR 产物琼脂糖凝胶电泳图

GAGACTAGGCATCCGGTGTACCGCGGTGTCCGCAGGAGGAACTCCG
AAAAGTGGGTGAGCGAAGTCCGTGAGCCAAACAAGAAATCCCGGAT
ATGGCTCGGGACGTACCCAACATCCGAGATGGCGTCCCGTGCACAT
GACGTGGCCGCCATCGCACTGAGAGGGCGGTCGGCTTGCCTTAATTT
CGCCGATTCGTCATGG

图 7.12　桐花树 *AcCBF/DREB1* 基因片段

Accession	Description	Max score	Total score	Query coverage	E value	Max ident
GU732454.1	Malus x domestica AP2 domain class transcription factor (AP2D30) m	174	174	96%	2e-40	79%
AY642596.1	Glycine soja DREB1 mRNA, partial cds	172	172	97%	7e-40	79%
EU784070.1	Rosa hybrid cultivar dehydration-responsive element-binding protein	165	165	100%	1e-37	78%
EU365377.1	Glycine max cultivar Stout CRT binding factor 2 gene, complete cds	165	165	96%	1e-37	78%

图 7.13　桐花树 *CBF/DREB1* 中间片段基因序列的 Blast 结果

7.3.3.3　桐花树 *CBF/DREB1* 基因全长 cDNA 序列的克隆及分析

根据扩增得到的 201 bp 的 *CBF/DREB* 基因中间片段，分别设计了用于该基因 3′端和 5′端快速扩增的两对引物。3′RACE 和 5′RACE 降落 PCR 的结果如图 7.14 所示。5′RACE 扩增得到约 500 bp 的特异性片段，3′RACE 扩增得到 700 bp 左右的特异性片段。

以 3′RACE 降落 PCR 的产物稀释 50 倍作为模板，5′NGSP 和 NUP 作引物进行巢式 PCR，扩增得到一条约为 700 bp 的特异性片段（图 7.15）。以 5′RACE 降落 PCR 的产物稀释 50 倍作为模板，5′NGSP 和 NUP 作引物进行巢式 PCR，扩增得到一条约为 350 bp 的特异性片段（图 7.15）。

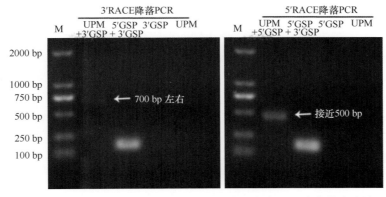

图 7.14　桐花树 *CBF* 基因 3′RACE 和 5′RACE 降落 PCR 产物的电泳结果

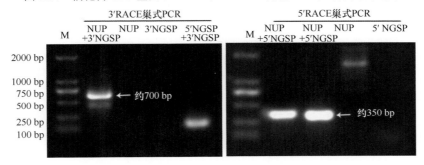

图 7.15　桐花树 *CBF* 基因 3′RACE 和 5′RACE 巢式 PCR 产物的电泳结果

对这两段片段进行切胶回收和连接转化后，挑选阳性克隆子送美吉生物公司测序，结果得到两条含有扩增引物序列的片段，如图 7.16 和图 7.17 所示。

AAGCAGTGGTATCAACGCAGAGT（NUP）
ACATGGGGAGCCCACAAAAAATCACGAACGCAGACTACGAGTTTCCAAAAA
CCCACCACAAATAGATTCAAATGGACATGTTCTCAAACTCGTCTGATTCACTC
TCAACTTCATGGTCGCCGGAGATTTCCCGTCCGGCAAACCTCTCCGACGAGG
AGGTGTTGTTAGCATCGAGCAACCCGAAGAAACGGGCGGGCCGGAAGAAGT
TCCGGGAGACTCGCCACCCGGTCTACCGCGGTGTCCGCAGGAGGAACTCCG
AAAAGTGGGTGAGCGAAGTCCGTGAGCCAAACAAGAAATCCCGGATATGGC
TCGGGACGTACCCAAC（5′NGSP）

图 7.16　5′RACE 扩增得到的桐花树 *CBF* 基因的 5′端

GAGCGAAGTCCGTGAGCCAAACAAG（3′NGSP）
AAATCCCGGATATGGCTCGGGACGTACCCAACATCCGAGATGGCGGCCCGTGCACATGAC
GTGGCGGCCATCGCACTGAGAGGGCGGTCGGCTTGCCTTAATTTCGCCGATTCGGCTTGG
AGGCTGCCGGTGCCGGCATCCGGAGAGGCGAGGGATATCCAGAAGGCGGCGGCAGAGG
CCGCTGAGGCGTTCCGGCCGACAAGGGTTGAGACGGGTGATGACGTGGCGGCAGTGGG
GGAGCCAGAAAAGTTGCTGTTTATGGATGAGGAGGAGGTTTGGGGGATGCCATGGTATAT
TGCTGACATGGCAAGGGGATTAATGGTGCCTCCACCTACCCAGGATTTGTATGACGCGGA
TTTTGATGCCGACGTGTCACTTTGGAGTTACTCATTTTGAATTATTTTTTTTATTTTATTTTT
ACTGTCTATCTAAGCCCCAAATTCTGTATTCTACACCGTGGCAAAATCAGCGCCGTACAGA
TTTAGAATACTCCGATTTTGAGTCTGCCTATCTTCTTTGGACACTGGACATTTTTTAAGGTC
TGTGATTTTCGATAGGTACAAAAAAAAAAAAAAAAAAAAAAAAAAAAGTACTCTGCGTTC
ATACCACTGCTT（NUP）

图 7.17　3′RACE 扩增得到的桐花树 *CBF* 基因的 3′端

利用 Sequencher4.10.1 对得到的两个基因片段进行拼接，并通过提交 NCBI 中进行 Blast 同源性分析，结果确认获得了一条正确的编码核苷酸的序列（图 7.17），命名为桐花树 *CBF1* 基因（*Aegiceras corniculatum* CBF1，*AcCBF1*）。我们将该序列提交到 NCBI 的 GenBank，序列号为 JX294579。

如图 7.18 所示，*AcCBF1* 基因序列全长为 881 bp，包括 71 bp 的 5′UTR，192 bp 的 3′UTR 和 618 bp 的可读框（ORF），编码 205 个氨基酸。加尾信号（AATAAA）及 poly(A) 尾分别位于 3′UTR 区距离终止密码子 169 bp 和 175 bp 处。序列编码蛋白的理论分子质量为 23.03 kDa，预测等电点为 5.39。

```
1                                                         ACATGGGGAGC
12    CCACAAAAAATCACGAACGCAGACTACGAGTTTCCAAAAACCCACCACAAATAGATTCAA
72    ATG GACATGTTCTCAAACTCGTCTGATTCACTCTCAACTTCATGGTCGCCGGAGATTTCC
1      M   D   M   F   S   N   S   S   D   S   L   S   T   S   W   S   P   E   I   S
132   CGTCCGGCAAACCTCTCCGACGAGGAGGTGTTGTTAGCATCGAGCAACCCGAAGAAACGG
21     R   P   A   N   L   S   D   E   E   V   L   L   A   S   S   N   P   K   K   R
192   GCGGGCCGGAAGAAGTTCCGGGAGACTCGCCACCCGGTCTACCGCGGTCCGCAGGAGG
41     A   G   R   K   K   F   R   E   T   R   H   P   V   Y   R   G   V   R   R
252   AACTCCGAAAAGTGGGTGAGCGAAGTCCGTGAGCCAAACAAGAAATCCCGGATATGGCTC
61     N   S   E   K   W   V   S   E   V   R   E   P   N   K   K   S   R   I   W   L
312   GGGACGTACCCAACATCCGAGATGGCGGCCCGTGCACATGACGTGGCGGCCATCGCACTG
81     G   T   Y   P   T   S   E   M   A   A   R   A   H   D   V   A   A   I   A   L
372   AGAGGGCGGTCGGCTTGCCTTAATTTCGCCGATTCGGCTTGGAGGCTGCCGGTGCCGGCA
101    R   G   R   S   A   C   L   N   F   A   D   S   A   W   R   L   P   V   P   A
432   TCCGGAGAGGCGAGGGATATCCAGAAGGCGGCGGCAGAGGCCGCTGAGGCGTTCCGGCCG
121    S   G   E   A   R   D   I   Q   K   A   A   A   E   A   A   A   E   A   F   R   P
492   ACAAGGGTTGAGGGTGATGACGTGGCGGCAGTGGGGGAGCCAGAAAAGTTGCTGTTT
141    T   R   V   E   T   G   D   D   V   A   A   V   G   E   P   E   K   L   F
552   ATGGATGAGGAGGAGGTTTGGGGGATGCCCATGGTATATTGCTGACATGGCAAGGGGATTA
161    M   D   E   E   V   W   G   M   P   W   Y   I   A   D   M   A   R   G   L
612   ATGGTGCCTCCACCTACCCAGGATTTGTATGACGCGGATTTTGATGCCGACGTGTCACTT
181    M   V   P   P   T   Q   D   L   Y   D   A   D   F   D   A   D   V   S   L
672   TGGAGTTACTCATTT TGA ATTATTTTTTTTATTTTTATTTTTACTGTCTATCTAAGCCCCA
201    W   S   Y   S   F   *
732   AATTCTGTATTCTACACCGTGGCAAAATCAGCGCCGTACAGATTTAGAATACTCCGATTT
792   TGAGTCTGCCTATCTTCTTTGGCACTGGACATTTTTTAAGGTCTGTGATTTTCGATAGG
852   TACGAAG AATAAA AAAAAAAAAAAAAAAAAAAAAAAAAAAAAAAA
```

图 7.18　*AcCBF1* 基因的核苷酸序列及其推导的氨基酸序列（GenBank 登录号为 JX294579）
起始密码子 ATG 和终止密码子 TGA 用方框表示，AP2/DRE DNA 结合区用下划线表示，
CBF 特征序列用双下划线表示。加尾信号 AATAAA 用阴影表示

多序列比对结果表明该基因所编码的蛋白含有 CBF/DREB1 转录因子的特征序列，包括一个 AP2/ERF DNA 结合域和 2 个 CBF 特征序列（PKKR/PAGR motif 和 DSAWR）及酸性 C 端的 LWSY motif（图 7.19）。此外，该蛋白 AP2 结构域的第 14 位和第 19 位具有保守的缬氨酸（V）和谷氨酸（E）。其 PKKR/PAGR motif 的第 7 位和第 10 位具有保守的精氨酸（R）及苯丙氨酸（F）。这三个 AmCBF 蛋白的 AP2 结构域的序列与拟南芥中的 AtCBF1~3 蛋白高度同源（同源性超过 85%）。这三个蛋白的 AP2 结构域的预测三维结构均与 AtERF1（PDB ID：1gcc）的 AP2 结构域的三维结构相似，含有三个 β 折叠片和一个 α 螺旋（图 7.20）。根据 WoLF PSORT 的预测结果，该蛋白分布在细胞核内。序列比对也表明这三个基因编码蛋白在 N 端和 C 端有较大的差异。

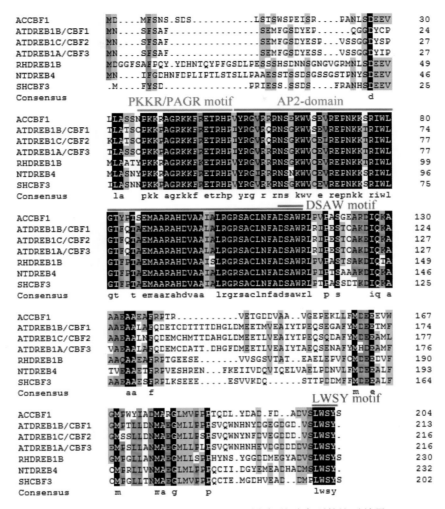

图 7.19　多种植物中 CBF/DREB1 蛋白氨基酸序列的比对结果

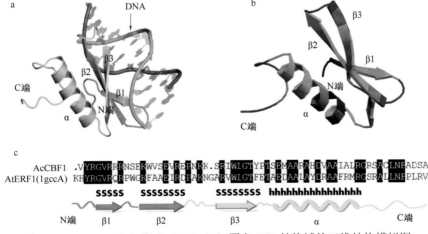

图 7.20　AtERF1（a）和 AcCBF1（b）蛋白 AP2 结构域的三维结构模拟图

蓝色代表可信度高的区域，红色代表可信度低。c. AcCBF1 与 AtERF1 蛋白的 AP2 结构域序列的比对结构

7.3.3.4 桐花树 *AcCBF1* 基因的同源性分析及系统进化树的构建

利用 GenBank 数据库中 Blastp 程序进行同源搜索,显示 *AcCBF1* 的氨基酸序列与黄瓜(*Cucumis sativus*)的 DREB1C(XP_004171792)、玫瑰杂交种的 DREB1B(ACI42860)、烟草(*Nicotiana tabacum*)的 DREB3(ACE73695.1)、多毛番茄(*Solanum habrochaites*)的 CBF3(ACB45078)及毛果杨(*Populus trichocarpa*)的 CBF1(ABO48363)的氨基酸序列具有较高的同源性,尤其是 AP2 DNA 结合域的序列高度保守。其中 AcCBF1 的氨基酸序列与这些物种的氨基酸序列同源性分别为 71%、70%、70%、69% 和 66%。利用 MEGA5.1 软件的邻接法将 *AcCBF1* 氨基酸序列与从 NCBI 的 GenBank 中下载的多条其他植物的 CBF 序列,以及拟南芥中其他多种 *AP2/EREBP* 基因家族蛋白序列进行 Clustal W 比对后构建进化树,结果显示桐花树 CBF1 蛋白属于 AP2 超基因家族中 DREB 亚基因家族的 A1 组(图 7.21)。

7.3.4 讨论

本节通过同源克隆技术和 RACE 方法成功地从桐花树低温胁迫的 cDNA 库中克隆到一个 *CBF* 基因,命名为 *AcCBF1*(JX294579)。该基因具有典型的 CBF 转录因子基因所具有的结构特征,即一个 AP2 结构域和两个 CBF 特征序列。CBF 蛋白是属于 AP2/EREBP 超基因家族的转录因子。AP2/EREBP 是植物所特有的一类转录因子,其家族成员在结构上有共同的特点:每个成员都含有由 60 个左右氨基酸组成的非常保守的 DNA 结合域(即 AP2 DNA 结合域或 AP2 结构域)。AP2/EREBP 转录因子在植物的生长、发育及多种生理生化反应的信号转导途径中起着重要的作用,如花器官形成、抗病、抗逆、激素响应(乙烯或脱落酸等)等(Sakuma et al.,2002)。拟南芥中 AP2/EREBP 转录因子家族至少有 144 个成员,根据 AP2 结构域的数量和序列结构,AP2/EREBP 家族转录因子可分为 5 个亚家族:AP2(APETAL2)、RAV(related to ABI3/VP)、CBF/DREB(dehydration responsive element binding/C repeat binding factor)、ERF(ethylene responsive element binding factor)和其他类别(图 7.21)(Sakuma et al.,2002)。而根据氨基酸同源性关系,ERF 亚族又可进一步分为 B1、B2、B3、B4、B5 和 B6 六个组,CBF/DREB 亚族分为 A1、A2、A3、A4、A5 和 A6 六个组(Sakuma et al.,2002;Nakano et al.,2006;Zhuang et al.,2008)。系统进化树分析结果表明,从桐花树克隆得到的 *AcCBF1* 基因编码的蛋白属于 DREB 亚基因家族的 A1 组。*CBF/DREB1* 基因的序列特征是具有一个 AP2 结构域及 AP2 结构域上下游有两个 CBF 特征序列,即 PKKR/PAGR motif 和 DSAWR motif。这两个 CBF 特征序列只有 *CBF/DREB1* 基因的序列结构中才具有。AP2 结构域的空间构象很有特点,具有三个反向平行的 β 折叠片和一个 α 螺旋。Sakuma 等(2002)认为这三个反向平行的 β 折叠片对于识别顺式作用元件并与元件结合起关键作用,如图 7.20 所示。蛋白质三维结构分析表明 *AcCBF1* 推测蛋白的 AP2 结构域具有与 *AtERF1*(PDB ID:1gcc_A)相似的三维结构,如图 7.20b 所示。近来的一项研究发现 AP2 结构域在 *CBF* 基因的核定位过程中起着至关重要的作用(Canella et al.,2010)。该研究还发现曾

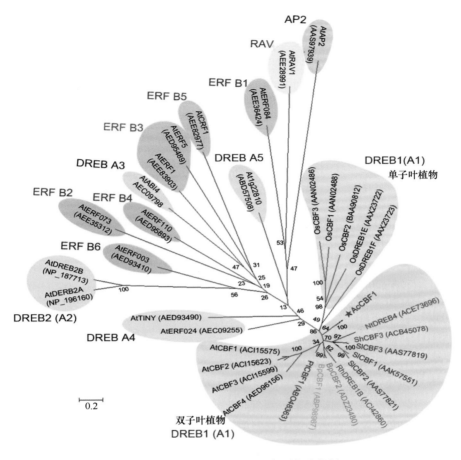

图 7.21 桐花树 CBF1 蛋白序列的进化树

被认为是核定位信号（Stockinger et al.，1997）的 PKKR/PAGR 元件在 CBF 特异性识别 CRT/DRE 元件的过程中起着重要作用（Canella et al.，2010）。多序列分析结果表明桐花树 *AcCBF1* 基因编码蛋白的 AP2 结构域及 CBF 特征元件都非常保守，而且该蛋白 AP2 结构域的第 14 位和第 19 位具有保守的缬氨酸（V）和谷氨酸（E）；其 PKKR/PAGR motif 的第 7 位和第 10 位具有保守的精氨酸（R）及苯丙氨酸（F），这些保守的氨基酸与 CBF/DREB1 转录因子的 DNA 的结合特性有关（Sakuma et al.，2002；Canella et al.，2010）。*AcCBF1* 序列及结构的保守性表明该基因编码蛋白可能像其他植物的 CBF 转录因子一样，在植物的生长发育和抵抗压力的过程中起着重要的信号转导作用。此外，根据 WoLF PSORT 的预测结果，该蛋白分布在细胞核内。该预测结果与其可能的转录激活功能相一致。

7.3.5　小结

本节利用同源克隆和 RACE 技术从桐花树幼苗中克隆到一种 *CBF/DREB1* 基因的 cDNA 全长，命名为 *AcCBF1*（JX294579）。该基因序列全长为 881 bp，包括 71 bp 的 5′UTR、192 bp 的 3′UTR 和 618 bp 的可读框，编码 205 个氨基酸的多肽（分子质量为 23.03 kDa， pI 为 5.39）。进化树分析表明该蛋白属于 AP2/ERFBP 超基因家族中 DREB 亚家族的 A1 组。多序列分析表明该序列具有保守的 AP2 结构域和两个 CBF 特征序列。WoLF PSORT 的预测结果表明，该蛋白分布在细胞核内。*AcCBF1* 基因序列及推测蛋白质结构的保守性表明该基因编码蛋白可能像其他植物的 CBF 转录因子一样，在植物生长发育和抵抗压力的过程中起着重要的信号转导作用。

7.4 桐花树常用内参基因的稳定性分析

7.4.1 引言

红树林是生长在热带、亚热带海岸河口潮间带的独特植物群落。红树植物的生境很特殊，具有高盐、厌氧、周期性水淹等特点。此外，随着全球变化的加剧及人类活动的影响，红树植物还面临着低温、海平面上升，以及重金属、多环芳烃等多种污染物的威胁（Gilman et al.，2008；Tam et al.，2009；Marchand et al.，2006）。因此，越来越多的研究开始关注红树植物的抗逆机制。目前已经从红树植物中鉴定出多种压力胁迫相关基因，并且通过基于荧光定量 PCR 技术的基因表达分析研究了它们在压力胁迫响应过程中的作用，如多种红树植物的金属硫蛋白基因（Huang & Wang，2009，2010b），桐花树的 *P5CS* 基因（Fu et al.，2005）等。

荧光定量 PCR（real-time PCR）是基因表达分析常用的技术手段，具有高灵敏性、高特异性和检测范围广等优点。但是，基于荧光定量 PCR 技术的基因相对表达分析结果的准确性在很大程度上依赖于实验中所选择的内参基因的稳定性（Remans et al.，2008）。作为荧光定量 PCR 分析的理想内参基因，其表达水平不应受到实验条件和组织类型的影响（Udvardi et al.，2008）。目前，有很多管家基因被用作基因表达分析的内参，如 *18S rRNA*、*GAPDH*、*β-actin*、*Cyp*、*EF1A* 和 *rpl2*（Migocka & Papierniak，2010）。尽管这些管家基因在某些实验条件下稳定表达，但有研究发现，某些压力胁迫条件也会对管家基因的表达水平造成影响（Czechowski，2005）。因此，在开展基因表达研究前，进行内参基因的优选研究具有重要意义。目前报道在很多其他植物中开展了内参基因的优选工作，如拟南芥（*Arabidopsis thaliana*）（Remans et al.，2008）、黄瓜（Migocka & Papierniak，2010）和杨树（Xu et al.，2011）。但目前针对红树植物的内参基因优选工作还没有报道。

桐花树是中国南方沿海分布很广的一种优势红树植物物种。研究发现桐花树对多种非生物压力，包括高盐、低温、重金属及多环芳烃污染都有很强的耐性（Burchett et al.，2006；Tam et al.，2009）。目前，已有很多研究通过基因表达分析手段从分子水平来揭示桐花树的抗逆机制（Fu et al.，2005；Huang & Wang，2010a，2010b），而这些研究大多采用 *18S rRNA* 基因作为内参。但有研究报道称，在某些植物中，*18S rRNA* 基因的表达水平可能会受到某些非生物压力胁迫的影响（Remans et al.，2008；Migocka & Papierniak，2010）。在这种情况下，使用 *18S rRNA* 基因作为内参会导致基因表达分析结果出现较大的误差。因此，为了能够更好地开展桐花树在压力胁迫下的基因表达分析研究，有必要对其内参基因进行优选。

本节利用两个统计分析软件 Normfinder 和 geNorm 对桐花树中 5 种管家基因（*rpl2*、*18S rRNA*、*β-actin*、*EF1A*、*GAPDH*）在多种非生物压力胁迫下的表达稳定性进行了分析（Peng et al.，2015c）。此外，我们还比较了以不同管家基因作为内参时所得到的 *CuZnSOD* 基因的表达水平差异。本节的研究结果将为进一步利用荧光定量手段分析桐花树中压力响应基因的表达模式提供基础理论依据和技术支持，也为下一节关于非生物压力胁迫下桐花树 *AcCBF1* 基因的克隆与表达分析奠定了基础。

7.4.2　材料与方法

7.4.2.1　植物材料

桐花树种子采自深圳东涌红树林自然保护区。经 1%高锰酸钾消毒后，选择健康无病虫害的种子种在干净的海沙中，每周用 1/2 Hoagland 营养液浇灌 2 次。将 3 个月大的具有两对成熟叶片的桐花树幼苗转入人工气候培养箱中培养，培养条件为：25℃白天/22℃夜晚，16 h 光照/6 h 黑暗，光强 200 μmol/（m²·s）。培养 1 个星期后，随机选取三株植株，采集叶片、茎和根样品，立即用液氮冻存，直至 RNA 提取。

7.4.2.2　实验处理

低温胁迫实验：将植株转移至 5℃培养箱［光强 100 μmol/（m²·s）］，在胁迫 0 h、2 h、24 h 和 48 h 时收集叶片样品，立即用液氮冻存。

高盐胁迫实验：用含 NaCl（0、15 g/L 或 30 g/L）的营养液对植株进行浇灌，在胁迫 3 d 后收集叶片样品。

干旱胁迫实验：用含 PEG 6000（0、10%或 20%）的营养液对植株进行浇灌，在胁迫 3 d 后收集叶片样品。

所有样品立即用液氮速冻，−80℃保存至 RNA 提取。所有的结果都做两次独立的实验。

7.4.2.3　主要实验试剂及实验盒

植物总 RNA 提取试剂（Tiangen）、PrimeScript® RT Reagent Kit（TaKaRa）、2×SYBR® Premix Ex *Taq*™Ⅱ（TaKaRa）、普通 *Taq* 酶（TaKaRa）。

其他：琼脂糖、溴化乙锭、抗生素 Amp、IPTG、X-Gal、焦碳酸二乙酯（diethyl pyrocarbonate，DEPC）等。

文中所提及的试剂和药品均为分析纯级别。引物由英潍捷基（上海）贸易有限公司合成。

7.4.2.4　主要实验方法

1）引物设计

从 GenBank 数据库中获得了桐花树三种常用内参基因 *18S rRNA*（FJ976669）、*β-actin*（DQ884963）、*GAPDH*（DQ884962）及 *CuZnSOD*（DQ913822）基因的序列。这些基因的功能见表 7.4。用同源克隆的手段获得了桐花树 *EF1A* 基因和 *rpl2* 基因的 EST 序列，

并提交到 GenBank 中，登录号分别为 JQ396426 和 JQ396427。用于 *EF1A* 和 *rpl2* 基因克隆的简并引物见表 7.5。同源克隆方法同第 3 章。所有基因用于实时定量 PCR 的引物均由 Oligo7.0 软件设计，这些引物的序列、扩增子大小及扩增产物预期的熔解温度见表 7.6。

表 7.4 内参基因及其功能和登录号

缩写	名称	功能
β-actin	β-actin	细胞骨架
EF1A	elongation factor-1-A	蛋白质合成的延伸因子
GAPDH	glyceraldehyde-3-phosphate dehydrogenase	糖酵解酶
rpl2	ribosomal protein L2	参与核糖体亚基的组成、tRNA 的结合及肽链转移
18S rRNA	18S ribosomal RNA gene	核糖体小亚基

表 7.5 用于桐花树中 *EF1A* 和 *rpl2* 同源基因克隆的简并引物

引物	引物序列（5′→3′）
Dg-EF1A-F	RGCTGACTGTGCNRTBC
Dg-EF1A-R	RTDCCAATRCCACCRAT
Dg-rpl2-F	TTCAARTCCCAYACNCAC
Dg-rpl2-R	TGRGGATGCTCMACDGG

表 7.6 荧光定量 PCR 扩增所用引物及预测扩增子的熔解温度

基因	引物序列（5′→3′）	长度/bp	$T_m/℃$
β-actin	AGCTCATCGGTGGAGAAGAA GTTGGAACAGGACCTCAGGA	94	82.5
18S rRNA	ACCATAAACGATGCCGACCAG TTCAGCCTTGCGACCATACTC	113	83.5
GAPDH	ACACTCTATTACCGCCACA GCTTTCCGTTTAGTTCAGG	149	85.6
rpl2	CCTTTCGTTACAAGCACCAG CAGATTTGCCTTCTTCCCAC	92	82.9
EF1A	ATGGTGATGCTGGTATGGTTAAGAT CAGTGGGTTCCTTCTTCTCAACGC	156	85.4
CuZnSOD	GTGCTCCTGAAGATGAAA ATTAGGTCCAGTAAGTGGTAT	116	85.6

2）RNA 提取及检测

同 7.3.2.4 1）。

3）用于实时荧光定量 PCR 的 cDNA 合成

用 PrimeScript® RT Reagent Kit 试剂盒（TaKaRa），操作如下。

A. 基因组 DNA 的去除

体系如下，用枪头吹打混匀后 42℃保温 2 min。

5×gDNA Eraser Buffer	2 μL
gDNA Eraser	1 μL
总 RNA	1.0 μg
DEPC 水	至 10 μL

B. cDNA 的合成

体系如下。

5×PrimeScript Buffer	4 μL
PrimeScript RT Enzyme Mix	1 μL
Primer Mix	1 μL
第一步中的反应液	10 μL
DEPC 水	至 20 μL

用枪头吹打混匀后 37℃保温 30 min；85℃ 5 s 使反转录酶失活；4℃冷却；cDNA 样品浓度测定用 NanoDrop ND-2000C spectrophotometer（Thermo Scientific，USA）。测定浓度后将 cDNA 样品精确稀释至 100 ng/μL。−20℃长期保存样品。

4）实时荧光定量 PCR

采用 TaKaRa 公司的 SYBR Premix Ex Taq^{TM}（Perfect Real Time）试剂盒进行。定量 PCR 所用的引物详见表 7.5。

（1）反应体系如下。

2×SYBR Premix Ex Taq^{TM}	7.5 μL
Forward Primer（10 μmol/L）	0.5 μL
Reverse Primer（10 μmol/L）	0.5 μL
稀释的 cDNA 样品	2 μL
DEPC 水	至 15 μL

（2）实时定量 PCR 反应程序：95℃，30 s；95℃ 5 s，60℃ 20 s，45 个循环。

为了验证各基因扩增产物的特异性，在扩增结束后进行熔解曲线的分析，反应程序为 65~95℃缓慢升温，每升高 0.5℃检测荧光信号。结果显示各基因的熔解曲线均为单峰，表明这些基因的扩增产物特异性高。各引物的扩增效率通过梯度稀释的质粒标准溶液做标准曲线来确定。结果表明本实验中各个引物的扩增效率相似，均在 90%~110%。

5）数据统计与分析

实时定量 PCR 结束后，样品中某一基因的表达水平高低可直接通过 C_p 值（或 C_t）进行直观比较。我们将这些原始的 C_p 值分别代入两个内参基因稳定性评价软件（Normfinder 和 geNorm）中，对不同条件下各内参基因的稳定性进行评价。Normfinder 软件的输入数据为基因的相对表达量 Q，可根据公式 $Q=E^{\Delta C_p}$ 计算得到（理想扩增时扩增效率为 100%，则 E 为 2，本实验中 E 值根据标准曲线确定的扩增效率获得）。Normfinder 软件通过计算一个基因作为内参时所引入的系统误差（SE）大小来对基因稳定性进行评价。SE 值越小，说明基因表达越稳定。geNorm 软件的数据输入原理和 Normfinder 类似。但该软件是通过对每一测定样品中各个基因的表达情况进行两两比较，筛选最稳定的内参基因。geNorm 的计算基于一个假设，即两个稳定的内参基因在不同条件下具有相同或相似的表达模式。geNorm 计算给出一个 M 值来表示基因的稳定性，并计算出一个配对变异度 V，用于确定最佳的内参基因使用数量。M 值越小，基因表达越稳定。Vandesompele 等（2002）认为当 $V_{n/n+1}$ 的值<0.15 时，表示实验中使用 n 个内参基因已经可以很好地进

行定量分析,不需要再增加内参基因的数量。为了比较不同基因作为内参时对荧光定量分析结果的影响,我们计算了用不同的管家基因作为内参,以及用 geNorm 所推荐的多基因作为内参时,$CuZnSOD$ 基因的表达水平。$CuZnSOD$ 表达量的计算使用 qBase 软件,采用 $2^{-\Delta\Delta C_t}$ 方法,即 Fold difference=$2^{-(\Delta C_t\ \text{sample}-\Delta C_t\ \text{calibrator})}$ 对所获得的数据进行单因素方差分析来确定使用不同基因作为内参得到的 $CuZnSOD$ 表达水平间是否存在差异,$p<0.05$ 表明差异显著。

7.4.3 结果与分析

7.4.3.1 总 RNA 样品的电泳检测及扩增子的特异性和扩增效率分析

采用改良后的 RNA 植物提取液(Tiangen)对桐花树根、茎和叶样品进行 RNA 提取,随机选取 20 个获得的总 RNA 在 0.8%琼脂糖凝胶上进行电泳,检测其完整性。如图 7.22 所示,所有的总 RNA 样品呈现清晰的 28S 和 18S rRNA 条带。用微量核酸浓度测定仪 Nano Drop 2000C(Thermo)测定总 RNA 的 OD_{260}/OD_{280} 值和 OD_{260}/OD_{230} 值,结果显示所有 RNA 样品的 OD_{260}/OD_{280} 值为 1.8~2.1,而 OD_{260}/OD_{230} 值为 1.7~2.3。这些结果说明该方法提取的总 RNA 样品纯度高,完整性好,可以用于后续实验。

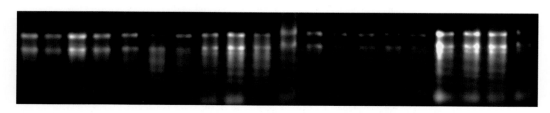

图 7.22 总 RNA 样品的琼脂糖凝胶电泳图

对 6 个基因的扩增产物进行熔解曲线分析,可以看出所有基因扩增产物的溶解曲线均为单峰,表明扩增产物是特异性片段。为了验证各基因的扩增效率,采用梯度稀释的标准品进行荧光定量实验,用样品的 C_p 值与标准品浓度的对数值拟合作图,得到标准曲线(图 7.23),可以看出所有基因的扩增效率均在 90%~100%,而且线性关系好,R^2 值均在 0.98 以上,说明扩增效果好。

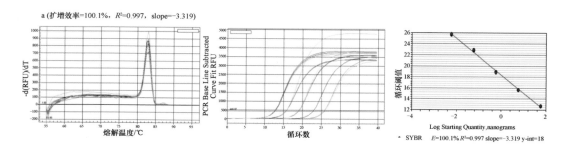

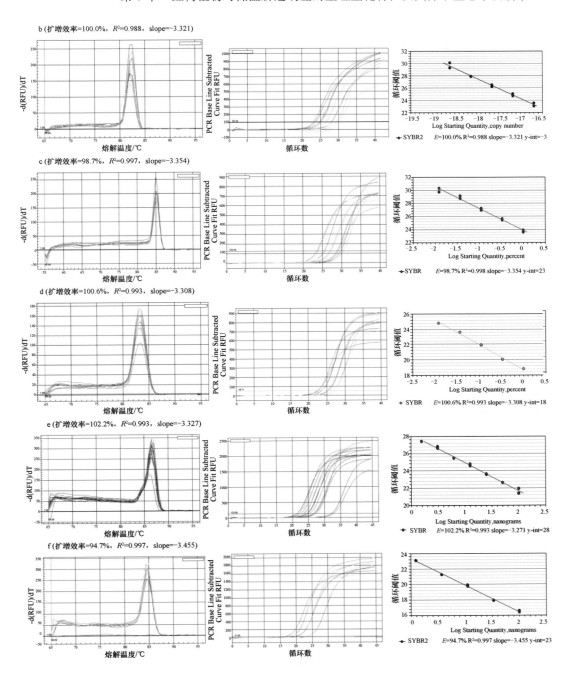

图 7.23　内参基因 *18S rRNA*（a）、*β-actin*（b）、*GAPDH*（c）、*rpl2*（d）、*EF1A*（e）
和目的基因 *CuZnSOD*（f）的扩增曲线、熔解曲线和扩增效率

7.4.3.2　候选内参基因在不同样品中的 C_p 值分析

图 7.24 所示为所有测定样品中各内参基因及目的基因 *CuZnSOD* 的 RNA 转录水平。

可以看出不同基因的表达水平存在明显差异，C_p 值为 12.25~31.26。所检测的 5 个管家基因中 *18S rRNA* 的表达水平最低，而 *β-actin* 和 *rpl2* 基因的表达量相对较高。

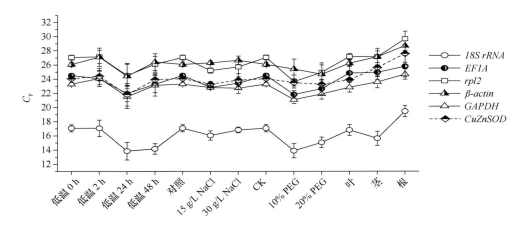

图 7.24　测定样品中各基因的 RNA 转录水平

7.4.3.3　候选内参基因的表达稳定性分析

1）Normfinder 分析结果

如表 7.7 所示，根据 Normfinder 的分析结果，*GAPDH* 基因在干旱和盐胁迫下具有最小的 SE 值，分别为 0.194 和 0.267；*rpl2* 基因在不同组织中作为内参时引入的 SE 最小（0.223）；*β-actin* 基因在不同组织中作为内参引入的 SE 值较小（0.278），在其他条件下其 SE 值都比较大。根据 Normfinder 的结果，*18S rRNA* 的稳定性最差，尤其是在低温和不同组织样品中作为内参时，*18S rRNA* 引入的 SE 值最大，分别为 0.534 和 0.531。当我们将所有测试样品都代入软件进行分析时，所得到的结果显示 *GAPDH* 基因稳定性最好，其引入的误差值（SE）最小（0.332），其次是 *EF1A*（0.385）和 *rpl2*（0.407），*18S rRNA* 和 *β-actin* 的稳定性相对较差，用它们作为内参将引入较大的误差（分别为 0.575 和 0.446）。

表 7.7　内参基因稳定性排序

基因	低温				高盐				干旱				不同组织				所有			
	Nf		gN		Nf		gN		Nf		gN		Nf		gN		Nf		gN	
	R	SE	R	M	R	SE	R	M	R	SE	R	M	R	SE	R	M	R	SE	R	M
GAPDH	3	0.325	1	0.434	1	0.267	4	0.469	1	0.194	3	0.67	3	0.338	1	0.478	1	0.332	1	0.395
EF1A	2	0.248	4	0.521	3	0.417	1	0.351	2	0.216	1	0.536	4	0.355	4	0.602	2	0.385	2	0.485
rpl2	1	0.138	3	0.472	4	0.338	2	0.365	3	0.367	4	0.735	1	0.223	3	0.511	3	0.407	3	0.565
β-actin	4	0.335	2	0.457	5	0.286	5	0.615	5	0.613	5	0.993	2	0.278	2	0.501	4	0.446	4	0.619
18S rRNA	5	0.534	5	0.746	2	0.473	3	0.422	4	0.455	2	0.617	5	0.531	5	0.818	5	0.575	5	0.709

注：根据 Normfinder 或 geNorm 软件进行分析

2）geNorm 分析结果

geNorm 软件通过计算基因表达稳定性平均值（M）对 5 个管家基因表达稳定性进行了排序。如表 7.7 所示，*GAPDH* 基因在不同组织样品及低温胁迫下具有最小的 M 值，表明在不同组织样品和在低温处理的叶片样品中 *GAPDH* 基因的表达稳定性高于其他管家基因。*EF1A* 基因在干旱和高盐处理样品中具有最低的 M 值。当所有样品都代入软件进行计算时，*GAPDH* 具有最低的 M 值（0.395），其次为 *EF1A*（0.485）和 *rpl2*（0.565）。geNorm 软件还通过标准化因子的配对差异分析（$V_{n/n+1}$）给出了建议的内参基因使用数目（表 7.8）。Pfaffl 等（2004）建议当 $V_{n/n+1}$ 值小于 0.15 时，没有必要再增加内参基因的数量。从表 7.8 中可以看出，对于低温和高盐及不同组织样品处理后的叶片样品，$V_{3/4}$ 值分别为 0.131、0.114 和 0.149，都小于 0.15，表明在研究这些条件下基因的表达情况时，采用三个基因（即 *GAPDH*、*EF1A* 和 *rpl2*）共同作为内参是最好的。而对于干旱条件和考虑所有测定样品的条件下，$V_{2/3}$、$V_{3/4}$ 和 $V_{4/5}$ 值都大于 0.15，这一结果表明干旱条件对这 5 个管家基因的表达水平有较大的影响。

表 7.8　geNorm 软件给出的 $V_{n/n+1}$ 值

$V_{n/n+1}$	低温	高盐	干旱	不同组织	所有
$V_{2/3}$	0.153	0.177	0.256	0.163	0.240
$V_{3/4}$	0.131	0.114	0.172	0.149	0.181
$V_{4/5}$	0.209	0.163	0.265	0.219	0.204

7.4.3.4　目的基因 *CuZnSOD* 在胁迫条件下的表达分析

为了进一步分析内参基因选择对目的基因表达量分析结果的影响，我们选择 *CuZnSOD* 基因作为目的基因，分析了以不同管家基因作为内参时桐花树 *CuZnSOD* 基因相对表达量的差异，结果如图 7.25 所示。低温胁迫条件下，当采用 geNorm 推荐的三个管家基因（*GAPDH*、*β-actin* 和 *rpl2*）共同作为内参时，*CuZnSOD* 基因的表达呈现先增加后降低的模式。单独使用 *GAPDH* 基因或 *β-actin* 基因作为内参也能得到类似的结果，但单独采用管家基因 *EF1A*、*rpl2* 或 *18S rRNA* 作为内参时，低温胁迫下并不能发现 *CuZnSOD* 基因有明显增加。不同浓度的 PEG 处理条件下，若使用 geNorm 推荐的三个管家基因（*GAPDH*、*18S rRNA* 和 *EF1A*）共同作为内参时，*CuZnSOD* 基因的表达水平随胁迫浓度增加明显降低。单独使用 *GAPDH*、*18S rRNA*、*EF1A* 和 *rpl2* 作为内参也能得到相似的结果，但若使用 *β-actin* 作为单内参，结果的误差较大。不同浓度的 NaCl 处理条件下，若使用 geNorm 推荐的三个管家基因（*rpl2*、*18S rRNA* 和 *EF1A*）共同作为内参时，*CuZnSOD* 基因的表达水平略有降低。单独使用 *EF1A* 和 *rpl2* 作为内参也能得到相似的结果。若单独使用 *GAPDH* 和 *18S rRNA* 作为内参，盐胁迫前后 *CuZnSOD* 的表达水平差异不显著。但若使用 *β-actin* 作为单内参，盐胁迫前后 *CuZnSOD* 的表达水平明显提高。在不同组织样品中，若使用 geNorm 推荐的三个管家基因（*rpl2*、*GAPDH* 和 *β-actin*）共同作为内参时，*CuZnSOD* 基因的表达水平在叶片中最高，在茎和根中表达量没有明显差异。单独使用其他基因作为内参也能得到类似的结果。

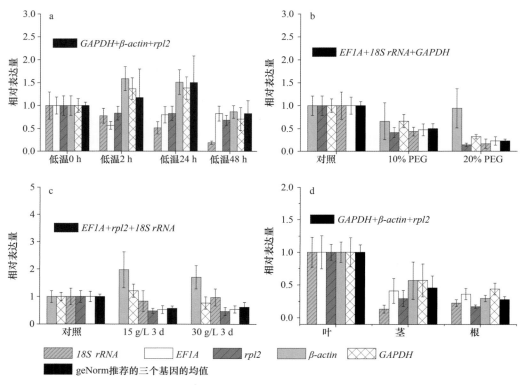

图 7.25　低温（a）、干旱（b）和高盐（c）胁迫下桐花树叶片中 *CuZnSOD* 基因的表达及正常条件下 *CuZnSOD* 在不同组织中的表达情况（d）

7.4.4　讨论

实时荧光定量 PCR 技术作为研究基因表达情况的一个重要工具。与半定量 PCR 技术相比，荧光定量 PCR 技术具有灵敏性高、特异性强和检测范围广等优点，因此，它的应用越来越广泛（Walker，2002）。在植物研究中，基于荧光定量 PCR 技术的基因表达分析多采用相对定量分析方法，即选择一个稳定表达的管家基因作为内参，以该内参基因作为相对定量结果的校正因子。为了获得准确可靠的基因表达分析结果，除了需要合理设计实验和引物，严格进行每一实验步骤外，选择一个稳定的内参基因也非常重要（Rieu & Powers，2009）。理想的内参基因应该满足以下条件：①在所有组织和细胞类型中都能表达；②不受外界环境因子的影响，在各条件下都有稳定的表达；③表达水平与目的基因水平相似；④表达丰度适宜（Willems et al.，2008）。*18S rRNA*、*β-actin*、*GAPDH* 等传统的管家基因常被用作内参。但有大量研究表明，不同植物或同一植物在不同胁迫条件下，这些传统管家基因的稳定性存在着显著差异。

桐花树是中国南方沿海红树林的主要建群种。由于潮间带的环境特殊，在自然条件下生长的红树植物经常面临失水、高盐、强光及营养因子限制等诸多环境因子的剧烈变化（Tomlinson，1994）。因此，若要用实时荧光定量 PCR 研究桐花树压力响应基因的表达情况，不能盲目地采用 *18S rRNA*、*β-actin* 等传统的管家基因，而应先对不同压力下管家基因的表达稳定性进行评价。Normfinder 和 geNorm 是目前常用的两个用于内参基因稳定性评价的软件。本节用 Normfinder 和 geNorm 这两个软件对桐花树的 5 个管家基因 *18S rRNA*、*β-actin*、*GAPDH*、*EF1A* 和 *rpl2* 在不同组织中的表达稳定性，以及它们在低温、高盐和干旱胁迫下桐花树不同组织中的表达稳定性进行了分析。

18S rRNA 是核糖体中的 RNA，这些 RNA 在代谢上十分稳定，是构成核糖体的重要成分，在总 RNA 中的含量非常高。*18S rRNA* 常作为桐花树中压力响应基因表达分析的内参基因（Fu et al.，2005；Huang & Wang，2009）。但我们的研究发现 *18S rRNA* 可能并不适合作为桐花树压力胁迫下的内参。例如，在低温胁迫下，单独采用 *18S rRNA* 作为内参使得 *CuZnSOD* 基因的表达水平明显被低估。这可能是由于相对于目的基因而言，*18S rRNA* 的表达水平太高，以至于难以准确地进行校正分析。

β-actin 基因是肌动蛋白编码基因。肌动蛋白是构成真核生物细胞骨架的基本成分，参与细胞分裂、细胞器定向运动及细胞极性的建立等过程。在植物的生长和发育过程中起着重要作用。肌动蛋白也是植物中常用的内参基因之一。邵惠（2012）研究发现，在不同压力胁迫下的条斑紫菜中，*β-actin* 是表达最稳定的基因。但有研究发现 *β-actin* 在拟南芥（Gutierrez et al.，2008）和水稻（Jain et al.，2006）不同组织中的表达稳定性一般，不适合单独作为内参。Qi 等（2010）的研究发现在压力胁迫下白菜中 *β-actin* 也不适合单独作为内参。我们的研究结果与 Qi 等一致，发现 *β-actin* 基因在干旱和高盐胁迫下的桐花树叶片中稳定性都较差，不适合单独作为内参基因。

EF1A 基因是延伸因子一个亚基的编码基因。延伸因子普遍存在于真核生物细胞中，在蛋白质生物合成过程中起着重要作用。*EF1A* 也是植物中常用的内参基因之一。Migocka 和 Papierniak（2010）的研究证实黄瓜中的 *EF1A* 基因在高盐、高渗透压力和重金属胁迫下都稳定表达；而 Qi 等（2010）的研究证实在白菜中 *EF1A* 基因在干旱条件下稳定表达。我们利用同源克隆技术克隆得到了桐花树中的 *EF1A* 基因片段，Normfinder 分析结果显示该基因低温条件下表达比较稳定，仅次于 *GAPDH*。而 geNorm 分析结果显示该基因是高盐和干旱条件下表达最稳定的基因。Normfinder 和 geNorm 软件分析结果的微小差异可能是由于这两个软件的计算方法不同（Migocka & Papierniak，2010）。我们的研究结果表明在高盐和干旱胁迫下 *EF1A* 适合单独作为内参使用。Obrero 等（2011）对西葫芦的 13 个管家基因的稳定性进行分析，结果也表明 *EF1A* 的表达较稳定。

rpl2 基因是核糖体蛋白 L2 的编码基因，核糖体参与蛋白质合成等重要过程。我们通过同源克隆技术获得了桐花树 *rpl2* 基因片段，Normfinder 分析结果显示该基因在桐花树不同组织器官（根、茎和叶）中的表达最稳定，而 geNorm 的分析结果显示该基因在高盐胁迫下的表达比较稳定，适合单独作为内参。与我们的研究相似，Qi 等（2010）的研究也表明白菜中 *rpl2* 基因在低温和高盐条件下表达相对稳定。结果表明该基因可以作为不同组织基因表达差异研究的内参。

GAPDH 基因即甘油醛-3-磷酸脱氢酶基因，是生物体内一个非常重要的酶，参与生命体活动中能量的生产和代谢，如糖酵解等。*GAPDH* 也是比较常用的内参基因之一。Qi 等（2010）的研究发现 *GAPDH* 基因是白菜中干旱、低温等压力下表达较稳定的管家基因，可单独用作内参。Iskandar 等（2004）的研究也表明 *GAPDH* 在甘蔗的不同组织

器官中稳定表达。然而 Jain 等（2006）和邵惠（2012）的研究结果却显示 GAPDH 在水稻和条斑紫菜中都不是表达稳定的内参基因。在本研究中，Normfinder 分析结果显示 GAPDH 在高盐、干旱胁迫的桐花树叶片中都是表达最稳定的基因，geNorm 分析结果显示 GAPDH 在低温胁迫的桐花树叶片及正常条件下的桐花树不同组织（根、茎、叶）中表达最稳定。而综合所有的测试样品进行分析时，Normfinder 和 geNorm 都将 GAPDH 列为表达最稳定的基因。同时，从 CuZnSOD 基因的表达情况可以看出，当采用 GAPDH 单独作为内参时所得到的结果与采用多基因作为内参得到的结果基本相似。因此，我们认为在研究桐花树中压力胁迫基因的表达时，若只采用一个内参基因，可以选择 GAPDH。

使用单一的内参有可能导致比较大的误差，因此，许多学者建议在使用实时荧光定量 PCR 进行基因表达分析时，选择一个以上的基因同时作为内参，这样有利于得出更准确的实验结果（Vandesompele et al.，2002）。本研究中 geNorm 软件给出了各个压力胁迫条件下，以及正常条件下不同组织中最适合的内参基因数量。结果显示，在不同组织器官中，应选择三个内参基因 GAPDH、EF1A 和 rpl2 作为内参。与我们的研究结果相似，Barsalobres-Cavallari 等（2009）的评价结果显示在 Coffea arabica 中 GAPDH 和 rpl7 是不同组织器官中比较适合的内参。此外，我们的结果显示低温胁迫下应选择 EF1A、rpl2 和 GAPDH 三个基因作为内参；在盐胁迫下应以 EF1A、rpl2 和 18S rRNA 三个基因作为内参。而在干旱条件下，$V_{n/n+1}$ 值都大于 0.15，表明干旱胁迫可能对这 5 个基因的表达有较大的影响。为了更准确地评价桐花树中干旱胁迫响应基因的表达情况，应该筛选一些表达更稳定的基因作为内参。因此，今后有必要进一步开展干旱条件下桐花树中表达稳定的内参基因的鉴定与评价工作。

7.4.5　小结

本节用 Normfinder 和 geNorm 这两个软件对桐花树的 5 个管家基因 18S rRNA、β-actin、GAPDH、EF1A 和 rpl2 在不同组织中的表达稳定性，以及它们在低温、高盐和干旱胁迫条件下的表达稳定性进行了分析（Peng et al.，2015c）。结果显示若只选择一个基因作为内参，可以选择 GAPDH 基因；若希望得到更加准确的结果建议选择多个基因共同作为内参进行分析。本节的研究结果为研究桐花树中 AcCBF1 基因等压力响应基因的表达奠定了基础。

7.5　桐花树 AcCBF1 基因的克隆与表达

7.5.1　引言

CBF/DREB1 转录因子是冷驯化过程中起重要作用的转录因子（Novillo et al.，2012；Qin et al.，2011）。第 3 章中我们从低温胁迫的红树植物桐花树中克隆到一种编码 CBF/DREB1 转录因子的基因，命名为 AcCBF1。该基因具有保守的 CBF 转录因子结构特征，包括一个 AP2 结构域和两个 CBF 特征序列。目前已经从许多植物包括单子叶和双子叶植物中分离到 CBF 转录因子基因，如小麦（Triticeae aestivum）（Skinner et al.，2005）、水稻（*Oryza sativa*）（Dubouzet et al.，2003）、榆钱菠菜（*Atriplex hortensis*）（Shen et al.，2003）、杨属（*Populus*）（Zhuang et al.，2008）和桉属（*Eucalyptus*）（Navarro et al.，2009）。每种植物中都存在多种 CBF 转录因子，如拟南芥中有 6 种 *CBF* 基因，而小麦中至少有 25 种 *CBF* 基因（Qin et al.，2011；Winfield et al.，2010；Lata & Prasad，2011）。然而不同的 *CBF* 基因在压力胁迫下有不同的响应机制。例如，拟南芥中对低温响应的主要 *CBF* 基因为 *AtCBF1~AtCBF3*，CBF4 对低温胁迫没有响应，而对干旱胁迫有响应（Haake et al.，2002；Qin et al.，2011）。小麦中的某些 *CBF* 基因可被低温诱导，但某些却被低温抑制（Winfield et al.，2010）。还有一些 *CBF* 基因，如 *EguCBF1a*、*EguCBF1b* 和 *EguCBF1c* 不仅对低温胁迫有响应，对植物内源激素 ABA、干旱胁迫及高盐胁迫都有不同程度的响应（Navarro et al.，2009）。此外，Kim 等（2002）研究发现光照对拟南芥 *CBF* 基因的低温诱导表达有正调控效应，但 El Kayal 等（2006）的研究发现光照抑制了桉属植物中 *CBF* 基因的低温诱导表达量。为了更深入地探讨桐花树 *AcCBF* 基因的作用机制，本节选择 *GAPDH* 基因作为内参，采用实时荧光定量 PCR 技术研究了桐花树 *AcCBF1* 基因对不同压力胁迫（低温、高盐、干旱、ABA）的响应模式，并分析了光照对低温胁迫下 *AcCBF1* 基因诱导表达量的影响。此外，我们还研究了桐花树中脯氨酸合成关键酶基因 *P5CS* 在低温下的表达，在拟南芥中 *P5CS2* 基因被证明是被 CBF 转录因子启动的下游调控基因（Gilmour et al.，2000）。本节的研究结果将有助于进一步揭示红树植物桐花树的抗寒机制，以及由 CBF 介导的不同压力胁迫的交叉响应机制（Peng et al.，2015a）。

7.5.2 材料和方法

7.5.2.1 植物材料

桐花树种子采自深圳东涌红树林自然保护区。经 1%高锰酸钾消毒后，选择健康无病虫害的种子种在干净的海沙中，每周用 1/2 Hoagland 营养液浇灌 2 次。将 3 个月大的具有两对成熟叶片的白骨壤幼苗转入人工气候培养箱中培养，培养条件为：25℃白天/22℃夜晚，16 h 光照/6 h 黑暗，光强 200 μmol/（m²·s）。培养 1 个星期后，随机选取三株植株采集叶片、茎和根样品，立即用液氮冻存，直至 RNA 提取。

7.5.2.2 实验处理

低温胁迫实验：将植株转移至 5℃培养箱，在胁迫 15 min、2 h、12 h、24 h、48 h 和 120 h 时收集叶、茎和根样品，立即用液氮冻存。对于高盐、干旱和 ABA 胁迫实验，用含 200 mmol/L NaCl、12.5% PEG 6000 或 100 μmol/L ABA 的营养液对植株进行浇灌，在胁迫 2 h、24 h 和 48 h 后收集叶、茎和根样品。所用剂量根据前人研究设计（Navarro et al.，2009；Cong et al.，2008）。

光照影响实验：将植株转移至 5℃培养箱［光强 100 μmol/（m²·s）或无光照］，在胁迫 0 h 和 2 h 时收集叶、茎和根样品，立即用液氮冻存。

7.5.2.3　主要实验试剂及实验盒

植物总 RNA 提取试剂（Tiangen）、PrimeScript® RT Reagent Kit（TaKaRa）、2×SYBR®
Premix Ex *Taq*™Ⅱ（TaKaRa）、普通 *Taq* 酶（TaKaRa）。

其他：琼脂糖、溴化乙锭、抗生素 Amp、IPTG、X-Gal、焦碳酸二乙酯（DEPC）等。
引物由英潍捷基（上海）贸易有限公司合成。

7.5.2.4　方法

1）桐花树样品总 RNA 的提取及质量检测

同 7.3.2.4 1）。

2）用于实时荧光定量 PCR 的 cDNA 合成

同 7.4.2.4 3）。合成的 cDNA 测定浓度后稀释至 200 ng/μL，于–20℃保存，用于实时
荧光定量 PCR。

3）基因相对表达分析的实时荧光定量 PCR

实验方法同 7.4.2.4 4），采用的引物见表 7.9。*AcCBF1* 和 *AcP5CS* 基因的相对表达量
的计算使用 qBase 软件，选择 *GAPDH* 基因作为内参，以正常条件下叶片中的表达量为
对照，采用 $2^{-\Delta\Delta C_t}$ 方法，即 Fold difference=$2^{-(\Delta C_t \text{ sample}-\Delta C_t \text{ calibrator})}$ 进行计算。目的基因
AcCBF1、*AcP5CS* 和内参基因 *AcGAPDH* 的扩增产物熔解曲线、扩增曲线及扩增效率如
图 7.26 所示。用 SPSS16.0 软件对所获得的数据进行单因素方差分析和 Tukey HSD 多重
比较来确定不同处理组与对照组的基因表达水平是否存在差异，$p<0.05$ 为差异显著。为
分析 *AcCBF1* 基因表达水平对 *AcP5CS* 基因表达的影响，用 SPSS16.0 软件对获得的数据
进行了协方差分析。

表 7.9　实时荧光定量 PCR 所用的引物

引物	序列（5′→3′）	扩增效率/%	熔解温度/℃
AcCBF1-RT-F	AGGAGGTGTTGTTAGCATCGAG	99.6	88.0
AcCBF1-RT-R	TCTTGTTTGGCTCACGGACTTC		
AcP5CS-RT-F	TCCTGACGCTCTGGTTC	98.7	83.5
AcP5CS-RT-R	TTGTTGCTGCCTCTTGG		
GAPDH-RT-F	ACACTCTATTACCGCCACA	98.7	85.6
GAPDH-RT-R	GCTTTCCGTTTAGTTCAGG		

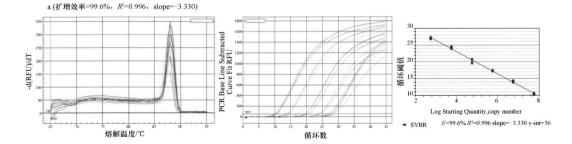

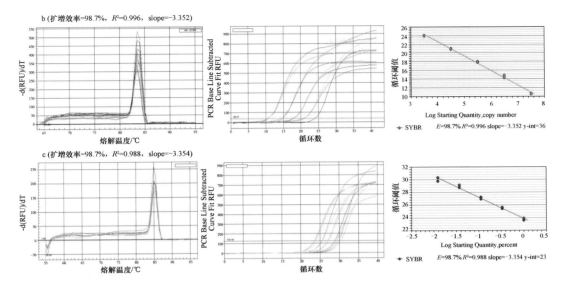

图 7.26　*AcCBF1*（a）、*AcP5CS*（b）和 *GAPDH*（c）基因的扩增曲线、熔解曲线和扩增效率

4）正常条件下 *AcCBF1* 基因在不同组织中的绝对表达分析

（1）设计带酶切位点 *Eco*R Ⅰ 或 *Xho* Ⅰ 的一对引物用于扩增 *AcCBF1* 基因的带酶切位点的 ORF 片段的扩增。引物序列如下，下划线为酶切位点序列和保护碱基。

AcCBF-orf-F-*Xho* Ⅰ：<u>CGATCTCGAG</u>ATGGACATGTTCTCAAACT

AcCBF-orf-R-*Eco*R Ⅰ：<u>GCAGAATTCG</u>AAATGAGTAACTCCAAAGTG

扩增反应体系如下。

10×Buffer	2.5 μL
dNTP Mix	2.0 μL
AcCBF-orf-F-*Xho* Ⅰ（10 μmol/L）	1.0 μL
AcCBF-orf-R-*Eco*R Ⅰ（10 μmol/L）	1.0 μL
Taq（5 U/μL）	0.5 μL
DEPC 水	至 25 μL

反应参数为：94℃预变性 5 min；94℃变性 40 s，55℃退火 40 s，72℃延伸 40 s，循环 35 次；最后 72℃延伸 10 min。扩增产物用 PCR 产物纯化试剂盒进行纯化（Agarose Gel DNA Purification Kit，TaKaRa）。

（2）活化含有 pEGFP-N1 质粒的大肠杆菌 DH5α（菌株由喻子牛老师课题组馈赠），挑单菌落接种于 5 mL 含有卡那霉素（50 μg/mL）的 LB 培养基，37℃振荡培养 18 h，用质粒提取试剂盒（Omega）提取质粒。pEGFP-N1 质粒的结构及多克隆位点如图 7.27 所示。

（3）将纯化后的 AcCBF1-orf 片段和 pEGFP-N1 质粒同时进行双酶切（Fermentas）。酶切体系为：质粒 1 μg，*Eco*R Ⅰ 和 *Xho* Ⅰ 各 2 μL，通用 Buffer 2 μL，超纯水，补齐至 20 μL。反应条件为 37℃，1 h。酶切后电泳检验质粒酶切效果，并通过切胶回收的方法对酶切后的质粒和 AcCBF1-orf 片段进行纯化（图 7.28）。

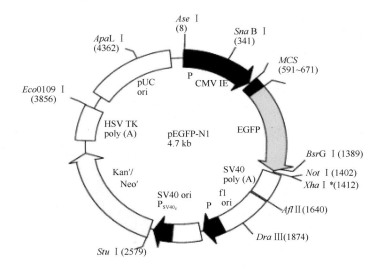

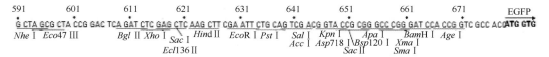

图 7.27　pEGFP-N1 质粒的限制性酶切位点图和多克隆位点

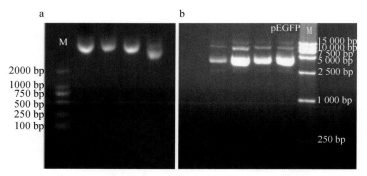

图 7.28　pEGFP-N1 质粒酶切前（a）后（b）的电泳图

（4）参照第 3 节 7.3.2.4 5）的方法，使用 T4 连接酶对酶切纯化后的基因扩增片段和质粒进行连接，然后转化至感受态大肠杆菌 DH5α。利用通用引物（如下所示）进行菌落 PCR，对重组子进行快速检测，结果如图 7.29 所示。

pEGFP-N-3′：5′-CGT CGC CGT CCA GCT CGA CCA G-3′

pEGFP-N-5′：5′-TGG GAG GTC TAT ATA AGC AGA G-3′

（5）挑取阳性克隆子接种培养后提取质粒，测序确定片段无误后，该质粒可用作标准品使用。测定质粒浓度，换算成拷贝数。换算方法为

分子质量 M_W=重组质粒碱基数（bp）×660（Da/bp）

基因拷贝数=（质粒浓度×体积）/M_W×6.02×10^{23}

（6）将标准品质粒进行 10 倍梯度稀释，然后进行荧光定量 PCR 的扩增，建立标准曲线。

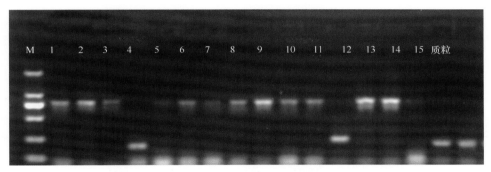

图 7.29　pEGFP-N1-AcCBF1 重组子的菌落 PCR 产物电泳图

（7）将桐花树的根、茎和叶样品与梯度稀释的标准品同时进行荧光定量 PCR 扩增（图 7.30），得到样品中 *AcCBF1* 基因的绝对拷贝数，参照 Navarro 等（2009）的研究，将最后结果换算成拷贝数/ng cDNA。

7.5.3　结果与分析

7.5.3.1　*AcCBF1* 基因在不同组织中的表达差异

实验采用荧光定量 PCR 对桐花树 *AcCBF1* 基因的组织表达差异进行了研究。结果表明该基因的 mRNA 在根、茎、叶中都能检测到，但是基因在不同组织中的表达水平具有明显差异（图 7.31）。*AcCBF1* 在叶中的表达量最高，在根中的表达量最低，茎中的表达水平略低于叶，但没有显著差异。

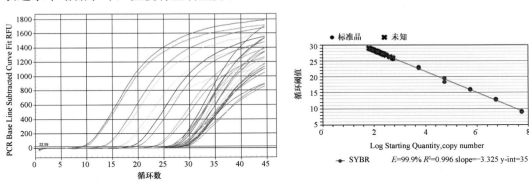

图 7.30　标准品的扩增效率与根、茎、叶中桐花树 *AcCBF1* 基因的扩增曲线

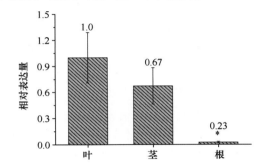

图 7.31　正常条件下桐花树 *AcCBF1* 基因在不同组织中的表达情况

同样用绝对定量 PCR 技术确定了常温下桐花树根、茎和叶样品中 *AcCBF1* 基因的拷贝数（表 7.10）。结果显示桐花树 *AcCBF1* 基因在叶片中的拷贝数最高，约为（1.546±0.495）拷贝数/ng cDNA、在根中的拷贝数最低，约为（0.459±0.108）拷贝数/ng cDNA。

表 7.10　*AcCBF1* 基因在桐花树不同组织中的绝对表达量

AcCBF1	叶	茎	根
mRNA 表达量（拷贝数/ng cDNA）	1.546±0.495	0.994±0.091	0.459±0.108

7.5.3.2　低温胁迫下桐花树 *AcCBF1* 基因表达量在根、茎、叶中的变化

研究了桐花树根、茎、叶中 *AcCBF1* 基因在低温胁迫 120 h 内表达量的变化情况（图 7.32）。结果发现，低温胁迫下根和叶中 *AcCBF1* 表达量迅速增加（15 min 内即有所增加），在 2 h、12 h 达到最高，随后逐渐降低，5 d 时基本恢复到正常表达量。另外，叶片中增加倍数较高，可达到 40~50 倍。茎和根中的表达模式略有差异，12 h 时达到最高，且可增加到原来的 70 倍左右。

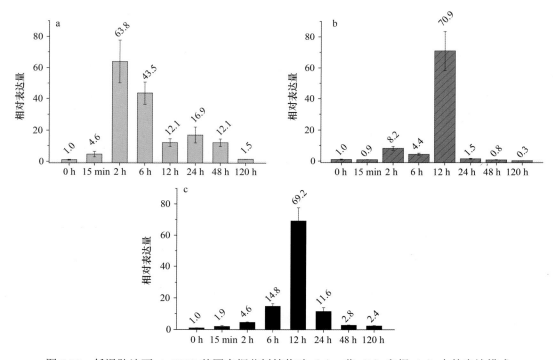

图 7.32　低温胁迫下 *AcCBF1* 基因在桐花树植物叶（a）、茎（b）和根（c）中的表达模式

7.5.3.3　光照对 *AcCBF1* 的低温诱导表达量的影响

我们比较了光照和黑暗条件下进行冷胁迫对桐花树根、茎、叶中 *AcCBF1* 基因诱导表达量的影响（图 7.33）。结果发现，低温下光照（6000 lx）处理比黑暗处理更能增加 CBF 的表达量。

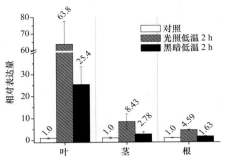

图 7.33　光照或黑暗条件下低温胁迫 2 h 后桐花树根、茎、叶中 *AcCBF1* 基因的表达水平比较

7.5.3.4　干旱、高盐及 ABA 等胁迫对 *AcCBF1* 基因表达的影响

为了进一步了解 *AcCBF1* 基因对各种压力的响应特异性，我们研究了在添加内源激素 ABA、高盐和模拟添加 PEG 的干旱胁迫条件下 *AcCBF1* 基因在桐花树不同组织中的变化情况，如图 7.34 所示。从图 7.34a 中可以看出，桐花树叶片和茎中的 *AcCBF1* 基因表达水平在外源 ABA 添加实验过程中略有增加，而根中 *AcCBF1* 的表达水平基本没有变化。从图 7.34b 中可以看出，盐分胁迫下，桐花树叶片中的 *AcCBF1* 先呈现微量上升，后降低至低于对照水平，而根和茎中的 *AcCBF1* 基因表达水平在高盐胁迫前期没有明显变化，胁迫 2 h 后，表达水平有明显降低。从图 7.34c 中可以看出，在干旱胁迫（PEG）下，桐花树根和茎中 *AcCBF1* 基因表达水平先显著升高，分别在胁迫 2 h 和胁迫 30 min 时达到最大表达量（分别约为对照的 47.74 倍和 51.75 倍），随胁迫时间延长，根与茎中的 *AcCBF1* 表达量都逐渐降低至略高于对照的水平，分别为对照的 28 倍和 2.8 倍。叶片中的 *AcCBF1* 基因表达水平呈现随胁迫时间延长而增加的趋势，但增长幅度小，胁迫 48 h 后其表达量仅为对照的 4.42 倍。

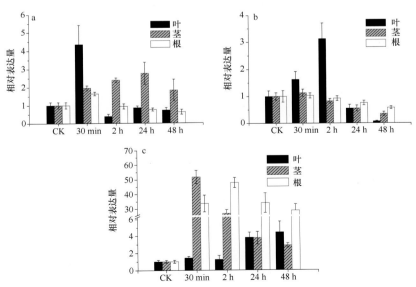

图 7.34　添加 ABA（a）、高盐（b）和干旱（c）胁迫下 *AcCBF1* 基因
在桐花树植物叶、茎和根中的表达模式

7.5.3.5 压力胁迫下桐花树叶中 *AcP5CS* 基因表达水平的变化

为了进一步分析 *AcCBF1* 基因在植物压力响应过程中可能起到的作用,我们研究了桐花树叶片中一种可能的 CBF 下游调控基因,即 *AcP5CS* 基因,在各压力胁迫下的表达情况如图 7.35 所示。从图 7.35a 中可以看出,低温胁迫 2 h 后桐花树叶片中 *AcP5CS* 基因表达量有明显的增加,随胁迫时间延长,*AcP5CS* 基因的表达量逐渐增大,胁迫 120 h 后,表达量达到对照的 190 倍左右。从图 7.35b 中可以看出,添加外源 ABA 的条件下,桐花树叶片中 *AcP5CS* 基因的表达量没有明显变化。从图 7.35c 中可以看出,盐胁迫下,桐花树叶片中 *AcP5CS* 基因的表达量呈逐渐增加趋势,胁迫 2 h、24 h 和 48 h 后其表达量分别增加到对照水平的 1.9 倍、16.4 倍和 18.9 倍。从图 7.35d 中可以看出,PEG 模拟干旱胁迫处理下,桐花树叶片中 *AcP5CS* 基因的表达量同样呈现随胁迫时间延长而逐渐增加的趋势,但增加幅度较小,胁迫 24 h 后可检测到显著的表达量增加(约为对照水平的 4 倍),胁迫 48 h 后,表达水平约为对照的 8 倍。我们用协方差分析方法分析了控制变量胁迫时间及协变量 *AcCBF1* 基因的表达水平对 *AcP5CS* 基因表达量的影响。结果发现在研究的 4 种胁迫条件下,*AcCBF1* 基因表达水平对 *AcP5CS* 的表达都没有显著影响。

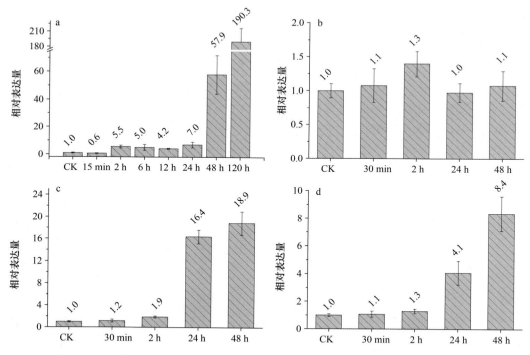

图 7.35 5℃低温(a)、添加 ABA(b)、高盐(c)和干旱(d)胁迫下 *AcP5CS* 基因在桐花树植物叶中的表达模式

7.5.4 讨论

本节选择 *GAPDH* 基因作为内参,采用实时荧光定量 PCR 技术研究了 *AcCBF1* 基因

在桐花树不同组织（根、茎和叶）中的表达差异，以及低温、高盐、干旱胁迫和添加外源 ABA 的条件下桐花树根、茎和叶中 *AcCBF1* 基因的响应情况；并比较了光照和黑暗条件下 *AcCBF1* 基因的低温诱导表达量，揭示了光照对 *AcCBF1* 转录调控机制的影响。此外，为了探讨 *AcCBF1* 基因在桐花树压力胁迫过程中可能发挥的调控功能，我们还研究了桐花树中脯氨酸合成关键酶基因 *P5CS*（DQ431113）在低温、高盐、干旱胁迫及添加外源 ABA 条件下的表达水平变化。

7.5.4.1　桐花树 *AcCBF1* 基因的组织表达差异

AcCBF1 基因在桐花树不同组织中的表达分析结果显示，该基因在不同组织中的表达量存在显著差异，其中叶片中的表达量最高，其次为茎，根中的表达量最小，显著低于叶和茎。与我们的研究结果类似，Wang 等（2009）的研究结果显示枳（*Poncirus trifoliate*）中的 *PtCBFb* 基因在根中的表达量显著低于叶片和茎。Winfield 等（2010）、Siddiqua 和 Nassuth（2011）的研究结果显示小麦和葡萄中存在多种 *CBF* 基因，而这些基因具有不同的组织表达特异性，他们的研究结果表明不同的 *CBF* 基因可能在不同组织中起着不同的作用。Navarro 等（2009）用绝对定量的方法比较了桉树（*Eucalyptus gunnii*）的 4 种 *CBF* 基因（*EguCBF1a*、*EguCBF1b*、*EguCBF1c* 和 *EguCBF1d*）在幼苗和成熟植株叶片中的表达量，结果显示这 4 种 *CBF* 基因在幼苗叶片中的表达量均显著高于成熟植株叶片中的表达量，这一结果表明 *CBF* 基因的表达水平还可能与植物的生长状况有关。

为了与其他物种中的 *CBF* 基因的表达量进行比较，参照 Navarro 等（2009）的方法，对正常条件下培育的桐花树叶片中 *AcCBF1* 基因的拷贝数进行了绝对定量分析，结果同样显示该基因在叶片中的表达量最大，在根中表达量最低。该基因在常温条件下的桐花树叶片中具有较高的表达量，约为（1.546±0.495）拷贝数/ng cDNA。与我们的研究结果类似，桉树中的 *EguCBF1b* 和 *EguCBF1c* 基因在未受低温胁迫的桉树幼苗叶片中也具有较高的表达量，分别为（1.1±0.003）拷贝数/ng cDNA 和（2.8±0.008）拷贝数/ng cDNA；但桉树中的另外两种 *CBF* 基因 *EguCBF1a* 和 *EguCBF1d* 的常温表达量较低，分别为（0.2±0.002）拷贝数/ng cDNA 和（0.3±0.002）拷贝数/ng cDNA（Navarro et al.，2009）。Navarro 等（2009）认为 *CBF* 基因较高的背景表达水平可能是细胞常规保护的一种机制。

7.5.4.2　桐花树 *AcCBF1* 基因的低温胁迫响应

许多植物中克隆得到的 *CBF* 转录因子基因都能被低温快速诱导，如拟南芥中的 *AtCBF1~AtCBF3*（Stockinger et al.，1997）、玉米（*Zea mays*）中的 *ZmDREB1A*（Qin et al.，2004）、桉树（*Eucalyptus gunnii*）中的 *EguCBF1a/b/c/d*（Navarro et al.，2009）。本节利用荧光定量手段研究了桐花树根、茎和叶中的 *AcCBF1* 基因在低温胁迫下的表达模式。结果发现根、茎和叶中的 *AcCBF1* 基因都能被低温胁迫快速诱导上调表达。叶片中 *AcCBF1* 基因的表达量在冷胁迫后迅速升高，2 h 后达到峰值（约为对照的 64 倍），随后逐渐降低，120 h 后降低至对照水平。相比较而言，根和茎中的 *AcCBF1* 基因表达水平上调相对滞后，上调表达持续时间也比较短。不同组织低温诱导表达模式的差异有可能是由于不同组织器官对低温感受的敏感度不同，也有可能是由于不同的组织中 CBF 的调控机制存在差异。目前，低温诱导的 *CBF* 转录调控途径在模式植物拟南芥中已经研究得比较清楚（Medina et al.，2011），并且 *CBF* 基因在植物冷驯化和抗寒能力发育过程中所起的重要作用也已在多个物种中得到证实，如白菜型油菜（*Brassica rapa*）（Lee et al.，2012）、大豆（*Glycine max*）（Chen et al.，2009）、葡萄（*Vitis vinifera*）（Tillett et al.，2012）、矮苹果（dwarf apple）（Yang et al.，2011）和扁桃（*Prunus dulcis*）（Pedro et al.，2012）等。因此，本研究中 *AcCBF1* 基因在低温胁迫下的快速和强烈响应表明 *AcCBF1* 基因可能参与了桐花树冷信号的转导调控途径。但 *AcCBF1* 基因的具体作用机制还有待进一步研究。

将本研究中 *AcCBF1* 基因的低温诱导增加幅度与桉树（一种耐寒的桉树）中 *EguCBF1* 基因的低温诱导表达增加幅度进行了比较。结果显示叶片中 *AcCBF1* 基因的冷诱导表达量的增加幅度（63 倍，2 h，5℃）远低于 *EguCBF1a*（1760 倍，5 h，4℃）或 *EguCBF1d*（436 倍，5 h，4℃），而略低于 *EguCBF1b*（131 倍，5 h，4℃）或 *EguCBF1c*（91 倍，5 h，4℃）（Navarro et al.，2009）。相比较而言，Gamboa 等于 2007 年的研究发现桉属的另一种不耐寒植物 *E. globulus* 中的 *EgCBF* 基因在低温胁迫下表达增加量很小。由于该研究使用的是半定量 RT-PCR 方法进行研究，因此无法比较具体的增加幅度。Winfield 等（2010）比较了冬小麦（耐寒）与春小麦（不耐寒）的 *CBF* 基因在常温和低温胁迫下的表达模式，结果显示某些 *CBF* 基因在冬小麦中的常温表达量和低温诱导表达量都远高于春小麦，这一研究结果表明这些 *CBF* 基因的表达量可能与植物的耐寒能力存在一定的关系。由于植物中一般存在多种 *CBF* 基因，并且不同的 *CBF* 基因之间存在相互调控的机制，而且植物的抗寒能力是一个由多基因微效调控的性状，故很难单从一个 *CBF* 基因的表达水平来解释不同植物的抗寒能力差异。为了进一步揭示红树植物桐花树的低温胁迫响应机制，还需要深入研究桐花树中其他的 *CBF* 基因及其调控和作用机制。

7.5.4.3 光照对桐花树 *AcCBF1* 基因低温胁迫响应的影响

利用荧光定量 PCR 技术检测了光照对桐花树 *AcCBF1* 基因低温诱导表达增加量的影响。结果显示黑暗条件下桐花树根、茎和叶中 *AcCBF1* 基因的低温诱导表达量都明显比光照条件下低。与我们的结果类似，其他的一些研究（Kim et al. 2002；Wang et al.，2010）也发现光照条件能增加某些 *CBF* 基因如 *AtCBF1~AtCBF3* 和 *VviCBF1* 的低温诱导表达量。但也有研究发现，某些物种如杨树（Zhu & Coleman，2001）和桉树（El Kayal et al.，2006）的 *CBF* 基因在黑暗条件下的低温诱导表达量更大。Kim 等（2002）的研究发现在拟南芥中由光敏色素 B 介导的光信号可以激活 CBF 调控子，而在杨树中光信号可能由光敏色素 A 介导（Zhu & Coleman，2001）。因此，不同物种中光照对 *CBF* 基因低温诱导表达量影响的差异可能是由于不同植物的光信号介导机制不同。

7.5.4.4 桐花树 *AcCBF1* 基因对其他压力胁迫的响应

为了探讨桐花树 *AcCBF1* 基因对各胁迫压力的响应特异性，我们研究了外源 ABA

的添加及干旱和高盐胁迫下，桐花树根、茎、叶中 *AcCBF1* 基因表达量的变化。ABA 是一种调控植物压力响应的重要的植物内源激素（Knight M R & Knight H，2001）。水分胁迫压力能诱导植物细胞内 ABA 的合成和积累（Qin et al.，2011）。CBF 转录因子所调控的信号转录途径通常被认为是不依赖 ABA 的信号转导途径。多种 *CBF* 基因，如 *AtCBF1~AtCBF3*（Knight et al.，2004）和 *EguCBF1a*（El Kayal et al.，2006）等也能被外源添加的 ABA 诱导，但诱导表达量很低。我们的研究结果发现外源添加 ABA 的条件下叶中 *AcCBF1* 基因的表达量略有增高（30 min，约 4 倍），而根和茎中 *AcCBF1* 基因的表达量变化都不明显，说明桐花树中 *AcCBF1* 调控子属于非 ABA 依赖型转录调控途径。许多研究表明同一植物中的多种 *CBF* 基因可能具有不同的压力响应特异性。例如，拟南芥的 *AtCBF1/2/3* 基因对低温胁迫的响应比较强烈，对干旱、高盐和 ABA 仅有微量的响应，这些响应用半定量 RT-PCR 的方法甚至检测不到（Gilmour et al.，2000）；*AtCBF4* 基因对低温没有响应，而对干旱和高盐胁迫有响应（Haake et al.，2002）。我们的研究结果发现与 *AtCBF1~AtCBF3* 基因类似，叶片中 *AcCBF1* 基因对低温胁迫的响应明显比对高盐、干旱和 ABA 的响应强烈。高盐胁迫 48 h 后，根、茎和叶中 *AcCBF1* 基因的表达量不但没有增加，反而明显降低。而在 PEG 模拟的干旱条件下，*AcCBF1* 基因在根、茎和叶中的响应模式明显不同。PEG 胁迫下，根和茎中 *AcCBF1* 基因表达水平有明显增加，但叶片中的 *AcCBF1* 基因增加幅度小。许多物种中的 *CBF* 基因，如 *EguCBF1a* 和 *EguCBF1b*（El Kayal et al.，2006）、*OsDREB1A*（Dubouzet et al.，2003）和 *ZmDREB1A*（Qin et al.，2004）都可以被低温、干旱和高盐等胁迫诱导。Thomashow 等（2010）认为 *CBF* 基因的上调表达是由冷、盐和干旱诱导胁迫所导致的水分胁迫压力引起的。因此，PEG 模拟的干旱胁迫下，叶片中 *AcCBF1* 表达增加量小可能是由于我们实验所用的处理方式使根和茎最先感受到渗透胁迫压力。*AcCBF1* 基因可被低温和干旱胁迫明显诱导，表明该基因可能参与了低温和干旱胁迫的交叉响应过程。但 *AcCBF1* 基因在各压力胁迫下的调控机制还需要进一步研究。

7.5.4.5　桐花树 *AcP5CS* 基因的表达水平与 *AcCBF1* 基因表达量的关系

拟南芥中，编码脯氨酸合成的一种关键酶的基因 *P5CS2* 被证实是 *AtCBF1~AtCBF3* 启动的下游调控基因之一（Gilmour et al.，2000）。*P5CS2* 基因的启动子含有 CRT/DRE 元件，可以与 *AtCBF1~AtCBF3* 结合。在过表达 *AtCBF3* 的转基因拟南芥中可以检测到 *P5CS2* 基因表达量的明显增高及游离脯氨酸含量的积累（Gilmour et al.，2000）。在桐花树中，Fu 等（2005）构建盐胁迫的 SSH 文库时分离得到一种能被盐胁迫诱导表达的 *P5CS* 基因（DQ431113）。我们推测该基因可能是桐花树 CBF 转录因子的下游调控基因之一。为了进一步分析 *AcCBF1* 基因在植物压力响应过程中可能所起到的作用，我们研究了桐花树叶片中 *AcP5CS* 基因在各压力胁迫下的表达情况。我们的研究结果显示，除 ABA 胁迫未对 *AcP5CS* 基因的表达产生明显的诱导效应外，在其他压力胁迫，包括低温、高盐和 PEG 模拟的干旱胁迫下，*AcP5CS* 基因的表达量都呈现随胁迫时间延长而逐渐增加的变化趋势。Fu 等（2005）的研究同样显示高盐胁迫下 *AcP5CS* 基因的表达水平随胁迫时间延长而增加。我们利用协方差分析方法对 *AcP5CS* 基因的表达水平与 *AcCBF1* 基因的表达水平间的关系进行了分析，结果发现了协变量 *AcCBF1* 基因的表达水平并未对 *AcP5CS* 基因的表达水平造成显著的影响。*AcP5CS* 表达水平与 *AcCBF1* 表达量之间没有相关性可能是由于 *AcP5CS* 基因并非 AcCBF1 转录因子的下游调控基因，其表达不受 AcCBF1 转录因子的调控。要弄清楚 *AcP5CS* 基因的表达是否受 AcCBF1 调控还需要进一步研究 *AcP5CS* 基因的启动子，并通过转录激活实验进行验证。如果 *AcP5CS* 基因的表达确实受 AcCBF1 转录因子的调控，但由于基因的表达调控还受到转录后水平包括 mRNA 剪接、翻译等多个因素的影响，因此 *AcP5CS* 基因的表达水平与 *AcCBF1* 基因的表达水平也可能没有显著的相关性。此外，*AcP5CS* 基因的表达也有可能同时受到多个转录因子的调控。本节关于 *AcCBF1* 基因的研究仅揭示了桐花树压力胁迫响应的信号网络过程中起作用的一个节点，要理清整个压力胁迫响应过程的信号转导网络还需要开展大量的转录组水平及蛋白质组水平的研究。

7.5.5 小结

本节采用基于实时荧光定量 PCR 技术的相对定量和绝对定量方法研究了 *AcCBF1* 基因在桐花树不同组织（根、茎和叶）中的表达差异，以及低温、高盐、干旱胁迫和外源添加 ABA 的条件下桐花树根、茎和叶中 *AcCBF1* 基因的响应情况；并比较了光照和黑暗条件下 *AcCBF1* 基因的低温诱导表达量，揭示了光照对 AcCBF1 转录调控机制的影响。此外，为了探讨 *AcCBF1* 基因在桐花树压力胁迫过程中可能发挥的调控功能，我们还研究了桐花树中脯氨酸合成的关键酶基因 *P5CS*（DQ431113）在低温、高盐、干旱胁迫及添加外源 ABA 条件下的表达水平变化。主要研究结果如下。

（1）正常条件下，*AcCBF1* 基因在桐花树不同组织（根、茎和叶）中都有表达，但叶片中表达水平最高，根中最低。

（2）*AcCBF1* 基因可能主要参与桐花树低温胁迫响应和干旱胁迫响应途径，在高盐胁迫和添加外源 ABA 的响应过程中可能也起着作用。不同组织中 *AcCBF1* 基因的响应模式存在差异，表明压力胁迫下 AcCBF1 在不同组织中所起的作用可能不同。

（3）光照条件能显著增加 *AcCBF1* 基因的低温诱导表达量。

（4）桐花树 *AcP5CS* 基因在各压力胁迫下呈现不同程度的上调表达，但其表达水平与 *AcCBF1* 基因的表达量没有相关性。*AcP5CS* 基因是否受 AcCBF1 转录因子调控，以及 AcCBF1 转录因子的作用机制还需要进一步研究。

7.6 白骨壤中三种 *CBF/DREB1* 基因的克隆与表达

7.6.1 引言

由于低温、高盐、干旱和重金属是影响植物生长和发育的主要环境因子，因此植物的抗逆机制成为人们研究的热点。关于植物抗逆机制的研究表明转录因子在植物压力信号转导过程中起着重要作用，并且参与了不同压力胁迫的交叉响应途径（Agarwal et al.，

2006；Maksymiec，2007；Qin et al.，2011）。红树林是生长在热带和亚热带潮间带的常绿植物群落，有着重要的生态功能和经济价值（Tomlinson，1994）。红树植物长期生长在高盐、厌氧和周期性水淹等特殊生境中，使得它们对高盐环境和重金属等污染物具有很强的耐性（Kathiresan & Bingham，2001）。国内外已开展了许多关于红树植物抗逆机制的研究，鉴定出多种抗逆相关基因，如金属硫蛋白基因（Zhang et al.，2012；Huang & Wang，2009，2010a，2010c）、脱水素基因（Mehta et al.，2009）等。但到目前为止，关于红树植物转录因子的研究和报道还很少。关于红树植物响应压力胁迫的信号转导和调控途径还不清楚。

CBF/DREB1 是目前研究最多的一种转录因子。它在植物压力响应的信号转导和抗性发育的过程中起着重要作用（Novillo et al.，2012；Qin et al.，2011）。CBF 转录因子属于 AP2/EREBP 超基因家族。该家族的转录因子是基因调控网络的重要组成部分，在植物的整个生命过程中都起着非常重要的作用（Dietz et al.，2010）。CBF 转录因子可以特异地识别并结合在 CRT/DRE 元件上，启动胁迫相关基因的表达（Yamaguchi-Shinozaki & Shinozaki，2009）。在拟南芥中，有 12%~20%的冷胁迫相关基因受到 AtCBF1~AtCBF3 的调控，包括多种 *COR* 基因（*COR6.6*、*COR47* 和 *COR78*），编码渗透保护剂合成关键酶的基因（如 *P5CS2*）和一些转录因子编码基因（如 *RAP2.1* 和 *RAP2.6*）（Fowler & Thomashow，2002；van Buskirk & Thomashow，2006）。在拟南芥中过表达 *AtCBF1~AtCBF3* 基因可以诱导多种压力响应基因在正常条件下的表达，从而增强转基因植株的抗寒、抗旱和耐盐的能力（Jaglo-Ottosen et al.，1998；Gilmour et al.，2000）。*CBF* 基因在植物中高度保守，目前已从多种植物中克隆得到 *CBF* 同源基因，包括一些草本植物如小麦（*Triticum aestivum*）（Skinner et al.，2005）、水稻（*Oryza sativa*）（Dubouzet et al.，2003）和榆钱菠菜（*Atriplex hortensis*）（Shen et al.，2003），以及一些木本植物如杨树（Zhuang et al.，2008）和桉树（Navarro et al.，2009）。尽管所有的这些 *CBF* 基因都具有典型的 CBF 特征，包括具有一个 AP2 结构域和两个 CBF 特征序列（PKKR/PAGR motif 和 DSAWR），但不同的 *CBF* 基因在压力胁迫下的表达模式有很大的不同。例如，低温胁迫下小麦中 *TaCBF Ia* 基因的上调表达量远小于它的几种同源基因，如 *TaCBF IIId*，*TaCBF IVc* 和 *TaCBF IVd*（Badawi et al.，2007）。另一项研究表明，在桉树中，某些 *CBF* 基因（如 *EguCBF1a*、*EguCBF1b* 和 *EguCBF1d*）对低温响应比较强烈，而另一些基因（如 *EguCBF1c*）对盐胁迫响应比较强烈（Navarro et al.，2009）。此外，还有研究表明芥菜（*Brassica juncea*）中的一种 *CBF* 基因（*BjDREB1B*）不仅对低温、干旱、高盐和重金属等非生物胁迫压力有响应，而且对脱落酸（ABA）和水杨酸的外源添加也有响应（Cong et al.，2008）。这些研究结果表明不同的 CBF 转录因子在植物压力响应的过程中可能具有多种不同的作用。

白骨壤是一种分布广泛的红树植物，具有很强的耐盐（Tanaka et al.，2002）和耐重金属的能力（Huang & Wang，2010c）。本研究从白骨壤中克隆得到了三个 *CBF/DREB1* 基因家族的基因。用实时定量 PCR 手段分析了这三种基因在正常条件下的转录表达量及不同环境因子（低温、高盐、干旱、重金属和 ABA）胁迫下其表达量的变化（Peng et al.，2013），本研究结果将有助于揭示红树植物的抗逆调控机制。

7.6.2 材料和方法

7.6.2.1 植物材料

白骨壤种子采自深圳东涌红树林自然保护区。经 1%高锰酸钾消毒后，选择健康无病虫害的种子种在干净的海沙中，每周用 1/2 Hoagland 营养液浇灌 2 次。将 3 个月大的具有两对成熟叶片的白骨壤幼苗转入人工气候培养箱中培养，培养条件为：25℃白天/22℃夜晚，16 h 光照/6 h 黑暗，光强 200 μmol/（m²·s）。培养 1 个星期后，随机选取三株植株采集叶片、茎和根样品，立即用液氮冻存，直至 RNA 提取。

7.6.2.2 实验处理

低温胁迫实验：将植株转移至 5℃培养箱［光强 100 μmol/（m²·s）］，在胁迫 15 min、2 h、12 h、24 h、48 h 和 120 h 时收集叶片样品，立即用液氮冻存。对于高盐、干旱和 ABA 胁迫实验，用含 200 mmol/L NaCl、12.5% PEG 6000 或 100 μmol/L ABA 的营养液对植株进行浇灌，在胁迫 2 h、24 h 和 48 h 后收集叶片样品。所用剂量根据前人研究设计（Navarro et al.，2009；Cong et al.，2008）。

重金属胁迫实验：将植株转移至含 Pb(NO₃)₂（50 μmol/L）、CuSO₄（500 μmol/L）或 CdCl₂（10 μmol/L）的营养液中培养 12 h、2 d 和 5 d 后收集叶片样品，立即用液氮冻存。重金属所用剂量根据前人研究设计（Deng et al.，2004；Huang & Wang，2010a，2010c）。所有的结果都进行两次独立的实验。

7.6.2.3 主要试剂与试剂盒

同 7.3.2.3 和 7.5.2.3。

7.6.2.4 方法

1）红树植物总 RNA 的提取及质量检测

同 7.3.2.4 1）。

2）用于 5′RACE 和 3′RACE 的第一链 cDNA 的合成

同 7.3.2.4 2）。

3）*AmCBF1*、*AmCBF 2* 和 *AmCBF 3* 基因全长的扩增与序列分析

中间片段扩增同 7.3.2.4 3）；RACE 扩增同 7.3.2.4 4）；引物见表 7.11。

由于用 RACE 未能扩增出 *AmCBF2* 的 5′端 cDNA，因此，我们采用了 Liu 和 Chen（2007）的 hiTAIL-PCR 方法（即高效不对称交错 PCR 方程）来扩增 *AmCBF2* 的 5′端 cDNA 片段。依据 Liu 和 Chen（2007）hiTAIL-PCR 的原理，我们设计了用于扩增的基因特异性引物，如表 7.12 所示。预扩增采用 RACE 法构建的 cDNA 库作为模板，以基因特异性引物 AmCBF2-5′-0a 和接头引物 LAD1-1 或 LAD1-2、3、4 进行扩增。第一轮 TAIL-PCR 扩增分别采用预扩增的产物稀释液为模板，以基因特异性引物 AmCBF2-5′-1a 与接头引物 AC1 进行扩增。第二轮 TAIL-PCR 扩增采用第一轮 TAIL-PCR 扩增的产物稀释液为模

板，以基因特异性引物 AmCBF2-5′-2a 和接头引物 AC1 进行扩增。第一轮和第二轮 TAIL-PCR 扩增的结果如图 7.36 所示。序列拼接与分析同 7.3.2.4 6）。

表 7.11　用于 *AmCBF1*、*AmCBF2* 和 *AmCBF3* 基因全长扩增的基因特异性引物

引物	序列（5′→3′）	说明
Dg CBF-F	GAG ACN MGS CAY CCK GTB TA	CBF 中间片段扩增
Dg CBF-R	CCA HGM VGA ATC NGC RAA ATT	
AmCBF1-5′GSP	GACGAATCGGCGAAATTAAGGCAAGC	第一轮 5′或 3′RACE
AmCBF1-3′GSP	TCCGAAAAGTGGGTGAGCGAAGTCC	
AmCBF1-5′NGSP	GTTGGGTACGTCCCGAGCCATATCC	第二轮 5′或 3′RACE
AmCBF1-3′NGSP	GAGCGAAGTCCGTGAGCCAAACAAG	
AmCBF3-5′GSP	CAGTCCGAAAACCGCCTCCTCATCCAC	第一轮 5′或 3′RACE
AmCBF3-3′GSP	GTGGGGTCCGCAGGAGGGATTCAG	
AmCBF3-5′NGSP	CTCATCCGCCGAAACCGTCTCCAATCA	第二轮 5′或 3′RACE
AmCBF2-3′GSP	CCCAAACACCGCTTCCTCATCCACG	第一轮 3′RACE
AmCBF2-3′NGSP	CTTCCTCCCCTGACTCCAACGCCT	第二轮 3′RACE

表 7.12　用于 hiTAIL-PCR 扩增的 *AmCBF2* 基因特异性引物及接头引物

引物	序列（5′→3′）
LAD1-1	ACGATGGACTCCAGAGCGGCCGC(G/C/A)N(G/C/A)NNNGGAA
LAD1-2	ACGATGGACTCCAGAGCGGCCGC(G/C/T)N(G/C/T)NNNGGTT
LAD1-3	ACGATGGACTCCAGAGCGGCCGC(G/C/A)(G/C/A)N(G/C/A)NNNGGAA
LAD1-4	ACGATGGACTCCAGAGCGGCCGC(G/C/T)(G/C/T)N(G/C/T)NNNGGTT
AC1	ACGATGGACTCCAGAG
AmCBF2-5′-0a	CATCAACTTCCACGTCGTTACAGTACC
AmCBF2-5′-1a	ACGATGGACTCCAGTCCGGCCTCCGCCATATCATCCAGCAGTCCA
AmCBF2-5′-2a	TTCCTCCCCTGACTCCAACGCCTGA

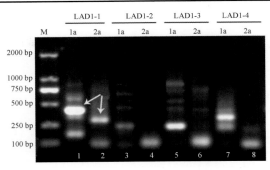

图 7.36　第一轮和第二轮 hiTAIL-PCR 扩增结果的琼脂糖凝胶电泳图
箭头标注的是扩增获得的 *AmCBF2* 基因的 5′cDNA 片段

4）实时荧光定量 PCR

用于实时荧光定量 PCR 的 cDNA 合成参照 7.4.2.4 3）；实时荧光定量 PCR 的操作参见 7.4.2.4 4）；用于实时荧光定量 PCR 的特异性引物见表 7.13。*AmCBF1*、*AmCBF2* 和

AmCBF3 基因的扩增效率分别以连接有目的片段的重组 pMD-18T 质粒作为标准品，梯度稀释后进行荧光定量 PCR 扩增，获得标准曲线（图 7.37a~c）。重组质粒的构建及 *AmCBF1*、*AmCBF2* 和 *AmCBF3* 基因的绝对定量参照 7.5.2.4 完成。*18S rRNA* 和 *β-actin* 的标准曲线以总 cDNA 为标准品，梯度稀释后进行荧光定量 PCR 扩增，并做标准曲线（图 7.37d，图 7.37e）。从图 7.37 中可以看出，所有基因的扩增效率均为 90%~110%，而且线性关系好，R^2 值均在 0.98 以上，说明扩增效果好。

表 7.13 用于荧光定量 PCR 分析的基因特异性引物

引物	序列 （5′→3′）	扩增效率/%	熔解温度/℃
AmCBF1-RT-F	AGGAGGTGTTGTTAGCATCGAG	102.9	88.0
AmCBF1-RT-R	TCTTGTTTGGCTCACGGACTTC		
AmCBF2-RT-F	GGCAAGATTTCTGGGCATCG	104.6	83.5
AmCBF2-RT-R	TTTTTCCTACCCGCTCGCTT		
AmCBF3-RT-F	GGAGCCCAACAAGAAGTCGAGAATA	96.5	90.0
AmCBF3-RT-R	GCCTTGACTCATCCGCCGAAAC		
AmActin-RT-F	AGATGGCAGAAGCTGAGGA	96.8	86.5
AmActin-RT-R	CCATGCCAACCATCACACC		
Am18S-RT-F	ACCATAAACGATGCCGACCAG	96.2	84.5
Am18S-RT-R	CCTTTAAGTTTCAGCCTTGCG		

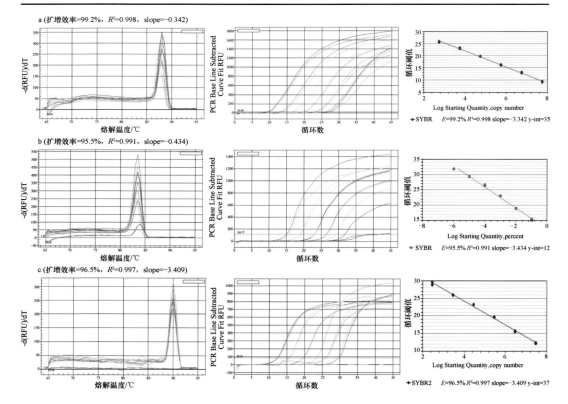

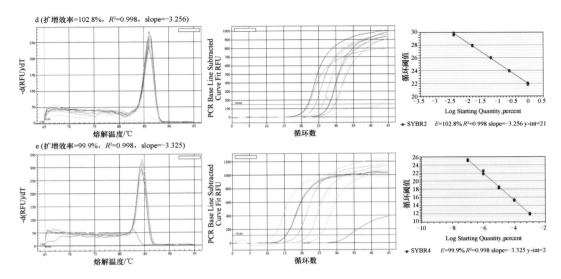

图 7.37　白骨壤 *AmCBF1*（a）、*AmCBF2*（b）、*AmCBF3*（c）、*β-actin*（d）
和 *18S rRNA*（e）基因的扩增曲线、熔解曲线和扩增效率

5）数据分析

AmCBF1、*AmCBF2* 和 *AmCBF3* 基因的相对表达量的计算使用 qBase 软件，选择 *18S rRNA* 和 *β-actin* 基因共同作为内参，以正常条件下叶片中的表达量为对照，采用 $2^{-\Delta\Delta C_t}$ 方法，即 Fold difference=$2^{-(\Delta C_t\ sample-\Delta C_t\ calibrator)}$ 进行计算。用 SPSS16.0 软件对所获得的数据进行单因素方差分析，确定不同处理组与对照组的基因表达水平是否存在差异，$p<0.05$ 为差异显著。

7.6.3　结果与分析

7.6.3.1　白骨壤三种 *CBF/DREB1* 基因全长的克隆及特征分析

我们从低温胁迫的白骨壤叶片 cDNA 库中克隆得到了三条 *CBF/DREB1* 转录因子编码基因的全长 cDNA 序列，命名为 *AmCBF1*、*AmCBF2* 和 *AmCBF3*，提交到 GenBank，登录号分别为 KC776908、KC776909 和 KC776910。*AmCBF1* 基因全长为 885 bp，包括 71 bp 的 5′UTR、196 bp 的 3′UTR 和 618 bp 的可读框，编码 205 个氨基酸。编码的氨基酸的预测分子质量为 23.03 kDa，预测等电点为 5.39。该基因与桐花树 *AcCBF1* 基因的序列仅 3′UTR 存在三个碱基的差异，两个基因编码的氨基酸序列完全相同。*AmCBF2* 基因全长为 1126 bp，包括 270 bp 的 5′UTR、172 bp 的 3′UTR 和 684 bp 的可读框，编码 227 个氨基酸。编码的氨基酸的预测分子质量为 25.04 kDa，预测等电点为 5.16。*AmCBF3* 基因全长为 1032 bp，包括 222 bp 的 5′UTR、81 bp 的 3′UTR 和 729 bp 的可读框，编码 242 个氨基酸。编码的氨基酸的预测分子质量为 26.79 kDa，预测等电点为 5.21。

多序列比对结果（图 7.38）表明，这三个基因所编码的蛋白质都含有 CBF/DREB1 转录因子的特征序列，包括一个 AP2/ERF DNA 结合域、两个 CBF 特征序列（PKKR/PAGR motif 和 DSAWR）及酸性 C 端的 LWSY motif（图 7.37）。此外，这三个蛋白 AP2 结构域的第 14 位和第 19 位具有保守的缬氨酸（V）和谷氨酸（E）。其 PKKR/PAGR motif 的第 7 位和第 10 位具有保守的精氨酸（R）和苯丙氨酸（F）。这三个 AmCBF 蛋白的 AP2 结构域的序列与拟南芥中的 AtCBF1~AtCBF3 蛋白高度同源（同源率超过 85%）（表 7.14）。这三个蛋白的 AP2 结构域的预测三维结构均与 AtERF1（PDB ID：1gcc）的 AP2 结构域的三维结构相似，含有 3 个 β 折叠片和 1 个 α 螺旋（图 7.39）。根据 WoLF PSORT 的预测结果，这三个蛋白都分布在细胞核内。序列比对也表明这三个基因编码蛋白在 N 端和 C 端有较大的差异。整体而言，AmCBF1 与 AmCBF2 蛋白序列同源性为 52.22%，AmCBF1 与 AmCBF3 蛋白序列同源性为 47.78%，AmCBF2 与 AmCBF3 蛋白序列同源性为 52.59%。如表 7.14 所示，整体而言这三个蛋白与拟南芥的 AtCBF1~AtCBF3 的同源性为 40.37%~52.59%。

```
AmCBF1    .................MDMFSN............SSDSLSTSWSP..EISRPANLSDEEVLLAS    34
AmCBF2    MAFTGCYSDPFAWGCDFWASS...........LSAEAVADSLSDNGGSCNRTNFSDEEVILAS    52
AmCBF3    .......MNNKDPLLDRDSLTHDSDPHPLG..SEHWSLEFPAASSPSSDGRNAPPANFSDEEVMLAS   58
AtCBF1    ........MNS...............FSAFSEMFGSDYEP....CGGDYCPTLAT    28
AtCBF2    ........MNS...............FSAFSEMFGSDYESP.VSSGGDYSPKLAT    31
AtCBF3    ........MNS...............FSAFSEMFGSDYESS.VSSGGDYIFTLAS    31
BpCBF2    .................MDVFSCYSWESESG..AMHLSDEEIQLAS    27
BpCBF1    .................MDVFSCYSSESESG..AMHLSDEEIRLAS    27
HbCBF1    ........MDVFPCYSDSLPFATHS......CSLHYPESSTLSDTCSALRANLSDEEVLLAS    48
CsDREB1C  ........MDSFSTFNY.........EDYFSSSESSNCRLP...IFSDEDFMLAA    35
IbDREB1   ....MDIVGNYYSGNFLSAAAAASSFWSPEMGAVVPSPLSSSDTGSCSATMKANLSDEEVLLAS    60
ShCBF3    ..........MFYS.........DPRIESSSSDSFRA...NHS.DEEVILAS    29
ShCBF2    .......MDIFESYYSN.........LLVESSLLSSSSMSDTNNINHYSPNEEIILAS    42
SlCBF1    ........MNIFETYYS.........DSLILTESSSSSSS..SSFS.EEEVILAS    35
Consensus                                                          la

          PKKR/PAGR motif          AP2 结构域

AmCBF1    SNPKKRAGRKKFRETRHPVYRGVRRRNSEKWVSEVREPNKKSRIWLGTYPTSEMAARAHDVAAIALRGRS  104
AmCBF2    NTPKKRAGRKKFRETRHPVYRGVRRRNSEKWVCEVREPNKKSRIWLGTYVAAMALRGRS            122
AmCBF3    SYPKKRAGRKKFRETRHPVYRGVRRRDSGKWVCEVREPNKKSRIWLGFLTAEMAARAHDVAAIALRGRS  128
AtCBF1    SCPKKPAGRKKFRETRHPIYRGVRQRNSGKWVSEVREPNKKTRIWLGTFQTAEMAARAHDVAALALRGRS  98
AtCBF2    SCPKKPAGRKKFRETRHPIYRGVRQRNSGKWVCELREPNKKTRIWLGTFQTAEMAARAHDVAALALRGRS 101
AtCBF3    SCPKKPAGRKKFRETRHPIYRGVRRRNSGKWVCEVREPNKKTRIWLGTFQTAEMAARAHDVAALALRGRS 101
BpCBF2    RNPKKRAGRKKFKETRHPVYRGVRRRNSGKWVCEVREPNKKQSRIWLGTFPTAEMAARAHDVAALALRGNS  97
BpCBF1    RNPKKRAGRKKFKETRHPVYRGVRRRNSGKWVCEVREPNKKQSRIWLGTFPTAEMAARAHDVAALALRGNS  97
HbCBF1    SYPKKRAGRKKFRETRHPIYRGVRRRNSGKWVCEIREPNKKSRIWLGTFPTEEMAARAHDVAALALRGRS 118
CsDREB1C  SNPKKRAGRKKFRETRHPVYRGVRRRNSGKWVCEVREPNKKSRIWLGTFPTAEMAARAHDVAAIALRGFT 105
IbDREB1   NPKKRAGRKKFRETRHPVYRGVRRRNSGKWVCEVREPNKKSRIWLGTFPTAEMAARAHDVAAIALRGCS  130
ShCBF3    NNPKKRAGRKKFRETRHPVYRGVRKRNSGKWVCEVREPNKKSRIWLGTFPTAEMAARAHDVAAIALRGRS  99
ShCBF2    NNPKKRAGRKKFRETRHPVYRGVRKRNSGKWVCEVREPNKKSRIWLGTFPTVEMAARAHDVTAALRGRS 112
SlCBF1    NTPKKRAGRKKFRETRHPVYRGVRKRNSGKWVCEVREPNKKSRIWLGTFPTAEMAARAHDVAALALRGRS 105
Consensus   pkk agr kF etrhp yrg r r s kwv e repnk riwlgt t emaarahdv a alrg

          DSAWR motif

AmCBF1    ACLNFADSAWRLPVPASGEARDICKAAAEAAEAFRP.................TRVETG......DDVAAV 152
AmCBF2    ACLNFADSAWRITVPASTDAKDICKAAAEAAEAFRP..............CALESGEE.AKEETAAAV    175
AmCBF3    ACLNFADSAWRIPLPASAEAKDIRRAALEAAEAFRPAG..........LETVSADESRCENNNESKELAT 188
AtCBF1    ACLNFADSAWRIRIPESTCAKDICKAAAEAAALFCDETCDTTTT...DHGLDMEET..MVEAIYTP    159
AtCBF2    ACLNFADSAWRIRIPESTCAKEIQKAAAEAAALNFCDEMCHMTTD...AHGLDMEET.LVEAIYTP     162
AtCBF3    ACLNFADSAWRIRIPESTCAKDIQKVAEAAALFCDEMCDATT...DHGFDMEET.LVEAIYTA       161
BpCBF2    ACLNFADSAWRIPLPASGTAKDICRTAVEAAEAFRP..............TETKAVE......ER      142
BpCBF1    ACLNFADSAWRIPVPASGTAKDICRTAAEAAEEFRP..............AESKAVE......DR      142
HbCBF1    ACLNFADSSWRIPVPASREAKDIPKAAAEAAMAFCPEG..........TEGFSGELKQ.ENKWITE    173
CsDREB1C  ACLNFADSAWRIPVPASADARDICKAAAEAAEAFRPSESDG......SSVDDSRTEN..GMMMET     162
IbDREB1   ACLNFADSAWRIPIPASADPDICKAAAEAAEAFRPVALPANCNCTCRIILEAEEEEECNSSMKEECVS  200
ShCBF3    ACLNFADSAWRIPTPASSDTKDICKAAAEAAESFRPLK..........SEEEESVV....KDCST     150
ShCBF2    ACLNFADSAWRIPIPASSNSKDICKAAAEAAEIFRPLKE.........SEEVSGES.....PETSE    164
SlCBF1    ACLNFSDSAWRIPIPASSNSKDICKAAACAVEIFR.............SEEVSGES.....PETSE    153
Consensus   aclnf ds wrl p s     i    a  f
```

```
AmCBF1    GEPEKLLFMDEEVWGMPWYIADMARGLMVPPPT....QDLYDADFDAD...VSLWSYS    204
AmCBF2    GSQENEMFVDEEAVFGMHGLIDDMAEGIMLPRP.....RYCNDVEVDAD...VSLWSYS    226
AmCBF3    VSSEEMFFVDEEAVFGLPGILANMAEGMLLTPPPCLA.ESKDEMESEAD...VSLWSY.    242
AtCBF1    EQSEGAFYMDEETMFGMPTLIDNMAEGMLLPPPS.VQWNHNYDGEGDGD...VSLWSY.    213
AtCBF2    EQSQDAFYMDEEAMLGMPSLIDNMAEGMLLPSPS.VQWNYNFDVGDDDD...VSLWSY.    216
AtCBF3    EQSENAFYMHDEAMFGMPSLIDNMAEGMLPLPS.VQWNHNHEVDGDDDD...VSLWSY.    216
BpCBF2    QPSEGVFFMDEEAVFGMPGLIVNMAEGMLLPPPYCVGDDDVYGGDDVEAHADVSLWSYS    201
BpCBF1    QPSESLFFMDEEAVFGMPGLMINMAEGMLLPPPYCVGDDDGYGGDVMEAHAEVSLWSYS    201
HbCBF1    SAPEDVFYMDEEAVFAMPGLLASMAEGMLLPPPQCVAGSGGEDGEMDAAD.VSLWSFS    230
CsDREB1C  TTPENLFYMDEEAVFGMPGLIEDMAAGMMLPPPQ....HFRDDMDFYSD...VSLWSY.    213
IbDREB1   TTNENVFFMDEEAFFDMPGLLANMAQALMLYPPPQCPALVDRTNDVELDAD..VSLWSY.   256
ShCBF3    .TPDDMFFMDEEALFCMPGLTINMAEGMLVPPPQCTEMGDH..VEADDM...PLWSYS    202
ShCBF2    NVQESSYFVDEEALFFMPGLLANMAEGIMLPPPQCLEIGDHY.VELADVHTYMPLWDYS   222
S1CBF1    NVQESSDFVDEEAIFFMPGLLANMAEGIMLPPPQCAEMGDHC.VETDAY..MITLWNYS   209
Consensus        e          ma       p                          lw
```

图 7.38　多种植物中 CBF/DREB1 蛋白氨基酸序列的比对结果

表 7.14　不同 CBF 序列整体同源性比较及 AP2 结构域序列的同源性比较（%）

蛋白质比对	AP2 结构域	整体
AmCBF1/AmCBF2	92.06	52.22
AmCBF1/AmCBF3	88.89	47.78
AmCBF2/AmCBF3	93.65	52.59
AmCBF1/AtCBF1	87.30	42.96
AmCBF1/AtCBF2	85.71	40.37
AmCBF1/AtCBF3	87.30	41.85
AmCBF2/AtCBF1	88.89	45.56
AmCBF2/AtCBF2	88.89	45.56
AmCBF2/AtCBF3	92.06	45.19
AmCBF3/AtCBF1	90.48	45.56
AmCBF3/AtCBF2	88.89	43.33
AmCBF3/AtCBF3	93.65	45.56

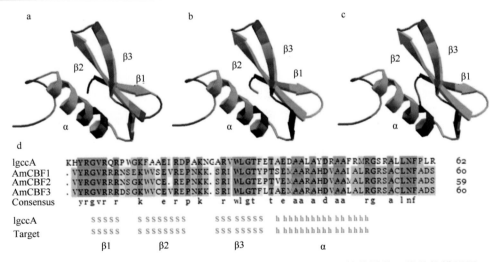

图 7.39　AmCBF1（a）、AmCBF2（b）和 AmCBF3（c）AP2 结构域的三维结构模拟图
蓝色代表可信度高的区域，红色代表可信度低。d 图表示 AmCBF1、AmCBF2
和 AmCBF3 蛋白与 AtERF 蛋白的 AP2 结构域序列的比对结构

7.6.3.2 白骨壤三种 *CBF/DREB1* 基因编码蛋白的同源性分析

系统进化树分析（图 7.40）表明 AmCBF1、AmCBF2 和 AmCBF3 蛋白都属于 DREB 转录因子亚基因家族的 A1 组。AmCBF1 蛋白与黄瓜（*Cucumis sativus*）中的 DREB1C 的同源性最高，可达 67%。AmCBF2 蛋白与来自茄属（*Solanum*）和辣椒属（*Capsicum*）的 CBF 蛋白同源性最高，可达 71%~74%。AmCBF3 蛋白与来自垂枝桦（*Betula pendula*）的 CBF 蛋白的同源性较高，可达 69%~70%。

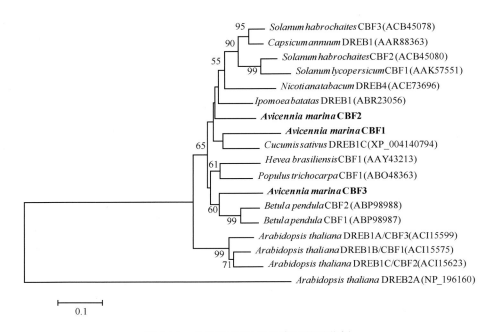

图 7.40　白骨壤 CBF 蛋白序列的进化树

7.6.3.3 白骨壤三种 *CBF/DREB1* 基因的组织表达差异

实验采用荧光定量 PCR 对三种白骨壤 *CBF* 基因的组织表达差异进行了研究。结果表明三种基因的 mRNA 在根、茎、叶中都能检测到，但是不同基因的表达具有组织差异（图 7.41）。*AmCBF1* 在根、茎、叶中的表达量没有显著差别（图 7.41a）。*AmCBF2* 在茎中表达量最高（图 7.41b），而 *AmCBF3* 在叶中表达量最高（图 7.41c）。为了比较这三种基因在正常条件下表达水平的差异，我们用绝对定量的方法对其转录子的拷贝数进行了分析，结果如表 7.15 所示，正常条件下，白骨壤叶片中 *AmCBF2* 基因的拷贝数最高，其次为 *AmCBF3*，*AmCBF1* 的表达量最低。

7.6.3.4 白骨壤三种 *CBF/DREB1* 基因对低温胁迫的响应

我们研究了白骨壤叶片中三种 *CBF* 基因在低温胁迫 120 h 内表达量的变化情况（图 7.42）。结果发现，低温胁迫下，*AmCBF2* 基因快速上调表达，15 min 内表达量即增加到原来的 23.8 倍；胁迫 12 h 时表达量达到最高值（约 131 倍）；胁迫 120 h 后表达量仍然远远高于对照（约 45 倍）。而 *AmCBF1* 和 *AmCBF3* 在低温胁迫下表达量都没有明显的变化。

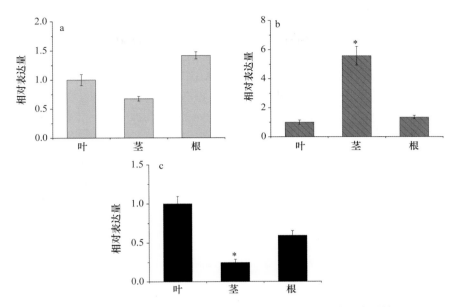

图 7.41 正常条件下三种白骨壤 *CBF* 基因在不同组织中的表达情况

表 7.15 正常条件下白骨壤叶片中三种 *CBF* 基因表达量的比较

项目	*AmCBF1*	*AmCBF2*	*AmCBF3*
mRNA 转录子（拷贝数/ng cDNA）	0.069±0.004	1.063±0.346	0.691±0.026

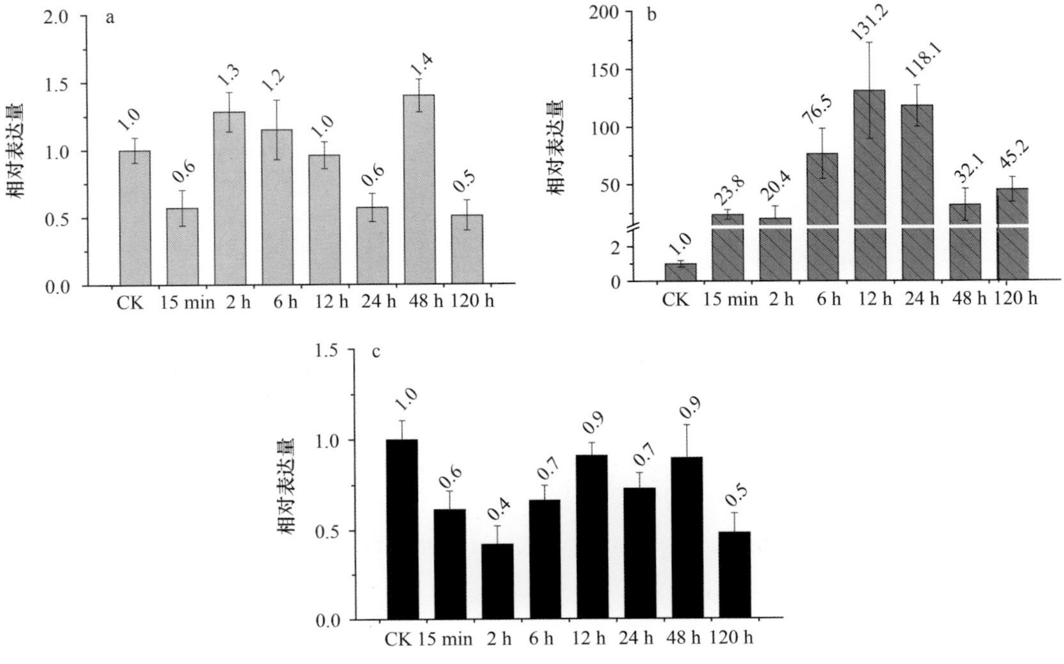

图 7.42 低温胁迫下 *AmCBF1*（a）、*AmCBF2*（b）和 *AmCBF3*（c）的表达模式

7.6.3.5　白骨壤三种 *CBF/DREB1* 基因对低温外其他压力的响应

　　为了比较白骨壤这三种 *CBF* 基因对压力胁迫响应的特异性，我们用荧光定量 PCR 技术研究了白骨壤叶片中这三个基因在干旱、ABA、NaCl 及重金属（Pb、Zn 和 Cd）胁迫下表达量的变化情况（图 7.43，图 7.44）。结果发现 *AmCBF1* 仅在干旱胁迫下有小量的上调表达（4.5 倍）；*AmCBF3* 基因表达量在干旱、ABA 和 NaCl 胁迫下表达量变化都不大；*AmCBF2* 基因表达量在干旱、ABA 和 NaCl 胁迫下都明显增加，而且干旱诱导增加的表达量（82.5 倍，48 h）远高于 ABA 和 NaCl 诱导增加的表达量（12.1 倍，48 h；10.6 倍，24 h）。

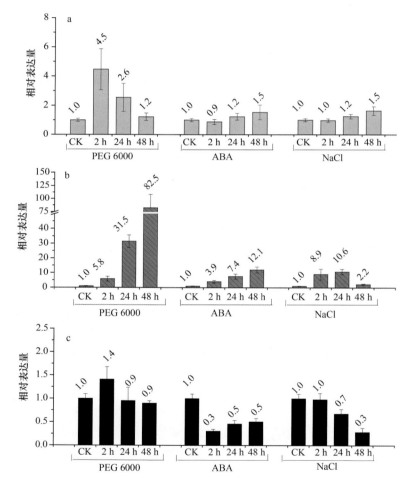

图 7.43　干旱、ABA 和 NaCl 胁迫下 *AmCBF1*（a）、*AmCBF2*（b）和 *AmCBF3*（c）的表达模式

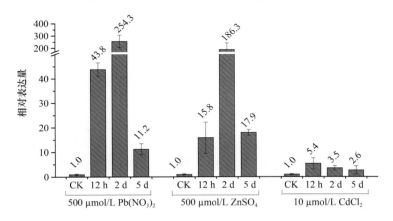

图 7.44　重金属胁迫下 *AmCBF2* 的表达模式

重金属胁迫下，*AmCBF2* 的表达也被明显诱导，尤其是在 Pb 和 Zn 胁迫下，*AmCBF2* 基因强烈上调表达，胁迫 2 d 后分别可约达对照的 254 倍和 186 倍。而 Cd 胁迫下 *AmCBF2* 基因仅表现出微量短时的上调表达（5.4 倍，12 h）。*AmCBF1* 和 *AmCBF3* 基因在重金属胁迫下表达受到抑制，在某些样品中甚至检测不到这两个基因的表达。因此，图 7.44 中并未展示两个基因的表达情况。

7.6.4　讨论

7.6.4.1　白骨壤三种 CBF/DREB1 转录因子结构的保守与差异

从白骨壤中成功克隆得到三个 *CBF* 基因，其中 *AmCBF1* 基因与 *AcCBF1* 基因除几个碱基外序列完全相同，而它们编码的氨基酸序列完全一致。这说明这两个物种的该基因可能起源于一个共同的祖先，在长期进化过程中并未发生明显的结构分化。白骨壤的这三个 *CBF* 基因都具有典型的 CBF 转录因子基因所具有的结构特征，包括一个 AP2 结构域和两个 CBF 特征序列，并且这三个基因编码蛋白的 AP2 结构域的三维结构都与 *AtERF1* 基因的 AP2 结构域相似。AP2 结构域曾被认为在 CBF 蛋白与 CRT/DRE 元件结合的过程中起重要作用（Sakuma et al.，2002），但最近的一项研究证实 AP2 结构域在 *CBF* 基因的核定位过程中起着至关重要的作用（Canella et al.，2010），而曾被认为是核定位信号（Stockinger et al.，1997）的 PKKR/PAGR 元件却被证实在 CBF 蛋白特异识别 CRT/DRE 元件的过程中起着重要作用（Canella et al.，2010）。白骨壤这三个 *CBF* 基因结构的保守性表明它们可能像其他植物的 CBF 转录因子一样，在植物的生长发育和抵抗压力的过程中起着重要的信号转导作用。我们也发现这三个 *CBF* 基因编码蛋白的 N 端和 C 端具有明显的差异，这些差异可能表明它们在植物中具有不同的调控功能。

7.6.4.2　白骨壤三种 *CBF/DREB1* 基因的组织表达模式和背景表达水平不同

利用实时荧光定量 PCR 技术研究了三个 *AmCBF* 基因在不同组织中的表达情况，结果发现不同的基因具有不同的组织表达模式。在小麦（Winfield et al.，2010）和葡萄

（Siddiqua & Nassuth，2011）中的研究也报道了不同 *CBF* 基因在不同组织中的表达模式存在差异；这些结果表明不同的 *CBF* 基因可能在不同组织中起着不同的作用。

为了进一步比较三个基因的背景表达情况，利用绝对定量的方法对白骨壤叶片中这三种基因的拷贝数进行了计算。结果发现正常条件下 *AmCBF2* 基因在白骨壤叶片中也有较高的表达量，而 *AmCBF1* 和 *AmCBF3* 的表达水平都很低，尤其是 *AmCBF1* 的表达量非常低，仅为 0.06 拷贝数/ng cDNA。Navarro 等（2009）用同样的方法研究了桉树（*Eucalyptus gunnii*）中几种 *CBF* 基因的表达情况，同样发现不同的 *CBF* 基因具有不同的背景表达水平。其中 *EguCBF1c* 具有较高的背景表达量，而 *EguCBF1a* 和 *EguCBF1d* 的表达量都很低。Navarro 等（2009）认为 *CBF* 基因较高的背景表达水平可能是细胞常规保护的一种机制。通过比较 *AcCBF1* 与 *AmCBF1* 的组织表达差异情况，我们发现 *AcCBF1* 在桐花树叶、茎、根中的表达水平都较高,常温下叶中表达水平可达（1.546±0.495）拷贝数/ng cDNA，而 *AmCBF1* 基因在白骨壤叶、茎、根中的表达水平都很低，常温下其叶中的表达水平仅为 0.06 拷贝数/ng cDNA。这两个基因在不同植物中表达水平的显著差异表明尽管它们的结构高度相似，但在不同物种中所起的作用可能存在很大的差异，这种差异可能是由植物进化过程中调控机制的改变引起的。

7.6.4.3 白骨壤三种 *CBF/DREB1* 基因对低温胁迫的响应不同

多种 *CBF* 基因都能在低温胁迫下快速上调表达，如拟南芥中的 *AtCBF1~AtCBF3*（Stockinger et al.，1997）、玉米（*Zea mays*）中的 *ZmDREB1A*（Qin et al.，2004）、桉树中的 *EguCBF1a/d*（Navarro et al.，2009），而且这些基因都被证实在植物冷驯化和耐寒能力的增加过程中起着重要作用。为了比较白骨壤中三种 *CBF* 基因对冷胁迫的响应，利用荧光定量手段研究了白骨壤叶片中这几种 *CBF* 基因在低温胁迫下的变化情况，结果发现 *AmCBF2* 基因在低温胁迫下可以快速上调表达，并且上调表达时间持久；这一结果表明 *AmCBF2* 基因可能参与了白骨壤的冷信号转导途径。相比较而言，另外两种 *CBF* 基因，即 *AmCBF1* 和 *AmCBF3* 在低温胁迫下表达量都没有明显的变化。拟南芥中某些 *CBF* 基因也对低温没有响应，如 *AtCBF4* 基因，仅对干旱胁迫有响应，而对低温没有响应（Haake et al.，2002）。小麦中的一些 *CBF* 基因（*CBF IIIa-6*、*CBF IIId-A19* 和 *CBF IV d-4*）在低温胁迫下甚至下调表达（Winfield et al.，2010）。但关于这些基因的调控机制和作用还不清楚。结果表明这三个白骨壤 *CBF* 基因的调控机制存在明显差异，但具体的调控机制还有待进一步研究。此外，从结果可以看出，白骨壤中 *AmCBF1* 基因的低温诱导表达模式与桐花树中 *AcCBF1* 基因的低温诱导表达模式完全不同，这进一步表明白骨壤和桐花树在进化过程中 *CBF* 基因的调控机制发生了巨大的变化。

7.6.4.4 白骨壤三种 *CBF/DREB1* 基因对低温外其他压力胁迫的响应不同

植物中的某些 *CBF* 基因仅对某一种压力有响应，如 *AtCBF1*；而某些 *CBF* 基因却对多种压力胁迫都有响应，如 *BjDREB1B*。为了比较三种 *AmCBF* 基因响应压力胁迫的特异性，研究了干旱、ABA、高盐和重金属胁迫下，白骨壤叶片中三种 *AmCBF* 基因的表达量变化。结果发现 *AmCBF1* 和 *AmCBF3* 在这些压力胁迫下表达量基本没有变化，或仅有少量的上调和下调表达。而 *AmCBF2* 基因在这些压力胁迫下表达量都明显上升。对不同压力胁迫的响应差异进一步表明这三个基因的调控机制存在明显差异，而且它们在植物抵御逆境的过程中可能起着不同的作用。*AmCBF2* 基因能被多种环境因子诱导表明这一基因可能参与了多种压力胁迫的交叉响应过程。

　　AmCBF2 的表达可以被低温、干旱和盐胁迫诱导，但在盐胁迫下的诱导表达量远低于低温胁迫和干旱胁迫。同样，其他植物中的一些 *CBF* 基因，如 *EguCBF1a* 和 *EguCBF1b*（El Kayal et al.，2006）、*OsDREB1A*（Dubouzet et al.，2003）和 *ZmDREB1A*（Qin et al.，2004）的表达也能同时被低温、干旱和高盐胁迫诱导。Thomashow 等（2010）认为 *CBF* 基因同时被冷、盐和干旱诱导可能是由于这些压力胁迫都能导致水分胁迫压力。水分胁迫引起的细胞膜流动性的改变可以使细胞内 Ca^{2+} 浓度瞬时增加，这一信号能被一些特殊的蛋白，如 CDPK、CIPK、CBL 等识别，从而导致 *CBF/DREB1* 基因的表达（Kurbidaeva & Novokreshchenova，2011）。白骨壤在长期的进化过程中形成了其独特的抗盐系统（盐腺和泌盐气孔），可以分泌盐分到体外，从而减轻高盐环境所导致的细胞失水（Kathiresan & Bingham，2001），这可能是白骨壤 *AmCBF2* 基因在高盐胁迫下表达量较低的原因之一。

　　ABA 是一种调控植物压力响应的重要的植物内源激素（Knight M R & Knight H，2001）。水分胁迫压力能诱导植物细胞内 ABA 的合成和积累（Qin et al.，2011）。CBF 转录因子所调控的信号转录途径被认为是不依赖 ABA 的信号转导途径。但是，近来的很多研究表明，许多 *CBF* 基因，如 *AtCBF1~AtCBF3*（Knight et al.，2004）和 *EguCBF1a*（El Kayal et al.，2006）也能被外源添加的 ABA 所诱导。同样，我们的研究发现 *AmCBF2* 基因也可以被外源的 ABA 所诱导。但 *AmCBF1* 和 *AmCBF3* 没有显著的变化。前人的研究发现 *AtCBF1~AtCBF3*（Knight et al.，2004）和 *EguCBF1a*（El Kayal et al.，2006）的启动子区都具有 ABRE（ABA 响应元件）。白骨壤 *AmCBF2* 基因的启动子区是否含有 ABRE 元件还需要进一步研究证实。

　　重金属是红树林湿地主要的人类活动污染（Huang & Wang，2010b）。植物对重金属的耐性与其渗透能力的增加有关（Sharma & Dietz，2006；Yan & Tam，2013）。Huang 和 Wang（2010b）的研究发现重金属处理后，红树植物秋茄和木榄叶片中的脯氨酸含量都显著增加。但这些植物是通过何种信号转导途径来启动渗透保护剂的合成目前还不清楚。我们的研究发现重金属胁迫后白骨壤中 *AmCBF2* 基因的表达显著提高，尤其是在 Pb 和 Zn 处理后。Cong 等（2008）也从芥菜中分离出一种 *CBF/DREB1* 基因 *BjDREB1B*，该基因可以被 Zn、Cd 和 Ni 诱导。由于目前关于 *CBF* 基因对重金属响应的研究很少，因此我们很难比较不同 *CBF* 基因在重金属胁迫下的诱导表达水平。关于重金属胁迫的研究发现，过量的重金属会导致细胞失水，并诱导细胞内 Ca^{2+} 浓度的瞬时增加（Kastori et al.，1992；Maksymiec，2007）。因此，重金属胁迫下 *CBF* 基因的表达有可能是重金属所导致的失水压力，也可能与 Ca^{2+} 介导的信号转导途径有关。关于植物对重金属积累的研究发现，植物的地上部分对 Pb 和 Zn 的积累量远远高于对 Cd 的积累量（Kastori et al.，1992；Deng et al.，2004）。这有可能是白骨壤叶片中 *AmCBF2* 基因在 Pb 和 Zn 胁迫下的诱导表达量远远高于 Cd 胁迫的原因。在拟南芥中，多种渗透保护剂合成酶相关基因，如参与脯氨酸合成的 *P5CS2* 基因和参与甜菜碱合成的甜菜苷合酶基因等，都可以被

AtCBF1~AtCBF3 激活（Qin et al.，2011）。过量表达 CBF/DREB1 转录因子的拟南芥植株中多种渗透保护剂，如脯氨酸、蔗糖和棉子糖等的含量都显著增加（Gilmour et al.，2000）。因此，我们推测白骨壤中 *AmCBF2* 基因在重金属胁迫下的大量表达可能激活多种渗透保护剂合成相关酶基因的表达，从而使植物的抗重金属能力增强。

7.6.5　小结

本节通过同源克隆、RACE 技术和 hiTAIL-PCR 技术从白骨壤中克隆获得三个编码 CBF/DREB1 转录因子的基因全长，命名为 *AmCBF1*、*AmCBF2* 和 *AmCBF3*。通过绝对定量和相对定量的方法研究了该基因在不同组织中的表达及多种压力胁迫下三个 *CBF* 基因在白骨壤叶片中的表达水平变化。研究结果如下（Peng et al.，2013）。

（1）白骨壤的三种 *AmCBF* 基因具有不同的组织表达模式和背景表达水平，说明三种基因具有不同的表达调控机制。

（2）*AmCBF2* 在正常条件下表达水平也较高，可能是植物常规保护的一种机制。

（3）三种基因对低温胁迫的响应具有很大差异，*AmCBF2* 对各种压力都有响应，尤其是低温、干旱和重金属胁迫下表达量很高，表明 *AmCBF2* 可能参与了冷胁迫、干旱胁迫和重金属胁迫的交叉响应信号转导。而 *AmCBF1* 和 *AmCBF3* 对这些压力胁迫没有明显响应。

（4）白骨壤 *AmCBF1* 与桐花树 *AcCBF1* 基因序列高度同源，可能起源于同一祖先，但其常温表达水平和胁迫的响应模式存在显著差异，表明在长期进化过程中两种红树植物可能发展了不同的 CBF 调控途径。

7.7　秋茄中两种 *CBF/DREB1* 基因的克隆与表达

7.7.1　引言

前面的研究已经证实 *CBF* 基因在红树植物中存在。本节以红树植物秋茄为研究对象，利用同源克隆和 RACE 技术，从低温胁迫的秋茄叶片中克隆到两种编码 CBF/DREB1 转录因子的基因全长。这两个基因分别与白骨壤的 *AmCBF1* 和 *AmCBF3* 基因序列高度相似，因此我们将它们命名为 *KcCBF1* 和 *KcCBF3*，并利用荧光定量 PCR 技术研究了低温、干旱、高盐胁迫及外源添加 ABA 条件下秋茄中这两种 *CBF/DREB1* 基因的响应模式。

7.7.2　材料和方法

7.7.2.1　植物材料

秋茄种子采自深圳东涌红树林自然保护区。经 1%高锰酸钾消毒后，选择健康无病虫害的种子种在干净的海沙中，每周用 1/2 Hoagland 营养液浇灌 2 次。将 3 个月大的具有两对成熟叶片的秋茄幼苗转入人工气候培养箱中培养，培养条件为：25℃白天/22℃夜晚，16 h 光照/6 h 黑暗，光强 200 μmol/(m²·s)。预培养 1 个星期，使所有植株生长状况基本达到一致后，随机选取三株植株采集叶片、茎和根样品，立即用液氮冻存，直至 RNA 提取。

7.7.2.2　实验处理

低温胁迫实验：将植株转移至 5℃培养箱，在胁迫 15 min、2 h、12 h、24 h、48 h 和 120 h 时收集叶、茎和根样品，立即用液氮冻存。

高盐、干旱和 ABA 胁迫实验：用含 200 mmol/L NaCl、12.5% PEG 6000 或 100 μmol/L ABA 的营养液对植株进行浇灌，在胁迫 30 min、2 h、24 h 和 48 h 后收集叶、茎和根样品。所用剂量根据前人研究设计（Navarro et al.，2009；Cong et al.，2008）。

7.7.2.3　主要试剂与试剂盒

同 7.3.2.3 和 7.5.2.3。

7.7.2.4　方法

1）秋茄样品总 RNA 的提取及质量检测

同 7.3.2.4 1）。

2）用于 5′RACE 和 3′RACE 的第一链 cDNA 的合成

同 7.3.2.4 2）。

3）*KcCBF1* 和 *KcCBF3* 基因全长的扩增与序列分析

中间片段扩增同 7.3.2.4 3）；利用简并引物进行 PCR 扩增得到两个 *CBF/DREB1* 基因的中间片段。用于 *KcCBF1* 基因全长扩增的基因特异性引物同 *AmCBF1* 基因全长扩增的基因特异性引物，用于 *KcCBF3* 基因全长扩增的基因特异性引物同 *AmCBF3* 基因全长扩增的基因特异性引物（引物序列见表 7.11）。基因全长序列的拼接参照 7.3.2.4 6）。

4）基因相对表达量分析的实时荧光定量 PCR

（1）用于实时荧光定量 PCR 的 cDNA 的合成，方法同 7.4.2.4 3）。

（2）实时荧光定量 PCR 实验方法同 7.4.2.4 4），采用秋茄 *GAPDH* 基因（引物 5′-TCGTCCAGGTCTCCAAG-3′和 5′-AGCCAGATCCACCACTC-3′）作为内参，扩增产物熔解曲线、PCR 扩增曲线及扩增效率如图 7.45 所示。*KcCBF1* 和 *KcCBF3* 基因的荧光定量 PCR 引物分别同 *AmCBF1* 和 *AmCBF3* 基因扩增的引物（序列见第 6 节表 7.11）。*KcCBF1* 和 *KcCBF3* 基因的相对表达量的计算使用 qBase 软件，采用 $2^{-\Delta\Delta C_t}$ 方法，以正常条件下叶片中的表达量为对照，即 Fold difference=$2^{-(\Delta C_t\,sample-\Delta C_t\,calibrator)}$。检测不同处理组与对照组的基因表达水平是否存在差异，$p<0.05$ 为差异显著。不同组织中两个 *CBF* 基因的绝对拷贝数测定方法同第 5 节 7.5.2.4 4）。

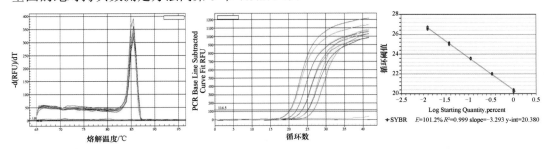

图 7.45　秋茄 *KcGAPDH* 基因的扩增曲线、熔解曲线和扩增效率

7.7.3 结果与分析

7.7.3.1 秋茄中两种 *CBF/DREB1* 基因全长的克隆与特征分析

从低温胁迫的秋茄叶片 cDNA 库中克隆得到了两条 *CBF/DREB1* 转录因子编码基因的全长 cDNA 序列，这两个序列分别与白骨壤的 *AmCBF1* 和 *AmCBF3* 基因序列高度相似，故分别命名为 *KcCBF1* 和 *KcCBF3*，序列已提交到 GenBank，登录号暂时未返回。

KcCBF1 基因的全长为 892 bp，包括 71 bp 的 5′UTR、203 bp 的 3′UTR 和 618 bp 的可读框，编码 205 个氨基酸。编码的氨基酸的预测分子质量为 23.03 kDa，预测等电点为 5.39。该基因与桐花树 *AcCBF1* 基因及白骨壤 *AmCBF1* 基因的序列高度相似，仅在 3′UTR 存在几个碱基的差异，*KcCBF1* 基因编码的氨基酸序列仅与 *AcCBF1* 和 *AmCBF1* 基因编码的氨基酸序列存在一个氨基酸的差异（图 7.46，图 7.47）。

```
AcCBF1     ACATGGGGAGCCCACAAAAAATCACGAACGCAGACTACGAGTTTCCAAAAACCCACCACAAATAGATTCA      70
AmCBF1     ACATGGGCAGCCCACAAAAAATCACGAACGCAGACTACGAGTTTCCAAAAACCCACCACAAATAGATTCA      70
KcCBF1     ACATGGGCAGCCCACAAAAAATCACGAACGCAGACTACGAGTTTCCAAAAACCCACCACAAATAGATTCA      70
Consensus  acatggg agcccacaaaaaatcacgaacgcagactacgagtttccaaaaacccaccacaaatagattca

AcCBF1     AATGGACATGTTCTCAAACTCGTCTGATTCACTCTCAACTTCATGGTCGCCGGAGATTTCCCGTCCGGCA     140
AmCBF1     AATGGACATGTTCTCAAACTCGTCTGATTCACTCTCAACTTCATGGTCGCCGGAGATTTCCCGTCCGGCA     140
KcCBF1     AATGGACATGTTCTCAAACTCGTCTGATTCACTCTCAACTTCATGGTCGCCGGAGATTTCCCGTCCGGCA     140
Consensus  aatggacatgttctcaaactcgtctgattcactctcaacttcatggtcgccggagatttcccgtccggca

AcCBF1     AACCTCTCCGACGAGGAGGTGTTGTTAGCATCGAGCAACCCGAAGAAACGGGCGGGCCGGAAGAAGTTCC     210
AmCBF1     AACCTCTCCGACGAGGAGGTGTTGTTAGCATCGAGCAACCCGAAGAAACGGGCGGGCCGGAAGAAGTTCC     210
KcCBF1     AACCTCTCCGACGAGGAGGTGTTGTTAGCATCGAGCAACCCGAAGAAACGGGCGGGCCGGAAGAAGTTCC     210
Consensus  aacctctccgacgaggaggtgttgttagcatcgagcaacccgaagaaacgggcgggccggaagaagttcc

AcCBF1     GGGAGACTCGCCACCCGGTCTACCGCGGTGTCCGCAGGAGGAACTCCGAAAAGTGGGTGAGCGAAGTCCG     280
AmCBF1     GGGAGACTCGCCACCCGGTCTACCGCGGTGTCCGCAGGAGGAACTCCGAAAAGTGGGTGAGCGAAGTCCG     280
KcCBF1     GGGAGACTCGCCACCCGGTCTACCGCGGTGTCCGCAGGAGGAACTCCGAAAAGTGGGTGAGCGAAGTCCG     280
Consensus  gggagactcgccacccggtctaccgcggtgtccgcaggaggaactccgaaaagtgggtgagcgaagtccg

AcCBF1     TGAGCCAAACAAGAAATCCCGGATATGGCTCGGGACGTACCCAACATCCGAGATGGCGGCCCGTGCACAT     350
AmCBF1     TGAGCCAAACAAGAAATCCCGGATATGGCTCGGGACGTACCCAACATCCGAGATGGCGGCCCGTGCACAT     350
KcCBF1     TGAGCCAAACAAGAAATCCCGGATATGGCTCGGGACGCACCCAACATCCGAGATGGCGGCCCGTGCACAT     350
Consensus  tgagccaaacaagaaatcccggatatggctcgggacg acccaacatccgagatggcggcccgtgcacat

AcCBF1     GACGTGGCGGCCATCGCACTGAGAGGGCGGTCGGCTTGCCTTAATTTCGCCGATTCGGCTTGGAGGCTGC     420
AmCBF1     GACGTGGCGGCCATCGCACTGAGAGGGCGGTCGGCTTGCCTTAATTTCGCCGATTCGGCTTGGAGGCTGC     420
KcCBF1     GACGTGGCGGCCATCGCACTGAGAGGGCGGTCGGCTTGCCTTAATTTCGCCGATTCGGCTTGGAGGCTGC     420
Consensus  gacgtggcggccatcgcactgagagggcggtcggcttgccttaatttcgccgattcggcttggaggctgc

AcCBF1     CGGTGCCGGCATCCGGAGAGGCGAGGGATATCCAGAAGGCGGCGGCAGAGGCCGCTGAGGCGTTCCGGCC     490
AmCBF1     CGGTGCCGGCATCCGGAGAGGCGAGGGATATCCAGAAGGCGGCGGCAGAGGCCGCTGAGGCGTTCCGGCC     490
KcCBF1     CGGTGCCGGCATCCGGAGAGGCGAGGGATATCCAGAAGGCGGCGGCAGAGGCCGCTGAGGCGTTCCGGCC     490
Consensus  cggtgccggcatccggagaggcgagggatatccagaaggcggcggcagaggccgctgaggcgttccggcc

AcCBF1     GACAAGGGTTGAGACGGGTGATGACGTGGCGGCAGTGGGGGAGCCAGAAAAGTTGCTGTTTATGGATGAG     560
AmCBF1     GACAAGGGTTGAGACGGGTGATGACGTGGCGGCAGTGGGGGAGCCAGAAAAGTTGCTGTTTATGGATGAG     560
KcCBF1     GACAAGGGTTGAGACGGGTGATGACGTGGCGGCAGTGGGGGAGCCAGAAAAGTTGCTGTTTATGGATGAG     560
Consensus  gacaagggttgagacgggtgatgacgtggcggcagtggggggagccagaaaagttgctgtttatggatgag

AcCBF1     GAGGAGGTTTGGGGGATGCCATGGTATATTGCTGACATGGCAAGGGGATTAATGGTGCCTCCACCTACCC     630
AmCBF1     GAGGAGGTTTGGGGGATGCCATGGTATATTGCTGACATGGCAAGGGGATTAATGGTGCCTCCACCTACCC     630
KcCBF1     GAGGAGGTTTGGGGGATGCCATGGTATATTGCTGACATGGCAAGGGGATTAATGGTGCCTCCACCTACCC     630
Consensus  gaggaggtttgggggatgccatggtatattgctgacatggcaaggggattaatggtgcctccacctaccc

AcCBF1     AGGATTTGTATGACGCGGATTTTGATGCCGACGTGTCACTTTGGAGTTACTCATTTTGAATTATTTTTTT     700
AmCBF1     AGGATTTGTATGACGCGGATTTTGATGCCGACGTGTCACTTTGGAGTTACTCATTTTGAATTATTTTTTT     700
KcCBF1     AGGATTTGTATGACGCGGATTTTGATGCCGACGTGTCACTTTGGAGTTACTCATTTTGAATTATTTTTTT     700
Consensus  aggatttgtatgacgcggattttgatgccgacgtgtcactttggagttactcattttgaattattttttt

AcCBF1     TATTTTATTTTTTACTGTCTATCTAAGCCCCAAATTCTGTATTCTACACCGTGGCAAAATCAGCGCCGTAC     770
AmCBF1     TATTTTATTTTTTACTGTCTATCTAAGCCCCAAATTCTGTATTCTACACCGTGGCAAAATCAGCGCCGTAC     770
KcCBF1     TATTTTATTTTTTACTGTCTATTTAAGCCCCAAATTTTGTATTTACACCGTGGCAAAATCAGCGCCGTAC     770
Consensus  tattttattttttactgtctat taagcccaaatt tgtatt tacaccgtggcaaaatcagcgccgtac

AcCBF1     AGATTTAGAATACTCCGATTTTGAGTCTGCCTATCTTCTTTGGACACTGGACATTTTTTAAGGTCTGTGA     840
AmCBF1     AGATTTAGAATACTCCGATTTTGAGTCTGCCTATCTTCTTTGGACACTGGACATTTTTTAAGGTCTGTGA     840
KcCBF1     AGATTTAGAATACTCCGATTTTGAGTCTGCCTATTTTCTTTGGACACTGGACATTTTTTAAGGTCTGTGA     840
Consensus  agatttagaatactccgattttgagtctgcctat ttcttttggacactggacattttttaaggtctgtga
```

```
AcCBF1  TTTTCGATAGGTACGAAGAATAAAAAAAAAAAAAAAAAAAAAAAAAAAAAA....      887
AmCBF1  TTTTCGATAGGTACGAAGGAAAAAAAAAAAAAAAAAAAAAAAAAAAAAA......      885
KcCBF1  TTTTCGATAGGTACGAAGGAAAAAAAAAAAAAAAAAAAAAAAAAAAAAAAAAAAA      891
Consensus ttttcgataggtacgaag a aaaaaaaaaaaaaaaaaaaaaaa
```

图 7.46　白骨壤、桐花树和秋茄三种红树植物的 *CBF1* 基因的序列比较

```
AcCBF1  MDMFSNSSDSLSTSWSPEISRPANLSDEEVLLASSNPKKRAGRKKFRETRHPVYRGVRRRNSEKWSEVR      70
AmCBF1  MDMFSNSSDSLSTSWSPEISRPANLSDEEVLLASSNPKKRAGRKKFRETRHPVYRGVRRRNSEKWSEVR      70
KcCBF1  MDMFSNSSDSLSTSWSPEISRPANLSDEEVLLASSNPKKRAGRKKFRETRHPVYRGVRRRNSEKWSEVR      70
Consensus mdmfsnssdslstswspeisrpanlsdeevllassnpkkragrkkfretrhpvyrgvrrrnsekwsevr
AcCBF1  EPNKKSRIWLGTYPTSEMAARAHDVAAIALRGRSACLNFADSAWRLPVPASGEARDIQKAAAEAAEAFRP     140
AmCBF1  EPNKKSRIWLGTYPTSEMAARAHDVAAIALRGRSACLNFADSAWRLPVPASGEARDIQKAAAEAAEAFRP     140
KcCBF1  EPNKKSRIWLGTHPTSEMAARAHDVAAIALRGRSACLNFADSAWRLPVPASGEARDIQKAAAEAAEAFRP     140
Consensus epnkksriwlgt ptsemaarahdvaaialrgrsaclnfadsawrlpvpasgeardiqkaaaeaaeafrp
AcCBF1  TRVETGDDVAAVGEPEKLLFMDEEVWGMPWYIADWARGLMVPPPTQDLYDADFDADVSLWSYS          204
AmCBF1  TRVETGDDVAAVGEPEKLLFMDEEVWGMPWYIADWARGLMVPPPTQDLYDADFDADVSLWSYS          204
KcCBF1  TRVETGDDVAAVGEPEKLLFMDEEVWGMPWYIADWARGLMVPPPTQDLYDADFDADVSLWSYS          204
Consensus trvetgddvaavgepekllfmdeeevwgmpwyiadwargl mvpppt qdl ydadf dadvsl wsys
```

图 7.47　白骨壤、桐花树和秋茄三种红树植物的 *CBF1* 基因编码氨基酸序列的比较

　　KcCBF3 基因的全长为 1026 bp，包括 222 bp 的 5′UTR、75 bp 的 3′UTR 和 729 bp 的可读框，编码 242 个氨基酸。编码的氨基酸的预测分子质量为 26.79 kDa，预测等电点为 5.21。该基因与白骨壤 *AmCBF3* 基因的序列相比，除 poly(A)尾存在差异外，序列结构完全相同。*KcCBF1* 和 *KcCBF3* 的同源性分析及 AP2 结构域三维模型同第 6 节 *AmCBF1* 和 *AmCBF3*，故此处不再赘述。

7.7.3.2　秋茄中两种 *CBF/DREB1* 基因的组织表达差异

　　实验采用基于荧光定量 PCR 技术的相对定量和绝对定量两种方法对秋茄两种 *CBF/DREB1* 基因的组织表达差异进行了研究。绝对定量结果显示（表 7.16）秋茄的这两种 *CBF* 基因具有不同的组织表达特异性和背景表达水平。正常培养条件下 *KcCBF1* 基因在叶片中表达水平最高，绝对表达量约为（1.205±0.207）拷贝数/ng cDNA；在根中也有表达，但表达量很低，绝对表达量约为（0.066±0.036）拷贝数/ng cDNA；在茎中的表达量最低，基本检测不到。而正常培养条件下，*KcCBF3* 基因在秋茄根中表达量最高，可达（35.513±10.798）拷贝数/ng cDNA；在叶中的表达量与 *KcCBF1* 在叶中的表达量相似，为（1.586±0.316）拷贝数/ng cDNA；在茎中的表达量最低，仅为（0.177±0.022）拷贝数/ng cDNA。

表 7.16　*KcCBF1* 和 *KcCBF3* 基因在秋茄不同组织中的绝对表达量（单位：拷贝数/ng cDNA）

基因	叶	茎	根
KcCBF1	1.205±0.207	低于检测限	0.066±0.036
KcCBF3	1.586±0.316	0.177±0.022	35.513±10.798

　　相对定量分析也给出了相似的结果，即 *KcCBF1* 基因在叶中表达量最高，茎中表达量最低（茎样品的 *KcCBF1* 基因低于检出限，故图 7.48 未显示其结果）；而 *KcCBF3* 基因在根中的表达量最高，约为叶片中表达量的 18 倍，在茎中的表达量最低，仅为叶片中表达量的 11%左右（图 7.48）。

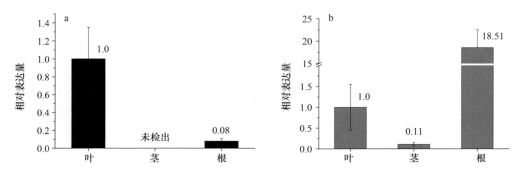

图 7.48   正常条件下秋茄 *KcCBF1*（a）和 *KcCBF3* 基因（b）在不同组织中的表达情况

7.7.3.3   低温胁迫下秋茄根、茎、叶中两种 *CBF/DREB1* 基因表达量的变化

利用基于荧光定量 PCR 技术的相对定量方法，研究了秋茄根、茎、叶中 *KcCBF1* 和 *KcCBF3* 基因在低温胁迫 120 h 内表达量的变化情况（图 7.49）。结果发现，低温胁迫下 *KcCBF1* 基因在叶中表达水平呈现先增加后降低的变化趋势；而在茎中的表达水平没有明显变化；低温胁迫下茎中能检测到 *KcCBF1* 基因的表达，但表达水平仍很低（图 7.49 中未显示）。相比较而言，*KcCBF3* 基因对低温胁迫有快速而强烈的响应。低温胁迫下，叶、茎和根中的 *KcCBF3* 表达量都有显著上升，其中茎中诱导表达量增加幅度最大，胁迫 2 h 后可达原来的 2000 多倍（图中标准差比较大，说明不同个体间存在较大的差异）。叶片中 *KcCBF3* 基因的表达量也有显著增加，胁迫 15 min 后即达到对照水平的 80 倍左右，此后表达水平有所下降，但一直到胁迫结束（120 h 后），叶中 *KcCBF3* 基因的表达水平都保持在较高的水平（对照水平的 40 倍以上）。根中 *KcCBF3* 基因对低温胁迫虽然有所响应，但表达量增加幅度很小，最大增幅仅为对照的 6 倍左右，在胁迫 2 h 后达到，此后表达水平降低到对照水平。

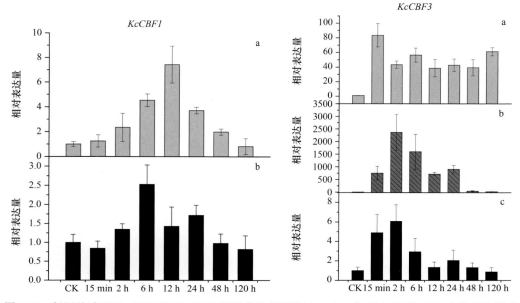

图 7.49   低温胁迫下 *KcCBF1* 和 *KcCBF3* 基因在秋茄植物叶（a）、茎（b）和根（c）中的表达模式

7.7.3.4　秋茄叶片中 *KcCBF1* 和 *KcCBF3* 基因对干旱、高盐及 ABA 等胁迫的响应

为了比较秋茄这两种 *CBF/DREB1* 基因对压力胁迫响应的特异性，我们用荧光定量 PCR 技术研究了秋茄叶片中这两个基因在干旱、NaCl 及重金属（Pb）胁迫和外源添加 ABA 条件下表达量的变化情况（图 7.50）。结果显示 *KcCBF1* 基因在所有这些压力胁迫下表达水平都没有明显增加（图 7.50a）。*KcCBF3* 基因在重金属 Pb 胁迫下有较强烈的上调表达，胁迫 3 h 后表达量为对照的 33 倍，此后一直保持较高的表达水平。NaCl 和 ABA 胁迫下 *KcCBF3* 基因呈现瞬时的微量上调，随胁迫时间延长表达水平降低到对照水平以下。PEG 胁迫下 *KcCBF3* 基因的表达明显被抑制，胁迫 48 h 后表达水平仅为对照水平的 4%左右（图 7.50b）。

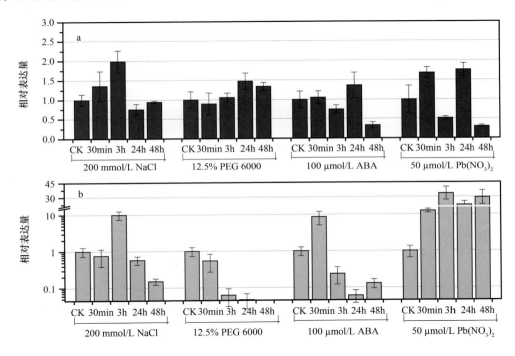

图 7.50　秋茄叶片中 *KcCBF1*（a）和 *KcCBF3*（b）基因对高盐、干旱、ABA 添加及 Pb 胁迫的响应

7.7.4　讨论

7.7.4.1　红树植物的 *CBF* 基因高度保守

本节利用同源克隆和 RACE 技术，从冷胁迫后的红树植物秋茄叶片中克隆到两个编码 CBF/DREB1 转录因子的基因。这两个基因分别与白骨壤 *AmCBF1* 和 *AmCBF3* 基因高度相似，故将它们命名为 *KcCBF1* 和 *KcCBF3*。序列比对结果显示 *KcCBF1* 基因和白骨壤 *AmCBF1* 基因及桐花树 *AcCBF1* 基因仅有几个碱基的差异，其编码的氨基酸序列同 *AcCBF1* 和 *AmCBF1* 编码的氨基酸序列仅有一个氨基酸的差异。秋茄、桐花树和白骨壤

这三种红树植物分属于不同的属,但它们的 *CBF1* 基因序列存在高度的保守性,说明 *CBF1* 基因可能起源于一个非常古老和保守的祖先。同样,秋茄中 *KcCBF3* 基因也与白骨壤 *AmCBF3* 基因高度相似,除 poly(A)尾部分有一些微小差异外,其他碱基序列完全一致。红树植物 *CBF* 基因的保守性表明这些 *CBF* 基因可能在植物的生长、发育或抗逆过程中起着重要作用。

7.7.4.2 秋茄两种 *CBF/DREB1* 基因的组织表达差异

为了研究秋茄的这两种 *CBF/DREB1* 基因在不同组织中的表达差异,也为了将它们的表达水平与其他植物的 *CBF* 基因表达水平进行比较,本节同时利用基于实时荧光定量 PCR 技术的绝对定量和相对定量方法,研究了 *KcCBF1* 和 *KcCBF3* 基因在正常培养的秋茄幼苗中的绝对拷贝数和组织表达差异。我们的研究结果发现,秋茄的这两种 *CBF* 基因具有明显不同的组织特异性。*KcCBF1* 在叶片中的表达量最高,其次为根,而茎中表达量最低,一般检测不到;然而 *KcCBF3* 基因在根中的表达水平最高,叶中其次,茎中最低。在小麦(Winfield et al.,2010)和葡萄(Siddiqua & Nassuth,2011)中的研究也报道了不同 *CBF* 基因在不同组织中的表达模式存在差异。秋茄 *KcCBF1* 基因在不同组织中的表达水平从高到低排序为叶>根>茎;桐花树的 *AcCBF1* 基因在不同组织中的表达水平从高到低排序为叶>茎>根;而白骨壤的 *AmCBF1* 基因在不同组织中的表达水平从高到低排序为根>叶>茎。这一结果说明即使是高度同源的基因,在不同物种中的组织表达特异性也可能不同,这可能与该基因在植物中所起的作用有关。同样,秋茄 *KcCBF3* 基因与白骨壤 *AmCBF3* 基因的组织表达特异性也存在明显差异,白骨壤 *AmCBF3* 基因在不同组织中的表达水平从高到低排序为叶>根>茎;而 *KcCBF3* 基因在不同组织中的表达水平从高到低排序为根>叶>茎。并且秋茄 *KcCBF3* 基因在根中的表达量非常高 [(35.513±10.798)拷贝数/ng cDNA],这一结果表明 *KcCBF3* 基因有可能参与了根的生长和发育过程,也有可能参与了细胞的常规保护(Navarro et al.,2009)。

与不耐寒的春小麦相比,耐寒的冬小麦中某些 *CBF* 基因具有更高的背景表达水平和低温诱导表达量,Winfield 等(2010)推测这些基因可能与冬小麦的耐寒性状具有密切关系。研究发现从白骨壤、桐花树和秋茄中克隆到的高度同源的 *CBF1* 基因在不同植物中的背景表达水平也具有明显差异。其中耐寒能力较强的红树植物和桐花树的 *CBF1* 基因在其幼苗叶片中的表达量均较高,分别为(1.205±0.207)拷贝数/ng cDNA 和(1.546±0.495)拷贝数/ng cDNA,而耐寒能力较差的红树植物白骨壤的 *CBF1* 基因仅为(0.069±0.004)拷贝数/ng cDNA,远远低于桐花树和秋茄中 *CBF1* 基因的表达水平。同样,白骨壤 *AmCBF3* 基因的背景表达水平也明显低于秋茄 *KcCBF3* 基因的背景表达水平,尤其是根中的表达水平。因此,我们推测红树植物 *CBF1* 和 *CBF3* 基因的常量表达水平可能与红树植物的抗寒能力存在一定的关系。但要弄清楚具体的作用机制还需要开展进一步的研究。

7.7.4.3 秋茄两种 *CBF/DREB1* 基因对压力胁迫的响应

本节比较了低温胁迫下秋茄两种 *CBF* 基因的响应模式,结果显示,*KcCBF3* 基因对低温有快速且强烈的响应，尤其是在茎中，表达水平可增加到对照的 2000 多倍，叶中 *KcCBF1* 基因在低温下表达量增加幅度虽然不如茎，但其背景表达水平高，且诱导表达持久。Winfield 等（2010）的研究表明低温胁迫下 *CBF* 的诱导表达水平和持续时间与植物的抗寒能力具有明显的正相关关系。因此，*KcCBF3* 基因在低温胁迫下的快速上调表达表明该基因可能参与了秋茄低温胁迫响应过程，而 *KcCBF3* 基因在低温胁迫下比较持久的冷诱导效应可能是秋茄抗寒能力较强的原因之一。白骨壤中的 *AmCBF3* 基因虽然与 *KcCBF3* 基因高度同源，但低温胁迫下 *AmCBF3* 基因并没有显著被诱导。同样，秋茄的 *KcCBF1* 基因、白骨壤的 *AmCBF1* 基因与桐花树的 *AcCBF1* 基因高度同源，桐花树 *AcCBF1* 基因在低温胁迫下能被快速强烈诱导，但 *KcCBF1* 和 *AmCBF1* 在低温胁迫下表达水平却没有显著增加，这表明尽管红树植物中有多种高度同源的 *CBF* 基因，但这些基因在不同的红树植物中可能进化出不同的功能，因此，在压力胁迫过程中有不同的表达模式。

秋茄两种 *CBF* 基因对其他压力胁迫的响应研究结果显示 *KcCBF1* 基因除了对低温略有响应外，对其他压力胁迫基本没有响应，而 *KcCFB3* 基因除能被低温快速诱导外，还能被重金属 Pb 诱导，在高盐和 ABA 胁迫下，*KcCBF3* 基因也微量上调表达，但是随胁迫时间延长，其表达水平甚至降低至对照水平以下。这一研究结果表明不同的压力胁迫对这两种 *CBF* 基因的表达水平有不同的影响，要弄清 *CBF* 基因的调控机制及其在红树植物低温响应过程中所起的作用还需要进一步研究红树植物中存在的其他 *CBF* 基因及其压力机制，以及这些 *CBF* 基因的功能、作用机制和调控途径。

7.7.5　小结

本节通过同源克隆及 RACE 技术从秋茄中克隆获得 2 个编码 CBF/DREB1 转录因子的基因全长，命名为 *KcCBF1* 和 *KcCBF3*。通过绝对定量和相对定量的方法研究了该基因在不同组织中的表达及多种压力胁迫下这两个 *CBF* 基因在白骨壤叶片中的表达水平变化。研究结果如下。

（1）秋茄的两种 *KcCBF* 基因具有不同的组织表达模式和背景表达水平，说明这两种基因具有不同的表达调控机制和功能。

（2）*KcCBF3* 在正常条件下的根中具有很高的表达水平，该基因可能参与了植物根的生长发育过程或者是根细胞特有的一种常规保护机制。

（3）秋茄两种 *CBF* 基因对低温胁迫的响应具有很大差异，*KcCBF3* 能被低温快速强烈诱导，而 *KcCBF1* 基因仅在叶中微量上调。不同组织中 *CBF* 基因的响应模式也存在差异，可能与不同组织的压力胁迫响应机制不同有关。

（4）*KcCBF3* 还能被重金属 Pb、高盐和外源 ABA 诱导，但在 PEG 胁迫下表达水平显著下降。表明 *KcCBF3* 可能参与了冷胁迫、高盐胁迫和重金属胁迫的交叉响应信号转导。而 *KcCBF1* 对除低温胁迫外的其他压力胁迫没有明显响应。

7.8 木榄 *BgCBF1* 基因的克隆与表达

7.8.1 引言

为了进一步揭示红树植物抗寒能力存在差异的分子机制，本节以起源于热带地区、抗寒能力较差的木榄（*Bruguiera gymnorrhiza*）（Markley et al., 1982；Chen et al., 2010）作为研究对象，利用同源克隆和 RACE 技术从低温胁迫的木榄叶片中克隆到一种编码 CBF/DREB1 转录因子的基因全长。这个基因序列与桐花树的 *AcCBF1* 基因序列高度相似，因此将其命名为 *BgCBF1*，并利用荧光定量 PCR 技术研究了低温、干旱、高盐胁迫及外源添加 ABA 条件下木榄 *BgCBF1* 基因的响应情况。通过比较木榄 *BgCBF1* 基因与 *AcCBF1* 基因的常温表达水平和低温诱导表达水平，以及木榄和桐花树这两种植物的脯氨酸含量和存活率，揭示了红树植物 *CBF1* 基因与其抗寒能力存在的关系。

7.8.2 材料和方法

7.8.2.1 植物材料

木榄种子采自海南省三亚红树林自然保护区。经 1%高锰酸钾消毒后，选择健康无病虫害的种子种在干净的海沙中，每周用 1/2 Hoagland 营养液浇灌 2 次。将 3 个月大的具有两对成熟叶片的木榄幼苗转入人工气候培养箱中培养，培养条件为：25℃白天/22℃夜晚，16 h 光照/6 h 黑暗，光强 200 μmol/(m²·s)。预培养 1 个星期，使所有植株生长状况基本达到一致后，随机选取三株植株采集叶片、茎和根样品，立即用液氮冻存，直至 RNA 提取。

7.8.2.2 实验处理

低温胁迫实验：将植株转移至 5℃培养箱，在胁迫 15 min、2 h、12 h、24 h、48 h 和 120 h 时收集叶、茎和根样品，立即用液氮冻存。对于高盐、干旱和 ABA 胁迫实验，用含 200 mmol/L NaCl、12.5% PEG 6000 或 100 μmol/L ABA 的营养液对植株进行浇灌，在胁迫 30 min、2 h、24 h 和 48 h 后收集叶、茎和根样品。所用剂量根据前人研究设计（Navarro et al., 2009；Cong et al., 2008）。

7.8.2.3 主要试剂与试剂盒

同 7.3.2.3 和 7.5.2.3。

7.8.2.4 方法

1）木榄样品总 RNA 的提取及质量检测

同 7.3.2.4 1）。

2）用于 5′RACE 和 3′RACE 的第一链 cDNA 的合成

同 7.3.2.4 2）。

3）*BgCBF1* 基因全长的扩增与序列分析

中间片段扩增同 7.3.2.4 3）；利用简并引物进行 PCR 扩增得到两个 *CBF/DREB1* 基因的中间片段。用于 *BgCBF1* 基因全长扩增的基因特异性引物同 *AcCBF1* 基因全长扩增的基因特异性引物（引物序列见第 3 节表 7.2）。基因全长序列的拼接参照 7.3.2.4 6）。

4）基因相对表达分析的实时荧光定量 PCR

（1）用于实时荧光定量 PCR 的 cDNA 的合成，方法同 7.4.2.4 3）。

（2）实时荧光定量 PCR 实验方法同 7.4.2.4 4），采用木榄 *GAPDH* 基因（引物 5′-TCGTCCAGGTCTCCAAG-3′ 和 5′-AGCCAGATCCACCACTC-3′）作为内参，做扩增产物熔解曲线、PCR 扩增曲线并计算扩增效率。*BgCBF1* 基因的荧光定量 PCR 引物分别同 *AmCBF1* 基因扩增的引物（序列见第 6 节表 7.13）。*KcCBF1* 基因的相对表达量的计算使用 qBase 软件，采用 $2^{-\Delta\Delta C_t}$ 方法，以正常条件下叶片中的表达量为对照，即 Fold difference=$2^{-(\Delta C_t\,\text{sample}-\Delta C_t\,\text{calibrator})}$，检测不同处理组与对照组的基因表达水平是否存在差异，$p<0.05$ 为差异显著。不同组织中两个 *CBF* 基因的绝对拷贝数测定方法同 7.5.2.4 4）。

5）桐花树和木榄脯氨酸含量及萎蔫率的测定

桐花树和木榄脯氨酸含量的测定同 7.2.2。每种植物取 20 株进行连续的低温胁迫实验。低温胁迫 1 d、2 d、5 d、7 d 后计算植物的萎蔫率。

7.8.3　结果与分析

7.8.3.1　木榄与桐花树抗寒能力的比较

经过低温 5℃ 处理 7 d 后，木榄植株有明显枯黄、萎蔫和脱水的症状（图 7.51a），但桐花树植株叶片并未出现明显的枯黄、萎蔫及脱水，部分植株的茎有明显的萎蔫症状。计算两种红树植物的萎蔫率，结果表明木榄经胁迫 1 d 后植株的萎蔫率达 60% 以上，随胁迫时间延长，萎蔫症状增加。而桐花树植株经 7 d 的低温胁迫后萎蔫率仅为 40% 左右（图 7.51b）。比较两种植物低温胁迫下的脯氨酸含量，结果表明低温胁迫下桐花树叶片中脯氨酸含量随胁迫时间延长而快速增加，而木榄叶片的脯氨酸含量仅有微量增加（图 7.51c）。

a

CK　　　低温7 d　　　CK　　　低温7 d

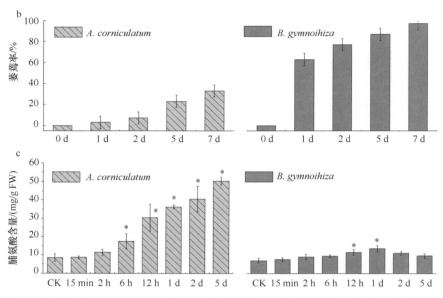

图 7.51 低温胁迫下木榄和桐花树植物冷害症状（a）、萎蔫率（b）和脯氨酸积累量（c）的比较
*表示与对照存在显著差异

7.8.3.2 木榄中 *BgCBF1* 基因全长的克隆与特征分析

从低温胁迫的木榄叶片 cDNA 库中克隆得到了一条 CBF/DREB1 转录因子编码基因的全长 cDNA 序列，该序列与桐花树的 *AcCBF1* 基因序列高度相似，故命名为 *BgCBF1*，序列已提交到 GenBank，登录号 JX294578。*BgCBF1* 基因序列全长 896 bp，包括 71 bp 的 5′UTR、207 bp 的 3′UTR 和 618 bp 的可读框，编码 205 个氨基酸。编码的氨基酸的预测分子质量为 23.03 kDa，预测等电点为 5.39。该基因与桐花树 *AcCBF1* 基因序列高度相似，仅在 3′UTR 存在几个碱基的差异（图 7.52），*BgCBF1* 基因编码的氨基酸序列与 *AcCBF1* 基因编码的氨基酸序列完全相同。其编码蛋白的序列特征、结构域三维结构及进化树构建同桐花树 *AcCBF1*，故此处不再赘述。

```
AcCBF1    1                                            ACATGGGGAGC
BgCBF1    1                                            ACATGGGGAGC
AcCBF1   12  CCACAAAAAATCACGAACGCAGACTACGAGTTTCCAAAAACCCACCACAAATAGATTCAA
BgCBF1   12  CCACAAAAAATCACGAACGCAGACTACGAGTTTCCAAAAACCCACCACAAATAGATTCAA
AcCBF1   72  ATGGACATGTTCTCAAACTCGTCTGATTCACTCTCAACTTCATGGTCGCCGGAGATTTCC
BgCBF1   72  ATGGACATGTTCTCAAACTCGTCTGATTCACTCTCAACTTCATGGTCGCCGGAGATTTCC
          1   M  D  M  F  S  N  S  S  D  S  L  S  T  S  W  S  P  E  I  S
AcCBF1  132  CGTCCGGCAAACCTCTCCGACGAGGAGGTGTTGTTAGCATCGAGCAACCCGAAGAAACGG
BgCBF1  132  CGTCCGGCAAACCTCTCCGACGAGGAGGTGTTGTTAGCATCGAGCAACCCGAAGAAACGG
         21   R  P  A  N  L  S  D  E  E  V  L  L  A  S  S  N  P  K  K  R
AcCBF1  192  GCGGGCCGGAAGAAGTTCCGGGAGACTCGCCACCCGGTCTACCGCGGTGTCCGCAGGAGG
BgCBF1  192  GCGGGCCGGAAGAAGTTCCGGGAGACTCGCCACCCGGTCTACCGCGGTGTCCGCAGGAGG
         41   A  G  R  K  K  F  R  E  T  R  H  P  V  Y  R  G  V  R  R  R
AcCBF1  252  AACTCCGAAAGTGGGTGAGCGAAGTCCGTGAGCCAAACAAGAAATCCCGGATATGGCTC
BgCBF1  252  AACTCCGAAAGTGGGTGAGCGAAGTCCGTGAGCCAAACAAGAAATCCCGGATATGGCTC
         61   N  S  E  K  W  V  S  E  V  R  E  P  N  K  K  S  R  I  W  L
AcCBF1  312  GGGACGTACCCAACATCCGAGATGGCGGCCCGTGCACATGACGTGGCGGCCATCGCACTG
BgCBF1  312  GGGACGTACCCAACATCCGAGATGGCGGCCCGTGCACATGACGTGGCGGCCATCGCACTG
         81   G  T  Y  P  T  S  E  M  A  A  R  A  H  D  V  A  A  I  A  L
```

```
AcCBF1 372 AGAGGGCGGTCGGCTTGCCTTAATTTCGCCGATTCGGCTTGGAGGCTGCCGGTGCCGGCA
BgCBF1 372 AGAGGGCGGTCGGCTTGCCTTAATTTCGCCGATTCGGCTTGGAGGCTGCCGGTGCCGGCA
       101 R G R S A C L N F A D S A W R L P V P A
AcCBF1 432 TCCGGAGAGGCGAGGGATATCCAGAAGGCGGCGGCAGAGGCCGCTGAGGCGTTCCGGCCG
BgCBF1 432 TCCGGAGAGGCGAGGGATATCCAGAAGGCGGCGGCAGAGGCCGCTGAGGCGTTCCGGCCG
       121 S G E A R D I Q K A A A E A A A E A F R P
AcCBF1 492 ACAAGGGTTGAGACGGGTGATGACGTGGCGGCAGTGGGGGAGCCAGAAAAGTTGCTGTTT
BgCBF1 492 ACAAGGGTTGAGACGGGTGATGACGTGGCGGCAGTGGGGGAGCCAGAAAAGTTGCTGTTT
       141 T R V E T G D D V A A V G E P E K L L F
AcCBF1 552 ATGGATGAGGAGGAGGTTTGGGGGATGCCATGGTATATTGCTGACATGGCAAGGGGATTA
BgCBF1 552 ATGGATGAGGAGGAGGTTTGGGGGATGCCATGGTATATTGCTGACATGGCAAGGGGATTA
       161 M D E E V W G M P W Y I A D M A R G L
AcCBF1 612 ATGGTGCCTCCACCTACCCAGGATTTGTATGACGCGGATTTTGATGCCGACGTGTCACTT
BgCBF1 612 ATGGTGCCTCCACCTACCCAGGATTTGTATGACGCGGATTTTGATGCCGACGTGTCACTT
       181 M V P P P T Q D L Y D A D F D A D V S L
AcCBF1 672 TGGAGTTACTCATTTTGAATTATTTTTTTATTTTATTTTTACTGTCTATCTAAGCCCCA
BgCBF1 672 TGGAGTTACTCATTTTGAATTATTTTTTTATTTTATTTTTACTGTCTATCTAAGCCCCA
       201 W S Y S F *
AcCBF1 732 AATTCTGTATTCTACACCGTGGCAAAATCAGCGCCGTACAGATTTAGAATACTCCGATTT
BgCBF1 732 AATTCTGTATTTTACACCGTGGCAAAATCAGCGCCGTACAGATTTAGAATACTCCGATTT
AcCBF1 792 TGAGTCTGCCTATCTTCTTTGGACACTGGACATTTTTTAAGGTCTGTGATTTTCGATAGG
BgCBF1 792 TGAGTCTGCCTATCTTCTTTGGACACTGGACATTTTTTAAGGTCTGTGATTTTCGATAGG
AcCBF1 852 TACGAAGAATAAAAAAAAAAAAAAAAAAAAAAAAAAAAAAAAA
BgCBF1 852 TACGAAGGAAAAAAAAAAAAAAAAAAAAAAAAAAAAAAAA
```

图 7.52　木榄 *BgCBF1* 与桐花树 *AcCBF1* 基因序列的比较

7.8.3.3　木榄中 *BgCBF/DREB1* 基因的组织表达差异

实验采用基于荧光定量 PCR 技术的相对定量和绝对定量两种方法对木榄 *BgCBF1* 基因的组织表达差异进行了研究。绝对定量结果显示（表 7.17），木榄的 *BgCBF1* 基因在不同组织中都有表达，但表达水平具有差异。正常培养条件下 *BgCBF1* 基因在茎中的表达水平最高，绝对表达量约为（2.328±0.215）拷贝数/ng cDNA；在根中表达量最低，绝对表达量约为（0.366±0.036）拷贝数/ng cDNA。相对定量分析（图 7.53）也给出了相似的结果，即 *BgCBF1* 基因在茎中表达量最高，根中表达量最低，但根与叶中的表达水平无显著差异。

表 7.17　*BgCBF1* 基因在木榄不同组织中的绝对表达量（单位：拷贝数/ng cDNA）

基因	叶	茎	根
BgCBF1	0.605±0.087	2.328±0.215	0.366±0.036

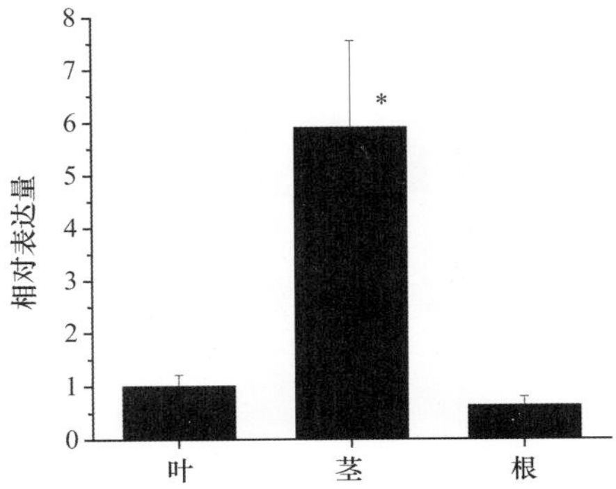

图 7.53　正常条件下木榄 *BgCBF1* 基因在不同组织中的表达情况

7.8.3.4　低温胁迫下木榄 *BgCBF1* 基因表达量在根、茎、叶中的变化

利用基于荧光定量 PCR 技术的相对定量方法研究了木榄根、茎、叶中 *BgCBF1* 基因在低温胁迫 120 h 内表达量的变化情况（图 7.54，120 h 的某些样品中检测不到该基因的表达，故图中未显示）。结果发现，低温胁迫下 *BgCBF1* 基因在叶、茎和根中表达水平均呈现先微量增加后降低的变化趋势。根、茎和叶中 *BgCBF1* 基因的增加幅度都很小，叶中峰值约为对照的 6 倍，出现在胁迫 15 min，根和茎的表达峰值均出现在胁迫 6 h 后，为对照的 5 倍左右。胁迫 120 h 后某些植株死亡，提取的 RNA 样品中也基本检测不到 *BgCBF1* 基因的表达。

7.8.3.5　木榄叶片中 *BgCBF1* 基因对干旱、高盐及 ABA 等胁迫的响应

为了进一步研究木榄 *BgCBF1* 基因对压力胁迫响应的特异性，我们用荧光定量 PCR 技术研究了木榄叶片中该基因在干旱、NaCl 胁迫和外源添加 ABA 条件下表达量的变化情况（图 7.55）。结果显示 *BgCBF1* 基因对 ABA 有快速的响应，胁迫 24 h 后表达水平可达对照的 36 倍左右。在高盐和 PEG 模拟的干旱胁迫下 *BgCBF1* 基因的表达水平也有明显的上调，但诱导表达增加量很小，仅为对照水平的 2 倍左右。

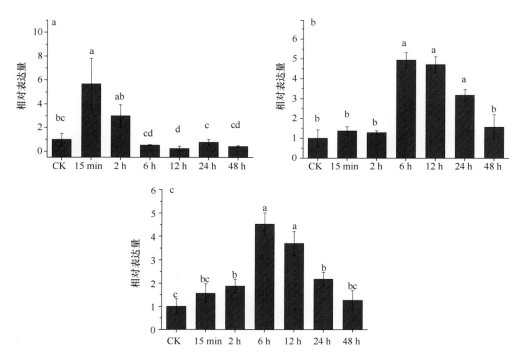

图 7.54　低温胁迫下 *BgCBF1* 基因在木榄植物叶（a）、茎（b）和根（c）中的表达模式

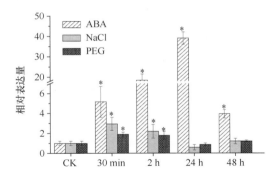

图 7.55　木榄叶片中 *BgCBF1* 基因对高盐、干旱、ABA 胁迫的响应

7.8.4　讨论

　　本节比较了红树植物木榄与桐花树的抗寒能力，并克隆了木榄的 *CBF1*，利用荧光定量 PCR 技术分析了木榄 *BgCBF1* 基因的表达水平在低温、高盐、干旱和外源添加 ABA 条件下的变化模式，并利用绝对定量技术测定了 *BgCBF1* 基因在正常生长的木榄根、茎和叶中的绝对拷贝数。

　　研究结果表明，木榄对低温胁迫的抵抗能力远远低于桐花树。低温胁迫下桐花树中脯氨酸含量大量增加，而木榄中脯氨酸含量基本没有变化，表明两种红树植物抗寒能力的差异与其低温胁迫下脯氨酸含量的积累水平有密切关系。游离脯氨酸是植物体内重要的渗透调节物质，脯氨酸含量的增加能增强细胞吸收水分的能力，稳定细胞膜（Kurbidaeva & Novokreshchenova，2011）。此外，脯氨酸还是重要的活性氧清除剂，可直接与 ROS 作用（Sharma et al.，2006）。也有研究表明脯氨酸还是重要的信号分子，参与了低温胁迫下的信号转导途径，可诱导特异基因的表达（Szabados & Savouré，2010）。有许多研究表明低温胁迫下植物脯氨酸含量的积累量与其抗寒能力存在正相关关系（Kumar & Yadav，2009；Shevyakova et al.，2009）。低温下脯氨酸的积累主要受脯氨酸合成关键酶（P5CS）及脯氨酸降解关键酶（proDH）的影响。低温胁迫下，植物中 *P5CS* 基因表达量增加，而 *proDH* 基因的表达受到抑制，从而使得游离脯氨酸含量积累（Verbruggen & Hermans，2008）。在拟南芥中，脯氨酸合成的关键酶基因 *P5CS2* 被证实是 CBF 转录因子的下游调控基因，过量表达 *AtCBF1~AtCBF3* 的转基因拟南芥植株在正常条件下的 *P5CS* 基因表达水平明显高于野生型的拟南芥植株。

　　利用同源克隆和 RACE 技术从低温胁迫的木榄叶片中扩增到的一个与桐花树 *AcCBF1* 基因高度相似的 CBF/DREB1 转录因子基因，命名为 *BgCBF1*，该基因序列与 *AcCBF1* 序列相比仅在 3'UTR 有三个碱基的差异。我们在秋茄和白骨壤中也都扩增到了与该基因高度同源的 *CBF* 基因（见第 6 节和第 7 节）。这种 *CBF1* 基因在红树植物中的高度保守性，表明它们可能来源于同一个古老的祖先，也进一步说明该基因在红树植物的生长发育或压力胁迫过程中起着重要的作用。

　　为了研究木榄 *BgCBF1* 基因在不同组织中的表达差异，也为了将它们的表达水平与其他植物的 *CBF* 基因表达水平进行比较，本节同时利用基于实时荧光定量 PCR 技术的绝对定量和相对定量方法研究了 *BgCBF1* 基因在正常培养的木榄幼苗中的绝对拷贝数和组织表达差异。我们的研究结果发现,木榄的 *CBF1* 基因与桐花树的 *AcCBF1* 基因相比,组织表达特异性明显不同。桐花树中 *AcCFB1* 基因在叶中表达量最高,在根中表达量最低,而木榄中 *BgCBF1* 基因在茎中表达量最高,根和叶中表达水平相似。这一结果说明即使是高度同源的基因,在不同物种中的组织表达特异性也可能不同,这可能与该基因在植物中所起的作用有关。绝对定量结果显示,正常条件下木榄叶片中 *BgCBF1* 基因的绝对表达量 [(0.605±0.087)拷贝数/ng cDNA] 低于桐花树 [(1.546±0.495)拷贝数/ng cDNA];但木榄茎中 *BgCBF1* 基因的绝对表达量 [(2.328±0.215)拷贝数/ng cDNA] 高于桐花树 [(0.994±0.091)拷贝数/ng cDNA];*BgCBF1* 基因在木榄根中的绝对表达量 [(0.366±0.036)拷贝数/ng cDNA] 略低于桐花树 [(0.459±0.108)拷贝数/ng cDNA]。木榄 *BgCBF1* 基因在根、茎、叶,尤其是在茎中的高量背景表达水平表明 *BgCBF1* 基因有可能参与了植物的生长和发育过程,也有可能参与了细胞的常规保护(Navarro et al.,2009)。

我们研究低温胁迫下木榄 *BgCBF1* 基因的响应模式。结果显示,在低温胁迫下,木榄根、茎和叶中 *BgCBF1* 基因的表达水平都呈现微量上调后又降低到对照水平的变化趋势。而且根、茎和叶中 *BgCBF1* 基因的低温诱导表达水平都很低,仅为对照的 5~6 倍。木榄中该基因的低温诱导增加幅度远低于桐花树(见第 5 节),桐花树低温胁迫下其根、茎和叶中 *AcCBF1* 基因的表达水平增加幅度约为 70 倍。Winfield 等(2010)的研究表明低温胁迫下 *CBF* 的诱导表达水平和持续时间与植物的抗寒能力具有明显的正相关关系。因此,木榄 *BgCBF1* 基因在低温胁迫下的表达增加幅度远小于桐花树中的 *AcCBF1* 基因可能是导致木榄的抗寒能力比桐花树差的原因之一。

木榄 *BgCBF1* 基因对其他压力胁迫的响应研究结果显示 *BgCBF1* 基因除了对低温略有响应外,对外源添加的 ABA 有快速且强烈的响应,这与 *AcCBF1* 基因不同,*AcCBF1* 基因在外源添加 ABA 条件下仅有微量增加。这一结果表明木榄 *BgCBF1* 基因可能参与了 ABA 依赖型的低温信号转导途径。与我们的研究结果相似,Yang 等(2011)的研究同样发现山荆子(*Malus baccata*)的 *MbDREB1* 基因同时参与了 ABA 依赖型和非 ABA 依赖型的低温信号转导途径。木榄 *BgCBF1* 基因对高盐和干旱胁迫的响应模式与桐花树中 *AcCBF1* 基因基本相同,都只呈现非常微量的增加。木榄和桐花树中 *CBF1* 基因对压力响应的差异可能是由于其调控机制存在差异。要弄清 *CBF1* 基因在红树植物低温胁迫响应中的作用还需要进一步研究不同红树植物中 *CBF1* 基因的上下游调控基因及其作用机制。

7.8.5 小结

本节比较了红树植物木榄与桐花树的抗寒能力,克隆了木榄的 *CBF1*,利用荧光定量 PCR 技术分析了木榄 *BgCBF1* 基因的表达水平在低温、高盐、干旱和外源添加 ABA 条件下的变化模式,并利用绝对定量技术测定了 *BgCBF1* 基因在正常生长的木榄根、茎和叶中的绝对拷贝数。研究结果如下。

(1)木榄对低温胁迫的抵抗能力比桐花树差可能与其低温胁迫下脯氨酸含量积累低有一定的关系。

（2）木榄 *BgCBF1* 基因与桐花树 *AcCBF1* 基因高度相似。但木榄 *BgCBF1* 基因与桐花树 *AcCBF1* 基因的组织表达特性明显不同。*BgCBF1* 基因在不同组织中都有较高的表达量，其中在茎中的表达水平最高。同时，木榄 *BgCBF1* 基因对低温胁迫有响应，但其低温诱导表达增加量远远低于桐花树 *AcCBF1* 基因。这可能是导致木榄的抗寒能力比桐花树差的原因之一。

（3）木榄 *BgCBF1* 基因可被外源 ABA 强烈诱导，但在高盐和干旱胁迫下基本没有变化。这一结果表明木榄 *BgCBF1* 基因可能参与了 ABA 依赖型的低温信号转导途径。

参 考 文 献

池伟, 陈少波, 仇建标, 等. 2008. 红树林在低温胁迫下的生态适应性. 福建林业科技, 35(4): 146-148.

林鹏. 2001. 中国红树林研究进展. 厦门大学学报(自然科学版), 40: 592-603.

林鹏, 沈瑞池, 卢昌义. 1994. 六种红树植物的抗寒特性研究. 厦门大学学报(自然科学版), 33: 249-252.

刘小伟, 郑文教, 孙娟. 2006. 全球气候变化与红树林. 生态学杂志, 25: 1418-1420.

刘祖琪, 张石诚. 1994. 植物抗性生理学. 北京: 中国农业出版社: 251.

阮志平. 2006. 浅谈红树植物及其应用. 广西热带农业: 43-48.

邵惠. 2012. 条斑紫菜(*Pyropia/Porphyra yezoensis*)实时荧光定量 PCR 内参基因的筛选. 青岛: 中国海洋大学硕士学位论文.

王亚楠, 傅秀梅, 邵长伦, 等. 2009. 中国红树林资源状况及其药用研究调查. 中国海洋大学学报, 39: 699-704.

乌凤章, 王贺新, 韩慧, 等. 2012. 防寒措施对越橘越冬微环境和越冬性的影响. 果树学报, 29(2): 278-282.

徐向荣, 王文华, 李华斌. 1999. Fenton 试剂与染料溶液的反应. 环境科学, (3): 72-74.

杨盛昌, 林鹏. 1998. 潮滩红树植物抗低温适应的生态学研究. 植物生态学报, 22: 60-67.

雍石泉. 2012. 3 种红树植物幼苗对低温胁迫和互花米草水浸液化感作用的响应. 福州: 福建师范大学硕士学位论文.

张明生, 谢波, 谈锋, 等. 2003. 甘薯可溶性蛋白、叶绿素及 ATP 含量变化与品种抗旱性关系的研究. 中国农业科学, 36: 13-16.

Abe H, Urao T, Ito T, et al. 2003. *Arabidopsis* AtMYC2 (bHLH) and AtMYB2 (MYB) function as transcriptional activators in abscisic acid signaling. Plant Cell, 15: 63-78.

Agarwal P K, Agarwal P, Reddy M K, et al. 2006. Role of DREB transcription factors in abiotic and biotic stress tolerance in plants. Plant Cell Reports, 25(12): 1263-1274.

Alexieva V, Sergiev I, Mapelli S, et al. 2001. The effect of drought and ultraviolet radiation on growth and stress markers in pea and wheat. Plant Cell Environ, 24: 1337-1344.

Alscher R G, Erturk N, Heath L S. 2002. Role of superoxide dismutases (SODs) in controlling oxidative stress in plants. J Exp Bot, 53: 1331.

Antikainen M, Griffith M, Zhang J, et al. 1996. Immunolocalization of antifreeze proteins in winter rye leaves, crowns, and roots by tissue printing. Plant Physiology, 110: 845.

Arora A, Sairam R, Srivastava G. 2002. Oxidative stress and antioxidative system in plants. Current Science, 82: 1227-1238.

Badawi M, Danyluk J, Boucho B, et al. 2007. The CBF gene family in hexaploid wheat and its relationship to the phylogenetic complexity of cereal CBFs. Molecular Genetics and Genomics, 277: 533-554.

Baena-González E, Rolland F, Thevelein J M, et al. 2007. A central integrator of transcription networks in plant stress and energy signalling. Nature, 448: 938-942.

Baldi P, Grossi M, Pecchioni N, et al. 1999. High expression level of a gene coding for a chloroplastic amino acid selective channel protein is correlated to cold acclimation in cereals. Plant Molecular Biology, 41: 233-243.

Barros P M, Gonçalves N, Saibo N J, et al. 2012. Functional characterization of two almond C-repeat-binding factors involved in cold response. Tree Physiology, 32: 1113-1128.

Barsalobres-Cavallari C F, Severino F E, Maluf M P, et al. 2009. Identification of suitable internal control genes for expression studies in *Coffea arabica* under different experimental conditions. BMC Molecular Biology, 10: 1.

Bates L, Waldren R, Teare I. 1973. Rapid determination of free proline for water-stress studies. Plant and Soil, 39: 205-207.

Batistic O, Kudla J. 2004. Integration and channeling of calcium signaling through the CBL calcium sensor/CIPK protein kinase network. Planta, 219: 915-924.

Beauchamp C, Fridovich I. 1971. Superoxide dismutase: improved assays and an assay applicable to acrylamide gels. Analytical Biochemistry, 44: 276.

Bonnes-Taourel D, Guérin M C, Torreilles J. 1992. Is malonaldehyde a valuable indicator of lipid peroxidation? Biochemical Pharmacology, 44: 985-988.

Borovskii G, Stupnikova I, Antipina A, et al. 2005. Association of dehydrins with wheat mitochondria during low-temperature adaptation. Russian Journal of Plant Physiology, 52: 194-198.

Bradford M M. 1976. A rapid and sensitive method for the quantitation of microgram quantities of protein utilising the principle of protein-dye binding. Analytical Biochemistry, 72: 248-254.

Burchett M, Clarke C, Field C, et al. 2006. Growth and respiration in two mangrove species at a range of salinities. Physiologia Plantarum, 75: 299-303.

Canella D, Gilmour S J, Kuhn L A, et al. 2010. DNA binding by the *Arabidopsis* CBF1 transcription factor requires the PKKP/RAGRxKFxETRHP signature sequence. Biochimica et Biophysica Acta (BBA) - Gene Regulatory Mechanisms, 1799: 454-462.

Catalá R, Santos E, Alonso J M, et al. 2003. Mutations in the Ca^{2+}/H^+ transporter CAX1 increase *CBF/DREB1* expression and the cold-acclimation response in *Arabidopsis*. Plant Cell, 15: 2940-2951.

Chen L, Wang W Q, Zhang Y H, et al. 2010. Damage to mangroves from extreme cold in early 2008 in southern China. Journal of Plant Ecology, 34: 186-194.

Chen M, Xu Z, Xia L, et al. 2009. Cold-induced modulation and functional analyses of the DRE-binding transcription factor gene, *GmDREB3*, in soybean (*Glycine max* L.). Journal of Experimental Botany, 60: 121-135.

Cheong Y H, Sung S J, Kim B G, et al. 2010. Constitutive overexpression of the calcium sensor *CBL5* confers osmotic or drought stress tolerance in *Arabidopsis*. Molecules and Cells, 29: 159-165.

Chinnusamy V, Ohta M, Kanrar S, et al. 2003. ICE1: a regulator of cold-induced transcriptome and freezing tolerance in *Arabidopsis*. Genes & Development, 17: 1043-1054.

Chinnusamy V, Zhu J, Zhu J K. 2006. Gene regulation during cold acclimation in plants. Physiologia Plantarum, 126: 52-61.

Choi H I, Hong J H, Ha J O, et al. 2000. ABFs, a family of ABA-responsive element binding factors. Journal of Biology Chemistry, 275: 1723-1730.

Cong L, Chai T Y, Zhang Y X. 2008. Characterization of the novel gene *BjDREB1B* encoding a DRE-binding transcription factor from *Brassica juncea* L. Biochem Bioph Res Co, 371: 702-706.

Czechowski T. 2005. Genome-wide identification and testing of superior reference genes for transcript normalization in *Arabidopsis*. Plant Physiology, 139: 5-17.

de Pater S, Greco V, Pham K, et al. 1996. Characterization of a zinc-dependent transcriptional activator from *Arabidopsis*. Nucleic Acids Research, 24: 4624-4631.

DeFalco A, Bender K W, Snedden W A. 2010. Breaking the code: Ca^{2+} sensors in plant signalling. Biochemistry, 425: 27-40.

Deng H, Ye Z H, Wong M H. 2004. Accumulation of lead, zinc, copper and cadmium by 12 wetland plant species thriving in metal-contaminated sites in China. Environmental Pollution, 132: 29-40.

Devi B, Kim Y, Selvi S, et al. 2012. Influence of potassium nitrate on antioxidant level and secondary metabolite genes under cold stress in *Panax ginseng*. Russian Journal of Plant Physiology, 59: 318-325.

Dietz K J, Vogel M, Viehhauser A. 2010. AP2/EREBP transcription factors are part of gene regulatory networks and integrate metabolic, hormonal and environmental signals in stress acclimation and retrograde signalling. Protoplasma, 245: 3-14.

Dipierro S, de Leonardis S. 1997. The ascorbate system and lipid peroxidation in stored potato (*Solanum tuberosum* L.) tubers. J Exp Bot, 48: 779-783.

Droge W. 2002. Free radicals in the physiological control of cell function. Physiological Reviews, 82: 47-95.

Dubouzet J G, Sakuma Y, Ito Y, et al. 2003. *OsDREB* genes in rice, *Oryza sativa* L., encode transcription activators that function in drought-, high salt- and cold-responsive gene expression. Plant Journal, 33: 751-763.

Egerton J J, Banks J C, Gibson A, et al. 2000. Facilitation of seedling establishment: reduction in irradiance enhances winter growth of *Eucalyptus pauciflora*. Ecology, 81: 1437-1449.

El Kayal W, Navarro M, Marque G, et al. 2006. Expression profile of *CBF*-like transcriptional factor genes from *Eucalyptus* in response to cold. Journal of Experimental Botany, 57: 2455-2469.

Fei J, Wang Y S, Jiang Z Y, et al. 2015b. Identification of cold tolerance genes from leaves of mangrove plant *Kandelia obovata* by suppression subtractive hybridization. Ecotoxicity, 24(7-8): 686-1696.

Fei J, Wang Y S, Zhou Q, et al. 2015a. Cloning and expression analysis of *HSP70* gene from mangrove plant *Kandelia obovata* under cold stress. Ecotoxicity, 24 (7-8): 1677-1685.

Fortunato A S, Lidon F C, Batista-Santos P, et al. 2010. Biochemical and molecular characterization of the antioxidative system of *Coffea* sp. under cold conditions in genotypes with contrasting tolerance. Journal of Plant Physiology, 167: 333-342.

Fowler S, Thomashow M F. 2002. Arabidopsis transcriptome profiling indicates that multiple regulatory pathways are activated during cold acclimation in addition to the CBF cold response pathway. Plant Cell, 14: 1675-1690.

Foyer C H, Lelandais M, Kunert K J. 1994. Photooxidative stress in plants. Physiologia Plantarum, 92: 696-717.

Foyer C H, Noctor G. 2005. Redox homeostasis and antioxidant signaling: a metabolic interface between stress perception and physiological responses. Plant Cell, 17: 1866-1875.

Franklin K A. 2009. Light and temperature signal crosstalk in plant development. Current Opinion in Plant Biology, 12: 63-68.

Fu X, Huang Y, Deng S, et al. 2005. Construction of a SSH library of *Aegiceras corniculatum* under salt stress and expression analysis of four transcripts. Plant Science, 169: 147-154.

Gilman E L, Ellison J, Duke N C, et al. 2008. Threats to mangroves from climate change and adaptation options: a review. Aquatic Botany, 89: 237-250.

Gilmour S J, Sebolt A M, Salazar M P, et al. 2000. Overexpression of the *Arabidopsis CBF3* transcriptional activator mimics multiple biochemical changes associated with cold acclimation. Plant Physiology, 124: 1854-1865.

Gilmour S J, Zarka D G, Stockinger E J, et al. 1998. Low temperature regulation of the *Arabidopsis CBF* family of AP2 transcriptional activators as an early step in cold-induced *COR* gene expression. Plant Journal, 16: 433-442.

Grossi M, Giorni E, Rizza F, et al. 1998. Wild and cultivated barleys show differences in the expression pattern of a cold-regulated gene family under different light and temperature conditions. Plant Molecular Biology, 38: 1061-1069.

Guan G F, Wang Y S, Cheng H, et al. 2015. Physiological and biochemical response to drought stress in the leaves of *Aegiceras corniculatum* and *Kandelia obovata*. Ecotoxicology, 24(7-8): 1668-1676.

Gutierrez L, Mauriat M, Guénin S, et al. 2008. The lack of a systematic validation of reference genes: a serious pitfall undervalued in reverse transcription-polymerase chain reaction (RT-PCR) analysis in plants. Plant Biotechnology Journal, 6: 609-618.

Haake V, Cook D, Riechmann J, et al. 2002. Transcription factor CBF4 is a regulator of drought adaptation in *Arabidopsis*. Plant Physiol, 130: 639-648.

Hannah M A, Heyer A G, Hincha D K. 2005. A global survey of gene regulation during cold acclimation in *Arabidopsis thaliana*. PLoS Genetics, 1(2): e26.

Hirschi K D. 1999. Expression of *Arabidopsis CAX1* in tobacco: altered calcium homeostasis and increased stress sensitivity. Plant Cell, 11: 2113-2122.

Hu H, Dai M, Yao J, et al. 2006. Overexpressing a NAM, ATAF, and CUC (NAC) transcription factor enhances drought resistance and salt tolerance in rice. Proceedings of the National Academy of Sciences, 103: 12987-12992.

Hu Y, Zhang L, Zhao L, et al. 2011. Trichostatin A selectively suppresses the cold-induced transcription of the *ZmDREB1* gene in maize. PLoS One, 6: e22132.

Huang G Y, Wang Y S. 2009. Expression analysis of type 2 metallothionein gene in mangrove species (*Bruguiera gymnorrhiza*) under heavy metal stress. Chemosphere, 77: 1026-1029.

Huang G Y, Wang Y S. 2010a. Expression and characterization analysis of type 2 metallothionein from grey mangrove species (*Avicennia marina*) in response to metal stress. Aquatic Toxicology, 99: 86-92.

Huang G Y, Wang Y S. 2010b. Physiological and biochemical responses in the leaves of two mangrove plant seedlings (*Kandelia candel* and *Bruguiera gymnorrhiza*) exposed to multiple heavy metals. Journal of Hazardous Materials, 182: 848-854.

Huang G Y, Wang Y S. 2010c. Expression and characterization analysis of type 2 metallothionein from grey mangrove species (*Avicennia marina*) in response to metal stress. Aquatic Toxicology, 99: 86-92.

Huang X, Wang W, Zhang Q, et al. 2013. A basic helix-loop-helix transcription factor PtrbHLH of *Poncirus trifoliata* confers cold tolerance and modulates POD-mediated scavenging of H_2O_2. Plant Physiology, 162 (2): 1178-1194.

Ippolito M, Fasciano C, d'Aquino L, et al. 2010. Responses of antioxidant systems after exposition to rare earths and their role in chilling stress in common duckweed (*Lemna minor* L.): a defensive weapon or a boomerang? Archives of Environmental Contamination and Toxicology, 58: 42-52.

Iskandar H M, Simpson R S, Casu R E, et al. 2004. Comparison of reference genes for quantitative real-time polymerase chain reaction analysis of gene expression in sugarcane. Plant Molecular Biology Reporter, 22: 325-337.

Jaglo-Ottosen K R. 1998. *Arabidopsis* CBF1 overexpression induces *COR* genes and enhances freezing tolerance. Science, 280: 104-106.

Jain M, Nijhawan A, Tyagi A K, et al. 2006. Validation of housekeeping genes as internal control for studying gene expression in rice by quantitative real-time PCR. Biochemical and Biophysical Research Communications, 345: 646-651.

Jaleel C A, Riadh K, Gopi R, et al. 2009. Antioxidant defense responses: physiological plasticity in higher plants under abiotic constraints. Acta Physiology of Plant, 31: 427-436.

Kampfenkel K, Vanmontagu M, Inze D. 1995. Extraction and determination of ascorbate and dehydroascorbate from plant tissue. Analytical Biochemistry, 225: 165-167.

Kaplan B, Davydov O, Knight H, et al. 2006. Rapid transcriptome changes induced by cytosolic Ca^{2+} transients reveal ABRE-related sequences as Ca^{2+}-responsive *cis* elements in *Arabidopsis*. Plant Cell, 18: 2733-2748.

Kastori R, Petorvić M, Petrović N. 1992. Effect of excess lead, cadmium, copper and zinc on water relations in sunflower. Journal of Plant Nutrition, 15: 2427-2439.

Kathiresan K, Bingham B L. 2001. Biology of mangroves and mangrove ecosystems. Advanced Marine Biology, 40: 81-251.

Kim T E, Kim S K, Han T J, et al. 2002. ABA and polyamines act independently in primary leaves of cold-stressed tomato (*Lycopersicon esculentum*). Physiologia Plantarum, 115: 370-376.

Kitashiba H, Ishizaka T, Isuzugawa K, et al. 2004. Expression of a sweet cherry *DREB1/CBF* ortholog in *Arabidopsis* confers salt and freezing tolerance. Journal of Plant Physiology, 161: 1171-1176.

Knight H, Zarka D G, Okamoto H, et al. 2004. Abscisic acid induces *CBF* gene transcription and subsequent induction of cold-regulated genes via the CRT promoter element. Plant Physiology, 135: 1710-1717.

Knight M R, Knight H. 2012. Low-temperature perception leading to gene expression and cold tolerance in higher plants. New Phytol, 195: 737-751.

Kosová K, Vitamvas P, Prásil T. 2007. The role of dehydrins in plant response to cold. Biologia Plantarum, 51: 601-617.

Kumar S V, Kaur G, Nayyar H. 2008. Exogenous application of abscisic acid improves cold tolerance in chickpea (*Cicer arietinum* L.). Journal of Agronomy and Crop Science, 194: 449-456.

Kumar S V, Wigge P A. 2010. H2A. Z-containing nucleosomes mediate the thermosensory response in *Arabidopsis*. Cell, 140: 136-147.

Kumar S V, Yadav S K. 2009. Proline and betaine provide protection to antioxidant and methylglyoxal detoxification systems during cold stress in *Camellia sinensis* (L.) O. Kuntze. Acta Physiologiae Plantarum, 31: 261-269.

Kurbidaeva A S, Novokreshchenova M G. 2011. Genetic control of plant resistance to cold. Russian Journal of Genetics, 47: 646-661.

Lata C, Prasad M. 2011. Role of DREBs in regulation of abiotic stress responses in plants. Journal of Experimental Botany, 62: 4731-4748.

Lee S C, Lim M H, Yu J G, et al. 2012. Genome-wide characterization of the *CBF/DREB1* gene family in *Brassica rapa*. Plant Physiology and Biochemistry, 61: 142-152.

Li W, Li M, Zhang W, et al. 2004. The plasma membrane-bound phospholipase Dδ enhances freezing tolerance in *Arabidopsis thaliana*. Nature Biotechnology, 22: 427-433.

Liu Y G, Chen Y. 2007. High-efficiency thermal asymmetric interlaced PCR for amplification of unknown flanking sequences. Biotechniques, 43: 649-656.

Livak K J, Schmittgen T D. 2001. Analysis of relative gene expression data using real-time quantitative PCR and the $2^{-\Delta\Delta CT}$ method. Methods, 25: 402-408.

Los D A, Murata N. 2004. Membrane fluidity and its roles in the perception of environmental signals. Biochimica et Biophysica Acta, 1666: 142-157.

Lou L, Shen Z, Li X. 2004. The copper tolerance mechanisms of *Elsholtzia haichowensis*, a plant from copper-enriched soils. Environ Exp Bot, 51: 111-120.

Maksymiec W. 2007. Signaling responses in plants to heavy metal stress. Acta Physiol Plant, 29: 177-187.

Marchand C, Lallier-Vergès E, Baltzer F, et al. 2006. Heavy metals distribution in mangrove sediments along the mobile coastline of French Guiana. Marine Chemistry, 98: 1-17.

Marè C, Mazzucotelli E, Crosatti C, et al. 2004. Hv-WRKY38: a new transcription factor involved in cold-and drought-response in barley. Plant Molecular Biology, 55: 399-416.

Markley J L, McMillan C, Thompson Jr G A. 1982. Latitudinal differentiation in response to chilling temperatures among populations of three mangroves, *Avicennia germinans*, *Laguncularia racemosa*, and *Rhizophora mangle*, from the western tropical Atlantic and Pacific Panama. Canadian Journal of Botany, 60: 2704-2715.

McAinsh M R, Pittman J K. 2009. Shaping the calcium signature. New Phytologist, 181: 275-294.

McKersie B D, Chen Y, de Beus M, et al. 1993. Superoxide dismutase enhances tolerance of freezing stress in transgenic alfalfa (*Medicago sativa* L.). Plant Physiology, 103: 1155.

McKhann H I, Gery C, Berard A, et al. 2008. Natural variation in *CBF* gene sequence, gene expression and freezing tolerance in the Versailles core collection of *Arabidopsis thaliana*. BMC Plant Biology, 8: 105.

Medina J, Catala R, Salinas J. 2011. The CBFs: three *Arabidopsis* transcription factors to cold acclimate. Plant Science, 180: 3-11.

Mehta P A, Rebala K C, Venkataraman G, et al. 2009. A diurnally regulated dehydrin from *Avicennia marina* that shows nucleo-cytoplasmic localization and is phosphorylated by Casein kinase II *in vitro*. Plant Physiol Biochem, 47: 701-709.

Migocka M, Papierniak A. 2010. Identification of suitable reference genes for studying gene expression in cucumber plants subjected to abiotic stress and growth regulators. Molecular Breeding, 28(3): 343-357.

Miyake C, Asada K. 1994. Ferredoxin-dependent photoreduction of the monodehydroascorbate radical in spinach thylakoids. Plant and Cell Physiology, 35: 539-549.

Monroy A F, Dryanova A, Malette B, et al. 2007. Regulatory gene candidates and gene expression analysis of cold acclimation in winter and spring wheat. Plant Molecular Biology, 64: 409-423.

Nakano T, Suzuki K, Fujimura T, et al. 2006. Genome-wide analysis of the ERF gene family in *Arabidopsis* and Rice. Plant Physiol, 140: 411-432.

Nakano Y, Asada K. 1981. Hydrogen peroxide is scavenged by ascorbate-specific peroxidase in spinach chloroplasts. Plant Cell Physiol, 22: 867-880.

Nanjo T, Kobayashi M, Yoshiba Y, et al. 1999. Antisense suppression of proline degradation improves tolerance to freezing and salinity in *Arabidopsis thaliana*. FEBS Letters, 461: 205-210.

Navarro G, Marque G, Ayax C, et al. 2009. Complementary regulation of four *Eucalyptus CBF* genes under various cold conditions. Journal of Experimental Botany, 60: 2713-2724.

Nazari M, Amiri R M, Mehraban F, et al. 2012. Change in antioxidant responses against oxidative damage in black chickpea following cold acclimation. Russian Journal of Plant Physiology, 59: 183-189.

NDong C, Danyluk J, Wilson K E, et al. 2002. Cold-regulated cereal chloroplast late embryogenesis abundant-like proteins. Molecular characterization and functional analyses. Plant Physiology, 129: 1368.

Niyogi K K, Bjorkman O, Grossman A R. 1997. Chlamydomonas xanthophyll cycle mutants identified by video imaging of chlorophyll fluorescence quenching. Plant Cell, 9: 1369-1380.

Novillo F, Medina J, Rodriguez-Franco M, et al. 2012. Genetic analysis reveals a complex regulatory network modulating CBF gene expression and *Arabidopsis* response to abiotic stress. Journal of Experimental Botany, 63: 293-304.

Obrero A N, Die J V, Román B N, et al. 2011. Selection of reference genes for gene expression studies in zucchini (*Cucurbita pepo*) using qPCR. Journal of Agricultural and Food Chemistry, 59: 5402-5411.

Ohno R, Takumi S, Nakamura C. 2001. Expression of a cold-responsive *Lt-Cor* gene and development of freezing tolerance during cold acclimation in wheat (*Triticum aestivum* L.). Journal of Experimental Botany, 52: 2367-2374.

Orvar B L, Sangwan V, Omann F, et al. 2000. Early steps in cold sensing by plant cells: the role of actin cytoskeleton and membrane fluidity. The Plant Journal, 23: 785-794.

Peng Y L, Wang Y S, Cheng H, et al. 2013. Characterization and expression analysis of three CBF/DREB1 transcriptional factor genes from mangrove *Avicennia marina*. Aquatic Toxicology, 140-141: 68-76.

Peng Y L, Wang Y S, Cheng H, et al. 2015a. Characterization and Expression analysis of a gene encoding *CBF/DREB1* transcription factor from mangrove *Aegiceras corniculatum*. Ecotoxicity, 24(7-8): 1733-1743.

Peng Y L, Wang Y S, Fei J, et al. 2015b. Ecophysiological differences between three mangrove seedlings (*Kandelia obovata*, *Aegiceras corniculatum*, and *Avicennia marina*) exposed to chilling stress. Ecotoxicity, 24(7-8): 1722-1732.

Peng Y L, Wang Y S, Gu J D. 2015c. Identification of suitable reference genes in mangrove *Aegiceras corniculatum* under abiotic stresses. Ecotoxicity, 24 (7-8): 1714-1721.

Pfaffl M W, Tichopad A, Prgomet C, et al. 2004. Determination of stable housekeeping genes, differentially regulated target genes and sample integrity: BestKeeper—Excel-based tool using pair-wise correlations. Biotechnology Letters, 26(4): 509-515.

Pihakaski-Maunsbach K, Griffith M, Antikainen M, et al. 1996. Immunogold localization of glucanase-like antifreeze protein in cold acclimated winter rye. Protoplasma, 191: 115-125.

Pukacki P M, Kamińska-Rożek E. 2013. Reactive species, antioxidants and cold tolerance during deacclimation of *Picea abies* populations. Acta Physiologiae Plantarum, 35: 129-138.

Qi J, Yu S, Zhang F, et al. 2010. Reference gene selection for real-time quantitative polymerase chain reaction of mRNA transcript levels in Chinese cabbage (*Brassica rapa* L. ssp. *pekinensis*). Plant Molecular Biology Reporter, 28: 597-604.

Qin F, Sakuma Y, Li J, et al. 2004. Cloning and functional analysis of a novel DREB1/CBF transcription factor involved in cold-responsive gene expression in *Zea mays* L. Plant and Cell Physiology, 45: 1042-1052.

Qin F, Shinozaki K, Yamaguchi-Shinozaki K. 2011. Achievements and challenges in understanding plant abiotic stress responses and tolerance. Plant and Cell Physiology, 52: 1569-1582.

Quisthoudt K, Schmitz N, Randin C F, et al. 2012. Temperature variation among mangrove latitudinal range limits worldwide. Trees, 26: 1919-1931.

Ray S, Agarwal P, Arora R, et al. 2007. Expression analysis of calcium-dependent protein kinase gene family during reproductive development and abiotic stress conditions in rice (*Oryza sativa* L. ssp. *indica*). Molecular Genetics and Genomics, 278: 493-505.

Remans T, Smeets K, Opdenakker K, et al. 2008. Normalisation of real-time RT-PCR gene expression measurements in *Arabidopsis thaliana* exposed to increased metal concentrations. Planta, 227: 1343-1349.

Rieu I, Powers S J. 2009. Real-time quantitative RT-PCR: design, calculations, and statistics. Plant Cell, 21: 1031.

Ross M S, Ruiz P L, Sah J P, et al. 2009. Chilling damage in a changing climate in coastal landscapes of the subtropical zone: a case study from south Florida. Global Change Biology, 15: 1817-1832.

Ruelland E, Zachowski A. 2010. How plants sense temperature. Environmental and Experimental Botany, 69: 225-232.

Rushton P J, Somssich I E, Ringler P, et al. 2010. WRKY transcription factors. Trends in Plant Science, 15: 247-258.

Ryu K, Dordick J S. 1992. How do organic solvents affect peroxidase structure and function? Biochemistry, 31: 2588-2598.

Sakuma Y, Liu Q, Dubouzet J G, et al. 2002. DNA-binding specificity of the ERF/AP2 domain of *Arabidopsis* DREBs, transcription factors involved in dehydration-and cold inducible gene expression. Biochem Biophys. Res Commun, 290: 998-1009.

Sakuma Y, Dubouzet J G, et al. 2002. DNA-binding specificity of the ERF/AP2 domain of *Arabidopsis* DREBs, transcription factors involved in dehydration-and cold inducible gene expression. Biochem Biophys Pes Commun, 290: 998-1009.

Sangwan V, Foulds I, Singh J, et al. 2001. Cold-activation of *Brassica napus BN115* promoter is mediated by structural changes in membranes and cytoskeleton, and requires Ca^{2+} influx. The Plant Journal, 27: 1-12.

Satoh R, Nakashima K, Seki M, et al. 2002. ACTCAT, a novel cis-acting element for proline-and hypoosmolarity-responsive expression of the *ProDH* gene encoding proline dehydrogenase in *Arabidopsis*. Plant Physiology, 130: 709-719.

Seki M, Narusaka M, Ishida J, et al. 2002. Monitoring the expression profiles of 7000 *Arabidopsis* genes under drought, cold and high-salinity stresses using a full-length cDNA microarray. The Plant Journal, 31: 279-292.

Sharma S S, Dietz K J. 2006. The significance of amino acid-derived molecules in plant responses and adaptation to heavy metal stress. Journal of Experimental Botany, 57: 711-726.

Shen Y G, Zhang W K, Yan D Q, et al. 2003. Characterization of a DRE-binding transcription factor from a halophyte *Atriplex hortensis*. Theor Appl Genet, 107: 155-161.

Shevyakova N, Bakulina E, Kuznetsov V V. 2009. Proline antioxidant role in the common ice plant subjected to salinity and paraquat treatment inducing oxidative stress. Russian Journal of Plant Physiology, 56: 663-669.

Siddiqua M, Nassuth A. 2011. *Vitis CBF1* and *Vitis CBF4* differ in their effect on *Arabidopsis* abiotic stress tolerance, development and gene expression. Plant Cell Environment, 34: 1345-1359.

Skinner J S, Zitzewitz J, Szücs P, et al. 2005. Structural, functional, and phylogenetic characterization of a large *CBF* gene family in Barley. Plant Mol Biol, 59: 533-551.

Stockinger E J, Gilmour S J, Thomashow M F. 1997. *Arabidopsis thaliana* CBF1 encodes an AP2 domain-containing transcriptional activator that binds to the C-repeat/DRE, a cis-acting DNA regulatory element that stimulates transcription in response to low temperature and water deficit. Proceedings of the National Academy of Sciences of the United States of America, 94: 1035-1040.

Suzuki N, Mittler R. 2006. Reactive oxygen species and temperature stresses: a delicate balance between signaling and destruction. Physiologia Plantarum, 126: 45-51.

Svensson J T, Crosatti C, Campoli C, et al. 2006. Transcriptome analysis of cold acclimation in barley Albina and Xantha mutants. Plant Physiology, 141: 257.

Szabados L, Savouré A. 2010. Proline: a multifunctional amino acid. Trends of Plant Science, 15: 89-97.

Talanova V V, Titov A F, Topchieva L V, et al. 2009. Expression of WRKY transcription factor and stress protein genes in wheat plants during cold hardening and ABA treatment. Russian Journal of Plant Physiology, 56: 702-708.

Tam N, Wong Y, Wong M. 2009. Novel technology in pollutant removal at source and bioremediation. Ocean & Coastal Management, 52: 368-373.

Tanaka S, Ikeda K, Ono M, et al. 2002. Isolation of several anti-stress genes from a mangrove plant *Avicennia marina*. World Journal of Microbiology and Biotechnology, 18: 801-804.

Thomashow M F. 2010. Molecular basis of plant cold acclimation: insights gained from studying the CBF cold response pathway. Plant Physiology, 154: 571-577.

Thomashow M F, Gilmour S J, Stockinger E J, et al. 2001. Role of the *Arabidopsis* CBF transcriptional activators in cold acclimation. Physiologia Plantarum, 112: 171-175.

Tillett R L, Wheatley M D, Tattersall E A, et al. 2012. The *Vitis vinifera* C-repeat binding protein 4 (*VvCBF4*) transcriptional factor enhances freezing tolerance in wine grape. Plant Biotechnology Journal, 10: 105-124.

Tomlinson P B. 1994.The Botany of Mangroves. Cambridge, UK: Cambridge University Press.

Tran L S P, Nakashima K, Sakuma Y, et al. 2007. Co-expression of the stress-inducible zinc finger homeodomain ZFHD1 and NAC transcription factors enhances expression of the *ERD1* gene in *Arabidopsis*. The Plant Journal, 49: 46-63.

Turan Ö, Ekmekçi Y. 2011. Activities of photosystem II and antioxidant enzymes in chickpea (*Cicer arietinum* L.) cultivars exposed to chilling temperatures. Acta Physiologiae Plantarum, 33: 67-78.

Udvardi M K, Czechowski T, Scheible W R. 2008. Eleven golden rules of quantitative RT-PCR. Plant Cell, 20: 1736.

van Buskirk H A, Thomashow M F. 2006. *Arabidopsis* transcription factors regulating cold acclimation. Physiologia Plantarum, 126: 72-80.

Vandesompele J, de Preter K, Pattyn F, et al. 2002. Accurate normalization of real-time quantitative RT-PCR data by geometric averaging of multiple internal control genes. Genome Biology, 3(7): research0034.1-0034.11.

Vaultier M N, Cantrel C, Vergnolle C, et al. 2006. Desaturase mutants reveal that membrane rigidification acts as a cold perception mechanism upstream of the diacylglycerol kinase pathway in *Arabidopsis* cells. FEBS Letters, 580: 4218-4223.

Verbruggen N, Hermans C. 2008. Proline accumulation in plants: a review. Amino Acids, 35: 753-759.

Vergnolle C, Vaultier M N, Taconnat L, et al. 2005. The cold-induced early activation of phospholipase C and D pathways determines the response of two distinct clusters of genes in *Arabidopsis* cell suspensions. Plant Physiology, 139: 1217-1233.

Vítámvás P, Saalbach G, Prášil I, et al. 2007. WCS120 protein family and proteins soluble upon boiling in cold-acclimated winter wheat. Journal of Plant Physiology, 164(9): 1197-1207.

Walker N J. 2002. A technique whose time has come. Science, 296: 557.

Wang C T, Yang Q, Yang Y M. 2010. Characterization of the *ZmDBP4* gene encoding a CRT/DRE-binding protein responsive to drought and cold stress in maize. Acta Physiology of Plant, 33: 575-583.

Wang D, Xuan J P, Guo H L, et al. 2011. Seasonal changes of freezing tolerance and its relationship to the contents of carbohydrates, proline, and soluble protein of Zoysia. Acta Prataculturae Sinica, 4: 13.

Wang H L, Tao J J, He L G, et al. 2009. cDNA cloning and expression analysis of a *Poncirus trifoliata* CBF gene. Biologia Plantarum, 53: 625-630.

Wang L J, Li S H. 2006. Salicylic acid-induced heat or cold tolerance in relation to Ca^{2+} homeostasis and antioxidant systems in young grape plants. Plant Science, 170: 685-694.

Wang Q J, Xu K Y, Tong Z G, et al. 2010. Characterization of a new dehydration responsive element binding factor in central arctic cowberry. Plant Cell, Tissue and Organ Culture, 101(2): 211-219.

Willems E, Leyns L, Vandesompele J. 2008. Standardization of real-time PCR gene expression data from independent biological replicates. Analytical Biochemistry, 379: 127-129.

Winfield M O, Lu C G, Wilson I D, et al. 2010. Plant responses to cold: transcriptome analysis of wheat. Plant Biotechnology Journal, 8: 749-771.

Wise R R. 1995. Chilling-enhanced photooxidation: the production, action and study reactive oxygen species produced during chilling in the light. Photosynthesis Research, 45: 79-97.

Xiong L, Zhu J K. 2003. Regulation of abscisic acid biosynthesis. Plant Physiology, 133: 29-36.

Xu M, Dong J, Zhang M, et al. 2012. Cold-induced endogenous nitric oxide generation plays a role in chilling tolerance of loquat fruit during postharvest storage. Postharvest Biology and Technology, 65: 5-12.

Xu M, Zhang B, Su X H, et al. 2011. Reference gene selection for quantitative real-time polymerase chain reaction in *Populus*. Analytical Biochemistry, 408: 337-339.

Yamaguchi-Shinozaki K, Shinozaki K. 2009. DREB regulons in abiotic-stress-responsive gene expression in plants. New York: Springer: 15-27.

Yamazaki T, Kawamura Y, Uemura M. 2009. Extracellular freezing-induced mechanical stress and surface area regulation on the plasma membrane in cold-acclimated plant cells. Plant Signaling & Behavior, 4: 231.

Yan Z, Tam N F Y. 2013. Differences in lead tolerance between *Kandelia obovata* and *Acanthus ilicifolius* seedlings under varying treatment times. Aquatic Toxicology, 126: 154-162.

Yang T B, Chaudhuri S, Yang L H, et al. 2004. Calcium/calmodulin up-regulates a cytoplasmic receptor-like kinase in plants. Journal of Biological Chemistry, 279: 42552-42559.

Yang W, Liu X D, Chi X J, et al. 2011. Dwarf apple *MbDREB1* enhances plant tolerance to low temperature, drought, and salt stress via both ABA-dependent and ABA-independent pathways. Planta, 233: 219-229.

Yeh S, Moffatt B A, Griffith M, et al. 2000. Chitinase genes responsive to cold encode antifreeze proteins in winter cereals. Plant Physiology, 124: 1251.

Zahri S, Majd H A, Razavi M, et al. 2012.Comparison of APX activity of different cultivars of the maize in cold stress condition. Ardabil, IKAV.

Zeller G, Henz S R, Widmer C K, et al. 2009. Stress-induced changes in the *Arabidopsis thaliana* transcriptome analyzed using whole-genome tiling arrays. The Plant Journal, 58: 1068-1082.

Zhang F Q, Wang Y S, Sun C C, et al. 2012. A novel metallothionein gene from a mangrove plant, *Kandelia candel*. Ecotoxicology, 21(6): 1633-1641.

Zhou Q Y, Tian A G, Zou H F, et al. 2008. Soybean *WRKY*-type transcription factor genes, *GmWRKY13*, *GmWRKY21*, and *GmWRKY54*, confer differential tolerance to abiotic stresses in transgenic *Arabidopsis* plants. Plant Biotechnology Journal, 6: 486-503.

Zhu B, Coleman G D. 2001. Phytochrome-mediated photoperiod perception, shoot growth, glutamine, calcium, and protein phosphorylation influence the activity of the poplar bark storage protein gene promoter (bspA). Plant Physiology, 126: 342-351.

Zhuang J, Cai B, Peng R H, et al. 2008. Genome-wide analysis of the AP2/ERF gene family in *Populus trichocarpa*. Biochem Bioph Res Co, 371: 468-474.

第 8 章　红树植物对水分胁迫响应的生理生化特征及其分子生态学机制

近年来，受全球气候变化的影响，植物生长环境受到不同程度的制约；其中，低温、干旱、水淹等严重影响红树林生长（Gilman et al.，2008）。红树植物处于海陆交界处的湿地环境，受环境影响较大；湿地环境既不同于陆地，也不同于水域，其主要的环境因子对生物具有生理生态胁迫，如缺氧、高温、高盐等。

植物在受到水分胁迫后，会引发一系列信号传递过程，最后诱导特定的功能基因表达，使植物在生理和生化水平上作出调节和反应。由于长期适应水淹环境，红树植物产生一套适应潮间带生长的抗逆机制，如特异的形态特征、生理响应及营养循环；无氧呼吸是植物适应厌氧环境的重要途径，植物通过无氧呼吸途径生成乙醇和水，产生生理代谢所必需的能量以维持正常的生理代谢。而在整个无氧呼吸过程中，乙醇脱氢酶是整个反应的关键酶。耐涝植物通过调节 *ADH*、*PDC* 等基因的表达，增加乙醇发酵速率，促进 ATP 的生成，被认为是提高植物耐涝能力的有效方法。秋茄（*Kandelia obovata*）是一种常见、广布的红树植物物种，属于真红树植物。对于真红树而言，周期性的水淹是其生存和繁殖的必要条件。红树耐水淹能力与胚轴大小有关，胚轴较小的隐胎生亮叶白骨壤对水淹更加敏感，具有较大胚轴的秋茄则表现出更强的耐水淹能力。研究表明，红树林湿地对全球变化的生态响应较为敏感，特别是海平面上升引起的潮位降低和淹水时间延长对红树植物的影响最大（何缘等，2008）。目前，对红树植物淹水缺氧环境的适应机制在植物形态结构以及生理响应方面的报道较多（Guan et al.，2015），如发达的通气组织、呼吸根、氧化还原酶的活性变化等。

本章主要从分子生态学角度，通过对 *ADH1* 基因的克隆及定量分析，揭示红树植物秋茄、桐花树 *ADH1* 基因在水分胁迫中的作用机制。

8.1　国内外研究进展

植物生长不仅受到自身遗传物质的控制，还受到众多环境因子的影响，如光、温、水和土壤营养物质等在时空上的差异（张正斌等，2000）。植物经常遭受的有害影响之一是缺水。随着全球气候变化，气候变暖不同程度地影响着世界各个地区（Rosenzweig & Parry，1994）。全球变暖及二氧化碳浓度上升对农作物产量有很大影响，这可能改变和植物产量息息相关的碳代谢、气候学、食物结构等指标（Minorsky，2002）。目前，气象学家一致预测未来环境变暖会使干旱更加频繁剧烈，这一环境改变更易导致植物死亡。植物在水分胁迫，特别是干旱条件下，体内水分代谢与碳代谢会发生失衡现象。

针对植物应对干旱的机制，目前已有许多相关研究。现阶段的研究主要集中在生理生化指标变化及基因水平。植物干旱是受多基因调控，以及外界自然环境因子影响而产生的综合结果（宋松泉，2002）。随着科学技术的发展及基因工程技术手段的不断提升，采用 DNA 重组和转基因技术把外源抗旱相关的基因导入模式植株，已成为研究植物抗逆性及鉴定基因功能的新途径（张树珍，2001）。

8.1.1　植物感受干旱胁迫的途径

干旱是限制作物生长及产量的关键环境因子之一。植物对水分缺失的反应能够在几秒（如蛋白磷酸化状态的变化）或者几分钟或几小时内（如基因表达的变化）发生，主要取决于物种和基因型、水分丧失的强度和持续时间、发育的年龄和阶段，器官和细胞的类型等（黄升谋，2009）。植物经过长期的演变、进化，形成了一系列特有的响应干旱胁迫的信号转导机制，包括对外界干旱信号的感知，以及植物体内信号网络的形成。而这一系列信号转导的结果是诱导干旱相关基因的表达及相关蛋白的合成，从而使植物对外界干旱信号的应对能力增强，表现为植物适应逆境或抗旱能力增强。

植物激素脱落酸（ABA）被认为是植物根部在受到干旱胁迫时产生的一种非常重要的信号分子，对植物渗透调节起到重要的作用。植物渗透调节的途径包括 ABA 依赖途径和非 ABA 依赖途径（Huang et al.，2012）。ABA 在缺水条件下发挥重要作用，使得植物忍受高盐干旱的环境。外源 ABA 激素能够诱导一些基因对干旱刺激产生应答反应。很多研究已经证实，许多基因在外源 ABA 的诱导下对干旱刺激作出一系列相关反应（Lopez-Perez et al.，2009；Qiu et al.，2004；Zhu，2002）。这说明，在初始胁迫信号和相关基因表达之间存在 ABA 依赖和非 ABA 依赖信号转导。在干旱条件下，针对拟南芥顺式作用元件和转录因子在 ABA 调控下的调控基因分子表达机制的研究已有一定进展（Shinozaki et al.，2003；Yamaguchi-Shinozaki & Shinozaki，2005）。在模式植物拟南芥中，许多干旱应答基因和早期干旱应答基因已经被确定和分类出来，至少有 4 个独立的系统支持响应干旱基因的表达，其中两个途径就是 ABA 依赖途径和非 ABA 依赖途径（Valliyodan & Nguyen，2006）（图 8.1）。

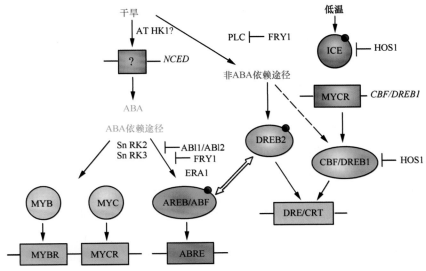

图 8.1　干旱、冷胁迫基因表达调控途径 [根据 Shinozaki 等（2003）绘制]

8.1.1.1 非 ABA 依赖途径

ABA 是植物生命周期中非常重要的植物激素。拟南芥的 *RD29A/COR78/LTI78* 基因可以被干旱、冷胁迫和 ABA 诱导表达。然而，在干旱和冷胁迫下这个基因可以在 *aba* 和 *abi* 突变体中同时被诱导表达，这说明在干旱和冷胁迫下，基因的诱导依靠 ABA 和非 ABA 两种途径实现。研究这个启动子结构可以发现一个 9 bp 的保守序列 TACCGACAT，这个保守区被称为 DRE（Yamaguchi-Shinozaki，1994）。DRE 在许多与干旱、冷胁迫相关基因的启动子中被发现（Yamaguchi-Shinozaki & Shinozaki，2006）。ERF/AP2 家族转录因子中连接这些 DRE/CRT 元件被划分为两类：CBF/DREB1 和 DREB2。CBF/DREB1 和 DREB2 DNA 结合保守区是 A/GCCGAC。DREB1/CBF 和 DREB2 蛋白都与 DRE/CRT 连接，但 DREB1/CBF 多在冷胁迫基因表达中发挥作用，而 DREB2 蛋白主要在干旱胁迫下诱导表达。

从数据库中研究拟南芥全基因组序列可以发现除了 DREB2A、DREB2B 以外，至少还有 6 种 DREB2 同源克隆基因。DREB2A 和 DREN2B 能够强烈地被干旱和高盐环境所诱导表达，但其他的基因不同（Nakashima，2000；Sakuma et al.，2002）。除此之外，其他 6 种 DREB2 同源家族基因的表达水平在压力胁迫下非常低。因此，在 8 种 DREB2 型蛋白中，DREB2A 和 DREB2B 被认为是响应干旱及高盐胁迫条件的主要转录因子。然而研究表明，在转基因拟南芥中，DREB2A 蛋白过表达并不会引起植物生长滞后或增强植物抗逆性。这说明 DREB2A 蛋白发挥作用还需要一系列的激活反应，如磷酸化过程（Sakuma et al.，2006）。DREB2A 蛋白结构域激活区在 254~335 bp，再去掉一个 136~165 bp 的残基区域，可使得 DREB2A 激活。在转基因拟南芥中，活化的 DREB2A 蛋白过表达对植物抵抗干旱胁迫的效果非常明显。基因芯片和 RNA 印迹技术研究表明，DREB2A 调节受水分诱导相关基因的表达。虽然 DREB2A 和 DREB1A 都能与 DRE 元件结合，但结合方式有略微差别。许多研究结果表明，稳定的 DREB2A 蛋白结构对于蛋白质激活非常重要，而活化的 DREB2A 蛋白能够调节干旱响应基因的表达，从而提高植物的耐旱性。

8.1.1.2 ABA 依赖途径

ABA 在植物生长发育过程中起重要调控作用，如种子萌发、种子抗旱及种子休眠，在植物应对生物及非生物（干旱、盐渍、冷胁迫、热胁迫）胁迫环境下，ABA 不可或缺。许多胁迫相关基因都能被外源 ABA 调节，ABA 在干旱和高盐压力下由植物体合成，但在冷胁迫下 ABA 的合成效果不明显（Shinozaki et al.，2003）。在模式植物拟南芥中，有许多 ABA 合成相关基因的表达在干旱和高盐条件下被发现，冷胁迫下却不明显，如玉米黄质环氧化酶基因[*ZEP*；又名 *LOS6*（low expression of osmotic stress-responsive genes 6/ABA）]、9-顺式-环氧类胡萝卜素双加氧酶基因（*NCED3*）、乙醛氧化酶基因（*AAO3*）、钼辅因子硫化酶基因（*MCSU*；又名 *LOS5/ABA3*）等（Cheng，2002；Valliyodan & Nguyen，2006；Zhu，2002）。

ABRE 是 ABA 响应基因表达中一个主要的顺式作用元件。在拟南芥植物中，ABA

相关基因 *RD29B* 中有两个主要的 ABRE 基序。其中，bZIP 转录因子 ABRE 结合蛋白（ABRE）/ABRE 结合因子（ABF）与 ABRE 相结合，激活 ABA 依赖的基因表达（Uno et al.，2000）。AREB1/ABF2 是一种可以与 ABA 诱导基因的 ABA 响应元件基序（ABRE）相结合的一种亮氨酸拉链转录因子。AREB1 被激活成 AREB1（AREB1ΔQT）后，AREB1（AREB1ΔQT）在植物体内的过表达可以提高植物体对干旱胁迫的抗性；相反，非突变体和功能性变异的 AREB1（AREB:RD）则对 ABA 不敏感。随后，AREB1:RD 植物体在干旱条件下存活个体数逐渐减少，在 8 种相关基因中，3 种表达量调控下降，其中包括参与基因表达和多种细胞活动的连接组蛋白 H1 基因及 AAA 型 ATP 酶基因。除此之外，研究表明 AREB1 能通过 ABRE 依赖 ABA 信号来增强植物组织的抗旱性（Choi，2000；Fujita et al.，2005）。

其他重要转录调控因子在 ABA 依赖调控系统中起活化剂的作用，如 MYC 和 MYB 蛋白等（Abe et al.，2003；Valliyodan & Nguyen，2006）。这些 MYC 和 MYB 蛋白在外源 ABA 增加后开始合成，并在后续胁迫反应中发挥它们的作用。基因芯片技术分析证实，在转基因植物中 *MYC/MYB* 目的基因会过表达，如乙醇脱氢酶（ADH）和 ABA 或茉莉酸（JA）诱导基因（Abe et al.，2003）。拟南芥中 *AtMYC2* 和 *AtMYB2* 基因的过表达不仅会使植株表现为 ABA 敏感型，还会提高细胞渗透压的耐受力（Gao et al.，2011；Shinozaki & Yamaguchi-Shinozaki，2007）。因为植物是完全暴露在环境中的，所以当植物体受到非生物胁迫时，会有许多相关信号组来对此作出一系列的反应。然而，有一种螺旋蛋白 HHP1，在胁迫条件下起反调控作用。研究表明，HHP1 不仅在拟南芥的 ABA 和渗透信号中起反调控作用，并且可能参与冷胁迫和渗透信号途径细胞通路过程（Chen et al.，2009，2010）。

8.1.1.3　植物 ROS 信号转导途径

在植物体中，ROS 有两个重要的作用：一是作为重要的信号转导分子；二是参与细胞在不同胁迫环境下产生的有毒物质积累后的有氧代谢（Miller et al.，2008）。多数生物及非生物胁迫对细胞膜系统的干扰，最终都会增加 ROS 的产量。单个体，如细菌或酵母，通过氧化还原敏感型转录因子和其他传感因子来感知 ROS 的增加，激活不同的 ROS 防御途径，从而降低 ROS 的产率，调节生物体的新陈代谢通路。这种 ROS 新陈代谢基本循环使得 ROS 在细胞中稳定地保持在一个较低水平（Miller et al.，2008，2004）。由于 ROS 具有毒性同时又是重要的信号指示灯，因此它们在细胞内的水平会紧紧地被"ROS 基因网"这个复杂的基因网络所控制。

环境因子如干旱、高盐、缺氧或高低温等会影响大气二氧化碳的固定，减少卡尔文循环中 $NADP^+$ 的再生，导致光合电子传递链的过度衰减，叶绿体中超氧阴离子自由基和单态氧含量增加（Bechtold et al.，2005；Shao et al.，2008，2007a，2007b；Wu & Xuan，2004）。ABA 在植物体抵御非生物胁迫如干旱、高盐和冷环境中起到重要保护作用（Ma et al.，2003；Finkelstein et al.，2002；Schroeder et al.，2001）。同时，ABA 可以引起 ROS 生成量增加，发出信号使得气孔立即关闭（Yan et al.，2007；赵翔等，2011）。目前，关于保卫细胞中 ROS 和 ABA 相互作用的细胞机制尚不清楚。在拟南芥突变体中，NADPH

氧化酶（NOX）催化亚基 AtrbohD 和 AtrbohF，可以阻止 ABA 诱导气孔关闭，ABA 提高 ROS 产率、诱导细胞基质 Ca^{2+} 增加、激活质膜钙离子通道，这说明这两种 NOX 催化亚基是保卫细胞中 ABA 提高 ROS 产率的初始基因，ROS 信号系统的上游调节因子已经被 Ma 等（2003）证实。

　　近期相关研究在拟南芥中揭示了一些植物体中参与 ROS 信号通路的几个关键成分。虽然对于 ROS 的受体尚不清楚，但植物细胞中 ROS 敏感通道至少有三种：①未定位的受体蛋白；②氧化还原敏感型转录因子，如 NPR1 和 HSF；③直接抑制 ROS 的磷酸酯酶（Cho et al.，2009；Lushchak，2011；Miller et al.，2008；Mittler，2002；Mittler et al.，2004；Schroeder et al.，2001）。

　　在 ROS 信号通路中，植物激素的调节也同样起着至关重要的作用。H_2O_2 诱导应激激素增加，如水杨酸和乙烯（Terman & Brunk，2006）。高等植物激素存在于 ROS 信号的下游，同时 ROS 本身也是许多激素信号途径的第二信使。因此，在不同激素和 ROS 之间必定存在许多前馈和反馈的相互作用（del Rio et al.，2006）。

8.1.2　植物干旱胁迫基因的研究进展

　　植物在受到干旱胁迫时，自身会产生多种机制应对环境改变。目前，研究重点在干旱引起的分子反应和传递信号相关基因及蛋白质方向。许多植物受干旱所诱导的水分胁迫基因已经被克隆出来（Hao et al.，1996；Shinozaki & Yamaguchi-Shinozaki，1996；Shinozaki & Yamaguchi-Shinozaki，2000；Shinozaki et al.，2003），如表 8.1 所示。

表 8.1　受干旱胁迫诱导基因表达分类产物

功能蛋白		调节蛋白	
膜蛋白	水通道蛋白	转录因子	MYC
	转运蛋白		MYB
	离子通道蛋白		EREBP/AP2
蛋白酶	胞质蛋白		bZIP
	叶绿体蛋白	蛋白激酶	MAPK
大分子保护因子	LEA 蛋白		CDPK
	伴侣蛋白		MAPKKK
渗透调节因子合成酶	脯氨酸合成酶		S6K(核糖体蛋白激酶)
	蔗糖合成酶	磷脂酰肌酶	磷酸酯酶 C
毒性降解酶	谷胱甘肽-S-转移酶		DCK
	超氧化物歧化酶		PAP
	过氧化物酶		PIP5K
	抗坏血酸过氧化物酶		

注：引自 Shinozaki & Yamaguchi-Shinozaki，1996；略有改动

8.1.2.1　组氨酸激酶

　　研究表明，在细菌中受体分子最初响应渗透胁迫的是组氨酸激酶。这些组氨酸激酶感受环境的变化，激活组氨酸残基自身磷酸化，使得受体中磷酸根转移到天冬氨酸残基上。在酵母中，渗透受体组蛋白激酶基因 Sln1 被发现。在高等植物中，组氨酸激酶是激

素乙烯和细胞分裂素的受体。除此之外，拟南芥中 *AtHK1* 基因被证实与植物体抗旱响应有关（Bartels & Souer，2004）。

8.1.2.2　钙信号

植物中，不同强度生物或非生物刺激可以产生短暂的钙离子增加（Evans et al.，2001；Kiegle et al.，2000），但整个生理响应过程尚不清楚。不同组织、不同器官中钙离子的变化是不同的。钙依赖蛋白激酶 CDPK 是一种钙离子感受蛋白，CDPK 能被干旱胁迫诱导，在钙信号转导中起重要作用。

8.1.2.3　功能蛋白基因

Iuchi 等（1996）通过对高度耐旱型植物豇豆干旱诱导基因的表达分析发现，干旱胁迫能诱导胚胎发育晚期丰富蛋白 *LEA*（late embryo genesis abundant protein）基因的表达（Baker，1991）。*LEA* 在植物不同发育阶段表达量不同，在植物种植成熟过程中，脱水使得 *LEA* 基因含量显著增加。在植物受到干旱、高盐等非生物胁迫时，会通过各种植物营养器官中 *LEA* 基因表达量的增加来保护细胞免受水分胁迫的伤害（Ingram & Bartels，1996）。

8.1.3　植物水淹胁迫

湿地植物为适应淹水环境会作出不同的响应，主要表现为湿地植物形态、解剖学特性及生理生化特性的响应。湿地植物生长发育过程中通常受到淹水条件的影响，因此淹水被认为是影响湿地植物生存和发展的主导因子（胡田田，2005）。淹水之所以对植物生长产生负效应是因为气体在水中的扩散速度比在空气中慢得多，降低了水和土壤中氧气的溶解度，从而抑制了湿地植物的生长和代谢过程，这些抑制行为是由水分胁迫持续时间、严重程度、植物本身及其他环境因素决定的。湿地植物自身生理上对湿地环境具有一定的忍耐力，这是决定植物适应淹水环境并生存下去的首要前提。研究表明，耐水淹的湿地植物生长在地势较低的淹水环境中，说明其对淹水的缺氧状况有其特殊的适应机制。而对淹水条件敏感的植物则因缺乏这些适应机制，只能分布在偶尔才有淹水发生的地势较高处。可见在淹水条件下，湿地植物内部生理适应机制对于自身的生存和发展非常重要。一般而言，湿地植物可通过三种机制增强淹水条件下的忍耐力：①躲避机制，如以种子、块茎等保存物种，占有隆起的微生境，产生浅根等；②氧气输送，如根系皮层形成更多的空隙、增加根系多孔性、氧气通过气体扩散进入气生根皮孔；③厌氧代谢作用，如通过储存碳水化合物的无氧呼吸忍受短暂的淹水环境（陈鹭真等，2006）。因此，不同湿地植物对淹水环境的生态对策不尽相同，不同湿地植物生态对策的本质，以及与之相关联的生物因素将有待进一步探索和揭示。淹水的响应机制涉及各种植物激素，其中乙烯对湿地植物叶片的生长发育及通气组织的形成具有重要作用。乙烯从根尖输出体外，降低了由于它的积累对湿地植物生长所起到的抑制作用。另外，湿地植物适应淹水环境所作出的形态响应过程也受到了乙烯的调节，这是由于湿地植物的一些代谢生理和分子调控过程均有乙烯的参与。所以开展模式植物对乙烯敏感性的研究尤其重要，目前这方面的遗传变异正在进行数量性状基因座（QTL）分析（何斌源等，2007），相信这些分析结果能更进一步揭示湿地植物对淹水环境的响应机制。

8.1.3.1　抗水淹机制

潮汐间断性水淹是红树植物面临的主要环境胁迫因子之一，也是目前红树林造林成活率低的关键因子之一。相关专家对红树植物水淹耐受力作了分析，水淹能力按顺序递减：白骨壤＞桐花树＞秋茄＞木榄（Ye et al.，2003）。国内外学者对红树植物的淹水耐性研究表明：红树植物长期适应于潮间带环境，发育出适应水淹条件的机制，如形态特征特异性、生理响应及营养循环差异。在不同高程的滩涂上，红树植物在生理和结构上具有梯度变化。在遭受长期水淹胁迫下，红树的根系多发次生根和不定根，以加强运输氧气的功能。根系的解剖结构受到水淹环境的改变，使其更适应缺氧环境。淹水环境下植物的生长减缓，根系分蘖加强，不定根增生，形成根系气腔。但适当的淹水环境对红树植物的生长有促进作用，因为红树植物是一类生长在潮间带的湿地植被类型，其生长过程需要一定的潮汐作用（廖宝文等，2009a），但淹水过深、淹水时间过长会导致红树植物生长发育减慢，叶面积减少，生存率下降等。究其原因，与淹水导致红树植物叶片气孔关闭、RuBP 羧化酶的活性受到明显抑制、光合速率（Pn）下降等一系列有害反应有关。在叶片色素含量发生变化的同时，蒸腾速率（Tr）和气孔导度（GS）也随淹水时长和深度的加深而发生变化，但对其水分利用率（WUE）并没有显著影响。此外，对于旱生植物而言，缺氧可以迅速触发糖酵解过程，促使乳酸脱氢酶（LDH）活性迅速升高，乳酸含量增加；当胞质中 pH 达到 6.8 时，乙醇脱氢酶（ADH）与丙酮酸脱羧酶（PDC）被激活，进入乙醇发酵途径。氧气不足时，植物将启动脱氢酶系统降解植物体内的有毒物质，如乳酸、乙醇及苹果酸等（廖宝文等，2009b）。其中，ADH 是植物根系在厌氧条件下产生的重要脱氢酶之一，ADH 含量及活性的增加可以将乙醇转化成乙醛，有助于减少主要毒害物质——乙醇对植物体的损伤。研究表明植物的淹水耐性与 ADH 活性的变化成正比。湿生植物，特别是红树植物的无氧呼吸功能越强，酶活性越高。例如，在淹水条件下，根部组织迅速进入厌氧呼吸过程，ADH 活性也随之迅速升高后呈下降趋势（Cai，1999；赖廷和何斌源，2007）。

8.1.3.2　水淹相关基因

Gerlach 等（1982）在玉米中获得了第一个厌氧诱导表达基因的 cDNA 克隆，为乙醇脱氢酶 ADH1 的 cDNA，全长 900 bp，C 端有 168 个氨基酸编码区，N 端有 364 bp 非编码区。Northern 杂交证明乙醇脱氢酶 mRNA 水平在厌氧下可增加 50 倍。此后许多学者又在不同植物上采用不同方法克隆出一些厌氧表达基因（Cirilli et al.，2012；Tesnière & Verriès，2000）。目前，至少已在玉米、小麦、大麦、拟南芥、水稻和白菖 6 种植物上获得了 ADH1 的基因全序列。植物细胞中均存在两套乙醇脱氢酶：一套为组成型 ADH2，另一套为厌氧诱导表达型 ADH1（刘晓忠等，1991）。其中对玉米的研究最为集中，有 8 个厌氧基因已在染色体上定位。目前依然不断有新的厌氧表达基因克隆被发现。ADH 是无氧呼吸过程中的主要酶，其在缺氧条件下通过巴斯德效应维持植株较高能荷从而延长受害植株的存活时间（Gerlach et al.，1982）。另外，Walker 等（1987）报道玉米 *Adh1* 基因位于起始密码子上游−140~−100 bp 区域，是厌氧诱导表达关键区域，称为厌氧反应元件（ARE）。ARE 由 2 个区组成，均含有 GGTTT 核心结构。

Dennis 等（2000）分析多种植物的 *Adh* 基因启动子区核苷酸的缺失与突变时发现，当 ADH1 中有多个 ARE 时，这一基因的厌氧诱导转录水平成倍提高；在组成型的 ADH2 中亦存在 ARE 序列，因而认为 ARE 调节蛋白结合位点，有类似增强子的作用。他们还进一步证明 ARE 近旁还存在一个决定转录的关键区，即启动子区（简称 AREF），它决定调节蛋白的结合与厌氧诱导表达。

虽然许多植物的 *ADH* 基因已经被克隆出来，但在红树植物中 *ADH* 基因还未被完全克隆出；因此，开展红树植物 *ADH* 基因克隆及其水淹机制研究具有重要意义。

8.1.4　水分胁迫对植物生理生化指标的影响及作用

在水分胁迫下，植物会产生多种机制来应对外界环境带来的伤害，如启动生理生化调节，形成抗旱、抗水淹途径。生理生化指标的测定主要表现为：水分饱和亏缺（RWD）、相对含水量（RWC）、叶绿素含量（Chl）、丙二醛含量（MDA）、超氧化物歧化酶活性（SOD 等）、可溶性蛋白含量等。近些年来，已经有许多水分胁迫下的植物生理生化指标的测定集中在模式生物、抗旱作物上（米海莉等，2002；韦小丽等，2005；杨晓青等，2004）。

8.1.4.1　超氧化物歧化酶系统的研究现状

植物细胞内有防御毒害的保护酶系统，包括超氧化物歧化酶（SOD）、过氧化物酶（POD）和过氧化氢酶（CAT）（Bonos & Murphy，1999）。

其中，超氧化物歧化酶是在动物、植物、微生物体内广泛存在的重要金属酶。它能够专一清除生物氧化还原过程中产生的超氧自由基，进而保护生物体不受伤害，是生物抗氧化系统的重要酶类（McCord & Fridovich，1969；马旭俊和朱大海，2003）。其按所含金属离子不同主要分为三类：铁超氧化物歧化酶（FeSOD）、锰超氧化物歧化酶（MnSOD）和铜锌超氧化物歧化酶（Cu/ZnSOD）（Smith et al.，2003；Wu et al.，2008）。它能够修复受损细胞，复原超氧自由基对生物体造成的损伤，也可以治疗多种疾病，在防辐射、植物抗逆性、抗肿瘤等方面亦有积极作用（贾晓民，2003；刘青等，2009；殷铭俊等，2006）。

8.1.4.2　超氧阴离子的研究现状

氧化代谢过程中，生物体会产生大量的活性氧自由基，它们由于具有很强的氧化能力，因此可以使生物体组织的生物膜结构功能发生改变及损伤，引起蛋白质、核酸变性等，从而使超氧阴离子对细胞组织产生多种不良效应。超氧阴离子自由基是活性氧自由基的一种，具有多种产生途径。在正常的生理活动水平，超氧阴离子自由基具有独特的生理功能，但当其处于非平衡浓度时会造成组织损伤。

正常生理情况下，生物体可通过多种途径产生超氧阴离子自由基：①酶促反应；

②还原型分子自氧化反应；③线粒体电子传递链；④内质网细胞；⑤细胞核膜（刘家忠和龚明，1999）。对超氧阴离子更进一步的研究与探讨，对于了解生物体超氧阴离子与病变及胁迫能力的关系有非常重要的意义。

8.1.4.3 植物渗透调节能力的研究进展

在一定阈值内植物的渗透势下降，可以通过提高细胞液浓度、降低渗透势的方式来保持水分平衡以适应干旱胁迫，这种调节作用称为渗透调节（osmotic adjustment）。研究表明，渗透物质控制植物细胞内渗透势的变化。植物积累这些物质的能力可以反映植物渗透调节能力的大小，从而反映植物抗旱能力的强弱（孙国荣等，2003）。主要的渗透调节物质可以分为两大类：一类是以脯氨酸为主的有机溶质，如游离氨基酸、可溶性糖、有机酸等；另一类是无机离子，如 K^+、Cl^-、Ca^{2+}、Mg^{2+}、Na^+等（孙磊和程嘉翎，2010）。

植物体内可溶性糖含量是干旱胁迫时的主要渗透调节物质指标之一，除了能够在抗逆条件下起到渗透调节作用外，它还能够维持蛋白质的稳定性。常见的可溶性渗透调节糖类主要有葡萄糖、果糖、海藻糖等。研究表明，干旱胁迫下许多植物体内都能够检测出可溶性糖的积累，这对于维持植物体水分平衡有重要作用（王霞等，1999）。

甜菜碱亦是植物体内的重要调节物质，对于植物对干旱胁迫的抗逆性有重要作用。渗透胁迫条件下，甜菜碱及其相关合成物的积累不仅通过植物细胞与外界保持渗透平衡，还能够稳定蛋白质四级结构，提高植物抗逆性。除此之外，甜菜碱还能够解除高盐对酶活性的毒害作用，保护酶及能量代谢过程（李德全和邹琦，1991）。

8.1.5 红树植物干旱胁迫和水淹胁迫研究现状

先前关于红树植物的研究大多集中在盐胁迫、水淹胁迫（Chen & Wang，2004；He et al.，2007；Krauss et al.，2014；Wang et al.，2007）和重金属胁迫方向（Cheng et al.，2012；Woo et al.，2009）。目前，关于红树植物干旱研究相对较少，对于红树植物干旱胁迫下生理生态特征及分子生态学研究仍处于空白，甜菜碱对受干旱胁迫的红树植株复性实验的作用也鲜有报道。

8.1.6 研究目的及意义、内容、技术路线

8.1.6.1 目的及意义

红树林作为河口海区生态系统的初级生产者，为海域生态系统，在为海区和陆源生物提供食物来源，为海鸟、鱼虾等提供栖息场所等方面有着至关重要的作用和地位。红树植物是红树林生态系统的重要组成部分，在全球变暖的大背景下，红树植物的生态环境遭受严峻考验，由于自然环境和人为因素的双重挑战，红树植物的生态范围逐渐减小。因此，对于红树植物的生理生化及分子研究工作迫在眉睫。充分了解红树植物在生物及非生物胁迫环境下的生长过程及内部分子调节机制，对未来红树植物资源保护及优化有重要意义。

8.1.6.2　研究内容

本研究以我国华南地区优势红树植物种类秋茄和桐花树为实验材料，用干旱、水淹方式处理，采用经典生理生化检测手段和分子生物学技术，从生理生化和分子两个角度研究水分胁迫对红树植物根、叶的胁迫效应。具体研究了干旱、水淹胁迫下，乙醇脱氢酶（ADH）基因对胁迫环境的响应，以及胁迫条件下两种红树植物生理生化指标的变化情况。生理生化指标包括抗氧化系统 SOD、POD、渗透调节物质 MDA、可溶性蛋白及可溶性糖含量，并对这些变化作出相关讨论。数据资料通过单因素方差分析统计，科学地揭示在水分胁迫下两种红树植物中 ADH 基因的含量变化，以及水分胁迫下两种红树植物的生理生化指标变化。研究内容如下图所示。

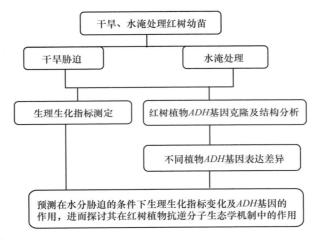

8.1.6.3　技术路线

技术路线如下图所示。

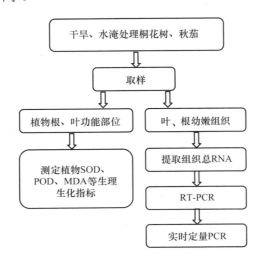

8.2 干旱胁迫下两种红树植物的生理生化特征

8.2.1 引言

水因子被认为是影响植物生长的重要因素之一。水分能够影响植物的生理过程；在细胞水平，它是新陈代谢产物和营养物质的运输媒介。在草本植物中，水分占根和叶生物量的 80%~95%。红树植物在海岸带生态系统中有着极其重要的作用，因其所在地理环境比较特殊，红树植物的生长容易受到环境的影响。由于气候不断变化，气候效应无处不在，二氧化碳的升高将会给植物的生长带来一定影响（Minorsky，2002）。植物经过一系列的适应已经演化出一套应对干旱天气的措施。其中之一，也是最普遍和高效的途径即在组织新陈代谢体系中积累更多的低分子可容溶质。这些可溶溶质包括：可溶性糖、脯氨酸和季胺化合物等。不同水分胁迫下的特征在不同物种间是不一样的，这也是衡量各物种干旱胁迫承受能力的一种重要指标。

因为许多环境因子如干旱、高盐、极端温度和高强度照射会严重影响植物的生长，许多外源物质会被添加用于减少这些消极作用（Cha-Um et al.，2009）。其中一种重要的季胺化合物就是甜菜碱（GB），研究表明，甜菜碱是一种特殊的相容物质，可以参与渗透调节（梁峥和骆爱玲，1996）和非渗透调节（Ashraf & Foolad，2007），因此对植物干旱胁迫损伤的减少有重要作用（Mäkela & Jokinen，1998a，1998b）。甜菜碱在植物、动物和微生物中被大量发现（Sakamoto & Murata，2000），现在已经在很多体外实验中证实了甜菜碱在稳定高序列结合蛋白方面有重要保护功能（Rhodes & Hanson，1993），同时甜菜碱也可以作为分子伴侣对蛋白质进行再折叠（Gorham & Bridges，1995）。甜菜碱的积累可以增加生物体如烟草、小麦、大豆、菜豆等许多逆境的抗性（Chen & Murata，2002；Sakamoto & Murata，2000）。

目前世界各地研究者进行树木干旱胁迫研究的方式大约有三种：聚乙二醇（polyethylene glycol，PEG）模拟干旱、盆栽控水及森林调查。其优缺点如下：利用 PEG 进行干旱实验时间短，速度快。但反应快，不能较好地体现植物响应能力，不便于寻找植物抗旱临界点（Yagmur & Kaydan，2008）。与此相比，盆栽控水在进行干旱胁迫研究时有更好的表现，能够进一步模拟植物响应自然干旱时的长期或短期的模式。而森林调查最能体现植物干旱胁迫的响应模式，但往往难以获得（Breshears et al.，2009）。根据以往的研究及本次实验的具体条件，本次实验以盆栽控水实验方法为主。

8.2.2 材料与方法

8.2.2.1 实验材料

秋茄（*Kandelia obovata*）和桐花树（*Aegiceras corniculatum*）种子采自深圳东涌河口红树林自然保护区。经 1%高锰酸钾消毒后，选择健康无病虫害的种子种在干净的海沙中，每周用 1/2 Hoagland 营养液浇灌 2 次。将 6 个月大的成熟秋茄、桐花树成苗转入人工气候培养箱中培养，培养条件为：25℃白天/25℃夜晚，湿度 40%~60%，14 h 光照/10 h 黑暗，光强 200 μmol/（m²·s）。培养一个星期后，随机选取植株采集叶片和根部样品，立即用液氮冻存，用于秋茄、桐花树总 RNA 提取。

8.2.2.2 实验处理

将正常生长且长势相似的秋茄、桐花树植株随机分为 7 组，其中一组为对照组，4 组为不同程度干旱实验组，两组为甜菜碱处理组。每组设三个平行，放于沙质塑料盆中，在恒温培养箱内自然干旱，对照组则保持正常浇水。于处理后的 13 d、16 d、19 d、22 d 取样，用于生理生化测定。

8.2.2.3 试剂与方法

1）叶片粗酶提取液及 SOD、POD 的测定

A. 粗酶液的提取

取新鲜叶片 0.2 g 放入 5 mL 含有 1 mmol/L EDTA、0.3%（V/V）Trition X-100、1% PVP（w/V）、1 mmol/L DTT 的 50 mmol/L K-PBS（pH 7.8）中研磨成匀浆。12 000 r/min，4℃ 离心 20 min 后，取上清液进行蛋白质含量和酶活测定。

B. 超氧化物歧化酶（SOD）活性的测定

SOD 活性的测定参照 Beauchamp 和 Fridovich（1971）的氮蓝四唑法。用液氮研磨叶片，并用 2 mL PBS（pH 7.8）进行二次研磨，冲洗，8000 r/min 离心 15 min，取上清液作为 SOD 粗酶液。按下表加入试剂（酶液最后加入）。

PBS 液	1.5 mL
Met 溶液	0.3 mL
NBT 溶液	0.3 mL
EDTA-Na₂ 液	0.3 mL
核黄素	0.3 mL
酶液	0.05 mL
ddH₂O	至 3 mL

将体系放在 4000 lx 日光灯下光照 20 min，测定其 $OD_{560\,nm}$ 值。

C. POD 活性的测定

用 SOD 酶液 0.05 mL 加入 2.95 mL 反应混合液［50 mL 0.05 mmol/L PBS（pH 6.0）加 28 μL 愈创木酚，加热溶解后冷却，加入 19 μL 30% H_2O_2］，空白值用 0.05 mL 水代替酶液，测定 $OD_{470\,nm}$ 值，并按公式进行计算。

2）叶片超氧阴离子含量的测定

O_2^- 含量的测定参照 Elstner 和 Heupel（1976）的方法。准确称取 0.2 g 叶片，在粗酶提取液中研磨至匀浆。经 12 000 r/min 4℃离心 10 min 后，取上清液 0.5 mL，加入 0.5 mL pH7.8 和 0.1 mL 盐酸羟胺。温浴 25℃，1 h 后依次加入 1 mL 磺胺和 1 mL α-萘胺。25℃温浴 20 min。530 nm 波长下测定吸光值。用 NaNO₂ 溶液作为标准曲线。

3）膜脂过氧化产物丙二醛（MDA）含量的测定

称取 0.2 g 植物鲜样，加 2 mL 10%三氯乙酸（TCA）和少量石英砂，冰浴，研钵内研磨匀浆，用 TCA 定容至 5 mL。12 000 g 离心 20 min，上清液为样品提取液。取上清液 2 mL（对照加 2 mL 蒸馏水），加入 2 mL 16%硫代巴比妥酸（TBA）溶液，摇匀。将试管放入沸水浴中煮沸 10 min，自试管内溶液出现小泡开始计时，立即将试管取出并放入冷水浴中。之后取出试管，3000 r/min 离心 15 min，取上清液量体积，以对照溶液为空白测定 450 nm、532 nm 和 600 nm 处的吸光值（汤叶涛等，2010）。待试管内溶液冷却后，在 5000 r/min 下离心 15 min，以 0.5%硫代巴比妥酸溶液为空白，测定 532 nm、450 nm 和 600 nm 处的吸光值。用下式计算 MDA 含量：

$$\text{MDA}（\text{mmol/g FW}）= [6.452 × (D_{532} - D_{600}) - 0.559 × D_{450}] × V_T / (V_1 × W)$$

4）可溶性糖及可溶性蛋白含量的测定

A. 可溶性蛋白含量的测定

参考 Bradford（1976）的考马斯亮蓝染色法，用小牛血清蛋白作为蛋白标准曲线。用 SOD 粗酶液反应液即可：1.0 mL 酶液+5 mL 考马斯亮蓝 G-250 混匀，放置 2 min 后 595 nm 处比色。

B. 可溶性糖含量的测定

可溶性糖含量的测定依照 Wang 和 Hu（2013）的方法，并测定在 450 nm 下的吸光值。

8.2.2.4　数据分析

每个组取三个平行样品，数据为平均数±标准差。测得的数据在 SPSS16.0 统计软件上进行单因素方差分析，$p < 0.05$ 水平上视为差异显著，并用得到的结果在 Excel 上作图，根据不同植物不同组织内各指标的变化趋势进行判别分析。

8.2.3　实验结果

8.2.3.1　干旱胁迫对红树植物生长量的影响

如图 8.2 所示，在不同胁迫天数下两种植物茎长生长量有所差异，在喷施甜菜碱后干旱胁迫效应有所缓解。从图中可以看出，正常情况下桐花树相同时间平均茎长生长约为 1 cm，而干旱胁迫组平均值约为对照组的 1/3，甜菜碱喷洒实验组（10 mmol/L）的生长量要略高于干旱胁迫组。秋茄组的实验结果基本与桐花树茎长生长趋势一致，在相同时间内，秋茄的茎长生长略慢于桐花树，但不难看出，喷施甜菜碱有助于促进植物生长情况的改善。而干旱组在完全干旱 30 d 后，植物死亡。

8.2.3.2　干旱胁迫对红树植物 SOD 活性的影响

SOD 可以消除超氧阴离子（O_2^-），减少膜脂质过氧化反应，维持细胞膜稳定。如图 8.3 所示，随着干旱程度的加深，与对照组相比叶片中 SOD 活性在最初短暂的下降后逐渐增强。在第 19 天时，SOD 活性达到最高值。

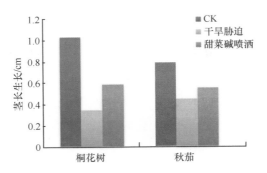

图 8.2　干旱胁迫及甜菜碱喷洒对秋茄、桐花树茎长生长的影响

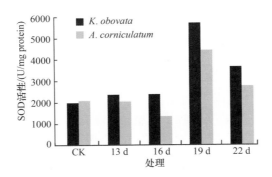

图 8.3　干旱胁迫对秋茄、桐花树 SOD 活性的影响

8.2.3.3　干旱胁迫对红树植物 POD 活性的影响

POD 在消除 H_2O_2 积累、消除 MDA 对膜脂伤害、维持细胞膜稳定方面有重要作用。干旱胁迫引起植物叶片 POD 活性升高（图 8.4）。干旱 19 d 时，POD 活性在秋茄、桐花树叶片中达到最高值，随后 POD 活性显著降低。

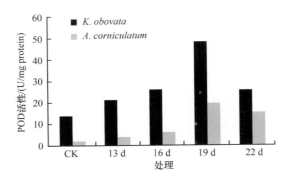

图 8.4　干旱胁迫对秋茄、桐花树 POD 活性的影响

8.2.3.4　干旱胁迫对红树植物超氧阴离子含量的影响

干旱胁迫是影响植物生长量的重要环境因子之一，因为干旱胁迫能够引起细胞体内 ROS 的增加，使细胞膜系统、核酸和染色体受到损伤，而 ROS 的增加与体内超氧阴离

子含量的升高有关。如图 8.5 所示，干旱胁迫使 $O_2^{\cdot-}$ 含量增加，在达到最大值后呈下降趋势。另外，随着 SOD 和 POD 活性的增加，超氧阴离子的产量相对降低。

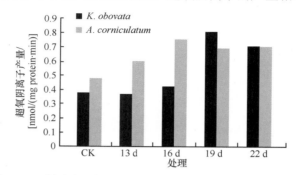

图 8.5　干旱胁迫对桐花树、秋茄叶片超氧阴离子产量的影响

8.2.3.5　干旱胁迫对红树植物 MDA 含量的影响

秋茄、桐花树植物叶片脂质过氧化反应可以通过测定 MDA 浓度变化来判断分析。如图 8.6 所示，MDA 含量随着干旱时长的加长逐渐升高，在第 22 天时，实验组与对照组的 MDA 含量有显著差异，说明干旱胁迫引起脂质过氧化反应的加剧。

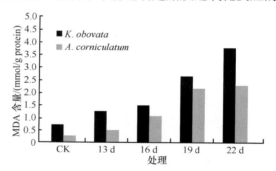

图 8.6　干旱胁迫下秋茄、桐花树叶片 MDA 含量的变化

8.2.3.6　干旱胁迫对红树植物可溶性糖含量的影响

图 8.7 是干旱胁迫与植物叶片可溶性糖含量变化的相关性，在桐花树和秋茄中，处理 22 d 的过程中可溶性糖含量逐渐升高。

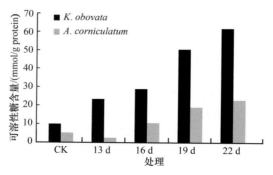

图 8.7　干旱胁迫下秋茄、桐花树叶片可溶性糖含量的变化

8.2.3.7　干旱胁迫对红树植物可溶性蛋白含量的影响

图 8.8 是干旱胁迫与植物叶片可溶性蛋白含量变化的相关性。随天数的增加，桐花树叶片可溶性蛋白含量先降低后升高，秋茄叶片可溶性蛋白含量在前期并无显著改变，在第 19 天大幅度增加。

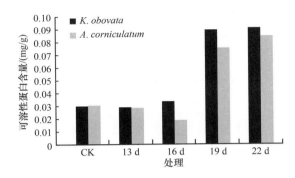

图 8.8　干旱胁迫下秋茄、桐花树叶片可溶性蛋白含量的变化

8.2.3.8　不同浓度甜菜碱溶液对干旱红树植物胁迫的缓解

甜菜碱能够有效地在多种植物中缓解非生物胁迫对植物体造成的伤害。经过 20 余天干旱胁迫，植物体内各生理生化指标发生变化，图 8.9 所示是喷洒不同浓度的甜菜碱后秋茄、桐花树生理指标的变化情况。当连续喷洒 3 d 不同浓度的甜菜碱后（5 mmol/L、10 mmol/L），SOD 活性增加，低浓度比高浓度的甜菜碱溶液对干旱植物复性实验更有效果。相同的情况可以在 POD 活性测定中发现，且从超氧阴离子、MDA 含量、可溶性糖含量和可溶性蛋白含量的测定分析中可以看出，甜菜碱对干旱胁迫有缓解作用，且低浓度的甜菜碱比高浓度的甜菜碱对植物恢复更有效。

8.2.4　讨论

秋茄和桐花树在国内属于红树植物常见种，分布广，数量多。关于红树植物的研究目前集中在潮汐、高盐、冷胁迫等非生物胁迫，以及病害、虫害等生物胁迫方面。但在干旱胁迫方面生理生化指标的测定还是一片空白。本节重点在于测定并分析干旱胁迫下两种常见红树植物秋茄、桐花树的生理生化指标，以及外源甜菜碱对改善干旱胁迫的作用。

红树植物在干旱胁迫下未喷施甜菜碱前，植物几乎停止生长，新叶尖端生长很慢，老叶片出现卷曲。在喷施两种浓度的甜菜碱后，实验中我们可以发现植物生长仍然较为缓慢，但叶片卷曲现象基本消失。在桐花树和秋茄中，叶片喷洒适合浓度的甜菜碱能够缓解干旱胁迫对植物生长的影响。

生物和非生物胁迫环境下，如疾病、虫害、干旱、洪涝、高温和其他胁迫都会影响红树植物生态系统。在正常条件下和胁迫环境下细胞中都会产生活性氧族 ROS，植物体内已经形成了一套完善的消除多余 ROS 的防御系统，限制 ROS 的形成同时消除 ROS。

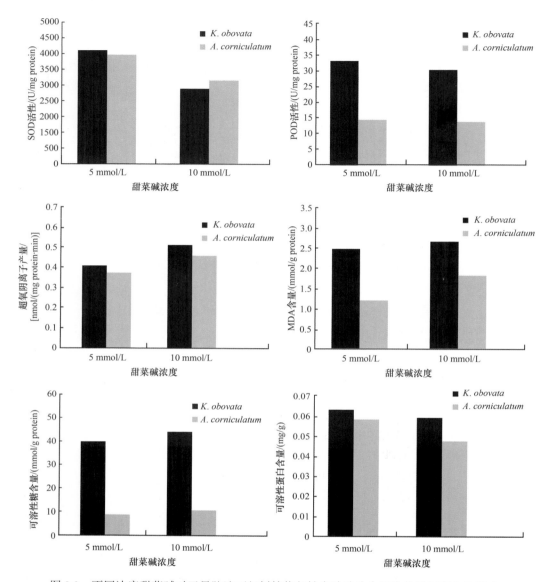

图8.9 不同浓度甜菜碱对干旱胁迫下红树植物复性实验叶片生理生化指标变化的影响

在非胁迫环境下，O_2的生成和消除比例是平衡的。然而，防御系统在胁迫条件下增加的ROS能够被增长的抗氧化酶系统消除（Larson，1988）。这些能消除ROS的体系包括SOD、APX、POD和一些非酶小分子代谢分子（Gill & Tuteja，2010；Gratão et al.，2005；Mittler et al.，2004）。

SOD是细胞防御ROS机制中一个普遍存在的酶。它在细胞中的含量受$O_2^{\cdot-}$和H_2O_2含量的调节，$O_2^{\cdot-}$和H_2O_2能够对细胞膜系统、蛋白质和DNA造成伤害（Bowler et al.，1992）。本次实验中，SOD活性在干旱胁迫下逐渐升高。在第14天和第16天时，SOD活性与喷洒甜菜碱的实验组相比具有显著差异。19 d以后，SOD活性与其他组的活性存在显著差异，这些与高等植物在干旱胁迫下SOD活性的变化相一致（He et al.，2004）。

POD 是植物界一种参与消除活性氧物质（AOS）的重要酶。POD 在消除 H_2O_2 方面有重要作用，这是因为 POD 具有强底物亲和力。外源甜菜碱能够减少干旱引起的 H_2O_2 增加，甜菜碱并不能直接减少 ROS 含量，而是通过其他方法来消除 ROS，如通过提高 ROS 消除酶的活性或其他抑制 ROS 产生的未知机制（Park et al.，2006）。当胁迫对于植物防御系统承受能力来说不强烈时，主要的胁迫响应通过 SOD 和 POD 途径实现（Siedlecka & Krupa，2002）。POD 活性的增强可以减少干旱对植物细胞的损伤。实验结果表明，甜菜碱处理组的 POD 活性与对照组和干旱处理组 POD 活性有显著差异，因为低浓度的甜菜碱有助于缓解干旱胁迫带来的负面效应，使 POD 活性增强。相同的结论在冷胁迫下香蕉、番茄种子中被发现（Wei，2007）。

干旱条件下，植物的渗透调节（OA）与气体交换有相关性（Turner，1997）。渗透调节在细胞中响应干旱胁迫发出的信号，渗透物质的积累能够抑制干旱。这些渗透物质大多是小分子代谢产物，如糖、多元醇、氨基酸和季胺化合物。

自从发现许多环境因子如干旱、高盐、极端温度和光伤害能够影响植物生长发育以来，许多物质都被外源添加来减少环境带来的负面效应。其中比较常用的物质就是甜菜碱，它是一个四胺化合物，能够减缓盐胁迫和水分胁迫对多种植物的伤害（Mäkela & Jokinen，1998a，1998b）。

甜菜碱是一个季胺化合物，在细菌、古细菌、海洋无脊椎动物、植物和哺乳动物中广泛存在。许多植物在正常情况下甜菜碱含量很低，但当受到某种非生物胁迫时，甜菜碱的含量会逐渐升高（Chen & Murata，2011）。例如，当 β 型转基因玉米在土地里受到干旱胁迫时，可以在转基因玉米叶片中发现比野生型有更多的甜菜碱生成。而转基因植物比野生型玉米有更强的耐干旱能力（Quan et al.，2004）。适量地添加外源甜菜碱可以提高许多植物种类应对非生物胁迫的能力，并且能够促进作物增长和提高产量（Cuin & Shabala，2007；Rajashekar et al.，1999；Xing & Rajashekar，1999）。

干旱胁迫可以使 MDA、可溶性糖、可溶性蛋白含量升高，它们能够保护细胞膜系统不受伤害。MDA 含量常被用作胁迫条件下脂质过氧化反应的指标。低浓度的甜菜碱溶液可以减少 MDA、可溶性糖、可溶性蛋白的含量。本研究的实验结果同 Liu 和 Wang 等结果相似（Ashihara et al.，1997；Liu & Wang，2004）。MDA 和可溶性糖含量在干旱胁迫下秋茄叶片高于桐花树叶片，这可能与秋茄抗干旱能力高于桐花树有关。秋茄更适应干旱环境，低浓度的甜菜碱对干旱作物更有效。

比较两种红树植物的生理数据分析可知，抗氧化活性物质在受干旱胁迫的秋茄和桐花树中起重要作用，在干旱胁迫下，秋茄叶片比桐花树叶片更具抗逆性。

8.2.5　小结

研究表明，红树植物秋茄和桐花树在干旱胁迫下都会导致植物体内的氧化胁迫环境，而植物为了对抗这种伤害产生了自己的防御机制。干旱胁迫下，叶片中 SOD、POD 活性升高，且超氧阴离子含量与 SOD、POD 活性呈负相关。我们可以明显地看到可溶性糖、可溶性蛋白和 MDA 含量在叶片中有显著升高。外源喷洒 5 mmol/L 甜菜碱对缓解植物干旱胁迫环境有显著效果，好于 10 mmol/L 甜菜碱。低浓度的甜菜碱可以有效地促进 ROS 清除系统发挥作用，减少膜损伤，增强植物体在干旱胁迫环境下的存活能力。秋茄可能比桐花树更具耐旱能力。

8.3 两种红树植物乙醇脱氢酶基因（*ADH*）全长 cDNA 的克隆与表达

桐花树是一种隐胎生红树种，叶片表面的盐腺可以泌盐，为紫金牛科桐花树属乔木，分布于亚洲及大洋洲热带海岸区域，在海南、广西、福建等地均有分布，在潮间带主要分布在低潮位，忍耐海水浸淹及耐高盐能力较强。秋茄分布于中潮位，是东方红树种的主要树种之一，耐低温，分布广，能适应高盐生境，能从高盐环境中吸收水分。红树植物在为生态系统提供大量初级生产力、防风御浪、维持 CO_2 平衡、净化水质及保护生物多样性等方面有重要作用。

大气 CO_2 等温室气体浓度的上升及由此造成的温室效应的增强，可能会导致全球温度上升、气候变化及地球生态系统等发生一系列的变化。全球变化最明显和最直接的反应应该是海平面上升。根据联合国报告对太平洋地区 16 个岛国和属国的红树林调查表明，到 21 世纪末，13%的红树林都会被淹没，某些岛屿甚至超过 50%的红树林将逐步消失。在自然状态下，红树植物根据其耐水淹的能力不同，在潮间带分布的位置也不同。不同高程反映了红树林对水淹有关的一系列物理、化学环境因素的适应过程。大多数潮汐可以淹没红树植物幼苗，对植物幼苗的生长发育造成一定影响。而植物在长期进化过程中也产生了一系列适应这种改变的机制，如植物的无氧呼吸过程。

乙醇脱氢酶是植物无氧呼吸过程中重要的酶之一。在无氧呼吸过程中，ADH 在糖酵解最后一个步骤的催化物质为乙酸酐，能够可逆转化相应的醇和醛。植物 *ADH* 基因在基因水平被研究得很深入，在植物 ADH 中，具有一个特殊的区域，可与 NAD^+ 结合进入糖酵解过程。ADH 与植物的离体培养再生、果实发育及生长等过程密切相关（Christian-Chervinan，1999）。此外，ADH 与逆境胁迫也有很大关系，ADH 是一种缺氧诱导的应激酶，植物在不同时期、不同组织的 *ADH* 基因表达有所不同，*ADH* 表达水平还受不同环境控制，如脱水、低温、缺氧等。

本节利用简并引物克隆桐花树、秋茄叶片 *ADH* 基因，并利用 RACE 技术获得 *ADH* 全长，对其生物信息进行分析。

8.3.1 材料与方法

8.3.1.1 植物材料与处理方法

桐花树、秋茄种植，采集和培育同 8.2.2。

8.3.1.2 主要试剂及实验盒

RNA 提取试剂为 Consert™ Plant RNA Reagent(Invitrogen)，其他试剂还有 PrimeScript™ Reverse Transcriptase（TaKaRa）、SMARTer™ RACE Kit（Clontech）、PrimeSTAR HS

Polymerase（TaKaRa）、TaKaRa LA *Taq*（TaKaRa）、普通 *Taq* 酶（TaKaRa）。

其他：琼脂糖、溴化乙锭、抗生素 Amp、IPTG、X-Gal、焦碳酸二乙酯（DEPC）等。

文中所提及的试剂和药品均为分析纯级别。引物由英潍捷基（上海）贸易有限公司合成。大肠杆菌 *E. coli* DH5α 和克隆载体 pMD18-T 购自 TaKaRa。

8.3.1.3　实验方法

1）红树植物总 RNA 提取

（1）用烘烤过的剪刀剪下用纯水洗过的叶片 0.1 g，快速加入液氮研磨至粉末状，移入预冷的 1.5 mL 离心管中，加 0.5 mL 预冷 RNA 提取液，上下颠倒数次（涡旋混匀），将植物组织完全悬浮。

（2）将离心管在室温条件下平放 5 min，使核酸蛋白完全分离。

（3）室温 12 000 r/min 离心 5 min，弃沉淀，取上清液至另一离心管中。

（4）加入 0.1 mL 5 mol/L NaCl，轻拍混匀。

（5）加入 0.3 mL 氯仿，颠倒 10 次混匀，剧烈振荡。

（6）用 0.15 mL 水平衡酚，0.15 mL 氯仿：异戊醇（24：1）抽提，颠倒混匀。

（7）12 000 r/min 离心 10 min，4℃，弃沉淀，取上清液至一新管，切勿吸取中间蛋白层。分为三层，上层为无色水相，底层为有机相。

（8）加入 0.3 mL 异丙醇，混匀，室温静置 10 min。

（9）12 000 r/min，4℃离心 10 min，小心吸弃上清液，加 1 mL 75%乙醇清洗沉淀，此时管底白色 RNA 变得细小，勿将沉淀丢弃，此步骤进行 2 次。

（10）12 000 r/min 离心 1 min，室温小心吸出残余乙醇，室温干燥 5 min，不能太干，太干不方便溶解。

（11）加 10~30 μL DEPC 水溶解 RNA，枪头吸打。

（12）用紫外分光光度计检测并取部分进行孵育实验，之后用琼脂糖凝胶电泳检测质量，完整的 RNA 样品于–80℃保存。

2）cDNA 合成

（1）总 RNA 中基因组 DNA 的去除反应体系如下。

5×gDNA Eraser Buffer	2.0 μL
gDNA Eraser	1.0 μL
总 RNA	1 μL
DEPC 水	至 10 μL

反应条件：42℃，2 min。

（2）反转录反应体系如下。

（1）步反应液	10.0 μL
5×PrimeScript Buffer 2（for Real Time）	4.0 μL
PrimeScript RT Enzyme MixI	1.0 μL
RT Primer Mix	1.0 μL
DEPC 水	至 20 μL

反应条件：37℃，15 min；85℃，5 s，4℃储存。

3）红树植物 *ADH* 基因片段简并引物设计及片段克隆

从 NCBI 中搜索 7 种和红树植物秋茄、桐花树同源性较高的树种的 *ADH* 基因序列，通过 Clustal X 软件进行同源性比较，找到保守区域，根据保守区域氨基酸所对应的密码子核苷酸碱基进行简并引物的设计，结果见表 8.1。

表 8.1　PCR、RACE 实验涉及的引物列表

名称	序列（5′→3′）	备注
F	GATGTTTAYTTYTGGGAGGCYAAG	简并引物
R	ATCATGNACRCACATTCRAAT	简并引物
KoGSP1	TGCTGAGATGACCGATGGAGGAGTTGA	5′RACE 第一轮 PCR
KoGSP2	CACGCCAGGACCTACACTCTCTACAA	3′RACE 第一轮 PCR
KoNGSP1	CCATCAAAGGAAAGCCTATTTACCAC	5′RACE 巢式 PCR
KoNGSP2	CCCCAGTGAACACAGGGAGGACAT	3′RACE 巢式 PCR
AcGSP1	GCTCTGTCACACCCTCTCCAACACTCT	5′RACE 第一轮 PCR
AcGSP2	ATCGCTGAGATGACTGATGGTGG	3′RACE 第一轮 PCR
AcNGSP1	GAGAATCCACAACTCAGAACACATACT	5′RACE 巢式 PCR
AcNGSP2	CGTGGCTGTGTTTGGATTGGGAG	3′RACE 巢式 PCR

4）秋茄、桐花树 *ADH* 中间片段扩增

分别以 8.3.1.3 2）中的秋茄、桐花树 cDNA 为模板，用简并引物 F、R 进行 PCR 扩增，体系如下。

10×Buffer	2.5 μL
dNTP Mix	2.0 μL
F（10 μmol/L）	1.0 μL
R（10 μmol/L）	1.0 μL
Taq（5 U/μL）	0.5 μL
DEPC 水	至 25 μL

反应条件：预变性 94℃，5 min；94℃变性，40 s，50℃复性，40 s；72℃延伸，40 s，循环 35 次；72℃延伸，10 min。

5）两种红树植物 cDNA 基因全长扩增

A. cDNA 模板的制备

用 SMARTer^TM RACE Kit 完成，原理如图 7.8 所示。操作步骤如下。

（1）缓冲液的准备如下。

5×First-strand Buffer	2.0 μL
DTT	1.0 μL
dNTP Mix（10 mmol/L）	1.0 μL

混匀，短暂离心，室温保存至第 5 步。

（2）分别配制接头混合物。

5′RACE	3′RACE
1.0~2.75 μL RNA 样品	1.0~3.75 μL RNA 样品
1.0 μL 5′CDS 引物	1.0 μL 3′CDS 引物
加 H₂O 使终体积为 3.75 μL	加 H₂O 使终体积为 4.75 μL

混匀，短暂离心，室温保存至第 7 步。

（3）将（2）中所述混合液涡旋混匀，短暂离心，72℃孵育 3 min，42℃冷却 2 min，14 000 g 离心 10 s。

（4）在 5′RACE 反应液中加入 1 μL SMARTer II A oligo。

（5）在（1）中所述 cDNA 合成的反应液中分别添加 RNA 酶抑制剂和反转录酶。

步骤（1）中制备的反应缓冲液	4.0 μL
RNase Inhibitor（40 U/μL）	0.25 μL
SMART Scribe™ Reverse Transcriptase	1.0 μL

（6）将上述混合液分别加入步骤（3）中制备的变性 RNA 中，总体积为 10 μL；用枪头轻吹混匀，离心收集液体置管底。

（7）42℃孵育 90 min，70℃ 10 min，终止反应。

（8）–20℃存放（保质 3 个月）。

B. 引物的设计

根据 8.3.2.3 4）扩增得到的中间片段序列，用 Primer Primer 5 分别设计基因特异性引物（GSP）和巢式引物 NGSP，连同试剂盒中的通用引物扩增全长，具体见表 8.1 所示，反应原理见图 8.10。

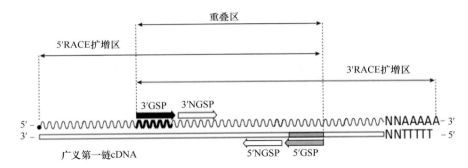

图 8.10　用于 5′RACE 和 3′RACE 基因特异性引物关系图

C. RACE 反应过程

（1）第一轮 PCR 反应体系如下。

5×PrimeSTAR Buffer	10.0 μL
dNTP Mix	4.0 μL
UPM/H$_2$O	5.0 μL
5′GSP/3′GSP/H$_2$O	1.0 μL
PrimeSTAR *Taq*（5 U/μL）	0.5 μL
第一链 cDNA	2.5 μL
DEPC 水	至 50 μL

反应条件：98℃ 10 s，72℃ 2 min，10 个循环；98℃ 10 s，68℃ 15 s，72℃ 2 min，25 个循环。

（2）第二轮反应体系如下。

10×TaKaRa LA *Taq* Buffer	5.0 μL
dNTP Mix	8.0 μL
NUP/H$_2$O	5.0 μL
5'NGSP/3'NGSP/H$_2$O	1.0 μL
TaKaRa LA *Taq*（5 U/μL）	0.5 μL
第一轮 PCR 产物稀释液	5.0 μL
DEPC 水	至 50 μL

反应条件：94℃预变性，5 min；94℃变性，40 s，50℃复性，40 s，72℃延伸，40 s，循环 35 次；72℃延伸，10 min。

PCR 反应结束后，1 μL 6×Loading Buffer 和 5 μL 产物混合，在 1%琼脂糖凝胶上电泳检测后切胶回收，纯化测序。

6）生物信息学分析

本研究用到的生物信息学软件及工具列于表 7.3。

8.3.2 结果与分析

8.3.2.1 桐花树、秋茄 RNA 提取及检测结果

RNA 提取后经紫外分光检测，OD$_{260}$/OD$_{280}$ 值均为 1.8~2.0。孵育与孵育后的 RNA 电泳结果如图 8.11 所示，呈现两条清晰的条带，可以用于后续实验。

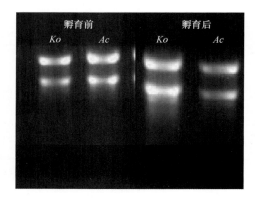

图 8.11 桐花树、秋茄 RNA 电泳图
Ko. 秋茄；*Ac*. 桐花树

8.3.2.2 桐花树、秋茄 *ADH* 基因中间片段扩增

通过比对多种树种 *ADH* 基因序列，找到其保守区并设计简并引物，成功克隆到一个约 750 bp 的 DNA 片段，与预测大小基本一致。如图 8.12 所示，测序后得到图 8.13、图 8.14 序列，通过 NCBI 上 Blast 发现，该基因片段与其他多种植物的 *ADH* 基因高度同源（80%~85%），如图 8.15 所示。

8.3.2.3　桐花树、秋茄 *ADH* 基因全长 cDNA 序列克隆及分析

根据扩增的 *ADH* 基因片段，利用 RACE 技术获得两种红树植物的基因全长，大小约为 1200 bp，如图 8.16 和图 8.17 所示。

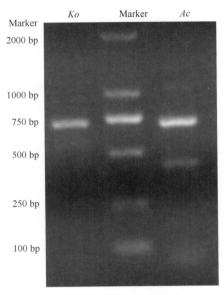

图 8.12　秋茄、桐花树 *ADH* 基因片段电泳图

<u>ATCATGTACACACATTCGAAT</u>GCAGAGATCATTGCGTCGATATTTCCAGTGC
ATTCAATACTTTTGTCAACTCCACCATCAGTCATCTCAGCGATCACCTCTTG
AACTGGTTTGTTGTGGTCTTTGGGGTTCACAAACTCATTTACACCAAACTT
CTTAGCTTGTTCAAATCTGCTAGAATTTATATCCACACCAATAATTCTTGCAG
CACCAGAAACTCTAGCTCCTTCAGCAGCAGCTAAGCCAACAGCTCCCAATC
CAAACACAGCCACGGTTGAGCCCTTCATCGGTTTTGCTACATTCACAGTAG
CCCCAAAGCCTGTGGAGAATCCACAACTCAGAACACATACTTTGTCCAATG
GGGCATTAGGGTTAATTTTGACAACACAACCTACATGTACTACAGTGTACTC
ACTGAACGTGGATGTACCAAGGAAGTGGAAAATGGGCTTTCCATTGATTGA
AAACCTCGATTTTTGATCGTTGATCATAACACCTCGGTCGGTGTTGATTCTA
AGGAGATCACACATGTTGCTCTCCTCGGATTTGCAATGCCTACATTGTTTAC
ATTCTCCAGTGAACACTGGAGGAACATGATCCCCTGGTGCTAGCTCTGTCA
CACCCTCTCCAACACTCTCCACAATCCCTCCTGCCTCGTCCCGAGGATCC
GAGGAAAAACTGGGTTCTGGCC<u>CTTAGCCTCCCAAAAAATAAACATC</u>A

图 8.13　桐花树 *ADH* 基因中间片段

T<u>GATGTGTATTTTTGGGAAG</u>CTAAGGGACAAACTCCTGTATTTCCTCGCATA
TTTGGTCATGAAGCTGGAGGAATTGTAGAGAGTGTAGGTCCTGGCGTGACT
GATCTGCAACCTGGCGACCATGTCCTCCCTGTGTTCACTGGGGAATGCAAG
GAGTGCCCTCACTGTAAGTCAGAAGAGAGCAACATGTGCGACCTCCTCAG
GATCAACACTGATAGGGGTGTCATGCTCAGCGATGGCCAAACGAGGTTCTC
CATCAAAGGAAAGCCTATTTACCACTTTGTTGGCACCTCTACATTTAGTGAG
TACACTGTTTGTCATGTTGGCTCAGTGGCCAAGATCAACCCTGCTGCTCCA
CTGGATAAAGTTTGTGTCCTCAGTTGTGGAATATCTACAGGTTTTGGTGCCA
CTGTGAATGTTGCAAAGCCCAAGAAGGGTCAGTCTGTTGCCATTTTTGGAT
TGGGTGCTGTTGGTCTTGCTGCTGCTGGCGCAAGGGTATCTGGGGCTT
CAAGGATTATTGGTGTTGATTTGAACTCCAGTAGGTTCAATGAAGCCAAGA
AGTTTGGTGTTACGGAGTTTGTGAATCCAAAAGATTACAACAAGCCTGTTC
AAGAGGTGATTGCTGAGATGACCGATGGAGGAGTTGATAGGAGTGTTGAAT
GCACAGGAAGCATCCAAGCAATGATATCGGCATTT<u>GAATGTGTACACGATG</u>
A

图 8.14　秋茄 *ADH* 基因中间片段

桐花:

Diospyros kaki alcohol dehydrogenase 1 (ADH1) mRNA, complete cds	547	547	96%	8e-152	81%	JX117841.1
Diospyros kaki alcohol dehydrogenase (Adh1) mRNA, complete cds	542	542	96%	4e-150	81%	JF357957.1
Ricinus communis alcohol dehydrogenase, putative, mRNA	518	518	99%	6e-143	80%	XM_002526125.1
PREDICTED: Pyrus x bretschneideri alcohol dehydrogenase-like (LOC103966279), mRNA	505	505	98%	5e-139	80%	XM_009379428.1
Prunus persica hypothetical protein (PRUPE_ppa007099mg) mRNA, complete cds	494	494	98%	1e-135	79%	XM_007199876.1

秋茄:

Alnus glutinosa mRNA for alcohol dehydrogenase (adh1 gene)	719	719	99%	0.0	85%	AM062702.1
Prunus cerasifera cultivar Myrobalan alcohol dehydrogenase-like mRNA, complete sequence	715	715	98%	0.0	85%	HM240511.2
PREDICTED: Prunus mume alcohol dehydrogenase 1 (LOC103336424), mRNA	713	713	99%	0.0	85%	XM_008239461.1
Prunus persica hypothetical protein (PRUPE_ppa007167mg) mRNA, complete cds	708	708	99%	0.0	85%	XM_007200987.1

图 8.15 桐花树、秋茄 *ADH* 基因比对

```
ATCATGTACACACATTCGAATGCAGAGATCATTGCGTCGATATTTCCAGTGC
ATTCAATACTTTTGTCAACTCCACCATCAGTCATCTCAGCGATCACCTCTTG
AACTGGTTTGTTGTGGTCTTTGGGGTTCACAAACTCATTTACACCAAACTT
CTTAGCTTGTTCAAATCTGCTAGAATTTATATCCACACCAATAATTCTTGCAG
CACCAGAAACTCTAGCTCCTTCAGCAGCAGCTAAGCCAACAGCTCCCAATC
CAAACACAGCCCACGGTTGAGCCCTTCATCGGTTTTGCTACATTCACAGTAG
CCCCAAAGCCTGTGGAGAATCCACAACTCAGAACACATACTTTGTCCAATG
GGGCATTAGGGTTAATTTTGACAACACAACCTACATGTACTACAGTGTACTC
ACTGAACGTGGATGTACCAAGGAAGTGGAAAATGGGCTTTTCCATTGATTGA
AAACCTCGATTTTTGATCGTTGATCATAACACCTCGGTCGGTGTTGATTCTA
AGGAGATCACACATGTTGCTCTCCTCGGATTTGCAATGCCTACATTGTTTAC
ATTCTCCAGTGAACACTGGAGGAACATGATCCCCTGGTGCTAGCTCTGTCA
CACCCTCTCCAACACTCTCCACAATCCCTCCTGCCTCGTGCCCGAGGATCC
GAGGAAAAACTGGGTTCTGGCCCTTAGCCTCCCAAAAATAAACATCAATGA
TCTCAGCATTCGAATGCGTCCATGATGGCTGGGGCGTTGCTGTTCTTGTGGG
TGTACCCCACAAAGAGGCTGTTTTCAAGACACACCCAGTGAACTTCCTCA
ACGAGAGGACCCTAAAGGGGACCTTCTTCGGCAACTTCAAGCCTCTCTCG
GACCTTCCTGGTGTTGTGGAAAAATACATGAACAAGGAGCTGGAATTGGA
GAAGTTCATCACGCACGAGGTGCCATTCTCGGAGATCAACAAGGCCTTCGA
TTACATGCTTAAAGGGGAAAGCCTTCGATGCATCATCCGAATGGAATAACA
GAGTGGTGGCTCAAGTTGGTCATATCCGAGGATGTAGTGGAGTTGCATCGT
CTGTAAACTGATGAATAAACTAATGAATAAGAGTTGTTGCCCAGTAAAAAA
AAAAAAAAAAAAAAAAAAAA
```

图 8.16 桐花树 *ADH* 基因的核苷酸序列

多序列比对结果表明编码蛋白有 ADH 序列特征,桐花树 *ADH* 基因全长为 1141 bp,编码 321 个氨基酸,秋茄 *ADH* 基因全长为 1321 bp,编码 393 个氨基酸。根据 NCBI 蛋白 Blast 比对结果发现,两者都属于 MDR 家族,秋茄属于 ADH_N 亚家族,桐花树 *ADH* 属于 ADH_P 类型,且与其他物种 *ADH* 基因高度同源(图 8.18,图 8.19)。从图 8.20 和图 8.21 可以看出,在比较的 10 余种植物中,桐花树 *ADH* 基因和柿树具有高度同源性,和可可树的亲缘关系最远。秋茄和柿树的亲缘关系较近,和苹果的亲缘关系较远。

8.3.3 讨论

通过同源克隆技术和 RACE 分子生物学手段成功从桐花树、秋茄两种红树植物中获得 *ADH* 基因的全长序列。该基因具有典型的 *ADH* 基因家族的特征及结构,属于 MDR 家族成员。*ADH* 基因广泛存在于动物、植物体内,具有相对保守的两个区域。桐花树 ADH 蛋白序列共有 321 个氨基酸,分子质量为 34 582.6 Da,等电点为 8.03,通过 Protparam

AC[ATG]TCTACAGCTGGTCAGGTTATCAAGTGCAGAGCTGCGGTGGCATGGG
AAGCGGGGAAGCCACTATCAATTGAGGAAGTGGAGGTGGGACCACCACAG
AAAGAAGAAGTCCGCTTGAAGATCCTCTTCACCTCTCTTTGCCACACTGAT
GTCTACTTCTGGGAAGCCAAAGGACAACACCCACTGTTCCCTCGCATTTAC
GGTCATGAAGCTGGAGGAATTGTGGAAAGCGTAGGTGAGGGTGTGACTGA
TCTCCAACCAGGAGACCATGTCCTTCCGGTGTTCACGGGGGAGTGCAAGG
AGTGCAGGCACTGTAAGTCAGAGGAAAGCAACATGTGTGATCTCCTGAGG
ATCAACACTGATGTGTATTTTGGGAAGCTAAGGGACAAACTCCTGTATTTC
CTCGCATATTTGGTCATGAAGCTGGAGGAATTGTAGAGAGTGTAGGTCCTG
GCGTGACTGATCTGCAACCTGGCGACCATGTCCTCCCTGTGTTCACTGGGG
AATGCAAGGAGTGCCCTCACTGTAAGTCAGAAGAGAGCAACATGTGCGAC
CTCCTCAGGATCAACACTGATAGGGGTGTCATGCTCAGCGATGGCCAAACG
AGGTTCTCCATCAAAGGAAAGCCTATTTACCACTTTGTTGGCACCTCTACAT
TTAGTGAGTACACTGTTTGTCATGTTGGCTCAGTGGCCAAGATCAACCCTG
CTGCTCCACTGGATAAAGTTTGTGTCCTCAGTTGTGGAATATCTACAGGTTT
TGGTGCCACTGTGAATGTTGCAAAGCCCAAGAAGGGTCAGTCTGTTGCCAT
TTTTGGATTGGGTGCTGTTGGTCTTGCTGCTGCTGAAGGCGCAAGGGGTATC
TGGGGCTTCAAGGATTATTGGTGTTGATTTGAACTCCAGTAGGTTCAATGAA
GCCAAGAAGTTTGGTGTTACGGAGTTTGTGAATCCAAAAGATTACAACAAG
CCTGTTCAAGAGGTGATTGCTGAGATGACCGATGGAGGAGTTGATAGGAGT
GTTGAATGCACAGGAAGCATCCAAGCAATGATATCGGCATTTGAATGTGTA
CACGATGATGCTTTCAGGACAGTCCATCCGGTGCATCATTCGCATGGAGAAT
CACTAGTGAATTCGCGGCCGCCTGCAGGTCGACCAAGAGAATTTATTTATAT
ATCAATC[TGA]TGTCTTAAGAATAATCGTGTTGCTCTGGATTTACAAATTTT
GAGTGGTGAAACTTAAGATAGTAGTAGGTTCATGACTTTTGTCTTTGATATT
ATGGTTTGTATGAT<u>AATAA</u>AATTTCTGCATCTTTTCTTT<u>AAAAAAAAAAAA</u>
<u>AAAAA</u>

图 8.17　秋茄 *ADH* 基因的核苷酸序列

桐花树:

☐ hypothetical protein CICLE_v10001382mg [Citrus clementina]	466	703	90%	1e-160	94%	XP_006434378.1
☑ PREDICTED: alcohol dehydrogenase 1-like isoform X1 [Citrus sinensis]	468	705	97%	2e-160	83%	XP_006472922.1
☐ hypothetical protein CICLE_v10001382mg [Citrus clementina]	465	702	90%	2e-160	94%	XP_006434379.1
☐ hypothetical protein CICLE_v10001382mg [Citrus clementina]	469	706	97%	3e-160	83%	XP_006434381.1
☐ hypothetical protein CICLE_v10001382mg [Citrus clementina]	468	705	97%	3e-160	83%	XP_006434380.1
☐ hypothetical protein CICLE_v10001382mg [Citrus clementina]	468	688	95%	3e-160	83%	XP_006434383.1

秋茄:

alcohol dehydrogenase [Diospyros kaki]	444	444	73%	4e-152	88%	AEB71537.1
alcohol dehydrogenase 1 [Diospyros kaki]	443	443	73%	2e-151	88%	AGA15793.1
putative alcohol dehydrogenase 1 [Diospyros kaki]	440	440	73%	3e-151	87%	ACI41982.1
alcohol dehydrogenase 1 [Spinacia oleracea]	439	439	73%	7e-151	88%	ADM87274.1
alcohol dehydrogenase [Solanum tuberosum]	440	440	73%	1e-150	88%	CAA37333.1

图 8.18　桐花树、秋茄 *ADH* 基因氨基酸比对结果

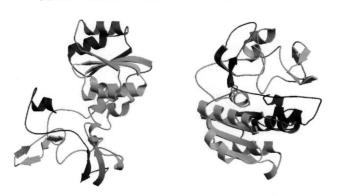

图 8.19　桐花树、秋茄 *ADH* 蛋白三级结构

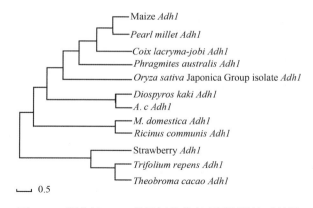

图 8.20　桐花树 *ADH* 基因氨基酸序列同源性比对结果

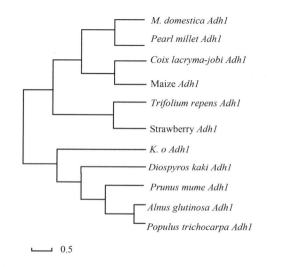

图 8.21　秋茄 *ADH* 基因氨基酸序列同源性比对结果

工具统计结果可知，蛋白质结构稳定值为 32.46，结构稳定。蛋白质疏水性预测分析（GRAVY）为–0.035，GRAVY 值为 2 与–2 之间，正值表明该蛋白为疏水蛋白，负值表明为亲水蛋白。我们可以看出，桐花树 *ADH* 基因编码的成熟多肽具有亲水性。秋茄 ADH 蛋白序列共有 393 个氨基酸，分子质量为 42 261.2 Da，等电点为 5.85。蛋白质结构稳定值为 37.06，结构稳定。GRAVY 值为–0.130，说明秋茄 *ADH* 基因编码的成熟多肽具有亲水性。

根据系统进化树显示，秋茄和桐花树的 *ADH* 基因与柿树的 *ADH* 基因的亲缘关系较近，除此之外，秋茄 *ADH* 基因还与梅花、杨树的 *ADH* 基因亲缘关系较近。在桐花树中，亲缘关系较近的为柿树、水稻等，亲缘关系较远的为可可树和白三叶草。

ADH 序列及结构的保守性表明该基因编码蛋白可能和其他植物的 *ADH* 基因一样，在逆境下植物生长发育过程中起着重要的作用。

8.3.4　小结

本节利用分子生物学手段从桐花树、秋茄幼苗中克隆到 *ADH* 基因的 cDNA 全长，该基因全长分别为 1141 bp 和 1321 bp,各编码 321 个和 393 个氨基酸(分子质量分别为 34 582.6 Da、42 261.2 Da)且具有亲水蛋白特征。进化树分析表明该基因与其他植物 *ADH* 基因的同源性较高,说明为 *ADH* 基因。从蛋白质三维结构可以看出,ADH 蛋白具有多个 α 螺旋和 β 折叠结构,与 ADH 功能密切相关。*ADH* 序列及结构的保守性表明该基因编码蛋白可能和其他植物 *ADH* 基因一样,在逆境下植物生长发育过程中起着重要的作用。

8.4　水分胁迫对两种红树植物乙醇脱氢酶基因(*ADH*)表达量的影响

水分是影响植物生长的重要生态因子之一,水分过多造成的不利影响称为涝害,水分不足称为干旱。在前几节中,我们已经初步探究了红树植物在干旱胁迫条件下,生理生化指标变化及重要的无氧呼吸酶 *ADH* 基因的全长。在涝害时,对植物的最直接影响是造成缺氧环境,因此植物对湿涝的适应性大部分体现在无氧呼吸途径上。乙醇发酵是植物根系在水淹环境中经无氧呼吸途径产能的方式之一,而乙醇脱氢酶(ADH, E.C.1.1.1.1.)是乙醇发酵的主要酶,它可以直接催化乙醛和乙醇的相互氧化还原反应,对植物无氧呼吸过程有着极其重要的作用。水淹胁迫下,*ADH* 表达量的变化可以反映该植物耐涝能力的强弱。另外,*ADH* 基因不仅和植物无氧呼吸有关,而且参与植物非生物胁迫下的抗逆机制。

荧光定量 PCR 是一种定量实验技术,通过荧光染料、荧光标记的特异性探针对 PCR 产物进行跟踪标记,实时记录反应过程。与常规的 PCR 方法相比,实时荧光定量 PCR 有很大的优越性:扩增和检测过程一步完成,缩减了实验时间和步骤,减小了实验误差。且实时荧光定量 PCR 十分灵敏,检测范围广,因此广泛应用于基因表达检测中。本节选取干旱、水淹胁迫下的秋茄、桐花树植物作为处理样品,以 *18S rRNA* 作为内参基因,运用实时荧光定量 PCR 技术,对 *ADH* 基因的表达差异进行分析,进而探究 *ADH* 基因在两种红树植物水分胁迫条件下可能发挥的作用。

8.4.1　材料与方法

8.4.1.1　实验材料与处理方法

1)水淹处理

按 8.2.2.1 中处理,培养桐花树、秋茄幼苗至可以进行后续实验。将正常生长且长势相似的秋茄植株随机分为 5 组,其中一组为对照组,每组设三个平行,放于培养容器中,向容器注水至根部全部淹没于水中且淹没整个植株茎长的 1/2,处理时间分别为 0 d、6 d、12 d、18 d、21 d,淹水期间,定期换水并用营养液浇灌,保持水位在根部以上茎长 1/2 处,对照组则保持正常的浇水。于处理后的 6 d、12 d、18 d、21 d 后取样,分别用于叶、根组织的总 RNA 提取和实时荧光定量分析实验。

2)干旱处理

将正常生长且长势相似的秋茄、桐花树植株随机分为 5 组,其中一组为对照组,4 组为不同程度干旱实验组,每组设三个平行,放于沙质塑料盆中,在恒温培养箱内自然干旱，对照组则保持正常浇水。于处理后的 10 d、20 d、30 d、35 d 后取叶片和根部组织，用于 RNA 提取及实时荧光定量分析实验。

8.4.1.2 主要试剂及实验盒

植物总 RNA 提取试剂盒（Tiangen）；PrimeScript® RT Reagent Kit（TaKaRa）；2×SYBR® Premix Ex Taq™ II Mixture（TaKaRa）；普通 Taq 酶（TaKaRa）。

其他：琼脂糖、溴化乙锭、抗生素 Amp、IPTG、X-Gal、焦碳酸二乙酯（DEPC）等。引物由英潍捷基（上海）贸易有限公司合成。

8.4.1.3 实验方法

1）桐花树、秋茄样品总 RNA 提取及检测结果
同 8.3.2.1。
2）实时荧光定量 PCR 的 cDNA 合成
同 8.3.2.3，合成后于–20℃保存。
3）引物设计
根据 8.3 节所获得的桐花树、秋茄 ADH 基因片段设计用于实时荧光定量 PCR 的引物。选取 18S rRNA 作为内参基因。引物设计由 Primer Premier 5 完成，引物序列详见表 8.2。

表 8.2　秋茄、桐花树实时荧光定量 PCR 实验所用引物

引物	序列（5′→3′）
KoF	CCAAACGAGGTTCTCCATCAA
KoR	AAGACCAACAGCACCCAATCC
AcF	ACTCCTCCATCGGTCATCTCA
AcR	ATTGGGTGCTGTTGGTCTTGC
Ac18S rRNAF	ACCATAAACGATGCCGACCAG
Ac18S rRNAR	TTCAGCCTTGCGACCATACTC
Ko18S rRNAF	CCTGAGAAACGGCTACCACATC
Ko18S rRNAR	ACCCATCCCAAGGTCCAACTAC

4）实时荧光定量 PCR
用 TaKaRa 公司的 SYBR Premix Ex Taq™ 试剂盒进行，具体如下。

2×SYBR Premix Ex Taq™	7.5 μL
Forward Primer（10 μmol/L）	0.5 μL
Reverse Primer（10 μmol/L）	0.5 μL
cDNA 样品	2.0 μL
DEPC 水	至 15 μL

反应条件：95℃，30 s；95℃，5 s，63℃，20 s，循环 45 次。为验证基因产物特异性，反应程序设为 65~95℃缓慢升温，每升高 0.5℃检测信号。结果显示基因的熔解曲线均为单峰。引物的扩增效率（E）通过梯度稀释做标准曲线来确定。

5）数据统计与分析

实验结果为三次平行实验的平均值±标准差。我们将原始 C_p 值代入公式进行相对表达量 Q 的计算。得到的结果用 Excel 软件制图，差异显著分析由 SPSS 统计软件完成，其中 $p<0.05$ 表示差异显著。

8.4.2　结果与分析

根据实时荧光定量 PCR 的操作原理及方法，得到熔解曲线，经 C_t 值法（$2^{-\Delta\Delta C_t}$）运算得到相对表达量，结果如下。

8.4.2.1　桐花树叶片、根部 ADH 基因表达差异

在无水分胁迫条件下，ADH 基因在桐花树的叶片及根部都有表达，表达丰度偏低，且表达量根部>叶片，正常情况下根部表达量约是叶片的 6 倍（图 8.22）。

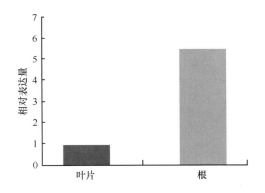

图 8.22　桐花树叶片、根部 ADH 基因表达量的影响

8.4.2.2　水分胁迫对桐花树叶片、根部 ADH 基因表达量的影响

在水分胁迫条件下，ADH 基因在不同组织中的表达量存在差异。由图 8.23 可以看出，桐花树叶片的 ADH 基因表达水平在水淹胁迫实验过程中略有增加，随着水淹程度的加深，基因表达量有下降趋势。根部 ADH 基因表达量在 18 d 时显著增加，之后下降。从干旱胁迫下桐花树叶片 ADH 表达量趋势图可以看出，干旱胁迫下桐花树叶片中的 ADH 先显著上升，后降低。在干旱胁迫下，桐花树根中 ADH 基因表达水平先显著升高，在胁迫 10 d 时达到最大表达量（约为对照的 9 倍），随胁迫时间延长，根与叶中的 ADH 表达量都逐渐降低至略高于对照的水平。

8.4.2.3　秋茄叶片、根部 ADH 基因表达差异

在无水分胁迫条件下，ADH 基因在秋茄叶片及根部都有表达，表达丰度偏低，且表达量根部>叶片，正常情况下根部表达量约是叶片的 9 倍（图 8.24）。

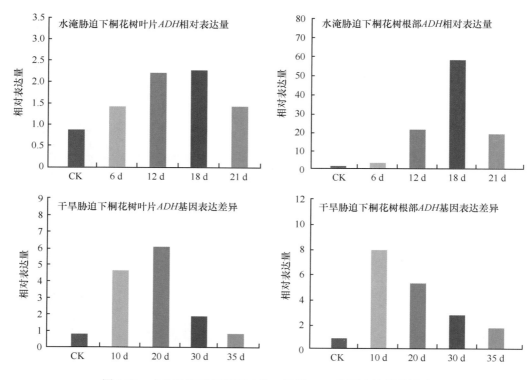

图 8.23　水分胁迫对桐花树叶片、根部 *ADH* 基因表达量的影响

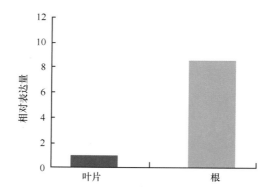

图 8.24　秋茄叶片、根部 *ADH* 基因表达量的影响

8.4.2.4　水分胁迫对秋茄叶片、根部 *ADH* 基因表达量的影响

从图 8.25 中可以看出，秋茄叶片 *ADH* 基因的表达水平在水淹胁迫实验过程中略有增加，随着水淹程度的加深，基因表达量有下降的趋势。根部 *ADH* 基因表达量在 12 d 和 18 d 时显著增加，之后下降。干旱胁迫下秋茄叶片中的 *ADH* 基因表达量显著上升，之后降低。在干旱胁迫下，秋茄根中 *ADH* 基因表达水平先显著升高，在胁迫 20 d 时达到最大表达量（约为对照的 12 倍），随胁迫时间延长，根与叶中的 *ADH* 基因表达量都逐渐降低至略高于对照的水平，分别为对照的 10 倍和 6 倍。

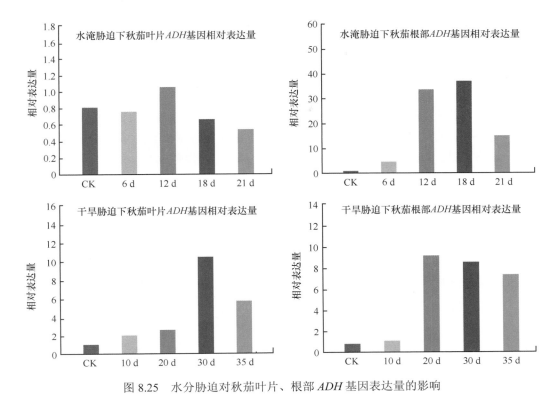

图 8.25　水分胁迫对秋茄叶片、根部 *ADH* 基因表达量的影响

8.4.3　讨论

本节选择 *18S rRNA* 为内参基因，采用实时荧光定量 PCR（相对）分子生物学技术研究了水分对秋茄、桐花树两种红树植物叶片和根系中 *ADH* 基因的影响。

在正常条件下，秋茄和桐花树叶片及根系中都有 *ADH* 基因的存在，这说明 *ADH* 基因参与植物正常生理活动。其中，秋茄对照组的根系 *ADH* 表达量是叶片表达量的 9 倍，桐花树中根系表达量是叶片的 6 倍。在干旱实验处理组中，秋茄叶片和根系中 *ADH* 基因表达量均有所上升，但上升幅度略有不同。其中根系 *ADH* 基因的表达量远远超出对照组，在第 20 天显著升高且达到最大值，之后有下降趋势。秋茄叶片中 *ADH* 基因表达量在前 20 天升高不明显，在第 30 天达到峰值后下降。可以看出 *ADH* 基因在秋茄干旱时不同组织中参与干旱诱导的调控机制。在干旱实验处理组中，桐花树叶片和根系中 *ADH* 基因表达量均有所上升。其中根系 *ADH* 基因表达量远远超出对照组，在第 10 天显著升高且达到最大值，且约是对照组的 9 倍，之后有下降趋势。秋茄叶片中 *ADH* 基因表达量在前 20 天升高不明显，在第 30 天达到峰值后下降，最高值可达对照值的 12 倍。从表达量的增长倍数可以初步看出秋茄耐干旱的能力要略优于桐花树，这与它们在潮间带的位置对应。

水淹处理组中，秋茄叶片 *ADH* 基因表达量升高不显著。根系的 *ADH* 基因表达量较对照组增长了 50 倍左右，在第 18 天达到最大值。说明 *ADH* 基因对于水淹导致的无氧呼吸有重要作用（贾彩红等，2014）。桐花树中也存在相同情况，叶片在水淹处理后表达量上升不明显，而根系的表达量升高了近 66 倍，远远超过对照组。这说明桐花树中

ADH 基因受水淹胁迫诱导，且表达量的增加倍数超过秋茄，这可能与桐花树具有更强的耐涝能力有关。

8.4.4　小结

本节运用荧光定量 PCR 手段，对红树植物 *ADH* 基因表达量与水分胁迫强度的关系进行相对定量分析。结果表明，在正常条件下，*ADH* 在植物组织中有少量表达。*ADH* 基因与植物干旱、水淹环境密切相关，当植物受到一定程度的水分胁迫时，叶片和根部的 *ADH* 表达量会升高，且根部的升高更为明显。因为根系是植物无氧呼吸的重要场所，而 *ADH* 是无氧呼吸过程中重要的酶之一，缺氧条件下，植物通过无氧呼吸产生代谢所需要的能量；另外，ADH 可转化无氧呼吸积累的乙醇，减少植物乙醇的毒害作用，缓解逆境对植物的不利影响。因此可以根据 *ADH* 的表达量多少来判断植物无氧呼吸能力的强弱。根据 *ADH* 基因升高的倍数可以初步断定秋茄的耐干旱程度要优于桐花树，而桐花树的耐涝能力要强于秋茄，这个结论与它们在潮间带所处的高程相对应。

8.5　结论与展望

8.5.1　主要结论

（1）研究了干旱条件下，秋茄、桐花树叶片中多项生理生化指标的变化。结果表明，一定强度的干旱胁迫可以使植物 SOD、POD 活性升高，超氧阴离子积累，渗透物质增加，MDA 含量增加，会对植物细胞膜系统造成损伤。在喷施低浓度甜菜碱后，发现甜菜碱有助于 SOD、POD 活性的升高，减少超氧阴离子的积累，使 MDA 的含量有所减少、各种渗透物质的含量增加从而防止细胞失水。喷洒适量浓度的外源甜菜碱可以减少这种损伤，增强植物在干旱胁迫的逆境中抵御伤害的能力，增强植物抗旱性。

（2）本章利用同源克隆手段，成功获取秋茄、桐花树叶片中 *ADH* 基因的片段及全长，并对此进行生物学分析。经比对发现两种红树植物的 *ADH* 基因较其他物种的 *ADH* 基因具有高度的保守性，且蛋白质结构稳定。

（3）研究了桐花树、秋茄 *ADH* 基因在组织表达中的情况。*ADH* 基因在秋茄、桐花树的叶片、根部组织中均有表达，但表达量存在差异，且表达差异特性在不同物种、不同组织中有所不同。

（4）分析了 *ADH* 基因在两种红树植物不同程度的水淹（0 d、6 d、12 d、18 d、21 d）及干旱胁迫（0 d、10 d、20 d、30 d、35 d）时的表达差异。结果表明，*ADH* 随着水分胁迫程度的加深表达量呈先上升后下降的趋势。在秋茄、桐花树根部的 *ADH* 表达增加量显著高于叶片。初步断定秋茄的耐旱能力强于桐花树，而桐花树的耐涝能力优于秋茄。

8.5.2　本研究创新之处与科学意义

（1）本研究首次测定在干旱胁迫下红树植物秋茄、桐花树的 SOD、POD、超氧阴离子、MDA、可溶性糖及可溶性蛋白的变化，为今后从分子水平研究红树植物的抗旱提供理论依据。

（2）本研究成功克隆了秋茄、桐花树 *ADH* 基因的全长，并用生物信息学软件分析预测它们的结构、功能，为之后克隆 *ADH* 其他家族功能基因奠定了基础。

（3）利用实时定量 PCR 手段分析不同干旱胁迫时间下，不同组织中秋茄、桐花树 *ADH* 基因 mRNA 表达情况，以及不同水淹胁迫下 *ADH* 的表达差异，为深入研究红树植物 *ADH* 基因功能及其在逆境胁迫中发挥的作用提供了基础数据。

8.5.3　研究展望

通过水分胁迫下，桐花树、秋茄 *ADH* 基因的克隆及 mRNA 表达的研究表明，红树植物中 *ADH* 基因参与红树植物抗水淹、干旱胁迫防御反应。然而，关于除此之外的干旱、水淹防御机制尚不清楚，还可以从以下几个方面进一步研究。

（1）克隆多种红树植物 *ADH* 基因，对已获得的基因序列进行充分分析比对，找出功能基因的表达途径及作用载体，实现对整个干旱、水淹机制途径通路的研究。

（2）对其他具有抗旱、耐水淹的基因进行克隆分析，实现对信号转导途径的研究。

（3）对所涉及的蛋白质进行研究，从蛋白质角度进一步探究植物对水分的控制途径。

参 考 文 献

陈鹭真, 林鹏, 王文卿. 2006. 红树植物淹水胁迫响应研究进展. 生态学报, 26(2): 586-593.

何斌源, 赖廷和, 陈剑锋, 等. 2007. 两种红树植物白骨壤(*Avicennia marina*)和桐花树(*Aegiceras corniculatum*)的耐淹性. 生态学报, 27(3): 1130-1138.

何缘, 张宜辉, 于俊义, 等. 2008. 淹水胁迫对秋茄(*Kandelia candel*)幼苗叶片 C、N 及单宁含量的影响. 生态学报, 28(10): 4725-4729.

胡田田. 2005. 植物淹水胁迫响应的研究进展. 福建农林大学学报(自然科学版), 34: 18-24.

黄升谋. 2009. 干旱对植物的伤害及植物的抗旱机制. 安徽农业科学, 37(22): 10370-10372.

贾彩红, 金志强, 王绍华, 等. 2014. 香蕉乙醇脱氢酶基因的克隆及其逆境胁迫表达. 中国农学通报, 30(7): 109-115.

贾晓民. 2003. 超氧化物歧化酶对荷瘤体免疫细胞的辐射防护作用. 苏州: 苏州大学硕士学位论文.

赖廷和, 何斌源. 2007. 木榄幼苗对淹水胁迫的生长和生理反应. 生态学杂志, 26(5): 650-656.

李德全, 邹琦. 1991. 植物渗透调节研究进展. 山东农业大学学报(自然科学版), (1): 86-90.

梁峥, 骆爱玲. 1996. 干旱和盐胁迫诱导甜菜叶中的甜菜碱醛脱氢酶的积累. 植物生理学报, 22(2): 161-164.

廖宝文, 邱凤英, 管伟, 等. 2009b. 尖瓣海莲幼苗对模拟潮汐淹浸时间的适应性研究. 林业科学研究, 22(1): 42-47.

廖宝文, 邱凤英, 谭凤仪, 等. 2009a. 红树植物秋茄幼苗对模拟潮汐淹浸时间的适应性研究. 华南农业大学学报, 30(3): 49-54.

刘家忠, 龚明. 1999. 植物抗氧化系统研究进展. 云南师范大学学报(自然科学版), (6): 1-11.

刘青, 王雅棣, 董稚明, 等. 2009. 锰超氧化物歧化酶和 E-钙黏蛋白在鼻咽癌组织中的表达及意义. 中华放射肿瘤学杂志, 18(1): 37-41.

刘晓忠, 汪宗立, 高煜珠. 1991. 涝渍逆境下玉米根系乙醇脱氢酶活性与耐涝性的关系. 江苏农业学报, (4): 1-7.

马旭俊, 朱大海. 2003. 植物超氧化物歧化酶(SOD)的研究进展. 遗传, 25(2): 225-231.

米海莉, 许兴, 李树华, 等. 2002. 干旱胁迫下牛心朴子幼苗的抗旱生理反应和适应性调节机理. 干旱地区农业研究, 20(4): 11-16.

施征, 史胜青, 姚洪军, 等. 2009. 植物线粒体中活性氧的产生及其抗氧化系统. 北京林业大学学报, 31(1): 150-154.

宋松泉. 2002. 植物对干旱胁迫的分子反应. 应用生态学报, 13(8): 1037-1044.

孙国荣, 彭永臻, 阎秀峰, 等. 2003. 干旱胁迫对白桦实生苗保护酶活性及脂质过氧化作用的影响. 林业科学, 39(1): 165-167.

孙磊, 程嘉翎. 2010. 桑树抗旱生理生化研究进展. 江苏农业科学, (6): 399-401.

汤叶涛, 关丽捷, 仇荣亮, 等. 2010. 镉对超富集植物滇苦菜抗氧化系统的影响. 生态学报, 20(2): 324-332.

王霞, 侯平, 尹林克, 等. 1999. 水分胁迫对柽柳植物可溶性物质的影响. 干旱区研究, 16(2): 6-11.

韦小丽, 徐锡增, 朱守谦. 2005. 水分胁迫下榆科 3 种幼苗生理生化指标的变化. 南京林业大学学报(自然科学版), 29(2): 47-50.

杨晓青, 张岁岐, 梁宗锁, 等. 2004. 水分胁迫对不同抗旱类型冬小麦幼苗叶绿素荧光参数的影响. 西北植物学报, 24(5): 812-816.

殷铭俊, 潘家祐, 王尊生, 等. 2006. 重组人源性锰超氧化物歧化酶对小鼠紫外线辐射所致氧化应激的保护作用. 中国临床药学杂志, 15(3): 86-89.

张树珍. 2001. 植物耐旱的分子基础及植物耐旱基因工程的研究进展. 生命科学研究, 23 (1): 134-140.

张正斌, 徐萍, 贾继增. 2000. 作物抗旱节水生理遗传研究展望. 中国农业科技导报, 2000 (5): 20-23.

赵翔, 李娜, 王棚涛, 等. 2011. 脱落酸调节植物抵御水分胁迫的机制研究. 生命科学, 23(1): 115-120.

Abe H, Urao T, Ito T, et al. 2003. *Arabidopsis* AtMYC2 (bHLH) and AtMYB2 (MYB) function as transcriptional activators in abscisic acid signaling. Plant Cell, 15(1): 1040-4651.

Ashihara H, Adachi K, Otawa M, et al. 1997. Compatible solutes and inorganic ions in the mangrove plant *Avicennia marina* and their effects on the activities of enzymes. Zeitschrift für Naturforschung C, 52(7-8): 433-440.

Ashraf M, Foolad M R. 2007. Roles of glycine betaine and proline in improving plant abiotic stress resistance. Environmental and Experimental Botany, 59(2): 206-216.

Baker N R. 1991. A possible role for photosystem II in environmental perturbations of photosynthesis. Physiologia Plantarum, 81(4): 563-570.

Bartels D, Souer E. 2004. Molecular responses of higher plants to dehydration. Plant Responses to Abiotic Stress, 4: 9-38.

Bechtold U, Karpinski S, Mullineaux P M. 2005. The influence of the light environment and photosynthesis on oxidative signalling responses in plant-biotrophic pathogen interactions. Plant Cell Environ, 28(8): 1046-1055.

Bonos S A, Murphy J A. 1999. Growth responses and performance of Kentucky bluegrass under summer stress. Crop Sci, (3): 770-774.

Bowler C, Vanmontagu M, Inze D. 1992. Superoxide-dismutase and stress tolerance. Annual Review of Plant Physiology and Plant Molecular Biology, 43(5): 83-116.

Bradford M M. 1976. A rapid and sensitive method for the quantitation of microgram quantities of protein utilizing the principle of protein-dye binding. Analytical Biochemistry, 72: 248-254.

Breshears D D, Myers O B, Meyer C W, et al. 2009. Tree die-off in response to global change-type drought: mortality insights from a decade of plant water potential measurements. Frontiers in Ecology and the Environment, 7(4): 185-189.

Cai Z J K S. 1999. Loss of the photosynthetic capacity and proteins in senescing leaves at top positions of two cultivars of rice in relation to the source capacities of the leaves for carbon and nitrogen. Plant Celt Physiol, 40(5): 496-503.

Cha-Um S, Supaibulwattana K, Kirdmanee C. 2009. Comparative effects of salt stress and extreme pH stress combined on glycinebetaine accumulation, photosynthetic abilities and growth characters of two rice genotypes. Rice Science, 16(4): 274-282.

Chen C C, Liang C S, Kao A L, et al. 2009. HHP1 is involved in osmotic stress sensitivity in *Arabidopsis*. J Exp Bot, 60(6): 1589-1604.

Chen C C, Liang C S, Kao A L, et al. 2010. HHP1, a novel signalling component in the cross-talk between the cold and osmotic signalling pathways in *Arabidopsis*. J Exp Bot, 61(12): 3305-3320.

Chen L Z, Wang W Q. 2004. Influence of water logging time on the growth of *Kandelia candel* seedlings. Acta Oceanologica Sinica, 23(1): 149-158.

Chen T H, Murata N. 2002. Enhancement of tolerance of abiotic stress by metabolic engineering of betaines and other compatible solutes. Current Opinion in Plant Biology, 5(3): 250-257.

Chen T H, Murata N. 2011. Glycinebetaine protects plants against abiotic stress: mechanisms and biotechnological applications. Plant Cell Environ, 34(1): 1-20.

Cheng H, Wang Y S, Ye Z H, et al. 2012. Influence of N deficiency and salinity on metal (Pb, Zn and Cu) accumulation and tolerance by *Rhizophora stylosa* in relation to root anatomy and permeability. Environ Pollut, 164: 110-117.

Cheng W H. 2002. A unique short-chain dehydrogenase/reductase in *Arabidopsis* glucose signaling and abscisic acid biosynthesis and functions. Plant Cell, 14(11): 2723-2743.

Cho D, Shin D, Jeon B W, et al. 2009. ROS-mediated ABA signaling. Journal of Plant Biology, 52(2): 102-113.

Choi H H J. 2000. ABFs, a family of ABA-responsive element binding factors. J Biol Chem, 275: 1723-1730.

Christian-Chervinan J K T. 1999. Alcohol dehydrogenase expression and alcohol production during pear ripening. J Amer Soc Hort Sci, 124(1): 71-75.

Cirilli M, Bellincontro A, de Santis D, et al. 2012. Temperature and water loss affect ADH activity and gene expression in grape berry during postharvest dehydration. Food Chemistry, 132(1): 447-454.

Cuin T A, Shabala S. 2007. Compatible solutes reduce ROS-induced potassium efflux in *Arabidopsis* roots. Plant Cell and Environment, 30(7): 875-885.

de Bruxelles G L, Peacock W J. 1996. Abscisic acid induces the alcohol dehydrogenase gene in *Arabidopsis*. Plant Physiol, 111(2): 381-391.

del Rio L A, Sandalio L M, Corpas F J, et al. 2006. Reactive oxygen species and reactive nitrogen species in peroxisomes. Production, scavenging, and role in cell signaling. Plant Physiol, 141(2): 330-335.

Dennis E S, Dolferus R, Eillis M, et al. 2000. Molecular strategies for improving waterlogging tolerance in plants. J Exp Bot, 51: 89-97.

Elstner E F, Heupel A. 1976. Inhibition of nitrite formation from hydroxylammonium chloride: a simple assay for superoxide dismutase. Analytical Biochemistry, 70: 616-620.

Evans N H, McAinsh M R, Hetherington A M. 2001. Calcium oscillations in higher plants. Current Opinion in Plant Biology, 4(5): 415-420.

Finkelstein R R, Gampala S S L, Rock C D. 2002. Abscisic acid signaling in seeds and seedlings. The Plant Cell, 14(1): 15-45.

Fujita Y, Fujita M, Satoh R, et al. 2005. AREB1 is a transcription activator of novel ABRE-dependent ABA signaling that enhances drought stress tolerance in *Arabidopsis*. Plant Cell, 17(12): 3470-3488.

Gao J J, Zhang Z, Peng R H, et al. 2011. Forced expression of Mdmyb10, a myb transcription factor gene from apple, enhances tolerance to osmotic stress in transgenic *Arabidopsis*. Mol Biol Rep, 38(1): 205-211.

Gerlach W L, Pryor A J, Dennis E S, et al. 1982. cDNA cloning and induction of the alcohol dehydrogenase gene (*Adh1*) of maize. Proceedings of the National Academy of Sciences, 79(9): 2981-2985.

Gill S S, Tuteja N. 2010. Reactive oxygen species and antioxidant machinery in abiotic stress tolerance in crop plants. Plant Physiol Biochem, 48(12): 909-930.

Gilman E L, Ellison J, Duke N C, et al. 2008. Threats to mangroves from climate change and adaptation options: a review. Aquatic Botany, 89(2): 237-250.

Gorham J, Bridges J. 1995. Effects of calcium on growth and leaf ion concentrations of gossypium-hirsutum grown in saline hydroponic culture. Plant and Soil, 176(2): 219-227.

Gratão P L, Polle A, Lea P J, et al. 2005. Making the life of heavy metal-stressed plants a little easier. Functional Plant Biology, 32(6): 481.

Guan G F, Wang Y S, Cheng H, et al. 2015. Physiological and biochemical response to drought stress in the leaves of *Aegiceras cornniculatum* and *Kandelia obovta*. Ecotoxicology, 24(7-8): 1668-1676.

Hao L M, Wang H L, Wen J Q, et al. 1996. Effects of water stress on light-harvesting complex II (LHC II) and expression of a gene encoding LHC II in *Zea mays*. J Plant Physiol, 149(1-2): 30-34.

He B Y, Lai T H, Fan H Q, et al. 2007. Comparison of flooding-tolerance in four mangrove species in a diurnal tidal zone in the Beibu Gulf. Estuarine, Coastal and Shelf Science, 74(1-2): 254-262.

He K Y, Li X C, Huang L B, et al. 2004. Effects of drought stress on physiological and biochemical indices in five tree species of Magnoliaceae. Journal of Plant Resources and Environment, 13(4): 20-23.

Huang G T, Ma S L, Bai L P, et al. 2012. Signal transduction during cold, salt, and drought stresses in plants. Mol Biol Rep, 39(2): 969-987.

Ingram J, Bartels D. 1996. The molecular basis of dehydration tolerance in plants. Annual Review of Plant Physiology and Plant Molecular Biology, 47(1): 377-403.

Kiegle E, Moore C A, Haseloff J, et al. 2000. Cell-type-specific calcium responses to drought, salt and cold in the *Arabidopsis* root. The Plant Journal, 23(2): 267-278.

Krauss K W, McKee K L, Lovelock C E, et al. 2014. How mangrove forests adjust to rising sea level. New Phytol, 202(1): 19-34.

Larson R A. 1988. The antioxidants of higher plants. Phytochemistry, 27(4): 969-978.

Luchi S, Yamaguchi-Shinozaki K, Urao T, et al. 1996. Novel drought-inducible genes in the highly drought-tolerant cowpea: cloning of cDNAs and analysis of the corresponding genes. Plant Cell Physiol, 37: 1073-1082.

Liu R D, Wang Y M, Wang L X, et al. 2004. Effect of exogenous betaine on physiological index of drought resistance for apricot. Journal of Inner Mongolia Agricultural University, 25(2): 69-72.

Lopez-Perez L, Martinez-Ballesta M D C, Maurel C, et al. 2009. Changes in plasma membrane lipids, aquaporins and proton pump of broccoli roots, as an adaptation mechanism to salinity. Phytochemistry, 70(4): 492-500.

Lushchak V I. 2011. Adaptive response to oxidative stress: bacteria, fungi, plants and animals. Comparative Biochemistry and Physiology Part C: Toxicology & Pharmacology, 153(2): 175-190.

Ma L, Zhang H, Sun L, et al. 2003. NADPH oxidase AtrbohD and AtrbohF function in ROS-dependent regulation of Na (+)/K(+) homeostasis in *Arabidopsis* under salt stress. EMBO J, 22(11): 2623-2633.

Mäkela P, Jokinen K. 1998a. Effect of foliar applications of glycinebetaine on stomatal conductance, abscisic acid and solute concentrations in leaves of salt- or drought-stressed tomato. Functional Plant Biology, 25(6): 655-663.

Mäkela P, Jokinen K. 1998b. Foliar application of glycinebetaine—a novel product from sugar beet—as an approach to increase tomato yield. Industrial Crops and Products, 7(2-3): 139-148.

McCord J M, Fridovich I. 1969. Superoxide dismutase: an enzymic function for erythrocuprein (hemocuprein). Journal of Biological Chemistry, 244(22): 6049-6055.

Miller G, Shulaev V, Mittler R. 2008. Reactive oxygen signaling and abiotic stress. Physiologia Plantarum, 133(3): 481-489.

Minorsky P V. 2002. Global warming—effects on plants. Plant Physiology, 129(4): 1421-1422.

Mittler R. 2002. Oxidative stress, antioxidants and stress tolerance. Trends Plant Science, 7: 405-410.

Mittler R, Vanderauwera S, Gollery M, et al. 2004. Reactive oxygen gene network of plants. Trends Plant Sci, 9(10): 490-498.

Nakashima K. 2000. Organization and expression of two *Arabidopsis* DREB2 genes encoding DRE-binding proteins involved in dehydration- and high-salinity-responsive gene expression. Plant Molecular Biology, 42: 657-665.

Park E J, Jeknic Z, Chen T H H. 2006. Exogenous application of glycinebetaine increases chilling tolerance in tomato plants. Plant and Cell Physiology, 47(6): 706-714.

Qiu Q S, Guo Y, Quintero F J, et al. 2004. Regulation of vacuolar Na^+/H^+ exchange in *Arabidopsis thaliana* by the salt-overly-sensitive (SOS) pathway. J Biol Chem, 279(1): 207-215.

Quan R, Shang M, Zhang H, et al. 2004. Engineering of enhanced glycine betaine synthesis improves drought tolerance in maize. Plant Biotechnol J, 2(6): 477-486.

Rajashekar C B, Zhou H, Marcum K B, et al. 1999. Glycine betaine accumulation and induction of cold tolerance in strawberry (*Fragaria×ananassa* Duch.) plants. Plant Science, 148(2): 175-183.

Rhodes D, Hanson A D. 1993. Quaternary ammonium and tertiary sulfonium compounds in higher-plants. Annual Review of Plant Physiology and Plant Molecular Biology, 44: 357-384.

Rosenzweig C, Parry M L. 1994. Potential impact of climate-change on world food-supply. Nature, 367(6459): 133-138.

Sakamoto A, Murata N. 2000. Genetic engineering of glycinebetaine synthesis in plants: current status and implications for enhancement of stress tolerance. Journal of Experimental Botany, 51(342): 81-88.

Sakuma Y, Liu Q, Dubouzet J G, et al. 2002. DNA-binding specificity of the ERF/AP2 domain of *Arabidopsis* DREBs, transcription factors involved in dehydration-and cold-inducible gene expression. Biochemical and Biophysical Research Communications, 290(3): 998-1009.

Sakuma Y, Maruyama K, Osakabe Y, et al. 2006. Functional analysis of an *Arabidopsis* transcription factor, DREB2A, involved in drought-responsive gene expression. Plant Cell, 18(5): 1292-1309.

Schroeder J I, Kwak J M, Allen G J. 2001. Guard cell abscisic acid signalling and engineering drought hardiness in plants. Nature, 410(6826): 327-330.

Shao H B, Chu L Y, Shao M A, et al. 2008. Higher plant antioxidants and redox signaling under environmental stresses. Comptes Rendus Biologies, 331(6): 433-441.

Shao H B, Chu L Y, Wu G, et al. 2007a. Changes of some anti-oxidative physiological indices under soil water deficits among 10 wheat (*Triticum aestivum* L.) genotypes at tillering stage. Colloids and Surfaces B: Biointerfaces, 54(2): 143-149.

Shao H B, Jiang S Y, Li F M, et al. 2007b. Some advances in plant stress physiology and their implications in the systems biology era. Colloids and Surfaces B: Biointerfaces, 54(1): 33-36.

Shinozaki K, Yamaguchi-Shinozaki K. 1996. Molecular responses to drought and cold stress. Current Opinion in Biotechnology, 7: 161-167.

Shinozaki K, Yamaguchi-Shinozaki K. 2000. Molecular responses to dehydration and low temperature: differences and cross-talk between two stress signaling pathways. Current Opinion in Plant Biology, 3(3): 217-223.

Shinozaki K, Yamaguchi-Shinozaki K. 2007. Gene networks involved in drought stress response and tolerance. J Exp Bot, 58(2): 221-227.

Shinozaki K, Yamaguchi-Shinozaki K, Seki M. 2003. Regulatory network of gene expression in the drought and cold stress responses. Current Opinion in Plant Biology, 6(5): 410-417.

Siedlecka A, Krupa Z. 2002. Functions of enzymes in heavy metal treated plants. Physiology and Biochemistry of Metal Toxicity and Tolerance in Plants: 303-324.

Smith R A, Kelso G F, Blaikie F H, et al. 2003. Using mitochondria-targeted molecules to study mitochondrial radical production and its consequences. Biochemical Society Transactions, 31(6): 1295-1299.

Terman A, Brunk U T. 2006. Oxidative stress, accumulation of biological garbage and aging. Antioxidants & Redox Signaling, 8(1): 197-204.

Tesnière C, Verriès C. 2000. Molecular cloning and expression of cDNAs encoding alcohol dehydrogenases from *Vitis vinifera* L. during berry development. Plant Science, 157(1): 77-88.

Turner N C. 1997. Further progress in crop water relations. Advances in Agronomy, 58: 293-338.

Uno Y, Furihata T, Abe H, et al. 2000. *Arabidopsis* basic leucine zipper transcription factors involved in an abscisic acid-dependent signal transduction pathway under drought and high-salinity conditions. Proc Natl Acad Sci USA, 97(21): 11632-11637.

Valliyodan B, Nguyen H T. 2006. Understanding regulatory networks and engineering for enhanced drought tolerance in plants. Curr Opin Plant Biol, 9(2): 189-195.

Walker J C, Howard E A, Dennis E S, et al. 1987. DNA sequences required for anaerobic expression of the maize alcohol dehydrogenase 1 gene. Proc Natl Acad Sci, 84: 6624-6628.

Wang W Q, Xiao Y, Chen L Z, et al. 2007. Leaf anatomical responses to periodical waterlogging in simulated semidiurnal tides in mangrove *Bruguiera gymnorrhiza* seedlings. Aquatic Botany, 86(3): 223-228.

Wang Y, Hu S. 2013. A new method for fast determination of total soluble sugar content in plant tissue: TBA-TBA-METHOD. Journal of Jinggangshan University(Natural Science), 34(3): 37-40.

Wei J X. 2007. Effects of betaine on cold resistance of banana seedlings. Guangdong Agricultural Science, 7: 41-43.

Woo S, Yum S, Park H S, et al. 2009. Effects of heavy metals on antioxidants and stress-responsive gene expression in Javanese medaka (*Oryzias javanicus*). Comp Biochem Physiol C: Toxicol Pharmacol, 149(3): 289-299.

Wu W K, Mak C H, Ko R C. 2008. Cloning and differential expression of manganese superoxide dismutase(Mn-SOD)of *Trichinella pseudospiralis*. Parasitol Res, 102(2): 251-258.

Wu Y S, Xuan T K. 2004. MAP kinase cascades responding to environmental stress in plants. Acta Botanica Sinica, 46(2): 127-136.

Xing W B, Rajashekar C B. 1999. Alleviation of water stress in beans by exogenous glycine betaine. Plant Science, 148(2): 185-192.

Yagmur M, Kaydan D. 2008. Alleviation of osmotic stress of water and salt in germination and seedling growth of triticale with seed priming treatments. African Journal of Biotechnology, 7(13): 2156-2162.

Yamaguchi-Shinozaki K. 1994. A novel *cis*-acting element in an *Arabidopsis* gene is involved in responsiveness to drought, low temperature, or high-salt stress. Plant Cell, 6: 251-264.

Yamaguchi-Shinozaki K, Shinozaki K. 2005. Organization of *cis*-acting regulatory elements in osmotic- and cold-stress-responsive promoters. Trends Plant Sci, 10(2): 88-94.

Yamaguchi-Shinozaki K, Shinozaki K. 2006. Transcriptional regulatory networks in cellular responses and tolerance to dehydration and cold stresses. Annu Rev Plant Biol, 57(1): 781-803.

Yan J, Tsuichihara N, Etoh T, et al. 2007. Reactive oxygen species and nitric oxide are involved in ABA inhibition of stomatal opening. Plant Cell Environ, 30(10): 1320-1325.

Ye Y, Tam N F Y, Wong Y S, et al. 2003. Growth and physiological responses of two mangrove species (*Bruguiera gymnorrhiza* and *Kandelia candel*) to waterlogging. Environmental and Experimental Botany, 49(3): 209-221.

Zhu J K. 2002. Salt and drought stress signal transduction in plants. Annu Rev Plant Biol, 53: 247-273.